"十二五"江苏省高等学校重点教材(编号:2015-2-031)
南京航空航天大学"十四五"规划教材

应用中子物理学
(第二版)

陈 达 单 卿 贾文宝 编著

科学出版社

北 京

内 容 简 介

中子在材料、生命、生物医学等多学科应用广泛,成为纳米、信息等前沿领域的重要研究工具.本书以中子应用为主线,系统地介绍了中子的基本性质,常用中子源与中子的产生,中子与物质的相互作用,中子注量、能谱及剂量测量,中子防护和中子输运等中子物理的基础知识,同时全面介绍了中子散射、中子活化分析、中子治癌、中子照相和中子测井等中子技术在各领域的应用.本书呈现前沿应用、满足读者对中子应用深刻了解的需求.

本书可供核科学与技术相关专业本科生和研究生教学使用,也可作为相关专业选修教材以及从事相关专业的教学和科研人员的参考用书.

图书在版编目(CIP)数据

应用中子物理学/陈达,单卿,贾文宝编著. --2版. --北京:科学出版社,2025.6. -- ("十二五"江苏省高等学校重点教材)(南京航空航天大学"十四五"规划教材). -- ISBN 978-7-03-079947-0

Ⅰ.O571.5

中国国家版本馆 CIP 数据核字第 2024Y886Y6 号

责任编辑:罗 吉 龙嫚嫚 赵 颖/责任校对:邹慧卿
责任印制:师艳茹/封面设计:无极书装

科 学 出 版 社 出版
北京东黄城根北街 16 号
邮政编码:100717
http://www.sciencep.com

三河市骏杰印刷有限公司印刷
科学出版社发行 各地新华书店经销

*

2015 年 8 月第 一 版 开本:787×1092 1/16
2025 年 6 月第 二 版 印张:21 1/4
2025 年 6 月第十次印刷 字数:504 000
定价:**98.00 元**
(如有印装质量问题,我社负责调换)

前　言

中子物理领域蓬勃持续发展，自 2015 年 8 月《应用中子物理学》第一版出版以来，新成果也不断涌现. 为呈现前沿动态、满足读者需求，我们经过筹备进行了修订，推出了第二版，修正了第一版中的错误.

1932 年，英国物理学家查德威克（Chadwick）发现中子，这一成果助其获得 1935 年诺贝尔物理学奖. 该发现是 20 世纪物理学的关键里程碑，为后续核物理等学科突破奠基. 中子呈电中性，能轻易穿透库仑势垒与原子核作用，是研究物质微观结构及动力学行为的理想探针. 中子诱发核裂变现象的揭示，改变了全球能源格局，影响国防安全与能源战略.

21 世纪，中子源科学装置飞跃发展，大型散裂中子源起核心推动作用. 借此，中子在材料、生命、生物医学等多学科应用广泛，成为纳米、信息等前沿领域的重要研究工具. 材料科学中，中子散射助力探索超导材料等微观结构，推动高性能材料研发；中子活化分析凭借高灵敏度和选择性，在环境检测、考古等方面展现价值；中子照相通过无损检测保障工业及航天产品质量.

第二版延续第一版以中子应用为主线的架构，全面优化更新，在第一版的基础上增加了新型中子探测器及先进能谱测量方法，前者提升了中子的探测灵敏度和分辨率，后者提高了中子能量分布的测定精度，为相关研究提供了有力手段. 此外，第二版中新增了中子测井技术章节，该技术借助中子与地层物质间的相互作用获取岩性、孔隙度等参数，助力油气勘探开发，在能源领域的作用日显重要.

我们期望本书能助力读者掌握中子物理基础，理解其应用原理与技术，为科研工作者提供理论与技术支持，为高校师生提供教学与学习指引. 因中子技术发展迅速，书中或有不足，恳请读者提出宝贵意见以便完善.

编著者

2025 年 3 月

第一版前言

1932年英国物理学家查德威克(Chadwick)在实验中发现了中子,并借此获得了1935年的诺贝尔物理学奖,中子的发现及其应用是20世纪最重要的科技成就之一.

中子呈电中性,不受库仑势垒的影响,因而很容易进入原子核并与原子核发生反应,是研究物质结构和动力学性质的理想探针,而且中子诱发核裂变的发现也导致了核武器和核能源的开发.

21世纪以来,随着中子源科学装置的建立,尤其是大型的散裂中子源的发展,中子在材料、生物、生命、核物理等学科的应用也越来越广泛,成为相关尖端技术如纳米、信息、环境、医药等研究中不可缺少的工具之一.

中子散射技术利用中子散射方法研究物质的静态结构及物质的微观动力学性质.作为一种独特的、从原子和分子尺度上研究物质结构和动态特性的表征手段,在很多基础学科中如凝聚态物理(固体和液体)、化学(特别是高分子化学)、生物工程、生命科学、材料科学(特别是纳米材料科学)等多学科领域的研究中被广泛采用.

中子活化分析以中子轰击试样中元素发生核反应,通过测定产生的瞬发伽马或放射性核素衰变产生的射线能量和强度,进行物质中元素的定性和定量分析.中子活化分析技术原则上可以测定元素周期表内所有元素,在全元素、高准度和非破坏等综合分析方面独占鳌头.

中子照相技术利用中子束穿透物体时的衰减情况,显示物体内部结构的技术.按所用的中子的能量,中子照相可分为冷中子照相、热中子照相和快中子照相.

本书的撰写以中子的应用为主线,系统地介绍了有关中子学科的基础物理知识、中子的产生、中子与物质的相互作用及中子输运、中子测量、中子应用.因此,本书是为了使读者能够在了解中子物理的基础知识上,对中子的应用有更深刻的了解.我们希望本书能对有关的研究工作者、大学物理专业教师及研究生与高年级学生起导引的作用,成为有用的参考书.由于中子技术仍在不断发展,我们掌握的资料还不够全面,再加上水平有限,所以在书中难免会存在错误和不当之处,希望读者指正.

除两位作者之外,还有多位老师和同学为本书的编纂提供素材、修订和校正等工作.黑大千老师负责第1章Q方程及其应用、第2章中子源物理、第3章中子与物质的相互作用的编辑和修订工作;单卿老师负责第4章中子测量技术、第5章中子剂量测量方法、第6章中子能谱测量的编辑和修订工作;凌永生老师负责第9章中子输运、第10章中子散射的编辑和修订;汤晓斌老师负责第12章中子治癌、第13章中子照相技术的编辑和修改工作.课题组的博士生张焱、硕士研究生程璨、张皓嘉、侯闻宇、何燕泉、陈海涛、蒋舟、李佳桐、张新磊、王红涛、褚胜男、赵丹、蔡平坤等参加了本书的编辑和校稿,在此一并致谢.

编著者
2015年6月

目 录

前言
第一版前言
第1章　Q 方程及其应用 ··············· 1
  1.1　核反应和反应道 ··············· 1
    1.1.1　实现核反应的途径 ··············· 1
    1.1.2　核反应的分类 ··············· 2
    1.1.3　反应道 ··············· 3
  1.2　Q 方程 ··············· 4
    1.2.1　反应能 ··············· 4
    1.2.2　质量亏损 ··············· 5
    1.2.3　结合能与比结合能 ··············· 5
    1.2.4　Q 方程的推导 ··············· 6
  1.3　反应阈能和临界能量 ··············· 8
  1.4　Q 方程的应用 ··············· 9
    1.4.1　对于弹性散射 Q 方程的应用 ··············· 9
    1.4.2　当 $E_a=0$ 时(常温或很低能的核反应) ··············· 10
  1.5　L 系和 C 系中出射角的转换 ··············· 11
    1.5.1　C 系中的能量关系 ··············· 11
    1.5.2　θ_L 和 θ_C 的转换关系 ··············· 12
    1.5.3　γ 的计算 ··············· 13
    1.5.4　L 系和 C 系中的微分截面的转换 ··············· 14
  1.6　中子的基本性质 ··············· 15
    1.6.1　中子的粒子性 ··············· 16
    1.6.2　中子的波动性 ··············· 17
  参考文献 ··············· 19
第2章　中子源物理 ··············· 21
  2.1　中子的产生及主要指标 ··············· 21
  2.2　同位素中子源 ··············· 25
    2.2.1　(α,n) 中子源 ··············· 25
    2.2.2　(γ,n) 中子源 ··············· 27

2.2.3 自发裂变中子源 ………………………………………………………… 28
2.3 加速器中子源概况 ……………………………………………………………… 28
2.3.1 1keV～20MeV 能区的白光中子源 …………………………………… 29
2.3.2 20～200MeV 准单能中子源 …………………………………………… 30
2.3.3 白光中子源分类 ………………………………………………………… 30
2.3.4 电子直线加速器中子源 ………………………………………………… 31
2.4 常用加速器中子源 ……………………………………………………………… 31
2.4.1 D(d,n)^{3}He ……………………………………………………………… 31
2.4.2 T(d,n)^{4}He 中子源 …………………………………………………… 32
2.4.3 ^{7}Li(d,n) 中子源 ……………………………………………………… 32
2.4.4 ^{9}Be(d,n)^{10}B 中子源 ……………………………………………… 33
2.4.5 ^{7}Li(p,n)^{7}Be 中子源 ………………………………………………… 33
2.4.6 ^{9}Be(p,n) 中子源 ……………………………………………………… 34
2.5 反应堆中子源 …………………………………………………………………… 34
2.5.1 堆的基本特征量 ………………………………………………………… 34
2.5.2 堆中子的空间分布 ……………………………………………………… 35
2.5.3 堆中子监测问题 ………………………………………………………… 37
2.6 散裂中子源 ……………………………………………………………………… 38
2.6.1 散裂中子源概述 ………………………………………………………… 38
2.6.2 散裂反应过程 …………………………………………………………… 39
2.6.3 散裂中子产额 …………………………………………………………… 40
2.6.4 散裂中子能谱 …………………………………………………………… 40
2.6.5 靶和慢化体 ……………………………………………………………… 40
参考文献 ………………………………………………………………………………… 41

第3章 中子与物质的相互作用 ……………………………………………………… 44
3.1 基本物理量 ……………………………………………………………………… 45
3.1.1 截面 ……………………………………………………………………… 45
3.1.2 角分布和微分截面 ……………………………………………………… 46
3.1.3 中子截面的特点 ………………………………………………………… 46
3.1.4 宏观截面 ………………………………………………………………… 47
3.2 核反应机制 ……………………………………………………………………… 48
3.2.1 核反应过程的三个阶段 ………………………………………………… 49
3.2.2 几种反应机制的特点 …………………………………………………… 50
3.2.3 对各反应机制特点的解释 ……………………………………………… 50
3.3 中子与物质相互作用的物理过程 ……………………………………………… 50
3.3.1 势散射 …………………………………………………………………… 50
3.3.2 复合核反应 ……………………………………………………………… 50
3.3.3 中子的辐射损伤效应 …………………………………………………… 53
3.3.4 用于中子探测的几个轻核反应(n,X) …………………………………… 53
参考文献 ………………………………………………………………………………… 54

第 4 章　中子测量技术 ·· 57
4.1　中子探测基本原理 ·· 57
4.1.1　核反应 ·· 57
4.1.2　质子反冲(n-p 散射) ·· 58
4.1.3　核活化[^{197}Au(n,γ)^{198}Au、^{27}Al(n,α)^{24}Mg 等] ·· 58
4.1.4　核裂变 ·· 58
4.1.5　中子强度(注量、注量率)的测量 ·· 59
4.2　常用的中子探测器 ·· 59
4.2.1　长中子计数器 ·· 59
4.2.2　伴随粒子法 ·· 60
4.2.3　反冲质子望远镜 ·· 69
4.2.4　裂变电离室 ·· 72
4.2.5　活化探测器 ·· 73
4.2.6　闪烁体探测器 ·· 76
4.2.7　半导体探测器 ·· 79
参考文献 ·· 80

第 5 章　中子剂量测量方法 ·· 82
5.1　基本概念 ·· 82
5.1.1　比释动能和吸收剂量 ·· 82
5.1.2　剂量当量 ·· 83
5.2　中子雷姆计 ·· 84
5.3　n-γ 混合场的剂量测量 ·· 85
5.3.1　总吸收剂量的测量 ·· 85
5.3.2　配对电离室测量(n,γ)混合场中的吸收剂量 ·· 86
5.3.3　双电离室测量(n,γ)场吸收剂量的不确定度 ·· 88
参考文献 ·· 89

第 6 章　中子能谱测量 ·· 91
6.1　反冲质子法测量中子能谱 ·· 91
6.1.1　反冲质子微分法 ·· 91
6.1.2　反冲质子积分法 ·· 91
6.1.3　测量微分中子能谱的核乳胶方法 ·· 93
6.2　球形含氢正比管探测器测量中子能谱 ·· 94
6.3　特殊核乳胶测量中子能谱的方法 ·· 95
6.3.1　载锂核乳胶 ·· 95
6.3.2　测量 10～20MeV 中子能谱的^{11}B 乳胶 ·· 96
6.4　阈探测器测量中子能谱 ·· 97
6.4.1　活化方程 ·· 98
6.4.2　用迭代法解中子能谱 ·· 98
6.4.3　常用的阈探测器的有关参数 ·· 99
6.5　中子 TOF 谱仪 ·· 99

- 6.5.1 飞行时间法原理 ... 100
- 6.5.2 快中子 TOF 谱仪的结构 ... 101
- 6.5.3 快中子 TOF 谱仪的分类 ... 101
- 6.5.4 TOF 谱仪的有机闪烁探头 ... 102
- 6.5.5 快中子 TOF 谱仪的应用 ... 105
- 6.6 聚变中子测温 ... 105
  - 6.6.1 聚变中子谱 ... 105
  - 6.6.2 热核聚变中子数 ... 108
  - 6.6.3 用 TOF 法测量聚变中子谱和聚变温度 ... 109
- 6.7 其他中子能谱测量方法 ... 110
  - 6.7.1 多球谱仪 ... 110
  - 6.7.2 基于瞬发γ射线的中子能谱测量 ... 110
- 参考文献 ... 111

第 7 章 辐射防护问题 ... 113
- 7.1 γ射线的屏蔽 ... 113
  - 7.1.1 窄束γ射线在物质中的减弱 ... 113
  - 7.1.2 宽束γ射线衰减规律 ... 113
  - 7.1.3 γ点源的屏蔽计算 ... 114
- 7.2 中子屏蔽 ... 114
  - 7.2.1 同位素中子源的屏蔽 ... 114
  - 7.2.2 快中子的屏蔽 ... 115
  - 7.2.3 中子反照率 ... 117
  - 7.2.4 中子的大气反散射 ... 118
- 参考文献 ... 120

第 8 章 宏观中子物理 ... 122
- 8.1 中子慢化 ... 122
  - 8.1.1 质心系和实验室系的中子散射 ... 122
  - 8.1.2 实验室系的中子散射角余弦的平均值 ... 123
  - 8.1.3 质心系球对称系统的中子散射 ... 123
  - 8.1.4 弹性散射的能量损失 ... 124
  - 8.1.5 不同散射核散射性质的比较 ... 124
  - 8.1.6 不同散射核的慢化能力和慢化比 ... 124
  - 8.1.7 减速中子能谱 ... 125
- 8.2 中子扩散 ... 127
  - 8.2.1 输运方程的扩散近似 ... 127
  - 8.2.2 简单扩散理论的适用条件 ... 128
  - 8.2.3 扩散方程的边界条件 ... 129
  - 8.2.4 扩散方程的应用 ... 129
  - 8.2.5 单群扩散方程 ... 131
  - 8.2.6 费米年龄方程 ... 134

8.3 中子输运理论 137
8.4 多组理论 137
参考文献 139

第9章 中子输运 141
9.1 一般分析 141
9.2 中子与介质相互作用的物理过程 141
- 9.2.1 裂变过程 141
- 9.2.2 辐射俘获过程 142
- 9.2.3 散射过程 142
- 9.2.4 其他核反应过程 143

9.3 中子输运方程 143
- 9.3.1 基本物理量的定义 143
- 9.3.2 中子输运方程的建立 145
- 9.3.3 中子输运方程的边界条件 146
- 9.3.4 中子输运方程的共轭方程 147
- 9.3.5 输运方程的近似处理 147
- 9.3.6 单群理论 149
- 9.3.7 与能量有关的输运方程的数值求解方法 152

9.4 微扰理论和灵敏度分析方法 155
- 9.4.1 反应堆的微扰理论 156
- 9.4.2 灵敏度分析方法 157

参考文献 158

第10章 中子散射 160
10.1 简史与概要 160
- 10.1.1 发展历史 160
- 10.1.2 技术特点 161

10.2 原理及相关理论 161
- 10.2.1 基本概念 161
- 10.2.2 基本理论 163

10.3 中子散射实验设备和方法 185
- 10.3.1 中子源概述 185
- 10.3.2 稳态反应堆 187
- 10.3.3 散裂中子源 188
- 10.3.4 中子衍射 189
- 10.3.5 磁性中子衍射 194
- 10.3.6 中子小角散射 195
- 10.3.7 中子反射仪 199
- 10.3.8 三轴谱仪 200
- 10.3.9 背散射谱仪 201
- 10.3.10 自旋回波谱仪 201

10.4 中子散射在基础研究、工业以及国防等领域的应用 ……… 202
10.4.1 基础研究 ……… 202
10.4.2 生物分子研究 ……… 203
10.4.3 工业应用 ……… 206
10.4.4 中子散射探雷技术 ……… 209
参考文献 ……… 210

第 11 章 中子活化分析 ……… 213
11.1 中子活化分析原理 ……… 213
11.1.1 活化分析公式推导 ……… 213
11.1.2 中子能量、通量和反应截面 ……… 215
11.1.3 中子活化分析中的标准化方法 ……… 218
11.2 快、慢中子活化分析技术 ……… 221
11.2.1 常用的中子核反应 ……… 221
11.2.2 中子活化分析设备 ……… 221
11.2.3 样品制备 ……… 223
11.2.4 干扰反应 ……… 224
11.2.5 放射性活度测量和核素鉴别 ……… 225
11.3 利用反应堆中子的元素分析 ……… 228
11.3.1 反应堆中子活化分析简介 ……… 228
11.3.2 ReNAA 的基本操作 ……… 231
11.3.3 ReNAA 的主要应用 ……… 241
11.4 瞬发γ中子活化分析 ……… 244
11.4.1 瞬发γ中子活化分析简介 ……… 244
11.4.2 PGNAA 的基本操作 ……… 246
11.4.3 PGNAA 的主要应用 ……… 248
参考文献 ……… 252

第 12 章 中子治癌 ……… 256
12.1 快中子治癌 ……… 256
12.1.1 快中子治癌历史 ……… 256
12.1.2 物理基础 ……… 257
12.1.3 生物基础 ……… 258
12.1.4 临床应用 ……… 262
12.2 硼中子俘获治疗 ……… 263
12.2.1 BNCT ……… 263
12.2.2 B 载体 ……… 266
12.2.3 中子源 ……… 269
12.2.4 前景 ……… 270
12.3 ^{252}Cf 中子刀治疗 ……… 270
12.3.1 ^{252}Cf 中子刀治疗历史 ……… 271

目 录　xi

   12.3.2　应用现状 ··· 271
  参考文献 ··· 272
第 13 章　中子照相技术 ·· 274
  13.1　中子照相技术的发展概况 ··· 274
  13.2　中子照相技术的基本原理、影响因素及分类 ·· 274
   13.2.1　中子照相技术的基本原理 ·· 274
   13.2.2　影响中子照相质量的因素 ·· 275
   13.2.3　中子照相的分类 ·· 277
  13.3　中子照相装置 ·· 278
   13.3.1　中子照相装置的组成 ·· 278
   13.3.2　固定式中子照相装置 ·· 278
   13.3.3　可移动式中子照相装置 ·· 284
   13.3.4　中子照相转换屏 ·· 292
   13.3.5　中子照相成像系统 ·· 293
  13.4　中子照相的应用 ·· 296
  13.5　基于中子的元素成像技术 ··· 297
   13.5.1　基于中子共振成像技术的元素成像技术 ·· 297
   13.5.2　基于 PGNAA 技术的元素成像技术 ··· 299
   13.5.3　发展趋势 ·· 301
  参考文献 ··· 303
第 14 章　中子测井 ·· 304
  14.1　热中子测井 ··· 305
   14.1.1　热中子密度与源距的关系 ·· 305
   14.1.2　补偿中子测井原理 ·· 306
   14.1.3　热中子测井技术 ·· 307
  14.2　超热中子孔隙度测井 ·· 312
   14.2.1　超热中子通量密度的空间分布 ·· 312
   14.2.2　超热中子通量密度与源距的关系 ·· 313
   14.2.3　超热中子测井方法 ·· 314
  14.3　碳氧比能谱测井 ·· 315
   14.3.1　地质基础 ·· 315
   14.3.2　碳氧比能谱测井原理 ·· 317
   14.3.3　非弹和俘获时间门内测得的 γ 能谱 ··· 318
   14.3.4　γ 能谱处理方法 ··· 322
   14.3.5　碳氧比能谱测井的主要应用 ·· 322
  参考文献 ··· 324

第1章

Q 方程及其应用

核反应主要研究两个问题：①核反应运动学，在能量和动量守恒下，研究核反应的一般规律；②核反应动力学，研究参与核反应的各类粒子之间的相互作用机制、发生概率、反应理论模型和核结构等.

1.1 核反应和反应道

19世纪末，科学工作者对物质结构的研究开始进入到微观领域，人们在这方面的研究取得了可喜的成果. 在这些发展中，原子核物理的研究起了关键作用. 核物理是一个国际上竞争十分激烈的科技领域. 世界各国都投入了相当大的人力物力来进行这方面的研究工作.

原子核与原子核，或者原子核与其他粒子（如中子、γ光子等）之间的相互作用所引起的各种变化叫做核反应. 各式各样的核反应是产生不稳定原子核的最根本的途径.

核反应过程对原子核内部结构的扰动以及所牵涉的能量变化一般要比核衰变过程大得多. 例如，核衰变只涉及低激发能级，通常在 3~4MeV 以下，这是衰变核谱学的一个局限性. 核反应涉及的能量可以很高，通常在一个核子的分离能以上，甚至高达几百 MeV 以上. 核反应是获得原子能和放射性核素的重要途径，对它的研究具有很大的实际意义.

1.1.1 实现核反应的途径

要使核反应过程能够发生，原子核或其他粒子（如中子、γ光子等）必须足够接近另一原子核，一般须达到核力作用范围之内，即小于 10^{-12} cm 的数量级. 实现这一条件可以通过以下三个途径.

（1）用放射源产生的高速粒子去轰击原子核. 例如，1919年卢瑟福实现的历史上第一个人工核转变就是用放射源 RaC′(^{214}Po)的 α 粒子去轰击氮原子核，引起核反应

$$^{14}_{7}\text{N} + ^{4}_{2}\text{He} \longrightarrow ^{17}_{8}\text{O} + ^{1}_{1}\text{H} \tag{1.1}$$

上式表示 α 粒子打在 $^{14}_{7}$N 核上，使 $^{14}_{7}$N 核变成 $^{17}_{8}$O 核，同时放出一个质子 p($^{1}_{1}$H 核). 这里，α 粒子称为入射粒子，也叫轰击粒子；$^{14}_{7}$N 核称为靶核；$^{17}_{8}$O 和 $^{1}_{1}$H 统称为反应产物，其中较重者 $^{17}_{8}$O 称为剩余核，较轻者 $^{1}_{1}$H 称为出射粒子. 通常把反应式(1.1)简写为

$$^{14}_{7}\text{N}(\alpha,\text{p})^{17}_{8}\text{O} \tag{1.2}$$

用放射源提供入射粒子来研究核反应，入射粒子种类很少，强度不大，能量不高，而且不能连续可调，目前已很少使用.

（2）利用宇宙射线来进行核反应. 宇宙射线是指来自宇宙空间的高能粒子. 宇宙射线的能

量一般都很高,最高可达 10^{21} eV,用人工方法来产生这样高能量的粒子近期是难以实现的.用它作为入射粒子来研究高能核反应有可能发现一些新现象,其缺点是强度很弱,能观测到核反应的机会极小.然而,因为它具有上述独特的优点,所以人们一直在努力弥补它的缺点,为之做了不少高能物理方面的研究工作.

(3) 利用带电粒子加速器或反应堆来进行核反应.这是实现人工核反应的最主要的手段.随着粒子加速器技术的不断发展和性能改善,人们已经能够将几乎所有的稳定核素加速到单核子能量数百 MeV,甚至更高的能量,产生的束流在强度和品质方面也有极大提高.人们已经可以使用种类繁多、能区宽、束流强和品质好的入射束进行核反应实验,从而极大地扩展了核反应的研究领域.

1.1.2 核反应的分类

一般核反应可表示为

$$A+a \longrightarrow B+b \tag{1.3}$$

式中 A 和 a 分别表示靶核和入射粒子,B 和 b 分别表示剩余核和出射粒子,简写为

$$A(a,b)B \tag{1.4}$$

当入射粒子能量较高时,出射粒子可以不止一个,而是有两个或两个以上.例如,30MeV 的 α 粒子轰击 ^{60}Ni,可以产生反应

$$^{60}\text{Ni}+\alpha \longrightarrow ^{62}\text{Cu}+p+n \tag{1.5}$$

简写为 ^{60}Ni(α,pn)^{62}Cu;40MeV 的质子轰击 ^{209}Bi 可以产生反应

$$^{209}\text{Bi}+p \longrightarrow ^{206}\text{Po}+4n \tag{1.6}$$

简写为 ^{209}Bi(p,4n)^{206}Po.

核反应按出射粒子的不同,可以分为两大类,即核散射和核转变.

核散射是指出射粒子和入射粒子相同的核反应.核散射又分为弹性散射和非弹性散射两种.

弹性散射是指散射前后系统的总动能相等,原子核的内部能量不发生变化.弹性散射的一般表达式是

$$A+a \longrightarrow A+a \quad \text{或} \quad A(a,a)A \tag{1.7}$$

非弹性散射是指散射前后系统的总动能不相等,原子核的内部能量要发生变化.最常见的非弹性散射是剩余核处于激发态的情形,它的一般表达式是

$$A+a \longrightarrow A^*+a' \quad \text{或} \quad A(a,a')A^* \tag{1.8}$$

另一类核反应,即核转变,是指出射粒子和入射粒子不同的反应,如前面所举的式(1.5)反应即是.

核反应按入射粒子种类不同也可分为:

(1) 中子核反应.如中子弹性散射(n,n)、中子非弹性散射(n,n')、中子辐射俘获(n,γ)等.

(2) 带电粒子核反应.它又可分为:质子引起的核反应,如(p,p)、(p,n)、(p,α)等;氘核引起的核反应,如(d,p)、(d,α)等;α 粒子引起的核反应,如(α,n)、(α,p)等;重离子引起的核反应,如(^{12}C,4n)、(^{16}O,α3n)等.

(3) 光核反应.即γ光子引起的核反应,如(γ,n)、(γ,p)等.

此外,电子也可以引起核反应,其特点和光核反应类似.

核反应按轰击粒子的动能不同,分为:

(1) 低能核反应($E_入 \leqslant$140MeV).

(2) 中能核反应($140\text{MeV} < E_\text{入} \leqslant 1\text{GeV}$).
(3) 高能核反应($E_\text{入} > 1\text{GeV}$).

1.1.3 反应道

一个入射粒子 a,打到靶核 A 上,可能发生的核反应不止一个,每一个反应过程称为一个反应道. 例如

$$p + {}^7\text{Li} \longrightarrow \begin{cases} p + {}^7\text{Li}(\text{弹性散射}) \\ n + {}^7\text{Be} - 1.62\text{MeV}(\text{中子产生反应}, E_p \text{ 大于 } 1.89\text{MeV}) \\ T + {}^5\text{Li} - 4.34\text{MeV}(\text{造氚反应}, E_p \text{ 大于 } 5.07\text{MeV}) \end{cases} \quad (1.9)$$

反应前的道称为入射道,反应后的道称为出射道,对于同一个入射道,可以有若干个出射道,如式(1.9)所示的反应. 对于同一个出射道,也可以有若干个入射道,例如

$$\left.\begin{matrix} {}^6\text{Li} + d \\ {}^7\text{Be} + n \end{matrix}\right\} {}^7\text{Li} + p \longrightarrow {}^4\text{He} + \alpha \quad (1.10)$$

产生各个反应道的概率是不等的,而且这种概率随入射粒子能量的变化而不同. 能量增大时,一般要增加出射道. 对于一定的入射粒子和靶核,到底能产生哪种反应道,这与核反应机制和核结构等问题都有关,同时它要被一些守恒定律所约束.

再例如,氢弹里的核反应

$$\left.\begin{matrix} D + D \longrightarrow n + {}^3\text{He} + 3.27\text{MeV}(\text{放出 2.5MeV 能量的中子}) \\ D + D \longrightarrow T + p + 4.03\text{MeV} \\ D + T \longrightarrow {}^4\text{He} + n + 17.6\text{MeV}(\text{放出 14.1MeV 能量的中子}) \\ {}^6\text{Li} + n \longrightarrow {}^4\text{He} + T + 4.8\text{MeV}(\text{造氚反应}) \end{matrix}\right\} \text{氢弹里的聚变反应}$$

(1.11)

两轻核聚合时,必须克服库仑斥力,高速运动的粒子必须在核力作用的 1fm(即 1×10^{-13}cm)范围内才可能发生聚变反应. 因此需要靠裂变反应提供高温、高压,以增大核密度,形成高浓密等离子体,这就是氢弹的爆炸原理. 参与聚变的 D、T 来自 LiD(T)固体或 D-T 混合气体.

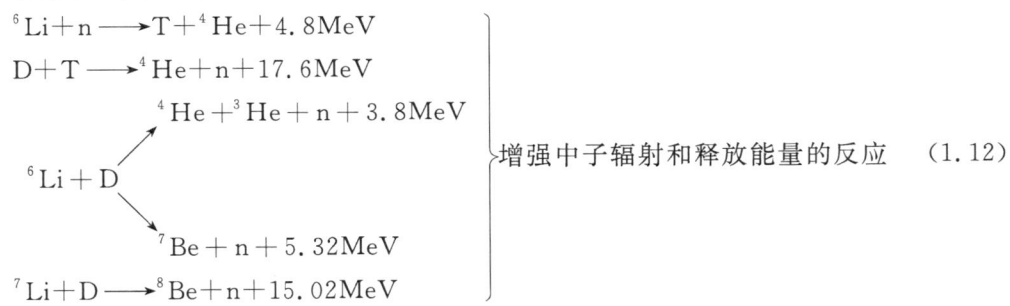

$$\begin{matrix} {}^6\text{Li} + n \longrightarrow T + {}^4\text{He} + 4.8\text{MeV} \\ D + T \longrightarrow {}^4\text{He} + n + 17.6\text{MeV} \\ {}^6\text{Li} + D \longrightarrow \begin{cases} {}^4\text{He} + {}^3\text{He} + n + 3.8\text{MeV} \\ {}^7\text{Be} + n + 5.32\text{MeV} \end{cases} \\ {}^7\text{Li} + D \longrightarrow {}^8\text{Be} + n + 15.02\text{MeV} \end{matrix} \right\} \text{增强中子辐射和释放能量的反应} \quad (1.12)$$

${}^{238}\text{U} + n$(快中子)可使爆炸当量增大超过总当量的 80% 左右. 由于 ${}^{238}\text{U}$ 裂变释放出大量放射性沉降物,因此把含 ${}^{238}\text{U}$ 包层的三相核弹也称肮脏氢弹.

中子弹与其他核弹的区别在于:力学能量大为降低(即占约 20%),以 1000t TNT 当量的中子弹为例,爆炸后瞬发核辐射当量约占总爆炸当量的 40%,而原子弹瞬发核辐射当量仅占 5%,但中子辐射能量高达 50%,亦即力学破坏较小,中子杀伤效应增大,故把中子弹称为加强辐射弹. 这是因为:

(1) 中子弹不用 LiD(T)，只用 D-T 混合气体，这样裂变不需要提供太高压力和温度给 D-T 气体.

(2) 用同样 1000t TNT 当量，中子弹可释放 1.2×10^{25} 个高能中子，而原子弹仅释放出平均能量为 0.8MeV 的 2×10^{23} 个中子.

(3) 先进的中子弹. 300t TNT 当量，主要利用如下核反应：

$$\left.\begin{array}{l}^9Be+n\longrightarrow {}^8Be+2n\\ {}^9Be+\gamma\longrightarrow {}^8Be+n\\ {}^9Be+{}^4He\longrightarrow {}^{12}C+n\end{array}\right\}\text{中子增殖反应}({}^4He\text{ 来自 }T+D\longrightarrow n+{}^4He) \quad (1.13)$$

$$\left.{}^9Be+p\begin{array}{l}\nearrow n+{}^4He+{}^5Li-3.5\text{MeV}\\ \searrow n+2{}^4He+p-1.6\text{MeV}\\ D+n\longrightarrow 2n+p-2.1\text{MeV}\end{array}\right\}p\text{ 来自 }D(d,p)T\text{，既增殖中子，又降温} \quad (1.14)$$

可见，Be 起如下作用：吸收热核反应能量，达到降温效果，导致力学效应减弱，增殖大量中子，加强中子杀伤效应.

1.2　Q　方　程

1.2.1　反应能

对于两体反应

$$a+A\longrightarrow b+B \tag{1.15}$$

根据能量守恒

$$M_ac^2+E_a+M_Ac^2+E_A=M_bc^2+E_b+M_Bc^2+E_B \tag{1.16}$$

核反应过程中释放出的能量称为反应能，通常用符号 Q 表示. 因此，反应能就是反应后的动能减去反应前的动能. 因此

$$\begin{aligned}Q&\equiv[(M_a+M_A)-(M_b+M_B)]c^2 \quad \text{（静止能量的释放）}\\ &=(E_b+E_B)-(E_a+E_A) \quad \text{（动能的增加）}\end{aligned} \tag{1.17}$$

式中，M_A，M_a，M_B，M_b 代表反应前后相应粒子的原子质量；E_A，E_a，E_B，E_b 分别表示靶核、入射粒子、剩余核、出射粒子的动能；且本式的推导中采用原子质量来代替核的质量. 这是因为核的总电荷在反应前后不变，则原子中的电子总数也不变，于是在原子质量相减的过程中，电子质量相消了. 当然，反应前后电子在原子中的结合能是有变化的，但它甚小，可以忽略不计.

式(1.17)表明，Q 值既可以通过实验测量反应前后各粒子的动能求得，也可以由已知的各粒子的原子质量算出.

由于 $1u=1.6605655\times10^{-27}$kg，$c=2.99792453\times10^8$m/s，1MeV$=1.60217733\times10^{-13}$J，所以 $1u\cdot c^2=1.492522\times10^{-10}J=931.5$MeV.

例如

$$p+{}^7Li\longrightarrow\alpha+\alpha+Q$$
$$\begin{aligned}Q&=(M_p+M_{{}^7Li}-2M_\alpha)c^2\\ &=(1.007825+7.01600-2\times4.002603)\times931.5=17.34(\text{MeV})\end{aligned}$$

式(1.17)还可以通过反应前后有关粒子的结合能之差表示出来. 令 m_{aA} 表示粒子 a 与靶核 A 结合而成的中间核的质量, m_{bB} 表示粒子 b 与剩余核 B 结合时生成核的质量, 显然有 $m_{aA}=m_{bB}$. 当式(1.17)第一个恒等式右边括号内同时减去 m_{aA} 时, 有

$$Q = [(M_A + M_a - M_{aA}) - (M_B + M_b - m_{bB})]C^2$$
$$= B_{aA} - B_{bB} \tag{1.18}$$

式中, B_{aA} 为粒子 a 与靶核 A 的结合能, B_{bB} 为粒子 b 与剩余核 B 的结合能. 由此式可见, 当 $B_{aA} > B_{bB}$ 时, 为放能反应; 反之, 为吸能反应.

如果反应的剩余核不处于基态, 则 $Q' = Q - E'_B$, 这里 E'_B 是剩余核的激发态能量.

1.2.2 质量亏损

Q 值是参与核反应的粒子结合能的释放. 原子核是由质子和中子组成的, 但原子核的质量总是小于组成它的核子质量之和, 其差额称为质量亏损 Δm, 即组成某一原子核的核子质量和与该原子核质量之差.

$$\Delta M(Z, A) = ZM(^1H) + (A - Z)m_n - M(Z, A) \tag{1.19}$$

实验发现, 所有的原子核都有正的质量亏损, 即

$$\Delta M(Z, A) > 0 \tag{1.20}$$

以氘核为例, 氘核由一个中子和一个质子组成, $m_d = 2.014102u$, 而 $m_n = 1.008655u$, $m_p = 1.007825u$, 所以

$$\Delta M = (1.008665 + 1.007825) - 2.014102 = 2.388 \times 10^{-3} u \tag{1.21}$$

$$\Delta E = \Delta mc^2 = 2.225 \text{MeV} \tag{1.22}$$

这说明 1 个质子和 1 个中子聚合成 1 个氘核时, 就会释放出 2.225MeV 的能量.

任何两粒子结合成一个较重的粒子时, 都有能量释放出来. 一个电子和一个质子结合成一个氢原子时, 就释放出 13.6eV 能量, 这相对于电子静止能量 0.511MeV 来说, 仅为 $\frac{13.6\text{eV}}{0.511\text{MeV}}$ $\approx 3 \times 10^{-5}$, 太小了. 虽然一个中子和一个质子结合成一个氘核时释放出 2.225MeV 能量, 但只是中子静止能量 939.61MeV 的 1.2%, 也是很小的.

1.2.3 结合能与比结合能

原子核的质量比组成它的核子的总质量小, 表示由自由核子结合而成原子核的时候, 有能量释放出来. 这种表示自由核子组成原子核所释放的能量称为原子核的结合能. 核素的结合能用 $B(Z, A)$ 来表示. 根据相对论质能关系, 它与核素的质量亏损 $\Delta M(Z, A)$ 的关系是

$$B(Z, A) = \Delta M(Z, A)c^2 \tag{1.23}$$

对于 ^{4}He 来说, $B(^4\text{He}) = \Delta M(^4\text{He})c^2 = 28.30\text{MeV}$. 这就是说, 2 个质子、2 个中子结合成一个氦核, 要放出 28.30MeV 的能量. 相应地有质量的减少, 这就是 ^{4}He 的质量亏损. 或者说, 若将 ^{4}He 核拆成自由的核子, 为了克服核子之间的作用力, 要用 28.30MeV 的能量对体系做功.

因而, 可由核素的原子质量来计算原子核的结合能. 如果一个原子核的质量为 M, 它由 Z 个质子和 N 个中子组成, 则结合能表示为

$$B(Z, A) = (Zm_p + Nm_n - M)c^2 = [ZM_H + (A - Z)m_n - M]c^2 \tag{1.24}$$

式中, M_H 为氢原子质量, m_n 为中子质量.

通常不同核素的结合能差别很大, 一般地说, 核子数 A 大的原子核结合能 B 也越大. 原子

核平均每个核子的结合能又称为比结合能,用 ε 表示

$$\varepsilon = \frac{B(Z,A)}{A} \tag{1.25}$$

比结合能 ε 表示若把原子核拆成自由核子,平均对于每个核子所要做的功. ε 的大小可用以标志原子核结合松紧的程度. ε 越大的原子核结合得越紧;ε 越小的原子核结合得越松.

对于稳定的核素 $^A_Z X$,以 ε 为纵坐标、A 为横坐标作图,可以连成一条曲线,称为比结合能曲线,如图 1.1 所示. 从图中可以看出一些特点,找到一些规律.

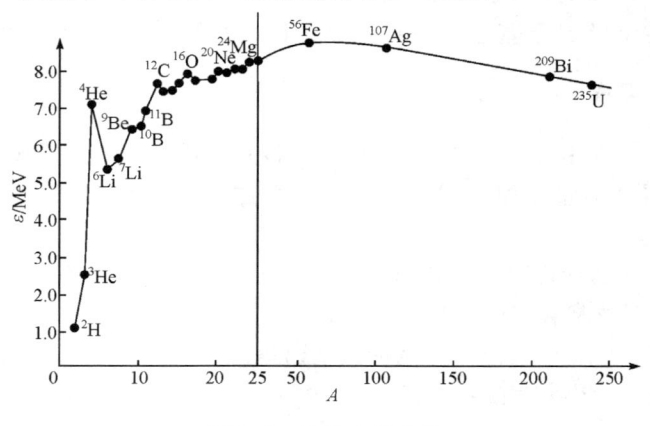

图 1.1 比结合能曲线

(1) 当 $A<30$ 时,曲线的趋势是上升的,但是有明显的起伏. 在图中,峰的位置都在 A 为 4 的整数倍的地方,如 ^{4}He、^{12}C、^{16}O 和 ^{20}Ne 等,这些原子核的质子数 Z 和中子数 $N=A-Z$ 都是偶数,称为偶偶核,而且它们的 Z 和 N 还相等,这表明对于轻核可能存在 α 粒子的集团结构.

(2) 当 $A>30$ 时,ε≈8MeV. 与 A 较小时,曲线的明显起伏不同,近似地有 ε≈B/A≈常数,即 $B \propto A$. 这表明原子核的结合能粗略地与核子数成正比. 每个核子的结合能比原子中每个电子的结合能要大得多,说明在原子核中核子之间的结合是很紧的,而原子中原子核对电子的束缚要松得多.

(3) 曲线的形状是中间高,两端低. 说明 A 为 50~150 的中等质量的核结合得比较紧,很轻的核和很重的核($A>200$)结合得比较松,正是根据这样的比结合能曲线,物理学家预言了原子能的利用. 一种是重核的裂变,一个很重的原子核分裂成两个中等质量的原子核,ε 由小变大,有核能释放出来,俗称原子能. 例如,重核 ^{235}U 吸收一个中子而成为 ^{236}U,随之可裂变成两个中等质量的碎片核. ε 由 7.6MeV 增大到 8.5MeV. 一次裂变约有 200MeV 的能量释放出来. 这就是原子弹和裂变反应堆能够释放出巨大能量的道理. 另一种是轻核的聚变,两个很轻的原子核聚合成一个重一些的核,ε 由小变大,也有核能释放出来. 例如,氘核和氚核聚合反应生成氦核,并有中子放出,反应式为

$$^2H + ^3H \longrightarrow ^4He + n \tag{1.26}$$

一次这样的聚变反应就有 20MeV 以上的核能放出. 这就是氢弹和热核反应释放大量能量的基本原理.

1.2.4 Q 方程的推导

在实验室坐标系中,假设靶核是静止的(即 $E_A=0$),用 $\boldsymbol{P}_a$、$\boldsymbol{P}_b$ 和 $\boldsymbol{P}_B$ 分别表示入射、出射粒子和剩余核的动量,θ_L 和 Ψ_L 分别表示出射粒子和剩余核的出射角(图 1.2).

根据动量守恒
$$\mathbf{P}_a = \mathbf{P}_b + \mathbf{P}_B \tag{1.27}$$

根据能量守恒
$$E_a = E_b + E_B - Q \quad (Q \equiv (E_b + E_B) - (E_a + E_A)) \tag{1.28}$$

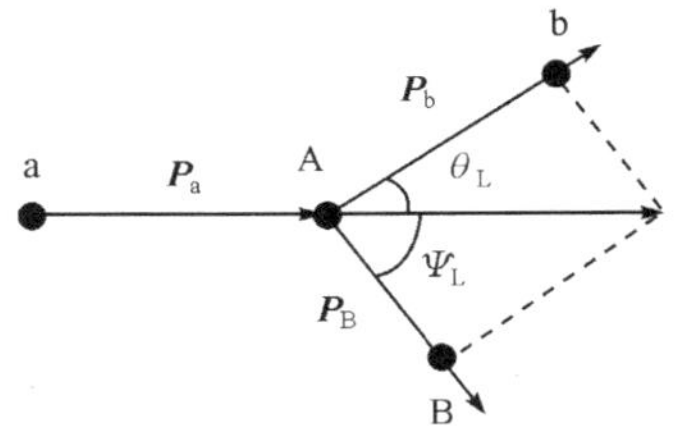

利用 $E = \frac{1}{2}mv^2$ 或 $P^2 = 2mE$，可得

图 1.2 核反应的粒子动量关系

$$P_B^2 = P_a^2 + P_b^2 - 2P_aP_b\cos\theta_L \tag{1.29}$$

$$m_B E_B = m_a E_a + m_b E_b - 2\sqrt{E_a E_b m_a m_b}\cos\theta_L \tag{1.30}$$

再利用 $Q = E_b + E_B - E_a$，可得

$$Q = \left(\frac{m_a}{m_B} - 1\right)E_a + \left(\frac{m_b}{m_B} + 1\right)E_b - \frac{2(m_a m_b E_a E_b)^{\frac{1}{2}}\cos\theta_L}{m_B} \tag{1.31}$$

把式中的质量 m 之比改写为质量数 A 之比，一般不会影响精确度

$$Q = \left(\frac{A_a}{A_B} - 1\right)E_a + \left(\frac{A_b}{A_B} + 1\right)E_b - \frac{2(A_a A_b E_a E_b)^{\frac{1}{2}}\cos\theta_L}{A_B} \tag{1.32}$$

可见，只要测量 θ_L 角方向的出射粒子的动能 E_b，即可求得 Q 值。当 $\theta_L = 90°$ 时，上述两式最后一项为零。所以，在 $\theta_L = 90°$ 方向进行测量，计算更为简单。此式称 Q 方程，若 B 处于激发态，则 $Q' = Q - E_B^*$。

例如
$$d + {}^6Li \longrightarrow p + {}^7Li + Q$$

当 $E_d = 1\text{MeV}$ 时，在 $\theta_L = 60°$ 方向测得能量分别为 5.44MeV 和 5.00MeV 的两群质子，说明 ${}^7Li$ 有一个处于激发态。

对于 $E_p = 5.44\text{MeV}$，有
$$Q_1' = \left(\frac{1}{7} + 1\right) \times 5.44 + \left(\frac{2}{7} - 1\right) \times 1 - \frac{2 \times \sqrt{1 \times 5.44 \times 2 \times 1}}{7}\cos 60° = 5.03(\text{MeV})$$

对于 $E_p = 5.00\text{MeV}$，有
$$Q_1' = \left(\frac{1}{7} + 1\right) \times 5.00 + \left(\frac{2}{7} - 1\right) \times 1 - \frac{2 \times \sqrt{1 \times 5.00 \times 2 \times 1}}{7}\cos 60° = 4.55(\text{MeV})$$

因此
$$E_{{}^7Li}^* = 5.03 - 4.55 = 0.48(\text{MeV})$$

令
$$u \equiv \frac{m_a m_b E_a}{m_b + m_B}\cos\theta_L, \quad w \equiv \frac{(m_B - m_a)E_a + m_B Q}{m_b + m_B} \tag{1.33}$$

则出射粒子能量为
$$E_b(\theta_L) = (u \pm \sqrt{u^2 + w})^2 \tag{1.34}$$

此方程为 Q 方程的另一种表达式，出射粒子能量为出射角的函数。

在以上讨论 Q 值时，是假设反应前后的粒子都处于基态。实际情形中，反应产物（特别是剩余核）可以处于激发态。通常称剩余核处于激发态时的 Q 值为实验 Q 值，用 Q' 表示。设剩余核的激发能为 E^*，则激发态剩余核的静止质量为

$$m_B^* = m_B + \frac{E^*}{c^2} \tag{1.35}$$

于是
$$Q' = \Delta m\, c^2 = (m_A + m_a - m_B^* - m_b)c^2 \tag{1.36}$$
即
$$Q' = Q - E^* \tag{1.37}$$
此处 Q 是剩余核处于基态时的反应能，由前所述，它可以通过各粒子的质量计算出来.

1.3 反应阈能和临界能量

对于 $Q>0$ 的放能反应
$$w \equiv \frac{(m_B - m_a)E_a + m_B Q}{m_b + m_B} > 0 \tag{1.38}$$
所以 $u^2 + w > 0$，$E_b(\theta_L)$ 是单值的. 对于 $Q<0$ 的吸能反应，w 可正可负，此时入射粒子能量 E_a 至少要大于某个值，才可保证 $u^2 + w \geqslant 0$，即 E_a 的最小值应满足 $u^2 + w = 0$. 在实验室坐标系中，能够引起核反应的入射粒子的最低能量称为该反应的阈能，以 E_{th} 表示.
$$\frac{m_a m_b E_a}{(m_b + m_B)^2}\cos^2 \theta_L + \frac{(m_B - m_a)E_a + m_B Q}{m_b + m_B} = 0 \tag{1.39}$$
当 $\theta_L = 0$ 时，E_a 最小，于是由
$$u^2 + w = \frac{m_a m_b E_a}{(m_b + m_B)^2}\cos^2 \theta_L + \frac{(m_B - m_a)E_a + m_B Q}{m_b + m_B} = 0 \tag{1.40}$$
可得到
$$E_a^{\min} = E_{th} = -\frac{m_b + m_B}{m_b + m_B - m_a} Q$$
而此时
$$E_b = u^2 = \frac{m_b m_B}{(m_b + m_B)^2} E_a$$
再由
$$Q \equiv [(M_a + M_A) - (M_b + M_B)]c^2 \longrightarrow m_a + m_A = m_b + m_B + \frac{Q}{c^2} \tag{1.41}$$
考虑 $m_A c^2 \gg Q$，故
$$m_a + m_A \approx m_b + m_B \tag{1.42}$$
由此代入上式 $\left(即\ E_{th} = -\dfrac{m_b + m_B}{m_b + m_B - m_a} Q\right)$，最后可得阈能表达式
$$E_{th} = \frac{m_a + m_A}{m_A}|Q| \tag{1.43}$$
例如
$$\alpha + {}^{14}N \longrightarrow p + {}^{17}O + Q$$
由于
$$Q = [(4.002603 + 14.003074) - (1.007825 + 16.999132)] \times 931.5 = -1.192(\text{MeV})$$
所以求得
$$E_{th} = \frac{4 + 14}{14} \times |-1.192| = 1.533(\text{MeV})$$

因为 $E_b(\theta_L) = (u \pm \sqrt{u^2+w})^2$，对应一个 θ_L，E_b 有两个值，但只要 $m_B > m_a$，在 $Q<0$ 时，E_a 大于某个值（即 $E_a \geqslant E_{cr}$），可得 $E_b(\theta_L)$ 为单值.

令 $w \equiv \dfrac{(m_B-m_a)E_a + m_B Q}{m_b + m_B} = 0$，则得到

$$E_a = E_{cr} = \frac{m_B}{m_B - m_a}|Q| \tag{1.44}$$

此式为吸热反应的出射粒子为单能时，入射粒子的临界能量，或者说当入射粒子能量 $E_a \geqslant E_{cr}$ 时，出射粒子是单能的.

只要 $E_{th} < E_a < E_{cr}$，则出射粒子的 $E_b(\theta_L)$ 必然在同一个 θ_L 出现双值能量. 出射粒子在半张角 θ_L^{max} 的圆锥内出现，当 $\theta_L > \theta_L^{max}$ 时，不出现出射粒子.

由

$$u^2 + w = \frac{m_a m_b E_a}{(m_b+m_B)^2}\cos^2\theta_L + \frac{(m_B-m_a)E_a + m_B Q}{m_b+m_B} = 0 \tag{1.45}$$

可得

$$\cos\theta_L^{max} = \sqrt{\frac{|w|}{m_a m_b E_a}}(m_b + m_B) \tag{1.46}$$

又如

$$\alpha + {}^{14}\text{N} \longrightarrow p + {}^{17}\text{O} + Q$$

$Q = -1.192\text{MeV}$，$E_{th} = 1.533\text{MeV}$，$E_{cr} = \dfrac{17}{17-4} \times |-1.192| = 1.559(\text{MeV})$

若假定 $E_a = 1.550\text{MeV}$（即 $E_{th} < E_a < E_{cr}$），则 E_p 肯定出现双值.

由于

$$w = \frac{(17-4)\times 1.550 + 17\times(-1.192)}{1+17} = -0.00633(\text{MeV})$$

所以

$$\cos\theta_L^{max} = \sqrt{\frac{|-0.00633|}{4\times 1\times 1.550}}(1+17) = 0.575, \quad \theta_L^{max} = 54.9°$$

这说明，当 $\theta_L < 54.9°$ 时，可测得质子，且其能量为双值.

1.4　Q 方程的应用

1.4.1　对于弹性散射 Q 方程的应用

因为 $Q=0$，$m_a = m_b = m_1$，$m_A = m_B = m_2$，由于

$$\begin{cases} E_b(\theta_L) = (u \pm \sqrt{u^2+w})^2 \\ u \equiv \sqrt{\dfrac{m_a m_b E_a}{m_b + m_B}}\cos\theta_L \\ w \equiv \dfrac{(m_B-m_a)E_a + m_B Q}{m_b + m_B} \end{cases} \Rightarrow \begin{cases} E_b(\theta_L) = K E_a \\ K = \left[\dfrac{m_1\cos\theta_L + \sqrt{m_2^2 - m_1^2\sin^2\theta_L}}{m_1 + m_2}\right]^2 \\ \text{且 } K \leqslant 1.0 \end{cases} \tag{1.47}$$

K 称为运动学因子，它是散射后的出射粒子能量和散射前的入射粒子能量的比值.

例 1.1 14MeV 中子在碳上的弹性散射，即 $^{12}C(n,n)^{12}C$（表 1.1）。

表 1.1 例 1.1 表

$\theta_L/(°)$	K	E_n（散射中子能量）/MeV
0	1.000	14
30	0.998	13.972
60	0.972	13.608
90	0.846	11.844
120	0.778	10.842

例 1.2 n-p 散射，$K=\cos^2\theta_L$，即 $E_n=E_{n0}\cos^2\theta_L$（表 1.2）。

表 1.2 例 1.2 表

$\theta_L/(°)$	K	E_n（散射中子能量）/MeV
0	1.000	E_{n0}
30	0.750	$0.75E_{n0}$
60	0.250	$0.25E_{n0}$
90	0.00	0

例 1.3 入射粒子 $E_d=2.5$MeV，在 ^{12}C 和 ^{144}Sm 上弹性散射（表 1.3）。

表 1.3 例 1.3 表

$\theta_L/(°)$	$^{12}C(d,d)^{12}C$ K	E'_d/MeV	$^{144}Sm(d,d)^{144}Sm$ K	E'_d/MeV
30	0.9126	2.39	0.9963	2.49
150	0.8336	2.08	0.9495	2.37

1.4.2 当 $E_a=0$ 时（常温或很低能的核反应）

由于

$$\begin{cases} E_b(\theta_L)=(u\pm\sqrt{u^2+w})^2 \\ u\equiv\sqrt{\dfrac{m_a m_b E_a}{m_b+m_B}}\cos\theta_L \quad(\text{因为}E_a=0,\text{所以}u=0) \\ w\equiv\dfrac{(m_B-m_a)E_a+m_B Q}{m_b+m_B} \quad\left(\text{因为}E_a=0,\text{所以}w=\dfrac{m_B Q}{m_b+m_B}\right) \end{cases} \quad (1.48)$$

因此

$$E_b=\frac{m_B}{m_b+m_B}Q \quad (1.49)$$

例 1.4 $d+T\longrightarrow n+{}^4He+Q$.

$Q=[(2.01410222+3.01604972)-(1.00866522+4.00260326)]\times 931.5=17.59(\text{MeV})$

$$E_b=E_n=\frac{4.00260326}{1.00866522+4.00260326}\times 17.59(\text{MeV})\approx\frac{A_a}{1+A_a}Q=14.05\text{MeV}$$

这说明入射的氘能接近零时,发生的中子在各个方向能量都是相同的,即与出射角 θ_L 无关.

例 1.5 d+D $\longrightarrow$ n+³He+Q.

计算得 $Q=3.27\text{MeV}$,当 $E_d=0$ 时,

$$E_n=\frac{3.01602973}{1.00866522+3.01602973}\times 3.27=2.5(\text{MeV})$$

所谓的冷聚变、常温聚变或热核反应都近似 $E_a=0$ 的情况.

但是当 $E_d>0$ 时,例如 $E_d=0.5\text{MeV}$ 时,就可得到如表 1.4 所示的结果.

表 1.4 例 1.5 表

$\theta_L/(°)$	$T(d,n)^4$He	$D(d,n)^3$He
0	$E_n=15.847\text{MeV}$	$E_n=3.573\text{MeV}$
180	$E_n=12.826\text{MeV}$	$E_n=1.886\text{MeV}$

对于 T-d、D-d 反应,只要 $E_d>0$,出射中子就会存在角分布,而且出射中子的能量随出射角度和 E_d 的变化而变化.

1.5 L 系和 C 系中出射角的转换

质心系可使两体问题转化为单体问题,出射粒子的微分截面有一定的对称性(即球对称或 90°对称),而实际测量总是在 L 系中进行,故必须知道两个坐标系的物理量之间的转换关系.

1.5.1 C 系中的能量关系

C 系能量 ≡ 在 C 系所有看到的粒子动能之和

C 系入射道能量 E'_a ≡ C 系中入射粒子和靶核动能之和

C 系出射道能量 E'_b ≡ C 系中出射粒子和剩余核动能之和

可以证明:

L 系(实验室坐标系)和 C 系(质心坐标系)中粒子运动学参数如图 1.3 所示,有

$$\text{L 系中入射粒子和靶核的总动能}=E_a+E_A(\text{L 系})=E'_a+E_C(\text{C 系}) \tag{1.50}$$

证明步骤如下:

假定靶核静止不动(即 $v_A=0$). 由动量守恒,得质心速度

$$v_C=\frac{m_a}{m_a+m_A}v_a \tag{1.51}$$

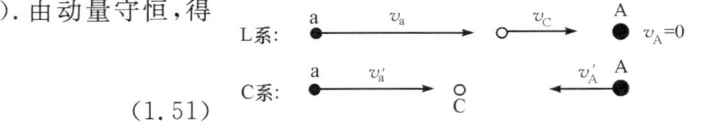

图 1.3 L 系和 C 系粒子运动学参数

靶核相对于质心的速度

$$v'_A=-v_C=-\frac{m_a}{m_a+m_A}v_a \tag{1.52}$$

由 E'_a 的定义,可得

$$E'_a \equiv \text{C 系中入射粒子动能}+\text{靶核动能}$$
$$=\frac{1}{2}m_a v'^2_a+\frac{1}{2}m_A v'^2_A=\frac{1}{2}m_a\left(\frac{m_A}{m_a+m_A}v_a\right)^2+\frac{1}{2}m_A\left(\frac{m_a}{m_a+m_A}v_a\right)^2$$

$$= \frac{1}{2}\frac{m_a m_A}{m_a+m_A}v_a^2 = \frac{m_A}{m_a+m_A}\frac{1}{2}m_a v_a^2 = \frac{1}{2}\mu v_a^2 = \frac{m_A}{m_a+m_A}E_a \tag{1.53}$$

式中，$\mu = \frac{m_a m_A}{m_a+m_A}$ 称为折合质量．可见 $E'_a = \frac{m_A}{m_a+m_A}E_a < E_a$，亦即入射道的质心系能量 E'_a 总是小于入射粒子的能量 E_a．又有 C 系的质心动能

$$E_C = \frac{1}{2}(m_a+m_A)v_C^2 \tag{1.54}$$

所以有

$$\begin{aligned}E'_a + E_C &= \frac{1}{2}\frac{m_a m_A}{m_a+m_A}v_a^2 + \frac{1}{2}(m_a+m_A)v_C^2 \\ &= \frac{1}{2}\frac{m_a m_A}{m_a+m_A}v_a^2 + \frac{1}{2}(m_a+m_A)\left(\frac{m_A}{m_a+m_A}v_a\right)^2 = \frac{1}{2}m_a v_a^2 = E_a\end{aligned} \tag{1.55}$$

可见

$$E'_a + E_C = E_a \quad \text{或} \quad E_a + E_A(\text{已假定为零}) = E'_a + E_C$$

同理，出射道的质心系能量与 L 系能量之间也有

$$E_b + E_B = E'_b + E_C \tag{1.56}$$

利用

$$\begin{cases} Q \equiv (E_b+E_B)-(E_a+E_A) = E_b+E_B-E_a \quad (\text{因为}E_A=0) \\ E_a+E_A = E'_a+E_C \\ E_b+E_B = E'_b+E_C \\ E_A = 0 \end{cases} \tag{1.57}$$

有

$$E'_b = E'_a + Q \tag{1.58}$$

这就是质心系出射粒子和入射粒子的能量关系．

1.5.2 θ_L 和 θ_C 的转换关系

v_b、v'_b 分别表示出射粒子 b 在 L 系和 C 系中的速度，如图 1.4 的矢量关系 $\boldsymbol{v}_b = \boldsymbol{v}'_b + \boldsymbol{v}_C$，由正弦定理

$$\frac{v_C}{\sin(\theta_C-\theta_L)} = \frac{v'_b}{\sin\theta_L} \quad \text{或} \quad \frac{v_C}{v'_b} = \frac{\sin(\theta_C-\theta_L)}{\sin\theta_L} \equiv \gamma$$

可见

$$\sin(\theta_C-\theta_L) = \gamma\sin\theta_L \quad \text{或} \quad \theta_C = \theta_L + \sin^{-1}(\gamma\sin\theta_L) \tag{1.59}$$

此为实验室系的出射角变成质心系的出射角的关系式．

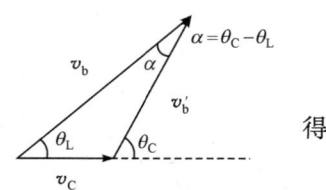

再根据余弦定理

$$v_b = \begin{cases} \sqrt{v'_b{}^2 + v_C^2 + 2v'_b v_C \cos\theta_C} \\ v_b\cos\theta_L = v_C + v'_b\cos\theta_C \quad (\text{即}v_b\text{在}v_C\text{方向上的投影}) \end{cases}$$

得

$$\cos\theta_L = \frac{\gamma+\cos\theta_C}{\sqrt{1+\gamma^2+2\gamma\cos\theta_C}} \tag{1.60}$$

图 1.4 L 系和 C 系的出射角

此即由质心系的出射角变换到实验室系的出射角的关系式

$$\cos\theta_L = \frac{\gamma + \cos\theta_C}{\sqrt{1+\gamma^2+2\gamma\cos\theta_C}}$$

1.5.3 γ 的计算

由于在 C 系中出射道的能量等于出射粒子的动能加上剩余核的动能

$$E_b' = E_a' + Q = \frac{1}{2}m_b v_b'^2 + \frac{1}{2}m_B v_B'^2 \tag{1.61}$$

又由于动量守恒，在 C 系中

$$m_b v_b' = m_B v_B' \tag{1.62}$$

所以

$$v_b'^2 = \frac{2m_B}{m_b(m_b+m_B)}(E_a'+Q) \tag{1.63}$$

由于

$$v_C^2 = \left(\frac{m_a}{m_a+m_A}v_a\right)^2 = \frac{2m_a}{(m_a+m_A)^2}E_a \tag{1.64}$$

考虑到 $m_a + m_A \approx m_b + m_B$，所以有

$$\gamma \equiv \frac{v_C}{v_b'} = \sqrt{\frac{m_a m_b}{(m_a+m_A)m_B} \times \frac{E_a}{E_a'+Q}} \tag{1.65}$$

而对于弹性散射，由于

$$Q = 0, \quad m_a = m_b = m_1, \quad m_A = m_B = m_2$$

故

$$E_a' = \frac{m_A}{m_a+m_A}E_a = \frac{m_2}{m_1+m_2}E_a \tag{1.66}$$

所以

$$\gamma = \sqrt{\frac{m_1^2}{(m_1+m_2)m_2} \times \frac{E_a}{\frac{m_2}{m_1+m_2}E_a}} = \frac{m_1}{m_2} \tag{1.67}$$

例如 n-p 散射，$\gamma=1$，当 $\theta_C = 180°$ 时，由 $\cos\theta_L = \frac{\gamma+\cos\theta_C}{\sqrt{1+\gamma^2+2\gamma\cos\theta_C}}$，可得 $\theta_L = 90°$，这说明中子在氢核上的散射角 $\theta_L \leqslant 90°$.

由式(1.67)知，γ 一般是入射粒子能量的函数。入射粒子能量固定时，对于确定的核反应，γ 是一常量。对于弹性散射，γ 与能量无关，因为此时 $Q=0$，$\gamma = \frac{A_a}{A_A}$. 就此讨论下面两种极端情形：

(1) 当 $A_A \gg A_a$ 时，$\gamma \approx 0$。则由式(1.67)得

$$\theta_C = \theta_L \tag{1.68}$$

(2) 当 $A_A = A_a$ 时，$\gamma = 1$。则由式(1.67)得

$$\theta_C = 2\theta_L \tag{1.69}$$

下面我们分两种情况来讨论 L 系和 C 系的相互转换与 γ 的关系.

(1) $\gamma < 1$. 此时 $v_C < v_b'$. $\boldsymbol{v}_b$、$\boldsymbol{v}_C$、$\boldsymbol{v}_b'$ 三者之间的关系如图 1.5 所示. 由图可见，当 $\theta_L = 0°$ 时，

$\theta_\mathrm{C}=0°$,v_b最大,即出射粒子在0°方向能量最高;当$\theta_\mathrm{L}=180°$时,$\theta_\mathrm{C}=180°$,v_b最小,即出射粒子在180°方向能量最低.v_b是出射角θ_L或θ_C的单调下降的函数.平常我们遇到的大部分核反应,一般都是$\gamma<1$,所以,大部分核反应的各种出射角度都可能发现出射粒子.γ越小,能量角分布越平坦,即出射粒子能量随出射角θ_L的变化越小.当$\gamma\to 1$时,出射粒子的能量随θ_L增大而下降最多,θ_L等于大角度处,出射粒子的能量趋于零.

(2) $\gamma>1$. 此时,$v_\mathrm{C}>v_b'$,v_b、v_C、v_b'三者之间的关系如图1.6所示.由图可见,对某一确定的θ_L,对应有两个θ_C,从而对应有两个v_b.所以,对于一个θ_L值,存在高低能两组出射粒子,高能组对应于小的θ_C值,低能组对应于大的θ_C值,这就是能量双值问题.另外,$\gamma>1$的情形,θ_L不能在0°~180°之间变化,只能小于或等于某一最大值$\theta_{\mathrm{L,m}}$,如图1.6所示.由图1.7可见,当$\theta_\mathrm{L}=\theta_{\mathrm{L,m}}$时,能量双值变成了单值,此时只对应一个$\theta_\mathrm{C}$值.显然,对于$\theta_{\mathrm{L,m}}$,有

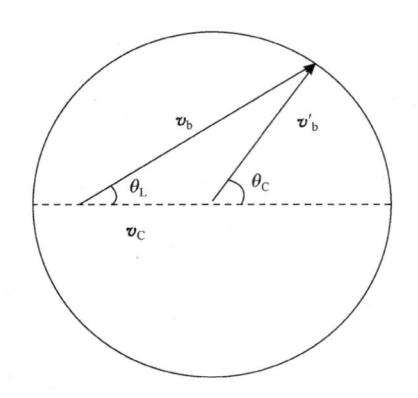

图1.5 $\gamma<1$时,v_b、v_C、v_b'三者之间的关系

$$\sin\theta_{\mathrm{L,m}}=\frac{v_b'}{v_\mathrm{C}}=\frac{1}{\gamma}$$

$$\theta_{\mathrm{L,m}}=\arcsin\left(\frac{1}{\gamma}\right) \tag{1.70}$$

当$\theta_\mathrm{L}>\theta_{\mathrm{L,m}}$时,不可能出现出射粒子,这种出射粒子只限于半张角为$\theta_{\mathrm{L,m}}$的圆锥内的现象,称为圆锥效应.利用圆锥效应,可以获得定向粒子束.圆锥效应出现的条件是$\gamma>1$.可见,通常的放能反应,一般不会出现$\gamma>1$,只有入射粒子比靶核重的情况下才会出现$\gamma>1$.对于吸能反应,入射粒子能量在接近阈能时,原则上可以出现圆锥效应,只是发生核反应的概率一般较小.

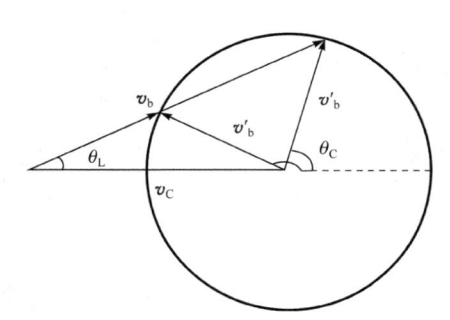

图1.6 $\gamma>1$时,v_b、v_C、v_b'三者之间的关系

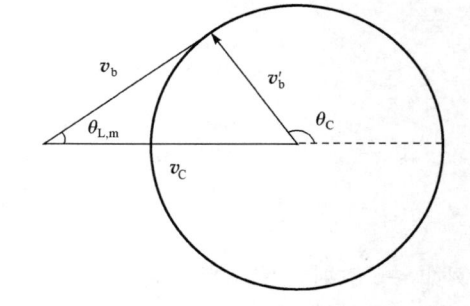

图1.7 $\gamma>1$时,$\theta_\mathrm{L}=\theta_{\mathrm{L,m}}$情形

1.5.4 L系和C系中的微分截面的转换

在核反应中,还常常使用微分截面.它比总截面或分截面能更细致地反映核反应的特征,而且在实验测量中通常它是一个直接可测得的量.

核反应的出射粒子往往可以向各方向发射.实验发现各方向的出射粒子数不一定相同,这表明出射粒子飞向不同方向的核反应概率不相等.

设单位时间出射值$\theta\to\theta+\mathrm{d}\theta$和$\Phi\to\Phi+\mathrm{d}\Phi$间的立体角$\mathrm{d}\Omega$内的粒子数为$\mathrm{d}N'$,则

$$\mathrm{d}N'\propto I N_s\mathrm{d}\Omega$$
$$\mathrm{d}N'=\sigma(\theta,\Phi)I N_s\mathrm{d}\Omega \tag{1.71}$$

式中，$\sigma(\theta,\Phi)$ 称为微分截面，通常也用符号 $\dfrac{\mathrm{d}\sigma}{\mathrm{d}\Omega}$ 来标记. 于是微分截面的表达式为

$$\sigma(\theta,\Phi)=\frac{\mathrm{d}N'}{I N_s \mathrm{d}\Omega}$$

$$=\frac{\text{单位时间出射至}(\theta,\Phi)\text{方向单位立体角内的粒子数}}{\text{单位时间的入射粒子数}\times\text{单位面积的靶核数}} \tag{1.72}$$

$\mathrm{d}\Omega$ 的单位是 sr，所以微分截面的单位是 $\mathrm{b}\cdot\mathrm{sr}^{-1}$ 或 $\mathrm{mb}\cdot\mathrm{sr}^{-1}$ 等.

微分截面是核反应中的一个重要的物理量. 其原因是：它既可以由实验直接测得，也可以由理论推导得出，便于实验和理论进行比较. 另外，要想从实验求得某种反应的分截面，往往需要通过微分截面的测量，将测量结果对立体角积分而得该反应道的分截面.

实验室中直接测定的微分截面是 L 系的微分截面 $\sigma_L(\theta_L)$，这里 θ_L 表示 L 系的出射角. 理论中计算的则是 C 系微分截面 $\sigma_C(\theta_C)$，这里 θ_C 表示 C 系中的出射角. 为了实验与理论能够进行比较，必须找出 $\sigma_L(\theta_L)$ 和 $\sigma_C(\theta_C)$ 的关系.

设在 L 系中，在 $\theta_L \sim \theta_L+\mathrm{d}\theta_L$ 立体角 $\mathrm{d}\Omega_L$ 中的出射粒子数为

$$\mathrm{d}n_L = n_i N_s \sigma_L(\theta_L)\mathrm{d}\Omega_L \tag{1.73}$$

其中，n_i 为入射粒子数，N_s 为单位面积上的靶核数.

在 C 系中，在 $\theta_C \sim \theta_C+\mathrm{d}\theta_C$ 立体角 $\mathrm{d}\Omega_C$ 中的出射粒子数为

$$\mathrm{d}n_C = n_i N_s \sigma_C(\theta_C)\mathrm{d}\Omega_C \tag{1.74}$$

由于出射粒子数不应随坐标系的选择而变化，故

$$\mathrm{d}n_L = \mathrm{d}n_C$$

$$\sigma_L(\theta_L)\mathrm{d}\Omega_L = \sigma_C(\theta_C)\mathrm{d}\Omega_C \tag{1.75}$$

又由于

$$\mathrm{d}\Omega = 2\pi\sin\theta\mathrm{d}\theta \tag{1.76}$$

所以

$$\sigma_L(\theta_L) = \sigma_C(\theta_C)\frac{\sin\theta_C}{\sin\theta_L}\frac{\mathrm{d}\theta_C}{\mathrm{d}\theta_L} \tag{1.77}$$

把 $\cos\theta_L = \dfrac{\gamma+\cos\theta_C}{\sqrt{1+\gamma^2+2\gamma\cos\theta_C}}$ 的两边对 θ_C 求导数，可得

$$\sin\theta_L = \frac{(1+\gamma\cos\theta_C)\sin\theta_C}{(1+\gamma^2+2\gamma\cos\theta_C)^{2/3}}\frac{\mathrm{d}\theta_C}{\mathrm{d}\theta_L} \tag{1.78}$$

将式(1.78)代入式(1.77)，可得

$$\sigma_L(\theta_L) = \frac{(1+\gamma^2+2\gamma\cos\theta_C)^{2/3}}{1+\gamma\cos\theta_C}\sigma_C(\theta_C) \tag{1.79}$$

同样，利用 $\theta_C = \theta_L + \arcsin(\gamma\sin\theta_L)$，对 θ_C 求导数，并结合上式，可得

$$\sigma_C(\theta_C) = \frac{(1-\gamma^2\sin^2\theta_L)^{1/2}}{(\gamma\cos\theta_C+\sqrt{1-\gamma^2\sin^2})^2}\sigma_L(\theta_L)\cdot\frac{\sin\theta_L}{\sin\theta_C} \tag{1.80}$$

1.6　中子的基本性质

中子的发现是 20 世纪物理学发展中一个很重要的事件，它与核反应诱发人工放射性、发

明带电粒子加速技术并列为20世纪30年代原子核研究发展中的三个里程碑.

把中子应用于研究物质结构的各门学科中,不仅引起原子核物理研究质的飞跃,而且因建立原子核是由质子与中子通过强相互作用构成的量子多体系的认识,以及对介子场理论研究和实验研究的深入而促成粒子物理学的发展.把中子应用于研究内容广袤的复杂结构物质,则促进了一系列交叉学科的发展.20世纪30年代后期划时代的核裂变现象的发现,不仅为核物理研究开辟了一个重要的分支领域,而且进一步促进了核物理与化学的紧密结合,形成核化学这一交叉学科.至于核裂变的应用已成为众所周知的对社会及经济发展具有深远影响的核能发展的基础.

在对中子的基本性质尚未了解清楚之前,它巨大的科学价值与社会影响就已广泛地显示出来.有关中子的基本性质及中子与原子核相互作用的部分知识,在1939年前主要是属英国剑桥大学卡文迪什(Cavendish)实验室及罗马大学费米(Fermi)研究组的贡献.在阿马尔迪(Amaldi)的专著中对发现中子的有趣的历程及随后若干年内对中子性质、中子与原子核相互作用及中子的输运研究作了很详细的介绍,下面将介绍的关于中子的粒子性中的部分数据所依据的实验方法基本上仍然是以这些早期工作所确立的方法为基础的改进与发展.

本章的阐述将以此为线索结合近几十年的发展展开.

1.6.1 中子的粒子性

(1) 质量.查德威克发现中子的工作,实质上是通过测量α粒子轰击Be核所发射的"未知"射线与H、Li、Be、B、C及N等轻原子核碰撞所产生的反冲核能量,再利用能量、动量守恒定律推算该射线粒子质量的实验完成的.通过某些有中子产生(或吸收)的核反应,根据运动学关系求出中子质量或中子质子质量差值,是确定中子质量的基本方法.现有中子质量的数据中,最精确的数值是通过测量慢中子 n+p⟶D+γ 反应中γ射线能量来确定结合能,再结合质谱法测定的 H_2^+ 和 D^+ 的质量差,推导出中子与氢原子质量差的方法求出的,即

$$m_n - m_p = (1293.331 \pm 0.017)\,\text{keV}$$

(2) 自旋.根据所有奇质量数原子核均服从费米-狄拉克(Fermi-Dirac)统计及慢中子在仲氢上相干散射实验结果,表明中子的自旋为 $\frac{\hbar}{2}$.

(3) 磁矩.氘核的磁矩小于质子磁矩,表明中子具有与质子反号的磁矩.利用核磁共振谱仪,测量中子束通过时的共振谱,以与中子束交替通过的水流(质子)共振谱作为校准磁场的基准,由此推算出中子磁矩为

$$\mu_n = -1.91304301(54)\mu_N$$

电中性的中子有磁矩表明中子内部有结构.在夸克模型中,中子是由(u,d,d)3个夸克组成的,其中顶夸克(u)具有 $\frac{2}{3}e$ 电荷,底夸克(d)具有 $-\frac{1}{3}e$ 电荷.假定中子磁矩由其组成夸克的磁矩合成,且夸克的磁矩正比于其电荷.据此简单的模型,得 $\frac{\mu_p}{\mu_n} = -\frac{3}{2}$,此值与实验值-1.46相符合.

(4) 中子寿命.中子的质量大于质子与电子的质量和,查德威克在1935年即指出,在自由状态下中子是不稳定的,其衰变式为

$$n \longrightarrow p + e^- + \tilde{\nu} \tag{1.81}$$

根据中子与氢原子的质量差,可以推断衰变电子能谱的端点为 $(782.318 \pm 0.017)\,\text{keV}$,实

验上观察到中子衰变是通过从反应堆中子束经电偏转引出正离子,并鉴定正离子为质子而被确认的.实验估算出中子衰变的半衰期在 10~25min.

因为中子寿命值对天体物理及导出弱相互作用基本常数具有重要作用,所以对中子寿命的测量工作几十年来一直未间断过,并不断改进.

测量中子寿命的方法有两种.根据中子衰变规律 $N(t)=N_0\exp(-t/\tau_n)$,第一种方法是测量在已知注量 N 中子束的一定体积内的衰变率 $\dot{N}$,$\tau_n=N/\dot{N}$;第二种方法是在中子瓶中储存 N_0 个中子,测量剩余中子数 $N(t)$ 随储存时间的关系,$\tau_{st}=\dfrac{t}{\ln\dfrac{N_0}{N(t)}}$,$\dfrac{1}{\tau_{st}}=\dfrac{1}{\tau_n}+\dfrac{1}{\tau_{los}}$,此处 τ_{los} 为储存中子的漏失时间常数,例如,被瓶壁所吸收.第一种方法需对中子束注量及衰变中子数(通过测衰变质子或电子)作绝对计数.因此确定质子(或电子)探测器的立体角、它所对应的中子束体积与中子注量的测量等均会引入系统误差.从 20 世纪 50 年代到 80 年代,通过实验方法的改进,使中子寿命的测量误差从 ±20% 减少到 ±2%.第二种方法是测 $N(t)$ 和 N_0 的相对值,因此,在保证实验条件恒定,并使 τ_{los} 比 τ_n 大几十乃至几百倍,则 $\tau_{st}\approx\tau_n$;中子瓶法至少可给出 τ_n 下限的精确值.20 世纪 80 年代以后,不同实验组采用不同的中子储存方法及瓶内壁的表面处理,以尽量增大 τ_{los},所得到的结果误差在 ±1%.

(5) 中子具有强的穿透能力.它与物质中原子的电子相互作用很小,基本上不会因为使原子电离和激发而损失其能量,因此比相同能量的带电粒子有强得多的穿透能力.

(6) 中子总体是电中性的.但是,实验结果显示中子具有内部的电荷分布.可以想象,如果中子内正负电荷分布的中子稍有不重合,中子就应该具有电偶极矩.中子的电偶极矩是否为零的问题是粒子物理学中的关键研究方向之一,因为通过不同的相互作用理论,它联系于宇称守恒和时间反演对称性.目前已经发现,如果在中子内部分开的正负电荷都为电子电荷 e 时,其中心的距离必须少于 10^{-24} cm.这个上限还不足够小,不能对理论上可能的相互作用形式做出肯定的选择,因而希望提高测量中子电偶极矩的实验精度.

表 1.5 给出了中子性质的参数表,表中一些数据是若干独立测量的评价值,其中给出上限值的量.

表 1.5 中子性质的参数表

量	数值
质量	$m_n=1.008664924(14)$u
自旋	$\sigma=1/2$
磁矩	$\mu_n=-1.91304301(54)\mu_N$
寿命	$\tau_n=(896\pm10)$s
电荷	$q_n=(-0.4\pm1.1)\times10^{-21}e$
电荷均方根半径	$r_n=(0.11\pm0.02)$fm
电偶极矩	$d_n<2.6\times10^{-25}e\cdot$cm
电极化率	$\alpha=(1.2\pm1.0)\times10^{-3}$fm^3
同位旋	$T=\dfrac{1}{2}$,$T_3=-\dfrac{1}{2}$

1.6.2 中子的波动性

在 20 世纪 20 年代中期,德布罗意(de Broglie)提出了关于微观粒子运动的波粒二象性的革命性概念,并导出粒子运动的动量与其对应的波长的关系式.自查德威克发现中子后,很快即观察到热中子在多晶铁样品上的类似于衍射图像的散射角分布.尽管这个实验很粗糙,但中子波动性的确认对于"中子波"在物质结构研究的不同领域中的应用具有深远的意义.

图 1.8 表示利用波长约 2nm 的冷中子通过一个 15μm 的"源"狭缝,并经 5m 飞行距离后,用相隔 100μm 的一对 22μm"实验"狭缝测试,在 5m 外测得的干涉图像.用常规的光学方法计算的干涉纹的理论曲线与实验点极好相符.这是中子波动性完美的演示.

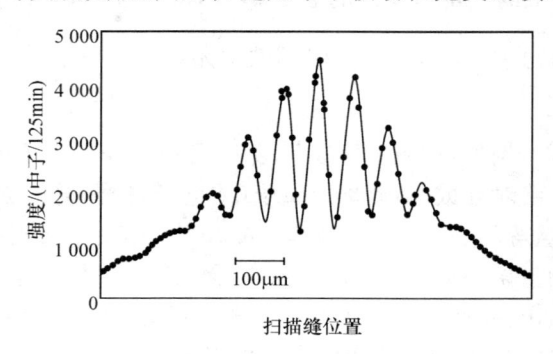

图 1.8 中子波干涉条纹

根据德布罗意给出的关系式

$$\lambda_n = \frac{2\pi\hbar}{p} \tag{1.82}$$

在非相对论能区,可把 λ_n 用中子动能 E_n 表示为

$$\lambda_n = \frac{2\pi\hbar}{\sqrt{2m_n E_n}} \tag{1.83}$$

图 1.9(a) 上标明了中子能量与波长的关系,同时也列出了相同波长所对应的电磁辐射的能量 (E_x).一些与中子波数值有关的关系式如下:

$$E_n(\text{eV}) = 8.617 \times 10^{-5} T$$

$$v_n(\text{m} \cdot \text{s}^{-1}) = 1.285 \times 10^2 \, T^{\frac{1}{2}}$$

$$\lambda_n(\text{nm}) = \frac{395.6}{v_n}$$

式中,T 的单位为 K,v_n 的单位为 m·s^{-1}.

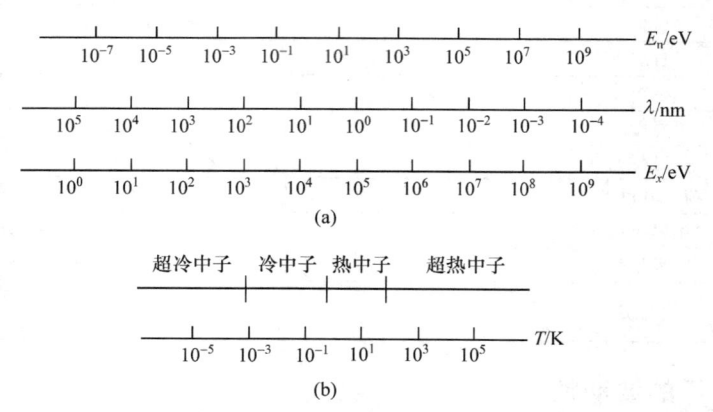

图 1.9 中子能量与波长的关系(a)及中子温度的划分(b)

在本书所讨论的中子能量范围内,波长相应跨越7个量级,从10nm到10^{-8}nm,即小至小于原子核的半径,大至几百个晶格原子间距.对于研究凝聚态物质结构而言,中子波长在0.1~1nm(即从300K的热中子到30K的冷中子能区)为最常用的.如图1.9(b)所示,当中子能量低于约3K(对应波长大于2nm)的甚冷中子(VCN)区,以及中子能量更低、波长达10nm量级的超冷中子(UCN)区,则如图1.9所示,中子波的干涉条纹与光学理论相符.在此极低能量的中子能区,将开拓"中子光学"或文献上所称"中子干涉学"的新的应用领域.

电子或电磁辐射(X射线、激光、同步辐射等)与介质通过电磁相互作用而观察介质的电子密度结构及其运动;而中子与介质的作用是与原子核的强相互作用,用中子波观察的是介质中原子的结构及其运动.利用"超冷中子光学"技术作为研究物质结构的一种新工具还有待于开发.

参 考 文 献

[1] 卢希庭,江栋兴,叶沿林.原子核物理.2版(修订版).北京:原子能出版社,2000:227-233.

[2] 刘圣康.中子物理.北京:原子能出版社,1986:1-157.

[3] Amaldi E. The Production and Slowing Down of Neutron. Berlin Heidelberg:Springer,1959:1-659.

[4] Bethe H A. Elementary Nuclear Theory:A Short Course on Selected Topics. New York:John Wiley & Sons Ltd,1947:1-29.

[5] Duderstadt J J,Martin W R. Transport Theory. New York:John Wiley & Sons Ltd,1979:10-323.

[6] Gamow G. Mass defect curve and nuclear constitution. Proceedings of the Royal Society of London. Series A,Containing Papers of a Mathematical and Physical Character,1930,126(803):632-644.

[7] Wigner E. On the mass defect of helium. Physical Review,1933,43(4):252-257.

[8] Sleno L. The use of mass defect in modern mass spectrometry. Journal of Mass Spectrometry,2012,47(2):226-236.

[9] Jobst K J,Shen L,Reiner E J,et al. The use of mass defect plots for the identification of (novel) halogenated contaminants in the environment. Analytical and Bioanalytical Chemistry,2013,405(10):3289-3297.

[10] Wapstra A H,Bos K. The 1977 atomic mass evaluation:in four parts part I. Atomic mass table. Atomic Data and Nuclear Data Tables,1977,19(3):177-214.

[11] Wapstra A H,Bos K. The 1977 atomic mass evaluation:in four parts part II. Nuclear-reaction and separation energies. Atomic Data and Nuclear Data Tables,1977,19(3):215-275.

[12] Jolivette P L,Goss J D,Bieszk J A,et al. Charged particle Q-value measurements in the iron region. Physical Review C,1976,13(1):439.

[13] Myers W D,Swiatecki W J. Nuclear masses and deformations. Nuclear Physics,1966,81(2):1-60.

[14] Brieva F A,Rook J R. Nucleon-nucleus optical model potential:(1). Nuclear matter approach. Nuclear Physics A,1977,291(2):299-316.

[15] Dunne G V,Thomas A W. The effect of conventional nuclear binding on nuclear structure functions. Nuclear Physics A,1986,455(4):701-719.

[16] Akulinichev S V,Kulagin S A,Vagradov G M. The role of nuclear binding in deep inelastic lepton-nucleon scattering. Physics Letters B,1985,158(6):485-488.

[17] Gove N B,Wapstra A H. The 1971 atomic mass evaluation in five parts:Part V. Nuclear-reaction Q-values. Atomic Data and Nuclear Data Tables,1972,11(2):127-128.

[18] Bombaci I,Polls A,Ramos A,et al. Microscopic calculations of spin polarized neutron matter at finite tem-

perature. Physics Letters B,2006,632(5):638-643.

[19] Anthony P L,Arnold R G,Band H R,et al. Determination of the neutron spin structure function. Physical Review Letters,1993,71(7):959-962.

[20] Martinelli G,Parisi G,Petronzio R,et al. The proton and neutron magnetic moments in lattice QCD. Physics Letters B,1982,116(6):434-436.

[21] Bates C,Pendlebury J M. Neutron lifetime measured with stored ultracold neutrons. Physical Review Letters,1989,63(6):593-596.

[22] Pichlmaier A,Varlamov V,Schreckenbach K,et al. Neutron lifetime measurement with the UCN trap-in-trap MAMBO II. Physics Letters B,2010,693(3):221-226.

[23] Voronin V V,Akselrod L A,Zabenkin V N,et al. New approach to test a neutron electroneutrality by the spin interferometry technique. Physics Procedia,2013,42:25-30.

[24] Rinehimer J A,Miller G A. Neutron charge density from simple pion cloud models. Physical Review C,2009,80(2):025206.

[25] Barr S M,Zee A. Electric dipole moment of the electron and of the neutron. Physical Review Letters,1990,65(1):21-24.

[26] Berruto F,Blum T,Orginos K,et al. Calculation of the neutron electric dipole moment with two dynamical flavors of domain wall fermions. Physical Review D,2006,73(5):054509.

[27] Pospelov M,Ritz A. Neutron electric dipole moment from electric and chromoelectric dipole moments of quarks. Physical Review D,2001,63(7):073015.

[28] Perez R B,Uhrig R E. Propagation of neutron waves in moderating media. Nuclear Science and Engineering,1963,17(1):90-100.

[29] Steyerl A,Ebisawa T,Steinhauser K A,et al. Experimental study of macroscopic coupled resonators for neutron waves. Zeitschrift für Physik B Condensed Matter,1981,41(4):283-286.

[30] Brown B A. Neutron radii in nuclei and the neutron equation of state. Physical Review Letters,2000,85(25):5296-5299.

第 2 章

中子源物理

2.1 中子的产生及主要指标

中子的突出特点是能量范围极广,跨越十几个量级,从 10^{-7} eV 以下到 10^9 eV 以上,因此不同能区的中子常用不同的方式产生.常见能区 10^{-2} eV~20 MeV 的中子源在过去的有关文献中已有相当详细的介绍,因此本书对这部分除了有些地方加入一些新的内容外,只作必要的概述.而着重于叙述这些文献中涉及不多的或近十年来有不少进展的能区的中子源,即 1~50 keV、8~14 MeV 和 20~200 MeV 的单能快中子源,10^{-7} eV 的冷中子源和 10^{-7} eV 以下的超冷中子源.从设备上来说,将介绍极有前途的散裂中子源.

自然界不存在自由中子,要获得中子需通过核反应,使原子核的激发能大于中子在核中的结合能才能把中子释放出来.设用 A(a,n)B 表示这个核反应,入射粒子 a 通常是带电粒子如 α、p、d 等或者是γ射线;靶核 A 则常选择中子结合能低的轻核以利于中子的释放.选择轻核还因为其库仑势垒也低,而且能级间距大,因而容易获得单色中子.常用的轻核有 D、T、^{7}Li、^{9}B、^{11}B 等.

借助核反应产生中子并提供使用的装置叫做中子源.常用的有放射性核素中子源、加速器中子源和反应堆中子源.中子源的主要指标是中子能量、中子产额(强度)、中子角分布及伴生γ射线.

1. 中子能量——Q 方程

中子能量可以从核反应 A(a,n)B 的运动学关系准确地计算出来.对于 A(a,n)B 二体反应,考虑 A 核是静止的,在非相对论条件下,根据核反应前后的能量和动量守恒,则有

$$E_a + Q = E_n + E_B \tag{2.1}$$

$$\boldsymbol{P}_a = \boldsymbol{P}_n + \boldsymbol{P}_b \longrightarrow P_B^2 = P_a^2 + P_n^2 - 2P_a P_n \cos\theta_L \tag{2.2}$$

所以

$$Q = \Delta mc^2, \quad E = \frac{P^2}{2m} \tag{2.3}$$

式中,E、p、m 分别是粒子的动能、动量和质量,Q 是反应能,θ 是出射中子和入射粒子方向间的夹角,脚标 A、a、n、B 分别指相应的粒子.

由此可得

$$Q = \left(1 + \frac{m_n}{m_B}\right)E_n - \left(1 - \frac{m_a}{m_B}\right)E_a - \frac{2}{m_B}\sqrt{m_a m_n E_a E_n}\cos\theta_L \tag{2.4}$$

式(2.4)被称作 Q 方程. 由此, 解 Q 方程可得中子能量为

$$E_n = \frac{m_a m_n}{(m_n+m_B)^2} E_a \left[\cos\theta_L \pm \sqrt{\cos^2\theta_L + \frac{m_B+m_n}{m_a m_n}\left(m_B - m_a + \frac{Q}{E_a}m_B\right)}\right]^2 \tag{2.5}$$

由此看出, 中子能量 E_n 是反应方式、反应能 Q、入射粒子能量 E_a 和中子出射方向 θ 的函数, 为方便起见, 中子能量 E_n 的表示式可写成

$$\sqrt{E_n} = \frac{1}{2}\left[\alpha\cos\theta_L \pm \sqrt{\alpha^2 \cos^2\theta_L + 4A}\right] \tag{2.6}$$

这里

$$\begin{cases} \alpha = \dfrac{2\sqrt{m_a m_n}}{m_n + m_B}\sqrt{E_a} & (2.7) \\[6pt] A = \dfrac{m_B - m_a}{m_B + m_n}E_a + \dfrac{m_B}{m_B + m_n}Q & (2.8) \end{cases}$$

显然, $\alpha \geq 0$.

当 $Q \geq 0$ 时, 式(2.6)括号内取正号, 于是 E_n 是 Q、E_a 和 θ_L 的单值函数. 随 Q 和 E_a 的增加而增大, 随 θ 的增加而减小. 并在 $\theta = 0°$ 时最大, 在 $\theta = 180°$ 时最小. 需要注意的是, $E(\theta) \neq E(\pi - \theta)$, 所以放热反应时, 在入射粒子有确定方向情况下, 随不同入射粒子能量, 在不同的中子出射方向上, 可得到不同能量的单能中子束.

由 Q 方程还可得到

$$E_n = \frac{m_a m_n}{(m_n+m_B)^2} E_a \left[\cos\theta_L \pm \sqrt{\cos^2\theta_L + \eta}\right]^2 \tag{2.9}$$

式中

$$\eta = \frac{m_B + m_n}{m_a m_n}\left(m_B - m_a - \frac{Q}{E_a}m_B\right) \tag{2.10}$$

当 $Q < 0$ 时, 即吸热反应时, η 有可能会小于 0. 为使核反应发生, 要求 $\cos^2\theta_L + \eta \geq 0$, 即

$$E_a \geq -Q \frac{m_B + m_n}{m_B + m_n - m_a - \dfrac{m_a m_n}{m_B}(1 - \cos^2\theta_L)} \tag{2.11}$$

此时, 中子才能产生. 可以看出, 式(2.11)右边的值是中子发射角 θ 的函数, 随 θ 增加而增加.

当 $\theta_L = 0°$ 时, E_a 最小, 此时有

$$E_a = E_{th} = -Q \frac{m_B + m_n}{m_B + m_n - m_a} \tag{2.12}$$

这是吸热反应的阈能公式.

随 E_a 增大, $0°$ 方向首先出现中子, 且

$$E_n = \frac{m_a m_n}{(m_n+m_B)^2} E_a \left[1 \pm \sqrt{1+\eta}\right]^2 \tag{2.13}$$

当 E_a 增大时, 在越来越大的角锥范围内出现中子, 形成"运动学准直中子束", 而角锥外绝无中子, 这个角锥的半角表示为

$$\sin\theta_{L_{max}} = \left(1 - \frac{E_{th}}{E_a}\right)\frac{m_A m_B}{m_a m_n} \tag{2.14}$$

根据式(2.9),每个角度都有两组能量的中子,高能组相应于质心系以 0°方向发射,低能组相应于质心系以 180°方向发射. 由 C 系换成 L 系时的压缩前倾作用, C 系 0°方向中子产生截面,在 L 系的 0°方向得到增强,而 C 系 180°方向却大为降低. 因此 L 系 0°方向的高能组产额比低能组强得多. 此外,从式(2.9)还知道,高能组中子能量随 E_a 增大而增大,而低能组则越来越低. 直到 E_a 增大到某值时,$\eta=0$,即所有角度上的低能组中子能量变为 0,仅剩高能组中子,使 $\eta=0$ 的入射粒子能量称为产生单能中子的阈能.

$$E'_{th} = -Q \frac{m_B}{m_B - m_a} \tag{2.15}$$

在 $E_{th} \leqslant E_a \leqslant E'_{th}$ 内,中子只出现在前半球的一定锥角内,$\eta=0$ 或 $E_a=E'_{th}$ 时,中子锥角最大,但总小于 90°,见图 2.1.

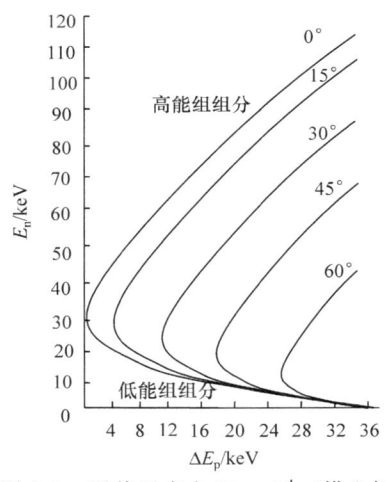

图 2.1 吸热反应在 $E_{th} \sim E'_{th}$(横坐标 $\Delta E_p = E_p - E_{th}$)产生的两组能量中子随入射粒子能量的变化

例如,$^7\text{Li}(p,n)^7\text{Be}$,其 $Q = -1.646\text{MeV}$

$$E_{th} = \frac{m_{^7Be} + m_n}{m_{^7Be} + m_n - m_p} |Q| = \frac{7+1}{7+1-1} \times |-1.646| = 1.881(\text{MeV})$$

$$E'_{th} = \frac{m_{^7Be}}{m_{^7Be} - m_p} |Q| = \frac{7}{7-1} \times |-1.646| = 1.920(\text{MeV})$$

这就是 2.5MeV 质子静电加速器和直线或串列加速器利用 $^7\text{Li}(p,n)^7\text{Be}$ 的原因,一般要求 $E_p > 10\text{MeV}$.

对于 $Q > 0$ 的放热反应

$$E_n = \frac{m_a m_n}{(m_n + m_B)^2} E_a \left[\cos\theta_L \pm \sqrt{\cos^2\theta_L + \frac{m_B + m_n}{m_a m_n}\left(m_B - m_a + \frac{Q}{E_a}m_B\right)} \right]^2$$

根号只取正,负号无意义. 由

$$\begin{cases} \sqrt{E_n}(\sqrt{E_n} - \alpha\cos\theta_L) - A = 0 \\ \alpha = \frac{2\sqrt{m_a m_n}}{m_n + m_B}\sqrt{E_a} \\ A = \frac{m_B - m_a}{m_B + m_n}E_a + \frac{m_B}{m_B + m_n}Q \end{cases}$$

当 $E_a = 0$ 时,则

$$\alpha = 0, \quad A = \frac{m_B}{m_B + m_n}Q, \quad E_n = \frac{m_B}{m_B + m_n}Q$$

这说明当 $E_a \ll Q$ 时,可认为 $E_a \approx 0$,即常温或热核反应.

例如

$$\text{D}(d,n)^3\text{He}, \quad Q = 3.28\text{MeV}, \quad E_n = \frac{3}{3+1} \times 3.28 = 2.5(\text{MeV})$$

$$\text{T}(d,n)^4\text{He}, \quad Q = 17.59\text{MeV}, \quad E_n = \frac{4}{4+1} \times 17.59 = 14.1(\text{MeV})$$

由于产物 B 可能不唯一,入射粒子能量可能有分布,靶核使入射粒子能量有损耗,以及接收器总张一定角度,故不可能得到绝对单能中子,总有谱宽度.

在常用的中子源中,只有从加速器中子源可以获得单能中子,而其他中子源提供的是准单能中子或能量分布比较宽的非单能中子.

2. 中子产额

中子强度 I 的定义是单位时间中子源发射出的中子数.单位是 n/s(或 s^{-1}).中子产额 $Y_n \equiv$ 单位入射粒子所产生的中子数.

对于薄靶(即厚度 d 很小),$\sigma_{a,n}(E_a)$ 视为常数,中子产额可简单表示为

$$Y_n = \sigma_{a,n} N_A d \tag{2.16}$$

N_A 是靶物质的原子核密度.

当靶较厚时,$\sigma_{a,n}(E_a)$ 随入射粒子在靶材料中穿过的深度 x 而变化,此时

$$Y_n = \int_0^d N_A \sigma_{a,n}(x) dx = \int_{E_1}^{E_2} \frac{N_A \sigma_{a,n}(E_a)}{\frac{dE_a}{dx}(E_a)} dE_a \tag{2.17}$$

E_1、E_2 分别为入射粒子进入靶前和穿出靶后的能量.

$\frac{dE_a}{dx}(E_a)$ 是靶物质对入射粒子的阻止本领,是能量的函数.其数值可以从有关表格或曲线查到,或利用有关程序计算得到.显然,薄靶产生的中子单色性好,但强度低;厚靶的产额高,但单色性差.

由入射粒子强度 I_a 可得中子强度 I,即 $I = I_a Y_n$.

3. 中子角分布

中子角分布 $I(\theta)$ 的定义是中子强度按中子发射角 θ 的分布,即在 θ 方向,单位时间、单位立体角内的中子数目(单位是 n/sr 或 sr^{-1}).

$$I(\theta) = I_a N_A \frac{d\sigma_{a,n}(E_a,\theta)}{d\bar{\omega}} \tag{2.18}$$

式中,$\frac{d\sigma_{a,n}(E_a,\theta)}{d\bar{\omega}}$ 为 A(a,n)B 反应的角微分截面.

同位素中子源,由于其入射粒子方向无法确定,各方向打到靶上的概率相同,故角分布是各向同性的.

加速器中子源由于入射粒子方向确定,以入射方向为轴,其中子角分布是轴对称的.

反应堆中子源,由于中子在活性区受多次碰撞散射,故在活性区内的中子角分布也是各向同性的.

4. 伴生γ射线

中子源伴生γ射线主要来源包括:①产生入射粒子的物质本身就发射γ射线(如同位素源的 Ra、Pu、Au 等);②A(a,n)B 在产生中子的同时,也产生γ射线;③中子源结构材料的(n,γ)反应产生的γ射线等.伴生γ射线本底常用在距源 1m 处空气的吸收剂量率或剂量当量率来表示,单位相应分别是μGy/h 或μSv/h.

由于探测中子的仪器往往对γ射线也是灵敏的,因此伴生γ射线会造成干扰和本底,而且还对工作人员增加了辐射危害,所以中子源的伴随γ射线的强度和能量越低越好.

加速器中子源的伴生γ射线强度比反应堆中子源和同位素中子源要低些.

2.2 同位素中子源

同位素中子源有两类:一类是利用某些放射性核素发射的α粒子或γ射线去轰击靶物质来产生中子;另一类是利用一些元素的自发裂变产生的裂变中子.放射性核素中子源的优点是体积小(仅为厘米量级)、结构简单、便于携带;其强度可用锰浴等方法准确测量,而且一经测定,此后任何时刻的强度可根据放射性核素衰变的半衰期较准确地计算出来.所有的放射性同位素中子源的强度遵循指数衰减规律,即 $I = I_0 e^{-\lambda t}, \lambda = \dfrac{0.693}{T_{1/2}}$.其缺点是中子强度低、能量单色性不好、伴生γ射线强等.

2.2.1 (α,n)中子源

所有的(α,n)中子源都不是单能中子源,其原因是:①α粒子与发射它们的母核物质及靶核物质之间相互作用,使α粒子能量慢化,在 $E_\alpha^0 \sim E_\alpha$ 阈之间的任何能量的α粒子都可产生中子;②一些α粒子的发射母体有几种不同的衰变方式,从而就有若干种初始能量的α粒子;③由于角动量效应,每种α衰变所发射的中子角分布也各不相同;④由于三体反应的存在,发射中子能量分布不确定.

例如,

$$\begin{cases} ^9\text{Be} + \alpha \longrightarrow {}^{13}\text{C}^* \\ \qquad\qquad \hookrightarrow n + \alpha + {}^8\text{Be} - 1.665 \text{MeV} \\ ^9\text{Be} + \alpha \longrightarrow n + {}^{12}\text{C} + 5.704 \text{MeV} \\ ^9\text{Be} + \alpha \longrightarrow 3\alpha + n - 1.571 \text{MeV} \end{cases} \tag{2.19, 2.20, 2.21}$$

大多数(α,n)反应是吸热反应,例如

$$^7\text{Li} + \alpha \longrightarrow {}^{10}\text{B} + n - 2.79 \text{MeV}$$

只有少数(α,n)反应是放热反应,例如

$$^9\text{Be} + \alpha \longrightarrow {}^{12}\text{C} + n + 5.704 \text{MeV}$$

(α,n)中子源的产额取决于反应截面,它与α粒子穿透靶核库仑势垒的概率直接相关.只有 $E_\alpha \geqslant 1.44 \dfrac{Z_1 Z_2}{r}$ 时,才能发生明显的(α,n)反应,其中,$1.44 \dfrac{Z_1 Z_2}{r}$ 是靶核库仑势垒高度,Z_1、Z_2 分别为α粒子和靶核的电荷数,r 是相互作用半径,以费米(1fm=1×10^{-13}cm)为单位.

^{9}Be 库仑势垒高度约为 4MeV,而铀、钍和锕系元素的α粒子能量在 4~6MeV 内,这就是 ^{9}Be(α,n)成为最广泛使用的同位素中子源的原因所在.

1) ^{9}Be(α,n)中子源

$$^9\text{Be} + \alpha \longrightarrow {}^{12}\text{C} + n + 5.704 \text{MeV} \tag{2.22}$$

按照 Q 方程的另一种表示式

$$E_b(\theta_L) = (u + \sqrt{u^2 + w})^2, \quad u \equiv \frac{\sqrt{m_a m_b E_a}}{m_b + m_B}\cos\theta_L, \quad w \equiv \frac{(m_B - m_a)E_a + m_B Q}{m_b + m_B}$$

以及

$$\begin{cases} E_a + E_A = E_a' + E_C & (2.23) \\ E_b + E_B = E_b' + E_C & (2.24) \\ E_b' = E_a' + Q & (2.25) \\ E_a' = \frac{m_a}{m_a + m_B} E_a & (2.26) \end{cases}$$

在 C 系中

$$E_n' = \frac{m_B}{m_B + m_n}\left(\frac{m_A}{m_a + m_A}E_\alpha + Q\right) \tag{2.27}$$

在 L 系中

$$E_n = E_n' + \frac{m_a - m_n}{(m_A + m_a)^2}E_\alpha + \frac{2\sqrt{m_a m_n}}{m_A + m_a}\frac{\sqrt{E_\alpha E_n'}}{m_a + m_n}\cos\theta_L \tag{2.28}$$

将 $m_a = 4, m_A = 9, m_B = 12, m_n = 1, Q = 5.704\,\text{MeV}$ 代入后得到

$$E_n = 5.265 + 0.6568 E_\alpha + 0.123\sqrt{(0.639 E_\alpha + 5.26)E_\alpha}\cos\theta_L$$

当 $\theta_L = 0$ 时

$$\begin{cases} E_\alpha = 0, & E_n' = 5.265\,\text{MeV}, & E_n = 5.765\,\text{MeV} \\ E_\alpha = 5.5\,\text{MeV}, & E_n' = 8.78\,\text{MeV}, & E_n = 11.05\,\text{MeV} \\ E_\alpha = 7.7\,\text{MeV}, & E_n' = 10.18\,\text{MeV}, & E_n = 14.05\,\text{MeV} \end{cases} \tag{2.29}$$

由上式可知,$\theta_L = 0$ 时,中子能量最大,且只与 E_α 有关.

表面上看,只要 E_α 是单能的,E_n 也应该是单能的,然而实际上 $^9\text{Be}(\alpha,n)^{12}\text{C}$ 中子源是连续中子谱.原因在于:①α 粒子在 ^9Be 靶材料中不断慢化;②不同发射角的中子能量也不同;③终核 ^{12}C 可以处于不同的激发态,若 ^{12}C 处于激发态,则大多数中子能量小于 5.4MeV;④三体反应存在,这将产生低能中子,即

$$\begin{cases} ^9\text{Be} + \alpha \longrightarrow \alpha + n + ^8\text{Be} - 1.665\,\text{MeV} \\ ^9\text{Be} + \alpha \longrightarrow 3\alpha + n - 1.571\,\text{MeV} \end{cases} \tag{2.30}$$

2) 主要的 $^9\text{Be}(\alpha,n)$ 中子源

一些常用的 $^9\text{Be}(\alpha,n)$ 中子源包括 $^{226}\text{Ra-}^9\text{Be}$、$^{238}\text{Pu-}^9\text{Be}$、$^{239}\text{Pu-}^9\text{Be}$ 和 $^{241}\text{Am-}^9\text{Be}$ 等,其各自特性如表 2.1 所示,部分 (α,n) 中子源能谱如图 2.2 所示.

表 2.1 常用的 (α,n) 中子源特性*

中子源名称	半衰期/a	$\bar{E}_\alpha$/MeV	$\bar{E}_n$/MeV	中子产额/($\times 10^6$(n/s·Ci))	γ强度/((mR/h)/m·10^6 中子)
$^{226}\text{Ra-}^9\text{Be}$	1602	4.78	3.90	17	~60
$^{238}\text{Pu-}^9\text{Be}$	86.4	5.48	~5.0	2.85	<0.5
$^{239}\text{Pu-}^9\text{Be}$	2.44×10^4	5.14	4.5~5.0	2.22	0.7
$^{241}\text{Am-}^9\text{Be}$	433	5.49	4.5~5.0	1.78	<1.0

* 由于源的制作和结构互有差异等,表中所列数据在各参考文献中有时有较大差别,这里给出其范围.

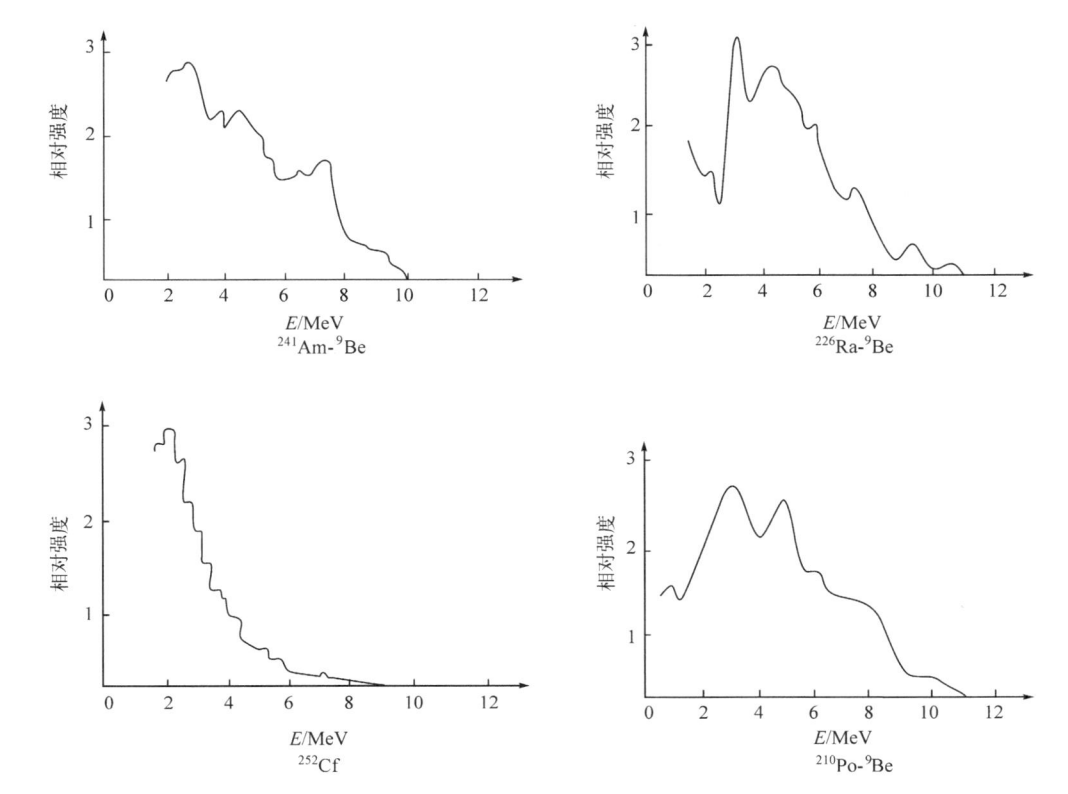

图 2.2 几种同位素中子源能谱

2.2.2 (γ,n)中子源

(γ,n)反应是吸热反应,要求 E_γ 足够高,而中子在靶核中的结合能足够低,亦即 E_γ 大于中子结合能.

实际情况下,通常放射性物质的 $E_\gamma \leqslant 3\text{MeV}$,而氘、铍等轻靶核的中子结合能最低. 例如,B(D)=2.225MeV,B(Be)=1.666MeV.

(γ,n)中子源的中子能量可按下式计算:

$$E_n = \frac{A-1}{A}\left[E_\gamma - |Q| - \frac{E_\gamma^2}{2(A-1)\times 931.5}\right] \pm \frac{E_\gamma}{A}\sqrt{\frac{2(A-1)(E_\gamma - |Q|)}{931.5}}\cos\theta_L \quad (2.31)$$

例如,^{24}Na-γ-D 中子源

$$D + \gamma \longrightarrow n + p + Q$$

其中,$Q = [m_D - (m_n + m_p)]c^2 = -2.225\text{MeV}$.

而将 ^{24}Na 的γ能量 $E_\gamma = 2.753\text{MeV}$ 代入上式,可得

$$E_n(\theta_L = 0°) = 0.264\text{MeV}$$

对低能γ:

$$^9\text{Be} + \gamma \longrightarrow {}^8\text{Be} + n - 1.666\text{MeV} \quad (2.32)$$
$$\phantom{^9\text{Be} + \gamma \longrightarrow {}^8\text{Be} + n}\longrightarrow 2\alpha + 0.094\text{MeV}$$

对较高能γ:

$$^9\text{Be} + \gamma \longrightarrow 2\alpha + n - 1.57\text{MeV} \quad (2.33)$$

对更高能γ：

$$^9Be + \gamma \longrightarrow ^5He + \alpha - 2.57\text{MeV} \qquad (2.34)$$
$$ \hookrightarrow \alpha + n + 1.0\text{MeV}$$

原则上，任何γ射线放射性物质，只要发射的γ射线能量大于1.67MeV或2.23MeV，就能和Be或D组合成中子源．常见的D(γ,n)中子源特性见表2.2．

表 2.2 D(γ,n)中子源特性

源名称	半衰期	E_γ/MeV	E_n/MeV	中子产额/($\times 10^4$(n/s·Ci))
^{226}Ra-D$_2$O	1602 年	2.09,2.20,2.42	0.12	0.1
^{24}Na-D$_2$O	15 小时	2.76	0.22	27
^{140}La-D$_2$O	40.2 小时	2.50	0.152	0.8

说明：①^{9}Be(γ,n)中子源不是良好的单能中子源；②D(γ,n)源虽然是好的单能中子源，但能量都较低；③所有(γ,n)中子源的γ本底都很大．

2.2.3 自发裂变中子源

自发裂变中子源是指原子核在没有粒子轰击或不加入能量的情况下发生的裂变并产生中子源．目前常用的自发裂变中子源以^{252}Cf为主，其能谱已在图2.2中给出，^{252}Cf源的主要关键参数如下所示：

$T_{1/2} = 2.65$，$v = 3.756$，$\bar{E}_n = 2.158\text{MeV}$，$Y_n = 2.34 \times 10^{12}$ n/(s·g)

$E_\gamma = 0.04 \sim 0.1\text{MeV}$，$Y_\gamma = 1.3 \times 10^{13}$ γ/(s·g)

距离^{252}Cf源1m处的剂量当量率见表2.3．

表 2.3 距离^{252}Cf源 1m 处的剂量当量率

中子	γ
6.5Sv/(s·kg)(2.2×10^{-5}Sv/μg·h)	0.2～0.3Sv/(s·kg)(0.16×10^{-5}Sv/μg·h)

2.3 加速器中子源概况

加速器中子源可分为两类：①单能中子源，强度$10^7 \sim 10^{13}$ n/s；②白光中子源，强度$\geq 10^{15}$ n/s．两者的共同优点是强度高，它们都能提供脉冲中子束，方向性强，大多情况下伴生γ射线本底低．共同的缺点是设备昂贵复杂．

在加速器上改变被加速的带电粒子p、d、α或HI(heavy ion)的能量，利用不同核反应，可在不同中子出射方向获得单能中子．常用的加速器有高压倍加器(现常称作中子发生器)、静电加速器(含串列式静电加速器)和回旋加速器．

中子发生器工作电压不高，为几百kV，但粒子束流大，可达mA量级．如果使用大面积旋转氚靶，并改善靶的冷却，中子强度可达约10^{13} n/s．中国原子能科学研究院的600kV中子发生器具有强流和窄脉冲两个优点．其直流束3～5mA，脉冲平均束30～50μA，脉宽1～1.7ns，频率1.5MHz．常用中子发生器加速d粒子，通过D(d,n)和T(d,n)反应分别提供2.5MeV和14MeV能区的中子，由于高压技术的进步，现已有小型密封中子管的商售产品，其大小仅为

ϕ10cm×200cm. 这些中子管产品能将 2mA 的 d 束加速到 120keV,利用 T-Ti 靶可获得的中子强度为 $10^{10}\sim10^{11}$ n/s. 这种中子管还可做成脉冲式,频率 0.1~200Hz,脉宽 $10^2\sim10^4$ μs.

静电加速器加速的粒子能量大大高于前者,为几个 MeV,串列式静电加速器则可达几十 MeV,粒子能量分散小,约为 0.2%,束流稳定且连续可调. 加速粒子的种类原则上没有限制,因而可在 1keV~20MeV 能区获得单能中子,但束流较低,在 1~10A 量级.

回旋加速器能量高,但调节不便,现多用来获取 20MeV 以上的准单能中子或是强流中子.

采用的靶有 D、T、Li、Be、Sc 等. 为提高产额和减小能散度最好用同位素纯材料靶或自支撑靶. 纯材料 D、T 靶,即薄窗式氘(或氚)气体靶,窗厚为 5~10 μm 钼(或镍、钨等)箔,靶室长 2~4cm,氘气气压为 $(2\sim8)\times10^5$Pa. 曾有报道称,医疗上用到 3.3MPa,E_d = 21MeV;氚气 $(2\sim3)\times10^5$Pa. 当入射粒子能量不高时,为方便,常用的 D、T 靶是在金属(如铜、铝、钽、白金或不锈钢)上镀一层厚(0.1~4)mg/cm 的钛(或钪、锆等)膜,膜吸附气体氘或氚后成为靶. D 或 T 与 Ti 的原子比可做到 1.7:1,甚至 2:1. Li、Be、Sc 靶可以由纯金属材料做成. Li 靶也可以是在钽或钼薄片上在真空中蒸发上一层 LiF. 钽和钼都是耐高温、中子产生截面小的底衬材料. 根据靶上束流功率的不同,靶的冷却可以采用流水、压缩空气、干冰或液氮等.

2.3.1 1keV~20MeV 能区的白光中子源

这个能区常用的单能中子源有 T(p,n)^{3}He、D(d,n)^{3}He、T(d,n)^{4}He 和 ^{7}Li(p,n)^{7}Be 等核反应.

最近,国际原子能机构(IAEA)还免费提供计算一些能够产生单能中子核反应的反应截面、能量和角分布的计算程序"DROSG87"(包含 11 个单能中子源)和"DROSG-2000"(包含 56 个单能中子源).

表 2.4 列出常见的 1keV~20MeV 加速器单能中子源,表 2.5 列出了产生单能中子核反应的阈能.

表 2.4 1keV~20MeV 加速器单能中子源

核反应	Q/MeV	E_{th}/MeV	E_a/MeV	E_n(0°)/MeV	E_n(180°)/MeV
^{45}Sc(p,n)^{45}Ti	−2.84	2.908	2.91~2.95	0.0055~0.053	0.005~0.12
^{7}Li(p,n)^{7}Be	−1.645	1.881	1.92~2.372	0.12~0.65	0.003~0.185
T(p,n)^{3}He	−0.764	1.109	1.148~8.355	0.286~7.5	0.002~1.70
D(d,n)^{3}He	3.27	—	0~4.95	2.95~7.706	2.16~1.72
T(d,n)^{4}He	17.59	—	0~3.71	14.03~20.46	13.5~11.9
H(t,n)^{3}He	−0.714	3.051	3.051~25.011	0.573~17.639	—

表 2.5 能核反应产生单能中子的阈能,产生第一激发态能量或三体反应阈能

核反应	E_{th} 或 E_{cr}/MeV	激发态或三体反应	产生第一激发态能量或三体反应的阈能/MeV
^{45}Sc(p,n)^{45}Ti	2.9095	^{45}Sc(p,n)^{45}Ti*	2.9461
^{7}Li(p,n)^{7}Be	1.920	^{7}Li(p,n)^{7}Be*	2.378
		^{7}Li(p,n,^{3}He)^{4}He	3.697
T(p,n)^{3}He	1.148	T(p,np)D	8.355
D(d,n)^{3}He	—	D(d,np)D	4.451
T(d,n)^{4}He	—	T(d,np)T	3.711
		T(d,2n)^{3}He	4.92
H(t,n)^{3}He	∞	H(t,np)D	25.011

2.3.2 20～200MeV 准单能中子源

需要这一能区中子源的原因在于：①该能区的中子波长近似等于或小于原子核半径（10^{-13}cm），中子将直接和原子核内的核子发生作用；②在 50MeV 附近(n,p)核力是(n,n)或(p,p)核力的三倍，故此能量中子是研究核内质子运动的指针；③为研究核平均场的库仑效应和电荷对称性，需要 20～30MeV 的中子；④50～100MeV 时，核平均场畸变减小，在相同条件下比较这个能区的(n,x)、(p,x)反应，是获得核同位旋结构的唯一手段.

从中子辐射医学和航天学的需要，几十至几百 MeV 单能中子的(n,x)截面和比释动能值是重要的.

诸多产生 20～200MeV 中子的轻核反应中，^{7}Li(p,n)^{7}Be 最好，原因是：p 质量小，相同能量时速度最大，即产生的时间歧离最小，在材料中能损和歧离最小，产生中子单色性最好. 而^{7}Li 靶的^{7}Li(p,n)^{7}Be 的 Q 值小（即 -1.646MeV），剩余核^{7}Be 的第一激发态和基态仅差 0.43MeV，因此，相应于^{7}Be 基态与第一激发态的两组中子能量差小于因靶厚效应引起的中子能量分辨 1～2MeV；而且^{7}Be 其他激发态的中子产额又很小，所以产生的中子单色性最好；并且反应产额（基态+0.43MeV 第一激发态）也相当高. ^{7}Li(p,n)^{7}Be 反应产生中子的单色程度要比其他反应的优越很多. 最后，金属 Li 还有好的热学性质，材料容易获取并能做成自支撑靶. 对于厚靶可忽略这种差别，仍获得单能中子，当然，为提高产额，采用的是厚的金属锂靶. 表 2.6 给出了瑞典 Uppsala 大学中子源的主要参数.

表 2.6 瑞典 Uppsala 大学 50～200MeV 准单能中子源主要参数

质子束参数	质子质量	50～200MeV
	质子束流(最大)	10 μA
	脉冲宽度	3～4ns
	能量宽度	400keV
^{7}Li 靶厚度	—	0.17～0.10g/cm^2
dσ/dω[^{7}Li(p,n0+n1)]0°	—	35mb/sr
中子束参数	中子能量	50～200MeV
	立体角	60 μsr, 80 μsr, 100 μsr
	中子强度*	1×10^6n/s
	中子能量宽度*	0.7 MeV
	中子/质子	1×10^{-5}
飞行距离	—	≥8m

* 条件——质子束：10 μA，100MeV；^{7}Li 靶：100mg/cm^2；立体角：60sr.

2.3.3 白光中子源分类

白光中子源是指中子能量分布较宽的中子源. 在加速器上的白光中子源主要是散裂中子源、电子直线加速器中子源和离子加速器中子源.

散裂源提供分布约为 10^{-7}eV～1GeV 的中子；

电子直线加速器提供分布约为 10^{-3}eV～10MeV 的中子；

离子加速器提供分布约为 1～100MeV 的中子.

这些中子源的共同特点是中子强度高，而且多是脉冲式的，因而特别有利于运用中子飞行时间测量法，但是它们的造价都比较高.

2.3.4 电子直线加速器中子源

用电子直线加速器产生的高能电子轰击高原子序数的厚金属靶,会产生极强的韧致辐射,而这些光子又和该靶发生(γ,n)反应,放出大量中子.若用铀靶,还会发生(γ,f),产生裂变中子.

中子产额与电子束功率成正比,当 $E_e=100\mathrm{MeV}$ 时,

$$Y_n=\begin{cases}0.06\mathrm{n/e} & (\text{天然铀})\\ 0.066\mathrm{n/e} & (\text{铀靶})\\ 0.036\ \mathrm{n/e} & (\text{钽})\end{cases} \tag{2.35}$$

靶的冷却用水银(有利于高能中子)、水(有利于低能中子).

慢化剂(靶周围)有聚乙烯、水、液态甲烷等.慢化剂的尺寸除影响能谱外,还影响中子脉冲宽度.不同慢化剂可得到不同能区的中子(即 1~10MeV、1eV~100keV).

由于采用电子脉冲压缩技术,可获得 ns 级脉冲中子束.中子几乎是各向同性,故在靶上安置多路飞行管道,同时进行实验.这类中子源的缺点是 MeV 级中子少,γ本底强,世界上一些电子直线加速器白光中子源概况如表 2.7 所示.

表 2.7 世界上一些电子直线加速器白光中子源概况

中子源名称	加速粒子	靶	粒子能量/MeV	峰电流/A	脉宽/ns	中子强度/($\times 10^{18}$n/s)	脉冲重复频率/Hz
HELIOS(美)	e^-	U	94	6	5	2.2	2000
JAERI(日)	e^-	Ta	120	6	10	1.4	600
KURCHA(俄)	e^-	U	60	—	50	0.29	900
ORBLA(美)	e^-	Ta	140	15	3	4	1000

2.4 常用加速器中子源

2.4.1 D(d,n)³He

加速氘束轰击氘靶,可能发生的反应道有

$$\begin{cases}\mathrm{D}+\mathrm{d}\longrightarrow \mathrm{n}+{}^3\mathrm{He}+3.28\mathrm{MeV}\\ \mathrm{D}+\mathrm{d}\longrightarrow \mathrm{p}+\mathrm{T}+4.032\mathrm{MeV}\end{cases}$$ (此两个反应截面几乎相等,反应也同时出现)

$$\begin{cases}\mathrm{D}+\mathrm{d}\longrightarrow \mathrm{p}+\mathrm{n}+\mathrm{d}-2.221\mathrm{MeV}\\ \mathrm{D}+\mathrm{d}\longrightarrow 2\mathrm{p}+2\mathrm{n}-4.450\mathrm{MeV}\end{cases}$$ (1.5m 回旋加速器高能剥裂反应)

根据

$$Q=\left(1+\frac{m_n}{m_B}\right)E_n-\left(1-\frac{m_d}{m_B}\right)E_a-\frac{2}{m_B}\sqrt{m_d m_n E_a E_n}\cos\theta_n \tag{2.36}$$

将第一个反应的粒子质量数代入得

$$Q=\frac{4}{3}E_n-\frac{1}{3}E_d-\frac{2\sqrt{2}}{3}\sqrt{E_n E_d}\cos\theta_n \tag{2.37}$$

将 $Q=3.28\mathrm{MeV}$ 代入得

$$\sqrt{E_n}=0.3535\cos\theta_n\sqrt{E_d}\pm\sqrt{(0.125\cos^2\theta_n+0.25)E_d+2.475} \tag{2.38}$$

例如，当 $E_d=0.2\text{MeV}$ 时，

$$\begin{cases} \theta_n=0°, & E_n=3.08\text{MeV} \\ \theta_n=90°, & E_n=2.525\text{MeV} \\ \theta_n=180°, & E_n=2.03\text{MeV} \end{cases}$$

由此可见，对于同一入射氘能，随不同的发射角，中子能量变化很大。对于同一发射角，E_d 大，则 $E_n(\theta_n\leqslant 90°)$ 也大。例如，当 $\theta_n=0°$ 时，

$$\begin{cases} E_d=3\text{MeV}, & E_n=6.30\text{MeV} \\ E_d=4\text{MeV}, & E_n=7.30\text{MeV} \\ E_d=5\text{MeV}, & E_n=8.30\text{MeV} \\ E_d=8\text{MeV}, & E_n=11.15\text{MeV} \end{cases}$$

$D(d,n)^3He$ 的中子角分布随 E_d 的变化很复杂，已有成套的数据表可查。

2.4.2 $T(d,n)^4He$ 中子源

将 $T+d \longrightarrow n+{}^4He+17.59\text{MeV}$ 反应的各粒子质量数代入 Q 方程，则得

$$Q=17.59\text{MeV}=\frac{5}{4}E_n-\frac{1}{2}E_d-\frac{\sqrt{2}}{2}\sqrt{E_nE_d}\cos\theta_n \tag{2.39}$$

或

$$\sqrt{E_n}=\frac{\sqrt{2}}{5}\cos\theta_n E_d\pm\frac{2}{5}\sqrt{\frac{1}{2}E_d(\cos^2\theta_n+5)+88} \tag{2.40}$$

当 $\theta_n=0°$ 时，$\sqrt{E_n}=\frac{\sqrt{2}}{5}E_d+\frac{2}{5}\sqrt{3E_d+88}$, \qquad (2.41)

$$\begin{cases} E_d=0, & E_n=14.08\text{MeV} \\ E_d=0.5\text{MeV}, & E_n=15.41\text{MeV} \\ E_d=3\text{MeV}, & E_n=22.93\text{MeV} \end{cases} \tag{2.42}$$

当 $\theta_n=90°$ 时，$\sqrt{E_n}=\frac{2}{5}\sqrt{\frac{5}{2}E_d+88}$, \qquad (2.43)

$$\begin{cases} E_d=0, & E_n=14.08\text{MeV} \\ E_d=0.2\text{MeV}, & E_n=14.16\text{MeV} \\ E_d=0.5\text{MeV}, & E_n=14.28\text{MeV} \\ E_d=3\text{MeV}, & E_n=15.28\text{MeV} \end{cases} \tag{2.44}$$

当 $\theta_n=180°$ 时，$\sqrt{E_n}=-\frac{\sqrt{2}}{5}E_d+\frac{2}{5}\sqrt{3E_d+88}$,

$$\begin{cases} E_d=0, & E_n=14.08\text{MeV} \\ E_d=0.5\text{MeV}, & E_n=13.27\text{MeV} \\ E_d=3\text{MeV}, & E_n=9.55\text{MeV} \end{cases} \tag{2.45}$$

在 $E_d<0.5\text{MeV}$ 时，在 L 系中，$T(d,n)^4He$ 反应的中子角分布可视为各向同性。

2.4.3 $^7Li(d,n)$ 中子源

氘轰击锂靶，可能发生的反应道有

$$\begin{cases} ^7\text{Li}+d \longrightarrow n+2\alpha+15.22\text{MeV} \\ ^7\text{Li}+d \longrightarrow n+^8\text{Be}+15.028\text{MeV} \\ ^7\text{Li}+d \longrightarrow ^5\text{He}+\alpha+14.165\text{MeV} \\ \qquad\qquad \longrightarrow n+\alpha+0.958\text{MeV} \\ ^7\text{Li}+d \longrightarrow 2n+^7\text{Be}-3.9\text{MeV} \\ ^7\text{Li}+d \longrightarrow 3n+^6\text{Be}-14.5\text{MeV} \\ ^7\text{Li}+d \longrightarrow p+n+^7\text{Li}-2.2\text{MeV} \end{cases} \tag{2.46}$$

由于前三个反应在低能时都存在,从而中子能量很复杂. 第一个反应道,能量在一个中子和 2α 之间分配,故中子能量有任意性. 第二个反应道由于 $Q=\frac{9}{8}E_n-\frac{3}{4}E_d-\frac{1}{4}\sqrt{2E_nE_d}\cos\theta_n$,可得到单能中子.

前三个反应概率是同时存在的,故中子能量是谱分布,如图 2.3 所示如果是高能氘,则中子谱将更复杂.

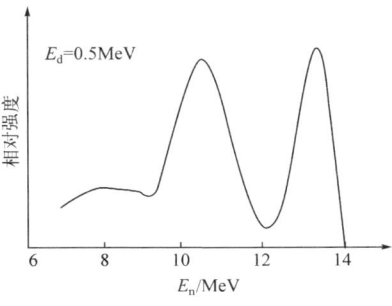

图 2.3 ^{7}Li(d,n)反应 0°方向上的中子能谱

2.4.4 ^{9}Be(d,n)^{10}B 中子源

^{9}Be(d,n)^{10}B 中子源在回旋加速器上常用,是治疗中子束之一. 氘打铍的反应道有

$$\left.\begin{matrix} ^9\text{Be}+d \longrightarrow n+^{10}\text{B}+4.36\text{MeV} \\ ^9\text{Be}+d \longrightarrow 2n+^9\text{B}-4.1\text{MeV} \\ ^9\text{Be}+d \longrightarrow p+n+^9\text{Be}-2.2\text{MeV} \\ ^9\text{Be}+d \longrightarrow p+2n+2\alpha-3.8\text{MeV} \end{matrix}\right\}\text{高能削裂反应} \tag{2.47}$$

第一个反应道是主要的,其 $Q=1.1E_n-0.8E_d-0.28\sqrt{E_nE_d}\cos\theta_n$,由于 ^{10}B 可能是基态和第 1、2、3、4 激发态,故 Q 值分别为:4.362MeV、3.70MeV、2.19MeV、0.73MeV 和 -0.74MeV. ^{9}Be(d,n)^{10}B 中子源的产额和中子能量如表 2.8 所示. ^{9}Be(d,n)^{10}B 中子源是前倾发射中子,即中子峰处于小角度处.

表 2.8 ^{9}Be(d,n)^{10}B 中子源的产额和中子能量

E_d/MeV	最大中子能量/MeV($\theta_n=0°$,^{10}B 处基态)	平均中子能量/MeV	中子产额/(n/s·μA)
7.5	12.0	4.0	$\sim 1\times 10^{10}$
11.5	16.0	5.5	$\sim 3\times 10^{10}$
16.0	20.26.8		$\sim 5\times 10^{10}$

2.4.5 ^{7}Li(p,n)^{7}Be 中子源

^{7}Li(p,n)^{7}Be 中子源主要反应道有

$$\left.\begin{matrix} ^7\text{Li}+p \longrightarrow n+^7\text{Be}-1.646\text{MeV} \\ ^7\text{Li}+p \longrightarrow n+^7\text{Be}^*-2.076\text{MeV} \\ \qquad\qquad \longrightarrow ^7\text{Be}+\gamma+0.43\text{MeV} \end{matrix}\right\}\text{主要反应} \tag{2.48}$$

$$\left.\begin{matrix} ^7\text{Li}+p \longrightarrow 2n+^6\text{Be}-12.3\text{MeV} \\ ^7\text{Li}+p \longrightarrow p+n+^6\text{Li}-7.3\text{MeV} \\ ^7\text{Li}+p \longrightarrow n+\alpha+^3\text{He}-3.2\text{MeV} \end{matrix}\right\}\text{高能削裂反应} \tag{2.49}$$

对于第一个反应道的阈能 $E_{\mathrm{th}}=\dfrac{8}{7}|Q|=1.886\mathrm{MeV}$，$E_{\mathrm{cr}}=\dfrac{7}{6}|Q|=1.920\mathrm{MeV}$，中子能量 $E_{\mathrm{n}}\approx E_{\mathrm{p}}-E_{\mathrm{th}}$.

对于第二个反应道，阈能 $E_{\mathrm{th}}=\dfrac{8}{7}|Q|=2.378\mathrm{MeV}$，$E_{\mathrm{cr}}=\dfrac{7}{6}|Q|=2.422\mathrm{MeV}$.

对于第一个反应道，$Q=-1.646\mathrm{MeV}=\dfrac{8}{7}E_{\mathrm{n}}-\dfrac{6}{7}E_{\mathrm{p}}-\dfrac{2}{7}\sqrt{E_{\mathrm{n}}E_{\mathrm{p}}}\cos\theta_{\mathrm{n}}$，

$$\theta_{\mathrm{n}}=\begin{cases} 0°, & \sqrt{E_{\mathrm{n}}}=\dfrac{1}{8}\sqrt{E_{\mathrm{p}}}-\dfrac{1}{16}\sqrt{196E_{\mathrm{p}}-368.7} \\ 90°, & E_{\mathrm{n}}=\dfrac{3}{4}E_{\mathrm{p}}-1.439 \\ 180°, & \sqrt{E_{\mathrm{n}}}=-\dfrac{1}{8}\sqrt{E_{\mathrm{p}}}+\dfrac{1}{16}\sqrt{196E_{\mathrm{p}}-368.7} \end{cases} \tag{2.50}$$

例如，$E_{\mathrm{p}}=35\mathrm{MeV}$ 时，

$$\theta_{\mathrm{n}}=\begin{cases} 0°, & E_{\mathrm{n}}=33.35\mathrm{MeV} \\ 90°, & E_{\mathrm{n}}=24.86\mathrm{MeV} \\ 180°, & E_{\mathrm{n}}=18.46\mathrm{MeV} \end{cases} \tag{2.51}$$

但这种中子源对应一个 E_{p} 和 θ_{n}，有高低两组中子，其角分布也是前倾的.

2.4.6 $^9\mathrm{Be}(\mathrm{p,n})$ 中子源

$^9\mathrm{Be}(\mathrm{p,n})$ 中子源是回旋加速器中子源，常用于治疗中子束.

$$\begin{cases} ^9\mathrm{Be}+\mathrm{p}\longrightarrow \mathrm{n}+^9\mathrm{B}-1.9\mathrm{MeV} \\ ^9\mathrm{Be}+\mathrm{p}\longrightarrow \mathrm{n}+\alpha+^5\mathrm{Li}-3.5\mathrm{MeV} \\ ^9\mathrm{Be}+\mathrm{p}\longrightarrow \mathrm{n}+\mathrm{p}+^8\mathrm{Be}-1.7\mathrm{MeV} \\ ^9\mathrm{Be}+\mathrm{p}\longrightarrow \mathrm{n}+\mathrm{p}+\alpha+\alpha-1.6\mathrm{MeV} \end{cases} \tag{2.52}$$

中子角分布前倾，谱分布、双组能量基本上与 $^7\mathrm{Li}(\mathrm{p,n})$ 中子源相似，在此不再讨论.

2.5 反应堆中子源

世界上有 600 多座反应堆，大多数为轻水堆、重水堆、固体物质堆（如铀氢锆堆）和脉冲堆.

2.5.1 堆的基本特征量

1. k_∞ 和 k_{eff}

k_∞ 和 k_{eff} 分别为无限增殖因数和有效增殖因数

$$k_\infty=\dfrac{\text{新一代产生的中子数}}{\text{上一代中子数}}=\varepsilon p f \eta \quad \text{（即四因数公式）} \tag{2.53}$$

$$k_{\mathrm{eff}}=k_\infty \Lambda \tag{2.54}$$

其中，$\Lambda=\exp(-B^2\tau)\dfrac{1}{1+B^2L^2}$ 称中子不泄漏概率，$\exp(-B^2\tau)$ 为减速过程中的中子不泄漏概

率，$\frac{1}{1+B^2L^2}$ 为热中子扩散过程中的中子不泄漏概率，τ 为费米年龄，B^2 为曲度，L 为扩散长度，$\eta=\nu\dfrac{\Sigma_f}{\Sigma_a}$ 为热裂变因数，ν 为平均每次裂变产生的中子数，

$$\varepsilon=\frac{\text{各种能量中子(包括热中子)引起燃料裂变所产生的快中子数}}{\text{由热中子引起的裂变快中子数}}$$

称快裂变因数；

$$f=\frac{\text{燃料吸收的热中子数}}{\text{(燃料+慢化剂+护套等杂质)吸收的热中子数}}=\frac{\Phi_{\text{燃料}}\Sigma_{a\text{燃料}}}{\Phi_{\text{燃料}}\Sigma_{a\text{燃料}}+\Phi_{\text{慢化剂}}\Sigma_{a\text{慢化剂}}+\Phi_i\Sigma_{ai}}$$

称热中子利用因数．

$$p=\frac{q_{\text{热}}}{q_0}=\frac{\text{热中子减速密度}}{\text{源中子减速密度}}=\exp\left[-\frac{N(238)}{\xi\Sigma_s}I_{\text{eff}}\right]=\frac{\text{热中子化的中子数}}{\text{全部裂变快中子数}}$$

表示一个中子逃逸共振俘获而被热化的概率，$\xi\equiv\ln\dfrac{E_0}{E}=1+\dfrac{(A-1)^2}{2A}\ln\left(\dfrac{A-1}{A+1}\right)$ 为对数能量缩减，$\xi\Sigma_s$ 为慢化能力，$I_{\text{eff}}=\displaystyle\int_{E_{\text{th}}}^{E_0}(\sigma_a^{238})_{\text{eff}}\dfrac{\mathrm{d}E}{E}$ 称有效共振积分．

2. 中子寿命

中子寿命即中子从产生到消失所历经的时间

$$t=t_{\text{慢化}}+t_{\text{热中子}}\approx t_{\text{热中子}}=\frac{1}{v\Sigma_a(1+B^2\tau)}$$

即热中子从产生后经过扩散最终被吸收的历经时间，v 为中子平均速度．

3. 反应性和堆周期

反应性也称反应率

$$\rho=\frac{k_{\text{eff}}-1}{k_{\text{eff}}},\quad T=\frac{t}{\rho k_{\text{eff}}}$$

4. 堆功率

$$P=\frac{\Phi\Sigma_f V}{3.1\times10^{10}}(\text{W})$$

堆功率与中子注量率成正比．

2.5.2 堆中子的空间分布

任何裂变链式反应理论都遵从中子平衡原则，即

$$\frac{\partial n}{\partial t}=\text{中子产生数}-\text{中子泄漏数}-\text{中子吸收数}$$

当 $\dfrac{\partial n}{\partial t}=0$ 时，即得到稳态临界方程．

$$\begin{cases}\underbrace{D\nabla^2\Phi}_{\text{泄漏率}}-\underbrace{\Sigma_a\Phi}_{\text{吸收率}}+\underbrace{S}_{\text{中子源}}=0\quad(\text{扩散方程})\\ \nabla^2\Phi+B^2\Phi=0\quad(\text{波动方程})\end{cases} \tag{2.55}$$

$$S = \begin{cases} k_\infty \Sigma_a \Phi & \text{(单群近似)} \\ \dfrac{k_\infty}{p} \Sigma_{a2} \Phi_2 \text{(热中子成分)} p\Sigma_{a1}\Phi_1 \text{(快中子成分)} & \text{(两群近似)} \\ k_\infty \Sigma_a \Phi \exp(-B^2 \tau) & \text{(年龄扩散近似的中子源)} \end{cases} \quad (2.56)$$

临界条件：

$$\begin{cases} \text{单群近似：} \quad \dfrac{k_\infty}{1+B_c^2 L^2}=1, \quad P=\dfrac{1}{1+B_c^2 L^2} \\ \text{两群近似：} \quad \dfrac{k_\infty}{(1+\tau B_c^2)(1+B_c^2 L^2)}=1, \quad P=\dfrac{1}{(1+\tau B_c^2)(1+B_c^2 L^2)} \\ \text{年龄扩散：} \quad \dfrac{k_\infty \exp(-B_c^2 \tau)}{1+B_c^2 L^2}=1, \quad P=\dfrac{\exp(-B_c^2 \tau)}{1+B_c^2 L^2} \\ \text{大型堆：} \quad \dfrac{k_\infty}{1+B_c^2 M^2}=1, \quad P=\dfrac{1}{1+B_c^2 M^2} \end{cases} \quad (2.57)$$

对于典型的热中子堆（如重水堆），可利用单群近似解波动方程 $\nabla^2 \Phi + B^2 \Phi = 0$，其中 $B^2 = \dfrac{k_\infty - 1}{L^2}$，$L^2 = \dfrac{D}{\Sigma_a}$，$\nabla^2$ 为拉普拉斯算符，选不同坐标系，则有

直角坐标系：$\nabla^2 = \dfrac{\partial^2}{\partial x^2} + \dfrac{\partial^2}{\partial y^2} + \dfrac{\partial^2}{\partial z^2}$ \hfill (2.58)

球坐标系：$\nabla^2 = \dfrac{\partial^2}{\partial r^2} + \dfrac{2}{r}\dfrac{\partial}{\partial r} + \dfrac{1}{r^2 \sin\theta}\dfrac{\partial}{\partial \theta}\left(\sin\theta \dfrac{\partial}{\partial \theta}\right) + \dfrac{1}{r^2 \sin\theta}\dfrac{\partial^2}{\partial \varphi^2}$ \hfill (2.59)

柱坐标系：$\nabla^2 = \dfrac{\partial^2}{\partial r^2} + \dfrac{1}{r}\dfrac{\partial}{\partial r} + \dfrac{1}{r}\dfrac{\partial^2}{\partial \theta^2} + \dfrac{\partial^2}{\partial z^2}$ \hfill (2.60)

解波动方程的边界条件是：

① 波动方程（或扩散方程）适用区域内，中子注量率必须有限.

② 两界面上，净中子流 $J = -D\dfrac{\partial \Phi}{\partial r}$ 和 Φ 必须相等.

③ 在介质与真空边界，中子注量率在外推距离处为零.

④ $\lim\limits_{r \to 0} 4\pi r^2 J = \lim\limits_{r \to 0} 4\pi r^2 \left(-D\dfrac{\partial \Phi}{\partial r}\right) = S$（即源强在坐标原点上）.

（1）有限厚的无限平面堆.

$$\nabla^2 \Phi + B^2 \Phi = \dfrac{\mathrm{d}^2 \Phi}{\mathrm{d} x^2} + B^2 \Phi = 0$$

其解为

$$\Phi = A_1 \cos Bx + A_2 \sin Bx$$

利用边界条件得到

$$\Phi = A \cos \dfrac{\pi x}{x_0}$$

其中，$B = \dfrac{\pi}{x_0}$，x_0 为平面堆的厚度，A 由堆的功率决定.

(2) 矩形平行六面体堆.

$$\nabla^2 \Phi + B^2 \Phi = \frac{\partial^2 \Phi}{\partial x^2} + \frac{\partial^2 \Phi}{\partial y^2} + \frac{\partial^2 \Phi}{\partial z^2} + B^2 \Phi = 0 \tag{2.61}$$

其解为

$$\Phi = A\cos\frac{\pi x}{a_0}\cos\frac{\pi y}{b_0}\cos\frac{\pi z}{z_0} \tag{2.62}$$

对于正立方体堆

$$\Phi = A\cos^3\left(\frac{\pi x}{a_0}\right) = A\cos^3\left(\frac{B}{\sqrt{3}}x\right), \quad B^2 = \left(\frac{\pi}{a_0}\right)^2$$

(3) 球形堆.

由于

$$\nabla^2 \Phi + B^2 \Phi = \frac{d^2\Phi}{dr^2} + \frac{2}{r}\frac{d\Phi}{dr} + B^2 \Phi = 0 \tag{2.63}$$

故

$$\Phi = \frac{A}{r}\sin\frac{\pi r}{r_0}, \quad B = \frac{\pi}{r_0} \tag{2.64}$$

(4) 有限高圆柱形堆(通常使用的堆形).

由于

$$\nabla^2 \Phi + B^2 \Phi = \frac{\partial^2 \Phi}{\partial r^2} + \frac{1}{r}\frac{\partial \Phi}{\partial r} + \frac{\partial^2 \Phi}{\partial z^2} + B^2 \Phi = 0 \tag{2.65}$$

故

$$\Phi(r,z) = A J_0\left(\frac{2.405r}{r_0}\right)\cos\frac{\pi z}{z_0} \tag{2.66}$$

其中,r_0 为外推的堆芯半径,z_0 为外推的堆芯高度,$J_0\left(\frac{2.405r}{r_0}\right)$ 为一类零阶贝塞尔(Bessel)函数,$B^2 = \left(\frac{2.405}{r_0}\right)^2 + \left(\frac{\pi}{z_0}\right)^2$.

2.5.3 堆中子监测问题

1. 堆中子特点

(1) 中子注量率变化范围宽,从停堆到满功率运行,中子注量率变化 8~10 个量级(注:停堆后,中子注量率并不为零).

(2) 任意功率水平上的中子增殖或下降必须通过中子注量的连续监测反映出来.

(3) 临界堆的正、负反应性在极短时间内造成功率的迅速上升或下降,因此要求中子监测仪器的响应快.

(4) 一般要求每种监测仪器具有跨 3~4 个量级的注量率测量量程,即把中子注量率测量分为三个区段,如表 2.9 所示.

表 2.9 中子注量率测量区段

量程	源量程	中间量程	功率量程
中子注量率/(n/(cm² · s))	$10^0 \sim 10^5$	$10^4 \sim 10^{10}$	$10^8 \sim 10^{10}$
探测器	BF3 或裂变室	有γ补偿电离室自给能探测器	长电离室自给能探测器
放置位置	反射层或生物屏蔽层	堆芯	堆芯

2. 堆芯中子注量率监测

堆芯中子注量率受控制棒、燃料燃耗、慢化剂及反射层温度变化的影响，探测器工作环境十分恶劣(即高温 280~300℃、压力为 7MPa、γ为 10^8R[①]/n 及空间狭小等)，要求堆芯探测器耐辐照、耐高温高压、体积小、结构牢靠等，活化箔、小型裂变室和自给能中子探测器是三种常用的堆芯探测器.

(1) 活化箔：主要有 Au、Ag、Dy、In、V、Mn 等.
(2) 脉冲计数型裂变室：电极涂层为 U_3O_8，^{235}U 浓缩度为 90% 以上.
(3) 均方电压裂变室：中子灵敏度约为 7×10^{-18} A/(n·cm^{-2}·s^{-1}).
(4) 平均电流裂变室：中子灵敏度约为 2.2×10^{-19} A/(n·cm^{-2}·s^{-1}).
(5) 自给能中子探测器：由发射体(^{103}Rh、^{51}V、^{59}Co)、绝缘体(Al_2O_3、MgO 等)、收集极(不锈钢、镍合金等)和电流表组成，如图 2.4 所示.

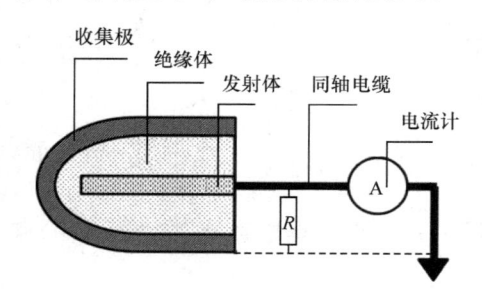

图 2.4 自给能中子探测器示意图

工作原理：^{103}Rh、^{51}V、^{59}Co 等发射体内由(n,γ)反应产生 β 放射性核素，在一定中子注量率 Φ 时，收集的饱和电流为

$$I = KN\sigma\Phi e[1-\exp(-0.693t/T_{1/2})] \quad (2.67)$$

其中，N 是半衰期为 $T_{1/2}$ 的发射体的原子数目；e 为电子电荷；K 为常数，与几何条件、中子自吸收、中子注量衰减及 β 自吸收有关. 当 $t \gg T_{1/2}$ 时，电流计读数(平衡时)为：$I_0 = KN\sigma\Phi e$，从而通过电流的读出值可以得到中子注量率 Φ.

2.6 散裂中子源

2.6.1 散裂中子源概述

散裂中子源装置结构示意图如图 2.5 所示. 用几百 MeV~GeV 能量的 p、d 轻带电粒子轰击重核，由散裂反应放出中子. 例如，把 H$^+$ 在预注入器中加速到 665keV，然后注入到直径 52m 的质子同步回旋加速器中，加速到 800MeV，用质子束强度 2.5×10^{15} p/s 轰击钽或贫铀靶. 散裂中子源的优点是：①中子产额高，17n/p(在 Pb 靶上)、33 n/p(在铀靶上)；②加速器比反应堆易控制；③按要求调节质子束，可脉冲工作在 ns 或 μs；④中子谱能区跨 16 个量级；⑤γ本底比电子直线加速器中子源低；⑥通过质子极化可获得整个能区的极化中子. 因此，散裂中子源是新一代集聚多学科的最有前途的中子源.

---

① 1R = 2.58×10^{-4} C/kg.

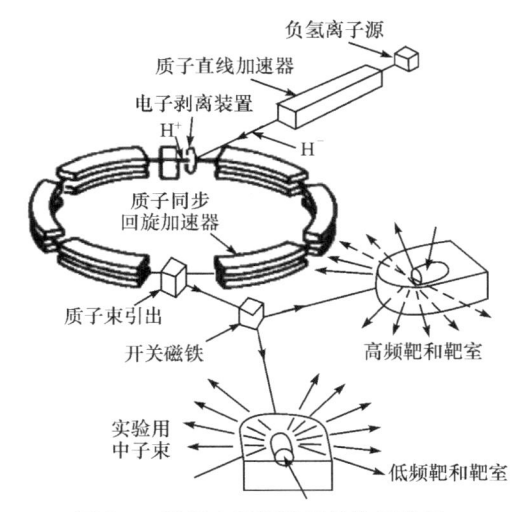

图 2.5 散裂中子源装置结构示意图

散裂中子源主要用于凝聚态物理研究中,此外,在 n-p 韧致辐射、中子寿命、中子电偶极矩测量、极化中子在 p 波共振中的宇称不守恒研究以及 $10^0 \sim 10^3$ MeV 中子截面测量、长寿命核废料嬗变处理、核材料生产、洁净能源开发、同位素生产(包括氚生产)等众多方面都有重要用途. 世界上的散裂中子源如表 2.10 所示.

表 2.10 已建成、正在建和计划建造的散裂中子源

散裂中子源	质子平均束流	质子能量/GeV	平均功率	频率/Hz	脉冲宽度	附注
KENS-1(日本:KEK)	4 μA	0.5	2 kW	30	0.05 μs	1980 年建成
IPNS(美国:ANL)	15 μA	0.45	7 kW	30	0.1 μs	1981 年建成
MLNSC(美国:LANL)	80 μA	0.8	64 kW	20	0.27 μs	1988 年建成
ISIS(英国:RAL)	200 μA	0.8	160 kW	50	0.4 μs	1985 年建成
SINQ(瑞士:PSI)	1.5 mA	0.57	850 kW	稳态	—	1997 年建成
WRN(美国:LANL)	≈2 μA	0.8	≈1.6 kW	100	1.8 μs	1986 年建成
IN-06(俄罗斯)	500 μA	0.6	300 kW	脉冲+稳态	—	正在建
JHF(日本:KEK)	200 μA	3	0.6~1.2 MW	25~50	1 μs	正在建
JAERI(日本:JAERI)	5.3 mA	1.5	5~8 MW	脉冲+稳态	0.3~2 ms	2008 年建成
LPSS(美国:LANL)	1.25 mA	0.8	1 MW	60	1 ms	可产生长脉冲中子束
SNS(美国:ORNL)	2 mA	1	2 MW	60	0.7 ms	2006 年建成
ESS(欧洲)	3.8 mA	1.334	5 MW	50	1 μs~1.33 ms	拟 2027 年建成
CSNS(中国)	63 μA	1.6	100 kW	25		2018 年建成

2.6.2 散裂反应过程

从原理上,p 和 d 都可作为散裂反应的入射粒子,但由于 d 的加速难度大,加速器设备造价高,故通常只采用质子束. 高能质子束轰击物质时,发生散裂反应是一个多次碰撞过程,可用级联和蒸发两步来描述.

能量近于 GeV 的质子波长小于原子核内核子间的平均距离. 入射质子和靶内单个核子产

生准自由碰撞,并把部分或全部能量传递给核子,碰撞出 p、n、d、α、π 介子等次级粒子,这些粒子以及碰撞后的质子有可能跑出核外,也可能和核内其他粒子继续碰撞,再释放出其他粒子,一直通过蒸发中子而回到基态.若靶核是锕系元素,还可能发生裂变,放出裂变中子.整个反应产物的质量分布中,$A \geqslant 150$ 是散裂反应产物,$A < 150$ 是裂变反应产物.

2.6.3 散裂中子产额

设靶核质量数为 A,入射质子能量为 E_p,中子产额可用下面的经验公式估算:

$$Y_n(E_p) = \begin{cases} 0.1(A+20)(E_p-0.12) & (A>9,\text{U 除外}) \\ 50(E_p-0.12) & (\text{U 靶}) \end{cases} \tag{2.68}$$

例如,$E_p = 0.8 \text{GeV}$,质子束为 1mA,则

$$Y_n = \begin{cases} 1.6 \times 10^{18} & (\text{Pb 靶}) \\ 2 \times 10^{18} & (\text{U 靶}) \end{cases} \tag{2.69}$$

若靶本身或靶外层是次临装置,则中子产额还可高 $(1-k_{\text{eff}})^{-1}$ 倍.k_{eff} 是次临界装置的有效倍增因子,是一个小于 1 的数.

2.6.4 散裂中子能谱

由散裂反应过程可知,中子能谱由高能粒子级联反应的中子谱、蒸发中子谱和裂变中子谱组成,如图 2.6 所示.级联中子谱中最高中子能量接近入射质子能量,平均约为 100MeV;蒸发中子谱能量平均约为 10MeV;裂变中子谱平均约为 2~3MeV.后两者占全部中子数的 95%以上.

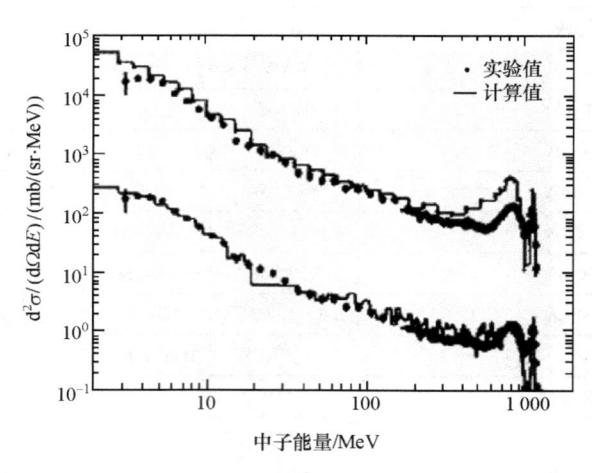

图 2.6 0°方向散裂中子能谱,$E_p = 1200 \text{MeV}$,Pb 靶
上下曲线是用不同程序计算得到的,上方曲线坐标轴应 $\times 10^2$

2.6.5 靶和慢化体

散裂中子源的靶室系统包括靶、慢化体、反射层、冷却剂等.它们在整个散裂源设备中起着关键作用,关系到中子源的主要指标.

靶材料的选择原则是:①重,靶核越重,产额越高;②密度大,体积小,以提高靶表面的中子注量;③中子吸收截面小;④耐辐照性能好,在强辐照下不发生破坏性相变;⑤如果是固体靶还要求

熔点高,导热性能好;⑥如果是裂变材料^{238}U,则要求采用贫化铀(^{235}U 含量小于 0.02 %),而不用天然铀,以避免反弹回来的慢中子引起^{235}U 裂变,对飞行时间测量造成本底.

基本符合要求的靶材料包括:Ta、W、Hg、Pb、Bi、U 及其合金.

靶室长度应大于质子在其材料中的射程.对于 $E_p=0.8$GeV,靶室长 25cm(^{238}U)、39cm(Pb).

质子在不同材料中的射程 R(cm)和非弹自由程 L 可使用如下经验公式进行估算:

$$\begin{cases} R = \dfrac{233}{\rho} Z^{0.23}(E_p - 0.032)^{1.4} \quad Z \geqslant 10, \quad E_p \leqslant 1\text{GeV} & (2.70)\\ L = \dfrac{1}{N\sigma_{inel}} \quad 50\text{MeV} \leqslant E_p, \quad \sigma_{inel} = 15.9 \times 10^{-3} \pi A^{2/3} \text{(mb)} & (2.71) \end{cases}$$

Z、A、ρ 分别为材料的原子序数、质量数和密度(g/cm³).

为提供慢中子,靶周围需堆放慢化体.慢化体的几何基本形式有板型、翼型和阱型.板型产生的慢中子强度最高,但快中子和高能中子本底也非常强,所以实际上板型从未被采用过.应用最多的是翼型结构,它的快中子和高能中子本底比板型的少,不过慢中子强度也比它小.20 世纪 90 年代初才见诸报道的阱型结构中,慢化体和靶的耦合灵活.适当调节可使其慢中子强度达到板型的强度,而快中子本底又比板型的小很多.文献里采用的大多是阱型和翼型的混合结构.每块慢化体的尺寸为 10cm×10cm×(4~8)cm 或 12cm×25cm×5cm.慢化体外部是铍反射层,中子管道从慢化体表面引出.整个靶系统近 1 m³.

用于核能应用和核废料嬗变的靶系统和上述装置类似,但要复杂得多,有兴趣的读者可参考有关文献进行更深入的了解.

参 考 文 献

[1] 丁大钊,叶春堂,赵志祥,等.中子物理学——原理、方法与应用.2 版.北京:原子能出版社,2005:47-128.

[2] 伏拉索夫 H A.中子.周沛平,译.北京:高等教育出版社,1959.

[3] Marion J B, Fowler J C. Fast Neutron Physics. New York: John Wiley & Sons,1963.

[4] 丁厚本,王乃彦.中子源物理.北京:科学出版社,1984.

[5] 刘圣康.中子物理.北京:原子能出版社,1986.

[6] Segel R E, Kane J V, Wilkinson D H. Parity conservation in strong interactions: The 7Be (n,α) 4he reaction. Philosophical Magazine,1958,3(26):204-207.

[7] Kluge H, Weise K. The neutron energy spectrum of a 241Am-Be(α,n) source and resulting mean fluence to dose equivalent conversion factors. Radiation Protection Dosimetry,1982,2(2):85-93.

[8] 陈英,汪惠慈,容超凡.球形^{124}Sb-Be,^{24}Na-D$_2$O,^{24}Na-Be 光中子源.原子能科学技术,1975,(2):191-197.

[9] Shlyamin E A,Kharitonov I A. The half-life and the average number of neutrons per an act of Cf-252 fission. 1987,225:32-45.

[10] Okamoto K. Neutron source properties. Proc. IAEA Consultants Meet. Neutron Sour.,1980:90-91.

[11] ISO 8529, Nuclear energy - specific requirements for the design and construction of pressure vessels and piping systems for fusion reactors. ISO/TC Nuclear Energy,1989.

[12] Davis J C. Properties of neutron resources. Report IAEA-TECDOC-410, IAEA,1987.

[13] 关遐龄,杨丙凡,赖伟全,等.高压型加速器技术及应用学术交流会论文集,1997,29:99-114.

[14] Weaver K A, Eenmaa J, Bichsel H, et al. Dosimetric properties of neutrons from 21-MeV deuteron bombardment of a deuterium gas target. Medical Physics,1979,6(3):193-196.

[15] 祁步嘉,周祖英. HI-13 串列加速器上的氚气体靶装置. 青岛大学学报:自然科学版,1997,10(2):86-89.

[16] Liskien H,Paulsen A. Neutron production cross sections and energies for the reactions T(p,n)^{3}He, D(d,n)^{3}He,and T(d,n)^{4}He. Atomic Data & Nuclear Data Tables,1973,11(73):569-619.

[17] Liskien H,Paulsen A. Neutron production cross sections and energies for the reactions ^{7}Li(p,n)^{7}Be and ^{7}Li(p,n)^{7}Be*. Atomic Data & Nuclear Data Tables,1975,15(1):57-84.

[18] 马鸿昌,李际周. 加速器单能中子源常用数据手册. 北京:原子能出版社,1976.

[19] Drosg M,Schwerer O. Production of monoenergetic neutrons between 0.1 and 23 MeV: neutron energies and cross-sections, Handbook of Nuclear Activation Data (Vienna: IAEA) STI. DOC/10/273,1987.

[20] Drosg M. Repoet IAEA-NDS-87,Rev. 5, Jan. 2000. Drosg M. DROSG-2000, PC Database for 56 neutron source reactions, documented in the IAEA Report IAEA-NDS-87 Rev. 5. International Atomic Energy Agency, 2000.

[21] Drosg M. Sources of variable energy monoenergetic neutrons for fusion-related applications. Nuclear Science and Engineering,1990,106(3):279-295.

[22] Cosack M,Lesiecki H. Properties of Neutron Sources. Report IAEA-TECDOC-410,1987:27.

[23] Dave J H, Gould C R, Wender S A, et al. The ^{1}H(^{7}Li,n)^{7}Be reaction as an intense MeV neutron source. Nuclear Instruments and Methods in Physics Research, 1982, 200(2-3):285-290.

[24] Chiba S,Mizumoto M,Hasegawa K. et al. The ^{1}H (^{11}B,n)^{11}C reaction as a practical low background monoenergetic neutron source in the 10 MeV region. Nuclear Instruments and Methods in Physics Research Section A:Accelerators,Spectrometers,Detectors and Associated Equipment,1989,281(3):581-588.

[25] Jungerman J A,Brady F P,Knox W J. et al. Production of medium-energy neutrons from proton bombardment of light elements. Nuclear Instruments and Methods,1971,94(3):421-427.

[26] Bol A,Leleux P,Lipnik P. et al. A novel design for a fast intense neutron beam. Nuclear Instruments and Methods in Physics Research,1983,214(2):169-173.

[27] Dupont C,Leleux P,Lipnik P. et al. Study of a collimated fast neutron beam. Nuclear Instruments and Methods in Physics Research Section A:Accelerators, Spectrometers, Detectors and Associated Equipment,1987,256(2):197-206.

[28] Slypen I,Corcalciuc V,Ninane A. et al. Charged particles produced in fast neutron induced reactions on ^{12}C in the 45-80 MeV energy range. Nuclear Instruments and Methods in Physics Research Section A:Accelerators,Spectrometers,Detectors and Associated Equipment,1994,337(2):431-440.

[29] Duhamel P,Galster W,Graulich J S. et al. Measurement of cross-sections for the ^{9}Be (n,3n) ^{7}Be and ^{56}Fe (n,p) ^{56}Mn reactions producing background lines in γ-ray astrophysics. Nuclear Instruments and Methods in Physics Research Section A:Accelerators,Spectrometers,Detectors and Associated Equipment,1998,404(1):143-148.

[30] Carpenter J M. Pulsed spallation neutron sources for slow neutron scattering. Nuclear Instruments and Methods,1977,145(1):91-113.

[31] Wilson C C. ISIS,the UK spallation neutron source-a guided tour. Neutron News,1990,1(1):14-19.

[32] Wilson C C. A guided tour of ISIS—the UK spallation neutron source. Neutron News,1995,6(2):27-34.

[33] Vega-Carrillo H R,Hernández-Dávila V M,Rivera T,et al. Nuclear and dosimetric features of an isotopic neutron source. Radiation Physics & Chemistry,2014,95(1):122-124.

[34] Ishak-Boushaki G M,Boukeffoussa K,Idiri Z. et al. Thick activation detectors for neutron spectrometry using different unfolding methods:Sensitivity analysis and dose calculation. Applied Radiation and Isotopes,2012,70(3):515-519.

[35] Shi Y Q, Zhu Q F, Tao H. Review and research of the neutron source multiplication method in nuclear critical safety. Nuclear Technology, 2005, 149(1): 122-127.

[36] Zhu Q F, Shi Y Q, Hu D S. Research on neutron source multiplication method in nuclear critical safety. Atomic Energy Science and Technology, 2005, 39(2): 97-100.

[37] Shi Y Q, Zhu Q F, Xia P, et al. Neutron source multiplication method research in reactor physics experiment. Chinese Journal of Nuclear Science & Engineering, 2005, 25(1): 404-408.

[38] Shi Y, Zhu Q, Hu D. et al. Some problems of neutron source multiplication methodfor site measurement technology in nuclear critical safety. Nuclear Power Engineering, 2004, 25(2): 101-105.

[39] Bowman C D, Arthur E D, Lisowski P W. et al, Nuclear energy generation and waste transmutation using an accelerator-driven intense thermal neutron source. Nuclear Instruments and Methods in Physics Research Section A: Accelerators, Spectrometers, Detectors and Associated Equipment, 1992, 320(1): 336-367.

[40] Shahbunder H, Pyeon C H, Misawa T. et al, Effects of neutron spectrum and external neutron source on neutron multiplication parameters in accelerator-driven system. Annals of Nuclear Energy, 2010, 37(12): 1785-1791.

[41] Mihalczo J T, King W T, Blakeman E D. ^{252}Cf-source-driven neutron noise analysis method. Presented at the DOE Subcritical Reactivity Measurements Workshop, Albuquerque, 1985.

[42] Stacey W M. Capabilities of a DT tokamak fusion neutron source for driving a spent nuclear fuel transmutation reactor. Nuclear Fusion, 2001, 41(2): 135.

[43] Lafuente A, Piera M. Nuclear fission sustainability with subcritical reactors driven by external neutron sources. Annals of Nuclear Energy, 2011, 38(4): 910-915.

[44] Cole T E, Weinberg A M. Technology of research reactors. Annual Review of Nuclear Science, 1962, 12(1): 221-242.

[45] Sumita K, Kaneko Y, Kurokawa R. et al. A pulsed neutron source for thermal reactor ihysics. Journal of Nuclear Science and Technology, 1967, 4(7): 328-338.

第3章

中子与物质的相互作用

带电粒子贯穿物质时受核电场作用,主要是由电离、激发过程造成其能量损失. 这是带电粒子与物质原子壳层电子发生非弹性散射的结果. 当带电粒子从核外电子附近掠过时,由于静电作用,束缚电子获得足够能量而摆脱原子核的束缚成为自由电子,形成自由电子和正离子对,称为电离. 而自由电子具有足够动能再使其他原子电离,这种由带电粒子在物质中产生的具有较大动能的自由电子称 δ 射线. 如果束缚电子从带电粒子那里获得的能量不足以使它成为自由电子,仅仅跃迁到较高能级,则此过程称激发. 由于原子激发态不稳定,电子可从外层轨道迁入内层,此时发射 X 射线. 带电粒子与物质作用时,一部分动能转化为具有连续能谱的 X 射线,此称轫致辐射.

重带电粒子(p、α 等)的能量损失几乎全部都是电离和激发过程,而高能电子主要是通过轫致辐射损失能量的.

与带电粒子不同,中子和γ都不能直接使物质电离,中子具有电中性,它与物质相互作用时,其能量主要损失在中子与原子核的作用过程中,能量在物质中转变为 p、α、反冲重核、γ 等次级粒子. 这与带电粒子与物质作用时能量损失以电磁相互作用为主不同. 所以研究中子与物质作用时,主要是研究中子与原子核的相互作用过程.

下面介绍几个概念:

(1) 电子俘获(EC):衰变的原子核俘获 1 个核外电子,使核内 1 个质子变成一个中子. 若俘获的是 K 层电子,称 K 电子俘获,依次有 L 层、M 层电子俘获. 由于内层电子被俘获后,外层电子向内层空位跃迁,同时以特征 X 射线释放多余能量.

(2) γ跃迁:原子核由高能态向低能态跃迁,并放出γ射线.

(3) 内转换(IC):原子核由高能态向低能态跃迁不一定放出γ射线,也可能把激发能转交给核外电子,使该电子成为自由电子. 内转化系数 $\alpha = N_e/N_\gamma$.

(4) 俄歇电子:放出光电子的原子处于激发态,内层电子空位被外层迁入. 此时原子发射特征 X 射线,而有时 X 射线在离开原子之前,又可能击出外层电子——俄歇电子,其能量等于特征 X 射线或光电子能量减去该电子在原子中的结合能.

中子与物质作用主要是同原子核的相互作用,这些作用主要有弹性和非弹性散射、各种核反应、裂变等.

原子核受中子轰击后可能产生的物理现象是:

(1) 原子核的组成或核内能量与作用前相比没有任何变化,此作用称为弹性散射.

(2) 虽然在作用后,原子核组成没有发生变化,但原子核却被激发到某个能态,此种作用称为非弹性散射.

（3）如果入射中子被靶原子核吸收，随之发射γ射线，此作用称为辐射俘获.

（4）如果靶核吸收中子后，发射带电粒子或 2~3 个中子，则此作用称为核反应. 入射中子与某些重原子核发生碰撞时，就会发生原子核裂变.

由于中子与原子核相互作用不受库仑势垒阻挡，因此，即使中子能量很低，也会引起核反应. 原子核的直径为几 fm～二十几 fm(1fm=1×10^{-13} cm). 想要观察原子核内的精细结构，就要求用波长很短的粒子作探针. 如表 3.1 所示，粒子能量越高，质量越大，则波长越短，这是因为

$$\lambda = \frac{2\pi\hbar}{\sqrt{2mE}} \tag{3.1}$$

表 3.1　几种粒子在不同能量下的波长　　　　　（单位：10^{-14} m）

E/MeV	中子	α	^{16}O	^{208}Pb
1	4.55	2.27	1.14	0.32
10	1.44	0.72	0.36	0.10
100	0.45	0.23	0.11	0.03
1000	0.12	0.068	0.035	0.010

3.1　基本物理量

为了定量描述入射粒子与原子核的相互作用，须建立表征这种作用大小和特点的物理量，诸如各种反应截面、角分布等.

3.1.1　截面

截面是用来描述入射粒子与原子核发生反应的概率的一个重要物理量. 我们假定一个面积为 A、厚度为 x 的薄靶，单位面积中所含某个元素的核数为 N（即核密度）. 一束注量率为 φ（即每秒每平方厘米有 φ 个）的中子平行入射到靶上，则靶发生反应的概率为 K（类似探测器的计数率）. 于是由

$$K = \Phi NAx\sigma \tag{3.2}$$

得

$$\sigma = \frac{K}{\Phi NAx}（面积量纲）\tag{3.3}$$

显然，NAx 为靶上某个元素的总核数. 而 σ 是单位中子注量率与一个靶原子核的作用概率，从上式可以看出，σ 有面积的量纲，我们把它称为截面. 截面通常用"靶恩"(barn)来表示，符号"b". $1b=10^{-24}$ cm², 有时使用 mb, $1mb = 10^{-27}$ cm².

由于中子与原子核有许多不同的反应方式，故有相应的各种反应截面. 我们用下述不同符号表示不同反应的截面. $\sigma_{n,n}$ 代表弹性散射截面；$\sigma_{n,n'}$ 代表非弹性散射截面；$\sigma_{n,\gamma}$ 代表辐射俘获截面；$\sigma_{n,f}$ 代表裂变截面等. 所有可能反应的截面总和称为全截面，用 σ_T 来表示.

中子被靶核吸收后引起的核反应截面称吸收截面，用 σ_a 表示，即

$$\sigma_a = \sigma_{n,\gamma} + \sigma_{n,p} + \sigma_{n,\alpha} + \sigma_{n,2n} + \cdots + \sigma_{n,f}$$

全截面与弹性散射截面之差称去弹截面，即 $\sigma_{non} = \sigma_T - \sigma_{n,n}$；而弹性和非弹截面之和称散射截面，即 $\sigma_{el} = \sigma_{n,n} + \sigma_{n,n'}$.

3.1.2 角分布和微分截面

反应生成物(如出射的 n、p、α 等)在不同出射角的分布不一样,就说明反应概率随出射角而变化,这种变化称为角分布,而截面在不同出射角的值称为微分截面,如图 3.1 所示.

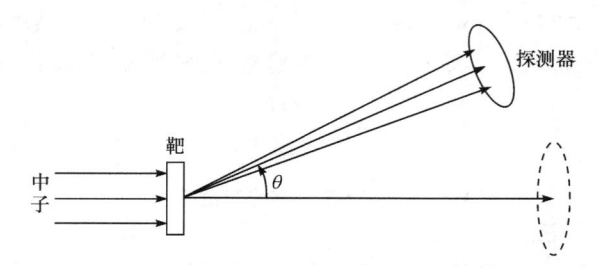

图 3.1 中子与靶核相互作用后角分布

若探测器对靶(即样品)所张立体角为 $d\Omega$,靶核数为 N_0,单位时间内,在立体角 $d\Omega$ 内,探测器所记录到的出射粒子数为 $dn(\theta)$,则有

$$dn(\theta) = \Phi \cdot N_0 \cdot d\Omega \sigma(\theta) \tag{3.4}$$

$$\sigma(\theta) = \frac{dn(\theta)}{\Phi \cdot N_0 \cdot d\Omega} \quad \left(\text{通常记 } \sigma(\theta) = \frac{d\sigma}{d\Omega} \text{ 或 } \sigma(\theta) = \frac{d\sigma}{d\theta}\right)$$

例如,测量的弹性散射微分截面为 $\sigma_{el}(\theta)$,则总弹性散射截面

$$\sigma_{el} = \int_{4\pi} \sigma_{el}(\theta) d\Omega = 2\pi \int_0^\pi \sigma_{el}(\theta) \sin\theta d\theta \tag{3.5}$$

当入射中子与原子核作用后,有时剩余核被激发到能级密度很大的激发能区,而测量上受到探测器能量分辨率的限制,使测量的出射粒子在能量上呈谱分布.这种谱分布不仅随出射角而变化,而且能量上也有分布,这就用双微分截面 $\frac{d^2\sigma}{dEd\Omega}(\mathrm{mb/(sr \cdot MeV)})$ 来描述,通常称双微分截面(double-differential cross-section, DDCS).

为了同理论计算比较,常把实验所测到的 $d\sigma/d\Omega$ 和 $d^2\sigma/(dEd\Omega)$ 用勒让德(Legendre)多项式表示,即

$$\frac{d\sigma}{d\Omega}(E,\theta) = \sigma_{el}(E) \sum_{l=0}^{N_l} \frac{2l+1}{4\pi} f_l(E) P_l(\cos\theta) \tag{3.6}$$

此为入射能量为 E、出射角为 θ 的弹性散射微分截面.入射能量为 E、出射角为 θ、出射粒子能量为 E' 的弹性散射微分截面表示为

$$\frac{d^2\sigma}{dEd\Omega}(E,E',\theta) = \sigma(E) \sum_{l=0}^{N_l} \frac{2l+1}{4\pi} f_l(E,E') P_l(\cos\theta) \tag{3.7}$$

式(3.6)和式(3.7)中,σ_{el} 和 $\sigma(E)$ 是弹性散射和所研究的连续谱区的出射粒子积分截面,$f_l(E)$ 和 $f_l(E,E')$ 为勒让德多项式系数,而且 $f_0(E)=1, f_0(E,E')=1$. 如果测量的角度比较多,通过对实验数据的拟合可以得到在全空间的积分截面,这也是得到积分截面的常用办法之一.

3.1.3 中子截面的特点

由于没有库仑作用,即使能量很低的中子也能与原子核发生核反应,且在低能处有些截面还很大.图 3.2 表示中子引起反应截面的一般规律,图中纵坐标为截面,横坐标为中子能量.

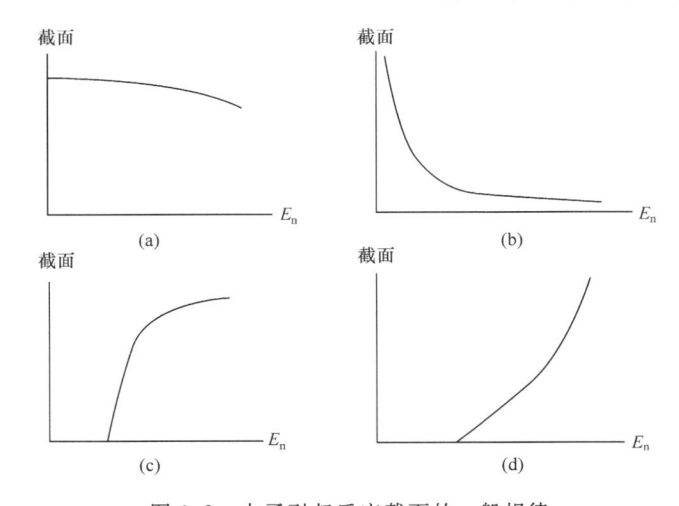

图 3.2　中子引起反应截面的一般规律

(a) 弹性散射;(b) 低能放能反应;(c) 阈能反应;(d) 高于阈能反应

从图 3.2 可以得出：

(1) 弹性散射截面,无阈值.在低能时,σ_{el} 为一常数,随中子能量增大而逐步下降.全截面 $\sigma_T \approx \sigma_{el}$,其他反应截面很小,可忽略,见图 3.2(a).

(2) 低能放能反应,主要有(n,γ)、(n,α)、(n,f).截面呈 $1/v$ 规律,见图 3.2(b).

(3) 阈能反应. $\sigma \propto E_n^{1/2}$,呈上升趋势,见图 3.2(c).

(4) 高于阈能时,中子引起的出射带电粒子受库仑势垒作用,截面随电子能量呈上升趋势,见图 3.2(d).

以上几类截面是平均趋势,不计其共振峰的截面.在截面的激发曲线中呈现出的尖而窄的峰,源于复合核的能级受到了激发.

3.1.4　宏观截面

宏观截面是一个中子与单位体积内所有原子核发生核反应的平均概率的一种量度,有

$$\Sigma = N\sigma$$

因为

$$N = \frac{\rho}{A} N_A$$

所以

$$\Sigma = \frac{\rho N_A}{A} \sigma$$

式中,Σ 为每立方厘米靶物质中所有原子核的总截面;ρ 为材料的密度,单位为 kg/m³;A 为该元素的原子量;N 为单位体积内原子核数;N_A 为阿伏伽德罗常量,$N_A = 6.022 \times 10^{23}\ \mathrm{mol}^{-1}$.

对于化合物

$$\Sigma = \frac{\rho N_A}{M} \sum_{i=1} \nu_i \sigma_i \tag{3.8}$$

式中,ν_i 为化合物分子中第 i 种原子数;σ_i 为化合物分子中第 i 种原子核的截面;M 为化合物的分子量.

对于混合物

$$\Sigma = \sum_{i=1} N_i \sigma_i = \rho N_A \sum_{i=1} \frac{f_i}{A_i} \sigma_i \tag{3.9}$$

其中,f_i 是混合物中第 i 种核素的丰度.例如,天然铀

$$\Sigma = N_{238}\sigma_{238} + N_{235}\sigma_{235} = \rho N_A \left(\frac{f_{238}}{238} + \frac{f_{235}}{235}\right)$$

3.2 核反应机制

中子与原子核的相互作用过程有三种:势散射、直接相互作用和复合核的形成.

势散射是最简单的核反应,它是中子波和核表面势相互作用的结果.此情况下的中子并未进入靶核.任何能量的中子都有可能引起这种反应.

直接相互作用是指:入射中子直接与靶核内的某个核子碰撞,使某个核子从核里发射出来,而中子却留在核内.如果从靶核里发射出来的核子是质子,这就是直接相互作用(n,p)反应.如果从靶核里发射出来的核子是中子,而靶核发射γ射线,同时由激发态返回基态,这就是直接非弹性散射过程.

复合核的形成是最重要的中子与原子核的相互作用形式.在这个过程中,入射中子被靶核 $^A_Z X$ 吸收形成一个新核——复合核 $[^{A+1}_Z X]^*$.中子和靶核两者在质心坐标系的总动能 E_c 就转化为复合核的内能.同时中子的结合能 B_b 也给了复合核,于是使复合核处于基态以上的激发态(或能级)$B_b + E_c$ 上.然后,经过一个短时间,复合核衰变或分解放出一个粒子(或一个光子),并留下一个余核(或反冲核).这两个阶段可写成以下形式:

(1) 复合核的形成:中子+靶核$[^{A+1}_Z X]$ ⟶ 复合核$[^{A+1}_Z X]^*$;

(2) 复合核的分解:复合核$[^{A+1}_Z X]^*$ ⟶ 反冲核+散射粒子.

当入射中子的能量具有某些特定值恰好使形成的复合核激发态接近于一个量子能级时,那么形成复合核的概率就显著地增大,这种现象就叫做共振现象(包括共振吸收、共振散射和共振裂变等).这时,入射中子的能量就称为共振能.根据中子和靶核作用方式的不同,共振又可分为共振吸收和共振散射.共振吸收对反应堆的物理过程有着很大的影响.

综合以上所述,在反应堆内,中子与原子核的相互作用可分为两大类.

(1) 散射:有弹性散射和非弹性散射.

(2) 吸收:包括辐射俘获、核裂变、(n,α)、(n,p)反应等.

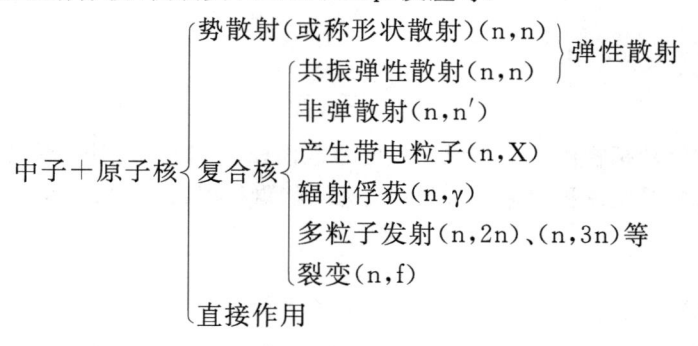

$$\text{中子+原子核}\begin{cases}\text{势散射(或称形状散射)}(n,n)\\ \text{复合核}\begin{cases}\text{共振弹性散射}(n,n)\\ \text{非弹散射}(n,n')\\ \text{产生带电粒子}(n,X)\\ \text{辐射俘获}(n,\gamma)\\ \text{多粒子发射}(n,2n)、(n,3n)\text{等}\\ \text{裂变}(n,f)\end{cases}\\ \text{直接作用}\end{cases}$$ 弹性散射

3.2.1 核反应过程的三个阶段

1. 第一阶段

入射粒子接近靶核时,受其势场作用,或被吸收发生核反应,或发生了弹性散射(即势散射).这一阶段犹如一束光投射到半透明玻璃上所发生的吸收(核反应)、反射(弹性散射)和折射(非弹性散射)现象.

2. 第二阶段

入射粒子被靶核吸收后形成一个复合体系,能量交换方式可能多种多样.

(1) 入射粒子把能量直接交给靶核表面或核内一个或多个核子后,使其逃出复合体系,此过程称直接作用(n,n).

直接相互作用,不经过任何中间态的核反应,作用时间极短(约 10^{-22} s),相当于中子穿越原子核所需时间.出射道保留着入射道的许多特征,出射粒子角分布不仅非各向同性,也不90°对称,具有明显前倾峰,亦即出射粒子主要集中在入射粒子方向的一个不大的圆锥内.直接作用的机制是:入射粒子仅和靶核内少数核子发生作用.当中子把自己的大部分能量传递给一个或少数几个核子或激发靶核集体运动,但来不及把能量进一步分配给其他核子时,就从核内发射出来.主要的直接作用有:

①拾取反应.中子从靶核中拾取一个或几个核子,从核内发射出来,如(n,d).

②非弹散射.中子把部分能量交给靶核,使其激发(集体激发和单粒子激发),而中子自己继续飞出(n,n′).

③敲出反应.中子把部分能量直接传递给靶核内的一个或几个核子,使其从靶核内飞出,而中子本身被靶核吸收,如(n,p).

④电荷交换反应.中子与靶核不交换粒子只交换电荷,如(n,p).

⑤直接俘获反应.入射中子在靶核势阱上被散射时,被俘获到某个单粒子态.由该粒子态发射γ射线,即(n,γ).

(2) 入射粒子在靶核内经多次碰撞再发射出来.

(3) 入射粒子把部分能量交给靶核后再发射出来,这时靶核则发生集体转动、振动等激发状态.

(4) 入射粒子和靶核经过多次碰撞后被吸收,融为一体,经过长期能量交换,达到动态平衡,最终形成复合核.

3. 第三阶段

处于高度激发的复合核极不稳定,经衰变放出粒子和剩余核.

(1) 如果出射和入射粒子相同,则称为复合弹性散射.由此可见,弹性散射=势散射+复合弹性散射.

(2) 如果入射粒子和靶核内的少数核子作用,则称直接作用,反之称复合核反应.从反应时间看,直接作用过程很短,相当于入射粒子穿越靶核的时间($\sim 10^{-22}$ s),而复合核过程则需 $10^{-18} \sim 10^{-14}$ s.

(3) 直接作用和复合核反应之间还存在一个所谓的预平衡过程.对于一个特定的反应,几种反应机制可能同时存在,只不过是以某种机制为主,而且与入射粒子能量有关.

3.2.2 几种反应机制的特点

(1) 截面的低能部分,以复合核机制为主.随入射粒子能量的增大,直接反应的贡献逐渐上升,并形成主要机制;而复合核机制逐渐减小,以至可以忽略.

(2) 出射粒子能谱的低能端,主要来自复合核机制的贡献,并呈现麦克斯韦(Maxwell)分布;能谱的高能端来自直接反应机制,剩余核往往处于激发态.出射粒子能谱的中间分布区是预平衡过程中所发射粒子能量的补充.

(3) 来自复合核机制的出射粒子角分布呈现各向同性或90°对称;而直接反应的粒子角分布是前冲的,即小角度的发射概率更高.

3.2.3 对各反应机制特点的解释

(1) 直接反应中,入射粒子与靶核作用时间短,能量损失也少,从而出射粒子能量就高,出射角前倾.剩余核处于低激发态,从而出射粒子能谱是峰状分布.

(2) 在复合核反应中,入射粒子与靶核内的核子经历多次碰撞,使总能量在很多核子之间分配,而能量聚集在某一个核子上的概率极小,从而使出射粒子的能量呈一种统计分布(如麦克斯韦(Maxwell)分布).

(3) 直接作用时,只要吸收不强,则弹性散射是主要出射道.

(4) 由于预平衡发射介于两种机制之间,故出射粒子能量明显高于蒸发谱,角分布有前倾趋势(但不像直接作用那样明显).

对于不同机制,都有不同的理论模型描述.直接作用中,只要吸收不强,则以弹性散射为主,其他机制的反应仅作为微扰.处理直接作用的理论工具是平面波和扭曲波玻恩近似.对复合核机制的反应,采用共振理论,豪泽-费许巴赫(Hanser-Feshbach)理论及蒸发模型;而预平衡过程的粒子发射则用激子模型来处理.

3.3 中子与物质相互作用的物理过程

3.3.1 势散射

当中子靠近靶核时,受核力作用而散射,这时中子不会引起靶核的能量状态变化,只是把它的部分能量转移给靶核,使其反冲,而散射中子则改变原来的运动方向和动能.这种作用的特点是:散射前后靶核的内能没有变化.入射中子把它的一部分或全部动能传给靶核,成为靶核的动能.势散射后,中子改变了运动的方向和能量.势散射前后,中子与靶核系统的动能和动量守恒,所以势散射为一种弹性散射.

3.3.2 复合核反应

由于中子不受库仑场的阻挡,被靶核吸收形成复合核,入射中子的一部分动能转化为复合核的动能 E_c,另一部分中子动能和中子结合能就转化为复合核的激发能 E_c^*.

若假定靶核 A 是静止的,则

$$E_c = \frac{m_n}{m_n + m_A} E_n \tag{3.10}$$

$$E_c^* = (E_n - E_c) + B_n = \frac{m_A}{m_n + m_A} E_c + B_n \approx E_n + B_n \tag{3.11}$$

处于激发态的复合核通过多种方式进行衰变,其衰变概率可用相应的能级宽度 Γ 表示. 而 $\Gamma_总 = \Gamma_n + \Gamma_\gamma + \cdots$.

设 B_b 为 b 粒子的结合能,只要 $E_c^* = E_n + B_n > B_b = B_n + Q$,得到 $E_n > Q$. 亦即 $E_n \geqslant E_{th} = \frac{m_n + m_A}{m_A}|Q|$ 时,复合核就可以发射 b 粒子.

1. 共振散射

复合核发射中子而退激到基态,称复合核弹性散射.由于入射中子能量正好达到复合核的某个能级时,靶核出现共振吸收中子,这种共振复合核发射中子后退激的弹性散射称共振弹性散射.共振弹性散射只对特定能量的中子才能发生.其一般反应式为

$${}_Z^A X + {}_0^1 n \longrightarrow [{}_Z^{A+1} X]^* \longrightarrow {}_Z^A X + {}_0^1 n$$

2. 非弹性散射

如果复合核释放中子后,剩余核仍处于某个激发态,此过程称为非弹性散射.当发生(n,n')时,阈能 $E_{th}' = \frac{m_n + m_A}{m_A} E_1^*$,$E_1^*$ 为靶核发生非弹性散射的第一激发能级.当入射中子能量 $E_n >$ 靶核的 $(E_1^* - E_0)$ 时,就可能使靶核受激发.复合核发射一个动能较低的中子后,入射中子所损失的那部分动能就转化为靶核的激发能.这时处于激发态的靶核往往通过发射 γ 射线而退激,因此 (n,n') 总伴有 γ 射线.

对于中、重核,第一激发能 $(E_1^* - E_0)$ 约 0.1~1MeV,而轻核则约 10MeV,故只有能量很高的中子才可能在轻核发生 (n,n').

3. 裂变过程

入射中子与重核 U、Pu、Th 等碰撞时,形成复合核,高度不稳定的复合核像液滴那样经过一系列振荡、形变,最后分裂成质量相近的两个裂片核,几种重核素的裂变临界能和中子结合能如表 3.2 所示.

表 3.2 几种重核素的裂变临界能和中子结合能

重核素	^{232}Th	^{238}U	^{235}U	^{233}U	^{239}Pu
裂变临界能 B_f/MeV	5.9	5.9	5.8	5.5	5.5
中子结合能 B_n/MeV	5.1	4.8	6.4	6.7	6.4

根据复合核衰变,$E_c^* \approx E_n + B_n > B_b = E_f$,即 $E_n > E_f - B_n$. 显然 ^{233}U、^{235}U 和 ^{239}Pu 的 $B_n > E_f$,即使 $E_n \sim 0$ 也能引起裂变反应,所以这些核素称易裂变核. ^{238}U、^{232}Th 的 $B_n < E_f$,需要 $E_n > 1$MeV 方能引起裂变,但它们在慢中子和热中子的作用下,生成 ^{233}U 和 ^{239}Pu,故称为可孕核.

裂变材料生成的复合核的中子/质子比偏高,故极不稳定,发射 2~3 个中子退激,形成裂变产物,但这些裂变产物仍有偏高的中子/质子比.在裂变反应后的几秒至几十分钟,在 β^- 衰变过程中再发射中子或通过衰变 $n \longrightarrow p + \beta^- + \tilde{\nu}$ 降低中子/质子比.

裂变中子分为瞬发中子和缓发中子两类.在裂变反应发生的极短时间内($\leqslant 10^{-15}$ s),由碎片发射的中子称为瞬发中子,它占总裂变中子的99%以上.由裂变产物进行 β^- 衰变放出的中子称为缓发中子,图 3.3 是 ^{87}Br 放出缓发中子的纲图.这些中子占总裂变中子的份额小于 1%,其中 $\beta^{235}_{\text{U}} = 0.0075, \beta^{239}_{\text{Pu}} \ll \beta^{235}_{\text{U}}$.

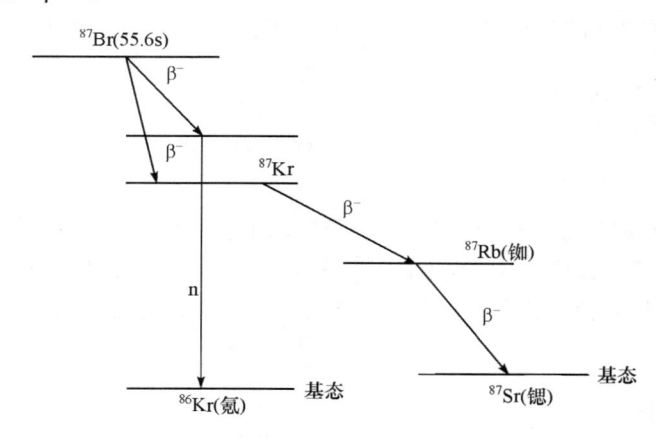

图 3.3 裂变产物 ^{87}Br 的 β^- 衰变过程中放出缓发中子

由于缓发中子的存在,使得每个反应堆都有自己的 B_{eff} 使堆运行必须控制在缓发中子临界和瞬发中子临界之间.因为 $B_{\text{eff}}(^{235}\text{U}) > B_{\text{eff}}(^{239}\text{Pu})$,故铀燃料堆比钚燃料堆容易控制.此外裂变产物普遍具有强放射性(因为中子/质子数量比还较高,故核废料的处理是件棘手的事情).

4. 俘获过程

如果入射中子的动能小于靶核内每个核子的平均作用能,中子与整个原子核发生作用.中子被靶核吸收形成复合核,并处于激发态,其激发能 $E_c^* = E_n + B_n$. 复合核以发射某种粒子而退激至基态的过程称俘获反应.

(1) 中子被靶核吸收后形成激发态的复合核,通过发射 γ 射线退激的过程称为辐射俘获. (n,γ) 反应的结果使得中子/质子数量比增大,因此剩余核大多是放射性核素.在热中子堆中, $\text{H}(n,\gamma)\text{D}$ 反应的截面要比 $\text{D}(n,\gamma)^3\text{H}$ 大得多.因此轻水堆由于 $\text{H}(n,\gamma)\text{D}$ 反应要损失一部分中子,而重水堆中损失的中子极少,这就是为什么重水堆的燃料使用天然铀而轻水堆的燃料必须使用~3%浓缩铀的原因.

(2) 复合核也可以通过发射 α 或质子退激,但 (n,α)、(n,p) 的截面比 (n,γ) 要小得多.
(n,p) 反应一般式为

$$^A_Z\text{X} + ^1_0\text{n} \longrightarrow [^{A+1}_Z\text{X}]^* \longrightarrow ^A_{Z-1}\text{Y} + ^1_1\text{H}$$

例如, $^{16}_8\text{O} + ^1_0\text{n} \longrightarrow ^{16}_7\text{N} + ^1_1\text{H}$, ^{16}N 的半衰期为 7.3s,它放出 β 射线和 γ 射线,这一反应是水中放射性的主要来源.

(n,α) 反应一般式为

$$^A_Z\text{X} + ^1_0\text{n} \longrightarrow [^{A+1}_Z\text{X}]^* \longrightarrow ^{A-3}_{Z-2}\text{Y} + ^4_2\text{He}$$

例如,热中子与 ^{10}B 的反应: $^{10}_5\text{B} + ^1_0\text{n} \longrightarrow ^7_3\text{Li} + ^4_2\text{He}$. 在低能区,这个反应截面很大,所以 ^{10}B 被广泛地用作热中子反应堆的控制材料.同时,这个反应在很宽的能区内能很好地满足 $1/v$ 变化规律. ^{10}B 也经常用来制作热中子探测器.

(3) 核裂变、(n,2n)、(n,3n)反应.

核裂变是反应堆内最重要的核反应,通常在各种能量的中子作用下均能发生裂变,且在低能中子作用下发生裂变的可能性较大的核,称为易裂变同位素或裂变同位素,如 ^{233}U、^{235}U、^{239}Pu、^{241}Pu.

当 $E_n > \frac{m_n + m_A}{m_A} B_n$ 时,复合核退激发射 2 个中子.

当 $E_n > 2\frac{m_n + m_A}{m_A} B_n$ 时,复合核退激发射 3 个中子.

每个原子核的 B_n 略有不同,B_n 约为 5~6MeV,故 $E_n \geqslant 5$~6MeV 时能发生(n,2n)反应,$E_n > 10$MeV 时可能发生(n,3n)反应.

3.3.3 中子的辐射损伤效应

1. 中子引起的晶格缺陷

当快中子进入金属或化合物的晶格中时,可能与晶格上的原子核发生散射,使得原子或晶格离子从正常位置离开,产生空位.如果散射中子的动能较大,还可以继续与其他原子核碰撞,产生更多的位移原子.这些位移原子在晶格中形成间隙原子,导致固体内永久性缺陷.因为产生一个位移原子只需要 25eV 的能量.显然具有 MeV 级能量的中子将造成成千上万个缺陷,从而改变物质的性能和机械强度.慢中子引起的(n,γ)反应截面较大,且剩余核退激时放出 MeV 级的γ也足以产生许多原子位移.

2. 中子使非晶体受到损伤

中子不仅使晶体或非晶体受到损伤,而且通过(n,X)产生的带电粒子使分子或原子发生电离或激发,使得分子的化学键断裂.中子还可以使生命机体中的水分子射解,产生许多有害有毒性的离子或自由基(H^+、·H、H^-、OH^+、·OH、OH^-).

3. 肿胀效应

中、重核的(n,X)截面显然较小,但对反应堆的结构材料来说,Fe、Cr、Ni 等常常处于高注量率中子的照射下,其累积效应不可忽略.例如,$^{56}_{27}$Fe(n,α)$^{53}_{24}$Cr、$^{27}_{13}$Al(n,α)$^{24}_{11}$Na 产生 α 粒子大量储存在钢结构材料中,形成氦核,使钢材变脆,机械强度下降,以至损坏.

3.3.4 用于中子探测的几个轻核反应(n,X)

几个用于中子探测的轻核反应的中子截面如图 3.4 所示.

1. ^{3}He 中子计数器(包括^{3}He 中子谱仪计数器)

$$n + {}^3He \longrightarrow p + T + 0.765MeV$$

$\sigma_{热中子} = 5400$b. 在 0.1~2MeV 区,截面变化平滑,^{3}He 气体是正比计数管的工作气体.这个反应的优点是反应截面最大,缺点是反应放出的能量较小,探测器不容易去除γ本底;而且,天然氦气中^{3}He 的含量十分低,大约只占 1.4×10^{-6},所以^{3}He 的获得比较困难.制备^{3}He 有两种方法:一种方法是靠同位素分离技术把^{3}He 从天然氦气中分离出来;另一种方法是由同位素氚 β 衰变后得到,这时往往气体内混杂有氚,因此要有特殊的消除氚的装置.用这两种方法

图 3.4 一些轻核的中子截面

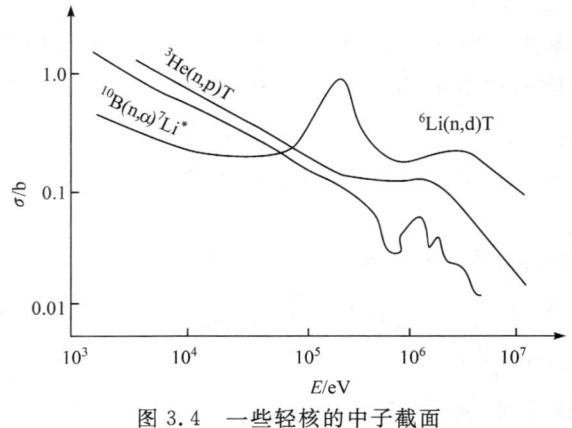

制备的 ^{3}He 价格都是比较贵的，20 世纪 70 年代后才逐渐用的较多. 多数是制成 ^{3}He 正比计数管或电离室. 通常用于 2MeV 以下中子的强度和能谱测量.

2. ^{6}LiF 半导体中子谱仪

$$n + {}^6Li \longrightarrow T + \alpha + 4.78 \text{MeV}$$

$\sigma_{\text{热中子}} = 940\text{b}$. 在 1~100keV 区，$\sigma \propto 1/v$. 该反应的优点是放出的能量最大，所以把中子产生的信号与 γ 本底区分开来比较容易. 缺点是 Li 没有合适的气体化合物，使用时只能采用固体材料. 另外，天然锂中 ^{6}Li 的含量只有 7.5%，以天然锂做成的探测器探测效率低. 通常都用高浓缩的氟化锂(^{6}Li 的含量占 90%~95%)，这样价格就贵了.

3. BF$_3$ 正比计数器

$$n + {}^{10}B \longrightarrow {}^7Li^* + \alpha + 2.79\text{MeV}$$
$$\phantom{n + {}^{10}B \longrightarrow {}} \longmapsto {}^7Li + \gamma + 0.48\text{MeV}$$

$\sigma_{\text{热中子}} = 3840\text{b}$. $^7Li^*$ 为 93%，^7Li 为 7%. 在 1keV 以下能区 $\sigma \propto 1/v$. 此外，Li$_2$CO$_3$、B$_4$C 或硼酸、硼砂还是屏蔽材料，其功能是强烈吸收热中子和慢中子. ^{10}B(n,α)^{7}Li 反应是目前应用最广泛的，主要原因是硼的材料比较容易获得. BF$_3$ 正比计数器的基本结构和测量 γ 射线的 G-M 管一样，只是管内充的是 BF$_3$ 气体. 热中子通过 ^{10}B(n,α)^{7}Li 反应在计数管内产生离子对，再经过气体放大输出电信号. 这种计数管测量热、慢中子的效率都相当高，在计数管外面套上一层石蜡或塑料慢化剂，也可用于记录快中子. 现在工业上定型生产的 BF$_3$ 计数管规格是，外径 25~35mm，长 200~600mm，所充 BF$_3$ 气体压力约 1×10^5Pa，其中 ^{10}B 浓缩到 95% 以上，工作电压在 2000V 左右.

参 考 文 献

[1] 丁大钊,叶春堂,赵志祥,等. 中子物理学——原理、方法与应用. 2 版. 北京:原子能出版社,2005:243-291.

[2] Marmier P, Sheldon E, Barschall H H. Physics of nuclei and particles. American Journal of Physics, 1971, 39(7):851.

[3] Evans R D, Beiser A. The atomic nucleus. Physics Today, 1982, 9(3):33.

[4] Bonderup E. Penetration of Charged Particles Through Matter. 2nd ed. Arhus: FysikInstituts- Trykkeri, Aarhus Universitet:1981.

[5] Flugge S. Handbuch Der Physik. Berlin: Springer Verlag, 1968.

[6] 谢仲生. 核反应堆物理分析. 下册. 北京:原子能出版社,1996.

[7] 拉马什 J R. 核反应堆理论导论. 洪流,译. 北京:原子能出版社,1977.

[8] Duderstadt J J, Hamilton L J. Nuclear Reactor Analysis. New York: John Wiley & Sons Inc., 1976.

[9] 格拉斯登,爱德仑. 原子核反应堆理论纲要. 和平,译. 北京:科学出版社,1958.

[10] Weisskopf V F. The problem of an effective mass in nuclear matter. Nuclear Physics, 1957, 3(3):423-432.

[11] Satchler G R. Direct Nuclear Reactions. England: Oxford University Press, 1983.

[12] Bassel R H, Gerjuoy E. Distorted wave method for electron capture from atomic hydrogen. Physical Review, 1960, 117(3):749.

[13] Tamura T. Analyses of the scattering of nuclear particles by collective nuclei in terms of the coupled-channel calculation. Reviews of Modern Physics, 1965, 37(4):679.

[14] 胡济民. 原子核理论. 第二卷. 北京:原子能出版社,1987.

[15] Fröbrich P, Lipperheide R. Theory of Nuclear Reactions. England: Oxford University Press, 1996.

[16] Becchetti Jr F D, Greenlees G W. Nucleon-nucleus optical-model parameters, A>40, E<50 MeV. Physical Review, 1969, 182(4):1190.

[17] Rapaport J, Kulkarni V, Finlay R W. A global optical-model analysis of neutron elastic scattering data. Nuclear Physics A, 1979, 330(1):15-28.

[18] Curtiss L F, Beard G B. Introduction to neutron physics. American Journal of Physics, 1959, 27(7):528-529.

[19] Beckurts K H, Wirtz K. Neutron Physics. Berlin: Springer Science & Business Media, 2013.

[20] Wilmore D, Hodgson P E. The calculation of neutron cross-sections from optical potentials. Nuclear Physics, 1964, 55:673-694.

[21] Rapaport J, Kulkarni V, Finlay R W. A global optical-model analysis of neutron elastic scattering data. Nuclear Physics A, 1979, 330(1):15-28.

[22] Walter R L, Guss P P, Young P G, et al. Nuclear data for basic and applied science. Proc. Inter. Conf., Santa Fe, New Mexico, USA. 1985:1079.

[23] Marshak H, Langsford A, Wong C Y, et al. Total neutron cross section of oriented Ho^{165} from 2 to 135 MeV. Physical Review Letters, 1968, 20(11):554.

[24] Satchler G R, Satchler G R. Introduction to nuclear reactions. London: Palgrave Macmillan, 1990.

[25] Clark B C. Geochemical components in Martian soil. Geochimica Et Cosmochimica Acta, 1993, 57(19):4575-4581.

[26] Hamada T, Johnston I D. A potential model representation of two-nucleon data below 315MeV. Nuclear Physics, 1962, 34(62):382-403.

[27] Reid R V. Local phenomenological nucleon-nucleon potentials. Annals of Physics, 1968, 50(3):411-448.

[28] Machleidt R, Holinde K, Elster C. The bonn meson-exchange model for the nucleon—nucleon interaction. Physics Reports, 1987, 149(1):1-89.

[29] Stoks V G J, Klomp R A M, Terheggen C P F, et al. Construction of high-quality NN potential models. Physical Review C, 1994, 49(6):2950.

[30] Miller G A, Nefkens B M K, Šlaus I. Charge symmetry, quarks and mesons. Physics Reports, 1990, 194(1):1-116.

[31] Tornow W, Witaa H. Evaluation of the three-nucleon analyzing power puzzle. Nuclear Physics A, 1998, 637(2):280-292.

[32] Larson D C, Harvey J A, Hill N W. Measurement of the neutron total cross section of sodium from 32 keV to 37 MeV. Knoxville: Oak Ridge National Lab., 1976.

[33] Finlay R W, Abfalterer W P, Fink G, et al. Neutron total cross sections at intermediate energies. Physical Review C, 1993, 47(1):237.

[34] Burge E J. Errors and mistakes in the traditional optimum design of experiments on exponential absorption. Nuclear Instruments and Methods, 1977, 144(3):547-555.

第4章 中子测量技术

4.1 中子探测基本原理

用于中子探测的核作用基本上有两类:一个是核散射,另一个是核反应(包括核裂变反应).中子探测方法按中子与原子核相互作用可分为核反应、质子反冲、核活化和核裂变.

4.1.1 核反应

中子与原子核发生反应后放出能量较高的带电粒子或γ射线,可通过记录这些带电粒子或γ射线而对中子进行探测.常用的核素有:^{3}He、^{6}Li、^{10}B、^{155}Gd 和 ^{157}Gd 等,相应的核反应及其主要特点如下.

1. ^{3}He(n,p)^{3}H

反应 Q 值为 0.765MeV 的反应截面在热能处为 5400b.在热能以上的 0.1~2.0MeV 能区变化平滑.另外,反应产物无激发态.单能中子的响应函数在 0.1~1MeV 能区是线性分布,因而可用此反应来测量这一能区的中子能谱.

2. ^{6}Li(n,t)^{4}He

反应 Q 值较大,为 4.78MeV.反应截面在热能处为 940b,在 0.001~0.1MeV 能区遵循 $1/v$ 规律.在 $E_n \approx 250$keV 处有一共振峰,共振处的截面值为 3.3b,该反应截面数据已被精确测量和评价.

3. ^{10}B(n,α)^{7}Li

反应 Q 值为 2.79MeV.反应截面在热能处为 3840b,热能以上至 1keV 按 $1/v$ 规律变化.反应剩余核只有 7% 处于基态,其余 93% 处于激发态.激发态的寿命很短(约为 7.3×10^{-14}s),通过放出 0.48 MeV 的γ射线退激到基态.

4. ^{155,157}Gd(n,γ)^{156,158}Gd

^{155}Gd 和 ^{157}Gd 的热中子俘获截面很大,分别为 6.1×10^4b 和 2.55×10^5b.钆对热中子俘获的 80% 是由丰度为 15.65% 的 ^{157}Gd 贡献的,丰度为 14.8% 的 ^{155}Gd 贡献 18%,其余钆同位素贡献 2%.^{156}Gd* 和 ^{158}Gd* 的总激发能分别为 853MeV 和 794MeV,主要通过放出级联γ射线和内转换电子衰变到基态.通过测量它们放出的γ射线或内转换电子而探测中子.

4.1.2 质子反冲(n-p 散射)

中子能量 E_n 小于 10MeV 时,中子在氢核上的散射在质心系中是各向同性的,反冲氢核(质子)的能谱是一个矩形,矩形的边对应的最大质子能量等于入射中子能量,高于 10MeV 时,需要考虑非各向同性的影响. 当 $E_n=14\text{MeV}$ 时,非各向同性 $R=\dfrac{\sigma(180°)}{\sigma(90°)}=1.093$. 随着中子能量的增高,各向异性逐渐增大.

中子在氢核上散射的全截面和微分截面已被精确测量和计算,通常被用来作为次级标准. 在 20MeV 以下,全截面和弹性微分截面的不确定度分别达到 0.2% 和 1%. 在 350MeV 以下, 也有不少的测量和计算结果. 所有数据均可查到,为这一方法的广泛应用提供了方便.

反冲质子法对能量为 E_n 的中子的探测效率,在不考虑多次散射和边界效应的情况下,由下式表示:

$$\varepsilon = 1-\exp[-(N_H\sigma_H)\cdot d] \approx N_H\sigma_H d \tag{4.1}$$

式中,N_H 为探测器单位体积中氢核的数目,σ_H 是中子与氢核的作用截面,d 为探测器的厚度. 在有探测阈(阈能为 E_t)的情况下,$E<10\text{MeV}$ 时,

$$\varepsilon = N_H\sigma_H d\left(1-\frac{E_t}{E_n}\right) \tag{4.2}$$

反冲质子方法的探测器物质中必须要含有氢. 这类探测器主要有含氢正比管、有机闪烁体和核乳胶.

4.1.3 核活化 [^{197}Au(n,γ)^{198}Au、^{27}Al(n,α)^{24}Mg 等]

有些核被中子辐照后变为放射性核,放射性核衰变放出 β 和(或)γ 射线. 只要选择半衰期适中的生成核,就可通过测量生成核的 β 和(或)γ 射线来探测中子.

4.1.4 核裂变

中子与裂变物质作用会发生核裂变,并放出大约 170 MeV 的能量,主要分配给两个裂变碎片. 裂变分无阈裂变和有阈裂变两种,它们分别可以用于热中子和快中子的探测. 用于热中子探测的核素主要有 ^{233}U、^{235}U 和 ^{239}Pu,用于快中子探测的主要裂变核素有 ^{232}Th、^{238}U 和 ^{237}Np,其有关物理参数见表 4.1.

表 4.1 裂变核的主要物理参数

核素	阈能/MeV	$\sigma_f(E_n=0.025\text{eV})$/b	$\sigma_f(E_n=3\text{MeV})$/b	α 衰变半衰期/a
^{233}U	0	531.1	1.9	1.6×10^5
^{235}U	0	582.2	1.3	7.1×10^8
^{239}Pu	0	742.5	2.0	2.4×10^4
^{232}Th	1.3	0	0.14	1.4×10^{10}
^{238}U	1.2	0	0.55	4.5×10^9
^{237}Np	0.4	0	0.15	2.2×10^6

核裂变法对 γ 射线不灵敏,由于碎片动能比裂变核衰变放出的粒子的能量大很多,因而,本底的影响亦不严重,很容易从中选出中子引起的裂变信号.

在热中子～0.1MeV区,可用^{115}In、^{197}Au活化法和^{235}U裂变室等方法测量;在0.1～1.5MeV区,可用含氢正比管、^{3}He正比计数管等测量;在1.5～5MeV区,可用半导体望远镜、伴随粒子法等测量;在5～20MeV区,可用反冲质子望远镜和α粒子伴随法测量.此外在热中子～20MeV区,还可使用刻度过的长中子计数器和^{238}U裂变室、固体轨迹探测器(如云母、CR-39、AgCl、Li玻璃体和核乳胶)测量.

4.1.5 中子强度(注量、注量率)的测量

中子注量:在空间一定点上,一段时间间隔内不论以任何方向射入以该点为中心的小球体的中子数目除以该球体的最大截面积所得的商,常用Φ表示,单位是n/cm² 或 cm^{-2}.

中子注量率:在空间一定点上,单位时间内接受到的中子注量,常用φ表示,单位是n/(cm²·s)或cm^{-2}·s^{-1}.

由定义可知,物体在T时间内受到的注量应为

$$\Phi = \int_0^T \varphi(t)\,dt \tag{4.3}$$

其中,$\varphi(t)$是t时刻的中子注量率,如果它在时间T内不随时间而变化,则有

$$\Phi = \varphi T \tag{4.4}$$

应当注意中子注量和中子注量率都是标量,与具有方向性的物理量概念不同,方向相反的中子注量(或注量率)不是抵消,而是相加,这是因为中子和物质发生相互作用的数目是和入射的中子数目成正比的.显然,这和中子究竟从哪个方向入射无关.

4.2 常用的中子探测器

4.2.1 长中子计数器

长中子计数器则主要由BF$_3$(或^{3}He)正比管和中子慢化体组成,它具有简便、可靠、探测效率高等特点,而且在10keV～10MeV探测效率随中子能量变化缓慢,且对γ射线不灵敏,在快中子和热中子的监测中被广泛采用.

1. 原理

在长中子计数器中会发生如下反应:

$$^{10}B + n \longrightarrow {}^{7}Li + \alpha + 2.79\text{MeV}$$
$$^{10}B + n \longrightarrow {}^{7}Li^{*} + \alpha + 2.31\text{MeV}$$
$$^{7}Li^{*} \longrightarrow {}^{7}Li + \gamma + 0.48\text{MeV}$$

第一个反应(^{7}Li基态)分支比为7%,第二个反应(^{7}Li*基态)分支比93%,^{7}Li*激发态平均寿命7.3×10^{-14}s,放出能量为0.48MeV的γ射线退激.^{10}B在热中子能量处的反应截面为3840b,^{10}B的天然丰度为19.8%.

2. BF$_3$正比计数管

BF$_3$正比计数管的探测效率可由下式计算:

$$\varepsilon = 1 - \exp(-N\sigma\varphi) = 1 - \exp\left[1.7\times10^{-2}\frac{Pd}{\sqrt{E_n}}\right] \tag{4.5}$$

式中，N 为 ^{10}B 的原子密度；d 为计数管的有效长度；σ 为 ^{10}B 的中子截面；P 为管内充 BF$_3$ 的气压。当 $P=1$atm 时，$\varepsilon=1.0$（对热中子）；$\varepsilon=2\times10^{-3}$（对 1keV 中子）。

3. 长中子计数器

把 BF$_3$ 正比计数管放置在石蜡或聚乙烯慢化体中央，在周围开一些圆孔以便减少慢中子散射引起的泄漏率，使得快中子有足够高的探测效率，其结构和脉冲谱如图 4.1 所示.

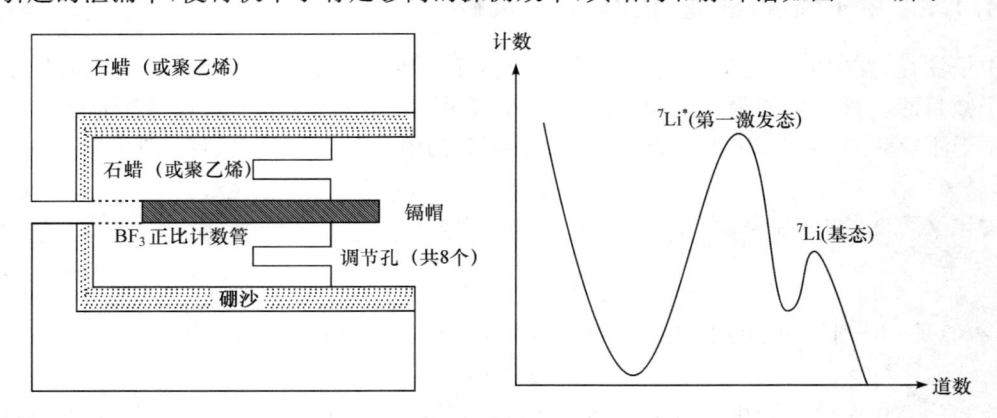

图 4.1 长中子计数器结构示意图和脉冲谱图

长中子计数器的探测效率基本上不随中子能量变化（图 4.2），即在很宽的能区内，探测效率保持不变．常用于中子场的相对监测中，这时用其他绝对测量装置进行刻度．

4. 电子记录系统

长中子计数器电子记录系统如图 4.3 所示，包括高压、前置放大器、线性放大器、多道、单道和定标器．

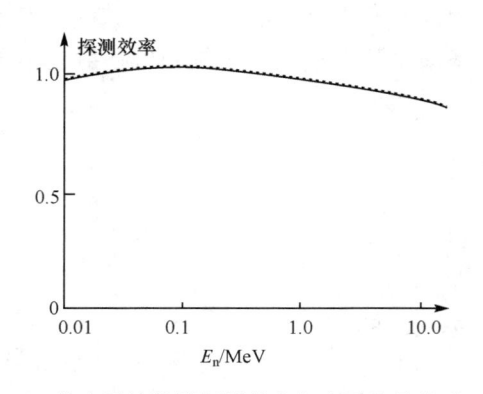

图 4.2 长中子计数器探测效率与中子能量关系

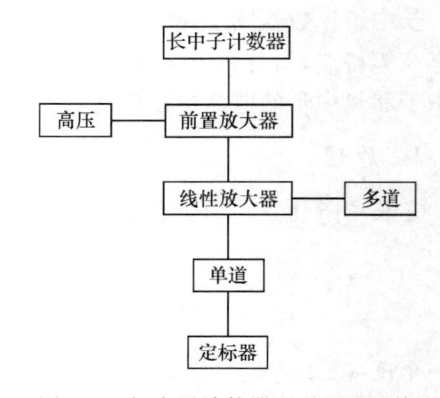

图 4.3 长中子计数器电子记录系统

4.2.2 伴随粒子法

在加速器上利用产生中子的核反应所伴随的带电粒子的测量来确定中子强度的方法称伴随粒子法．这是当前测量精度最高的中子强度绝对测量方法，主要用在加速器中子源上．对于 T(d,n)^{4}He，国内（中国原子能科学研究院）精度为 1.1%，国外精度为 0.7%；对于 D(d,n)^{3}He，国内（中国原子能科学研究院）精度为 2.2%，国外精度为 1.5%.

1. 测量原理

L 系和 C 系中粒子的运动学参数如图 4.4 所示. 对于 a＋A ⟶ b＋B＋Q, m_a、m_A、m_b、m_B 分别为入射粒子、靶核、出射粒子和剩余核的质量, E_a、E_b 和 E_B 分别为入射、出射粒子和剩余核的动能, L 系和 C 系的出射角关系如图 4.5 所示, θ_L 和 θ_C 分别为出射粒子在 L 系和 C 系的出射角; φ_L 和 φ_C 为剩余核在 L 系和 C 系的出射角.

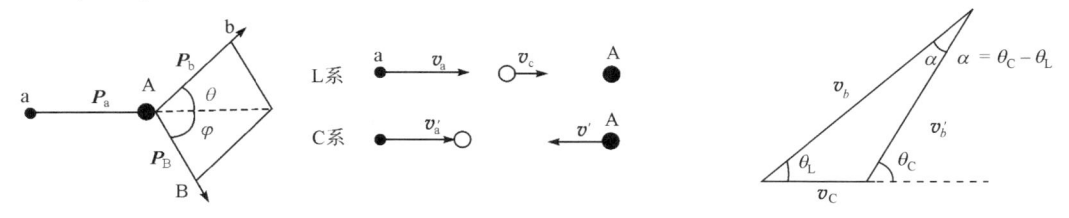

图 4.4 L 系和 C 系中粒子的运动学参数　　图 4.5 L 系和 C 系的出射角关系

$\dfrac{\mathrm{d}\Omega(\theta_L)}{\mathrm{d}\Omega(\theta_C)}$ 为出射粒子在 L 系和 C 系的立体角变换率; $\dfrac{\mathrm{d}\Omega(\varphi_L)}{\mathrm{d}\Omega(\varphi_C)}$ 为剩余核在 L 系和 C 系的立体角变换率. 解 Q 方程, 可得

$$\begin{cases} E_b = (E_a+Q)A_2\left[\cos\theta_L \pm \sqrt{\dfrac{B_2}{A_2}-\sin^2\theta_L}\right]^2 \\ E_B = (E_a+Q)A_1\left[\cos\varphi_L \pm \sqrt{\dfrac{B_1}{A_1}-\sin^2\varphi_L}\right]^2 \end{cases} \tag{4.6}$$

式中, $A_1 = \dfrac{m_a m_B}{(m_a+m_B)^2}\left(1-\dfrac{Q}{E_a+Q}\right)$, $A_2 = \dfrac{m_a m_b}{(m_a+m_B)^2}\left(1-\dfrac{Q}{E_a+Q}\right)$, $B_1 = \dfrac{m_b m_A}{(m_b+m_B)^2} \cdot \left[\dfrac{m_b+m_B-m_a}{m_A}+\dfrac{m_a}{m_A}\cdot\dfrac{Q}{E_a+Q}\right]$, $B_2 = \dfrac{m_A m_B}{(m_b+m_B)^2}\left[\dfrac{m_b+m_B-m_a}{m_A}+\dfrac{m_a}{m_A}\cdot\dfrac{Q}{E_a+Q}\right]$, $\sin\theta_L = \sqrt{\dfrac{B_2}{B_1}(E_a+Q)}\sin\theta_C$, $\sin\varphi_L = \sqrt{\dfrac{B_2}{B_1}(E_a+Q)}\sin\varphi_C$.

$$\frac{\mathrm{d}\Omega(\theta_L)}{\mathrm{d}\Omega(\theta_C)} = \frac{\sqrt{A_1 B_1\left(\dfrac{B_2}{A_2}-\sin^2\theta_L\right)}}{E_b}(E_a+Q) \tag{4.7}$$

$$\frac{\mathrm{d}\Omega(\varphi_L)}{\mathrm{d}\Omega(\varphi_C)} = \frac{\sqrt{A_1 B_1\left(\dfrac{B_1}{A_1}-\sin^2\varphi_L\right)}}{E_B}(E_a+Q) \tag{4.8}$$

$$A_a(\theta_L,\varphi_L) = \frac{\mathrm{d}\Omega(\varphi_L)/\mathrm{d}\Omega(\varphi_C)}{\mathrm{d}\Omega(\theta_L)/\mathrm{d}\Omega(\theta_C)} \tag{4.9}$$

式(4.9)称为各向同性修正因子.

1) (d,T) 反应

$$d+T \longrightarrow n+\alpha+17.59\mathrm{MeV}$$

如果单位时间内、单位立体角, 在 θ_L(即 θ_α)方向上的 α 粒子计数率为 N_α, 则在 θ_L(即 θ_n)方向上, 单位立体角的中子发射率为

$$\Phi(E_d,\theta_n) = \frac{N_\alpha}{\Omega_\alpha}A_a(\theta_n,\varphi_\alpha) \tag{4.10}$$

式中，$\Omega_\alpha = \int_0^{\theta_\alpha} \sin\theta d\theta \int_0^{2\pi} d\varphi = 2\pi(1-\cos\theta_\alpha) = 2\pi\left[1 - \dfrac{L}{\sqrt{r^2+L^2}}\right] \approx \dfrac{\pi r^2}{L^2}$ 为探测器对靶点所张的立体角；r 为探测器限束光栏半径；L 为靶点至探测器限束光栏的距离。

如果靶点是具有半径为 r_T 的束斑，则 $\Omega_{\alpha\text{eff}}$ 有几种计算值

$$\Omega_{\alpha\text{eff}} = \pi \dfrac{r_D^2}{L^2}\left[1 - \dfrac{3}{4}\left(\dfrac{r_D}{L}\right)^2 - K\left(\dfrac{r_T}{L}\right)^2\right] \tag{4.11}$$

当靶束斑为均匀圆平面，且与探测器平面平行时，$K=3/4$；当靶束斑为均匀圆平面，且与探测器平面成 45°时，$K=3/16$；当靶束斑为均匀椭圆（即 d 束 45°入射），且与探测器平面平行时，$K=9/8$（135°伴随）；当靶束斑为均匀椭圆（即 d 束 45°入射），且与探测器平面成 45°时，$K=9/30$（90°伴随管）；把具体的一些值代入，可得

$$A_\alpha(\theta_n, \varphi_\alpha) = \dfrac{1 + \dfrac{1}{4}\sqrt{\dfrac{32E_d}{5Q}}\cos\theta_n}{1 + \dfrac{1}{4}\sqrt{\dfrac{32E_d}{5Q}}\cos\varphi_\alpha} \tag{4.12}$$

关于 $\dfrac{d\Omega(\theta_n)}{d\Omega(\theta_C)}$、$\dfrac{d\Omega(\varphi_\alpha)}{d\Omega(\varphi_C)}$ 和 $A_\alpha(\theta_n, \varphi_\alpha)$ 有详细的数据表可查（详见《单能加速器中子源手册》），如果查表时无相应的数据，则可按公式计算。

$$\Phi(\theta, E_d) = \dfrac{N_\alpha(\varphi)}{\Omega_\alpha}A_\alpha(\theta, \varphi) \tag{4.13}$$

$$\Phi(\theta, E_d, R) = \dfrac{\Phi(\theta, E_d)}{R^2} = \dfrac{N_\alpha(\varphi)}{\Omega_\alpha}\dfrac{A_\alpha(\theta, \varphi)}{R^2} \tag{4.14}$$

由式（4.13）和式（4.14）可以得到

$$Y_n = 4\pi\Phi(\theta, E_d)A_n(\theta) = 4\pi R^2 \Phi(\theta, E_d, R)A_n(\theta) \tag{4.15}$$

由于中子通过物质时衰减，故在 θ 方向、R 距离处的中子注量率应为

$$\Phi(\theta, E_d, R) = \dfrac{Y_n}{4\pi R^2 A_n(\theta)} \cdot B_n \tag{4.16}$$

式中，$B_n = e^{\sum_i \sum_{R_i} t_i}$，$\sum_{R_i}$ 为第 i 种元素宏观移出截面，t_i 为其厚度，A_n 为中子发射的各向异性修正因子。表 4.2、表 4.3 列举了常用的数据。

表 4.2 $A_\alpha(\theta_n, \varphi_\alpha)$ 随入射氘能 E_d 的关系

| E_d/keV | 不同 φ_α 和 θ_n 对应的 $A_\alpha(\theta_n, \varphi_\alpha)$ 值 ||||||
| | $\varphi_\alpha = 90°$伴随 ||| $\varphi_\alpha = 135°$伴随 |||
	$\theta_n = 0°$	$\theta = 45°$	$\theta = 90°$	$\theta_n = 0°$	$\theta = 45°$	$\theta = 90°$
120	1.0590	1.0430	1.0052	1.2311	1.2129	1.1685
160	1.0692	1.0507	1.0068	1.2731	1.2511	1.1988
200	1.0786	1.0576	1.0085	1.3119	1.2604	1.2267

表 4.3 $A_n(\theta)$ 随入射氘能 E_d 的关系

E_d/keV	不同 θ 对应的 $A_n(\theta)$ 值					
	$\theta_n=0°$	$\theta=45°$	$\theta=90°$	$\theta_n=0°$	$\theta=45°$	$\theta=90°$
120	0.9495	0.9561	0.9640	1.0004	1.0270	1.0384
160	0.9421	0.9497	0.9587	1.0005	1.0313	1.0445
200	0.9356	0.9490	0.9541	1.0006	1.0351	1.0499

2) (d,D)反应

$$d+D \longrightarrow \begin{cases} n+{}^3He+3.27MeV \\ p+T+4.03MeV \end{cases}$$

这两个反应同时发生，由于 ^{3}He 能量较低，不易测量，往往混入本底和电子噪声中，故总是测量 N_p 得到 $\Phi_n(\theta,E_d)$.

$$\Phi(\theta,E_d) = \frac{N_p}{\Omega_p} A_p(\theta,\varphi,E_d) \tag{4.17}$$

$$\Phi(\theta,E_d,R) = \frac{\Phi(\theta,E_d)}{R^2} \tag{4.18}$$

$$A_p = \frac{[dw(\varphi_L)/dw(\varphi_C)]_p}{[dw(\theta_L)/dw(\theta_C)]_n} \cdot \frac{\sigma_n(E_d)}{\sigma_p(E_d)} \cdot \frac{n_n(\theta_C)}{n_p(\theta_C)} \tag{4.19}$$

式中，$\frac{\sigma_n(E_d)}{\sigma_p(E_d)}$ 为两反应的分支比，$\frac{n_n(\theta_C)}{n_p(\theta_C)}$ 为角分布修正因子.

$$Y_{d-D} = \frac{\sigma(E_d)}{\frac{d\sigma}{d\theta}(E_d,\theta)} \cdot \frac{N_p}{\Omega_p} \cdot A_p(\theta,\varphi_p,E_d) \cdot A_n(\theta) = \frac{\sigma(E_d)}{\frac{d\sigma}{d\theta}(E_d,\theta)} \cdot R^2 \Phi(\theta,E_d,R) \cdot A_n(\theta)$$

$$\Phi(\theta,E_d,R) = \frac{Y_{d-D} \cdot B_n}{\frac{\sigma(E_d)}{\frac{d\sigma}{d\theta}(E_d,\theta)} \cdot R^2 \cdot A_n(\theta)}$$

其中，$B_n = e^{\sum_i \sum R_i t_i}$ 为中子注量衰减修正，$A_p(\theta,\varphi_p,E_d)$ 值与 φ_p 和 E_d 的关系见表 4.4，$A_n(\theta)$ 值与 θ 和 E_d 的关系见表 4.5.

表 4.4 $A_p(\theta,\varphi_p,E_d)$ 值与 φ_p 和 E_d 的关系

E_d/keV	不同 φ_p 和 θ 对应的 $A_p(\theta,\varphi_p,E_d)$ 值					
	$\varphi_p=90°$伴随			$\varphi_p=135°$伴随		
	$\theta=0°$	$\theta=45°$	$\theta=90°$	$\theta=0°$	$\theta=45°$	$\theta=90°$
120	2.3957	1.5777	0.9753	1.9826	1.3057	0.8075
160	2.6962	1.6816	0.9921	2.1658	1.3495	0.7961
200	3.1057	1.7792	1.0086	2.3410	1.3857	0.7855

表 4.5 $A_n(\theta)$ 值与 θ 和 E_d 的关系

E_d/keV	不同 θ 对应的 $A_n(\theta)$ 值			
	$\theta_n=0°$	$\theta=30°$	$\theta=45°$	$\theta_n=90°$
120	0.8610	0.8785	0.8948	1.0021
140	0.8514	0.8699	0.8921	1.0030
160	0.8416	0.8621	0.8661	1.0043
180	0.8344	0.8549	0.8501	1.0052

2. 平均氘能的计算

入射氘能 E_d 在 T-Ti 或 D-Ti 靶中损失能量，发生核反应的氘能量随靶层深度不同而不同.

若一块厚度为 Δx（单位为 mg/cm^2）的靶，当初始氘能为 E_0，射出钛层时的能量为 E_e（即最终氘能），则有

$$\bar{E}_d = \frac{\int_{E_e}^{E_0} \frac{\sigma_T(E_d)}{\frac{dE}{dx}(E_d)} E_d dE_d}{\int_{E_e}^{E_0} \frac{\sigma_T(E_d)}{\frac{dE}{dx}(E_d)} dE_d} = \frac{\sum_{i=1}^{n} \left(E_d \cdot \frac{\sigma_T(E_d)}{dE/dx}\right)_i}{\sum_{i=1}^{n} \left(\frac{\sigma_T(E_d)}{dE/dx}\right)_i} \quad (4.20)$$

把 E_e-E_0 分成几个能量区间（往往是等间隔）. $\frac{dE}{dx}(E_d)$ 是靶对氘的阻止本领或能量损失率. $\sigma_T(E_d)$、$\frac{dE}{dx}(E_d)$、$\frac{\sigma_T(E_d)}{dE/dx(E_d)} E_d$、$\frac{\sigma_T(E_d)}{dE/dx(E_d)}$ 都有做好的数据表可查，部分数据可查表 4.6 和表 4.7.

表 4.6 $E_d=600$ keV，不同厚度的 T-Ti 靶的 E_e 和 $E_n(90°)$

T-Ti 靶厚/($mg \cdot cm^{-2}$)	E_e/keV	$\bar{E}_d$/keV	$\Delta E_n(90°)$/MeV	$E_n(90°)$/MeV
1.82	20	215.7	0.115	14.130±0.056
1.65	60	223.2	0.107	14.140±0.051
1.55	90	247.0	0.101	14.146±0.050
1.45	120	277.5	0.095	14.158±0.048
1.36	150	309.4	0.089	14.170±0.044
1.00	280	420.5	0.064	14.220±0.032

表 4.7 E_d 时对应的 T-Ti 靶厚和 $\bar{E}_d$

E_d/keV	200	250	300	350	400	450	500	550	600
T-Ti 靶厚/($mg \cdot cm^{-2}$)	0.583	0.725	0.872	1.024	1.184	1.351	1.525	1.708	1.898
$\bar{E}_d$/keV	120	134	145	159	171	183	194	205	216

由于靶厚引起的中子能量密度展宽 $\Delta E_n = \frac{E_n(\dot{E}_d) - E_n(\bar{E}_d)}{2}$，亦即 $E_n = E_n(\bar{E}_d) \pm \Delta E_n$. 问题是确定 E_e. 这可由 $\Delta x = \sum_{i=1}^{n} \left(\frac{dE_d}{dE/dx}\right)_i$ 决定 n 的取值，例如，$\Delta x = 0.2 mg/cm^2$，入射氘能为

150keV. 当 $n=30$ 时,对应的 $E_d=150$keV,从 $i=30$ 向下求 $\left(\dfrac{dE_d}{dE/dx}\right)_i$ 的和,正好 $i=16$ 时,这个和为 0.206mg/cm², 故 $i=16$ 时对应的能量 $E_e=80$keV.

3. 伴随粒子法测量装置

用伴随粒子法测量中子通量密度典型的测量装置如图 4.6 所示. 由加速器产生的氘束轰击氚束. 为了使产生的中子和 α 粒子能量单色性好, 靶一定要用薄靶. 通常都用直角靶管, 选择在 90°方向产生的 α 粒子. 当入射氘束能量为 200~600keV 时, α 粒子的平均能量为 4MeV, 用金硅半导体探测器很容易记录, 但在探测器前面必须放置吸收薄膜, 因为在氘经过的路程上和残余气体及管壁上的原子发生弹性散射, 产生的散射氘粒子能量从 0 到 E_d 的都有. 吸收膜用来挡去大量的弹性散射氘核, 否则半导体探测器极易损坏, α 能谱也很难测到.

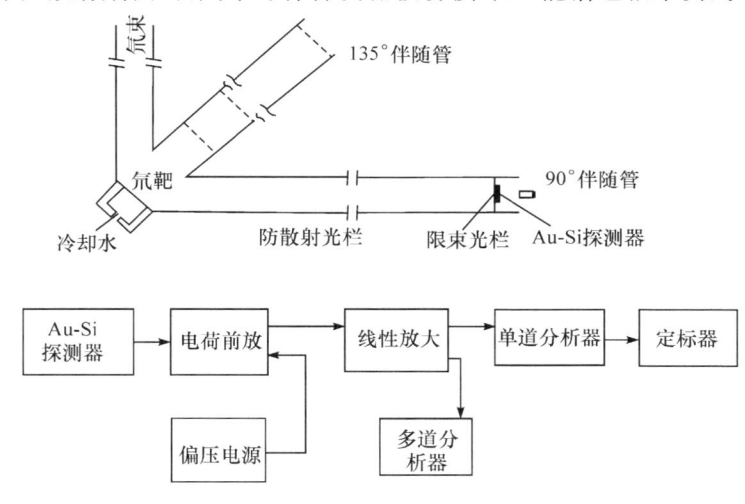

图 4.6 伴随粒子法测量装置

4. T(d,n)⁴He 伴随 α 谱

(1) 对全新的 T-Ti 靶, ³He(d,n)⁴He、D(d,p)T 和 D(d,n)³He 产生的带电粒子本底很微弱. 这一方面由于 T-Ti 靶对 ³He 和 D 的自吸收轻微; 另一方面这些核的反应截面比 T(d,n)⁴He 小约 2 个量级. 但对于旧 T-Ti 靶, 由于 ³He 和 D 自吸收积累较多, 而 T 却减少很多, 故那些杂散反应产生的带电粒子核对 T(d,n)⁴He 的 α 测量造成干扰, T(d,n)⁴He 反应的 179°伴随粒子谱如图 4.7 所示.

(2) 为防止散射的 D,³He(d,p)⁴He 反应的 p 和 α 进入探测器, 除在伴随管道多处加设光栏外, 还在金硅面垒探测器前面挡 3~5 μm 铝箔.

(3) 为了扣除 Si(n,p)、Si(n,α) 本底, 可在金硅面垒探测器前面挡约 15 μm 的铝箔, 使得 T(d,n)⁴He、³He(d,p)⁴He、D(d,n)³He 和 D(d,p)T 等反应的各带电粒子全被铝箔吸收, 仅剩 Al(n,p)、Al(n,α) 和 Si(n,p)、Si(n,α) 反应的带电粒子.

(4) 由于金硅面垒探测器的灵敏层厚度与偏压有关, 即
$$t=\begin{cases} 0.53\sqrt{\rho V} & \text{(N 型 Si)} \\ 0.32\sqrt{\rho V} & \text{(P 型 Si)} \end{cases}$$

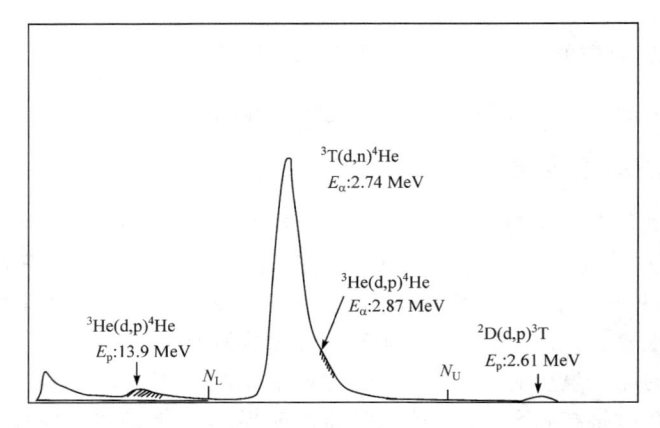

图 4.7 T(d,n)⁴He 反应的 179°伴随粒子谱

通常硅的电阻率 ρ 约 $100\sim300\Omega\cdot cm^{-1}$. 对于 T(d,n)⁴He 反应，$\alpha$ 粒子射程 $10\sim15\mu m$. 探测器偏压只需 $\leqslant 5V$，而在此偏压的探测器灵敏层厚度 $\leqslant 15\mu m$，这就使诸如 p、T、³He 粒子的能量不能全部沉积，而对 α 谱没有明显影响.

（5）T(d,n)⁴He 反应的干扰反应，如表 4.8 所示. 各带电粒子能量的计算方法参见"Q 方程及其应用"章节.

表 4.8 $\bar{E}_d=150keV$ 在 T-Ti 靶上的反应

φ_α	90°伴随			135°伴随		
反应道	D(d,n)T $Q=3.27MeV$	D(d,p)T $Q=4.03MeV$	T(d,n)⁴He $Q=17.59MeV$	D(d,n)T $Q=3.27MeV$	D(d,p)T $Q=4.03MeV$	T(d,n)⁴He $Q=17.59MeV$
带电粒子及能量/MeV	³H 0.78	p 3.06 T 0.97	⁴He 3.51	³H 0.54	p 2.74 T 0.69	⁴He 2.97
带电粒子在 Si 中的射程/μm	4.0	p 99 T 14	19.0	3.0	p 85 T 11.5	12.0

（6）中子在 Si 中引起的反应如表 4.9 所列，14MeV 中子在 ²⁸Si(n,α)²⁵Mg 反应中产生的各个 α 粒子能量可查表 4.10.

表 4.9 中子在 Si 中引起的反应

Si 同位素	丰度/%	反应道	Q/MeV
²⁸Si	92.2	²⁸Si(n,α)²⁵Mg ²⁸Si(n,p)²⁸Al	−2.6529 −3.8598
²⁹Si	4.7	²⁹Si(n,α)²⁶Mg ²⁹Si(n,p)²⁹Al	−0.033 −2.8980
³⁰Si	3.1	³⁰Si(n,α)²⁷Mg ³⁰Si(n,p)³⁰Al	−4.1918 −7.7600

表 4.10 14MeV 中子在 ²⁸Si(n,α)²⁵Mg 反应中产生的各个 α 粒子能量

α_i	E_{α_i}/MeV	²⁵Mg 的激发态	²⁵Mg 的能级/MeV
0	11.35	0	0
1	10.73	1	0.585
2	10.35	2	0.975

续表

α_i	E_{α_i}/MeV	^{25}Mg 的激发态	^{25}Mg 的能级/MeV
3	9.68	3	1.612
4	9.36	4	1.965
5	8.52	5—6	2.564—2.736
6	8.89	7—8	2.801—3.404
7	7.36	9—10—11	3.413—3.901—3.968
8	8.94	12—13.1—14.16	4.036、4.278、4.351、4.708

如果用一块厚度大于 300 μm 的 Si 半导体探测器，在 14MeV 中子照射下，其多道分析器上可观察到一系列带电粒子能量峰，在 13.34MeV 中子能量下 3mm 厚硅探测器中产生的带电粒子谱如图 4.8 所示．

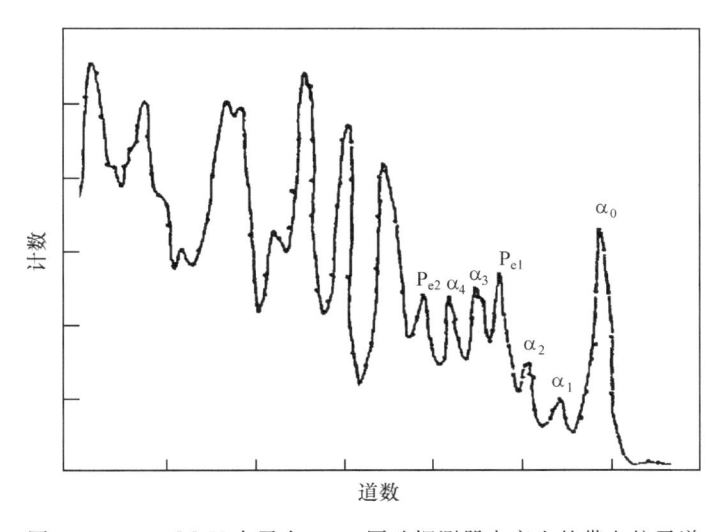

图 4.8　13.34MeV 中子在 3mm 厚硅探测器中产生的带电粒子谱

5. D(d,p)T 的多道谱

D(d,n)^{3}He 反应的 90°伴随粒子谱如图 4.9 所示．

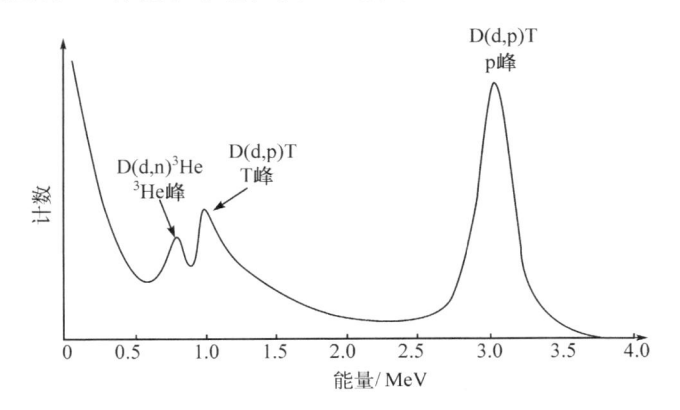

图 4.9　D(d,n)^{3}He 反应的 90°伴随粒子谱

6. T(d,n)⁴He α 伴随法实例

(1) 中国科学院兰州近代物理研究所 T600 中子发生器上的伴随粒子装置，其参数可见表 4.11。

表 4.11　T600 中子发生器伴随粒子装置参数

φ_L	光栏位置						
	100mm	200mm	400mm	700mm	900mm	1100mm	1197mm
90°	Φ10.57(安装) Φ9.30(计算)	Φ9.68 Φ8.56	—	Φ5.00 Φ4.76	—	Φ2.402 Φ2.070	Φ1.377
135°	Φ13.96(安装) Φ9.28(计算)	Φ12.50 Φ8.56	Φ10.5 ΦV7.125	Φ4.99	Φ4.08 Φ3.56	Φ2.46 Φ2.12	Φ1.398

$$\Delta\Omega_{90°} = \frac{\pi\left(\frac{1.373}{2}\right)^2}{1197.0^2} = 1.03334\times10^{-6} \tag{4.21}$$

$$\Delta\Omega_{135°} = \frac{\pi\left(\frac{1.398}{2}\right)^2}{1196.7^2} = 1.07185\times10^{-6} \tag{4.22}$$

$$\Phi_{90°}(\theta_C=45°) = \frac{N_{\alpha 90°}}{1.03334\times10^{-6}}\times 1.0388 = 1.005284\times10^6 N_\alpha(90°) \tag{4.23}$$

$$\Phi_{135°}(\theta_C=45°) = \frac{N_{\alpha 135°}}{1.07185\times10^{-6}}\times 1.191 = 1.111629\times10^6 N_\alpha(135°) \tag{4.24}$$

$Y_n = 4\pi\Phi_{90°}(\theta_C=45°)\cdot A_{n(E_d)}^{(45°)} \approx 1.21\times10^7 N_{\alpha 90°}$ 或 $1.34\times10^7 N_{\alpha 135°}$，$N_{\alpha 90°} \approx 4000\sim5000/s$，故 $Y_n \approx 5\times10^{10} n/s$，其参数可查表 4.12。

表 4.12　D(d,n)³He 中子 135°伴随法的 A_ρ

E_d/keV	不同 θ 的 A_ρ 值		
	$\theta=0°$	$\theta=45°$	$\theta=90°$
100	1.8838	1.2776	0.8145
110	1.9263	1.2882	0.8079
120	1.9826	1.3057	0.8075
130	2.0353	1.3203	0.8054
140	2.0797	1.3320	0.8040
150	2.1246	1.3416	0.7995
160	2.1638	1.3495	0.7961
170	2.2091	1.3575	0.7919
180	2.2552	1.3675	0.7883
190	2.2990	1.3766	0.7874
200	2.3410	1.3857	0.7855

(2) 兰州大学的 T(d,n)⁴He 伴随装置参数如下：

$L(90°)=1196.6\text{mm}$，　$\Phi 0.56$，　$Y_n=7.36\times10^7 N_\alpha$　(90°)

$L(90°)=1197.3\text{mm}$，　$\Phi 0.56$，　$Y_n=8.64\times10^7 N_\alpha$　(135°)

4.2.3 反冲质子望远镜

反冲质子望远镜既可用于中子注量率的测量,又可用于快中子谱学.当将它用于后者时,必须要考虑到它的能量分辨率,这是与其探测效率相矛盾的.二者均与辐射体的厚度和大小、探测器前准直孔的大小以及探测器到辐射体之间的距离有关,但它们的要求正好相反.此外,能量分辨率还与探测器的固有分辨率有关.反冲质子望远镜几何布置如图 4.10 所示.反冲质子望远镜的特点如下:①绝对测量装置;②与中子源无关,独立自成系统;③测量精度仅次于伴随粒子法;④装置较复杂.

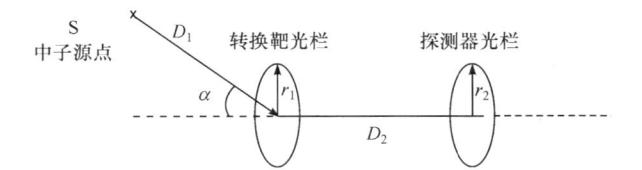

图 4.10 反冲质子望远镜几何布置示意图

1. 探测效率

$$\varepsilon = \frac{N_p}{\Phi} = 10^{27} Pm \tag{4.25}$$

这里,Φ 为入射到含氢转换靶膜上的中子注量率;P 为转换靶膜单位面积上的氢原子数,对聚乙烯膜,$P = 8.58 \times 10^{19} d$,其中 d 为聚乙烯膜的质量厚度(单位为 mg/cm²);m 为与望远镜几何因子有关的物理参数,且是 n-p 散射微分截面的复杂函数.

由于 n-p 散射微分截面常采用霍普金斯或卡麦尔公式,m 根据微分截面的拉格朗日(Lagrange)多项式系数分为几个部分:

$$m = (4C_0 - 2C_2 + 1.5C_4)m_0 - (4C_1 - 6C_3)m_1 + (6C_2 - 15C_4)m_2 - 10C_3 m_3 + 17.5C_4 m_4 \tag{4.26}$$

其中 C_0、C_1、C_2、C_3、C_4 为质心系 n-p 散射微分截面的拉格朗日多项式系数,它们是中子能量的函数,如表 4.13 所列.

表 4.13 C_0、C_1、C_2、C_3、C_4 参数与中子能量关系

E_n/MeV	C_0	C_1	C_2	C_3	C_4
2.5	2.072×10^{-2}	-1.901	-4.165×10^{-2}	-1.10×10^{-2}	1.007×10^{-3}
14	5.514×10^{1}	-1.981	7.113×10^{-1}	-2.557×10^{-1}	1.078×10^{-1}
14.1	5.480×10^{1}	-1.976	7.220×10^{-1}	-2.676×10^{-1}	1.100×10^{-1}
14.5	5.345×10^{1}	-1.959	7.647×10^{-1}	-2.654×10^{-1}	1.183×10^{-1}
14.7	5.284×10^{1}	-1.949	7.839×10^{-1}	-2.685×10^{-1}	1.227×10^{-1}

通常取 $r_1 = r_2 = r$,即转换靶限束光栏和探测器限束光栏半径相等.定义

$$L = \frac{D_1}{D_2} = \frac{中子源点至转换靶中心距离}{转换靶至探测器光栏中心距离} \tag{4.27}$$

$$\rho = \frac{r}{D_2} = \frac{探测器限束光栏半径}{转换靶至探测器光栏中心距离} \tag{4.28}$$

对于给定的 α、L、ρ,已有完整的各 m_i 表可查知.如果查找不到对应的 m_i 值,可利用 $m_i L^2 = m'_i L'^2$ 和 $m_i \rho^{-4} = m'_i \rho'^{-4}$ 的内插关系,在相近参数附近进行内插.

对于 $\alpha=45°$ 偏转的反冲质子望远镜，设计的参数如表 4.14 所列．

表 4.14　$\alpha=45°$ 偏转的反冲质子望远镜参数

E_n/MeV	L	ρ	m	D/(mg·cm^{-2})	ε
14.1	20	0.1	5.935×10^{-5}	30.0	1.528×10^{-10}
2.5	20	0.1	7.395×10^{-4}	10.0	6.345×10^{-10}

2. 常用类型

1) 简单望远镜

由转换靶和探测器及电子学线路组成．探测器可以是较厚耗尽层的硅半导体探测器，也可以是 1mm 厚的 CsI(Tl) 闪烁体探测器．通常 $\alpha=0°$，测量时必须进行扣本底，即将转换靶通过伺服电机翻转 180°．缺点是精度差，不能给出瞬时值，且不能用于较强中子源上．

2) 符合望远镜

二重符合望远镜电子学线路如图 4.11 所示，该系统有两个探测器，其中一个 $\dfrac{dE}{dx}$ 探测器可以是含氢正比管，或是薄耗尽层的 Si 半导体．$\dfrac{dE}{dx}$ 探测器只沉积很小部分质子质量，只起准直和提供符合信号的作用．主探测器（称 E）可以是厚耗尽层的 Si 半导体，也可以是 CsI(Tl) 闪烁探测器．净质子计数率 $N_p=N_c-N_r$，$N_r=2\tau N_E \cdot N_{\frac{dE}{dx}}$，$N_c$ 为符合计数率；N_r 为偶然符合计数率；N_E 和 $N_{\frac{dE}{dx}}$ 分别为 E 道和 $\dfrac{dE}{dx}$ 道的计数率，τ 为符合分辨率时间，用双源法测定或近似用符合电路的门宽来代替．

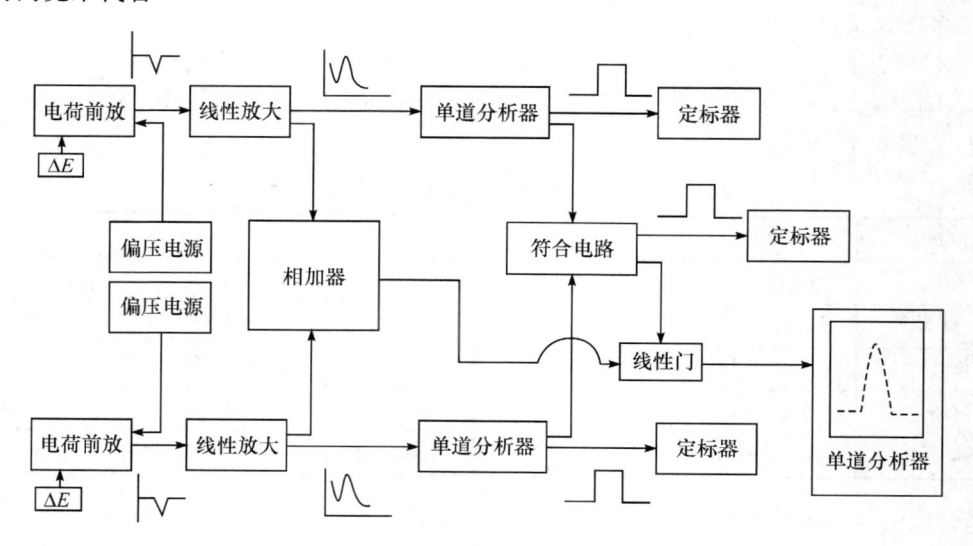

图 4.11　二重符合望远镜电子学线路

3) 45°偏转的符合望远镜

该测量装置前方有一个准直器屏蔽圆柱，且由于 45°偏转设计，大大降低来自 Si(n,α)、Si(n,p) 和周围散射中子的干扰．

对于测量 14MeV 中子，$\dfrac{dE}{dx}$ 选用 <100μm 耗尽层 Si 半导体探测器，而且探测器选用灵敏层 >500μm 的 Si 半导体探测器．对于测量 2.5MeV 中子，$\dfrac{dE}{dx}$ 选用 <50μm 的半导体探测器．各种光栏宜采用 0.1~0.2mm 厚的 Ni 或 Ta、Ti 片，以减少 (n,p)、(n,α) 反应的干扰．

3. 电子学记录系统

电子学线路方框图如图 4.12 所示，电子学系统主要包括前置放大器、主放大器、单道分析器、甄别器、符合、多道分析器、定标器．

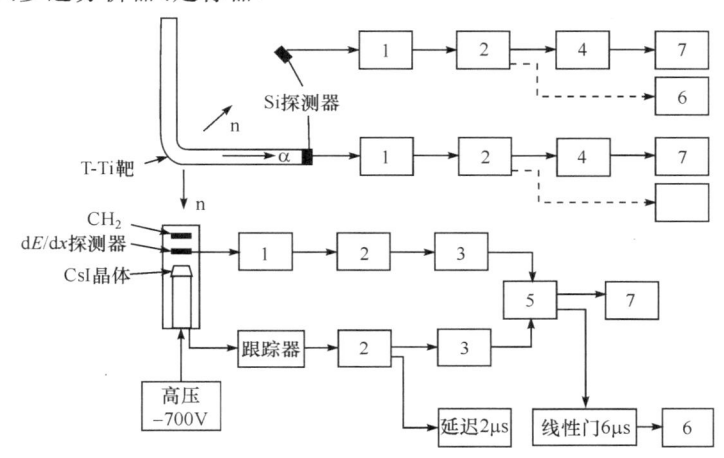

图 4.12 电子学线路方框图

1—前置放大器；2—主放大器；3—单道分析器；4—甄别器；5—符合；6—多道分析器；7—定标器

4. 中子产额测定

$$Y_n = 4\pi \dfrac{N_p}{\varepsilon} A_n(\theta_L) / \eta_n \tag{4.29}$$

式中，A_n 为各向异性修正因子，$A_n \approx \dfrac{1.0}{1.01}$，随 θ_L 略有变化；η_n 为中子通路上各物质的衰减修正因子，$\eta_n = \exp \sum_i \sum rem_i t_i$，不同物质的衰减修正因子如表 4.15 所列．

表 4.15 不同物质的衰减修正因子

物质	Cu	Fe	水	Ni	空气	A-150 塑料	Al
$\sum rem$ (2.5MeV)	0.4627	0.2606	0.2142	0.300	—	—	—
$\sum rem$ (14.1MeV)	0.1307	0.1181	0.0786	0.139	5.23×10^{-5}	0.0692	0.0621

对于 D(d,n)³He 中子，$A_n(\theta_L) = \dfrac{4\pi\sigma(E_d,\theta'_L)}{\sigma_T(E_d)}\left(\dfrac{dw}{dw'}(\theta'_C)\right)_n$，这里 θ'_C 是与实验室系发射角 θ_L 对应的质心系的角度，$\left(\dfrac{dw}{dw'}(\theta'_C)\right)_n$ 是发射中子的实验室系与质心系立体角转换率，其中 $A_n(\theta_L)$ 值可查表 4.16．

表 4.16　$D(d,n)^3He$ 在不同 E_d 和不同 θ_L 时的 $A_n(\theta_L)$ 的计算值

θ_L	不同 E_d 对应的 $A_n(\theta_L)$ 的值						
	100keV	120keV	140keV	160keV	180keV	200keV	250keV
0°	1.527	1.548	1.605	1.641	1.681	1.713	1.724
30°	1.290	1.308	1.323	1.357	1.358	1.363	1.376
45°	1.089	1.079	1.078	1.078	1.075	1.072	1.068
60°	0.894	0.884	0.871	0.871	0.849	0.844	0.823
90°	0.759	0.744	0.732	0.732	0.707	0.694	0.688

5. 简单 45°偏望远镜

若只用一个 E 探测器,对 $T(d,n)^4He$ 中子源,可粗略估算中子产额

$$Y_n = 4\pi D_1^2 \frac{N_p}{\Omega_{\text{eff}} N_H \frac{d\sigma}{d\theta_L}(45°)} A_n/\eta_n \tag{4.30}$$

式中,$\Omega_{\text{eff}} = \frac{\pi r_D^2}{D_2^2}\left[1 - \frac{3}{4}\left(\frac{r_D}{D_2}\right)^2 - \frac{9}{8}\left(\frac{r_T}{D_2}\right)^2\right]$,为有效立体角,即转换靶与探测器之间相对立体角;$D_2$ 为转换靶至探测器的中心距离;r_D 和 r_T 分别为探测器和转换靶的限束光栏半径.

$\frac{d\sigma}{d\theta_L} = \frac{\sigma_T \cos\theta_L}{\pi}\left[\frac{1 + \left(\frac{E_n}{90}\right)\cos\theta_L}{1 + \frac{2}{3}\left(\frac{E_n}{90}\right)}\right]$,为 n-p 散射微分截面的公式.

6. 望远镜测量中子产额的其他问题

1) 近靶区的中子注量率的计算

中子束斑尺寸不能视为点,在离束斑(半径为 r)R 距离处的中子注量率近似为

$$\Phi(R,\theta_L) = \frac{Y_n}{4\pi r^2}\ln\left[1 + \left(\frac{r}{R}\right)^2\right] A_n/\eta_n \tag{4.31}$$

2) 望远镜测量中子注量率的不确定度

望远镜的探测效率近似表示为

$$\varepsilon = P \cdot \sigma_{n\text{-}p} \cdot \frac{\pi r_1^2}{D_1^2} \cdot \frac{\pi r_2^2}{D_2^2} \tag{4.32}$$

其中,$P = \frac{w}{\pi r_1^2}$,w 为转换靶的称重.D_1、D_2、r_1、r_2、w 都有测量误差,N_p 主要是统计误差,因此测量中子注量率的不确定度在 2%~3%.

4.2.4　裂变电离室

1. 测量原理

裂变碎片具有约 160MeV 的动能,电离本领非常高,输出脉冲幅度很大,从而抗 γ 本底和电子学噪声能力很强.对于快中子的测量,可在裂变室的铜柱两面均镀上 ^{238}U 金属薄膜,制成背对背式裂变室,以提高探测效率.当 ^{238}U 裂变室用于 $D(d,n)^3He$ 和 $T(d,n)^4He$ 中子注

量测量时,正好 σ_f 有平台区. 如果裂变室的 ^{238}U 镀层至中子源点相距 R(cm),则由脉冲计数率 N_f 可得到中子源的产额

$$Y_n = 4\pi R^2 \cdot \frac{N_f}{n \cdot \sigma_f} \cdot K \quad (\text{n/s}) \tag{4.33}$$

式中,n 为镀层上的 ^{238}U 核数,σ_f 为 ^{238}U(n,f) 截面(10^{-24} cm^2),K 为总修正因子,包括物质衰减修正,裂变碎片在镀层中的自吸收修正,各向异性修正,单道阈值下的漏计数及本底等修正因子.

2. 裂变室的结构

固态裂变室有两种结构,一种是把 ^{235}U 在真空中直接喷涂在探测器金层上,其结构简单,体积小,在空气中工作,具有很高的空间分辨率,可方便地用于反应堆内测量热中子的空间分布. 另一种结构是将 ^{235}U 喷涂在薄膜衬底上,其结构如图 4.13 所示,靶和探测器都放在小真空室内,靶和探测器间要有一定要求的准直孔. 这种结构的探测器分辨率好,可用来进行裂变碎片能谱的测量和裂变机制的研究.

图 4.13 背对背裂变电离室结构示意图

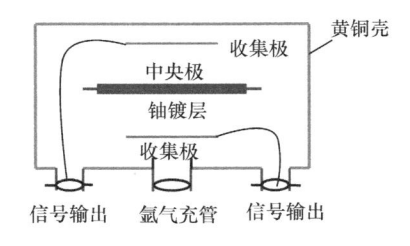

3. 裂变室的探测效率估算

$$\varepsilon = \frac{N_f}{\Phi} = n\sigma_f \tag{4.34}$$

以测量 T(d,n)^{4}He 中子为例,假定 $Y_n = 6 \times 10^{12}$ n/s,n 取 $5 \sim 10 \times 10^{18}$,σ_f(14.1MeV) $= 1.12$b,$n_1 = 5 \times 10^{18}$,$n_2 = 1 \times 10^{19}$,则 $\varepsilon_1 = 5 \times 10^{-6}$,$\varepsilon_2 = 1.12 \times 10^{-5}$. 裂变室放在距中子源点 $R = 180$cm 处,则 $Y_n = 4.587 \times 10^5 \frac{N_f}{\varepsilon}$. 不同条件下探测效率估算值如表 4.17 所列.

表 4.17 探测效率估算值

		N_f			
		10	20	50	100
Y_n	ε_1	8.2×10^{11}	1.64×10^{12}	4.1×10^{12}	8.2×10^{12}
	ε_2	4.1×10^{11}	8.2×10^{11}	2.10×10^{12}	4.1×10^{12}

4. 裂变室的刻度

原则上,裂变室可作为中子注量率的绝对测量装置,但由于测量环境中有能量大于 1MeV 的散射本底中子存在,且 ^{238}U 镀层不可避免存在着 ^{235}U、^{234}U 等低能中子裂变截面很大的核素,从而使记录的 N_f 偏大,故需要用伴随粒子法或望远镜等绝对测量装置进行刻度.

5. 电子学记录系统

所用的电子学仪器与长中子计数器相似,不再叙述.

4.2.5 活化探测器

活化探测器的优点是体积小、制作简单、使用方便、照射和测量分开进行、不受 γ 本底

的影响.照射后的活化片用高分辨的γ或β探测器进行活性测量.活化片可以是无阈的和有阈的.

1. 用金活化法测量热中子注量率

用于热中子测量的活化片有金、铟、镉、锰等,但由于 ^{197}Au 纯度高,易加工,活化截面有国际标准. ^{197}Au(n,γ)^{198}Au 反应的 β 和 γ 可采用 β-γ 符合计数器得 ^{198}Au 的活度,并按放射性衰变规律推算出热中子注量率.

^{197}Au 的丰度为 100%, ^{197}Au(n,γ)^{198}Au 反应的热中子截面 $\sigma_0 = (98.7 \pm 0.3)$b. ^{198}Au 的半衰期为 2.695d(即 2.33×10^5s), $\lambda = \dfrac{\ln 2}{T_{1/2}} = 2.975 \times 10^{-6}$ s^{-1}, $E_\beta = 0.91$MeV, $E_\gamma = 0.411$MeV,分支比为 $I_\gamma = 95.58\%$,共振能量为 4.9eV. 设 ^{197}Au 活化的总核数为 $N_0 = \dfrac{M}{A} \times 6.022 \times 10^{23}$,则测量到的生成核 ^{198}Au 的数目为

$$N = \frac{N_0 \sigma_0}{\lambda}(1-e^{-\lambda T_0})(e^{-\lambda(t_1-T_0)} - e^{-\lambda(t_2-T_0)})\Phi = \frac{N_0 \sigma_0}{\lambda} \cdot D \cdot S \cdot \Phi \tag{4.35}$$

式中, $D = 1 - e^{-\lambda T_0}$ 为饱和因子, $S = e^{-\lambda(t_1-T_0)} - e^{-\lambda(t_2-T_0)}$ 为收集因子.

$$\Phi = \frac{N\lambda}{N_0 \sigma_0 D S} \tag{4.36}$$

实验上

$$N = \frac{C_{\text{计}}(t_2-t_1)}{\varepsilon_\gamma \cdot I_\gamma} \tag{4.37}$$

故

$$\Phi = \frac{C_{\text{计}}(t_2-t_1)\lambda}{N_0 \cdot \sigma_0 \cdot D \cdot S \cdot \varepsilon_\gamma \cdot I_\gamma} \tag{4.38}$$

其中, $C_{\text{计}}$ 为 0.411MeV γ 全能峰面积的计数率. 由于热中子源并非全是 0.025eV 中子,而是具有能谱分布 $\Phi(E)$ 的,故用 $\overline{\Phi}$ 和 $\overline{\sigma}$ 代替 Φ 和 σ.

$$\overline{\sigma} = \frac{\int_0^\infty \sigma(E)\Phi(E)dE}{\int_0^\infty \Phi(E)dE} \tag{4.39}$$

若待测中子谱是麦克斯韦分布,则 $\sigma \propto \dfrac{1}{v}$,于是有

$$\overline{\sigma} = \sigma_0 \sqrt{\frac{\pi}{4} \frac{293.6}{T}} g \tag{4.40}$$

293.6 对应 0.025eV,是热电子温度, T 是中子温度, g 是活化截面偏离 $\dfrac{1}{v}$ 规律的修正因子

$$g = \frac{\int_0^{E_c} \sigma(E) E e^{-E/(kT)} dE}{\sigma_0 \sqrt{E_0} \int_0^{E_c} \sqrt{E} e^{-E/(kT)} dE} \tag{4.41}$$

$E_c = 0.5$eV,为热中子能量上限, $E_0 = 0.025$eV.

考虑超热中子的影响和活化片对中子场的干扰,有

$$\overline{\Phi} = \frac{N}{N_0 \overline{\sigma}} \cdot \frac{1}{G_{th}} \left(1 - \frac{1}{R_{Cd}}\right) \quad (4.42)$$

式中，$R_{Cd} = \dfrac{\text{不包镉时的活性}}{\text{包镉时的活性}} = \dfrac{A_{th} + A_{epi}}{A_{epi}} = 1 + \dfrac{A_{th}}{A_{epi}}$，$G_{th}$是活化片对热中子的屏蔽因子，常取 1.0. Ge(Li)谱仪测量的^{198}Au γ谱线如图 4.14 所示.

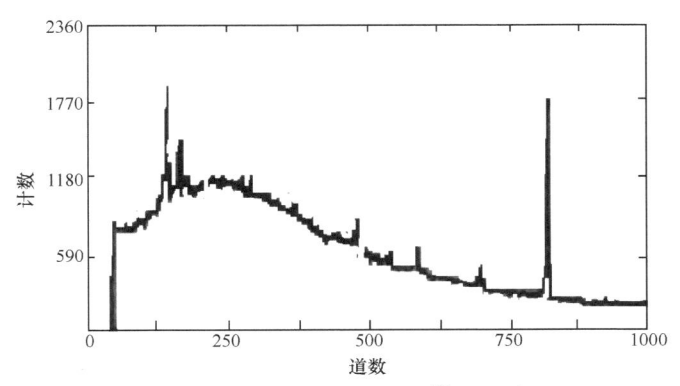

图 4.14 Ge(Li)谱仪测量的^{198}Au γ谱线

2. 阈能探测器测量快中子注量

设阈活化样品的核数为 N_0，在快中子照射下生成核数为 N，随时间的变化率为 $\dfrac{dN}{dt} = N_0 \Phi \sigma - \lambda N$，解此微分方程，且考虑 $t=0$ 时，$N=0$，则

$$N(t) = \frac{N_0 \Phi \sigma}{\lambda}(1 - e^{-\lambda t}) \quad (4.43)$$

活度

$$A(t) = \lambda N(t) = N_0 \Phi \sigma (1 - e^{-\lambda t}) \quad (4.44)$$

当照射时间为 T_0 时，

$$N(T_0) = \frac{N_0 \Phi \sigma}{\lambda}(1 - e^{-\lambda T_0}) = \frac{N_0 \Phi \sigma}{\lambda} \cdot S \quad (4.45)$$

式中，$S = 1 - e^{-\lambda T_0}$ 为饱和因子.

样品照射 T_0 时间后，冷却到 t_1 时间，在 $t_1 \sim t_2$ 时间区间进行测量，若测量到的放射性总衰变数为

$$N = \int_{t_1}^{t_2} N(T_0) e^{-\lambda(t-T_0)} dt = \frac{N(T_0)}{\lambda}(e^{-\lambda(t_1-T_0)} - e^{-\lambda(t_2-T_0)}) = \frac{N(T_0)}{\lambda} \cdot D \quad (4.46)$$

式中，$D = e^{-\lambda(t_1-T_0)} - e^{-\lambda(t_2-T_0)} = e^{-\lambda(t_1-T_0)}[1 - e^{-\lambda(t_2-t_1)}]$，称测量收集因子.

若样品质量为 M，原子量为 A，丰度为 η，则

$$N_0 = \frac{M}{A} N_A \eta \quad (4.47)$$

其中，$N_A = 6.022 \times 10^{23}$ 为阿伏伽德罗常量.

若测量生成核某分支比 I_γ 的γ射线的探测效率为 ε，计数为 C，则

$$N = \frac{C}{\varepsilon I_\gamma} \quad (4.48)$$

则

$$\Phi = \frac{\lambda AC}{MN_A \eta S \sigma \varepsilon D I_\gamma} \tag{4.49}$$

若照射期间,中子注量率有波动,造成生成核在生长过程中也随之变化,则要求分时间区段,即 $\Phi = \sum_{i=1}^{n} \Phi_i (1-e^{-\lambda T_i}) e^{-\lambda t_i}$,这里 T_i 为第 i 段的照射时间,t_i 为第 i 段照射末到测量的冷却时间,即 $t_i = t_1 - T_i$. 常用的阈探测器见表 4.18.

表 4.18 常用的阈探测器参数

核反应	半衰期	有效阈能	14MeV 中子的活化截面
^{27}Al(n,α)^{24}Na	15.03h	7.1MeV	124mb
^{54}Fe(n,p)^{54}Mn	312.5d	3.8MeV	264mb
^{57}Fe(n,p)^{57}Mn	2.587h	6.1MeV	111mb
^{58}Ni(n,p)^{58}Co	71.3d	2.8MeV	379mb
^{58}Ni(n,2n)^{57}Ni	36.0h	12.3MeV	24.7mb
^{64}Zn(n,p)^{64}Cu	12.71h	4.0MeV	212mb
^{65}Cu(n,2n)^{64}Cu	12.71h	11.2MeV	909mb
^{115}In(n,n')^{115m}In	4.5h	11.5MeV	65.4mb

例如,用 Al 箔测量快中子注量,用 Φ100mm×75mm 的 NaI(Tl) 探测器,测量 ^{24}Na 的特征 γ 射线($E_\gamma = 1.37$MeV),$\lambda_{Na} = 7.7 \times 10^{-4}$ min^{-1},$\varepsilon = 5\%$,$I_\gamma = 1$(分支比),不须考虑 γ 的自吸收(即 $f_s = 1$),$\eta = 100\%$,则

$$\Phi(14\text{MeV}) = \frac{\lambda_{Na} \cdot A \cdot C}{M_{Al} N_A SD \varepsilon \sigma} = 5.5674 \frac{C}{M_{Al} SD} \tag{4.50}$$

4.2.6 闪烁体探测器

闪烁体探测器的优点是体积大小和形状可以灵活选择,比如液体闪烁体可以制成超大体积的探测器,形状随容器随意定制. 搭配光电转换设备使用,时间分辨性能优异,可以用于强中子场通量的监测. 部分闪烁体还具备 n/γ 甄别能力.

1. 基于核反冲的闪烁体

核反冲法的最主要应用是快中子与氢原子核的弹性散射. 设 E_0 为入射中子的动能,E_1 为入射中子与氢原子核发生弹性散射后的动能,φ 为入射中子与氢原子核发生弹性散射后的散射角,则入射中子的动能 E_0 可由以下公式计算得到

$$E_0 = \frac{E_1}{\cos^2 \varphi} \tag{4.51}$$

对于能量低于 20MeV 的快中子,反冲质子是最主要的产物,随着中子能量的上升,中子与碳原子核的反应截面会增大,可产生氘、氚、α 等多种带电粒子.

有机闪烁体是一种苯环结构的芳香族碳氢化合物,其发光机制主要由于分子本身从激发态回到基态的跃迁. 由于含氢量极高,有机闪烁体广泛应用于快中子测量. 同无机晶体一样,有机闪烁体也有两个发光成分,荧光过程小于 1ns. 有机闪烁体又可分为有机晶体闪烁体、液

体闪烁体和塑料闪烁体. 有机晶体主要有蒽、芪、萘等, 具有比较高的荧光效率, 但体积不易做得很大. 液体闪烁体和塑料闪烁体可看作是一个类型, 都是由溶剂、溶质和波长转换剂三部分组成, 所不同的只是塑料闪烁体的溶剂在常温下为固态. 还可将被测放射性样品溶于液体闪烁体内, 这种"无窗"的探测器能有效地探测能量很低的射线. 液体闪烁体和塑料闪烁体还有易于制成各种不同形状和大小的优点. 塑料闪烁体还可以制成光导纤维, 便于在各种几何条件下与光电器件耦合.

部分有机闪烁体具备 n/γ 甄别能力, 由于 γ 和 n 与闪烁体的作用方式不同, 因此产生不同特征的脉冲信号, γ 信号的衰减速度比 n 信号的衰减速度更快, 通过设置两个不同的积分区域对脉冲信号进行积分, 并对积分值进行计算得到脉冲形状甄别(PSD)值, 就可以实现 n/γ 甄别. 一般两个积分区域被称为长门和短门, 长门和短门的设置主要依据闪烁体的脉冲衰减时间和实验测试的结果, 系统默认的 PSD 计算方法如下:

$$\text{PSD} = \frac{Q_{\text{LongGate}} - Q_{\text{ShortGate}}}{Q_{\text{LongGate}}} \tag{4.52}$$

式中, Q_{LongGate} 为长门区域的积分值, $Q_{\text{ShortGate}}$ 为短门区域的积分值. 图 4.15 所示为探测器得到的 n/γ 甄别结果.

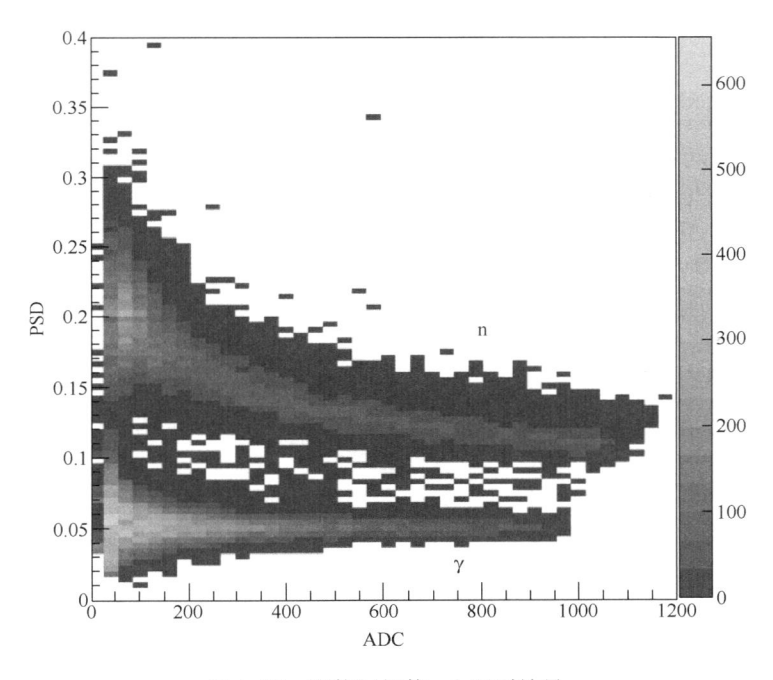

图 4.15 液体闪烁体 n/γ 甄别效果

2. 基于核反应的有机闪烁体

只含有碳、氢元素的有机闪烁体只能对快中子进行测量, 为了实现对热中子的测量, 通常在制备时掺杂热中子敏感材料, 如 ^{6}Li、^{10}B 等. 中子与 ^{6}Li、^{10}B 反应产生的带电粒子会产生与伽马和质子不同的脉冲信号, 通过脉冲波形甄别技术即可获取次级粒子的信号, 进而确定中子通量.

3. 钾冰晶石闪烁晶体探测器

钾冰晶石闪烁晶体 $Cs_2LiYCl_6:Ce$（CLYC）、$Cs_2LiLaCl_6:Ce$（CLLC）、$Cs_2LiLaBr_6:Ce$（CLLB）具有良好的能量分辨率和时间分辨率,且具有良好的线性响应,在低能区尤佳。CLYC($Cs_2LiYCl_6:Ce$)无色透明、易潮解,发射光谱范围在 275~450nm,峰值波长为 370nm。1999 年荷兰代尔夫特大学对 CLYC 闪烁体进行研究,发现在 662keV 时γ能量分辨率可以达到 7%,与当时的 NaI 和 CsI 闪烁体探测器的能量分辨率相近,而且发光产额达到了 20000 光子/MeV。在接下来的几年代尔夫特理工大学继续对 CLYC 进行研究,CLYC 在 225~300nm 之间表现出核价发光(CVL),时间约为 1ns。CVL 的一个特点是它只在γ射线激发下才出现,而在 n 激发下则不会产生 CVL 发光,而是产生衰减时间更慢的(约为 1000ns)自陷激子(self-trapped excition,STE)激发发光,因此可以据此特性对γ和 n 进行脉冲形状甄别。

CLYC 闪烁体中有两种重要的同位素,即 ^6Li 和 ^{35}Cl。^6Li 对热中子比较敏感,与热中子相互作用时,发生以下反应:

$$n + {}^6_3Li \longrightarrow \alpha(2.05\text{MeV}) + T(2.73\text{MeV}), \quad Q = 4.78\text{MeV} \tag{4.53}$$

该反应的截面约为 940b,对快中子的截面很小。对于能量较高的中子有如下反应:

$$n + {}^{35}_{17}Cl \longrightarrow {}^{35}_{16}S + p, \quad Q = 0.615\text{MeV}$$

$$n + {}^{35}_{17}Cl \longrightarrow {}^{32}_{15}P + \alpha, \quad Q = 0.937\text{MeV} \tag{4.54}$$

通过改变 ^6Li 和 ^7Li 的丰度,可以调节晶体对快中子和热中子的敏感度。由于晶体内部有锕系元素的污染,使得晶体具有内源放射性,会对一些微弱信号的探测造成影响。CLYC 的内部辐射信号要小于 CLLB,且远小于 $LaBr_3$。CLLB 的热中子 PSD 信号如图 4.16 所示。

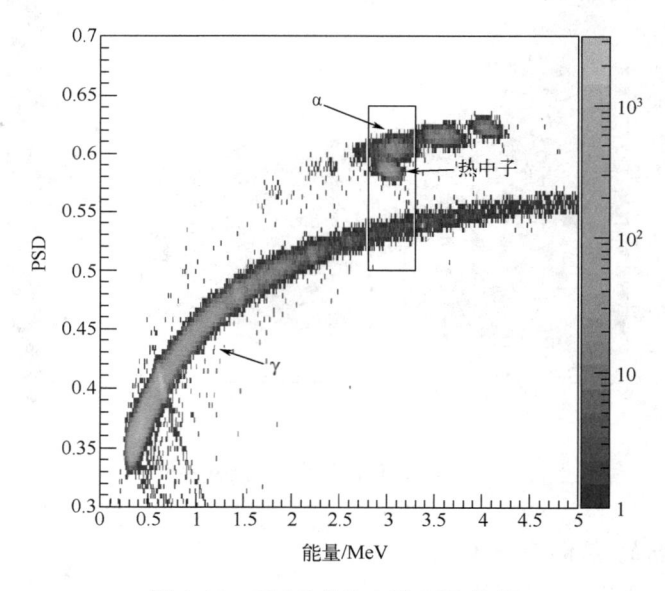

图 4.16 CLLB 的热中子 PSD 信号

国内对 CLYC 探测器的研究起步较晚,2017 年上海大学、宁波大学利用坩埚下降法成功生长了 CLYC 晶体并测试了性能,北京玻璃研究院有限公司也研制了该探测器并实现了产品化。CLYC 和 CLLB 对热中子、快中子和γ射线的甄别能力和优秀的能量分辨使得它们可以用于诸多探测场景,并且可以用于制作小型便携式探测器。特殊核材料的探测能力对国土安全领域有重要的应用价值,此外在中子场剂量监测、高能中子的探测、空间辐射环境监测等领域也具有性能优势.

4.2.7 半导体探测器

1. CZT 晶体探测器

CZT 晶体是在 CdTe 晶体中加入一定量的 ZnTe 演变而来的固溶体,属于闪锌矿结构,原子间结合以共价键为主,平均原子序数较大,室温下的禁带宽度 E_g 约为 1.57eV、室温下的电阻率 $\rho > 10^9 \Omega \cdot cm$、电子迁移率 $\mu_e > 1000 cm^2/(V \cdot s)$、寿命 $\tau_e > 10^{-5}s$. 该结构可以看成由 Cd(Zn) 面心立方晶格沿体对角线位移 1/4 长度嵌套一个 Te 面心立方晶格而成. 因此 CZT 晶体可以看作由 Zn 部分取代 CdTe 晶格中的 Cd 原子而形成的三元化合物. 由于 CZT 是一种三元化合物,在晶体生长中不可避免地引入大量的缺陷和杂质,产生陷阱能级. 陷阱能级对载流子的俘获效应(尤其是受主陷阱对迁移较慢的空穴的俘获作用)形成正空间电荷积聚,易使探测器发生极化,从而降低探测器载流子的收集效率.

CZT 晶体通常采用高压布里奇曼生长技术(high pressure Bridgman technique)制备. CdTe 晶体通常采用移动加热方法(traveling heater method)制备. CZT 晶体中由于 Zn 离子的掺入,使得禁带宽度变宽,电阻率提高,室温下的暗电流变得很小,因此 CZT 晶体的电子输运性能要比 CdTe 晶体更好. CdTe 晶体与 CZT 晶体的性能和基本性质比较近,一般可从实际情况综合考虑来进行选择,比如实际需要的晶体数量、单晶的大小、一致性、制备成本等.

CZT 探测器晶体表面是很薄的金属电极,这些电极在偏压作用下,在探测器晶体内部产生电场. 当有电离能力的射线和 CZT 晶体作用时,晶体内部产生电子和空穴对,并且电子空穴对的数量与入射光子的能量成正比. 带负电的电子和带正电的空穴朝不同的电极运动,最终被收集起来,形成的电荷脉冲经过前放变成电压脉冲,其高度和入射光子的能量成正比. 从前放出来的信号通过成形放大器转换为高斯脉冲,被再次放大. 这些信号可以通过标准的计数器来识别或者用多道分析器形成入射光子的能谱,其工作原理示意图如图 4.17 所示.

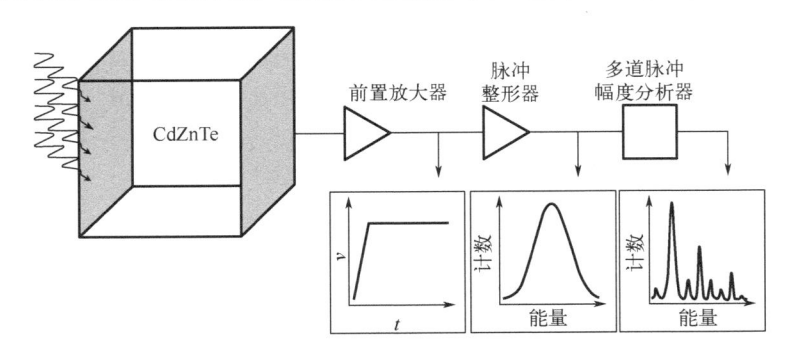

图 4.17 CZT 工作原理示意图

2. 金刚石中子探测器

金刚石中子探测器体积小,设备简单,几乎不影响辐射场,对 γ 不灵敏,且中子探测阈值高,抗辐照能力强,常用于各种高强度中子场的监测. 中子和 ^{12}C 原子核可以发生多种反应,各反应截面如图 4.18 所示. 实验测得 14MeV 中子脉冲幅度谱如图 4.19 所示.

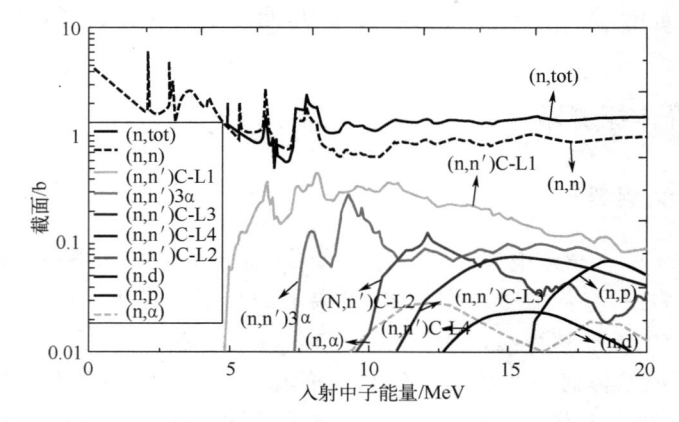

图 4.18　中子与 ^{12}C 原子核反应截面

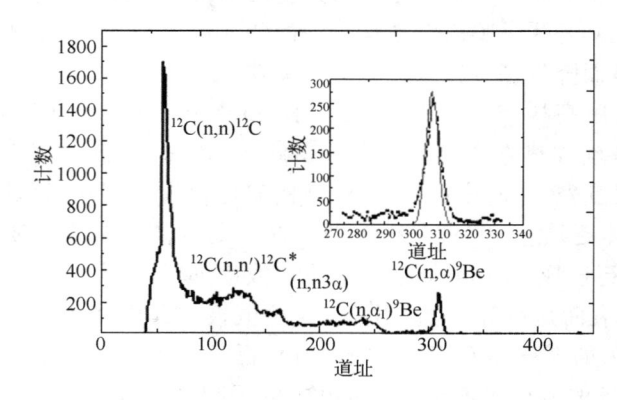

图 4.19　实验测得 14MeV 中子脉冲幅度谱

参 考 文 献

[1] 丁大钊,叶春堂,赵志祥,等. 中子物理学——原理、方法与应用. 2 版. 北京:原子能出版社,2005:129-168.

[2] Curtiss L F. An Introduction to Neutron Physics. New York:Nostrand Comp.,1959:156-286.

[3] Beckurts K H,Wirtz K. Neutron Physics. Berlin:Springer-Verlag,1964:242-396.

[4] Suzuki T S,Nagai Y,Shima T,et al. First measurement of a p(n,γ)d reaction cross section between 10 and 80 keV. Astrophysical Journal.,1995,439(2):L59-L62.

[5] Nagai Y. Measurement of H-1(n,γ) H-2 reaction cross section at a comparable M1/E1 strength. Phys. Rev. C,56:3173-3179.

[6] Cierjacks S,Forti P,Kirouac G J,et al. High-precision measurement of the total n-p scattering cross section in the energy range 0.7-32 MeV. Phys. Rev. Lett.,1969,23(15):866-868.

[7] Bystricky J,La France P,Lehar F,et al. Energy dependence of nucleon-nucleon inelastic total cross-sections. J. Physique France,1987,48:1901-1924.

[8] 包宗渝,岳骞,陈军,等. 热中子参考辐射场. 原子能科学技术,1999,33(6):511.

[9] Bonner B E,Simmons J E,Hollas C L,et al. Measurement of np charge exchange for neutron energies 150～800 MeV. Phys. Rev. Lett.,1978,41:1200-1203.

[10] 马鸿昌,卢涵林. 0.1～18MeV 单能快中子注量率的绝对测量和国际比对. 中国核科技报告,1988,2:1-15.

[11] 石宗仁.探测快中子的新技术.核电子学与探测技术,1997,17(5):390.
[12] 马鸿昌.反冲质子望远镜效率计算中的相对论修正.原子能科学技术,1983,4:021.
[13] 姚则悟,张金洲,魏永钦,等.固态裂变室.核电子学与探测技术,1983,3(2):59.
[14] 马鸿昌.加速器单能中子源常用数据手册.北京:原子能出版社,1976:20-64.
[15] 耿涛.用于 DPF 装置中子测量的闪烁体探测器.强激光与粒子束,2007,19(6):130.
[16] Koster-Ammerlaan M J J, Bode P. Improved accuracy and robustness of NAA results in a large throughput laboratory by systematic evaluation of internal quality control data. Journal of Radioanalytical and Nuclear Chemistry, 2009, 280(3):445-449.
[17] 仲启平,陈雄军,卢涵林,等.伴随粒子法测量 T(d,n)^{4}He 中子源注量率中的本底处理.原子能科学技术,2005,39(2):130.
[18] 艾杰,马景芳,范锐峰,等.脉冲中子测量中用长计数器校准闪烁探测器的方法.核电子学与探测技术,2005,25(2):104-107.
[19] 复旦大学,等.原子核物理实验方法.北京:原子能出版社,1997.

第 5 章

中子剂量测量方法

5.1 基本概念

5.1.1 比释动能和吸收剂量

比释动能是间接致电离辐射与物质相互作用,在单位质量的物质中产生的带电粒子初始动能之和,即

$$K \equiv \frac{dE_{tr}}{dm} \quad (\text{单位:Gy}=\text{J/kg}) \tag{5.1}$$

其中,dE_{tr} 为间接电离粒子在特定物质体元中,释放出来的所有带电粒子的初始动能之和(包括这些带电粒子在轫致辐射中放出的能量,以及在此体元内产生的次级过程中产生的任何带电粒子能量,也包括俄歇电子能量),单位为焦耳(J);dm 为所考虑体元内的物质质量,单位为 kg。

对一定能量的单能辐射,能量注量 Ψ 与 K 的关系是:$K = \Psi \frac{\mu_{tr}}{\rho}$,$\Psi = \Phi E$(当粒子具有谱分布时,$\Psi = \int_0^\infty \frac{d\Phi}{dE} E \, dE$),故

$$K = \Phi \left(\frac{\mu_{tr}}{\rho}\right) E \tag{5.2}$$

这里,E 为能量(J,$1\text{MeV}=1.6\times 10^{-13}$ J);Φ 为粒子注量(m^{-2});$\frac{\mu_{tr}}{\rho}$ 为指定物质对特定能量的质量能量转移系数(m^2/kg),表示间接致电离辐射在物质中穿行单位长度时,其能量在相互作用过程中转移给带电粒子动能的份额。

对具有谱分布的入射粒子,微分比释动能 $dK = \frac{d\Phi(E)}{dE}\left(\frac{\mu_{tr}}{\rho}\right) E \, dE$,即

$$K = \int_0^\infty \frac{d\Phi(E)}{dE} \left(\frac{\mu_{tr}}{\rho}\right) E \, dE \tag{5.3}$$

定义 $K_f \equiv \left(\frac{\mu_{tr}}{\rho}\right) E$,称为比释动能因子。

在带电粒子平衡条件下,吸收剂量

$$D = K(1-g) = \Phi \left(\frac{\mu_{tr}}{\rho}\right) E (1-g). \tag{5.4}$$

定义 $\frac{\mu_{en}}{\rho} = \frac{\mu_{tr}}{\rho}(1-g)$,称为质量能量吸收系数. $D = \Phi\left(\frac{\mu_{en}}{\rho}\right)E = k_D\Phi$, $k_D = \left(\frac{\mu_{en}}{\rho}\right)E$ 称为吸收剂量因子或中子注量-吸收剂量转换因子,式中的 g 是带电粒子动能在慢化过程中转变为韧致辐射能量的份额.

$$\dot{D} = \dot{\Phi}k_D$$

5.1.2 剂量当量

剂量当量是指在要研究的组织中某点处的吸收剂量、品质因素和其他一切修正因数的乘积.

$$H \equiv DQN = \int \frac{d\Phi(E)}{dE}\left(\frac{\mu_{tr}}{\rho}\right)E\overline{Q}dE \quad (\text{单位}: Sv = J/kg) \tag{5.5}$$

对单能粒子,$H = \Phi k_H$,$k_H = k_D Q$(中子注量——剂量当量转换因子). 式中,N 为其他一切修正因子(如剂量率修正、吸收剂量的空间分布非均匀性修正等)的乘积,$N=1$. Q 为辐射的品质因子,中子的平均品质因数与中子能量的关系如图 5.1 所示. 国际辐射单位与测量委员会(International Commission on Radiation Units and Measurements)在 1995 年规定了肌肉组织的中子 k_D 和 k_H,如表 5.1 所示.

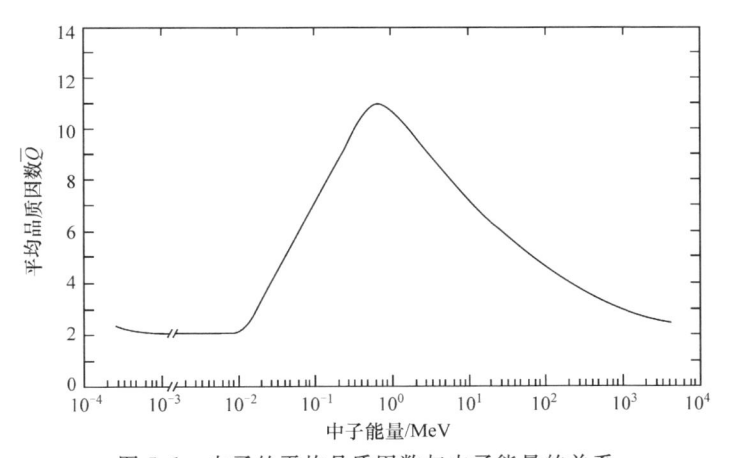

图 5.1 中子的平均品质因数与中子能量的关系

表 5.1 1995 年 ICRU 公布的中子 k_D 和 k_H(肌肉组织)

E_n/MeV	k_D/(pGy·cm²)	k_H/(pSv·cm²)
1.0×10^{-8}	0.3300	5.2600
1.0×10^{-6}	0.0320	0.517
1.1×10^{-5}	0.0112	0.1651
1.1×10^{-4}	0.0143	6.73×10^{-2}
1.1×10^{-3}	0.1119	3.300×10^{-1}
1.1×10^{-2}	1.0401	2.01×10^{0}
1.05×10^{-1}	6.6218	1.18×10^{2}

续表

E_n/MeV	k_D/(pGy·cm²)	k_H/(pSv·cm²)
1.05×10^0	24.645	3.87×10^2
2.10×10^0	31.0414	3.58×10^2
2.50	32.6316	3.41×10^2
3.10	36.925	3.53×10^2
3.9(Ra-Be)	41.2844	3.60×10^2
4.2(Po-Be)	42.6384	3.62×10^2
4.5(Am-Be)	42.552	3.42×10^2
5.0	45.188	3.52×10^2
7.0	50.505	3.50×10^2
9.0	54.628	3.60×10^2
13.5	64.045	4.56×10^2
14.5	66.667	4.94×10^2
15.5	68.122	5.15×10^2

5.2 中子雷姆计

用任何中子探测器测量出距中子源某处的中子注量或注量率,都可以通过 k_D 和 k_H 得到该处的中子吸收剂量率或剂量当量率.对不同能量的中子,其 Q 或 k_D、k_H 相差很大.

设计一种探测器对各种能量的中子的响应与剂量当量成正比.若已知中子能谱 $\Phi(E)$,则

$$H = \int k_H(E)\Phi(E)dE \tag{5.6}$$

若设计的中子探测器对不同能量的探测效率 $\varepsilon(E)$ 与 $k_H(E)$ 随中子能量的变化相同,即

$$\varepsilon(E) = Ck_H(E) \tag{5.7}$$

则探测器的计数 N 就正比 H,亦即

$$N = \int \varepsilon(E)\Phi(E)dE = C\int k_H(E)\Phi(E)dE = CH \tag{5.8}$$

这就是中子雷姆计的原理.

中子雷姆计由选定的材料做成室壁,内部是中子转换屏和光电倍增管,中子屏用ZnS(Ag)掺 ^{10}B 或 ^{6}LiF 形成闪烁体,慢中子与 ^{10}B 或 ^{6}Li 的(n, α)反应产生的 α 粒子使 ZnS(Ag)发光,经光电倍增管等电子学线路输出计数,其结构如图 5.2 所示.雷姆计也可以用 BF₃ 正比管,在外形上可以是球形或圆柱形的.雷姆计的用途除在防护上测量中子剂量外,还可粗略测定同位素中子源的类型和源强.

1. 中子源类型的判别

在距源 1m 处,分别放置雷姆计和γ剂量仪,测得 $\dfrac{\dot{H}_n}{\dot{H}_\gamma}$,由表 5.2 可得出中子源类型.

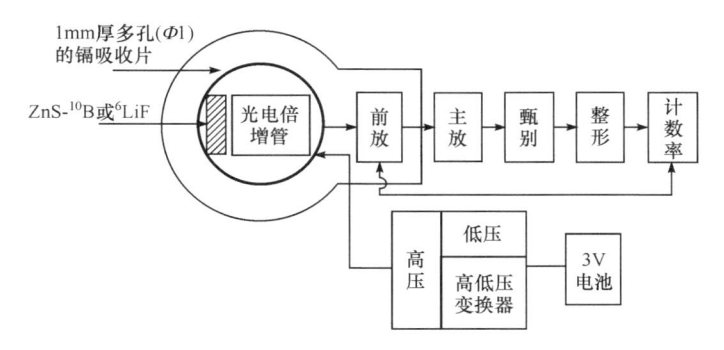

图 5.2 可携式雷姆计

表 5.2 不同同位素中子源特性

中子源	半衰期	中子产额(Q)/($\times 10^6$(n/s·Ci))	$\bar{E}_n$/MeV	k_H/($\times 10^{-2}$ μrem·cm^2)	距10^6n/s源1m处的γ剂量率/(mr·s^{-1})
^{241}Am-Be	433a	2.2	5.0	3.52	0.01~1.0
^{238}Pu-Be	86.4a	2.2	5.0	3.52	0.01~0.5
^{226}Ra-Be	1602a	13.0	3.9~4.7	3.58	40~60
^{218}Po-Be	338.4d	2.5	4.2	3.62	0.01~0.04
^{252}Cf	2.646a	2.4 μg/s	2.348	3.50	—

2. 源强测量

若雷姆计在标准中子场中的刻度系数为 M，则用于待测中子源1m处的 $\dot{H} = M \cdot$ 读数 (μrem/s)。

因为 $\Phi = \dfrac{\dot{H}}{k_H}$，则源强 $S = 4\times 10^4 \pi \dfrac{\dot{H}}{k_H}$(n/s)，$A$(活度)$= \dfrac{S}{Q}$(Ci)。

5.3 n-γ 混合场的剂量测量

5.3.1 总吸收剂量的测量

$$\dot{D}_T = \dot{D}_n + \dot{D}_\gamma = Q_T \left(\prod k_i\right)_T \dot{N}_x (ft)_c \frac{d_T}{K_T(1+\delta)}$$

$$= Q_T \left(\prod k_i\right)_T \alpha_{ch} \frac{d_T}{K_T(1+\delta)}$$

这里，Q_T 为组织等效电离室（简称 T 室）在中子束中的静电计读数(C)；$\left(\prod k_i\right)_T$ 为对 Q_T 的各修正因子的乘积；$\dot{N}_x = \dfrac{\dot{x}}{(Q\prod k_i)_c}$ 为照射量率刻度因子(R/C)；$\dot{x}$ 为光子刻度时的照射量率(R/min)；$\left(\prod k_i\right)_c$ 为对 Q_c 的各修正因子的乘积，与 $\left(\prod k_i\right)_T$ 相似；$\alpha_{ch} = \dfrac{\dot{x}}{Q_c \left(\prod k_i\right)_c}(ft)_c$ 为

吸收剂量刻度因子(Gy/C);$(ft)_c$为光子照射量与组织吸收剂量的转换因子(Gy/R),$(ft)_c \approx 9.63 \times 10^{-3}$(Gy/R);$K_T$为T电离室的中子相对灵敏度;$d_T$为位移修正因子,是T室放入和取走时,所引起吸收剂量的差别的修正.

$$\delta = \frac{D_\gamma}{D_n + D_\gamma}, 由 \frac{D_\gamma}{D_n} = 0.1 \sim 0.2, k_T = 0.95 \sim 1.0, 故$$

$$\frac{1}{k_T(1+\delta)} = 1.0, \quad \left(\prod k_i\right)_T \approx \left(\prod k_i\right)_c \approx 1.0.$$

由于组织等效气体(TE)太昂贵,故T室可充干燥空气代替TE气体,实验测得

$$\frac{\alpha_{ch}(air)}{\alpha_{ch}(TE)} = 1.17$$

美国KWT公司提供的IC-17A电离室的 $\alpha_{ch}(TE) = 3.0 \times 10^7$ Gy/C, 因此, $D_T \approx 3.5 \times 10^7 Q_{air}$ (Gy), Q_{air} 就是充干燥空气的T电离室的电荷读数, T电离室的组织等效(TE)气体流程如图5.3所示.

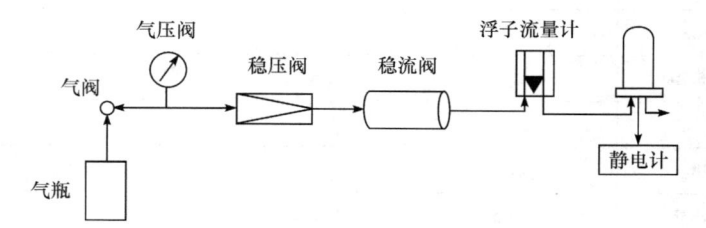

图5.3 T电离室的组织等效气体流程示意图

5.3.2 配对电离室测量(n,γ)混合场中的吸收剂量

组织等效电离室(T)和非氢电离室(U)在中子束中的响应为

$$\begin{cases} R'_T = k_T D_n + h_T D_\gamma \\ R'_U = k_U D_n + h_U D_\gamma \end{cases} \longrightarrow \begin{cases} D_n = \dfrac{R'_T - k_T R'_U}{k_T - k_U} \\ D_\gamma = \dfrac{k_T R'_U - k_U R'_T}{k_T - k_U} \end{cases}$$

这里,$h_T = h_U = 1.0$,k_T、k_U分别为T、U室的相对中子灵敏度,盖革-米勒计数器(Geiger-Müller counter)管相对中子灵敏度如图5.4所示.

在实验测量时,可得到

$$R'_T = Q_T \alpha_{ch,c}^T \left(\prod k_i\right)_T, \quad R'_U = Q_U \alpha_{ch,c}^U \left(\prod k_i\right)_U \tag{5.9}$$

k_T可以精确计算,或可引用推荐值,但k_U是中子能量的锐敏函数,常采用铅吸收法测定,即用一系列不同厚度的铅板挡在准直中子束后,此时,T、U室的响应为一系列值,即

$$\overline{R_U} = \frac{R''_U - e^{-\mu x} R'_U}{1 - e^{-\mu x}}, \quad \overline{R_T} = \frac{R''_T - e^{-\mu x} R'_T}{1 - e^{-\mu x}} \tag{5.10}$$

这里,μ为铅的线性减弱系数.将这一系列的$\overline{R_U}$和$\overline{R_T}$采用最小二乘法拟合出一条直线,即

$$\overline{R_U} = \frac{k_U}{k_T} R'_T + \left(1 - \frac{k_U}{k_T}\right) D'_\gamma \tag{5.11}$$

则直线斜率可得到k_U,这里D'_γ为准直器周围散射的γ剂量.计算过程所需数据可查表5.3~表5.8得到.

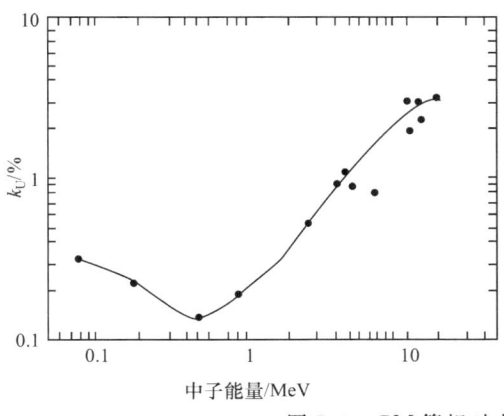

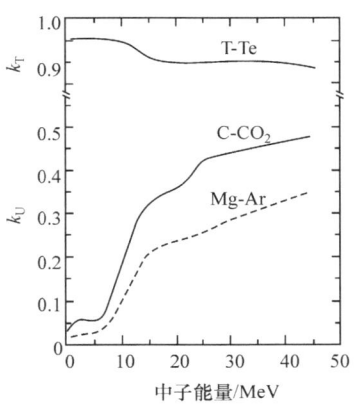

图 5.4 GM 管相对中子灵敏度

表 5.3 铅的质量减弱系数

E_γ/MeV	1.5	2.3	2.75	4.0
$(\mu/\rho)/(\text{cm}^2/\text{g})$	0.0517	0.0429	0.0425	0.0415

表 5.4 组织等效材料的元素成分重量百分比

组织等效材料	元素的比/%				
	H	C	N	O	其他
ICRU 肌肉	10.2	12.3	3.5	72.9	1.1Na+Mg+P+S+K+Ca
ICRU 软组织	10.1	11.1	2.6	76.2	—
A-150 塑料	10.1	77.6	3.5	5.2	1.8Ca. 1.7F
标准人	10.0	1.0	3.0	65.0	—
TE 气体	10.2	45.6	3.5	40.7	—

表 5.5 国内给出的 $\alpha_{\text{ch,T}}$ 实测值

T 室名称	$\alpha_{\text{ch,T}}/(\times 10^7\,\text{Gy/C})$
IRMB1TE-1	3.191
IRMB0STE-1	2.902
IRMB401	3.012
IC-17A	3.133

表 5.6 位移修正因子 dT 的推荐值

T 室名称	$\alpha_{\text{ch,T}}(\times 10^7\,\text{Gy/C})$	美国 NBS
1cm³ 球形 T 室	0.978±0.004	0.970
0.5cm³ 指形 T 室	0.986±0.003	—
0.1cm³ 指形 T 室	0.993±0.002	0.989

88 应用中子物理学

表 5.7　参加 1988 年巴黎中子剂量对比的结果

实验室	TE-266	$\alpha_{ch,T}/(\times 10^7 Gy/C)$			$\alpha_{ch,U}(\times 10^7 Gy/C)$	
		KT	TE-250	TE-199	MG-139	KU
BIPM	4.841±0.029	0.951	4.522±0.027	4.612±0.028	3.876±6.027	0.16
TNO	4.851±0.029	0.951	—	4.598±0.046	3.695±0.037	0.151
NPL	4.886±0.025	0.942	—	4.615±0.014	3.736±0.011	0.162
PTB*	4.816±0.082	0.955	—	4.554±0.077	3.793±0.072	0.162
ETL	5.120±0.051	0.9529	—	4.853±0.049	3.942±0.039	0.14
NBS*	4.810±0.048	0.949	—	—	3.838±0.038	0.162
IAEB	4.918±0.069	0.949	4.579±0.0063	—	3.822±0.032	0.162
NIM	4.852±0.040	0.955	4.512±0.037	—	3.718±0.030	0.162

表 5.8　TE 气体组分(配方)

甲烷 (CH_4)	二氧化碳 (CO_2)	氮气 (N_2)
65.32%	31.41%	3.28%

5.3.3　双电离室测量(n,γ)场吸收剂量的不确定度

因为

$$\frac{\Delta D_n}{D_n} = \left[\frac{(\Delta R'_T)^2 + (\Delta R'_U)^2}{(R'_T - R'_U)^2} + \frac{(\Delta k_T)^2 + (\Delta k_U)^2}{(k_T - k_U)^2}\right]^{1/2}$$

取 $k_T = 1$ (因为 k_T 比较准确,而 k_U 测量误差较大,且数值也小)

$$\begin{cases} \dfrac{\Delta D_n}{D_n} \approx \dfrac{\Delta k_U/k_U}{\dfrac{1}{k_U} - \left(1 + \dfrac{\Delta k_U}{k_U}\right)} \\ \dfrac{\Delta D_\gamma}{D_\gamma} \approx -\xi \dfrac{\Delta D_n}{D_n}, \quad \xi = \dfrac{D_n}{D_\gamma}\dfrac{1+k_U}{1-k_U} \end{cases}$$

由 Δk_U-ΔD_n 曲线可得出：① $\dfrac{\Delta D_n}{D_n} > \Delta k_U$；② k_U 越小时,即使 $\dfrac{\Delta k_U}{k_U}$ 很大,$\dfrac{\Delta D_n}{D_n}$ 也小；③ 由于 $\dfrac{\Delta D_\gamma}{D_\gamma} > 1$,故 $\xi > 1$；④ $\dfrac{\Delta D_T}{D_T} \approx \dfrac{\sqrt{1+(\xi\alpha)^2}}{1+\alpha} \cdot \dfrac{\Delta D_n}{D_n}, \alpha = \dfrac{D_\gamma}{D_n} \geqslant 0.1, \dfrac{\Delta D_n}{D_n} \approx 5\%$(完全可以达到),其中 $\Delta k_U/k_U$ 对中子吸收剂量的总不确定度量 $\Delta D_n/D_n$ 的贡献分数如图 5.5 所示,对于不同的 U 室,可得到表 5.9 的总吸收剂量的不确定度.

显然,GM 管作为 U 室与 T 室配对,可给出最小的总吸收剂量误差,但当剂量率大于 2×10^{-3} Gy/min 时,其死时间太大,已无法修正. 通常选用 Mg(Ar) 或 Al(Ar) 作为 U 室.

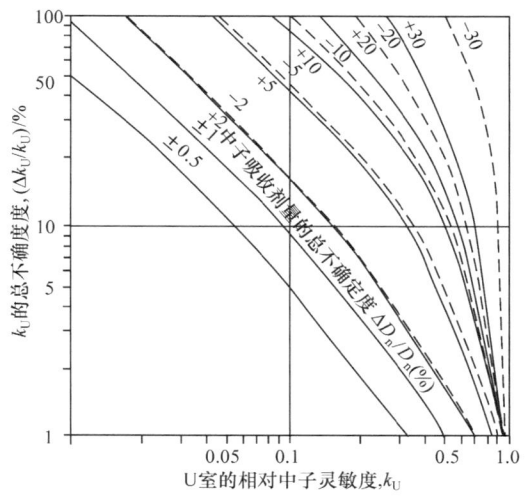

图 5.5 在(n,γ)混合场中，k_U 的总不确定度量 $\Delta k_U/k_U$
对中子吸收剂量的总不确定度 $\Delta D_n/D_n$ 的贡献分数

表 5.9 吸收剂量的不确定度

U 室	k_U	ξ	$\dfrac{\Delta D_T}{D_T}/\%$
Ic-^{17}Mg	0.17±0.01	14.10	7.9
Ic-^{17}G	0.30±0.03	18.57	9.6
Ic-^{17}Al	0.16±0.01	13.81	7.6
GM-2	0.017±0.002	10.35	6.5

参 考 文 献

[1] 方杰. 辐射防护导论. 北京:原子能出版社,1991.
[2] Yan X, Titt U, Koehler A M, et al. Measurement of neutron dose equivalent to proton therapy patients outside of the proton radiation field. Nuclear Instruments and Methods in Physics Research Section A: Accelerators, Spectrometers, Detectors and Associated Equipment, 2002, 476(1-2): 429-434.
[3] Rossi H H, Rosenzweig W. Measurements of neutron dose as a function of linear energy transfer. Radiation Research, 1955, 2(5):417-425.
[4] 陈常茂. 国外中子剂量测量的进展. 国外计量,1980,(4):51-58.
[5] Tayama R, Fujita Y, Tadokoro M, et al. Measurement of neutron dose distribution for a passive scattering nozzle at the Proton Medical Research Center (PMRC). Nuclear Instruments & Methods in Physics Research, 2006, 564(1):532-536.
[6] Barquero R, Méndez R, Iñiguez M P, et al. Thermoluminescence measurements of neutron dose around a medical linac. Radiation Protection Dosimetry, 2002, 101:493-496.
[7] 中国科学院. 辐射防护监测技术汇编. 北京:原子能出版社,1978.
[8] 国际放射防护委员会,国际辐射单位与测量委员会. 外照射放射防护中使用的换算系数. 陈丽姝,柴政文,译. 北京:原子能出版社,1998.
[9] Klett A, Burgkhardt B. The new remcounter LB6411: measurement of neutron ambient dose equivalent H(10) according to ICRP60 with high sensitivity. Nuclear Science IEEE Transactions on, 1997, 44(3): 132-134.

[10] Gray L H, Read J. Measurement of neutron dose in biological experiments. Nature, 1939, 144: 439.

[11] Howell R M, Ferenci M S, Hertel N E, et al. Measurements of secondary neutron dose from 15 MV and 18 MV imrt. Radiation Protection Dosimetry, 2005, 115(1-4):508-512.

[12] Rosenfeld A B, Anokhin I E, Barabash L I, et al. P-I-N-Diodes with a wied measurement range of fast-neuiron doses. Radiation Protection Dosimetry, 1990, 33:175-178.

[13] Reft C S, Runkel-Muller R, Myrianthopoulos L. In vivo and phantom measurements of the secondary photon and neutron doses for prostate patients undergoing 18MV IMRT. Medical Physics, 2006, 33(10):3734-3742.

[14] 朱天成. 核事故中子剂量测量系统及其进展. 辐射防护, 1979, 2: 005.

[15] Wernli C, Fiechtner A, Kahlilainen J. The direct lon storage dosemeter for the measurement of photon, beta and neutron dose equivalents. Radiation Protection Dosimetry, 1999, 84(1-4):331-334.

[16] Hurst G S, Ritchie R H, Wilson H N. A count-rate method of measuring fast neutron tissue dose. Review of Scientific Instruments, 1951, 22:981-986.

[17] Daniels C J, Silberberg J L. Portable instrument for measuring neutron energy spectra and neutron dose in a mixed n-γ field: U. S. Patent 4217497. 1980-8-12.

第 6 章

中子能谱测量

无论核物理的基础研究还是中子应用,都需要知道中子数随其能量的变化——中子能谱. 根据中子源类型和应用目的,出现各种中子能谱的测量方法,并建立各种形式的中子谱仪. 对热中子和快中子,能谱测量方法有很大的差异. 快中子能谱测量有四种方法:反冲质子法、核反应法、飞行时间法和阈能探测法. 前两种方法较简单,应用很多;飞行时间法的测量精确度最高,但仪器设备比较复杂;阈能探测器最简单,但只能做些粗略的测量.

6.1 反冲质子法测量中子能谱

反冲质子法是通过由中子产生的带电粒子能谱测量可得到中子能谱. 通常用含氢材料做转换靶,测量 n-p 散射的反冲质子谱,推算出中子能谱.

6.1.1 反冲质子微分法

由式
$$E_p = E_n \cos^2\theta \tag{6.1}$$
或
$$E_n = E_p \sec^2\theta \tag{6.2}$$
得到
$$\frac{dE_n}{E_n} = 2\tan\theta d\theta \tag{6.3}$$

为提高能量分辨率,θ 取较小角度. 因为 $\boldsymbol{n}(\cos\delta \boldsymbol{i}, 0\boldsymbol{j}, \sin\delta \boldsymbol{k})$,$\boldsymbol{p}(\cos\varphi\cos\psi \boldsymbol{i}, \cos\phi\sin\psi \boldsymbol{j}, \sin\delta \boldsymbol{k})$,

$$\cos\theta = \frac{\boldsymbol{n} \cdot \boldsymbol{p}}{np} = \cos\delta\cos\phi\cos\psi + \sin\phi\sin\delta \tag{6.4}$$

当中子与氢转换靶平行时,即 $\delta=0°$,则 $\cos\theta=\cos\phi\cos\psi$,这里 ϕ 为入射中子方向与质子出射方向的垂直方向的夹角(即倾斜角),ψ 为入射中子方向与质子出射方向的水平方向的夹角(即水平角).

6.1.2 反冲质子积分法

当 $E_n < 20\text{MeV}$ 时,在质心系中,n-p 散射可近似视为各向同性,故单能中子在氢靶上产生的反冲质子谱近似成矩形分布,而连续中子谱所产生的反冲质子谱是由许多单能中子产生的

一系列反冲矩形质子谱的叠加.

能量为 E_i 的质子谱高度为 $M(E_i)$,它是那些能量大于 E_i 的各种单能中子所产生的能量为 E_i 反冲质子谱之和,亦即

$$M(E_i) = \int_{E_i}^{E_{\max}} \frac{\Phi(E)\sigma(E)}{E} \mathrm{d}E \tag{6.5}$$

$$\Phi(E) = \frac{E}{\sigma(E)} \frac{\mathrm{d}M(E)}{\mathrm{d}E} \tag{6.6}$$

即对测量的积分质子谱 $M(E)$ 进行微分可得到中子谱 $\Phi(E)$. 单能中子和多群中子产生的反冲质子能谱如图 6.1 所示.

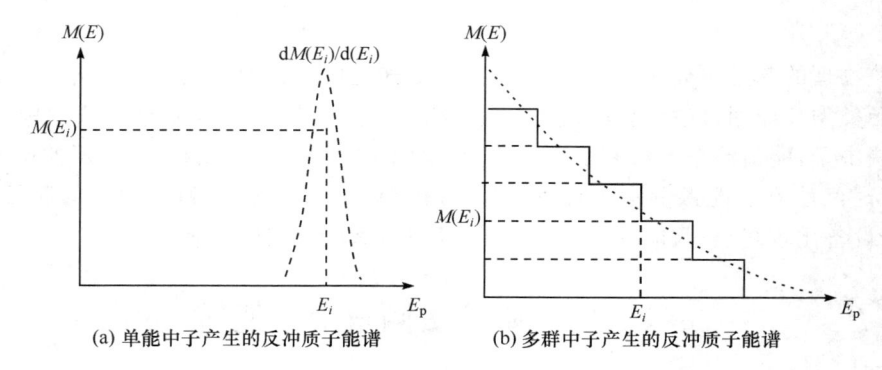

图 6.1 单能中子和多群中子产生的反冲质子能谱

实际上,单能中子产生的带电粒子能谱总是偏离矩形谱. 若中子谱用矩阵

$$\Phi(j) = \begin{pmatrix} \Phi_1 \\ \Phi_2 \\ \vdots \\ \Phi_n \end{pmatrix}$$

表示,所产生的带电粒子谱用

$$M(j) = \begin{pmatrix} M_1 \\ M_2 \\ \vdots \\ M_n \end{pmatrix}$$

表示,则

$$M(i) = (A_{ij}) \cdot (\Phi_j)$$

其中

$$A_{ij} = \begin{bmatrix} A_{11} & A_{12} & \cdots & A_{1n} \\ & A_{22} & \cdots & A_{2n} \\ & & & A_{nn} \end{bmatrix}$$

(A_{ij}) 是第 j 列单能中子产生的带电粒子能谱矩阵与 n-p 散射截面 σ_i 的乘积. (A_{ij}) 可由蒙特卡罗计算,且由单能中子实验核定.

$$\Phi(j) = (M_{ij})^{-1} \cdot (M_i) \tag{6.7}$$

反冲质子积分谱通常用正比计数管、有机晶体的闪烁探测器和平面膜半导体探测器进行测量. 利用正比计数管测量中子能量的上限是 1~2MeV. 主要由于在气体中反冲质子的射程

较长,室壁效应和末端效应影响较显著,结果使产生的信号脉冲幅度有所减小,最后使反冲质子谱的高能部分计数偏低. 充入氙气等阻止本领大的气体或是冲入甲烷等较重的含氢气体;同时尽可能提高充气压力,既可以缩短反冲质子射程,又可以提高探测效率.

对于高能中子谱测量(如 D(d,n)、T(p,n)、T(d,n)等),积分法可用于芘晶体谱仪、有机闪烁谱仪、NE213 有机闪烁谱仪及全体积核乳胶等中.

6.1.3 测量微分中子能谱的核乳胶方法

根据 $\dfrac{\mathrm{d}E_n}{E_n}=2\tan\theta\mathrm{d}\theta$,选择倾角 ϕ 和水平投影角 ψ 很小的反冲质子径迹事件进行测量,即在 $\phi_{\max}=\psi_{\max}\leqslant 15°$(或 $10°$)的角锥内,如图 6.2 所示.

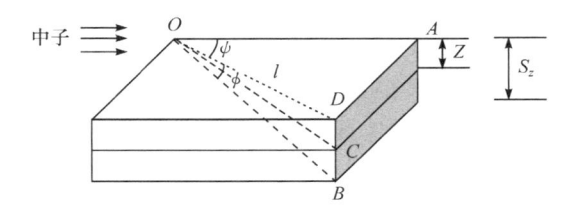

图 6.2 核乳胶中质子径迹参数示意图

实际质子径迹为 OB,由于核乳胶经过显影、定影等处理,那些未形成潜影的 AgBr 晶粒被溶掉,使原来的厚度 DB 变成 DC,即收缩因子 $S=\dfrac{DB}{DC}$. 因此所测到反冲质子径迹 OC 的水平长度为 l,故真正的质子径迹长度为

$$R_P=\sqrt{l^2+S_z^2} \quad 或 \quad R_P=l\sec\phi \tag{6.8}$$

其中,$\phi=\arctan\dfrac{S_z}{l}$.

由 R_P-E_P 关系表或曲线(事先制定好的)得到 E_P,进而 $E_n=E_P\sec^2\theta$. 将所有测量核乳胶体积 V 内的符合 $\phi_{\max}=\psi_{\max}=15°$(或 $10°$)的径迹事件所对应的 E_n 按 $E_n+\dfrac{\Delta E_n}{2}\sim E_n$ 分组,得到分布 $N(E_n)$,再进行一系列修正,即得微分中子能谱,表示为

$$\Phi(E_n)=\dfrac{N(E_n)-N_b(E_n)}{n_H v \sigma_{\text{n-p}}(E_n)P(E_n)f(E_n)\Omega_r} \tag{6.9}$$

式中,

(1) $P(E_n)$ 为反冲质子径迹停留在核乳胶中的概率,当 $R_P\sin\phi_{\max}\geqslant t$(乳胶厚度)时,$P(E_n)=\dfrac{t}{2R_P\sin\phi_{\max}}$,当 $R_P\sin\phi_{\max}<t$ 时,$P(E_n)=1-\dfrac{R_P\sin\phi_{\max}}{2t}$. 例如,$\phi_{\max}=15°$,$R_P=1000\ \mu\mathrm{m}$,$t=200\ \mu\mathrm{m}$,则 $P(E_n)=0.386$.

(2) $f(E_n)=\dfrac{1-\exp(-0.5\Sigma\cdot d_{\max})}{0.5\Sigma\cdot d_{\max}}$ 为中子注量衰减修正系数,Σ 为核乳胶对中子的宏观全截面,表 6.1 为宏观全截面与 E_n 的关系,$d_{\max}$ 为进行径迹测量的核乳胶起始边距,$d_{\max}\approx 1\ \mathrm{cm}$.

表 6.1　宏观全截面与 E_n 的关系

E_n/MeV	0.2	0.4	0.8	1.0	1.5	3.1	5.1	8.3	10.0
Σ/cm^{-1}	0.51	0.43	0.32	0.30	0.24	0.21	0.18	0.16	0.15

(3) $N_b(E_n)$ 为本底,在核乳胶中,中子引起的 ^{12}C(n,3α)p、^{14}N(n,p)^{14}C、^{14}N(n,α)^{11}B 等的带电粒子径迹中,除 α 外,都可能误判为 n-p 事件.此外还存在着散射中子引起的本底 n-p 径迹事件.当 $E_n \geqslant 5$MeV 时,这些本底都不需考虑,主要是 ^{12}C、^{14}N 的截面很小,散射中子能量 $\geqslant$ 5MeV 的成分也很小.

(4) 角锥相对立体角修正因子 $\Omega_r = \dfrac{1+\cos\phi_{max}}{2\pi}[2\pi - 8\arcsin(0.7071\cos\phi_{max})]$.

(5) n_H 为核乳胶中的氢原子密度,V 为测量的核乳胶体积,以及 $\sigma_{n\text{-}p}$ 散射截面都是已知的.

应用乳胶在中子能谱测量方面曾得到很有意义的结果,这类方法的最大缺点是工作繁重,得出结果所需时间太长,所以逐渐被其他探测器所替代,但是这种方法本身体积小,对中子场畸变小,测得的反冲质子径迹清晰,结果可靠,所以在某些场合仍有使用.

6.2　球形含氢正比管探测器测量中子能谱

反冲质子能谱仪的低能谱段是用含氢正比计数管测量的.一般的正比计数管都是圆柱形的,但很显然圆柱形的正比计数管在圆柱端面入射与在垂直圆柱轴向入射时探测效率是不相同的.这种不同不仅是几何因子的差异,同时还有入射中子与探测物质相互作用上的差异(主要为作用物质厚度上的差异与边界效应等方面的差异).但中子宏观实验测量的对象是宏观样品出射的中子,即测量中子对探测器张的立体角将很大,这时探测效率若随入射中子方向不同而不同,将会给测量结果造成较大误差,尤其又要进行几段谱的衔接,可能会造成更大的问题.球形含氢正比计数管可以很好地解决这一问题,由于中子与球形探测物质相互作用,探测效率是不会有各向异性问题的,因为从任何方向入射,作用物质都是充满气体的球形,其最佳尺寸比例及实际尺寸见表 6.2,正比计数管形状如图 6.3 所示.

表 6.2　球形含氢正比计数管比例及尺寸

名称	设计比例	Φ90 管	Φ45 管
球形阴极直径/mm	D	91	45.4
绝缘体直径/mm	$0.257D$	23.40	11.7
中心丝阳极支承体直径/mm	$0.114D$	10.37	5.2
中心丝阳极直径/mm	$5.5\times 10^{-4}D$	0.05	0.025
绝缘体距丝端距离/mm	$\geqslant 5.5\times 10^{-2}D$	5	5
阳极支持体凸出技术管位置	0	0	0

实验测量的电子学系统与圆柱形正比计数管用的电子学系统相同.用以测量的入射粒子为单能中子.单能中子源分别为在经典加速器上加速质子利用 T(p,n)、^{7}Li(p,n) 反应及反应堆上的中子过滤器得到的 24keV、144keV 单能中子,测量时所用靶厚度为 50～100 μg/cm^2.计数管放置为中心丝方向平行加速器入射中子束方向,实验时距靶为 30～50cm.实验测得的计数管中子能

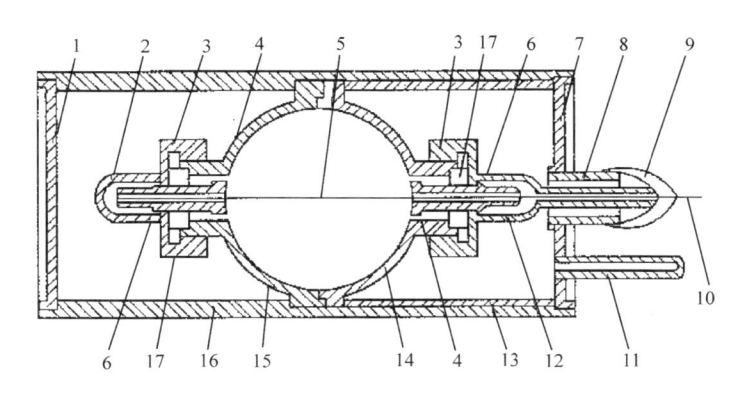

图 6.3 球形阴极含氢正比计数管结构图

1—底盖；2—玻璃绝缘套；3—螺套；4—中心丝支承；5—中心丝；6—弹簧；7—顶盖；
8—可伐接头；9—玻璃绝缘子；10—中心丝引线；11—排气管；12—玻璃套；
13—铝套；14—球形阴极 A；15—球形阴极 B；16—圆柱形外套；17—陶瓷绝缘子

量分辨率如表 6.3 所列．测得的能量分辨率中实际上包含源中子的能散度，如中子过滤器的中子能散度及加速器中子的能散度与探测器张角引入的中子能量变化、靶厚造成的中子能量变化等．

用含氢正比计数管作为中子能谱的低能段测量手段是可行的，但这时一定要能正确地选用正比管的使用条件，即一定要据实验测量的要求正确选用正比管所加高压，只有这样才能获得较好的测量结果．只要使用得当，这种由闪烁探测器和含氢正比管组成的宽动态范围中子谱仪，是一种无特定条件的简单较好的测量手段．

表 6.3 实验测量的能量分辨率结果

球内径/mm	所充气体	充气压力（标准大气压）	不同能量(keV)下的分辨率/%						
			24	144	195	325	534	994	1500
45	CH$_4$	2.0		<8			<5.5		
45	CH$_4$	3.0		<9			<5.5	<5.5	
45	CH$_4$	5.0		<10			<7	<7	<7
45	H$_2$+5%CH$_4$	2.0	<7	<7	<6	<5			
45	H$_2$+5%CH$_4$	4.0	<10	<8	<7	<5.5	<5.5		
45	H$_2$+5%CH$_4$	5.0	<8	<7		<7	<7		
45	CH$_4$	3.0		<10			<8	<8	<10
45	H$_2$+5%CH$_4$	1.5	<10	<5		<5	<5		

6.3 特殊核乳胶测量中子能谱的方法

6.3.1 载锂核乳胶

该方法利用反应 $^6Li+n \longrightarrow \alpha+T+4.78MeV$ 测量两粒子的射程之和：$R=R_\alpha+R_T$，测量两粒子径迹之间的夹角 θ，由 θ 为参数的能量曲线得知 E_n．

当 $E_n=0.025eV$ 的热中子入射时，由动量守恒，$\theta=180°$，此时，$E_T=2.73MeV$，$E_\alpha=2.05MeV$．当 E_n 增大时，E_T 和 E_α 也随之增大，而 θ 却变小．

有运动学关系

$$\begin{cases} E_\alpha + E_T = E_n + Q \\ E_T = \dfrac{1}{49}[27E_n + 28Q + 4\sqrt{3E_n(6E_n+7Q)}\cos\phi_T] \\ E_\alpha = \dfrac{1}{49}[22E_n + 21Q + 2\sqrt{3E_n(6E_n+7Q)}\cos\phi_\alpha] \\ \cos\theta = -[\sin\phi_\alpha\sin\phi_T + \cos\phi_\alpha\cos\phi_T\cos(\phi_\alpha-\phi_T)] \end{cases} \quad (6.10)$$

式中,ϕ_T 和 ϕ_α 分别为 T 和 α 与入射中子方向的夹角.

载锂核乳胶的测量能区为 0.1～1MeV,下限受能量分辨率限制,上限受 $\sigma_{n\text{-}\alpha}$ 截面的限制.

6.3.2 测量 10～20MeV 中子能谱的 ^{11}B 乳胶

$$^{11}\text{B} + n \longrightarrow \alpha + {}^8\text{Li}^* + Q$$
$$\beta^- \longrightarrow {}^8\text{Be}$$
$$\longrightarrow 2\alpha$$

反应的 $Q_0 = -6.63\text{MeV}$,$Q_1 = -7.61\text{MeV}$.

由于 ^{8}Li 可处于基态,也可处于第一激发态,根据能量守恒可推导出

$$\begin{cases} Q_0 = 1.5E_\alpha - 0.5\sqrt{E_n E_\alpha}\cos\phi_\alpha - 0.875E_n \\ Q_1 = E_\alpha + E_{^8\text{Li}} - E_n \end{cases} \quad (6.11)$$

$$E_\text{阈} = \dfrac{m_n + m_{^{11}\text{B}}}{m_{^{11}\text{B}}}|Q_0| = 7.23\text{MeV} \quad (6.12)$$

^{8}Li 的基态和第一激发态的截面分支比分别为 2/3 和 1/3.

解 Q 方程可得

$$E_n = \dfrac{1}{49}[(12E_\alpha - 8Q)(7 + 8E_\alpha\cos^2\phi_\alpha)] \pm \{[(12E_\alpha - 8Q)(7 + 8E_\alpha\cos^2\phi_\alpha)]^2 - 49 \times 12E_\alpha - 8Q\}^{1/2}$$
$$(6.13)$$

中子与 ^{11}B 的反应,在核乳胶中形成如图 6.4 所示的独特形状的锤形径迹,易于识别,且由于 α 和 ^{8}Li 都是重带电粒子,抗本底能力很强.

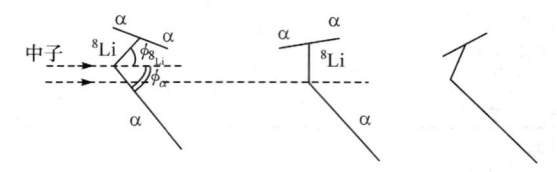

图 6.4 载硼乳胶中的锤形径迹

对每个径迹事件,需测 6 个参数,即 α 和 ^{8}Li 径迹水平投影长度(L_α、$L_{^8\text{Li}}$)、垂直投影长度(h_α、$h_{^8\text{Li}}$)、α 和 ^{8}Li 径迹与入射中子方向的水平夹角(ϕ_α、$\phi_{^8\text{Li}}$).

$$R(E_\alpha) = 0.9928R_P\left(\dfrac{E_\alpha}{3.971}\right) + 1.3 \quad (\mu\text{m}) \quad (6.14)$$

这里,$R_P\left(\dfrac{E_\alpha}{3.971}\right)$ 是能量为 $\dfrac{E_\alpha}{3.971}$MeV 的质子的射程.

$$R(E_{^8\text{Li}}) = 2.12 + 0.928E_{^8\text{Li}} + 0.114E_{^8\text{Li}}^2 \quad (6.15)$$

由 $E_{8_{Li}} \leqslant 0.2\text{MeV}$ 时,给出的射程偏差很大,拟采用实验的能-程关系,如表 6.4 所示.

表 6.4 $R(E_{8_{Li}})$ 与 $E_{8_{Li}}$ 的关系

$E_{8_{Li}}$/MeV	0.02	0.06	0.1	0.2	0.6	1.0	1.6	2.0
$R(E_{8_{Li}})$/μm	0.35	0.65	1.00	1.80	2.20	2.80	3.80	4.48
$E_{8_{Li}}$/MeV	2.6	3.0	4.0	5.0	6.0	7.0	8.0	—
$R(E_{8_{Li}})$/μm	5.30	5.93	7.66	9.61	11.79	14.20	16.25	—

由于 $E_n = E_\alpha + E_{8_{Li}} - Q$,而 $Q_0 = -6.63\text{MeV}$,$Q_1 = -7.61\text{MeV}$,可见每一组径迹事件可求出两组中子能量,究竟取哪一个中子能量,并不唯一,因此采用分支比和递推法求解中子能谱

$$N_0(E_n) = N(E_n) - \frac{N_0(E_{n+1})}{\eta} \tag{6.16}$$

这里,$N(E_n)$ 是测量的假定 ^{8}Li 处于基态时的中子谱,$N_0(E_n)$ 是真正的中子谱. 在整个能谱的高能端,$N_0(E_{n+1}) = 0$,$N_0(E_{n-1}) = N(E_{n-1}) - \frac{N_0(E_n)}{\eta}$,

$$\eta = \frac{^8\text{Li 基态的概率}}{^8\text{Li(基态+第一激发态)的概率}} \approx \frac{2}{3} \tag{6.17}$$

实验测得的载 ^{11}B 核乳胶中子能量的分辨率如表 6.5 所列.

表 6.5 载 ^{11}B 核乳胶测量中子能量的分辨率

E_n/MeV	9.97	12.06	14.1	18.12
$\frac{\Delta E_n}{E_n}$/%	~9	~7	6.5	6.0

6.4 阈探测器测量中子能谱

选择一组不同阈能、活化截面较大、半衰期较长、丰度确知、能覆盖较宽能区的活化箔(最好是固态或金属),可以测量中子能谱. 这种方法的优点是对γ射线本底和阈下中子不灵敏,探测器体积小因而对待测场的干扰小. 它常用于反应堆和聚变装置中子谱的测量.

一般根据下述原则来选择活化片阈探测器:

(1) 活化反应的截面在感兴趣的能区知道得很清楚;

(2) 所产生的放射性核素最好是γ辐射体,因为γ射线可以精确测量,并能很好地扣除本底;

(3) 生成的放射性核有合适的半衰期(一般在 10min 至几周之间)和射线能量,并已精确知道(半衰期不确定度好于 2%);

(4) 活化片材料容易得到并容易做成薄片;材料可以是高纯度的,或同位素纯的以减少干扰反应.

一个活化片阈探测器核的饱和活性 A_i 与各反应的截面 $\sigma_i(E)$,待测中子能谱 $\Phi(E)$ 有如下关系:

$$A_i = \int_{E_{\text{thi}}}^{E_{\max}} \sigma_i(E) \Phi(E) \text{d}E \tag{6.18}$$

其中，$i=1,2,\cdots,n$，n 为阈探测器数目，E 为中子能量，E_{thi} 为第 i 个活化片反应的阈能，E_{max} 为待测谱的最大中子能量.

方程(6.18)是一线性积分方程. 因 $\sigma_i(E)$ 和 $\Phi(E)$ 与 E 的关系很复杂，直接精确地解此方程组很困难. 当未知数个数与方程个数相等时，通过近似方法解线性方程组在数学上是可行的，但得到的中子谱易出现负值和振荡，且没有任何物理意义. 一般采用迭代法，其未知数个数远远大于方程个数，得到的解虽不唯一，但它是有物理意义的、非常接近真实的中子谱，常用的迭代法是 SAND-II.

6.4.1 活化方程

设第 i 个活化箔的靶核数为 N_{i0}，即

$$N_{i0} = \frac{f_i W_i}{A_i} N_A = \frac{d_i S_i \rho_i f_i}{A_i} N_A \tag{6.19}$$

式中，d_i 为样品厚度，S_i 为样品面积，ρ_i 为样品比重，f_i 为样品核素丰度，W_i 为样品重量，A_i 为核素的原子量，N_A 为阿伏伽德罗常量(6.022×10^{23}).

生成核 N_i 的变化率

$$\frac{dN_i}{dt} = N_{i0}\Phi(E)\sigma(E) - \lambda_i N_i \tag{6.20}$$

解此方程，且考虑到 $t=0$ 时 $N_i=0$，故得

$$N_i = \frac{N_{i0}\Phi(E)\sigma(E)}{\lambda_i}(1-e^{-\lambda_i T_0})[e^{-\lambda_i(t_1-t_0)} - e^{-\lambda_i(t_2-t_1)}] \tag{6.21}$$

在实验中，测量的特征 γ 射线全能峰的计数率为 n_i，探测效率为 ε_i，所测 γ 射线的分支比为 β_i，则

$$N_i = \frac{n_i(t_2-t_1)}{\lambda_i \varepsilon_i \beta_i} \tag{6.22}$$

或者为

$$r_i = \lambda_i N_i = N_{i0}\Phi(E)\sigma(E)(1-e^{-\lambda_i T_0})[e^{-\lambda_i(t_1-t_0)} - e^{-\lambda_i(t_2-t_1)}] \tag{6.23}$$

此乃第 i 个活化箔的活性.

6.4.2 用迭代法解中子能谱

由于 $\Phi(E)$ 和 $\sigma(E)$ 都是中子能量的函数，各种能量的中子在第 i 个活化箔中产生的活度应为

$$R_i = \int_0^\infty r_i = N_{i0}\int_0^\infty \Phi(E)\sigma(E)dE = \frac{n_i(t_2-t_1)\lambda_i}{\varepsilon_i\beta_i e^{-\lambda_i(t_1-t_0)}[1-e^{-\lambda_i(t_2-t_1)}][1-e^{-\lambda_i t_0}]} \tag{6.24}$$

若把中子谱分成 J 群，能量间隔为 ΔE_j，则有

$$R_i = N_{i0}\sum_{j=1}^{J}\Phi_j \cdot \sigma_{ij} \cdot \Delta E_j \tag{6.25}$$

这里，Φ_j 和 σ_{ij} 分别表示第 j 群中子的平均注量和活化截面.

选取第 k 次迭代的参考中子能谱 S_j^k 作为第 k 次迭代的初始中子谱，它与实际中子谱的关系为

$$\Phi_j^k = KS_j^k \tag{6.26}$$

由此得到活性
$$R_i^k = R_i M_i^k \tag{6.27}$$
第 k 次迭代的活性与实际测量的活性之比为
$$M_i^k = \frac{R_i^k}{R_i} \tag{6.28}$$
定义：第 i 个活化箔在各群中子里的权重函数为
$$W_{ij}^k \equiv \sigma_{ij} \cdot \Phi_j^k / \left(\sum_{j=1}^{J} \sigma_{ij} \Phi_j^k \right)$$
第 i 个活化箔在各群中子里的修正因子为
$$C_j^k = \sum_{j=1}^{J} W_{ij}^k \ln M_i^k / W_{ij}^k$$
当进行 k 次迭代后，可得到第 $k+1$ 次迭代的初始中子谱，即
$$\Phi_j^{k+1} = \Phi_j^k + C_j^k \tag{6.29}$$
当迭代控制标准差满足要求
$$Q = \frac{1}{m-1} \sqrt{\sum_{i=1}^{m} [(R_i - R_i^k) R_i]^2} \leqslant 0.01 \tag{6.30}$$
时，所选择的 Φ_j^k 就是满足要求的待求中子谱。其中，m 为一组阈探测器个数，迭代过程已有 SAND-Ⅱ计算程序。

6.4.3 常用的阈探测器的有关参数

ICRU-26 报告给出 10 多种阈探测器的激发曲线和有关参数（表 6.6）。

表 6.6 常用的阈探测器的有关参数表

核反应	半衰期	有效阈能/MeV	14MeV 中子活化截面/b
^{27}Al(n,p)^{27}Mg	9.46min	4.5	—
^{27}Al(n,α)^{24}Na	15.03h	7.1	0.124
^{54}Fe(n,p)^{54}Mn	312.5d	3.3	0.361
^{56}Fe(n,p)^{56}Mn	2.587h	6.1	0.111
^{56}Mn(n,p)^{56}Cr	71.3h	2.8	0.379
^{63}Cu(n,2n)^{62}Cu	9.76min	12.4	0.478
^{63}Zn(n,p)^{63}Cu	12.71h	4.0	0.212
^{115}In(n,n)^{115}In	4.5h	1.4	1.492
^{115}In(n,2n)^{114}In	12.8d	11.5	1.610

6.5 中子 TOF 谱仪

在中子能量较低时，即在非相对论近似的情况下，可根据 $E = mv^2/2$ 得到中子的能量，因为中子的静止质量是精确知道的。中子的速度是通过测量中子穿过一定的距离 l 所需要的时间 t 来得到的。

在慢中子能谱测量中，飞行时间（time to flight，TOF）法是一种最直接、最经典的测量方法，在 20 世纪 40 年代和 50 年代曾有很广泛的应用。随着快闪烁计数器的出现和纳秒脉冲技

术的发展,从20世纪50年代中期开始,飞行时间法已应用到快中子能谱测量方面,就测量结果的精确性和所应用的范围来看,这种方法大大超过其他测量方法. 目前飞行时间法还在测量其他粒子的能谱中使用.

6.5.1 飞行时间法原理

由公式

$$mc^2 = \frac{m_0 c^2}{\sqrt{1-\left(\frac{v}{c}\right)^2}} = E + m_0 c^2 \tag{6.31}$$

得

$$v = \frac{\sqrt{E(2m_0 c^2 + E)}}{m_0 c^2 + E} c \tag{6.32}$$

$$t = \frac{L}{v} = \frac{m_0 c^2 + E}{\sqrt{E(2m_0 c^2 + E)}} \cdot \frac{L}{c} \tag{6.33}$$

式中,$m_0 = m_n = 1.6749543 \times 10^{-24}$ g,$c = 2.9979 \times 10^{10}$ m/s,$m_0 c^2 = 935.552$ MeV. 因此

$$t = 3.334 \frac{(E+935.552)L}{\sqrt{E(E+1871.104)}} \tag{6.34}$$

当 $E \ll m_0 c^2$ 的非相对论条件时

$$t = 3.334 \frac{935.552 L}{\sqrt{1871.104 E}} = \frac{72.262}{\sqrt{E}} L \tag{6.35}$$

若测量的中子飞行时间谱为 $\Phi(t)$,则相应的中子能谱为

$$F(E)dE = \Phi(t)dt \tag{6.36}$$

若中子探测效率为 $\varepsilon(E)$,则有

$$\Phi(E) = \frac{F(E_n)}{\varepsilon(E)} \tag{6.37}$$

由 $E = \left(\frac{72.3L}{t}\right)^2$ 可得

$$\frac{\Delta E}{E} = \frac{2\Delta t}{t} + \frac{2\Delta L}{L} \tag{6.38}$$

一般 ΔL 很小,故

$$\frac{\Delta E}{E} \approx \frac{2\Delta t}{t} = 2.8\sqrt{E}\frac{\Delta t}{L} \quad (\%) \tag{6.39}$$

式中,$\Delta t = \sqrt{(\Delta t_1)^2 + (\Delta t_2)^2 + (\Delta t_3)^2}$,其中,$\Delta t_1$ 为中子束脉冲宽度,Δt_2 为探测器的时间分辨,决定于样品尺寸,Δt_3 为TOF谱仪的分辨时间,决定于闪烁体的尺寸.

为了提高TOF谱仪的分辨本领,减小 Δt 与增大 L 是等价的,但增大 L 将使入射的中子注量率大为降低$\left(\text{这是因为 } \Phi = \frac{Y_n}{4\pi L^2}\right)$.

中子TOF谱仪要求给出中子起始和终止信号,有三种方法提供起始信号,即

(1) 脉冲束流的拾取信号,这必须要求脉冲中子源;

(2) T(d,n)α 和 D(d,n)³He 的伴随带电粒子;

(3) 双闪烁 TOF 谱仪的散射探头的输出信号.

6.5.2 快中子 TOF 谱仪的结构

1. 加速器条件

流强、靶、脉冲化装置、脉冲宽度、重复频率、实验厅空间(即 L 的大小)以及零信号的拾取方式.

2. 屏蔽和准直系统

(1) 阴锥:阻止初级中子直接进入主探测器,选用钢(或铁)和聚乙烯的复合体.
(2) 准直器:准直来自样品的次级中子束,只让探测器所张立体角内的次级中子通过准直器,阻止来自地面和墙面的散射的次级中子进入探测器.准直器一般由水泥、石蜡、Li_2CO_3 等组成.
(3) 主探测器的准直和屏蔽装置:双截锥准直器确定中子探测器的有效立体角.屏蔽体屏蔽实验厅的本底中子,它由铜、铁、铅、石蜡、Li_2CO_3 等材料组成.

3. 散射样品架

(1) 常规 TOF 的样品固定在转动中心,且悬吊在架子上;
(2) 环状几何样品固定在平移架上,以改变角度;
(3) 样品在一个圆锥线上移动.

4. 电子学仪器

1) 专用仪器
(1) 定时甄别器,决定时间测量精度.
(2) 时-幅变换器,时间信号转换成能量信号.
(3) 脉冲形状甄别器(用于 n-γ 分辨技术).
(4) 时间拾取前放和主放(快信号).
2) 常规仪器
线性放大器、符合电路、慢甄别器、单道、线性门、展宽器、混合器、延时线、时间校准器等.

5. 探头系统

中子探头、α 探头、散射体探头、中子注量率检测探头等.

6.5.3 快中子 TOF 谱仪的分类

1. 按起始信号分类

(1) 脉冲 TOF 谱仪,飞行时间起始信号由脉冲化加速器的束流拾取信号提供.
(2) 伴随粒子 TOF 谱仪,由 T(n,d)^{4}He 或 D(d,p)T 的 α 或 p 提供起始时间信号,因为 α 或 p 是与中子关联的.
(3) 双闪烁 TOF 谱仪,由特定散射体的闪烁探头输出信号,通常闪烁体中的散射体是 H、

D、C 等轻元素.

2. 按样品形状分类(限于脉冲 TOF 谱仪)

(1) 常规快中子 TOF 谱仪(圆柱小样品)(图 6.5).

屏蔽准直装置绕样品中心轴转动,优点是角分辨好,能进行多探头同时测量(如 401 的串列加速器大厅),但缺点是要求实验厅很大,飞行距离长.

图 6.5 常规快中子 TOF 谱仪

(2) 环状几何样品的 TOF 谱仪,见图 6.6.

样品是圆环形,环中心置于束流轴线上,中子探头固定在某一位置上,通过在轴线上移动环状样品位置来改变测量角度.其优点是样品大,计数率高,时间分辨好,实验厅不必太大,但缺点是中子能量随角度有较大的改变($\Delta E_{\max}$约为 1.5MeV,对 T-D 中子).

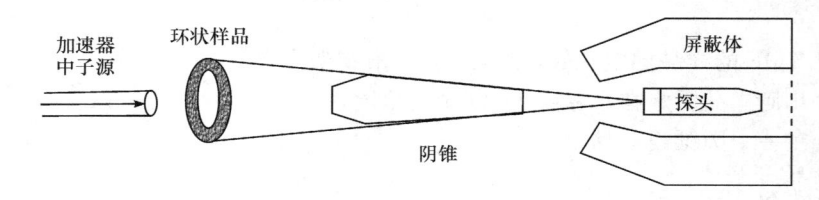

图 6.6 环状几何样品的 TOF 谱仪

(3) 圆柱样品围绕 φ 角转动的 TOF 谱仪(日本大阪大学方式),见图 6.7.

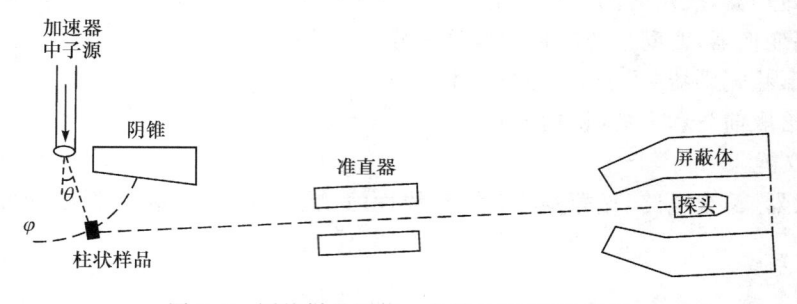

图 6.7 圆柱样品围绕 φ 角转动的 TOF 谱仪

较长的圆柱样品围绕束流轴线成一固定角($\theta=85°$),距靶一定距离,样品绕 φ 角转动来改变测量角度.该谱仪的优点是计数率高,实验厅不必大,但缺点是不能进行多探头测量,此外,转动样品会使飞行距离有所改变.

6.5.4 TOF 谱仪的有机闪烁探头

1. 有机闪烁体

有机闪烁的优点是含氢密度高,中子探测效率高,时间响应快.常用液体 NE213(相应的国内产品为 ST451,其中子探测效率见图 6.8),其光产额与中子在闪烁体中的能损成正比,但与质子能损成非线性关系.对不同带电粒子的光响应有经验公式表示

$$\frac{dS}{dx} = \left(A\frac{dE}{dx}\right) \bigg/ \left(1 + kB\frac{dE}{dx}\right) \tag{6.40}$$

式中,S 为闪烁体的光产额,x 为带电粒子在闪烁体中的径迹长度,E 为带电粒子能量,A、kB 为待定实验常数.

闪烁探头的效率

$$\varepsilon = \frac{\text{被探测到的粒子数}}{\text{入射到闪烁体中的粒子数}} \tag{6.41}$$

当 $E_n < 10\text{MeV}$ 时,探测阈能 E_{th} 的中子探测效率为:$\varepsilon = N_H \sigma_H d \left(1 - \frac{E_{th}}{E_n}\right)$.式中,$N_H$ 为闪烁体的氢原子密度,σ_H 为 n-p 散射截面,d 为闪烁体厚度.

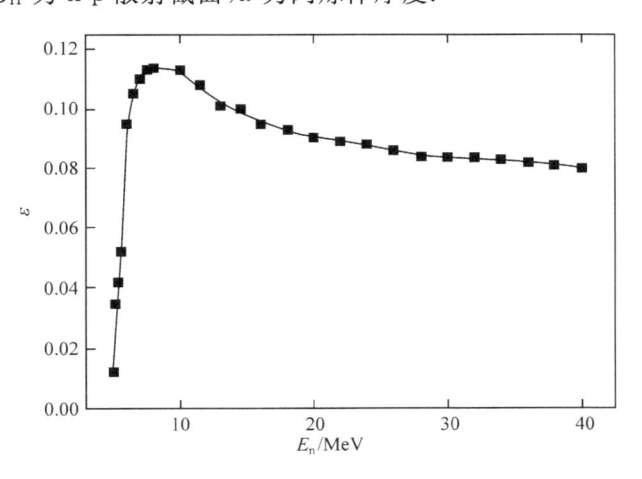

图 6.8 ST-451 液体闪烁体的中子探测效率

液闪成分的光衰退时间常数 2~3ns,若采用快速光电倍增管与之耦合,再采用快甄别定时电子线路,则探头和电子学对 TOF 谱仪的时间分辨影响甚小.

当脉冲幅度与入射粒子在探头中的能损成线性关系时,则脉冲谱上单能粒子引起的峰半宽度与该峰对应的脉冲幅度成正比.

2. n-γ鉴别技术

在快中子场中,总存在伴生γ射线,有机闪烁探头对γ射线也很灵敏,甄别γ信号是快中子探测的关键问题.

带电粒子通过有机闪烁体时,其径迹周围的分子或原子被激发或电离,处于激发的分子或原子退激时发出荧光,其发光时间很短(约 10^{-12}s),亦即光强很快达极值,而之后以多种衰减时间常数指数规律下降.对液闪,三种成分的衰减时间依次为 3.16ns、32.3ns、270ns(即快成分和慢成分).而γ射线产生的电子的快成分产额大,慢成分产额相对小.中子所产生的反冲质子正好相反,即快成分产额低,慢成分的产额大.更重的带电粒子比质子更为显著.

实验测量中希望选用只对中子灵敏而对γ射线不灵敏或不甚灵敏的探测器,这种探测器有裂变室、活化箔、固体径迹探测器等.但这些探测器大多是离线测量探测器,而离线测量探测器

只能进行计数(注量)测量,不可能进行有关中子运动时间量的测量.就是其中的裂变室,虽是在线测量探测器,但由于裂变释放能量太大且输出脉冲信号前沿较慢,也不适宜用在中子能谱及有关中子运动时间量的测量上.

对含氢正比管在进行能量标定时,用γ源进行了测量,确定γ射线不会进入该管的中子能量测量范围内,即γ射线在正比管内沉积的能量形成的脉冲幅度都在测量的中子能阈以下,故可不用n-γ分辨系统,但若降低测量的能量下限,就必须考虑n-γ分辨问题.而含氢正比管的n-γ分辨问题与闪烁探测器的n-γ分辨问题可以用同一方法解决.因此这里只对解决闪烁探测器的n-γ分辨问题进行介绍.

常用的 n-γ 鉴别技术有过零法、上升时间法、电荷比较法.n-γ甄别的性能用参数 $M=\dfrac{L}{P_n+P_\gamma}$ 表示(图 6.9),式中,P_γ 和 P_n 为γ和 n 峰的半高度的全宽度(FWHM),L 为γ和 n 峰的距离.美国 Canberra 公司的 2160A 插件是为过零法设计的仪器,美国 ORTEC 公司的 552 插件是为上升时间法设计的标准仪器.

由于闪烁探测器对不同的荷电粒子激发时发光衰减时间不同,对芪闪烁体其如图 6.10 所示,其他有些闪烁体也有类似的关系.由此利用反冲质子与光电子在探测器中形成的脉冲形状不同,可以对中子与γ进行分辨.

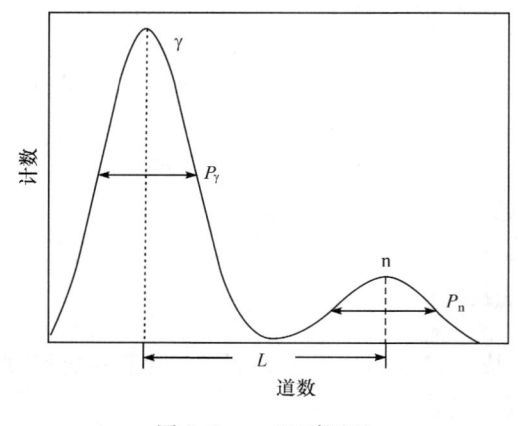

图 6.9　n-γ甄别原理

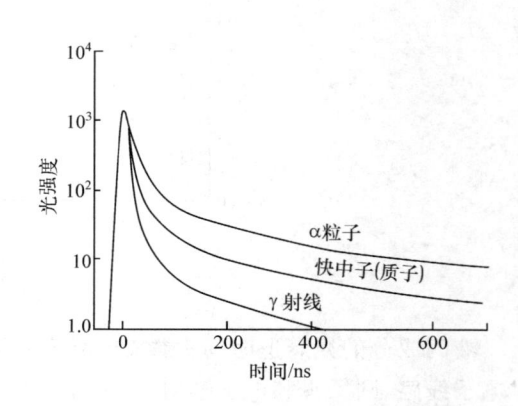

图 6.10　芪闪烁体发光衰减时间图

其次,可以通过频谱粒子分辨法来进行 n-γ分辨,如图 6.11 所示,这种方法有别于脉冲前沿时间积分的分辨法,是一种微分效应的分辨方法.

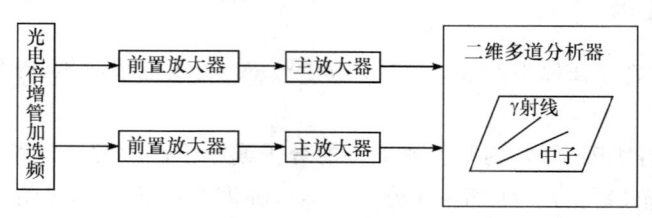

图 6.11　频谱分析 n-γ分辨原理测量电子学示意图

同时,脉冲自我比较法可以很好地解决这一问题.线性道输出同样幅度的中子、γ脉冲,在分辨道由于选频使γ脉冲幅度大于中子脉冲幅度,这样分辨脉冲若为负脉冲,则线性道脉冲为正脉冲.正确调节脉冲幅度,使γ脉冲两路脉冲幅度相等,相加后γ脉冲幅为 0,而中子脉冲相加后为正输出,从而完成分辨,如图 6.12 所示.

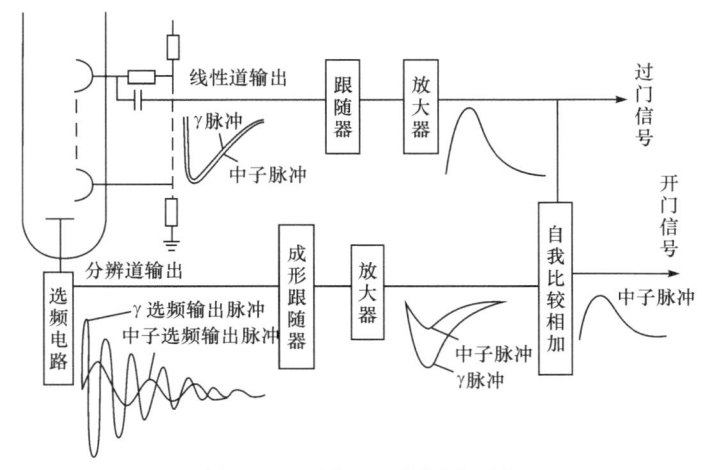

图 6.12　选频 n-γ 分辨原理图

6.5.5　快中子 TOF 谱仪的应用

(1) 全截面测量. 用透射法,样品为圆板,中子透射率为

$$P(E)=\frac{N(E)}{\Phi(E)\varepsilon(E)}=\mathrm{e}^{-n_0\sigma_t x} \tag{6.42}$$

n_0 为样品的核密度,x 为样品厚度,$N(E)$ 为中子能量为 E 的透射计数率,$\Phi(E)$ 为入射中子注量率,$\varepsilon(E)$ 为探测效率.

$$\sigma_t=\frac{1}{n_0 x}\ln\frac{1}{P(E)} \tag{6.43}$$

$\Phi(E)$ 可用拿走样品后的中子探头的计数率代替.

(2) 微分截面测量(主要是弹性和非弹性散射角分布测量).
(3) 次级中子双微分截面测量(DDX).
(4) (P,α,n)反应的次级中子谱测量,以研究复合核能级密度.
(5) 裂变截面 σ_f 和裂变中子谱测量.
(6) 积分检验,测量泄漏中子谱和定向中子谱.

6.6　聚变中子测温

6.6.1　聚变中子谱

若不考虑 D、T 粒子的动能,则 D+T⟶n+α+17.59MeV,$E_{n0}=14.06$MeV,但在热核反应条件下,聚变中子能量将展宽为能谱,其宽度与温度 T 有关.

把 D、T 作为一个整体(图 6.13),$\boldsymbol{V}_C=\dfrac{\boldsymbol{P}_D+\boldsymbol{P}_T}{m_D+m_T}$,D 和 T 做相对运动的速度 $\boldsymbol{V}_{相对}=\boldsymbol{V}_D-\boldsymbol{V}_T$,对应的相对运动的动能

$$W_{相对}=\frac{1}{2}\frac{m_D m_T}{m_D+m_T}V_{相对}^2=\frac{1}{2}\mu V_{相对}^2 \tag{6.44}$$

图 6.13　相对运动示意图

由于忽略 D、T 各自的动能,在质心系中

$$P_\alpha = P_n, \quad \frac{E_\alpha}{E_n} = \frac{\frac{m_n}{m_\alpha + m_n}Q}{\frac{m_\alpha}{m_\alpha + m_n}Q} = \frac{1}{4}$$

亦即

$$E_n = \frac{4}{5} \times 17.59 = 14.07(\text{MeV}), \quad E_\alpha = \frac{1}{5} \times 17.59 = 3.5(\text{MeV})$$

中子速度

$$V_{n0} = \frac{\sqrt{2E_n}}{m_n} = 5.2 \times 10^9 \text{cm/s}$$

当 D、T 的动能不能忽略时，有

$$\text{反应能} = Q + W_{\text{相对}} = 17.59 + \frac{1}{2}\mu V_{\text{相对}}^2$$

而实验证明

$$W_{\text{相对}} = \left(\frac{7}{T^{1/3}}\right) kT$$

当 $T = 10\text{keV}$ 时，$W_{\text{相对}} = 33\text{keV}$，于是中子能量增加，即

$$\Delta E_n = \frac{m_\alpha}{m_\alpha + m_n} W_{\text{相对}} = 26\text{keV}$$

在 L 系中

$$\mathbf{V}_n = \mathbf{V}_{n0} + \mathbf{V}_C \tag{6.45}$$

$$V_n^2 = V_{n0}^2 + V_C^2 + 2V_{n0}V_C \cos\theta \tag{6.46}$$

或

$$E_n = E_{n0} + E_{n0}\frac{2V_C}{V_{n0}}\cos\theta + E_C \approx E_{n0}\left(1 + \frac{2V_C}{V_{n0}}\cos\theta\right) \tag{6.47}$$

式中

$$E_C = \frac{1}{2}(m_D + m_T)\left(\frac{m_D}{m_D + m_T}V_D\right)^2 = \frac{1}{2}\frac{m_D^2}{m_D + m_T}V_D^2 \tag{6.48}$$

所以

$$\frac{E_C}{E_n} \approx \frac{10\text{keV}}{14\text{MeV}} \approx 7 \times 10^{-4}$$

故 E_C 很小，可以忽略.

$$E_n^{\max} = E_{n0}\left(1 + \frac{2V_C}{V_{n0}}\right) \quad (\text{即 } \theta = 0° \text{ 时})$$

$$E_n^{\min} = E_{n0}\left(1 - \frac{2V_C}{V_{n0}}\right) \quad (\text{即 } \theta = 180° \text{ 时})$$

这说明质心系的中子能量在 L 系中被展宽，如图 6.14 所示.

低能时，D-T 中子视为各向同性所以

$$dN_n = \frac{N_n}{4\pi}d\Omega \tag{6.49}$$

且

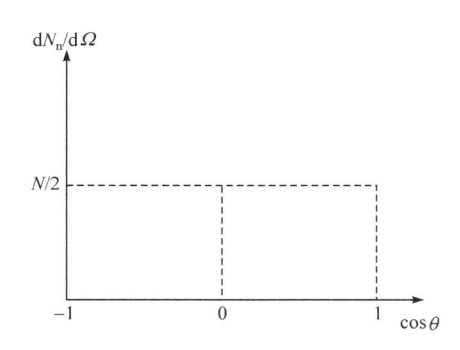

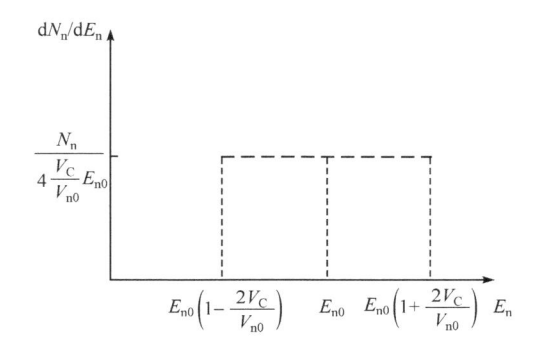

图 6.14 热核聚变参数示意图

$$d\Omega = 2\pi\sin\theta d\theta = -2\pi d(\cos\theta) \tag{6.50}$$

因此

$$dN_n = -\frac{N_n}{2}d(\cos\theta) \quad 或 \quad \frac{dN_n}{d\Omega} = \frac{N_n}{4\pi} = 常数$$

对 $E_n = E_{n0}\left(1+\frac{2V_C}{V_{n0}}\cos\theta\right)$ 微分,可得

$$dE_n = \frac{2V_C}{V_{n0}}E_{n0}d(\cos\theta) \tag{6.51}$$

$$\frac{dN_n}{dE_n} = \frac{N_n}{4\frac{V_C}{V_{n0}}E_{n0}} = 常数 \tag{6.52}$$

能量在 $E_n \sim E_n + dE_n$ 间隔内的中子发射概率为

$$P(E_n)dE = \frac{\sigma(\theta)}{\sigma_T}2\pi\sin\theta d\theta = \frac{\frac{\sigma_T}{4\pi}}{\sigma_T}2\pi\sin\theta d\theta = -\frac{1}{2}d(\cos\theta) \tag{6.53}$$

及

$$dE_n = \frac{2V_C}{V_{n0}}E_{n0}d(\cos\theta) \tag{6.54}$$

则

$$P(E_n) = \frac{V_{n0}}{4V_C E_{n0}}$$

且

$$\int_{E_{n0}\left(1-\frac{2V_C}{V_{n0}}\right)}^{E_{n0}\left(1+\frac{2V_C}{V_{n0}}\right)} P(E_n)dE_n = 1$$

在一定温度 (kT) 下的 V_C 分布是麦克斯韦分布,即

$$P(V_C)dV_C = 4\pi\left(\frac{M}{2\pi kT}\right)^{3/2}\exp\left(-\frac{MV_C^2}{2kT}\right)V_C^2 dV_C \tag{6.55}$$

这里,$M = m_D + m_T$.

不同 V_C 的 D-T 中子谱叠加为

$$\Phi(E_n) = \int_{V_C^{\min}}^{\infty} P(E_n)P(V_C)dV_C = \int_{V_C^{\min}}^{\infty} \frac{V_{n0}}{4V_C E_{n0}}4\pi\left(\frac{M}{2\pi kT}\right)^{3/2}\exp\left(-\frac{MV_C^2}{2kT}\right)V_C^2 dV_C \tag{6.56}$$

由于

$$E_n = E_{n0}\left(1 + \frac{2V_C}{V_{n0}}\cos\theta\right) \tag{6.57}$$

因此

$$E_n - E_{n0} = 2\frac{V_C^{\min}}{V_{n0}}E_{n0} \tag{6.58}$$

这里，$E_{n0} = \frac{1}{2}m_n V_{n0}^2$，$V_C^{\min} = \frac{V_{n0}(E_n - E_{n0})}{2E_{n0}}$，故

$$\Phi(E_n) \propto \int_{V_C^{\min}}^{\infty} \frac{1}{V_C}\exp\left(-\frac{MV_C^2}{2kT}\right)V_C^2 dV_C = \frac{kT}{5m_n}\exp\left[-\frac{5}{4}\frac{(E_n - E_{n0})^2}{kTE_{n0}}\right] \tag{6.59}$$

此是典型的高斯分布函数。

取半高度 $\frac{\Phi(E_n)}{2}$，再两边取对数，可得 $E_n - E_{n0} = \sqrt{\frac{4}{5}kTE_{n0}\ln 2}$。当 $E_n - E_{n0}$ 以 MeV 为单位，kT 以 keV 为单位时，则得到 $E_n - E_{n0} = 0.0885\sqrt{kT}$，而半高度的全宽度为 $\text{FWHM} = 2(E_n - E_{n0}) = 0.177\sqrt{kT}$，$\frac{\Delta \text{FWHM}}{\text{FWHM}} = 0.5\frac{\Delta kT}{kT}$（注：1MeV $= 1.16\times 10^{10}$ K°），这说明中子能量的分辨率为 5% 时，给出的温度精度为 10%。

6.6.2 热核聚变中子数

$$N_n = \iint n_1 n_2 \langle\sigma v\rangle dV dt = n_D n_T \langle\sigma v\rangle Vt \tag{6.60}$$

这里，n_D、n_T 分别是氘、氚的核密度（cm^{-3}），$\langle\sigma v\rangle$ 为热核反应率（cm^3/s），V 为 ^{6}LiD(T) 材料的体积（cm^3），t 为热核反应的持续时间(s)。

$$\langle\sigma v\rangle = 4.94\times 10^{-21}(MkT)^{3/2}m_D^{-2}\int_0^{\infty}E_D\sigma(E_D)\exp\left(-\frac{M}{m_D}\frac{E_D}{kT}\right)dE_D \tag{6.61}$$

式中，$M = \frac{m_D m_T}{m_D + m_T}$，为折合质量；$E_D$ 为氘的动能（keV）；$\sigma(E_D)$ 为 T(d,n)^{4}He 的反应截面（mb）。

伽莫夫(Gamow)公式给出

$$\sigma(E_D) = \frac{2.19}{E_D}\times 10^7 \exp(-44.24/\sqrt{E_D})$$

$$\langle\sigma v\rangle = 3.56\times 10^{-12}(kT)^{-1/2}\int_0^{\infty}\exp[-(44.24/\sqrt{E_D} + 0.6E_D/kT)]dE_D \tag{6.62}$$

令 $\langle\sigma v\rangle = 3.56\times 10^{-12}(kT)^{-1/2}\exp[-19.94(kT)^{-1/3}]$

$$N_n = n_D n_T Vt \cdot 3.56\times 10^{-12}(kT)^{-1/2}\exp[-19.94(kT)^{-1/3}] \tag{6.63}$$

例如，当 $kT = 0.517$ keV $= 6\times 10^6$ K°，则 $\langle\sigma v\rangle = 0.743\times 10^{-22}$ (cm^3/s)，若 ^{6}LiD(T) 的比重为 0.8，$n_D = n_T = \frac{0.8}{17}\times 6.023\times 10^{23} = 2.84\times 10^{22}$ (cm^{-3})，再取 $t = 100$ ns，$V = 10$ cm^3，则 $N_n = 0.602\times 10^{17}$ 个中子。

由 N_n 的表达式可得

$$\frac{dN_n}{dT} = n_D n_T Vt \cdot 3.56\times 10^{-12}\left\{-\frac{1}{2}(kT)^{-3/2}\exp[-19.94(kT)^{-1/3}] + (kT)^{-1/2}\times 19.94\right.$$

$$\times \frac{1}{3}(kT)^{-4/3}\exp[-19.94(kT)^{-1/3}]\} \tag{6.64}$$

$$\frac{dN_n}{N_n} = \left(\frac{6.65}{(kT)^{1/3}} - \frac{1}{2}\right)\frac{dkT}{kT} \tag{6.65}$$

例如,当 $kT = 0.517\text{keV} = 6\times10^6\text{K}$ 时, $\frac{dN_n}{N_n} = 3.38\frac{dT}{T}$.

6.6.3 用 TOF 法测量聚变中子谱和聚变温度

在真空飞行管道的终端放置测量靶室,室内安装 ^{235}U 或聚乙烯转换靶,用 PIN 型半导体探测器记录输出的电流 $I(t)$.

例如,选 ^{235}U 转换靶,中子注量率随时间的变化为

$$\Phi(t) = \frac{2\pi I(t)}{\Omega_{\text{eff}} N_S S \overline{Q_f} \sigma_f(E)} \quad (\text{n/cm}^2 \cdot \text{s}) \tag{6.66}$$

式中,Ω_{eff} 为 PIN 探测器对 ^{235}U 转换靶的等效立体角;N_S 为单位面积上的 ^{235}U 核数(cm^{-2});S 为准直器的孔径面积(cm^2);

$\overline{Q_f}$ 为单个裂变碎片在 PIN 探测器中所产生的平均电荷量(库仑);$\sigma_f(E) = C_4\sigma_f^4(E) + C_5\sigma_f^5(E) + C_8\sigma_f^8(E)$,$C_4$、$C_5$、$C_8$ 分别为 ^{234}U、^{235}U、^{238}U 的丰度. 对确定的探测系统 Ω_{eff}、N_S、S、$\overline{Q_f}$ 均为常数.

根据 $\Phi(E)dE = \Phi(t)dt$,$t = \frac{72.26L}{\sqrt{E}}$,可得

$$\frac{dt}{dE} = -\frac{72.26L}{2E^{3/2}}, \quad \Phi(E) = -\frac{72.26L}{2E^{3/2}}\Phi(t) = \frac{0.957\times10^{-4}t^3}{L^2}\Phi(t)$$

故

$$\frac{d\Phi(E)}{dE} = \frac{72.26L}{2E^{3/2}}\Phi(E)\times10^{-6}$$

这里 10^{-6} 表示 t 以 μs 为单位,而 $\Phi(t)$ 却以秒为单位的中子注量率.

$$\Omega_{\text{eff}} = \frac{\pi R_D^2}{Z^2}\left[1 - \frac{3}{4}\left(\frac{R_D}{Z}\right)^2 - \frac{9}{32}\left(\frac{R_T}{Z}\right)^2\right]$$

R_D、R_T 分别为探测器和转换靶的半径,Z 为两者之间的距离.

$\overline{Q_f} = 10^6\frac{\overline{E_f}}{W}q$,$q = 1.6\times10^{-19}\text{C}$,$W = 3.62\text{eV}$ 是产生一对电子空穴对所需要的能量,$\overline{E_f} = \frac{E_0}{2} - 12.4(\rho_s^u - 0.586) - 17.1 - 26.7d$,$E_0 = 169.2\text{MeV}$,转换靶的厚度 $\rho_s^u = 0.75\text{mg/cm}^2$,$d = 0.02\mu\text{m}$ 是 PIN 的金层厚度.

由此可得

$$\overline{Q_f} = 2.81\times10^{-12}\text{C}, \quad \overline{E_f} = 63.67\text{MeV}$$

$$\frac{dN(E)}{dE} = 4\pi L^2\frac{d\Phi(E)}{dE} = 4\pi L^2\frac{72.26L}{2E^{3/2}}\Phi(E)\times10^{-6}$$

$$= 4\pi L^2\frac{72.26L}{2E^{3/2}}\times10^{-6}\frac{0.957\times10^{-4}t^3}{L^2}\Phi(t)$$

$$= -\frac{6\times10^{-14}t^6}{L^2}\Phi(t)$$

用 TOF 法测量 $\Phi(t)$ 和 t,从而得

$$\Phi(E)=-\frac{0.957\times10^{-4}t}{L^2}\Phi(t),\quad \frac{\mathrm{d}N(E)}{\mathrm{d}E}=-\frac{6\times10^{-14}t^6}{L^2}\Phi(t)$$

6.7 其他中子能谱测量方法

6.7.1 多球谱仪

邦纳(Bonner)多球谱仪是应用最广泛的中子能谱探测器之一,其由热中子灵敏探测器和一系列不同尺寸的慢化球壳组成. 由于不同尺寸的慢化球壳可对中子造成不同的慢化效果,即不同尺寸的慢化球壳下的热中子灵敏探测器可对中子产生不同的能量响应,据此可通过解谱得到中子能谱. 邦纳多球谱仪的主要改进方向有两方面:一是对热中子灵敏探测器的改进,以获得更高的热中子探测效率;二是对慢化球壳材料的改进,提高高能中子响应,以提高可测量的中子能量上限.

2007 年,墨西哥撒卡特卡斯大学对基于 LiI 探测器的多球中子谱仪进行了研究,对能量从热中子到上百兆的快中子的响应函数进行了计算;英国 Centronic 公司和德国 PTB 合作研制了多球中子谱仪 NEMUS,以 ^{3}He 中子探测器作为热中子灵敏探测器,并在传统的聚乙烯慢化外壳中,添加了可与高能中子发生倍增反应的铅和铜,与传统邦纳多球谱仪相比,其能量响应范围大大提高($10^{-9}\sim400$ MeV).

在国内也开展了诸多相关研究,中国工程物理研究院和中国原子能科学研究院分别研制了一套基于 ^{3}He 中子探测器和聚乙烯外壳慢化的多球中子谱仪,该谱仪可用于测量中子能量范围在 $10^{-9}\sim20$ MeV 之间的中子场. 与 NEMUS 类似,中国科学院高能物理研究所研制一套宽能多球中子谱仪,同样添加了金属铅作为外壳以提高其能量响应范围,该谱仪的能量响应范围可达到 GeV 量级. 2016 年,中国科学院近代物理研究所改进的宽能多球中子谱仪,热中子灵敏探测器采用球形 ^{3}He 中子探测器,外部慢化外壳在聚乙烯的基础上增加了金属铅和金属铜,大大提高了可测量的中子能量范围.

6.7.2 基于瞬发γ射线的中子能谱测量

瞬发γ射线中子活化分析(prompt gamma-ray neutron activation analysis,PGNAA)技术,利用中子与物质相互作用过程中发生俘获反应(n,γ)及非弹性散射(n,n′γ),在短时间(约 10^{-14} s)内放出特征γ射线,即瞬发γ射线. 利用γ探测器记录这一过程中放出的γ射线,当与中子相互作用的样品的元素及其含量已知,则探测器记录的特征峰计数与样品位置处的中子注量率随能量的分布,即中子能谱相关. 由于不同能量的中子与核素的反应截面不同,同时非弹性散射反应具有能量阈值,因此产生的γ射线能量和强度存在差异,这些差异性为中子能谱的测量提供了可行性,即通过分析特征γ射线即可获取相关中子能量信息.

早在 1971 年,麻省理工学院 Forsberg 等就提出了可以利用中子与物质相互作用过程中放出的瞬发γ射线来测定中子能谱,但由于当时实验条件限制,未能得到进一步研究. 近年来,随着核电子学的发展及高性能探测器的研发,该方法重新得到重视和应用. 2006 年,墨西哥 Vega-Carrillo 等利用 MCNP 软件模拟研究了在 $3''\times3''$ 的碘化钠探测器表面放置不同半径的

聚乙烯/水球,Pu-Be中子源置于探测器侧面情况下,在不考虑中子源发射的γ射线条件下,模拟得到放置不同尺寸样品时探测器记录的伽马谱,选择了效果最好的10in① 的聚乙烯球,模拟得到了0.5~12MeV区间内的单能中子照射样品的伽马谱,研究旨在利用模拟得到的H峰、C峰面积和实验测得的能谱来估算未知中子源的总中子注量率。由于该研究中模拟计算未考虑中子源的伴生伽马射线,在其设计中仍有很多不足。2016年,D. Knežević等利用高纯锗探测器在中子探测时,中子与探测器中的Ge反应放出的γ射线被探测器本身记录。这些特征峰的面积与各能区中子注量率与相应的反应截面的卷积有关,Ge与中子反应的各个截面可以通过核数据库查得,同样结合实验测得各个特征峰面积可解得中子能谱。其解谱准确度与截面准确度和解谱算法的选择有关,由于可供选择的特征峰有限,致使解谱准确度较低;另外,由于高纯锗探测器不耐中子辐照,此方法被用于较低通量的中子能谱测量中,比如宇宙射线引发的中子能谱测量。2017年,Priyada等利用蒙特卡罗方法模拟了伽马探测器测量瞬发伽马谱。其设计的样品外层为铅壳,内部为含硼聚乙烯和聚乙烯,对选取的5个γ射线特征峰对各个能量的单能中子的响应进行了模拟,得到的各特征能量峰对不同单能中子的响应矩阵,对5种中子源进行了解谱仿真得到中子能谱,并对此方法的可行性进行论证。通过解谱仿真发现该方法对于4~44MeV能量的中子解谱结果较好,而对低能中子的偏差较大,该装置被设计用于测量位置的中子周围剂量率的估计。

参 考 文 献

[1] 复旦大学,等. 原子核物理实验方法. 北京:原子能出版社,1997:311-323.
[2] Noda T, Fijita M. Effect of neutron spectra on the transmutation of first wall materials. Journal of Nuclear Materials, 1996, 233: 1491-1495.
[3] Smith S E, Sun X, Ford C A, et al. MCNP simulation of neutron energy spectra for a TN-32 dry shielded container. Annals of Nuclear Energy, 2008, 35(7): 1296-1300.
[4] Thomas D J. Neutron spectrometry for radiation protection. Radiation Protection Dosimetry, 2004, 110(1-4): 141-149.
[5] 安力,陈渊,郭海萍,等. 含氢介质内中子能谱测量. 原子能科学技术, 2004, 1: 89-92.
[6] Sasaki M, Nakao N, Nunomiya T, et al. Measurements of high energy neutrons penetrated through iron shields using the Self-TOF detector and an NE213 organic liquid scintillator. Nuclear Instruments and Methods in Physics Research Section B: Beam Interactions with Materials and Atoms, 2002, 196(1): 113-124.
[7] 毛孝勇,陈金象,沈冠仁. 蒙特卡罗方法在中子能谱研究中的应用. 原子能科学技术, 2002, 36(1): 32-35.
[8] 唐琦,宋仔峰,陈家斌,等. 基于中子飞行时间法的ICF内爆热斑离子温度诊断技术. 强激光与粒子束, 2013, 25(12): 3153-3157.
[9] Federico C A, Gonçalez O L, Fonseca E S, et al. Neutron spectra measurements in the south Atlantic anomaly region. Radiation Measurements, 2010, 45(10): 1526-1528.
[10] 孙汉城,戴能雄,张应,等. 0.11, 0.19 MeV氚核引起的 ^{7}Li(d,n)中子能谱. 原子能科学技术, 1984, 3: 013.
[11] 姚玲. 芘晶体中反冲质子谱计算. 原子能科学技术, 1975, (3): 209-215, 282-285.

---

① 1in=2.54cm.

[12] Sekimoto H, Ohtsuka M, Yamamuro N. A miniature fast-neutron spectrometer for scalar spectrum measurement. Nuclear Instruments and Methods in Physics Research, 1981, 189(2): 469-476.

[13] Anderson J H, Swann D. A bunching and chopping system for the generation of short duration ion bursts. Nuclear Instruments and Methods, 1964, 30(1): 1-22.

[14] Mobley R C. Proposed methods for producing short lntense monoenergetic ion pulses. Physical Review, 1952, 88(2): 360.

[15] 祁步嘉,唐洪庆,周祖英,等. 10MeV 中子引起的 ^{238}U、^{209}Bi 和 Fe 的次级中子双微分截面测量. 原子能科学技术, 1999, (6): 497-504.

[16] 赵文荣,勾成. 用阈探测器测量热中子引起的 ^{235}U 裂变中子能谱. 原子能科学技术, 1986, (0): 327-337.

[17] Murray R B. Use of Li 6 I (Eu) as a scintillation detector and spectrometer for fast neutrons. Nuclear Instruments, 1958, 2(3): 237-248.

[18] Elevant T, Aronsson D, Van Belle P, et al. The JET neutron time-of-flight spectrometer. Nuclear Instruments and Methods in Physics Research Section A: Accelerators, Spectrometers, Detectors and Associated Equipment, 1991, 306(1): 331-342.

[19] Brede H J, Cosack M, Dietze G, et al. The Braunschweig accelerator facility for fast neutron research: 1: Building design and accelerators. Nuclear Instruments and Methods, 1980, 169(3): 349-358.

[20] 周裕清,陈渊. 20keV～17MeV 中子能谱测量. 核电子学与探测技术, 1995, 15(6): 360-364.

[21] Noyce R H, Mosburg Jr E R, Garfinkel S B. Absolute calibration of the National Bureau of Standards photoneutron source—III. Absorption in a heavy water solution of manganous sulphate. Journal of Nuclear Energy. Parts A/B. Reactor Science and Technology, 1963, 17(7): 313-319.

[22] 叶邦角, Nanjyo H, Kobayashit N, 等. NE213 闪烁体的 n-γ 分辨. 核技术, 2003, 26(7): 505-508.

第 7 章

辐射防护问题

7.1 γ射线的屏蔽

7.1.1 窄束γ射线在物质中的减弱

1. 窄束实验

光子与物质作用时,通过光电效应和电子对效应被吸收,而康普顿效应使光子能量和方向发生改变.γ穿过屏蔽物时,一部分没有发生相互作用的光子的能量和方向也没有改变;而另一部分光子发生一次或多次散射,使其能量和方向发生改变.通过屏蔽层后的γ光子仅由未经散射的光子组成,此称为窄束γ射线.

2. 窄束γ射线衰减规律

设屏蔽层厚为 R,密度为 ρ,线性衰减系数为 μ,则 $N=N_0\mathrm{e}^{-\mu R}$,N_0 是入射到屏蔽层表面上的光子数.为避免密度带来的影响,通常给出 μ/ρ 值.不同能量 E_γ 和不同材料的 μ/ρ 值可查表得知.

7.1.2 宽束γ射线衰减规律

1. 积累因子的概念

物质中所考虑的某点的光子总数与未经散射光子计数之比称作积累因子 B,即

$$B=\frac{N_{\mathrm{n,cal}}+N_{\mathrm{s}}}{N_{\mathrm{n,cal}}}=1+\frac{N_{\mathrm{s}}}{N_{\mathrm{n,cal}}} \tag{7.1}$$

考虑到散射的影响,宽束γ射线的衰减表示为 $N=N_0 B\mathrm{e}^{-\mu R}$.

2. 积累因子的计算

B 与光子的能量、材料、厚度、几何等条件有关,可由如下的经验公式给出.
(1) 泰勒经验公式:$B=A_1\mathrm{e}^{-\alpha_1\mu R}+A_2\mathrm{e}^{-\alpha_2\mu R}$,式中 $A_1+A_2=1$,A_1、α_1、α_2 均有表可查;
(2) 伯杰经验公式:$B=1+a\mu R\mathrm{e}^{b\mu R}$,$a$ 和 b 有表可查.

7.1.3 γ点源的屏蔽计算

1. 利用减弱倍数法

照射量率 $\dot{X} = \dot{X}_0 B e^{-\mu R}$，$K = \dfrac{\dot{X}_0}{\dot{X}} = \dfrac{e^{\mu R}}{B}$，查各向同性γ点源减弱到原来的 $1/K$ 时所需的材料厚度的数据表，这里 $\dot{X}_0 = \dfrac{A\Gamma}{R^2}$，$\dot{X}$ 为某种常数所要求的照射率，Γ 为照射量率常数.

2. 利用半值厚度

γ点源的屏蔽也常用半值厚度表示，它是使光子的 $\dot{X}_0$、$\dot{H}_0$ 或 φ_0 减弱一半时所需的材料厚度，记作 $t_{1/2}$，则减弱到原来的 $1/K$ 时所需要的厚度为 $R = \dfrac{\ln K}{0.693} t_{1/2}$，各种 E_γ 和不同屏蔽材料的 $t_{1/2}$ 值有表可查.

例 7.1 一个 1Ci 的 ^{137}Cs 源要求 Φ30cm 的容器表面的 $\dot{H}$ = 1mrem/h，求器壁多厚？

解 $\dot{H}_0 = 0.873 \times \dfrac{1 \times 0.33}{0.15^2} = 12.8 \text{(rem/h)}$

$$K = \dfrac{\dot{H}_0}{\dot{H}} = \dfrac{12.8}{1 \times 10^{-3}} = 1.28 \times 10^4$$

$$t_{1/2} = 0.7 \text{ cm}$$

所以

$$R = \dfrac{\ln(1.28 \times 10^4)}{0.693} \times 0.7 = 9.6 \text{(cm)}$$

7.2 中子屏蔽

7.2.1 同位素中子源的屏蔽

$$\dot{H} = \dfrac{1.3 \times 10^{-7}}{4\pi R^2} s \cdot f \quad \text{(mSv/h)} \tag{7.2}$$

这里，1.3×10^{-7} mSv/h 相当于 $1\text{n/m}^2 \cdot \text{s}^{-1}$ 中子注量率的剂量当量率. s 为源强(s^{-1})，R 为离源点距离；f 为在屏蔽材料中的中子减弱因子，其值可查表获得. 常用屏蔽材料的衰减因子见表 7.1.

表 7.1 常用屏蔽材料的衰减因子

材料	f 值
水	$0.892 e^{-0.129 t} + 0.108 e^{-0.091 t}$
混凝土	$e^{-0.083 t}$
钢	$e^{-0.063 t}$
铅	$e^{-0.042 t}$

注：表中 t 为屏蔽层厚度(m).

对于屏蔽材料氢原子含量超过 40% 时，f 中的指数上还须乘以 $\rho/\rho_{水}$，其中 $\rho_{水}$ 为水中的氢原子密度，ρ 为含氢材料的氢原子密度. 常用屏蔽材料的含氢密度如表 7.2 所示.

表 7.2　一些屏蔽材料的含氢密度 ρ

材料	化学组成	含氢原子数/cm^{-3}
水	H_2O	6.70×10^{22}
石蜡	$(-CH_2-)_n$	8.15×10^{22}
聚乙烯	$(-CH_2-CH_2-)_n$	8.30×10^{22}
聚氯乙烯	$(-CH_2-CHCl-)_n$	4.10×10^{22}
有机玻璃	$(C_4H_8O_2)_n$	5.70×10^{22}
石膏	$CaSO_4 \cdot 2H_2O$	3.25×10^{22}
高岭土	$Al_2O_3 \cdot 2SiO_2 \cdot 2H_2O$	2.42×10^{22}

7.2.2 快中子的屏蔽

当屏蔽材料对中子具有足够的减速能力时，快中子对剂量的贡献要比热中子大 40 倍左右．

1. 快中子减弱的分出截面法

对于氢和一些非常轻的核（如 B、C），只要中子同它们碰撞 n 次就足以将它们从快群中分离出来，但对于中等核和重核，中子同它们发生小角度方向弹性散射，既不减弱能量也不改变运动方向，故中子的分出不起作用．

宏观分出截面近似为

$$\Sigma_R = \Sigma_t - f\Sigma_{el}$$

式中，Σ_t 为总宏观截面，Σ_{el} 为宏观弹性散射截面，f 为弹性散射角分布中向前散射的份额．

对于裂变中子谱，给出完整的平均 Σ_R/ρ 为

$$\frac{\Sigma_R}{\rho} = \begin{cases} 0.19Z^{-0.743}, & Z \leqslant 8 \\ 0.125Z^{-0.565}, & Z > 8 \end{cases} \tag{7.3}$$

或

$$\Sigma_R/\rho = 0.206A^{-1/3}Z^{-0.294} \approx 0.206(AZ)^{-1/3} \tag{7.4}$$

式中，Σ_R/ρ 称为质量减弱系数．常用屏蔽材料中某些核素和化合物对裂变中子谱的分出截面值列于表 7.3 和表 7.4 中．

表 7.3　裂变谱中子的分出截面和质量减弱系数

元素	Z	ρ	Σ_R/ρ	Σ_R	元素	Z	ρ	Σ_R/ρ	Σ_R
Li	3	0.534	0.0840	0.0449	Fe	26	7.865	0.0198	0.1560
B	5	3.330	0.0575	0.1914	Ni	28	8.900	0.0190	0.1693
C	6	1.670	0.0502	0.0858	Cu	29	8.940	0.0186	0.1667
Al	13	2.699	0.0293	0.0792	Pb	82	11.34	0.0164	0.1171
Si	14	2.420	0.0281	0.0581	—	—	—	—	—

表 7.4　某些化合物对裂变谱中子的分出截面

化合物	化学式	密度 ρ	Σ_R
水	H_2O	1.0	0.10
重水	D_2O	1.1	0.0913
石蜡	$C_{30}H_{62}$	0.952	0.109

续表

化合物	化学式	密度 ρ	Σ_R
低碳钢	(1%碳)	7.83	0.163
聚乙烯	$(CH_2)_n$	0.92	0.110
氢化锂	LiH	0.92	0.140
硼化铁	FeB	6.0	0.164
氧化铁	Fe_2O_3	5.12	0.134

2. 分出截面法在快中子减弱计算中的应用

对于以轻材料做慢化剂的均匀介质中,在与各向同性点中子源相距几个自由程以上的范围内,能量大于某个阈值的快中子注量率为

$$\Phi(r, E_0) = \frac{S_0 B}{4\pi r^2} \exp[-\Sigma_R(E_0) r] \tag{7.5}$$

式中,S_0 为源强(s^{-1});B 为初始积累因子;r 为中子源到测点距离.

$$\Sigma_R(E_0) = \sum_{i=1}^{N} \frac{N_A}{A_i} \rho_i \sigma_{Ri}(E_0) \tag{7.6}$$

上式适用条件是:$A < 27$ 时,快中子下限能量为 1.5MeV;$A > 27$ 时,快中子下限能量为 3MeV;$r \geqslant 3\lambda = 3/\Sigma_R$.

对于多层组合的屏蔽介质,则有

$$\Phi(r_0) = \frac{S_0 B}{4\pi r^2} \exp\left[-\sum_{i=1}^{N} \Sigma_{R_i} t_i\right] \tag{7.7}$$

式中,B 只取轻材料的积累因子.部分单能中子的 B 值如表 7.5 所示.在缺乏数据的情况下可取 $B=5$.

表 7.5 对于 $E > 1.5$MeV 中子的初始累积因子 B 值

材料	源中子能量 E_0/MeV						
	2	4	6	8	10	14	14.9
铝	—	3.5	—	—	—	—	2.5
水	—	5.4	4.6	4.2	3.3	2.9	3.0
氢	3.5	3.5	3.5	2.8	2.8	2.8	—
石墨	—	1.4	—	—	—	—	1.3
铁	—	4.9	—	—	—	—	2.7
铅	—	2.4	—	—	—	—	2.5
聚乙烯	—	4.0	—	—	—	—	2.9

3. 减弱因子曲线的应用

中子透过厚度为 t 的屏蔽层,在离源 r 处形成的吸收剂量率和剂量当量率为

$$\begin{cases} D(E_0, t, r) = \Phi(E_0, r) K_D(E_0) F(E_0, t) \\ \dot{H}(E_0, t, r) = \Phi(E_0, r) K_H(E_0) F(E_0, t) = \Phi(E_0, r) B_n(E_0, t) \end{cases} \tag{7.8}$$

式中,$\Phi(E_0, r)$ 为无屏蔽介质时,在距源 r 处的中子注量率;K_D 和 K_H 分别为中子注量与吸收剂

和剂量当量的转换系数; $F(E_0,t)$ 为中子透射屏蔽的减弱因子.

通常根据规定的剂量当量率限值 H_0, 查 $B_{ns}=\dot{H}_0/\Phi_0$ 曲线对应的屏蔽层厚度 t.

4. 半值厚度法

设无屏蔽层时, 测量或计算的剂量当量率为 H. 有屏蔽层时要求的剂量当量率限值为 H_0, 则需要减弱系数 $K=H/H_0$, 屏蔽层厚度 $t=t_{1/2}\ln K/0.693$. 半值厚度法对于单一屏蔽介质很方便. 图 7.1 给出了混凝土对单能中子的半厚值随中子能量的变化关系.

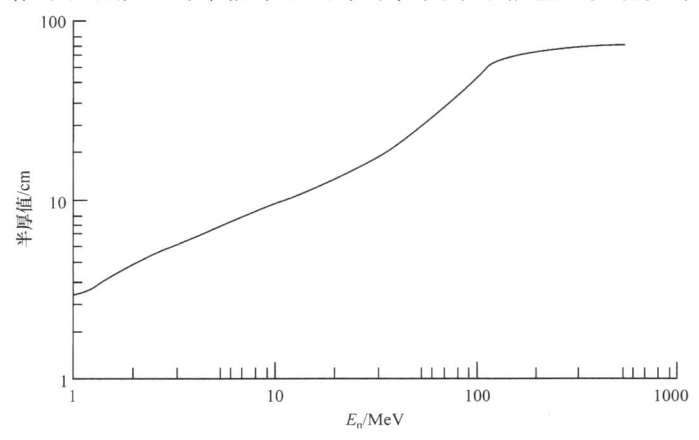

图 7.1 $\rho=2.4\mathrm{g/cm^3}$ 的混凝土对单能中子的半厚值

7.2.3 中子反照率

光的反射是物质表面的反射现象, 而核辐射的反射涉及物体表层一定深度的现象. 由于 γ、n 的贯穿能力强, 射入物体后, 在与其自由程同量级的深度内, 有可能被物质反射出表面. 对于中子, 反射的成分中, 还有 (γ,n) 成分.

对于入射能量为 E_0, 入射角为 θ_0 的中子注量率 $\Phi(E_0,\theta_0)$ 被物质反射出来的能量为 E, 反射角为 θ, 方位角为 φ 的反射注量率为 $\Phi(E,\theta,\varphi)$. 于是有: $\Phi(E,\theta,\varphi)=\alpha(E_0,\theta_0,E,\theta,\varphi)\Phi(E_0,\theta_0)$, 其中 $\alpha(E_0,\theta_0,E,\theta,\varphi)$ 称为反照率. 它是对能量和角度 (θ,φ) 的二次微分. 通常对能量积分 $\int_0^{E_0}\mathrm{d}E$ 可得微分反照率. 习惯上使用剂量微分反照率 $\alpha_D(E_0,\theta_0,\theta,\varphi)=\dfrac{1}{k_D(E_0)}\int_0^{E_0}\alpha(E_0,\theta_0,E,\theta,\varphi)k_D(E)\mathrm{d}E$. 这里 $k_D(E)$ 为能量为 E 的注量率——剂量率的转换系数.

快中子的反射与物体化学组成关系甚密, 特别是氢的存在与否和含量的多少, 对中子反射影响很大.

当单能中子入射到铝、铁、混凝土和土壤中时, 反照率的经验公式为

$$\alpha_{D_2}(E_0,\theta_0,\theta,\varphi)=A(E_0)\cos\theta+\dfrac{B(E_0)+C(E_0)\cos\theta_0}{1+k(E_0)\dfrac{\cos\theta_0}{\cos\theta}} \tag{7.9}$$

对不同材料和不同中子能量, $A(E_0)$、$B(E_0)$、$C(E_0)$ 和 $k(E_0)$ 均可查表.

对铁、混凝土和不同含水量的土壤, 按方位角平均的快中子剂量微分反照率为

$$\alpha_{D_2}=\alpha_{D_2}(E_0)\cos^{1/2}\theta_0\cos\theta \tag{7.10}$$

其中, $\alpha_{D_2}(E_0)$ 为 $\theta_0=\theta$ 时的微分反照率, 其值如表 7.6 所列.

表 7.6 微分反照率值

材料	E_0/MeV								裂变中子
	0.1	0.25	0.5	1.0	2.0	3.0	5.0	14.0	
混凝土	0.0948	0.1027	0.1062	0.1323	0.1169	0.1030	0.0834	0.0552	0.1110
铁	0.1750	0.1752	0.1801	0.1182	0.1477	0.1308	0.1158	0.0842	0.1366
干土	0.0967	0.0895	0.1002	0.1072	0.1103	0.0979	0.0784	0.0535	0.1050

对于普通混凝土,在单能中子入射时,按方位角平均的中子剂量微分反照率可按下面的半经验公式计算:

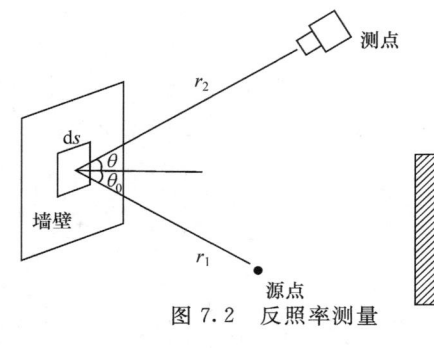

$$\alpha_{D_2}(E_0,\theta_0,\theta) = \frac{F(E_0)\cos\theta_0\cos\theta}{\cos\theta_0 + \cos\theta} \tag{7.11}$$

式中,$F(E_0) = E_0 \exp[0.9719 - 2.895\sqrt{E_0} + 0.3417 E_0]$。

剂量微分反照率主要用来估算迷道的中子注量率。设有一个各向同性的单能中子源,源强为 S_0,入射到距中子源 r_1 墙面上(图 7.2),其剂量率 $\dot{D}_0 = \frac{S_0 k_D(E_0)}{4\pi r_1^2}$。如果 ΔA 为中子束照射的墙壁面积,则在距墙面 r_2 处的测点剂量率为

图 7.2 反照率测量

$$\dot{D} = \frac{\dot{D}_0 \alpha_{D_2}(E_0,\theta_0,\theta)\cos\theta_0 \Delta A}{r_2^2} \tag{7.12}$$

对于快中子

$$\alpha_{D_2}(E_0,\theta_0,\theta) = \alpha_{D_2}(E_0)\cos^{-\frac{1}{3}}\theta_0\cos\theta, \quad \dot{D} = \dot{D}_0 \frac{\Delta A}{r_2^2}\alpha_{D_2}(E_0)\cos^{\frac{2}{3}}\theta_0\cos\theta \tag{7.13}$$

7.2.4 中子的大气反散射

当无房顶时,在 P 测量点的天空反散射中子(图 7.3)注量率为

当 $x > 20$m 时

$$\Phi_s = 6.5 \times 10^{-2} \left(\frac{\Phi_0 \Omega}{2\pi x^{1.6}}\right) \tag{7.14}$$

当 $x < 20$m 时

$$\Phi_s = 5.4 \times 10^{-4} \left(\frac{\Phi_0 \Omega}{2\pi}\right) \tag{7.15}$$

其中,Φ_0 为距源 1m 处的中子注量率指数(cm^{-2}·s^{-1}·m^2),Ω 为屋顶对中子所张立体角。

当有厚度为 d 的屋顶时,在地面 P 测量点的反散射中子剂量当量率为

当 $x > 20$m 时

$$\dot{H}_s = 3.7 \times 10^4 \left(\frac{\Phi_0 \Omega B_{ns}}{H^2 x^{1.6}}\right) \tag{7.16}$$

当 $x < 20$m 时

$$\dot{H}_s = 3 \times 10^2 \left(\frac{\Phi_0 \Omega B_{ns}}{H^2}\right) \tag{7.17}$$

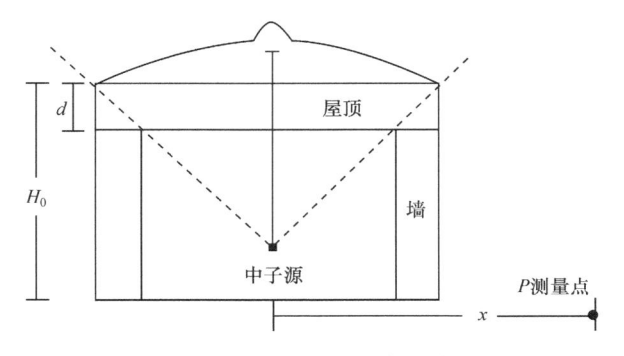

图 7.3 大气中子反散射示意图

式中，$H=H_0+2(\text{m})$，B_{ns} 为屋顶屏蔽对中子的透射比 $(\text{rem}\cdot\text{cm}^2)$。表 7.7 与图 7.4 列出不同中子能量时 B_{ns} 与混凝土质量厚度 d 的关系。

表 7.7 不同中子能量时 B_{ns} 与混凝土质量厚度 d 的关系　　　　（单位：cm）

E_n/MeV	$B_{ns}=10^{-8}$ rem·cm²	$B_{ns}=10^{-9}$ rem·cm²	$B_{ns}=10^{-10}$ rem·cm²	$B_{ns}=10^{-11}$ rem·cm²	$B_{ns}=10^{-12}$ rem·cm²	$B_{ns}=10^{-13}$ rem·cm²	$B_{ns}=10^{-14}$ rem·cm²	$B_{ns}=10^{-15}$ rem·cm²
13.6	75	160	230	290	370	435	515	570
7.3	60	145	220	280	350	425	500	555
2.7	50	125	180	240	305	375	460	530
1.5	40	85	140	180	250	320	395	480
热中子	0	0	70	140	210	270	360	460

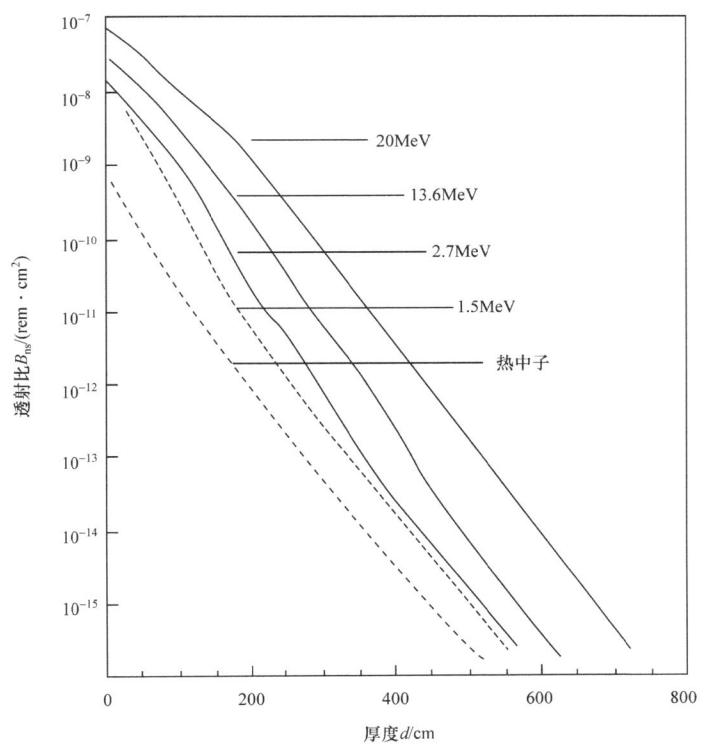

图 7.4 各种单能中子对混凝土的透射比 B_{ns} 与混凝土质量厚度 d 的关系

附录

立体角的近似计算公式和几何关系

单元间的几何关系	立体角计算	几何图形
点-任意形状	$\Omega = \dfrac{\text{横截面积}}{(\text{间距 } H)^2}$	
点-圆	$\Omega = 2\pi \left[\dfrac{1}{\sqrt{1+(1+(R/H))^2}} \right] \approx \dfrac{\pi R}{H}$	
点-圆柱	$\Omega = \dfrac{LD}{H\sqrt{(L/2)^2 + H^2}}$ L——圆柱高度； D——圆柱直径； H——P 点与圆柱的距离	
点-球	$\Omega = 2\pi \left[\dfrac{1}{\sqrt{1+(1+(R/H))^2}} \right]$	
点-平面元	$\Omega = \arcsin \dfrac{AB}{\sqrt{A^2+H^2}\sqrt{B^2+H^2}}$ A、B 为平面元的边长 P 点对平面元 S 所张立体角 $\Omega = Hg^{-1} \dfrac{AB}{\sqrt{A^2+H^2}\sqrt{B^2+H^2}}$	

参 考 文 献

[1] 李星洪,等. 辐射防护基础. 北京:原子能出版社,1982:118-134.

[2] 田志恒. 辐射剂量学. 北京:原子能出版社,1992:33-35.

[3] 普莱斯 B T,等. 原子核辐射屏蔽. 益群,译. 北京:中国工业出版社,1961:23-25.

[4] 丁大钊,叶春堂,赵志祥,等. 中子物理学——原理、方法与应用. 2 版. 北京:原子能出版社,2005:533-575.

[5] 李德平,潘自强. 辐射防护手册 第一分册 辐射源与屏蔽. 北京:原子能出版社,1987:319-403.

[6] Harima Y. An historical review and current status of buildup factor calculations and applications. Radiation Physics and Chemistry, 1993, 41(4-5):631-672.

[7] Eisenhauer C M, Simmons G L. Point isotropic gamma-ray buildup factors in concrete. Nuclear Science and Engineering, 1975, 56(3):263-270.

[8] Harima Y, Sakamoto Y, Tanaka S. Applicability of geometrical progression approximation (GP method) of gamma-ray buildup factors. Japan Atomic Energy Research Inst., 1986.

[9] Eisenhauer C M. Review of scattering corrections for calibration of neutron instruments. Radiation Protection Dosimetry, 1989, 28(4): 253-262.

[10] ISO 14152:2001. Neutron radiation protection shielding—Design principles and considerations for the choice of appropriate materials. ISO/TC 85, 2001.

第 8 章

宏观中子物理

8.1 中子慢化

中子能量由 MeV 级减至 1eV 的过程称中子慢化,该过程主要是弹性散射.当中子能量小于 1eV 时,中子与物质的原子或分子达到热平衡,此过程称中子热化.

众所周知,由裂变材料和慢化介质组成的核反应堆中,裂变产生的快中子的平均能量在 1MeV 以上.它们与慢化剂发生多次弹性碰撞,逐渐被慢化.对于相同的裂变材料,若选用不同的慢化剂,对裂变中子的慢化程度就不一样.所以,本节将依次阐述中子经弹性散射后的能量变化、散射定律及其有关的物理量等.

8.1.1 质心系和实验室系的中子散射

在研究中子与原子核发生弹性碰撞时,通常选用如下两种参考系:一个是称为 C 系的质心系;另一个是称为 L 系的实验室系.在 L 系中,认为靶核在与中子碰撞之前是静止的,受碰撞后的靶核自由地反冲.在 C 系中,认为中子-靶核系统的质心是静止的.

在 L 系,碰撞前后需满足能量守恒和动量守恒.令 v'、v 和 $\boldsymbol{\Omega}'$、$\boldsymbol{\Omega}$ 分别代表碰撞前、后的中子速度和方向,v_A 和 $\boldsymbol{\Omega}_A$ 代表碰撞后散射核的速度和方向.令中子的质量为 1,靶核的质量为 A,则动量守恒和能量守恒方程如下:

$$v'\boldsymbol{\Omega}' = v\boldsymbol{\Omega} + v_A\boldsymbol{\Omega}_A A \tag{8.1}$$

$$\frac{1}{2}v'^2 = \frac{1}{2}v^2 + \frac{1}{2}Av_A^2 \tag{8.2}$$

将方程(8.1)两端平方,可以得到

$$A^2 v_A^2 = v'^2 + v^2 - 2vv'\boldsymbol{\Omega} \cdot \boldsymbol{\Omega}_A \tag{8.3}$$

利用方程(8.2)和(8.3)消掉 v_A,即可得出

$$v'^2 - v^2 = A^{-1}(v'^2 + v^2 - 2vv'\mu) \tag{8.4}$$

其中,$\mu = \boldsymbol{\Omega}' \cdot \boldsymbol{\Omega}$,即中子散射角的余弦.从方程(8.4)可以导出

$$\mu = \frac{1}{2}[(A+1)(v/v') - (A-1)(v'/v)] \tag{8.5}$$

为便于下面的讨论,还需要考虑在 L 系中碰撞后的质心运动速度 $(v\boldsymbol{\Omega})_{lms}$.因为碰撞前靶核是静止的,其总动量就等于碰撞前中子的速度与其质量的乘积即 $v'\boldsymbol{\Omega}'$.它也等于碰撞后的总动量 $(v\boldsymbol{\Omega})_{lms}(A+1)$,所以在 L 系碰撞后的质量中心速度为

$$(v\boldsymbol{\Omega})_{\text{lms}} = v'\boldsymbol{\Omega}'/(A+1) \tag{8.6}$$

在 C 系,中子-靶核系统的质量中心是静止的,因此靶核必须以式(8.6)确定的速度接近质量中心.因为碰撞前中子与靶核的相对速度是 $v'\boldsymbol{\Omega}'$,中子接近质量中心的速度应是 $v'\boldsymbol{\Omega}' - (v\boldsymbol{\Omega})_{\text{lms}}$,代入式(8.6),得到 C 系里中子碰撞前的速度

$$(v'\boldsymbol{\Omega}')_{\text{cms}} = v'\boldsymbol{\Omega}' - (v\boldsymbol{\Omega})_{\text{lms}} = Av'\boldsymbol{\Omega}'/(A+1) \tag{8.7}$$

进一步得出 C 系中子碰撞后的速度等于中子碰撞前的速度减去反冲核的速度,即

$$(v\boldsymbol{\Omega})_{\text{cms}} = v\boldsymbol{\Omega} - v'\boldsymbol{\Omega}'/(A+1) \tag{8.8}$$

令 μ_{C} 代表 C 系散射角(入射中子与出射中子夹角)的余弦

$$\mu_{\text{C}} = \frac{(v\boldsymbol{\Omega} \cdot v\boldsymbol{\Omega})_{\text{cms}}}{(vv)_{\text{cms}}} = \frac{vv'\boldsymbol{\Omega} \cdot \boldsymbol{\Omega}' - (v')^2/(A+1)}{v'[v^2+(v')^2/(A+1)^2 - 2vv'\boldsymbol{\Omega} \cdot \boldsymbol{\Omega}'/(A+1)]^{\frac{1}{2}}}$$
$$= \frac{(A+1)^2 v^2 - (A^2+1)v'^2}{2Av'^2} \tag{8.9}$$

利用式(8.5)和(8.9),消去 v/v',就可以得到 L 系的 μ 和 C 系的 μ_{C} 之间的关系式

$$\mu = (A\mu_{\text{C}}+1)/[1+2\mu_{\text{C}}A+A^2]^{\frac{1}{2}} \tag{8.10}$$

8.1.2 实验室系的中子散射角余弦的平均值

从散射角余弦平均值的定义出发,代入式(8.10),导出 L 系散射角余弦平均值

$$\overline{\mu} = \frac{1}{2}\int_{-1}^{+1}\mu\,\mathrm{d}\mu_{\text{C}} = \frac{1}{2}\int_{-1}^{+1}\frac{A\mu_{\text{C}}+1}{[A^2+2A\mu_{\text{C}}+1]^{\frac{1}{2}}}\mathrm{d}\mu_{\text{C}} = \frac{2}{3}A^{-1} \tag{8.11}$$

随着散射核质量的增大,$\overline{\mu}$ 会急剧减小.氢核的质量最小,所以它的 $\overline{\mu}$ 值最大.

8.1.3 质心系球对称系统的中子散射

在质心系球对称情况下,一个中子被靶核散射到角度 θ 到 $\theta+\mathrm{d}\theta$ 范围内的概率由下式表示:

$$\frac{1}{2}\sin\theta\mathrm{d}\theta = -\frac{1}{2}\mathrm{d}\mu_{\text{C}} \tag{8.12}$$

也就是说,对每一个 μ_{C} 间隔的散射概率都是相对的.利用式(8.9)并代入能量 $E = \frac{1}{2}mv^2$ 可以得到散射角余弦间隔与能量和能量间隔的关系式,即 $\mathrm{d}\mu_{\text{C}} = (A+1)^2\mathrm{d}E/(2AE')$,可以看出,相等的 μ_{C} 间隔 $\mathrm{d}\mu_{\text{C}}$ 对应于碰撞后的中子能量间隔,碰撞后的中子能量以相等的概率分布在 E' 和最小的能量值间,当 $\mu_{\text{C}} = -1$ 时,从式(8.9)可以得到对不同靶核散射前后中子能量关系式为

$$E = \frac{(A-1)^2 E'}{(A+1)^2} = (1-q)E' = \alpha E' \tag{8.13}$$

其中

$$q = \frac{4A}{(A+1)^2}, \quad \alpha = \frac{(A-1)^2}{(A+1)^2} \tag{8.14}$$

若散射核是氢核,$A=1$,代入式(8.14),$q=1$.再从式(8.13)得出射中子能量 $E=0$.散射核越重,q 值越小,被散射的中子能量 E 就越接近入射中子的能量 E'.从式(8.13)得到 $q = (E-E')/E'$.q 值的物理意义就是它代表发生一次弹性散射中子损失能量的百分数.一个具有能量 E' 的入射中子散射到能量间隔 $E+\mathrm{d}E$ 到 E 的概率是 $\mathrm{d}E/(qE')$,这时出射中子能量 E 满足条件 $E' > E > E'(1-q)$.

8.1.4 弹性散射的能量损失

前面证明了中子发生一次弹性碰撞的能量损失等于相对于入射中子能量的百分数. 这就能够较方便地、定量地表示散射中子的能量变化. 定义勒变量 u 用来定量地描述弹性碰撞前后中子能量损失

$$u = \ln(E_0/E) \tag{8.15}$$

式中, E_0 代表中子散射前的能量, E 代表散射后的出射中子能量.

中子与质量为 A 的原子核发生一次弹性碰撞时, 平均能量对数缩减 ξ 的定义是

$$\xi = \int_{E'(1-q)}^{E'} \left[\ln(E_0/E) - \ln(E_0/E')\right] \frac{dE}{qE'}$$

$$= 1 + \frac{1-q}{q}\ln(1-q) = 1 + \frac{(A-1)^2}{4A}\ln(1-q) \tag{8.16}$$

可以看出, 弹性散射引起的勒的变化的平均值与中子的能量无关, 仅与散射核的原子量有关.

8.1.5 不同散射核散射性质的比较

不同散射核的散射性质可以用发生一次弹性散射中子损失最大能量的百分数 q, 散射角余弦平均值 $\bar{\mu}$, 平均对数能量缩减 $\bar{\xi}$, 从 2MeV 慢化到热能 (0.025eV) 所需要的弹性散射次数 N_C 进行比较. 按照式 (8.14)、(8.11) 和 (8.16) 分别计算 q、$\bar{\mu}$、$\bar{\xi}$, 根据定义, 可以写出 N_C 的计算公式

$$N_C = \frac{1}{\xi}\left(\ln\frac{2\times 10^6}{0.025}\right) = \frac{18.2}{\xi} \tag{8.17}$$

表 8.1 列出了 H、D、Be、C 和 ^{238}U 五种散射核的上述有关数据.

表 8.1 不同散射核的慢化能力比较

散射核	$q/\%$	ξ	$\bar{\mu}$	N_C
H	100	1.000	0.667	18
D	88.9	0.725	0.333	25
Be	36.0	0.209	0.074	86
C	28.4	0.158	0.056	114
^{238}U	1.67	0.00838	0.0028	2172

8.1.6 不同散射核的慢化能力和慢化比

表 8.1 所列数据还不能充分说明不同散射核的慢化能力. 从式 (8.17) 可以看出, ξ 值与中子从裂变能减速到热能所需碰撞次数成反比, 这还不全面. ξ 越大只是表明这种慢化核发生弹性碰撞时使中子损失的能量越多, 仅此而已. 除此之外, 还必须要求散射核的散射概率也大, 即介质的宏观散射截面 Σ_s 也要大. "宏观截面"是中子输运计算中经常使用的量, 它等于微观截面与介质单位体积的原子或分子数的乘积. 因此定义乘积 $\xi\Sigma_s$ 能够较好地描述不同慢化剂的慢化能力. 令 N_A 是阿伏伽德罗常量, ρ 是慢化剂的密度, σ_s 是其微观散射截面, A 是散射核的原子量或分子量, 则介质的慢化能力可以写成

$$\xi\Sigma_s = N_A \rho \sigma_s \xi / A \tag{8.18}$$

慢化能力 $\xi\Sigma_s$ 较好地说明了慢化剂的慢化效率，但是还不全面。如果某种介质的慢化效率很高，而它的宏观吸收截面 Σ_a 也很大，中子在慢化过程中被吸收了很多，真正到达热能区的中子数很少，就不能用作慢化剂。例如，^{10}B 就是这样的。因此，定义慢化比 $\xi\Sigma_s/\Sigma_a$ 才能更全面地描述慢化剂的慢化效率。表 8.2 给出了几种由轻元素组成的慢化剂在常温、常压下的慢化能力和慢化比。其中假设有关核素的散射截面在 $1\sim10^5$ eV 范围内都是常数。

表 8.2　慢化剂的慢化能力和慢化比

慢化剂	慢化能力/cm^{-1}	慢化比
水（H$_2$O）	1.53	72
重水（D$_2$O）	0.170	12 000
氦	1.6×10^5	83
铍	0.176	159
碳	0.064	170

虽然氢比氘的 ξ 值大，水的慢化能力也比重水强，但是由于氢的俘获截面要比氘的大得多，致使中子在轻水系统内的慢化过程中被吸收了许多，真正能够达到热能区的中子数远比重水系统的少，所以重水是最好的慢化剂。铍和碳都具有较高的慢化能力，也都是较好的慢化剂。

▶ 8.1.7　减速中子能谱

（1）在无吸收的无限大物质中的减速中子能谱。能量为 E_0 的中子与物质原子核弹性碰撞后的能量在 $E_0 \sim \alpha E_0$ 之间，而能量在 $E_0 \sim \alpha^2 E_0$ 能区的中子是从 $E_0 \sim \alpha E_0$ 能区散射进来的。中子源不断发射中子，在物质中又不断减速，最终达到稳定态。具有能量 $E(<E_0)$ 的中子数目与该能量（E）间隔 dE 内的中子平均寿命成正比（这个平均寿命就是中子停留在 dE 能量间隔内的平均时间 t）。每个中子停留在 dE 间隔内的时间越长，该能量间隔 dE 内的中子数就越多。

中子由 E_0 减速到 E 的散射次数为

$$n = \frac{\ln\dfrac{E_0}{E}}{\xi} \quad \text{或} \quad E = E_0 \mathrm{e}^{-n\xi} \tag{8.19}$$

对此式微分可得

$$\frac{\mathrm{d}E}{\mathrm{d}n} = \xi E \tag{8.20}$$

当 d$n=1$ 时（即一次碰撞），d$E=\xi E$，表示每次弹性碰撞平均损失的能量。由于 $\lambda_s = \dfrac{1}{\Sigma_s}$ 表示平均散射自由程；$\dfrac{v}{\lambda_s} = v\Sigma_s$ 表示每秒内的散射次数；$\dfrac{v}{\lambda_s}\mathrm{d}E$ 表示每秒散射平均损失能量，则

$$t = \frac{1}{\dfrac{v}{\lambda_s}\mathrm{d}E} = \frac{1}{v\xi E\Sigma_s} \tag{8.21}$$

t 为中子在单位能量间隔内的停留时间或能量减少 dE 所需时间。

设 $q(E)$ 为减速密度，表示每秒、每立方厘米物质体积内，由于减速使能量降至 E 时的中子密度。

能量为 E 的中子密度

$$n(E)=q(E)t=\frac{q(E)}{v\xi E\Sigma_s}$$

由于 $\Phi=nv$,故

$$\Phi(E)=\frac{q(E)}{\xi E\Sigma_s} \tag{8.22}$$

当稳定态时

$$q(E)=q(E_0)=q_0 \quad (\text{n/cm}^3 \cdot \text{s}) \tag{8.23}$$

$$\Phi(E)=\frac{q_0}{\xi E\Sigma_s} \tag{8.24}$$

这就是减速中子谱的 $\frac{1}{E}$ 规律.

(2) 有吸收时,无限大物质中的减速中子谱. 由于 $\sigma_a \propto \frac{1}{v}$,中子能量越低,中子数减少越多,造成减速中子能谱的硬化. 如果在物质中插入 ^{10}B、^{113}Cd、^{6}Li 等强吸收剂材料,就可消灭减速中子谱的"软"部分.

对于弱吸收物质(即 $\Sigma_a \ll \Sigma_s$),在 dE 能量间隔内,减速密度的减小量 dq 应等于 dE 间隔内每秒、每立方厘米体积物质被吸收的中子数,即

$$dq=\Sigma_a\Phi(E)dE$$

当无吸收时,

$$q(E)=\Phi(E)\xi E\Sigma_s \tag{8.25}$$

当有吸收时,

$$q(E)=\Phi(E)\xi E(\Sigma_s+\Sigma_a) \tag{8.26}$$

所以对 $\dfrac{dq}{q}=\dfrac{\Sigma_a\Phi(E)dE}{(\Sigma_s+\Sigma_a)\Phi(E)E\xi}=\dfrac{\Sigma_a dE}{(\Sigma_s+\Sigma_a)E\xi}$ 两边积分,有

$$q(E)=q_0\exp\left[-\int_E^{E_0}\frac{\Sigma_a}{(\Sigma_s+\Sigma_a)\xi}\frac{dE}{E}\right] \quad (\text{注意 } q(E_0)=q_0) \tag{8.27}$$

得

$$\Phi(E)=\frac{q_0}{(\Sigma_s+\Sigma_a)E\xi}\exp\left[-\int_E^{E_0}\frac{\Sigma_a}{(\Sigma_s+\Sigma_a)\xi}\frac{dE}{E}\right] \tag{8.28}$$

假定 Σ_a、Σ_s 都与中子能量无关或是中子能谱的平均值,则有

$$\Phi(E)=\frac{q_0}{(\Sigma_s+\Sigma_a)E\xi}\exp\left[-\frac{\Sigma_a}{(\Sigma_s+\Sigma_a)\xi}\ln\frac{E_0}{E}\right]=\frac{q_0}{E(\Sigma_s+\Sigma_a)\xi}\left(\frac{E}{E_0}\right)^{\frac{\Sigma_a}{(\Sigma_s+\Sigma_a)\xi}} \tag{8.29}$$

这说明,存在弱吸收时,减速中子注量率随能量减小而较缓慢增加,减速中子谱 $\propto E^{-\left(1-\frac{\Sigma_a}{(\Sigma_s+\Sigma_a)\xi}\right)}$ 谱.

定义共振散逸概率

$$P(E)=\frac{q(E)}{q_0}=\exp\left[-\frac{1}{\xi}\int_E^{E_0}\frac{\Sigma_a}{\Sigma_s+\Sigma_a}\frac{dE}{E}\right]$$

其意义是:中子被减速到某特定能量 E 时,逃逸被吸收的源中子的份额. 在反应堆物理中,$P(E)$ 也称热化系数.

对于 $\Sigma_a \ll \Sigma_s$ 的弱吸收物质,

$$P(E) \approx \exp\left[-\frac{1}{\xi}\int_E^{E_0}\frac{\Sigma_a}{\Sigma_s}\frac{\mathrm{d}E}{E}\right] \tag{8.30}$$

$$\Phi(E) \approx \frac{q_0}{\xi E \Sigma_s}P(E) \tag{8.31}$$

8.2 中子扩散

输运理论精确地描述了大量中子在介质中的散射、裂变、俘获等核反应过程,给出的解也是精确的,但是求解过程繁琐. 特别是对于体积比较大的二维、三维系统,其求解过程变得异常复杂. 为了使这个问题能够得到简化处理,在某些情况下可以把中子的输运过程看成类似于气体分子的扩散过程. 就是说,高密度处的中子集团向低密度的方向移动. 中子的扩散也像气体分子的扩散那样遵从菲克定律. 本节将讨论中子扩散的理论基础及其简单的应用情况.

8.2.1 输运方程的扩散近似

为了从中子输运方程推导出中子扩散方程,必须假设散射中子是各向同性的,而且入射中子速度矢量的角分布也是各向同性的. 将球坐标的多群中子输运方程改写成平板几何、没有裂变物质的单群输运方程

$$\mu\frac{\partial \Phi(x,\mu)}{\partial x} + \Sigma \Phi(x,\mu) = Q(x) + \sum_{K=0}^{\infty}\frac{1}{2}(2K+1)$$
$$\times \Sigma_s P_K(\mu)\int_{-1}^{+1}P_K(\mu')\Phi_g(x,\mu')\mathrm{d}\mu' \tag{8.32}$$

将式中的角通量和中子源项用勒让德多项式展开,得到

$$\Phi(x,\mu) = \sum_{K=0}^{\infty}\frac{2K+1}{2}\phi_K(x)P_K(\mu)$$
$$\phi_K(x) = \int_{-1}^{+1}\Phi(x,\mu)P_K(\mu)\mathrm{d}\mu \tag{8.33}$$
$$Q(x,\mu) = \sum_{K=0}^{\infty}\frac{2K+1}{2}Q_K(x)P_K(\mu)$$
$$Q_K(x) = \int_{-1}^{+1}Q(x,\mu)P_K(\mu)\mathrm{d}\mu \tag{8.34}$$

其中,角通量展开式中的第一项是标量通量 $\phi_0(x) = \int_{-1}^{+1}\Phi(x,\mu)\mathrm{d}\mu$,第二项是中子流量 $\phi_1(x) = \int_{-1}^{+1}\mu\Phi(x,\mu)\mathrm{d}\mu = J(x)$. 如果把角通量展开式中 $K \geqslant 2$ 的所有项都忽略掉,只取前两项,则

$$\Phi(x,\mu) = \frac{1}{2}\phi_0(x)P_0(\mu) + \frac{3}{2}J_1(x)P_1(\mu)$$
$$= \frac{1}{2}\phi_0(x) + \frac{3}{2}\mu J(x) \tag{8.35}$$

为了从严格的输运方程(8.32)推导出扩散方程,将它对 μ 间隔 $[-1,+1]$ 积分,得到

$$\int_{-1}^{+1}\mu\frac{\mathrm{d}\Phi(x,\mu)}{\mathrm{d}x}\mathrm{d}\mu + \Sigma\int_{-1}^{+1}\Phi(x,\mu)\mathrm{d}\mu$$

$$= \int_{-1}^{+1} \sum_{K=0}^{\infty} \frac{2K+1}{2} \Sigma_{s,K} P_K(\mu) d\mu \int_{-1}^{+1} P_K(\mu) \Phi(x,\mu) d\mu + \int_{-1}^{+1} Q(x,\mu) d\mu \qquad (8.36)$$

利用勒让德多项式的正交关系

$$\int_{-1}^{+1} P_K(\mu) P_n(\mu) d\mu = \begin{cases} 0, & \text{当 } K \neq n \text{ 时} \\ \dfrac{2}{2K+1}, & \text{当 } K = n \text{ 时} \end{cases}$$

再利用 $\Sigma_a = \Sigma - \Sigma_s$，上式变成

$$\frac{dJ(x)}{dx} + \Sigma_a \phi_0(x) - Q_0(x) = 0 \qquad (8.37)$$

用 $P_1(\mu)$ 乘以式(8.32)，再对 μ 区间 $[-1, +1]$ 积分，得到

$$\frac{d}{dx} \int_{-1}^{+1} \mu P_1(\mu) \Phi(x,\mu) d\mu + \Sigma J_1(x) = \Sigma_{s,1} J_1(x) \qquad (8.38)$$

式中，源项消失了，因为用了勒让德多项式的正交关系 $\int_{-1}^{+1} P_0(\mu) P_1(\mu) d\mu = 0$。再把式(8.35)代入到上式，并且再次利用正交关系，忽略 $K \geq 2$ 的 $P_K(\mu)$，式(8.38)的积分变成 $\int_{-1}^{+1} \mu P_1(\mu) \left[\frac{1}{2} \phi_0(x) P_0(\mu) + \frac{3}{2} J(x) P_1(\mu) \right] = \frac{1}{3} \phi_0(x)$，再利用式(8.38)和 $\Sigma_a = \Sigma - \Sigma_s$ 简化成

$$\frac{1}{3} \frac{d\phi_0(x)}{dx} + \Sigma_a J(x) = 0 \qquad (8.39)$$

综合式(8.37)和(8.39)，可以去掉 $J(x)$，得到如下的扩散方程

$$\frac{1}{3(\Sigma - \Sigma_{s,1})} \frac{d^2 \phi_0(x)}{x^2} - \Sigma_a \phi_0(x) + Q_0(x) = 0 \qquad (8.40)$$

式中，第一项的系数通常被称为扩散系数 D，即 $D = 1/[3(\Sigma - \Sigma_{s,1})]$。如果是弱吸收介质，则 $\Sigma_s \approx \Sigma$，并且应用 $\Sigma_{s,1} = \int_{-1}^{+1} \mu_0 \Sigma_s(\mu_0) d\mu = \overline{\mu_0} \Sigma_{s,0}$，这时式(8.40)的扩散系数又可写成

$$D = \frac{1}{3(\Sigma - \Sigma_{s,1})} = \frac{1}{3(\Sigma_s - \overline{\mu_0} \Sigma_{s,0})}$$

$$= \frac{1}{3 \Sigma_s (1 - \overline{\mu_0})} = \frac{1}{3} \lambda_t \qquad (8.41)$$

式中，λ_t 是迁移平均自由程(宏观迁移总截面的倒数)。输运理论的扩散近似就是只取角通量的勒让德多项式展开的前两项，这相当于在实验室系中子的散射是各向同性的。当 $\overline{\mu_0}$ 增大时，相当于中子向前方向的散射占优势，从式(8.41)可以看出，这时扩散系数 D 也增大，导致净中子流也增大。

8.2.2 简单扩散理论的适用条件

简单扩散理论就是假设满足描述气体扩散的菲克定律

$$J(x) = -\frac{1}{\Sigma - \Sigma_{s,1}} \frac{d}{dx} \int_{-1}^{+1} \mu^2 \Phi(x,\mu) d\mu \qquad (8.42)$$

定义中子角分布的均方值

$$\overline{\mu}^2 = \int_{-1}^{+1} \mu^2 \Phi(x,\mu) d\mu \bigg/ \int_{-1}^{+1} \Phi(x,\mu) d\mu \qquad (8.43)$$

将其代入式(8.42)，并注意式(8.43)的分母是通量的定义，式(8.42)就可以改写成

$$J(x) = -\frac{1}{\Sigma - \Sigma_{s,1}} \frac{d}{dx}[\overline{\mu^2} \phi(x)] = -\lambda_d \frac{d}{dx}[\overline{\mu^2} \phi(x)]$$
$$= -\lambda_d \overline{\mu^2} \frac{d\phi(x)}{dx} \tag{8.44}$$

式中，具有长度量纲的 λ_d 通常叫做扩散平均自由程。方程(8.44)就是菲克定律的普遍形式，可以应用在由输运理论推导出的中子扩散问题上。在推导过程中没有受到展开项数量多少的限制。但是，只有当 $\overline{\mu^2}$ 与位置无关且对于单能中子时，简单扩散理论才能成立。因为 λ_d 与 $\overline{\mu^2}$ 乘积的倒数等于扩散系数 D，D 必须是常数才能满足菲克定律。

不难证明在扩散近似下 $\overline{\mu^2}$ 确实是常数。已知 $P_0(\mu)=1; P_1(\mu)=\mu; P_2(\mu)=\frac{1}{2}(3\mu^2-1)$，很容易得到，$\mu^2 = \frac{1}{3}P_0(\mu) + \frac{2}{3}P_2(\mu)$。利用式(8.33)中的角通量展开式和式(8.43)得到

$$\overline{\mu^2} = \frac{1}{\phi_0(x)} \int_{-1}^{+1} \left[\frac{1}{3}P_0(\mu) + \frac{2}{3}P_2(\mu)\right] \sum_{K=0}^{\infty} \frac{2K+1}{2} \phi_K(x) P_K(\mu) d\mu$$

进行积分并应用正交条件，最后得到，

$$\overline{\mu^2} = \frac{1}{3} + \frac{2}{3}\frac{\phi_2(x)}{\phi_0(x)} \approx \frac{1}{3}$$

这里假设了二次项等于零。将余弦平方平均值等于 1/3 代入式(8.44)，就得到了与菲克定律完全相同的表示式。

应用扩散理论时，应当选用更精确的迁移平均自由程 λ_t 替代简单扩散理论的散射平均自由程。从表 8.1 中可以看出，核越重，$\overline{\mu_0}$ 越小。对 ^{238}U 来说 $\overline{\mu_0}$ 趋于零，从式(8.41)可以看出，散射平均自由程与迁移平均自由程近似相等。总的来说，从输运方程推导出的式(8.40)能广泛用于反应堆物理计算，但是它仅适用于单能中子、离开强源、强吸收介质两三个平均自由程的较重物质组成的、体积较大的系统。

8.2.3 扩散方程的边界条件

首先讨论交界面的边界条件。在具有不同扩散性质的 A 和 B 两种介质间的分界面的位置 x 上，垂直于分界面的净中子流相等，中子通量也相等。当 $\Delta x \rightarrow 0$ 时，流量连续和通量连续条件分别是

$$-D_A \frac{d\phi_A(x+\Delta x)}{dx} = -D_B \frac{d\phi_B(x+\Delta x)}{dx} \tag{8.45}$$

$$\phi_A(x+\Delta x) = \phi_B(x+\Delta x) \tag{8.46}$$

对于自由面边界条件，通常认为系统的外边界以外是真空介质。中子通量在外推边界 $0.7104\lambda_t$ 处为零。从输运方程的渐近解很容易得到这个结果，因此 λ_t 就是迁移平均自由程。若 X 处是系统的外边界，则 $\phi(X+0.7104\lambda_t)=0$。

8.2.4 扩散方程的应用

1. 扩散方程的解

在普遍几何、稳定情况下，方程(8.37)又可写成

$$D\nabla^2\phi(x)-\Sigma_a\phi(x)+Q=0 \tag{8.47}$$

前面提到扩散近似的适用条件之一是要在远离中子源的地区.因此求解上面的方程时,首先在 $Q=0$ 的源区之外,上式可以简化成类似于波在空间中传播的波动方程

$$\nabla^2\phi(x)-k^2\phi(x)=0, \quad k^2=\Sigma_a/D, \quad x\neq 0 \tag{8.48}$$

波动方程的普遍解很容易求得

$$\phi(x)=A\,e^{-kx}+Ce^{+kx} \tag{8.49}$$

然后在中子源处加适当的边界条件,能得到所求问题的特殊解.其中 k^2 的量纲是长度平方的倒数.

2. 无限介质的点源情况

假设在无限介质内有每秒释放一个中子的点源.令点源处是坐标系的原点,显然中子分布是球对称的.在球坐标系中方程(8.48)可以改写成如下形式:

$$\frac{d^2\phi(r)}{dr^2}+\frac{2}{r}\frac{d\phi(r)}{dr}-k^2\phi(r)=0, \quad r\neq 0 \tag{8.50}$$

令 $\phi(r)=u(r)/r$,代入上式消去 r,仍然得到如下的波动方程:

$$\frac{d^2u(r)}{dr^2}-k^2u(r)=0 \tag{8.51}$$

利用波动方程的普遍解,并代入 $u(r)=r\phi(r)$,方程(8.50)的解是

$$\phi(r)=A\frac{e^{-kr}}{r}+C\frac{e^{+kr}}{r}$$

用下述两个边界条件确定常数 A 和 C.

第一个边界条件是:除 $r=0$ 处之外,通量在各处都是有限的,即 $C=0$,$\phi(r)=A\dfrac{e^{-kr}}{r}$.

第二个边界条件是:在原点处极小的球面上每秒释放一个中子.让 $J(r)$ 代表 r 处球面的中子流,则该边界条件可写成 $\lim\limits_{r\to 0}4\pi r^2 J(r)=1$.利用通量有限确定 $\phi(r)$ 的解

$$J(r)=-D\frac{d^2\phi(r)}{dr^2}=DAe^{-kr}\left(\frac{kr+1}{r^2}\right)$$

所以

$$\lim_{r\to 0}4\pi r^2 J(r)=\lim_{r\to 0}4\pi DAe^{-kr}(kr+1)=1, \quad A=\frac{1}{4\pi D}$$

最后得到无限介质内具有点源情况下的中子通量分布

$$\phi(r)=\frac{e^{-kr}}{4\pi Dr} \tag{8.52}$$

对确定的系统 k 和 D 都是常数,因此通量分布仅与距源点的距离 r 有关,随着 r 增大,通量急剧减小.该解具有普遍意义,处理几个点源时,只需把各自的解叠加起来.

3. 无限平面源的情况

假定在无限均匀介质中有一无限平面源,每秒、每平方厘米均匀释放出一个中子(对 x 正方向以及 x 负方向都释放出 0.5 个中子).将坐标原点选在 $x=0$ 处.在无源处满足波动方程,它的解就是 $\phi(x)=A\,e^{-kx}+Ce^{kx}$.像前一节那样,用通量有限条件确定 $C=0$;再用中子源条件

$\lim_{x\to 0} J(x) = 0.5$ 得到 $A = 1/2kD$,所以,

$$\phi(x) = e^{-kx}/(2kD) \tag{8.53}$$

4. 扩散长度

在热功率堆中,热中子的扩散极为重要. 如果它在慢化剂中扩散的路径较长,则进入燃料元件并引起裂变的概率就大,热中子能量分布约在 1×10^{-5} eV 到几 eV,严格计算它们的能谱分布后,再平均出单能热中子截面是通常采用的计算方法. 不同介质对中子的散射、吸收能力是不同的. 扩散长度较好地描述了这个性质. 扩散长度 L 可以定义为波动方程中常数项 k^2 的平方根倒数,即

$$L = 1/k = \sqrt{D/\Sigma_a} \quad (\text{cm}) \tag{8.54}$$

中子从产生到被俘获所经过距离的均方值也能说明中子在介质中的扩散性质. 在无限介质点源系统中,距点源 r 处距离的均方值 $\overline{r^2}$ 等于 r^2 对球面总吸收率 $4\pi r^2 \Sigma_a \phi(r)$ 求平均,并且代入前一节得到的无限介质点源的通量分布,得平均穿行距离的平方是

$$\overline{r^2} = \int_0^\infty r^2 (4\pi r^2 \Sigma_a \phi(r)) \mathrm{d}r / \int_0^\infty 4\pi r^2 \Sigma_a \phi(r) \mathrm{d}r$$
$$= \int_0^\infty r^3 e^{-kr} \mathrm{d}r / \int_0^\infty r e^{-kr} \mathrm{d}r = \frac{6/k^4}{1/k^2} = \frac{6}{k^2} \tag{8.55}$$

比较式(8.52)和(8.53),得到 $L^2 = \frac{1}{6}\overline{r^2}$,即扩散长度的平方是平均穿行距离平方的 1/6.

将式(8.54)代入式(8.53),则无限介质平面源系统的通量可写成 $\phi(x) = \frac{e^{-x/L}}{2kD}$. 这里扩散长度相当于中子通量减少到 $1/e$ 的距离. 对于弱吸收介质来说,将表示扩散吸收 D 的式(8.41)代入式(8.54),得到热中子扩散长度 L 满足下式,$\frac{1}{L^2} = k^2 = \frac{\Sigma_a}{D} = 3\Sigma_s\Sigma_a(1-\overline{\mu_0}) \approx 3\Sigma_s\Sigma_a$. 描述了慢化剂性质,也可测量了 L. 有关慢化剂的 L、热中子宏观吸收截面、扩散系数 D、介质密度列于表 8.3.

表 8.3 慢化剂的热中子性质

慢化剂	密度/(g·cm^{-1})	L/cm	Σ_a/cm^{-1}	D/cm
水	1.00	2.88	0.017	0.142
重水	1.10	100.00	0.00008	0.80
铍	1.84	23.60	0.0013	0.70
石墨	1.62	50.20	0.00036	0.903

8.2.5 单群扩散方程

1. 单群扩散方程的建立

大量中子在物质中总是从高密度区向低密度区迁移,其密度变化率为

$$\frac{\mathrm{d}n}{\mathrm{d}t} = \text{中子产生率} - \text{中子泄漏率} - \text{中子吸收率}$$

称此方程为迁移方程. 中子密度是时间、距离、速度和方向的函数. 如果散射是各向同性的,则中子密

度与方向无关,再假定中子能量恒定不变,则迁移方程就称热中子扩散方程或单群扩散方程.

定义中子流矢量 $\boldsymbol{J}=-D\,\nabla\boldsymbol{\Phi}$,它表示单位时间通过单位面积的中子数.

$$\text{扩散系数 } D \approx \frac{l_s}{3} = \frac{1}{3\Sigma_t(1-\mu)\left(1 - \frac{4\Sigma_a}{5\Sigma_t} + \frac{\Sigma_a}{\Sigma_t}\frac{\mu}{1-\mu} + \cdots\right)} \tag{8.56}$$

对于弱吸收物质,

$$\frac{\Sigma_a}{\Sigma_t} \ll 1, \quad D = \frac{l_s}{3(1-\mu)} \tag{8.57}$$

利用 $\Phi = nv$,扩散方程写为

$$\frac{1}{v}\frac{\partial \Phi}{\partial t} = S + D\nabla^2\Phi - \Sigma_a\Phi \tag{8.58}$$

式中,S 为中子源项,$D\nabla^2\Phi$ 为中子泄漏率,$\Sigma_a\Phi$ 为中子吸收率对于稳定态,$\frac{\partial \Phi}{\partial t}=0$,在离开中子源以外的区域 $S=0$,于是就得到

$$\nabla^2\Phi - \frac{1}{L^2}\Phi = 0$$

此称单群扩散方程,$L^2 = \frac{D}{\Sigma_a}$(实际上 L 就是扩散长度).

2. 扩散方程的解

1) 边界条件(见图 8.1)

Ⅰ. 扩散方程适用区域内,中子注量率必须有限,且为正值.

Ⅱ. 两种物质的界面上,垂直界面上的净中子流密度相等,且 $\Phi_1 = \Phi_2$.

Ⅲ. 物质-真空边界以外,中子注量率 Φ 在外推直线距离 d 上为零.

由于

$$-\left(\frac{d\Phi}{dx}\right)_0 = \frac{\Phi_0(\text{边界处})}{d} \quad (\text{即外推直线斜率})$$

可得

$$d = \frac{2}{3}l_{tr} \quad (\text{准确值为 } 0.7104\lambda_{tr})$$

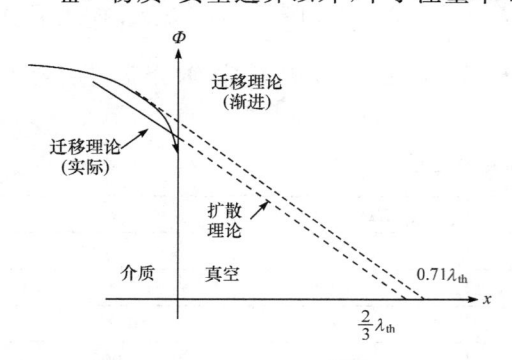

图 8.1 迁移理论和扩散理论在边界处的外推距离

2) 扩散方程的解

令

$$k^2 = \frac{1}{L^2}$$

则

$$\nabla^2\Phi - k^2\Phi = 0$$

在球坐标系中写为

$$\frac{d^2\Phi}{dr^2} + \frac{2}{r}\frac{d\Phi}{dr} - k^2\Phi = 0 \tag{8.59}$$

边界条件:Ⅰ. 除 $r=0$ 之外,Φ 必须有限.

Ⅱ. 每秒穿过球面 $4\pi r^2$ 的中子数 $= S$(源强),亦即 $r \to 0$ 时

$$\lim_{r \to 0} 4\pi r^2 J = S$$

令

$$\Phi = \frac{u}{r}$$

则扩散方程变成

$$\frac{\mathrm{d}^2 u}{\mathrm{d} r^2} - k^2 u = 0 \tag{8.60}$$

其解为

$$u = A\exp(-kr) + C\exp(kr)$$

当 $r \to \infty$ 时, $u \to \infty$, 故 $C=0$, 所以有

$$\Phi = A\frac{\exp(-kr)}{r} \tag{8.61}$$

由于 r 处的中子流密度为

$$J = -D\frac{\mathrm{d}\Phi}{\mathrm{d}r} = DA\frac{kr+1}{r^2}\exp(-kr) \tag{8.62}$$

则 $r \to 0$ 时

$$\lim_{r \to 0} 4\pi r^2 J = S \tag{8.63}$$

故

$$A = \frac{S}{4\pi D} \tag{8.64}$$

$\Phi(r) = \dfrac{S}{4\pi Dr}\exp(-kr)$ 这就是点源热中子注量率的空间分布.

同样, 对于一个无限大的平面源, 扩散方程的解为

$$\Phi(x) = \frac{S}{4kD}\exp(-kx) \tag{8.65}$$

3. 扩散长度的推导

假定有一个半径为 r, 厚度为 $\mathrm{d}r$ 的球壳包围点中子源, 球壳的体积元 $\mathrm{d}V = 4\pi r^2 \mathrm{d}r$, 如图 8.2 所示. 则球壳对中子的吸收率为 $\mathrm{d}V = 4\pi r^2 \mathrm{d}r \Sigma_a \Phi$, 当中子从源处开始扩散直至被吸收处的距离为 r, 则

$$\overline{r^2} = \frac{\int_0^\infty r^2 4\pi r^2 \Sigma_a \Phi \mathrm{d}r}{\int_0^\infty 4\pi r^2 \Sigma_a \Phi \mathrm{d}r} = \frac{\int_0^\infty r^2 4\pi r^2 \Sigma_a \dfrac{S}{4\pi Dr}\exp(-kr)\mathrm{d}r}{\int_0^\infty 4\pi r^2 \Sigma_a \dfrac{S}{4\pi Dr}\exp(-kr)\mathrm{d}r} \tag{8.66}$$

$$= \frac{\int_0^\infty r^3 \exp(-kr)\mathrm{d}r}{\int_0^\infty r\exp(-kr)\mathrm{d}r} = \frac{6}{k^2} = 6L^2$$

所以有 $L^2 = \overline{r^2}/6$. 可见, 单群中子的扩散长度的平方等于从中子源至被吸收处的距离平方均值的 $\dfrac{1}{6}$.

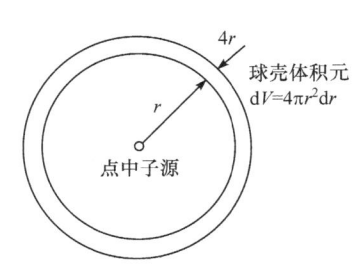

图 8.2 半径为 r, 厚度为 $\mathrm{d}r$ 的球壳包围点源模型

8.2.6 费米年龄方程

1. 连续减速模型

连续减速模型示意图如图 8.3 所示. 中子从源产生时能量为 E_0,在未与原子核碰撞前总有一段穿行时间,碰撞后能量减小,以后以较低能量在物质中扩散,直至再与别的原子核碰撞. 就平均而言,中子再与原子核碰撞时的穿行时间就增加了,碰撞后的中子又以更低能量进行扩散、碰撞,直至被热化. 因为每次碰撞的平均对数能量缩减为 ξ,与能量无关,故从 $E_0 - E_{th}$ 的 $\ln E$ 与时间 t 存在阶梯关系,每个阶梯高度为 ξ,而台阶宽度随时间 t 逐渐变宽(因为下次碰撞时的能量比上次小,故在物质中行进的时间比上次大). 对于中、重核素的物质,由于 ξ 很小,故认为中子减速过程中,能量是连续损失的.

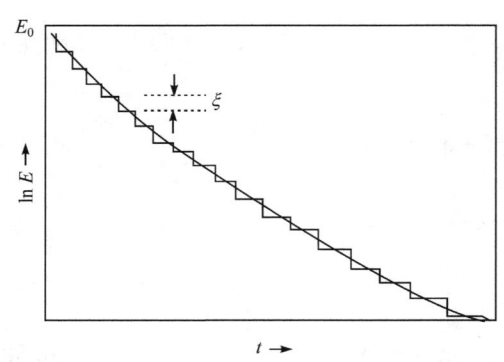

图 8.3 连续减速模型示意图

2. 费米年龄方程的建立

设中子不被物质吸收,则在物质中某点能量间隔 dE 内的减速密度的变化应等于能量为 E 的中子从该点扩散出来的速率. 于是有

$$\frac{\partial q(E)}{\partial E}dE = -D(E)\nabla^2 \Phi(E)dE \quad \text{或} \quad \frac{\partial q(E)}{\partial E} = -D(E)\nabla^2 \Phi(E) \tag{8.67}$$

由于

$$\Phi(E) = \frac{q(E)}{\xi E \Sigma_s(E)}$$

所以

$$\frac{\partial q}{\partial E} = -\frac{D}{\xi E \Sigma_s}\nabla^2 q \quad \text{或} \quad \nabla^2 q = -\frac{\xi E \Sigma_s}{D}\frac{\partial q}{\partial E} \tag{8.68}$$

注意:上式中 Σ_s、D、q 都省去了括号里的 E.

定义

$$\tau(E) = \int_{E_0}^{E} \frac{D}{\xi E \Sigma_s} dE \tag{8.69}$$

则 $\nabla^2 q = \frac{\partial q}{\partial \tau}$,这就是费米年龄方程. $\tau(E)$ 称费米年龄,量纲为面积,虽不表示时间,但与中子的时间年龄次序有关. 时间年龄即中子从起始能量 E_0 直到某能量 E 消失所需的平均时间. 当 $E = E_0$ 时,$\tau = 0$. 当中子减速到 E 时,τ 最大,即中子减速时,它的年龄逐渐增大.

3. 费米年龄方程的解及其意义

1) 无限大物质中的单能快中子平面源

把中子源平面放置在 yz 平面上,则年龄方程变为

$$\nabla^2 q(x,\tau) = \frac{\partial q(x,\tau)}{\partial \tau}, \quad x \neq 0 \tag{8.70}$$

由于 $x=0$ 处，$E=E_0$，故 $\tau=0$. 于是得到中子源条件
$$q(x,0)=q_0\delta(x)$$
$$\delta(x\neq 0)=0$$
$$\int_{-\infty}^{+\infty}f(x)\delta(x)\mathrm{d}x=f(0)$$

利用分离变量法，令 $q(x,\tau)=X(x)T(\tau)$
$$\nabla^2[X(x)T(\tau)]=\frac{\partial[X(x)T(\tau)]}{\partial \tau}$$

即为
$$T(\tau)\frac{\mathrm{d}^2 X}{\mathrm{d}x^2}=X(x)\frac{\mathrm{d}T}{\mathrm{d}\tau} \tag{8.71}$$

两边均除 $X(x)T(\tau)$，得
$$\frac{1}{X}\frac{\mathrm{d}^2 X}{\mathrm{d}x^2}=\frac{1}{T}\frac{\mathrm{d}T}{\mathrm{d}\tau}\equiv -\alpha^2 \tag{8.72}$$

亦即
$$\frac{\mathrm{d}^2 X}{\mathrm{d}x^2}+\alpha^2 X=0,\quad \frac{\mathrm{d}T}{\mathrm{d}\tau}+\alpha^2 T=0$$

解为
$$X=A\cos\alpha x+C\sin\alpha x,\quad T=F\exp(-\alpha^2 \tau)$$

故有
$$q(x,\tau)=[A\cos\alpha x+C\sin\alpha x]\exp(-\alpha^2 \tau) \tag{8.73}$$

由于 $f(x)$ 的傅里叶积分式写为
$$f(x)=\frac{1}{\pi}\int_0^\infty \mathrm{d}\alpha\int_{-\infty}^{+\infty}f(x')\cos\alpha(x'-x)\mathrm{d}x' \tag{8.74}$$

所以
$$q(x,0)=q_0\delta(x)=\frac{1}{\pi}\int_0^\infty \mathrm{d}\alpha\int_{-\infty}^{+\infty}q_0\delta(x')\cos\alpha(x'-x)\mathrm{d}x'$$
$$q(x,\tau)=\frac{1}{\pi}\int_0^\infty \mathrm{d}\alpha\int_{-\infty}^{+\infty}q_0\delta(x')\exp(-\alpha^2\tau)\cos\alpha(x'-x)\mathrm{d}x' \tag{8.75}$$

由于
$$\int_0^\infty \exp(-\alpha^2\tau)\cos\alpha(x'-x)\mathrm{d}\alpha=\sqrt{\frac{\pi}{4\tau}}\exp\left[-\frac{(x'-x)^2}{4\tau}\right]$$

所以有
$$q(x,\tau)=\frac{1}{\sqrt{4\pi\tau}}\int_{-\infty}^{+\infty}q_0\delta(x')\exp\left[-\frac{(x'-x)^2}{4\tau}\right]\mathrm{d}x' \tag{8.76}$$

又有
$$\int_{-\infty}^{+\infty}\exp\left[-\frac{(x'-x)^2}{4\tau}\right]\delta(x')\mathrm{d}x'=\exp\left[-\frac{x^2}{4\tau}\right]$$

即得
$$q(x,\tau)=\frac{q_0}{\sqrt{4\pi\tau}}\exp\left[-\frac{x^2}{4\tau}\right] \tag{8.77}$$

这就是平面源的年龄方程的解. 同理, 对在 z 轴方向的强度为 q_0 的线状中子源, 其年龄方程的解为

$$q(x,y,\tau)=\frac{q_0}{4\pi\tau}\exp\left[-\frac{x^2+y^2}{4\tau}\right] \tag{8.78}$$

对于强度为 q_0 的点中子源, 年龄方程的解为

$$q(\boldsymbol{r},\tau)=\frac{q_0}{(4\pi\tau)^{3/2}}\exp\left[-\frac{\boldsymbol{r}^2}{4\tau}\right] \tag{8.79}$$

2) 点中子源减速密度的空间分布

从图 8.4 中看出, 减速密度随 r 呈高斯分布. 当 τ 小时, 中子能量接近源中子能量, 中子很少发生碰撞, 分布在源附近, 减速密度分布曲线窄而陡高; 当 τ 大时, 中子已进行了很多次碰撞, 能量减小很多, 减速中子在物质中扩散较长的距离, 从而减速密度曲线扁平.

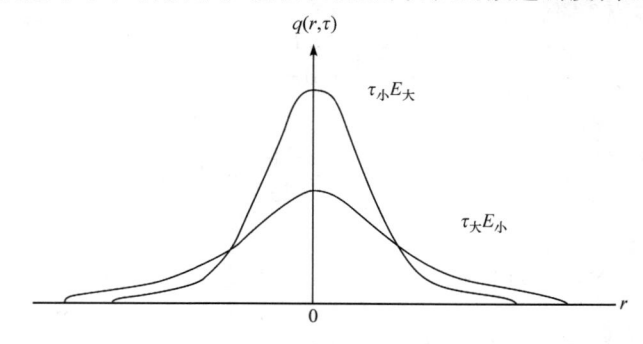

图 8.4　点电子源在物质中的减速密度空间分布

3) τ 的求法

对于点中子源, 从初始能量 E_0 减速到 E 时, 在物质中穿行距离为 r_s, 其均方值为

$$\overline{r_s^2}=\frac{\int_0^\infty r_s^2 4\pi r_s^2 q(r_s,\tau)\mathrm{d}r_s}{\int_0^\infty 4\pi r_s^2 q(r_s,\tau)\mathrm{d}r_s}=\frac{\int_0^\infty r_s^2 4\pi r_s^2 \frac{q_0}{(4\pi\tau)^{3/2}}\exp\left[-\frac{r_s^2}{4\tau}\right]\mathrm{d}r_s}{\int_0^\infty 4\pi r_s^2 \frac{q_0}{(4\pi\tau)^{3/2}}\exp\left[-\frac{r_s^2}{4\tau}\right]\mathrm{d}r_s}=6\tau \tag{8.80}$$

因此, $\tau=\frac{1}{6}\overline{r_s^2}$.

可见, 费米年龄就是中子从源处 ($\tau=0$) 在物质中减速至某能量 E 时, 在物质中所穿行距离均方值的 $\frac{1}{6}$.

注意 $L^2=\frac{1}{6}\overline{r^2}$ 与此相似, 不同的是 r 指热中子从产生处至被吸收 (消失) 时, 在物质中所穿行的距离, 且中子注量率的空间分布由扩散方程 $\nabla^2\Phi-k^2\Phi=0$ 解出. 对点中子源

$$\Phi(r)=\frac{Q}{4\pi Dr}\exp[-kr] \tag{8.81}$$

4) 费米年龄 τ 的测量

在特定的介质中, 某一能量的中子年龄 $\tau(E_n)$ 的测量可选该介质在此能量时能吸收大量中子, 在离快中子点源各处的距离上的减速密度可利用 [115]In 的共振吸收 (1.4eV) 测量. 包 Cd 的 In 片 (切割掉热中子) 的饱和放射性为 $A_0\propto q(E_n)$, 测量减速剂中, 从快中子点源至各距离

的饱和活性 A_0，再画图积分可得 $\overline{r_s^2}$，全无限远距离处的 A_0 为 $e^{-\kappa}/r^2$ 衰减，由此可得 In 共振中子的 $\overline{r_s^2}$.

用裂变板中子源，减速剂为 BeO，$r_s=0$ 时的 ^{115}In 活性归一为 1000，可得到各距离处的 A_0.如表 8.4 所示.

表 8.4 不同距离处 A_0 值

距分裂板距离 /($r \cdot \mathrm{cm}^{-1}$)	相对活性(A_0)	$A_0 r^2$	$A_0 r^4$
0	1000	—	—
4.0	965	1.53×10^4	2.44×10^5
7.9	828	5.16×10^4	5.16×10^6
11.7	660	9.04×10^4	1.24×10^7
19.35	303	1.13×10^5	4.24×10^7
27.15	103	7.59×10^4	5.59×10^7
34.8	29.3	3.55×10^4	4.3×10^7
42.7	7.2	1.31×10^4	2.4×10^7
50.5	1.6	4.08×10^3	1.04×10^7
62.2	0.45	1.74×10^3	6.7×10^6
77.8	0.15	9.08×10^2	5.5×10^6

8.3 中子输运理论

中子输运理论的基本假设是把中子看作一个点粒子，因此可以用其所在位置、具有的动能、飞行的方向进行精确描述.该假设的合理性在于中子的约化波长比介质的宏观尺寸和中子平均自由程要小得多.从德布罗意方程出发可以得到证明.

中子的输运理论是描述大量中子与介质相互作用的规律，它是中子与核发生各种碰撞过程的综合描述.中子输运理论主要应用于核反应堆的研究和设计，它是核反应堆理论的基础.输运理论通常也称为迁移理论.求解某系统的中子输运方程，可以得到该介质内中子随能量、空间、角度变化的规律.要进行这样的研究或计算，必须已知单个中子与多种核素发生单个碰撞过程的大量信息.换句话说，大量的微观核反应数据是该反应堆理论计算的数据基础.当反应堆的体积较大时，从任何发生裂变反应产生中子的地方到系统外边界的距离比介质的中子平均自由程大很多时，用扩散理论也能得到较好的结果，例如，核电站等大型功率堆的物理计算多采用扩散理论.

本节内容详见第 9 章中子输运.

8.4 多组理论

把中子减速、扩散过程分成若干个阶段，在每个阶段中，认为中子能量是不变的，即可用单群扩散理论处理.

1) 基本参数

宏观转移截面 $\Sigma_i = D_i/L_i^2$ $(i=1,2,\cdots)$

$$L_{s,i}^2 = \int_{E_{L,i}}^{E_{U,i}} \frac{1}{3\xi \Sigma_s \Sigma_{tr}} \frac{dE}{E}, \quad D_i = \frac{1}{3\Sigma_{tr}}$$

式中，$E_{U,i}$、$E_{L,i}$ 分别是第 i 组的最高和最低能量.

设 n_i 为第 i 组内，中子与物质所经历的散射次数，即

$$n_i = \frac{1}{\xi} \ln \frac{E_{U,i}}{E_{L,i}} \tag{8.82}$$

若 Σ_s 和 Σ_{tr} 视为平均值，则

$$L_{s,i}^2 = \frac{1}{3\xi \Sigma_s \Sigma_{tr}} \ln \frac{E_{U,i}}{E_{L,i}} = D_i n_i / \Sigma_s \tag{8.83}$$

故此 $\Sigma_i = \Sigma_s/n_i$ 即第 i 组的宏观转移截面.

2) 三组理论

把减速扩散过程划分为：快中子减速、慢中子减速和热中子扩散三个阶段. 对无限物质中的点中子源，对快组，其扩散方程为

$$\frac{1}{r^2} \frac{d}{dr}\left(r^2 \frac{d\Phi}{dr}\right) - \frac{1}{L_1^2}\Phi_1 = 0 \tag{8.84}$$

$$\Phi_1(r) = \frac{S}{4\pi D_1 r} \exp(-r/L_1) \tag{8.85}$$

对于第二组（慢中子），其源强

$$S_2(r) = \Sigma_1 \Phi_1(r) = \frac{S}{4\pi L_1^2 r} \exp(-r/L_1) \quad (\text{注意}: \Sigma_1 = D_1/L_1^2) \tag{8.86}$$

$$\Phi_2(r') = \int_r S_2(r) \frac{1}{4\pi D_2 |r'-r|} \exp[-|r'-r|/L_2] dr \tag{8.87}$$

这里，$|r'-r|$ 为慢中子组的中子离 r 位置的距离.

热中子源强分布和热中子注量率为

$$S_3(r) = \Sigma_2 \Phi_2(r)$$

$$\Phi_3(r') = \int_r S_3(r) \frac{1}{4\pi D_3 |r'-r|} \exp[-|r'-r|/L_3] dr \tag{8.88}$$

由于 $L_1 \neq L_2 \neq L_3$，且 $L_1^2 + L_2^2 \neq L_3^2$，可以推导出

$$\Phi_2(r) = \frac{S}{4\pi D_2 r} \frac{L_2^2}{L_1^2 - L_2^2}\left[\exp\left(-\frac{r}{L_1}\right) - \exp\left(-\frac{r}{L_2}\right)\right] \tag{8.89}$$

$$\Phi_3(r) = \frac{S}{4\pi D_3 r} \frac{L_3^2}{L_1^2 - L_2^2}\left\{\frac{L_1^2}{L_1^2 - L_3^2}\left[\exp\left(-\frac{r}{L_1}\right) - \exp\left(-\frac{r}{L_3}\right)\right] - \frac{L_2^2}{L_2^2 - L_3^2}\left[\exp\left(-\frac{r}{L_2}\right) - \exp\left(-\frac{r}{L_3}\right)\right]\right\} \tag{8.90}$$

当 $r \to 0$ 时

$$\Phi_2(0) = \frac{S}{4\pi D_2} \frac{L_2}{L_1}\left(\frac{1}{L_1 + L_2}\right) \tag{8.91}$$

$$\Phi_3(0) = \frac{S}{4\pi D_3} \frac{L_3}{L_1^2 - L_2^2}\left(\frac{L_1}{L_1 + L_3} - \frac{L_2}{L_2 + L_3}\right) \tag{8.92}$$

3) 双组理论

把中子减速扩散划分成快中子减速和热中子扩散两个阶段.

快中子组的注量率空间分布为

$$\Phi_1(r) = \frac{S}{4\pi D_1 r} \exp(-r/L_1) \tag{8.93}$$

热中子组的注量率空间分布为

$$\Phi_2(r) = \frac{S}{4\pi D_{th} r} \frac{L_2^2}{L_1^2 - L_2^2} \left[\exp\left(-\frac{r}{L_1}\right) - \exp\left(-\frac{r}{L_2}\right) \right] \tag{8.94}$$

其中, D_{th} 为热中子扩散系数, L_2 为热中子扩散长度.

4) Ra-Be 中子源在水中的热中子空间分布

图 8.5 为 Ra-Be 中子源在水中的热中子注量率分布. 采用的参数值如下:

$$D = 0.1546 \text{cm}, \quad L = 2.82 \text{cm} \quad (\text{热中子扩散长度})$$

$$\tau = L_s^2 = 53.6 \text{cm}^2 = L_1^2 + L_2^2, \quad L_1^2 = 32.6 \text{cm}^2, \quad L_2^2 = 20.0 \text{cm}^2$$

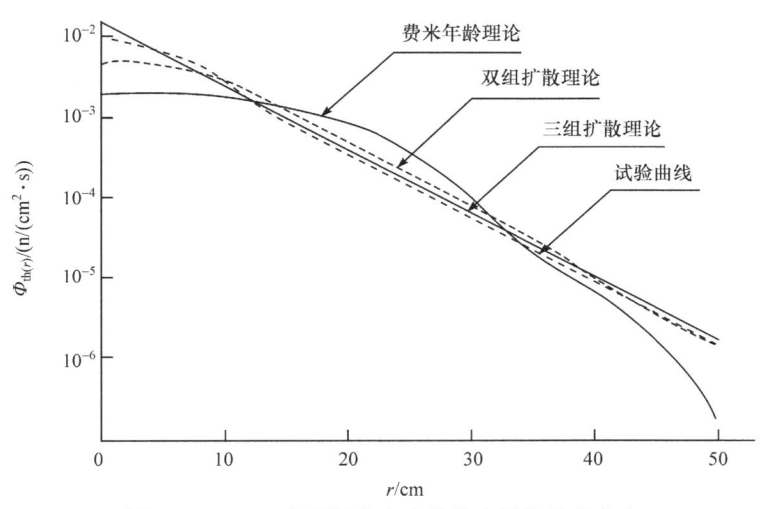

图 8.5　Ra-Be 中子源在水中的热中子注量率分布

参 考 文 献

[1] 丁大钊,叶春堂,赵志祥,等. 中子物理学——原理、方法与应用. 2 版. 北京:原子能出版社,2005: 533-581.

[2] Tait J H. An introduction to neutron transport theory. New York:American Elsevier Publishing Co. inc. ,1965.

[3] 格拉斯登,爱德仑. 原子核反应堆理论纲要. 和平,译. 北京:科学出版社,1958.

[4] Davison B, Sykes J B, Cohen E R. Neutron transport theory. Physics Today,1958,11(2):30-32.

[5] Abramowitz M,Stegun I A. Handbook of mathematical functions. Applied Mathematics Series,1966,55: 62.

[6] Lathrop K D. Dtf-iv—a fortran-iv program for solving the multigroup transport equation with anisotropic scattering. Los Alamos Scientific Laboratory.

[7] Carlson B G. Transport theory:discrete ordinates quadrature over the unit sphere. Los Alamos National Lab. (LANL),Los Alamos,NM (United States),1970.

[8] Bell G I. Nuclear Reactor Theory. New York:VanNostrand Reinhold,1970:252.

[9] Weinberg A M, Wigner E P, Cohen E R. The physical theory of neutron chain reactors. Physics Today, 1959, 12(3): 34-34.

[10] Chabod S P. Number of elastic scatterings on free stationary nuclei to slow down a neutron. Physics Letters A, 2010, 374(45): 4569-4572.

[11] Bodnarchuk I A, Bodnarchuk V I, Yaradaikin S P. Estimation of the cross section of neutron scattering by spin waves in thin ferromagnetic layers. Physics of the Solid State, 2014, 56(1): 138-141.

[12] Larsen E W. Neutron transport and diffusion in inhomogeneous media. I. Journal of Mathematical Physics, 2008, 16(7): 1421-1427.

[13] Larsen E W. The spectrum of themultigroup neutron transport operator for bounded spatial domains. Journal of Mathematical Physics, 2008, 20(8): 1776-1782.

[14] Kadem A. Analytical solutions for the neutron transport using the spectral methods. International Journal of Mathematics and Mathematical Sciences, 2006, 2006(1): 016214.

[15] Abdelmoumen B, Dehici A, Jeribi A, et al. Some new properties in fredholm theory, schechter essential spectrum, and application to transport theory. Journal of Inequalities & Applications, 2008, 2008(1): 1-14.

[16] Mishra S C, Roy H K, Misra N. Discrete ordinate method with a new and a simple quadrature scheme. Journal of Quantitative Spectroscopy and Radiative Transfer, 2006, 101(2): 249-262.

[17] Nesvizhevsky V V, Pignol G, Protasov K V. Neutron scattering and extra-short-range interactions. Physical Review D, 2008, 77(3): 034020.

[18] Nikolenko V G, Popov A B. What is the correct description of the slow neutron scattering in a gas. The European Physical Journal A, 2007, 34(4): 443-446.

[19] Wang Y, Bangerth W, Ragusa J. Three-dimensional h-adaptivity for the multigroup neutron diffusion equations. Progress in Nuclear Energy, 2009, 51(3): 543-555.

[20] Gill D F, Azmy Y Y. Newton's method for solving k-eigenvalue problems in neutron diffusion theory. Nuclear Science and Engineering, 2011, 167(2): 141.

[21] Sardar T, Saha Ray S, Bera R K, et al. The solution of coupled fractional neutron diffusion equations with delayed neutrons. International Journal of Nuclear Energy Science and Technology, 2010, 5(2): 105-113.

[22] Zinzani F, Demazière C, Sunde C. Calculation of the eigenfunctions of the two-group neutron diffusion equation and application to modal decomposition of BWR instabilities. Annals of Nuclear Energy, 2008, 35(11): 2109-2125.

第9章

中子输运

9.1 一般分析

中子输运理论的基本假设是把中子看作一个点粒子,因此可以用其所在位置、具有的动能和飞行方向进行精确描述.该假设的合理性在于中子的约化波长比介质的宏观尺寸和中子平均自由程都要小得多,这一点从德布罗意方程出发可以得到证明.

输运理论通常也称作迁移理论.中子输运理论描述了大量中子与介质相互作用的规律,它是对中子与核发生各种碰撞过程的综合描述.中子输运理论主要应用于核反应堆的研究和设计,它是核反应堆理论的基础.求解某系统的中子输运方程,可以得到该介质内中子随能量、空间、角度变化的规律.要进行这样的研究或计算,必须已知单个中子与多种核素发生单个碰撞过程的大量信息.换句话说,大量的微观核反应数据是核反应堆理论计算的数据基础.当反应堆的体积较大时,从任何发生裂变反应产生中子的地方到系统外边界的距离比介质的中子平均自由程大得多时,用扩散理论也能得到较好的结果,例如,核电站等大型功率堆的物理计算常采用扩散理论.

本章将针对与中子在核反应堆物理中应用有关的问题做简单描述.

9.2 中子与介质相互作用的物理过程

9.2.1 裂变过程

当一个中子与高原子序数的铀或钚发生碰撞时可能引发裂变反应,使之分裂成质量相近的两个裂变碎片.由于裂变碎片的中子-质子比偏高而不稳定,通过放出一个到几个中子使其回到稳定态;或者将一个中子转变为一个质子,同时释放出一个β粒子使其达到稳定.在^{235}U的裂变过程中,每吸收一个中子,平均放出2.5个中子(通常称为ν值),同时释放出约198MeV的裂变能.归一化的裂变中子数随能量的分布通常称为裂变谱,是反应堆计算必不可少的输入数据.

裂变过程释放出的中子分为两种:一种是在极短的时间之内(约10^{-15}s)放出的,通常称为瞬发中子,占全部裂变中子的99%以上;另一种是缓发中子,它是在瞬发中子停止发射后,伴随裂变产物的β衰变陆续发射的,要持续几分钟.通常将缓发中子按不同的半衰期、能量、份额分为6组,其总份额称为β.对^{235}U的裂变,β=0.0065,对^{239}Pu的裂变,β则要小得多,Am、Cm等锕系核素的β值更小.缓发中子与核反应堆的时间特性有极大关系.由于缓发中子的存在,每个核反应堆都有自己的缓发中子有效份额 β_{eff}. 反应堆的运行必须控制在缓发临界和瞬发临界之间,该控制范围所相当的反应性就是 β_{eff}. 铀系统的 β_{eff} 比钍系统的大,因此铀燃料反应堆就比钍燃料的更容易控制. 由于锕系核的 β 很小,若装载量过多会使得系统的 β_{eff} 显著减小,堆的动态参数变坏,造成堆的控制难度加大,利用中国实验快堆嬗变锕系核废料的研究表明,其装载量不能大于 25kg.

^{235}U 裂变时可能有 30 多种以上的不同分裂途径,碎片质量数的范围大约为 72~158. 它们的产额在 10^{-5}%~6%. 裂变产物的特性之一是普遍具有较强的放射性,因其中子-质子比偏高而不稳定;特性之二是俘获截面较大. 因此,精确的裂变产物产额、半衰期以及截面数据是反应堆核燃料循环计算的重要数据基础.

9.2.2 辐射俘获过程

中子与原子核发生碰撞时,若入射中子动能比靶核的每一核子平均作用能小时,可把入射中子看作与整个核发生作用. 这时核反应分为两个阶段,首先入射中子被靶核吸收形成复合核,处于激发态的复合核具有的激发能等于被俘获中子的动能加上中子的结合能;接着该复合核以发射粒子的方式退激返回到基态,这叫做俘获反应. 低能中子与靶核可能发生如下的俘获反应:放出 γ 射线的辐射俘获反应(n, γ)、放出 α 粒子的(n, α)反应、放出质子的(n, p)反应、裂变即(n, f)反应. 只有少数轻核能与中子发生(n, α)和(n, p)反应,只有较重的核才能与中子发生(n, f)反应. 因此,对反应堆中的低能中子来说,除(n, f)之外,与(n, γ)相比,发生(n, p)和(n, α)的概率要小得多.

靶核俘获中子而辐射 γ 射线以后,中子-质子比增大了,所以(n, γ)反应的剩余核多数都是具有放射性的. 在热中子反应堆中,最简单的(n, γ)反应是中子与氢核的反应, $^1H_1 + ^1n_0 \longrightarrow [^2H_1] \longrightarrow ^2H_1 + \gamma$,氢核俘获一个热中子放出 γ 射线,生成氘核. 由于氘核极其稳定,发生辐射俘获反应的截面比氢核小几个数量级. 就是说,在轻水慢化的热堆中,由于氢的辐射俘获反应会损失掉一部分热中子;而在重水慢化的热堆中,很少会发生辐射俘获反应,损失的热中子数非常少,因此其热通量要比轻水慢化系统的热通量高得多. 这就是为什么重水慢化天然铀栅元装置能维持自持的链式反应达到临界,而轻水慢化天然铀栅元装置不可能达到临界的原因.

9.2.3 散射过程

一个中子与原子核发生碰撞后仍然释放出一个中子,只不过出射中子的动能低于入射中子的动能,中子损失的这部分能量被靶核得到了,这就是散射过程. 散射过程又可分为弹性散射和非弹性散射两种. 它们在反应堆物理计算中扮演重要角色.

1. 弹性散射

如果中子与靶核发生碰撞时,入射中子的能量小于靶核的第一激发态和基态之间相差的能量,就不可能使靶核受到激发,只能发生弹性散射反应. 发射弹性碰撞时质心系内中子的动能不变. 转换为实验室系,则中子因碰撞靶核而损失了动能,这部分动能并没有使靶核受到激发,而成为静止靶核的反冲能. 弹性散射过程可以看作是"弹子球"式的碰撞. 中子将其能量转移给散射核的大小决定于中子与靶核的质量比和中子散射的角度. 当散射角相同时,散射核的质量越小,散射中子转移给散射核的能量就越多. 由于氢核的质量与中子的质量几乎相等,若快中子与其发生对心碰撞,可将其全部能量传给氢核而成为热中子. 众所周知, ^{235}U 的热中子裂变截面比快中子的大百倍以上. 因此, 要想使核子在轻水或重水或其他由较轻核素构成的介质中充分慢化, 在核反应堆中轻核弹性散射的慢化作用是至关重要的.

2. 非弹性碰撞

如果中子与靶核发生碰撞时, 入射中子的能量大于靶核的第一激发态和基态之间相差的能量, 就可能使靶核受到激发, 发生非弹性散射反应. 当具有某动能的入射中子与散射核发生非弹性散射时, 该中子先是被散射核吸收形成复合核, 然后释放出一个动能较低的中子. 入射中子损失的那部分动能转变成散射核的激发能, 使其处于激发态. 随后散射核放出γ射线, 回到基态. 发生这种非弹性散射的先决条件是中子的能量必须大于核的基态到第一激发态的能级间隔. 中、重核这个能级间隔约为 0.1MeV, 轻核要大得多. 因此只有较高能量的中子才能引起轻核的非弹性散射反应. 在铀燃料功率堆中都有大量的 ^{238}U, 而裂变中子绝大部分都在 MeV 能区, 所以低浓度铀燃料元件中裂变中子谱中子的慢化主要来源于 ^{238}U 的非弹性散射.

9.2.4　其他核反应过程

在反应堆中除发生上述主要的核反应之外, 还可能发生其他核反应, 如(n,2n)、(n,3n)、(n,p)、(n,d)、(n,t)、(n,^{3}He)、(n,α)等. 其共同特点是要求入射中子能量比较高, 而且截面数值较小. 前两种反应是增殖中子的. 一般说来, 只有入射中子能量在几个 MeV 以上才能发生(n,2n); 发生(n,3n)则要求入射中子具有 10MeV 左右甚至更高的能量, 而且(n,3n)的截面要比(n,2n)小得多, 所以在裂变堆的物理研究中, (n,3n)的作用要比(n,2n)的小, 常把它忽略. 但对聚变堆来说, 系统中的高能中子显著增多, 发生这两种核反应的可能性大得多. 发生(n,2n)反应的最重要的核素当属 ^{9}Be, 因为它的(n,2n)反应截面较大, 常用做聚变堆的反射层材料.

除上述(n,2n)、(n,3n)外, 其他 5 种核反应的出射粒子都是带电粒子, 通常称为中子引起的带电粒子核反应. 总的说来, 中、重核的带电粒子反应截面都是比较小的, 它们在反应堆临界计算中通常被忽略掉. 然而这些带电粒子核反应对中等重量的反应堆结构材料核, 如 Fe、Cr、Ni 的辐照损伤研究、辐射安全防护研究都是十分重要的. 虽然它们的反应截面很小, 但是这些结构材料在高功率核反应堆中常年受高通量的辐照, 其积累效应不容忽视, 直接关系到堆的寿命. 例如, Fe 的(n,α)反应 ^{56}Fe+n⟶^{53}Cr+α, 改变了结构材料的成分, α 粒子积累到一定程度, 会使结构材料肿胀, 强度下降, 甚至被破坏. 另外, 剩余核通常都是带有放射性的, 亦需进行研究.

9.3　中子输运方程

将中子看成是一个点粒子, 用矢量 r 描述其位置、速度矢量 v 描述中子的飞行速度和方向, 即 $v = v\boldsymbol{\Omega}$, 并且忽略缓发中子, 就可以逐步推导出中子输运方程.

9.3.1　基本物理量的定义

单位矢量 $\boldsymbol{\Omega}$ 在极坐标中的定义如下(图 9.1):
$$\boldsymbol{\Omega}_X = \sin\theta\cos\varphi, \quad \boldsymbol{\Omega}_Y = \sin\theta\sin\psi, \quad \boldsymbol{\Omega}_Z = \cos\theta.$$
中子角密度 $N(r, \boldsymbol{\Omega}, E, t)$ 定义为在时间 t、位置 r、飞行方向 $\boldsymbol{\Omega}$、能量 E 时, 单位体积、单位立体

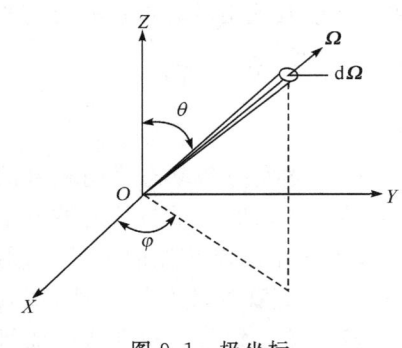

角、单位能量内的中子数,就是在时间 t、r 处体元 dV,飞行方向在 $\boldsymbol{\Omega}$ 处 $d\boldsymbol{\Omega}$ 内、能量在 E 处 dE 内的中子数.

$$N(r,\boldsymbol{\Omega},E,t)dVd\boldsymbol{\Omega}dE \tag{9.1}$$

中子密度 $n(r,E,t)$ 定义为将中子角密度对所有方向积分

$$n(\boldsymbol{r},E,t) = \int_{4\pi} N(\boldsymbol{r},\boldsymbol{\Omega},E,t)d\boldsymbol{\Omega} \tag{9.2}$$

中子角通量 $\Phi(r,\boldsymbol{\Omega},E,t)$ 定义为中子速度矢量的模与中子角密度的乘积,即

$$\Phi(r,\boldsymbol{\Omega},E,t) = vN(r,\boldsymbol{\Omega},E,t) \tag{9.3}$$

$\phi(r,E,t)$ 代表在时间 t、位置 r 处、单位能量内能量为 E 的中子通量,它等于对中子角通量的所有方向积分,

$$\phi(r,E,t) = \int_{4\pi} \Phi N(r,\boldsymbol{\Omega},E,t)d\boldsymbol{\Omega} \tag{9.4}$$

中子流 $J(r,E,t)$ 定义为在单位时间、单位能量、在位置 r 处穿过面元 dA 的净中子数. 它等于中子角密度 $N(r,\boldsymbol{\Omega},E,t)$ 与速度矢量的乘积再对 4π 立体角积分

$$\boldsymbol{J}(r,E,t) = \int_{4\pi} \boldsymbol{V}N(r,\boldsymbol{\Omega},E,t)d\boldsymbol{\Omega} = v\int_{4\pi} \boldsymbol{\Omega}N(r,\boldsymbol{\Omega},E,t)d\boldsymbol{\Omega} \tag{9.5}$$

$Q(r,\boldsymbol{\Omega},E,t)$ 定义为独立外中子源,与系统的中子密度无关. 它代表每单位体积、单位立体角、单位能量、单位时间内一个能量为 E 的中子在 r 处出现的概率. 很明显,$Q(r,\boldsymbol{\Omega},E,t)dVd\boldsymbol{\Omega}dE$ 就是方向在 $d\boldsymbol{\Omega}$ 内、能量在 dE 内、体积在 dV 内出现的中子数.

有关截面的定义. 中子输运方程中包括如下宏观截面:中子总截面 $\Sigma(r,E)$、裂变截面 $\Sigma_f(r,E)$、弹性和非弹性散射截面 $\Sigma_e(r,E)$ 和 $\Sigma_{in}(r,E)$,以及 $\Sigma_{2n}(r,E)$、$\Sigma_{3n}(r,E)$ 等具有次级中子贡献的宏观反应截面.

$\Sigma(r,E')$ 是入射能量为 E' 的中子在单位距离内与核发生各种核反应的总概率. 它具有长度倒数的量纲,它的倒数就是中子平均自由程. $\Sigma(r,E')\Phi(r,\boldsymbol{\Omega},E',t)dVd\boldsymbol{\Omega}dE'$ 代表中子在 t 时刻、r 处的体元 dV 内、能量为 E' 在 dE' 范围内、在 $\boldsymbol{\Omega}'$ 方向的 $d\boldsymbol{\Omega}'$ 内单位时间遭受各种碰撞的总数.

转移概率的定义. 输运方程涉及的 $\Sigma_f(r,E')$,$\Sigma_e(r,E')$,$\Sigma_{in}(r,E')$,$\Sigma_{2n}(r,E')$ 及 $\Sigma_{3n}(r,E')$ 等核反应截面都具有次级中子发射. 所谓转移概率就是在位置 r 处飞行方向为 $\boldsymbol{\Omega}'$、入射能量为 E' 的中子与介质发生 x 种核反应时产生能量为 E、飞行方向为 $\boldsymbol{\Omega}_x$ 的次级中子,其分布函数 $f_x(r,\boldsymbol{\Omega}',E'\to\boldsymbol{\Omega},E)$ 就称为 x 种核反应的转移概率.

通常把裂变反应的次级中子转移概率按各向同性处理,就是说,裂变中子发射谱 $\chi(r,E)$ 与入射中子的能量无关,即

$$f_f(r,\boldsymbol{\Omega}',E'\to\boldsymbol{\Omega},E) = \frac{1}{4\pi}\chi(r,E) \tag{9.6}$$

就定义为入射中子因其裂变反应出射一个中子的概率,E 代表出射中子能量. $\chi(r,E)$ 满足归一化条件

$$\int_0^\infty \chi(r,E)dE = 1 \tag{9.7}$$

实际上每次裂变释放 ν 个中子,所以入射中子引起裂变反应出射次级中子的概率是

$$\nu f_f(r,\boldsymbol{\Omega}',E'\to\boldsymbol{\Omega},E) = \frac{\nu}{4\pi}\chi(r,E) \tag{9.8}$$

对于非弹性散射来说,入射中子首先与靶核形成复合核,然后才发射出一个中子,因此它的次级中子发射谱也可以看成是各向同性的. 它的转移概率函数可以写成

$$f_{in}(r,\boldsymbol{\Omega}',E'\to\boldsymbol{\Omega},E)=\frac{1}{4\pi}f_{in}(r,E'\to E) \tag{9.9}$$

中子经非弹性散射后只出射一个中子,它的转移概率函数也应当是归一化的,即

$$\iint f_{in}(r,\boldsymbol{\Omega}',E'\to\boldsymbol{\Omega},E)d\boldsymbol{\Omega}dE=1 \tag{9.10}$$

中子经弹性散射后也出射一个中子,它的转移概率函数也应当是归一化的,即

$$\iint f_e(r,\boldsymbol{\Omega}',E'\to\boldsymbol{\Omega},E)d\boldsymbol{\Omega}dE=1 \tag{9.11}$$

靶核初始状态处于静止的实验室系时中子散射更具有实用意义,也是建立中子输运方程所需要的. 式(8.5)给出了在实验室系中子散射前后飞行方向夹角 θ 的余弦 μ 的表示式. 用 $\sqrt{E'}/\sqrt{E}$ 替代 v'/v,式(8.5)又可以写成如下形式:

$$\mu=\frac{1}{2}\left[(A+1)\sqrt{\frac{E}{E'}}-(A-1)\sqrt{\frac{E'}{E}}\right]=D \tag{9.12}$$

只有在 θ 角范围内才有次级中子发射,因此可以引入狄拉克函数 δ 作为一个因子,弹性散射转移函数写成如下形式:

$$f_e(r,\boldsymbol{\Omega}',E'\to\boldsymbol{\Omega},E)=f_e(r,E'\to E)\delta(\mu-D) \tag{9.13}$$

如果是质心系内球对称散射,又可以写成

$$f_e(r,E'\to E)=\frac{1}{2\pi(1-\alpha)E'} \tag{9.14}$$

式中,$\alpha=1-q=[(A-1)/(A+1)]^2$,其中 q 值由式(8.14)给出.

对于(n,2n)、(n,3n)反应的次级中子能量、角度分布通常由评价核数据库给出. 令 Σ' 代表上述几种反应类型的宏观截面,$\Sigma'=\Sigma_f+\Sigma_e+\Sigma_{in}+\Sigma_{2n}+\Sigma_{3n}$,

$$\Sigma'(r,E')f(r,\boldsymbol{\Omega}',E'\to\boldsymbol{\Omega},E)=\sum_x\sigma_x(r,E')f_x(r,\boldsymbol{\Omega}',E'\to\boldsymbol{\Omega},E) \tag{9.15}$$

式中,求和号的角码 x 分别代表对裂变、弹性散射、非弹性散射、(n,2n)、(n,3n)反应求和. 注意到,f_e 和 f_{in} 归一化到 1,f_f 归一化到 ν,f_{2n} 归一化到 2,f_{3n} 归一化到 3,对所有碰撞后的方向 $\boldsymbol{\Omega}$ 和能量 E 积分,可以得到

$$\iint f(r,\boldsymbol{\Omega}',E'\to\boldsymbol{\Omega},E)d\boldsymbol{\Omega}dE$$
$$=(\nu(r,E')\Sigma_f(r,E')+\Sigma_e(r,E'))+\Sigma_{in}(r,E')+\Sigma_{2n}(r,E')+\Sigma_{3n}(r,E'/\Sigma'(r,E'))$$
$$=C(r,E')$$

$C(r,E')$ 的物理意义就是,在 r 处每个能量为 E' 的中子发生各种类型的碰撞之后产生的次级中子数. 所以,在时间 t、r 处的 dV 体元内、能量为 E' 到 $E'+dE'$、飞行方向为 $\boldsymbol{\Omega}'$ 到 $\boldsymbol{\Omega}'+d\boldsymbol{\Omega}'$ 范围内的中子与介质发生各种类型的反应时,产生能量为 E、方向为 $\boldsymbol{\Omega}$ 的中子数就定义为

$$\iint C(r,E')\Sigma'(r,E')f(r,\boldsymbol{\Omega}',E'\to\boldsymbol{\Omega},E)\Phi(r,\boldsymbol{\Omega}',E',t)d\boldsymbol{\Omega}'dE'dV \tag{9.16}$$

9.3.2 中子输运方程的建立

按照系统中总中子数守恒的原则建立中子输运方程,即系统中中子总数随时间的变化等于系统中产生的中子数减去系统中总损失的中子数.

系统中子总数变化是中子角密度 $N(r,\bm{\Omega},E,t)$ 随时间的变化为 $\partial N(r,\bm{\Omega},E,t)/\partial t$.

考虑一个体积元 $dV=dxdydz$,如图 9.2 所示. 在该体积元内损失的中子数由两部分构成：一部分是碰撞损失；另一部分是非碰撞损失,就是中子未经碰撞而直接泄漏到体元 dV 之外了. 输运理论认为,无论中子与介质发生何种类型的碰撞,或者改变它原来的能量,或者改变原来的方向,也就是说,只要一发生碰撞,中子就从它原来的初始状态消失掉. 所以,令 $\Sigma(r,E)$ 是中子宏观总截面,在时间 t、能量为 E、飞行方向为 $\bm{\Omega}$,体积元 dV 内宏观碰撞损失的中子数为

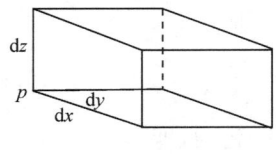

图 9.2 体积元

$$\Sigma(r,E)vN(r,\bm{\Omega},E,t)dEd\bm{\Omega}dV=\Sigma(r,E)\Phi(r,\bm{\Omega},E,t)dEd\bm{\Omega}dV \tag{9.17}$$

在笛卡儿坐标系中推导出泄漏出体积元 dV 的中子数. 图 9.2 中 P 点的坐标是 (x,y,z). 单位时间穿过 x 平面而射入体积元的中子数等于 $v\bm{\Omega}_xN(x,y,z,\bm{\Omega},E,t)dydz$. 单位时间穿过 $x+dx$ 平面而流出体元的中子数等于 $v\bm{\Omega}_xN(x+dx,y,z,\bm{\Omega},E,t)dydz$. 在 x 方向单位时间净流出中子数为

$$\begin{aligned}&v\bm{\Omega}_xN(x+dx,y,z,\bm{\Omega},E,t)dydz-v\bm{\Omega}_xN(x,y,z,\bm{\Omega},E,t)dydz\\&=v\bm{\Omega}_x[N(x+dx,y,z,\bm{\Omega},E,t)-N(x,y,z,\bm{\Omega},E,t)]dxdydz/dx\\&=v\bm{\Omega}_x\frac{\partial N(x,y,z,\bm{\Omega},E,t)}{\partial X}dV\end{aligned} \tag{9.18}$$

单位时间净流出 y 平面及 z 平面的中子数的表达式都与式(9.18)相类似. 用 N 代表 $N(x,y,z,\bm{\Omega},E,t)$,单位时间从体元 dV 泄漏出去的中子总数为

$$\left[v\bm{\Omega}_x\frac{\partial N}{\partial X}+v\bm{\Omega}_Y\frac{\partial N}{\partial Y}+v\mu\bm{\Omega}_z\frac{\partial N}{\partial Z}\right]dV=v\bm{\Omega}\cdot\mathrm{grad}NdV=v\bm{\Omega}\cdot\nabla N \tag{9.19}$$

应用式(9.18),式(9.19)可以写成

$$v\bm{\Omega}\cdot\nabla N(r,\bm{\Omega},E,t)=\bm{\Omega}\cdot\nabla\Phi(r,\bm{\Omega},E,t) \tag{9.20}$$

式(9.17)、(9.20)就是在体积元 dV 内单位时间损失的中子总数.

时间 t,体积元 dV 内能量为 E、飞行方向为 $\bm{\Omega}$ 的中子在单位时间内增加的数目由三部分构成：一是体积元内产生的裂变谱中子中能量为 E 的那部分中子数；二是能量为 E'、飞行方向为 Ω' 的其他中子由于弹性、非弹性散射、(n,2n)、(n,3n)反应后产生的能量为 E、飞行方向为 Ω 的那部分中子数由式(9.16)表示；三是由于外中子源的贡献,即方向在 $\bm{\Omega}+d\bm{\Omega}$ 内、能量在 $E+dE$ 内,体积元 dV 内出现的外源中子的数目 $Q(r,\bm{\Omega},E,t)dVd\bm{\Omega}dE$. 应用上述诸项表示式,对 $d\bm{\Omega}'$、dE' 积分,消去 $d\bm{\Omega}$ 和 dE,写出中子输运方程为

$$\begin{aligned}\frac{\partial N(r,\bm{\Omega},E,t)}{\partial t}=&-\Sigma(r,E)\Phi(r,\bm{\Omega},E,t)-\bm{\Omega}\cdot\nabla\Phi(r,\bm{\Omega},E,t)+Q(r,\bm{\Omega},E,t)\\&+\iint C(r,E')\Sigma(r,E')f(r,\bm{\Omega}',E'\to\bm{\Omega},E)\Phi(r,\bm{\Omega}',E',t)d\bm{\Omega}'dE'\end{aligned}$$

$$\tag{9.21}$$

中子输运方程在核反应堆领域有广泛的应用,它也可以用于其他粒子的输运计算,如 γ 的输运计算,因而在辐射屏蔽、辐射防护等领域也有广泛应用.

9.3.3 中子输运方程的边界条件

外边界条件、不同介质交界面处连续条件和中心对称条件组成了一组完整而有效的中子输运方程的边界条件. 假设在系统的自由面以外的介质是真空,而且没有外源中子向系统内注

入.就是说,系统中的中子一旦向外飞离自由面 R 处,就不可能发生任何碰撞使其返回该系统.自由面边界条件可以写成如下形式:

$$\Phi(R, \mathbf{\Omega}, E, t) = 0 \tag{9.22}$$

$\mathbf{\Omega}$ 代表所有向内的方向.

中子对不同的介质有不同的核反应截面,中子通过不同的介质必然会引起中子密度的变化.在这种情况下应用中子输运方程求解时,必须确保在交界面处中子密度连续.戴维逊给出了界面连续条件. s 是跨界面两边的、与中子飞行方向 $\mathbf{\Omega}$ 相一致的距离.该连续条件就是中子角密度必须是 s 的连续函数,当 s 趋于无限小时,中子角密度应满足如下的条件:

$$\lim_{s \to 0} \left[N\left(r_s + \frac{1}{2}s\mathbf{\Omega}, \mathbf{\Omega}, E, t + \frac{s}{2v}\right) - N\left(r_s - \frac{1}{2}s\mathbf{\Omega}, \mathbf{\Omega}, E, t - \frac{s}{2v}\right) \right] = 0 \tag{9.23}$$

上式也可以推广应用于中子角通量连续.

如果系统是球对称的,在球心处 r=0,满足对称条件,

$$\Phi(0, \mathbf{\Omega}, E, t) = \Phi(0, -\mathbf{\Omega}, E, t) \tag{9.24}$$

不管中子原来的飞行方向如何,只要经过球心处,中子就不改变它的飞行方向.

9.3.4 中子输运方程的共轭方程

在核反应堆理论中,微扰理论和变分理论都需要中子输运方程的共轭方程.假定一个核反应堆系统是稳态的,即中子角通量函数不随时间变化,而且没有外中子源,则中子输运方程(9.21)可以重新写成如下形式:

$$\Sigma(r, E)\Phi(r, \mathbf{\Omega}, E) + \mathbf{\Omega} \cdot \nabla \Phi(r, \mathbf{\Omega}, E)$$
$$= \iint C(r, E') \Sigma(r, E') f(r, \mathbf{\Omega}', E' \to \mathbf{\Omega}, E) \Phi(r, \mathbf{\Omega}', E') \mathrm{d}\mathbf{\Omega}' \mathrm{d}E' \tag{9.25}$$

由于没有外中子源,方程(9.25)是齐次方程.左边代表单位时间、单位体积内、在空间 r 处、飞行方向为 $\mathbf{\Omega}$、能量为 E 的中子净损失数;右边代表净产生数.也就是说,该方程所描述的系统能维持自持的链式反应,该系统是临界系统.方程(9.21)的解就是角通量分布函数 $\Phi(r, \mathbf{\Omega}, E)$.它具有稳定的分布.在这种情况下,容易写出方程(9.25)的共轭方程

$$\Sigma(r, E)\Phi^+(r, \mathbf{\Omega}, E) - \mathbf{\Omega} \cdot \nabla \Phi^+(r, \mathbf{\Omega}, E)$$
$$= \iint C(r, E') \Sigma(r, E') f(r, \mathbf{\Omega}', E' \to \mathbf{\Omega}, E) \Phi^+(r, \mathbf{\Omega}', E') \mathrm{d}\mathbf{\Omega}' \mathrm{d}E' \tag{9.26}$$

式中,中子角通量函数 $\Phi(r, \mathbf{\Omega}, E)$ 的共轭函数 $\Phi^+(r, \mathbf{\Omega}, E)$ 是共轭方程的解.方程(9.25)和(9.26)有两点差别:一是梯度符号相反;二是转移函数中用"→"分开的前后两部分互换,在输运方程中的 $\mathbf{\Omega}', E' \to \mathbf{\Omega}, E$ 在其共轭方程中变成了 $\mathbf{\Omega}, E \to \mathbf{\Omega}', E'$.

共轭方程像输运方程那样亦需满足中心对称条件、交界面连续条件,但是系统的外边界条件有所不同,具体如下:

$$\Phi^+(R, \mathbf{\Omega}, E) = 0 \tag{9.27}$$

$\mathbf{\Omega}$ 代表所有向外的方向只要中子在系统外边界处向外飞离该系统,则 $\Phi^+(R, \mathbf{\Omega}, E) = 0$,也就是说,飞离外边界的中子是那些对该系统的共轭分布函数没有构成什么影响的中子.由此看来共轭函数具有中子价值函数的物理意义.共轭方程及其解常用于核反应微扰理论,例如,微扰反应性系数计算、控制棒价值计算、灵敏度分析研究等.

9.3.5 输运方程的近似处理

输运方程中的变量 r、$\mathbf{\Omega}$、E 都是连续的.若不进行近似处理,企图得出角通量的解析解是

不可能的. 本节将仅对能量、方向变量的近似处理方法做概要介绍, 并且对各向异性散射在核反应堆中的作用做简单分析.

1. 多群近似

一般核反应堆由裂变核、结构材料核、慢化剂核组成. 除少数轻核之外, 都有共振结构, 其截面随能量的变化非常复杂. 对于这样的问题, 精确求解中子输运方程是不可能的. 通常采用"常截面近似"方法能使问题有效地简化. 在堆中子所处的能量范围之内, 把能量分成若干个区间, 在每个区间内认为截面不随能量变化, 即为常数, 同时假定中子通量、角通量也都不随能量变化, 也是常数. 把一个能量区间称为一个能群, 能量区间总个数又称为总群数, 所以常截面近似又称为多群近似. 经多群近似后, 中子输运方程中随能量变化的截面数据就变成了群常数的形式. 为了能最大限度地减少多群近似所带来的误差, 对快、热不同的系统必须适当地划分能量间隔和选取能群总数.

2. 方向近似

通常取方向余弦 μ 替代 $\boldsymbol{\Omega}$ 为自变量, 将输运方程中的中子角通量展开成球谐函数, 在一维平面、球形几何情况下, 这种函数简化为勒让德多项式. 实际上 Sn 方法对方向变量处理得更为简单有效.

初期的卡尔逊 Sn 方法是将方向余弦 μ 的区间 $[-1,+1]$ 分成 n 个等分的子区间, n 必为偶数. 对每个子区间 $[\mu_j,\mu_{j-1}]$, 假定角通量为线性变化. 子区间任何 μ 值所对应的 $\Phi(r,\mu,E)$, 都可以写成包括 $\Phi(r,\mu_j,E)$ 和 $\Phi(r,\mu_{j-1},E)$ $(j=1,2,\cdots,n)$ 的线性表示式

$$\Phi(r,\mu,E)=\frac{n}{2}[(\mu-\mu_{j-1})\Phi(r,\mu_j,E)+(\mu_j-\mu)\Phi(r,\mu_{j-1},E)] \tag{9.28}$$

然后进行 Sn 变换. 将式 (9.28) 代入输运方程, 在 n 个子区间 $[\mu_j,\mu_{j-1}]$ 上分别对 μ 积分, 得出与变量 μ 无关仅与 μ_j 有关的 n 个输运方程, 再把 $\mu=-1$ 代入输运方程, 共计有 $n+1$ 个联立的方程, 仅包括 $n+1$ 个 $\Phi(r,\mu_j,E)$ 函数, 而与连续的 μ 变量无关. 在理论上, 只要 μ 间隔足够小, 或者说 n 足够大, 输运方程的解就是精确的. 然而对 μ 间隔的积分会使输运方程变得非常复杂, 所以卡尔逊只处理了一维球形、各向同性散射的情况.

为了能够较容易地推广应用到两维以及各向异性散射的情况, 后来卡尔逊等又发展了离散坐标法 Sn 方法. 与初期的卡尔逊 Sn 方法相比, 离散坐标法更简单. 它不对 $\Phi(r,\mu,E)$ 在 μ 间隔中做线性近似, 也避免了对 μ 间隔的积分, 而是从 $[-1,+1]$ 区间中离散出 $n+1$ 个方向, 即选定 $n+1$ 个值 (n 为偶数, 还必须包括 $\mu=-1$). 如何恰当地选择离散的 μ_j 值使之满足计算精度, 在物理上又是合理的, 是个必须解决的问题. 为此又引入了与 μ_j 对应的 $n+1$ 个权重 W_j. $n+1$ 组 (μ_j,W_j) 组成了"求积集". 这样就简单地把包括 $\Phi(r,\mu,E)$ 的输运方程转化成求解包括 $n+1$ 个 $\Phi(r,\mu_j,E)$ 函数的 $n+1$ 个方程了.

选取由 $n+1$ 个组成的 $\{\mu_j\}$ 和 $\{W_j\}$ 的求积集组, 应当满足如下的物理条件:

(1) 由于输运方程的解都是正值, 所以对所有的 j 要求 $W_j>0$;

(2) 要求以 $\mu=0$ 为中心对称地选择方向和权重, 即 $\mu_j=-\mu_{n+1-j}$ 和 $W_j=W_{n+1-j}$;

(3) 必须满足 $\sum_{j=1}^{n}=W_j\mu_j$

高斯求积集就满足上述条件. 为了使离散纵标 Sn 方法更有效地用于一维几何系统, 并推广到二维几何系统, 构造求积集的理论、方法进一步得到了发展, 并且用多种方法得到了平板、

第 9 章 中子输运

球、圆柱几何的求积集($n=2,4,\cdots,16$). 为离散纵标 Sn 方法的广泛应用创造了条件.

3. 各向异性散射

经弹性散射后发射的中子具有各向异性的特性,特别是散射核较轻、入射中子能量较高时更是如此. 取中子方向余弦为自变量,将散射截面展开成勒让德多项式,用量子力学分析了各向异性散射效应与散射核质量和入射中子能量的关系. P_0 展开项代表基波即 S 波散射,是各向同性散射部分;P_1 展开项代表 P 波散射,是各向异性散射部分. 可以得出如下的结论:对于散射核是重核,如 ^{238}U,入射中子能量大约在 300keV 以上,能呈现各向异性散射;对于散射核是轻核,中子能量高于 1MeV 时,各向异性散射甚为明显. 因此快堆和热堆系统内的各向异性散射都是很重要的.

▶▶ 9.3.6 单群理论

求解单群中子输运方程的意义在于能了解多群中子输运方程的求解方法. 因为多群输运方程常常转化成一组耦合的单群方程组. 此外,通过较为简单的单群计算可以较快地了解问题的物理意义. 本节仅讨论与时间无关的稳态问题.

1. 单群中子方程

由于是单群近似,宏观截面 Σ,中子角通量 Φ,中子通量 ϕ、转移概率函数 f 都与能量无关,所以将式(9.21)对能量积分可简化成下式:

$$\Sigma(r)\Phi(r,\boldsymbol{\Omega}) + \boldsymbol{\Omega}\cdot\nabla\Phi(r,\boldsymbol{\Omega}) = C(r)\Sigma'(r)\int_{\Omega'}f(r,\boldsymbol{\Omega}'\to\boldsymbol{\Omega})\Phi(r,\boldsymbol{\Omega}')\mathrm{d}\boldsymbol{\Omega}' + Q(r,\boldsymbol{\Omega})$$
(9.29)

这就是单群输运方程的普遍形式.

2. 不同坐标系的单群中子方程

(1) 平板几何:对平板几何系统来说,式(9.27)中的变量仅与坐标 X 有关. 这是 $\boldsymbol{\Omega}\cdot\nabla\Phi(r,\boldsymbol{\Omega}) = \mu(\partial\Phi(X,\boldsymbol{\Omega})/\partial x)$,用 $2\pi\mathrm{d}\mu'$ 代替 $\mathrm{d}\boldsymbol{\Omega}'$,再假设碰撞后出射的中子分布是各向同性的,即 $f(\boldsymbol{\Omega}'\to\boldsymbol{\Omega}) = 1/4\pi$,假设 $C(r)$ 与 r 无关,式(9.29)又可改写成

$$\mu\frac{\partial\Phi(x,\mu)}{\partial x} + \Sigma(x)\Phi(x,\mu) = \frac{C}{2}\int_{-1}^{1}\Phi(x,\mu')\mathrm{d}\mu' + \frac{1}{4\pi}Q(x)$$
(9.30)

(2) 球形几何:对于球形系统(图 9.3)来说,中子角通量与 r 和方向余弦 μ 有关. 假定 ρ 代表沿 $\boldsymbol{\Omega}$ 相反方向量度的距离,则角通量的变化可以对 ρ 的全微分来描述,即

$$\boldsymbol{\Omega}\cdot\nabla\Phi(r,\boldsymbol{\Omega}) = \frac{\mathrm{d}\Phi(r,\boldsymbol{\Omega})}{\mathrm{d}\rho} = -\frac{\partial\Phi(r,\boldsymbol{\Omega})}{\partial r}\frac{\partial r}{\partial\rho} - \frac{\partial\Phi(r,\mu)}{\partial\mu}\frac{\partial\mu}{\partial\rho}$$

因为 $\mathrm{d}r = -\cos\theta\mathrm{d}\rho$,$\mathrm{d}r/\mathrm{d}\rho = -\cos\theta = -\mu$,以及 $r\mathrm{d}\theta = \sin\theta\mathrm{d}\rho$,$\mathrm{d}\mu/\mathrm{d}\rho = -\sin\theta\mathrm{d}\theta/\mathrm{d}\rho = -(1-\mu^2)/r$. 所以,

$$\boldsymbol{\Omega}\cdot\nabla\Phi(r,\boldsymbol{\Omega}) = \mu\frac{\partial\Phi(r,\mu)}{\partial r} + \frac{(1-\mu^2)}{r}\frac{\partial\Phi(r,\mu)}{\partial\mu}$$
(9.31)

将式(9.31)代入式(9.27),即可得出球坐标下的单群中子输运方程

$$\mu\frac{\partial\Phi(r,\mu)}{\partial r} + \frac{(1-\mu^2)}{r}\frac{\partial\Phi(r,\mu)}{\partial\mu} + \Sigma(r)\Phi(r,\mu) = \frac{C}{2}\int_{-1}^{1}\Phi(r,\mu')\mathrm{d}\mu' + \frac{1}{4\pi}Q(r) \quad (9.32)$$

(3) 圆柱几何(图 9.4):在该系统中,中子角通量的空间变量是径向的 r 轴和轴向的 z 轴.让沿中子飞行方向 Ω 的长度元用 $\mathrm{d}\rho$ 表示,由图不难得出,$(\mathrm{d}\rho)^2 = (\mathrm{d}z)^2 + (r\mathrm{d}\omega)^2 + (\mathrm{d}r)^2$,利用全微分 $\dfrac{\mathrm{d}\Phi}{\mathrm{d}\rho} = \dfrac{\partial\Phi}{\partial r}\dfrac{\partial r}{\partial\rho} + \dfrac{\partial\Phi}{\partial\omega}\dfrac{\partial\omega}{\partial\rho}$(这里省略了 Φ 函数中的变量),结果与 z 无关,其中 $\mathrm{d}r = \sin\theta\cos\omega\mathrm{d}\rho$,$-r\mathrm{d}\omega = \sin\theta\sin\omega\mathrm{d}\rho$,因此球坐标下输运方程中的泄漏项可写成

$$\Omega \cdot \nabla\Phi = \frac{\mathrm{d}\Phi}{\mathrm{d}\rho} = \sin\theta\left(\cos\omega\frac{\partial\Phi}{\partial r} - \frac{\sin\omega}{r}\frac{\partial\Phi}{\partial\omega}\right) \tag{9.33}$$

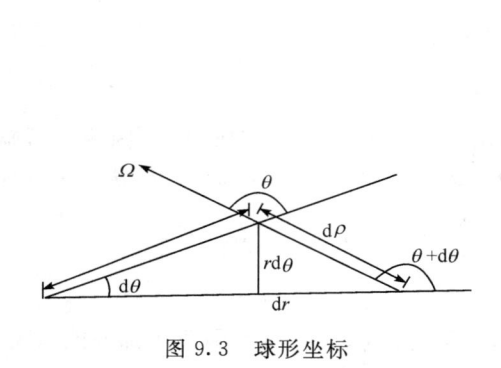

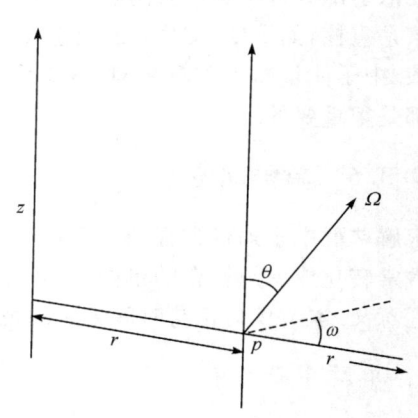

图 9.3 球形坐标

图 9.4 圆柱坐标

3. 齐次方程的解

无源的齐次方程就是临界方程,一定包括裂变项,C 值是大于 1 的.用分离变量法解输运方程已被许多人采用过.在平板几何、无源情况之下,方程(9.30)又可改写成

$$\mu\frac{\partial\Phi(x,\mu)}{\partial x} + \Sigma(x)\Phi(x,\mu) = \frac{C}{2}\int_{-1}^{1}\Phi(x,\mu')\mathrm{d}\mu' \tag{9.34}$$

为了求解 $\Phi(x,\mu)$,让 $X(x)$ 只是 x 的函数,$\Psi(\mu)$ 只是 μ 的函数,可以写成

$$\Phi(x,\mu) = X(x)\Psi(\mu) \tag{9.35}$$

用 $\mu\Phi(x,\mu)$ 除式(9.34),再用式(9.35)代替 $\Phi(x,\mu)$ 和 $\Phi(x,\mu')$,可以得到

$$\frac{\mathrm{d}X(x)}{\mathrm{d}x}\frac{1}{X(x)} = \frac{C}{2\mu\Psi(\mu)}\int_{-1}^{1}\Psi(\mu')\mathrm{d}\mu' - \frac{1}{\mu}$$

该式左端只是 x 的函数,右端只是 μ 的函数,因此两边都等于同一个常数,假定此常数为 $-1/\beta$,得到 $X(x) =$ 常数 $\times \mathrm{e}^{-x/\beta}$,将式(9.35)代入上式,得到

$$\Phi_\beta(x,\mu) = \mathrm{e}^{-x/\beta}\Psi_\beta(\mu) \tag{9.36}$$

式中,β 是相应于本征函数 $\Psi_\beta(\mu)$ 的本征值.将式(9.36)代入式(9.34),得到

$$\left(1 - \frac{\mu}{\beta}\right)\Psi_\beta(\mu) = \frac{C}{2}\int_{-1}^{1}\Psi_\beta(\mu')\mathrm{d}\mu' \tag{9.37}$$

令 Ψ 满足归一化条件,有

$$\int_{-1}^{1}\Psi_\beta(\mu')\mathrm{d}\mu' = 1 \tag{9.38}$$

用 β 乘式(9.37),得到 $(\beta-\mu)\Psi_\beta(\mu) = \dfrac{C}{2}\beta$.为了确保右端不等于 0,要求在 $[-1,+1]$ 区间内

$\beta \neq \mu$，就可以写成

$$\Psi_\beta(\mu) = \frac{C}{2}\frac{\beta}{\beta-\mu} \tag{9.39}$$

将式(9.39)代入归一化条件式(9.38)，积分后，得到

$$\frac{C\beta}{2}\ln\frac{\beta+1}{\beta-1} = 1 \tag{9.40}$$

β是方程(9.40)的根，代入方程(9.39)就可以得到本征函数$\Psi_\beta(\mu)$的解，β是其本征值. 实际上，求解方程(9.40)时可以发现，其根有两个，即$\beta = \pm\beta_0$，它们都满足式(9.37). 角通量函数也相应地有正负两个解，即Φ^+对应于$-\beta$，Φ^-对应于$+\beta$，所以

$$\Phi_0^\pm(x,\mu) = X(x)\Psi_0^\mp(\mu) = \mathrm{e}^{\mp x/\beta_0}\frac{C\beta_0}{2(\beta_0 \mp \mu)} \tag{9.41}$$

可以看出，无论Φ^+或Φ^-都随距离的增大而指数衰减. 文献证明了式(9.40)的根β_0可以称为渐近弛豫长度，因为它类似于扩散理论中的扩散长度. 将式(9.40)做级数展开，只取前两项

$$\beta_0 = \frac{1}{\sqrt{3(1-C)}}\left[1 + \frac{2}{3}(1-C) + \cdots\right] \tag{9.42}$$

当C非常接近于1，即弱吸收介质时，第二项可以略掉，只取第一项，则β_0相当于以平均自由程为单位的扩散长度. 在简单扩散长度$L = 1/(\sqrt{3\Sigma\Sigma_\mathrm{a}})$，由于宏观吸收截面$\Sigma_\mathrm{a} = \Sigma(1-C)$，则$L = 1/(\sqrt{3(1-C)\Sigma^2}) = 1/(\Sigma\sqrt{3(1-C)})$，与式(9.42)相比只是相差$1/\Sigma$.

4. 具有各向同性源的非齐次方程的解

为简化公式，考虑平板几何、各向同性散射、在$x = x_0$处每秒发射一个中子的单位面源，这时式(9.30)可以改写成

$$\mu\frac{\partial\Phi(x,\mu)}{\partial x} + \Sigma(x)\Phi(x,\mu) = \frac{C}{2}\int_{-1}^{1}\Phi(x,\mu')\mathrm{d}\mu' + \frac{\delta(x-x_0)}{4\pi} \tag{9.43}$$

用球谐函数法求解时，对于平板、球形几何，球谐函数可简化为勒让德多项式. 将角通量展开成勒让德级数，有

$$\Phi(x,\mu) = \sum_{m=0}^{\infty}\frac{2m+1}{4\pi}\phi_m(x)\mathrm{P}_m(\mu) \tag{9.44}$$

$\mathrm{P}_m(\mu)$是勒让德多项式，$\phi_m(x)$是展开系数. 勒让德多项式具有正交性，展开系数就是

$$\phi_m(x) = 2\pi\int_{-1}^{1}\Phi(x,\mu)\mathrm{P}_m(\mu)\mathrm{d}\mu \tag{9.45}$$

当$m = 0$时，$\mathrm{P}_0(\mu) = 1$，$\phi_0(x)$就是总通量；当$m = 1$时，$\mathrm{P}_1(\mu) = \mu$. 这时式(9.45)变成$\phi_1(x) = 2\pi\int_{-1}^{1}\mu\Phi(x,\mu)\mathrm{d}\mu$，就是在$x$处沿$x$方向的流$J(x)$. 将式(9.44)展开到$N$后，代入到单群输运方程式(9.43)，利用勒让德多项式的递推公式，对μ从-1到$+1$积分并用勒让德多项式的正交性质，容易推导出

$$(n+1)\frac{\mathrm{d}\phi_{n+1}(x)}{\mathrm{d}x} + n\frac{\mathrm{d}\phi_{n-1}(x)}{\mathrm{d}x} + (2n+1)(1-C\delta_{0n})\phi_n(x)$$
$$= \delta_{0n}\delta(x-x_0), \quad n = 0,1,2,\cdots,N \tag{9.46}$$

式中，$\phi_{-1}(x) = 0$，δ_{0n}是克罗内克δ符号，即当$n = 0$时，$\delta_{0n} = 1$；当$n \neq 0$时，$\delta_{0n} = 0$.

式(9.46)包括$N+1$个方程组，但是共有$N+2$个未知函数$\phi_{n+1}(x)$，需要补充一个方程

才能求解。根据勒让德多项式的震荡性质，且随着展开阶次的增大，振幅递减，只要 N 足够大，$P_N(\mu)$ 趋近于 0。于是根据式(9.45)，假定 $\dfrac{\mathrm{d}\phi_{N+1}(x)}{\mathrm{d}x}=0$ 是合理的。这样就使未知函数个数等于方程个数了，即可联立求解该方程组了。

9.3.7 与能量有关的输运方程的数值求解方法

输运方程的数值求解方法是针对角度、能量和空间进行离散处理之后，选取适当的边界条件，求解角通量分布。对能量变量的离散处理就是采用前述的多群近似；对空间变量的离散采用常规的差分方法；对角度的处理方法较多。迄今为止，Sn 方法仍然是最好的方法，它较为简单、快速、能满足精度要求。到 20 世纪 80 年代已出现了一大批知名度较高、应用广泛的 Sn 程序，例如，一维 Sn 程序 DTF-IV、ANISN、ONEDANT，二维 Sn 程序 TWOTRAN、DOT-III，三维 Sn 程序 TRITAC 汇集了一维、二维和三维 Sn 程序的程序包 DANTSYS 等。

上述程序都是离散纵标 Sn 程序，因此很容易推广到各向异性散射以及二维几何，但是与之相比还是初期的卡尔逊 Sn 方法更为精确，因为它是对 μ 间隔积分，而不是仅仅离散几个方向。由于对 μ 间隔的积分会使得输运方程变得非常复杂，所以卡尔逊只处理了一维球形、各向同性散射的情况。至今也没有见到国外有将其推广到各向异性散射或者二维几何的工作。本节将简介中国核数据中心把一维球形几何各向同性散射的卡尔逊 Sn 方法推广应用到各向异性散射的工作以及编制的计算程序。

1. 方程和边界条件

在球坐标系统中，将中子输运方程进行多群近似处理后，再把散射截面展开成勒让德多项式，得到式(9.47)。

$$\mu\frac{\partial\Phi_g(r,\mu)}{\partial r}+\frac{1-\mu^2}{r}\frac{\partial\Phi_g(r,\mu)}{\partial\mu}+\Sigma_g\Phi_g(r,\mu)$$
$$=Q_g(r)+\chi_g\sum_{g'=1}^{G}\nu\Sigma_{g'}^{f}\phi_{g'}(r)+\sum_{g'=1}^{g}\sum_{K=0}^{\mathrm{ISCT}}\frac{1}{2}(2K+1)\Sigma_{g'\to g}^{s}$$
$$\times K_K^P(\mu)\int_{-1}^{+1}P_K(\mu')\Phi_{g'}(r,\mu')\mathrm{d}\mu' \tag{9.47}$$

式中，g 和 g' 是能群角码，G 代表总群常数，定义第一群为最高能量群，$P_K(\mu)$ 是第 K 阶勒让德函数，ISCT 是勒让德展开的最大阶次。外边界条件是在系统外边界 R 处满足

$$\Phi_g(R,\mu)=0,\quad 当 \mu\leqslant 0 时，\quad g=1,2,3,\cdots,G \tag{9.48}$$

在球心处满足对称条件

$$\Phi_g(0,\mu)=\Phi_g(0,-\mu),\quad g=1,2,3,\cdots,G \tag{9.49}$$

定义通量

$$\phi_g(r)=\frac{1}{2}\int_{-1}^{+1}\Phi_g(r,\mu)\mathrm{d}\mu$$

流量

$$J_g(r)=\frac{1}{2}\int_{-1}^{+1}\mu\Phi_g(r,\mu)\mathrm{d}\mu \tag{9.50}$$

如果 ISCT=0，则 $P_0(\mu)=P_0(\mu')=1$，式(9.47)右端第三项简化成 $\sum_{g'=1}^{g}\Sigma_{g'\to g,0}^{s}\phi_{g'}(r)$，这时式

(9.47)就是球坐标各向同性散射的中子输运方程.

2. 建立 Sn 差分方程

在 9.3.5 节中已经概述了卡尔逊 Sn 方法的实质,有关部分不再重述.在多群近似之下,方程(9.28)可以改写成如下形式:

$$\Phi_g(r,\mu) = \frac{n}{2}[(\mu-\mu_{j-1})\Phi_g(r,\mu_j) + (\mu_j-\mu)\Phi_g(r,\mu_{j-1})] \tag{9.51}$$

式中,$n/2$ 就是 μ 间隔的长度的倒数,$\mu_j = -1 + \frac{2(j-1)}{n}$,$j=2,3,\cdots,n,n+1$.将式(9.51)代入式(9.47),再在每个 μ 间隔 $[\mu_{j-1},\mu_j]$ 中对 μ 积分,就能去掉变量 μ.

空间差分是从中心到外边界分成 I 个间隔,每个间隔的区间是 $[r_i,r_{i+1}]$,$i=1,2,\cdots,I$,则在每个区间内满足

$$\int_{r_i}^{r_{i+1}} \mathrm{d}\Phi_g(r,\mu_j) = \Phi_{g,i+1,j} - \Phi_{g,i,j} \tag{9.52}$$

$$\int_{r_i}^{r_{i+1}} \Phi_g(r,\mu_j)\mathrm{d}r = \Delta_i(\Phi_{g,i+1,j} + \Phi_{g,i,j}) \tag{9.53}$$

$$\Delta_i = (r_{i+1} - r_i)/2 \tag{9.54}$$

方程(9.47)经 Sn 变换后去掉了变量 μ,再进行空间差分.在每个区间 $[r_i,r_{i+1}]$ 上对 r 积分,应用式(9.52)~式(9.54),使之满足中子数守恒,得到差分方程

$$\begin{aligned}
& (A_j + H_i + B_j \times S_i) \times \Phi_{g,i+1,j} + (-A_j + H_i + B_j \times \widetilde{S}_i) \times \Phi_{g,i,j} \\
& + (\widetilde{A}_j + H_i - B_j \times S_i) \times \Phi_{g,i+1,j-1} + (-\widetilde{A}_j + H_i - B_j \times \widetilde{S}_i) \times \Phi_{g,i,j-1} \\
= & 2\Delta_i \times \Big[Q_{g,i} + Q_{g,i+1} + \chi_g \sum_{g'=1}^G \nu\Sigma_{g'}^f (\phi_{g',i} + \phi_{g',i+1}) \\
& + \sum_{g'=1}^G \Sigma_{g'\to g,0}(\phi_{g',i} + \phi_{g',i+1}) + 3D_j \sum_{g'=1}^G \Sigma_{g'\to g,1}(J_{g',i} + J_{g',i+1}) \\
& + \sum_{g'=1}^G \sum_{K=2}^{\mathrm{ISCT}} L_{K,i} \times \Sigma_{g'\to g,K}^s \times J_{K,j,g'}^h \Big]
\end{aligned} \tag{9.55}$$

如果 ISCT=0,式(9.55)右端最后两项消失,就是卡尔逊 Sn 差分方程,与文献的结果完全相同;只是去掉右端最后一项,就是线性各向异性散射的 Sn 差分方程.式中诸系数的表示式如下:

$$A_j = \frac{1}{3}(2\mu_j + \mu_{j-1}), \quad \widetilde{A}_j = \frac{1}{3}(\mu_j + 2\mu_{j-1})$$

$$B_j = \frac{n}{3}(3 - \mu_j^2 - \mu_j\mu_{j-1} - \mu_{j-1}^2), \quad H_i = \Delta_i \Sigma_g$$

$$S_i = (r_i^2 - \overline{r_i^2})/(2\overline{r_i^2}), \quad \widetilde{S}_i = (\overline{r_i^2} - r_{i-1}^2)/(2\overline{r_i^2})$$

$$\overline{r_i^2} = (r_{i+1}^3 - r_i^3)/(6\times\Delta_i), \quad D_j = \frac{1}{2}(\mu_j + \mu_{j-1})$$

式中,$L_{K,j}$ 和 $J_{K,j,g'}^h$ 的表示式将在 3. 各向异性散射源给出.

令 $\mu = -1$,代入方程(9.47),再做空间差分得到

$$\begin{aligned}
& (\Delta_i \times \Sigma_g + 1) \times \Phi_{g,i,1} + (\Delta_i \times \Sigma_g - 1) \times \Phi_{g,i+1,j} \\
= & \Delta_i \times \Big[Q_{g,i} + Q_{g,i+1} + \chi_g \sum_{g'=1}^G \nu\Sigma_{g'}^f (\phi_{g',i} + \phi_{g',i+1}) \\
& + \sum_{g'=1}^G \Sigma_{g'\to g,0}(\phi_{g',i} + \phi_{g',i+1}) - 3 \times \sum_{g'=1}^G \Sigma_{g'\to g,1}(J_{g',i} + J_{g',i+1})
\end{aligned}$$

$$+ \sum_{g'=1}^{G} \sum_{K=2}^{ISCT} L_{K,i} \times \Sigma^s_{g' \to g, K} \times J^h_{K,j,g'} \Big] \tag{9.56}$$

至此,方程(9.55)和(9.56)组成了总数是 $G \times I \times (n+1)$ 个完整的差分方程组.

3. 各向异性散射源

如前所述,方程(9.55)和(9.56)等号右端倒数第二项就是各项异性散射源项.它是方程(9.47)右端最后一项中 $K=1$ 的那项经 Sn 变换和空间差分求得的,与 $K=0$ 的各向同性散射项很相似,是应用式(9.50)中流量 $J_g(r)$ 的定义并对其进行差分,在进行 Sn 变换时得到了系数 D_j,当 $\mu=-1$ 时,$D_1=-1$.

仿照式(9.50)中流量 $J_g(r)$ 的定义,再定义一个高阶流量

$$J^h_{K,g'}(r) = \frac{1}{2} \int_{-1}^{+1} P_K(\mu') \Phi_{g'}(r, \mu') d\mu', \quad \text{当 } K \geqslant 2 \text{ 时} \tag{9.57}$$

对式(9.47)做 Sn 变换时,需对 μ 在区间 $[\mu_{j-1}, \mu_j]$ 上积分.因高阶流与 μ 无关,所以 Sn 变换只对高阶流前面的系数起作用.对式(9.47)做 Sn 变换时两端都除以了 n,令

$$L_{K,j} = n \times (2K+1) \int_{\mu_{j-1}}^{\mu_j} P_K(\mu) d\mu \tag{9.58}$$

根据勒让德多项式的性质,$KP_K(\mu) = \frac{d}{d\mu}[P_{K+1}(\mu) - \mu P_K(\mu)]$,将其除以 K 后再代入方程(9.58),求出积分后再利用勒让德降阶公式,最后得到

$$L_{K,j} = \frac{n(2K+1)}{K+1}[\mu_j P_K(\mu_j) - \mu_{j-1} - P_K(\mu_{j-1}) P_{K-1}(\mu_j) - P_{K-1}(\mu_{j-1})], \quad j=2,3,\cdots,n+1 \tag{9.59}$$

当 $\mu=-1$ 时,$j=1$,可从式(9.47)直接得到:$L_{K,1} = (2K+1) \times P_K(-1)$.

求用式(9.57)表示的高阶流 $J^h_{K,g'}(r)$.对 n 个 μ 间隔 $[\mu_{j-1}, \mu_j]$ 积分再用式(9.51)得到

$$J^h_{K,g'}(r) = \frac{n}{4} \sum_{j=2}^{n+1} \left\{ \Phi_{g'}(r, \mu_j) \left[\int_{\mu_{j-1}}^{\mu_j} \mu' P_K(\mu') d\mu' - \mu_{j-1} \int_{\mu_{j-1}}^{\mu_j} P_K(\mu') d\mu \right] \right.$$
$$\left. + \Phi_{g'}(r, \mu_{j-1}) \left[\mu_j \int_{\mu_{j-1}}^{\mu_j} P_K(\mu') d\mu' - \int_{\mu_{j-1}}^{\mu_j} \mu' P_K(\mu') d\mu \right] \right\} \tag{9.60}$$

应用勒让德多项式的性质求出式(9.60)中四个积分,再对 $\Phi_{g'}(r, \mu_j)$ 和 $\Phi_{g'}(r, \mu_{j-1})$ 进行空间差分.略去繁复的推导过程,直接写出结果如下:

$$J^h_{K,i,g'}(r) = \frac{n}{4} \sum_{j=1}^{n+1} GPK_{K,j} \times (\Phi_{g',i,j} + \Phi_{g',i+1,j}) \tag{9.61}$$

当 $j=1$ 时,

$$GPK_{K,1} = \frac{n}{4}[GF5 \times P_K(\mu_2) + GF6 \times P_K(\mu_1) + GF7 \times P_{K-1}(\mu_2) + GF8 \times P_{K-1}(\mu_1)]$$

当 $2 \leqslant j \leqslant n$ 时,

$$GPK_{K,j} = \frac{n}{4}[GF1 \times P_K(\mu_{j+1}) + GF2 \times P_K(\mu_j) + GF3 \times P_{K-1}(\mu_{j-1})$$
$$+ GF4 \times P_{K-1}(\mu_j) + G5 + G6 + G7 + G8]$$

当 $j=n+1$ 时,

$$GPK_{K,n+1} = \frac{n}{4}[F1 \times P_K(\mu_{n+1}) + GF2 \times P_K(\mu_n) + GF3 \times P_{K-1}(\mu_2) + GF4 \times P_{K-1}(\mu_n)]$$

上面三个表示式中勒让德函数前面的系数都是与 K 和 μ_{j-1}、μ_j 有关的函数. 它们或是 K 的二次、μ 的一次函数,或是 K 和 μ 的二次函数,或是 K 的三次、μ 的一次函数. 勒让德展开阶次 ISCT 值是任意的. 只要 μ 间隔数确定以后,求出诸个勒让德函数 $P_K(\mu_j)$($j=1,2,3,\cdots,n+1$),应用上面给出的 GPK 的表示式,经过一次运算就可以求出高阶流的系数 $GPK_{K,j}$($K=2,3,\cdots$,ISCT). 在进行内、外迭代时这些系数是不变的. 因此一旦定出了 $GPK_{K,j}$ 之后,与离散纵标 Sn 程序 DTF-IV 对于各向异性散射源项的处理就非常相似了. 有关方程(9.55)和(9.56)的求解过程与文献中描述的基本相同.

各向异性散射的卡尔逊 Sn 程序 GYSNF 的检验如下:

为检验程序的可靠性,计算了阿贡国家实验室程序中心的基准例题和 ANISN 程序的三群、三区例题,并与有关的计算结果做了比较.

所有的都是临界计算结果,就是方程(9.47)中源项 $Q_g(r)=0$,且在右端裂变源项中引入本征值 K_{eff},并把方程中的每次裂变释放的平均中子数 ν 写成 ν/K_{eff}. 不管系统是否是临界的,都用引入的本征值调节裂变源项的大小,使其达到临界.

每个能群都具有 $I\times(n+1)$ 个差分方程组,扫描一次叫做一次内迭代,在表 9.1 中,"内迭代"代表总的内迭代次数,它是程序收敛快慢的重要标志. 首先从最高能量的第 1 群起,经过若干次内迭代,满足了群内迭代的收敛判据之后就转入计算第二群,直至计算完最后一群就叫做完成了一次外迭代. ISCT 是勒让德展开阶次.

表 9.1 GYSNF 与其他 Sn 程序的计算 K_{eff} 和收敛速度比较

例题	程序	ISCT	Sn	收敛误差	K_{eff}	外迭代	内迭代
高浓缩裸球 $R=8.71$cm,六群	DTF-IV	0	S_{16}	1×10^{-6}	0.996679	17	761
	GYSNF	0	S_{16}	1×10^{-5}	0.998902	20	297
三区、三群 ANISN 程序 例题	ANISN	3	S_4	1×10^{-4}	1.0386	17	396
	GYSNF	3	S_4	1×10^{-4}	1.0398	12	391
	GYSNF	0	S_4	1×10^{-4}	1.22086	12	448
	离散纵标 Sn 程序	3	S_4	1×10^{-4}	1.0424	11	352
		0	S_4	1×10^{-4}	1.2113	18	594

GYSNF 程序对三区、三群各向异性散射例题 K_{eff} 的计算结果介于美国两个离散纵标 Sn 程序的结果之间,对各向同性散射(ISCT=0)K_{eff} 的计算值与文献的结果也很一致,对高浓铀裸球 K_{eff} 的计算值与 DTF-IV 的计算值符合很好. 也计算了高浓铀裸球系统的泄漏谱,与文献给出的结果相比,误差小于万分之二. 这些结果充分说明 GYSNF 程序是可靠的. 应用该程序对中国评价核数据库第一版中的重要裂变核素做了基准校验,得到了比较好的结果.

9.4 微扰理论和灵敏度分析方法

一个处于临界状态的反应堆,由于系统的材料或几何尺寸或其他原因引起该系统的反应性发生了微小变化,或曰扰动,但还不足以使该反应堆离开临界状态. 借助中子角通量的共轭函数,应用微扰理论就可以计算该扰动的效应. 例如,堆材料的价值、空腔引起 K_{eff} 的变化、温度系数、痕量污染价值等. 对于一个处于非稳态的与时间有关的反应堆,也可以应用微扰理论计算出与缓发中子有关的参数,如反应堆控制棒的刻度即计算微扰反应性系数分布、系统的缓发中子有效份额 β_{eff}、中子的平均寿命 $\overline{L}$ 等积分量的变化.

原则上说,不用微扰理论也可以计算上述所有的参数. 由于通量和共轭通量的计算是个迭代过程,积分参数也必须重复迭代多次,出现了大量的重复计算. 而应用微扰理论就可以避免这些重复计算,因为所有积分量都是一次性的. 快速、准确、经济是微扰程序的显著特点.

在核数据评价领域中的灵敏度分析,是指应用微扰理论就是某微观核截面变化百分之一时,引起计算的积分量变化的百分数就定义为某微观截面对积分量变化的灵敏度. 灵敏度分析方法的应用不仅对核数据的再评价具有重要的指导意义,在积分实验测量领域也有广泛的应用. 对于体积较大的功率堆多采用扩散理论,而对于体积较小的系统多采用输运理论.

9.4.1 反应堆的微扰理论

任何一个反应堆的微扰都可以归因于宏观截面的变化. 考虑系统受到一个扰动后

$$\frac{\Phi_g(r,\Omega)}{v_g}\frac{\partial T(t)}{\partial t} = -\Omega \cdot \nabla \Phi_g(r,\Omega)T(t) - \Sigma_g^P \Phi_g(r,\Omega)T(t) + T(t)\sum_{g'=1}^{g}\Sigma_{S,g'\to g}^P(r)\phi_{g'}(r)$$
$$+ T(t)\frac{1}{K_{\text{eff}}}\sum_r\sum_{g'=1}^{G}[\nu\Sigma_{f,g'}^{P,r}(r)(1-\beta^r)\chi_g^r\phi_{g'}(r)] + \sum_i \lambda_i C_i(r,t)f_g \quad (9.62)$$

引起该系统截面的变化问题 $\Delta\Sigma=\Sigma^P-\Sigma$. 上角码 P 代表被微扰的截面. 与时间有关的输运方程在分离变量的情况下,中子角通量 $\Psi_g(r,\Omega,t)=\Phi_g(r,\Omega)T(t)$ 输运方程可写成式(9.62);未被微扰的系统是稳态、不随时间变化的输运方程的共轭方程

$$0 = \Omega \cdot \nabla \Phi_g^*(r,\Omega) - \Sigma_g(r)\Phi_g^*(r,\Omega) + \sum_{g'=1}^{g^*}\Sigma_{S,g\to g'}(r)\phi_{g'}^*(r,\Omega)$$
$$+ \frac{1}{K_{\text{eff}}}\sum_\gamma\sum_{g'=1}^{G}\nu\Sigma_{f,g'}^\gamma(r)[(1-\beta^\gamma)\chi_g^\gamma\phi_{g'}^*(r) + \sum_i \beta_i^\gamma f_{g'}^i] \quad (9.63)$$

缓发中子先行核 $C_i(r,t)$ 应当满足如下的平衡方程:

$$\frac{\partial C_i(r,t)}{\partial t} = \frac{1}{K_{\text{eff}}}\sum_g \phi_g(r,t)\sum_\gamma [\nu\Sigma_f^\gamma(r)]_g^\gamma \beta_i^\gamma - \lambda_i C_i(r,t) \quad (9.64)$$

上面三个方程新出现的符号的定义是:β_i^γ 是第 γ 种核素第 i 组缓发中子的份额;χ_g^γ 是第 γ 种核素的第 g' 群的瞬发中子裂变谱;λ_i 是第 i 组先行核的衰变常数;f_g^i 是第 g 群的瞬发中子的第 i 组缓发中子谱. 用 $\Phi_g^*(r,\Omega)$ 乘以方程(9.62),用 $\Phi_g(r,\Omega)T(t)$ 乘以方程(9.63),然后两式相减再对空间、角度积分,并对能群求合,即

$$\sum_g \int V_m \int_\Omega [\Phi_g^*(r,\Omega) \cdot (\text{Eq}(9.62)) - T(t)\times\Phi_g(r,\Omega) \cdot (\text{Eq}(9.63))]drd\Omega \quad (9.65)$$

这个方程是严格的,对任何大小的扰动都是成立的. 对于小的扰动可以按一级微扰理论处理,假定 $\Phi^P=\Phi+\Delta\Phi$,将其代入式(9.65),将所有包含 $\Delta\Phi$ 的项都忽略掉,因为它们总是乘上了另一个 Δ 项,因此是二阶小量. 另外用 $\phi_g^*(r)f_g^i$ 乘方程(9.64)对空间积分,再对能群求和,即

$$\sum_g \int V_m \phi_g^*(r) f_g^i \cdot (\text{Eq}(9.64))dr \quad (9.66)$$

从方程(9.65)、(9.66)可以导出有效缓发中子份额 $\overline{\beta_i}$、瞬发中子平均寿命 Λ、反应性 ρ,即

$$\overline{\beta_i} = \frac{1}{FK_{\text{eff}}}\sum_m V_m \Big[\sum_g \phi_{g,m}\sum_\gamma [\nu\Sigma_f]_{g,m}^\gamma \beta_i^\gamma\Big]\Big(\sum_g \phi_{g,m}^* f_g^\gamma\Big) \quad (9.67)$$

$$\Lambda = \frac{1}{F} \sum_m V_m \sum_g \frac{1}{\nu_g} \vartheta_{g,m} \tag{9.68}$$

假设是一级微扰,则处于临界的反应堆其反应性不随时间变化,反应性的表示式就是

$$\rho = I_f + I_s + I_t \tag{9.69}$$

式中

$$I_f = \frac{1}{F} \sum_m V_m \sum_\gamma \left[\sum_g \phi_{g,m} \frac{\Delta(\nu\Sigma_f)^\gamma_{g,m}}{K_{\text{eff}}} \right] \times \left\{ \sum_g \phi^*_{g,m} \left[(1-\beta^\gamma)\chi^\gamma_g + \sum_i \beta^\gamma_i f^i_g \right] \right\} \tag{9.70}$$

$$I_s = \frac{1}{F} \sum_m V_m \sum_{g \to g'} \phi^*_{g,m} \phi_{g',m} \Delta\Sigma_{g' \to g,m} \tag{9.71}$$

$$I_t = \frac{1}{F} \sum_m V_m \vartheta_{g,m} \Delta\Sigma_{T,g,m} \tag{9.72}$$

其中

$$\vartheta_{g,m} = \int \Phi_{g,m}(\boldsymbol{\Omega}) \Phi^*_{g,m}(\boldsymbol{\Omega}) d\boldsymbol{\Omega} \tag{9.72}$$

$$F = \sum_m V_m + \sum_\gamma \left[\sum_g \phi_{g,m} \frac{(\nu\Sigma_f)_{g,m}}{K_{\text{eff}}} \right] \times \left\{ \sum_g \phi^*_{g,m} \left[(1-\beta^\gamma)\chi^\gamma_g + \sum_i \beta^\gamma_i f^i_g \right] \right\} \tag{9.73}$$

用离散纵标的 Sn 方法可将上述有关方程进行 Sn 变换和空间差分,用 DTF-IV 程序求解通量和共轭通量分布,再用微扰程序计算从方程(9.67)到(9.73),得到堆系统的 K_{eff}、微扰反应性 ρ、缓发中子有效份额 $\bar{\beta}$、中子平均寿命 $\bar{\Lambda}$.

用一级微扰理论从方程(9.62)、(9.63)、(9.64)导出点堆动力学方程

$$\frac{\partial T(t)}{\partial t} = \frac{\rho(r) - \bar{\beta}}{\Lambda} T(t) + \Sigma \lambda_i \bar{C}_i(t) \quad \text{和} \quad \frac{\partial \bar{C}_i(t)}{\partial t} = \frac{\bar{\beta}_i}{\Lambda} T(t) - \lambda_i \bar{C}_i(t) \tag{9.74}$$

与空间无关的点堆动力学方程能快速求解动力学参数,便于研究堆的动力学特性.

▶▶ 9.4.2 灵敏度分析方法

灵敏度分析方法是微扰理论的重要应用之一. 核数据的灵敏度分析是研究核反应截面与其误差间的关系、计算的积分量与核截面误差之间的关系. 基于微扰理论编制的灵敏度分析程序可用于分析一组实际的反应堆积分实验,从而寻找出哪个核素、在哪个能区、哪个反应截面的变化对哪个积分量最灵敏,为评价核数据的再评价提供依据;也可以进一步对核数据的测量精度提出要求. 此外,灵敏度分析在积分、微分实验测量结果的分析之中也有广泛应用.

美国在 20 世纪 70 年代逐渐把微扰理论应用于核数据的灵敏度分析. 在均匀、双线性近似之下,反应堆积分量满足如下的方程:

$$R = \int \phi^*(\zeta) H_1[\Sigma(\zeta)] \phi(\zeta) d\zeta \Big/ \int \phi^*(\zeta) H_2[\Sigma(\zeta)] \phi(\zeta) d\zeta \tag{9.75}$$

其中, H_1 和 H_2 是与各种反应截面、通量 $\phi(\zeta)$、共轭通量 $\phi^*(\zeta)$ 有关的算符, ζ 和 $d\zeta$ 分别是相空间的位置矢量和微分体积元. $H[\Sigma(\zeta)]\phi(\zeta)$ 代表算符 H 作用于通量 $\phi(\zeta)$,其结果是相空间中 ζ 点的函数. 定义积分量 R 随指定截面 $\Sigma(\rho)$ 变化的灵敏度, $(dR/R)/[d\Sigma(\rho)/\Sigma(\rho)]$,其中 $\Sigma(\rho)$ 是在相空间中单位体积点 ρ 处的指定截面. Oblow 利用微分学的方法推导出了任何一个积分量 R 对任何一种反应截面变化的灵敏度表达式

$$(dR/R)/[d\Sigma(\rho)/\Sigma(\rho)] = I_1 + I_2 + I_3 + I_4$$

$$I_1 = \Sigma(\rho) \int \phi^*(\zeta) \frac{dH_1[\Sigma(\zeta)]}{d\Sigma(\rho)} \phi(\zeta) d\zeta \Big/ \Sigma(\rho) \int \phi^*(\zeta) dH_1 \times \Sigma(\zeta) \phi(\zeta) d\zeta$$

$$I_2 = -\Sigma(\rho)\int \phi^*(\zeta)\frac{\mathrm{d}H_2[\Sigma(\zeta)]}{\mathrm{d}\Sigma(\rho)}\phi(\zeta)\mathrm{d}\zeta/\Sigma(\rho) \times \int \phi^*(\zeta)\mathrm{d}H_2[\Sigma(\zeta)]\phi(\zeta)\mathrm{d}(\zeta)$$

$$I_3 = \frac{\Sigma(\rho)}{R}\int \frac{\partial R}{\partial \phi(\zeta)}\frac{\mathrm{d}\phi(\zeta)}{\mathrm{d}\Sigma(\rho)}\mathrm{d}(\zeta)$$

$$I_4 = \frac{\Sigma(\rho)}{R}\int \frac{\partial R}{\partial \phi^*(\zeta)}\frac{\mathrm{d}\phi^*(\zeta)}{\mathrm{d}\Sigma(\rho)}\mathrm{d}(\zeta)$$

上面诸式中的每个微分都是对相空间中另外一个单位体积变量的函数微分.其中 I_1 和 I_2 代表直接效应,就是说,积分量 R 的变化是由于 R 定义中的截面变化所引起的.

  Weisbin 等将上述方法具体化,编制了灵敏度分析程序系统 FORSS,针对离散纵标 Sn 差分方程,得到了各种积分量对不同截面灵敏度的表达式.例如,K_{eff} 对各种核反应截面、每次裂变释放的平均中子数 ν 值等变化的诸灵敏度表达式.与此同时,Stacey 用变分法也做了同样的工作,编制了扩散理论的灵敏度分析程序 VARI-1D.他们配合美国 CSEWG(截面评价工作组)发展 ENDF/B 库的计划,在检验 ENDF/B-5 库时,针对快堆、热堆等多个基准装置的 K_{eff}、中心反应率、栅元反应率等大量积分量,对多种核反应截面的变化的灵敏度做了计算.

参 考 文 献

[1] 丁大钊,叶春堂,赵志祥,等. 中子物理学——原理、方法与应用. 2版. 北京:原子能出版社,2005:533-581.

[2] Rinehimer J A, Miller G A. Neutron charge density from simple pion cloud models. Physical Review C, 2009, 80(2):256-273.

[3] Barr S M, Zee A. Electric dipole moment of the electron and of theneutron. Physical Review Letters, 1990, 65(23):21-24.

[4] Bombaci I, Polls A, Ramos A, et al. Microscopic calculations of spin polarized neutron matter at finite temperature. Physics Letters, 2005, 632(5-6):638-643.

[5] Albertoni S, Montagnini B. On the spectrum of neutron transport equation in finite bodies. Journal of Mathematical Analysis and Applications, 1966, 13(1):19-48.

[6] Robson J M. Radioactive decay of theneutron. Physical Review, 1950, 78(3):311.

[7] Christensen C J, Nielsen A, Bahnsen A, et al. The half-life of the free neutron. Physics Letters B, 1967, 26(1):11-13.

[8] Anthony P L, Arnold R G, Band H R, et al. Determination of the neutron spin structurefunction. Physical Review Letters, 1993, 71(7):959.

[9] Martinelli G, Parisi G, Petronzio R, et al. The proton and neutron magnetic moments in lattice QCD. Physics Letters B, 1982, 116(6):434-436.

[10] Mampe W, Ageron P, Bates C, et al. Neutron lifetime measured with stored ultracold neutrons. Physical Review Letters, 1989, 63(6):593.

[11] Pichlmaier A, Varlamov V, Schreckenbach K, et al. Neutron lifetime measurement with the UCN trap-in-trap MAMBO II. Physics Letters B, 2010, 693(3):221-226.

[12] Voronin V V, Akselrod L A, Zabenkin V N, et al. New approach to test a neutron electroneutrality by the spin interferometry technique. Physics Procedia, 2013, 42:25-30.

[13] Pospelov M, Ritz A. Neutron electric dipole moment from electric and chromoelectric dipole moments of quarks. Physical Review D, 2001, 63(7):073015.

[14] Shilkov A V. Generalized multigroup approximation and Lebesgue averaging method in particle transport problems. Transport Theory and Statistical Physics, 1994, 23(6):781-814.

[15] Gifford K A, HortonJr J L, Wareing T A, et al. Comparison of a finite-element multigroup discrete-ordinates code with Monte Carlo for radiotherapy calculations. Physics in medicine and biology, 2006, 51(9): 2253.

[16] Wemple S H, DiDomenico Jr M. Behavior of the electronic dielectric constant in covalent and ionic materials. Physical Review B, 1971, 3(4): 1338.

[17] Greene G L, Ramsey N F, Mampe W, et al. Measurement of the neutron magnetic moment. Physical Review D, 1979, 20(9): 2139.

[18] Byrne J, Morse J, Smith K F, et al. A new measurement of the neutronlifetime. Physics Letters B, 1980, 92(3): 274-278.

[19] Anthony P L, Arnold R G, Band H R, et al. Determination of the neutron spin structure function. Physical Review Letters, 1993, 71(7): 959.

[20] Mampe W, Ageron P, Bates J C, et al. Neutron lifetime from a liquid walled bottle. Nuclear Instruments and Methods in Physics Research Section A: Accelerators, Spectrometers, Detectors and Associated Equipment, 1989, 284(1): 111-115.

[21] Chadwick J, Goldhaber M. The nuclear photoelectric effect//Proceedings of the Royal Society of London A: Mathematical, Physical and Engineering Sciences. The Royal Society, 1935, 151(873): 479-493.

[22] Anton F, Paul W, Mampe W, et al. Measurement of the neutron lifetime by magnetic storage of free neutrons. Nuclear Instruments and Methods in Physics Research Section A: Accelerators, Spectrometers, Detectors and Associated Equipment, 1989, 284(1): 101-107.

[23] Sosnovsky A N, Spivak P E, Prokofiev Y A, et al. Measurement of the neutron life-time. Nuclear Physics, 1959, 10: 395-404.

[24] Fenichel N. Geometric singular perturbation theory for ordinary differential equations. Journal of Differential Equations, 1979, 31(1): 53-98.

[25] Lesaint P, Raviart P A. On a finite element method for solving the neutron transport equation. Mathematical Aspects of Finite Elements in Partial Differential Equations, 1974 (33): 89-123.

第10章

中子散射

10.1 简史与概要

10.1.1 发展历史

1932年，查德威克用α粒子轰击实验证实了中子的存在，开启了科学界对中子的研究. 到1936年，Elsasser首先确认中子的运动可以用动力学来描述，而且它能被晶体衍射. 同一年，Mitchell和Powers通过实验证明了这一点，热中子散射理论也在同一时间发展. 1945年，核反应堆的建成催生了足够强度的窄能带中子束，促进了中子散射技术的快速发展. 1947年，在美国阿贡国家实验室，Zinn建造了第一台中子衍射仪，使得中子散射技术开始被运用于分析领域.

近年来，国际中子散射技术呈飞速发展态势. 法国劳厄-朗之万研究所（Institute Laue-Langevin，ILL）、美国国家标准与技术研究院（NIST）中子散射中心等具有悠久历史的中子源不断加大升级力度，以尖端的设备及前沿技术保持世界领先地位. 欧洲散裂中子源（ESS）、英国散裂中子源（ISIS）、日本散裂中子源（J-PARC）、中国散裂中子源（CSNS）等高性能中子源也陆续建立，功率逐级攀升.

除了各个高通量中子源的建设外，对中子光学及探测部件的研制，也是中子散射技术发展的基础. 与发展建造高性能中子源相比，良好的光学部件及探测系统可使中子利用率呈量级提高. 因此，开发高效的中子光学部件是首要研究目标. 目前，聚焦型中子单色器、Soller型中子准直器、双晶石墨单色器、二维位置灵敏探测器已经得到广泛研究和应用. 在英国ISIS的EngineX谱仪和澳大利亚核科学与技术组织（ANSTO）的Kowari谱仪等应力谱仪上利用径向准直器取样，进行大样品残余应力测量，取得了很好的测试结果. 为了在有限测试区域内最大限度地提高中子强度以适应小样品、快测量的前沿应用研究需求，高效单色器聚焦技术、高透过率准直器技术及高性价比中子探测器制备技术成为新的研究方向. 德国亥姆霍兹柏林材料与能源研究中心（HZB）、德国慕尼黑工业大学（TUM）和瑞士保罗谢尔研究所（PSI）配备了双晶石墨单色器用于开展能量选择中子成像，其波长分辨率可达3%. 中国原子能科学研究院研制出我国首台垂直聚焦锗晶体中子单色器和Soller型中子准直器，已经用于中国先进研究堆（China advanced research reactor，CARR）的高分辨粉末衍射仪. 涂硼气体电子倍增（GEM）中子探测器最早由德国海德堡大学于2011年研制成功，被广泛认为很有希望替代 ^{3}He气体探测技术，成为下一代中子探测器的重要方向之一. 国内清华大学、中国科学技术大学、中国科学院高能物理研究所等单位很早就开始气体电子倍增器(gas electron multiplier, GEM)探测器的研究工作,其中中国科学院高能物理研究所在国内率先开展 GEM 探测器的研究工作,在 GEM 探测器制作工艺、电子学研制以及测试平台建设方面积累了丰富的经验与成果.

中子散射技术应用广阔.在工业领域,中子散射技术可实现工程材料和构件的深部三维应力场、体织构及材料内部纳米析出相的精确无损测量.在基础研究中,中子散射技术常被用于研究凝聚态物理中晶体的结构、动力学等种种问题.飞机制造商空客公司已使用中子散射技术多年,主要用于研究铝合金焊接接头的结构完整性,分析并评估是否适用于未来的飞行器.美国散裂中子源(SNS)、德国 FRM-II 和 BER、法国劳厄-朗之万研究所等中子散射中心利用小角中子散射技术都开展过金属材料纳米相的研究,取得了较好成果.

10.1.2 技术特点

发展至今,中子散射已经成为探测物质结构的重要手段.与目前应用广泛的 X 射线技术相比,中子散射技术主要有以下优势.

(1)中子不带电,其穿透性强,能分辨轻元素、同位素和近邻元素,且具有对样品非破坏性的特点.

(2)同一波长中子的能量比相同波长的硬 X 射线的能量低很多,与物质中原子激发的能量相当.因此,中子不仅可探索物质静态微观结构,还能研究原子排列的动力学机理,这些优势使得中子散射技术得到不断发展,在基础科研、工业上得到了广泛的应用.

(3)中子有磁矩,因此在测定物质的静态及动力学磁性质(磁有序现象、磁激发、自旋涨落)时,是一种极好的探针.

当然,中子散射技术也有它的不足之处.最主要的缺点是需有庞大的设备(核反应堆或专用强中子源加速器),且中子源的运转费昂贵,所以只能到有限的源、有限的地方进行散射实验,不可能像普通 X 射线分析那样广泛和普及.同时就目前而言,对大分子工作,中子源强度还往往不足,因而常常需要较大量的样品.现在美国、日本和欧洲正在建造第三代大功率中子源,它将提供比现今功率高 30 倍的中子源.国内已建成中国绵阳研究堆(CMRR)、中国先进研究堆(CARR)、中国散裂中子源(CSNS)和小角中子散射仪(SANS)等多种谱仪并已投入应用,取得了丰硕的成果.

10.2 原理及相关理论

10.2.1 基本概念

1. 中子能量和其他物理量之间的转换关系

中子散射研究中,常常用到中子能量 E、温度 T、速度 v、波长 λ 和波数 k 之间的数值转换.根据德布罗意关系,中子的动量 p 和波矢 k 的关系为 $p = \hbar k$,波矢 k 的方向规定为中子速度 v 的方向,其中 $|k| = 2\pi/\lambda$,称为波数.由此可写出中子能量 E、温度 T、速度 v、波长 λ 和波数 k 之间的关系:

$$E = k_B T = \frac{mv^2}{2} = \frac{h^2}{2m\lambda^2} = \frac{\hbar^2 k^2}{2m} \tag{10.1}$$

其中，k_B 是玻尔兹曼常量，m 是中子的质量，h 是普朗克常量。代入 m、h、k_B 等基本常量后，可以得到以下转换公式：

$$\lambda = 6.283 \frac{1}{k} = 3.956 \frac{1}{v} = 9.045 \frac{1}{\sqrt{E}} = 30.81 \frac{1}{\sqrt{T}} \tag{10.2a}$$

$$E = 0.08617 T = 5.227 v^2 = 81.81 \frac{1}{\lambda^2} = 2.072 k^2 \tag{10.2b}$$

式中，λ 的单位为 10^{-10} m；k 的单位为 10^{10} m^{-1}；v 的单位为 km/s；E 的单位为 MeV；T 的单位为 K。

2. 中子散射的动量守恒关系和能量守恒关系

当一个波矢为 k_0 的中子受到原子核散射后，其波矢将变为 k，k_0 和 k 的矢量关系如图 10.1 所示，其中 2θ 称为散射角；k、k_0 的矢量差 Q 称为散射矢量，其量纲为长度的倒数。

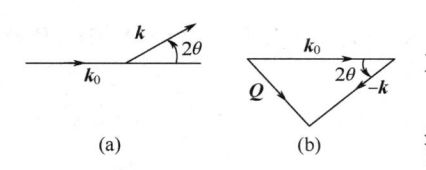

散射矢量 Q 与散射角、波矢量 k_0 和 k 之间的关系如下：

$$Q^2 = k^2 + k_0^2 - 2k k_0 \cos(2\theta) \tag{10.3}$$

波矢的变化对应于动量的改变，所以散射前后中子动量变化为

$$\hbar Q = \hbar(k_0 - k) \tag{10.4}$$

图 10.1 散射图(a)及散射矢量 Q、k_0 和 k 的关系图(b)

$\hbar Q$ 称为动量转移，是中子在散射过程中传递给散射体的动量。上式是散射过程的动量守恒关系。与之对应的能量守恒关系为

$$E_0 - E = \frac{\hbar^2 k_0^2}{2m} - \frac{\hbar^2 k^2}{2m} = \hbar\omega \tag{10.5}$$

式中，E_0 和 E 分别为中子散射前、后的能量，ω 为元激发的频率，$\hbar\omega$ 是中子在散射中传递给散射物质的能量，称为能量转移。如果 $\omega=0$，散射是弹性的；$\omega>0$ 是中子损失能量的散射，称为下散射；$\omega<0$ 是中子获得能量的散射，称为上散射。上散射、下散射都是属于非弹性散射。非弹性散射是中子与原子核在散射过程中交换能量的结果。这种能量交换行为可以使中子损失一部分能量 $\hbar\omega$，使散射物质中产生一个能量为 $\hbar\omega$ 的元激发（下散射）；也可以使中子湮灭了散射物质中一个能量为 $\hbar\omega$ 的元激发，而使本身的能量增大 $\hbar\omega$（上散射）。

散射中子强度和每一对 k、k_0 相对应的散射过程都有一套 Q 和 ω 的数据，中子散射实验的目的就是将待测样品放置在一定的外部环境（温度、压力、磁场等）下，测量样品的散射中子强度与变量 $S(Q,\omega)$ 之间的关系。由于散射过程必须受动量守恒的关系式(10.4)和能量守恒关系式(10.5)的约束，所以对给定的入射能量 E_0 有

$$\frac{\hbar^2 Q^2}{2m} = 2E_0 - \hbar\omega - 2\cos(2\theta)\sqrt{E_0(E_0 - \hbar\omega)} \tag{10.6}$$

因此在固定的散射角只能观察到一定范围的 (Q,ω)。所以，对于不同的实验目的，入射中子能量 E_0 有一个最佳选择。

3. 束缚核对中子的散射

设坐标原点有一个固定的原子核，波矢为 k_0 的中子束沿 z 轴方向入射到核上，入射的中子平面波为

$$\psi_{\text{in}} = e^{ik_0 z} \tag{10.7}$$

低能中子的波长为 10^{-8} cm 量级, 中子与原子核的相互作用半径为 $10^{-12} \sim 10^{-13}$ cm, 前者远大于后者, 所以散射波是各向同性的球面波. 令散射中子波矢为 k, 则在 r 点的波函数为

$$\psi_{\text{sc}} = -\frac{b}{r} e^{ikr} \tag{10.8}$$

其中, b 是与 θ、φ 无关的常数, 具有长度的量纲, 称为散射长度. 对于束缚核, 散射是弹性的. 令中子速度为 v, 则微分散射截面为

$$\frac{d\sigma}{d\Omega} = \frac{v |\psi_{\text{sc}}|^2 r^2}{v |\psi_{\text{in}}|^2} = b^2 \tag{10.9}$$

式 (10.8) 右边的负号带有一定的任意性, 目的是让大多数核的 b 值为正. 散射长度通常是复数, 其虚部与对中子的吸收有关. 对于某些强烈吸收中子的核素, 如 ^{103}Rh、^{113}Cd、^{157}Gd、^{176}Lu 等, b 的虚部才显得重要, 对于大多数其他核, 虚部实际上可以忽略, 且在这种情况下 b 中子能量变化可以忽略.

4. 散射长度

核散射长度是表征中子与原子核相互作用的一个重要物理量, 它的某些重要性质可归纳如下.

(1) 中子散射长度的正负号和绝对值随原子量 A 和原子序数 Z 的变化都是无规则的.

(2) 不仅不同的核素具有不同的中子散射长度, 而且, 由于核力与自旋状态相关, 对自旋 $I \neq 0$ 的原子核, 其自旋取向是与中子自旋方向平行、反平行的两种状态, 散射长度 b 也不同, 通常用 b^+ 和 b^- 加以区分.

(3) 散射物质中原子的自旋取向和同位素原子占位的随机性使散射波含有相干和非相干两种成分.

5. 中子散射的微分散射截面和双微分散射截面

图 10.2 是典型的中子散射实验示意图, 能量为 E_0、波矢为 k_0 的中子入射到靶 S 上后, 其中部分中子被散射. 靶物质 (即散射体) 可以是任何状态的凝聚态物质: 固体、液体、软物质、致密气体等. 散射中子的波矢为 k, 能量为 E. 散射中子由放置在距靶一定距离、位于 2θ 散射角方向的探测器 D 记录. 探测器和样品之间的距离通常远大于样品的尺寸, 因而可以认为探测器对样品所张的立体角 $\Delta\Omega$ 有一个确定的值. 实验的目的是测量双微分散射截面或微分散射截面, 并由此获得散射函数 $S(Q, \omega)$, 再由 $S(Q, \omega)$ 双重傅里叶变换得到扫描散射物质微观动力学的空间-时间关联函数 $G(r, t)^*$.

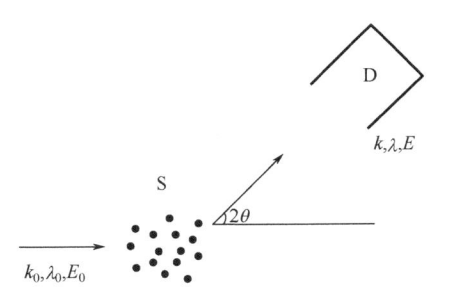

图 10.2 中子散射实验示意图
S 为样品; D 为探测器

10.2.2 基本理论

1. 双微分散射截面的理论推导

中子散射包括核散射和磁散射两种类型, 这里首先讨论核散射, 磁散射的内容将在下文中叙述.

考虑一束波矢为 k_0 的中子在样品上的散射. 散射后中子的波矢变为 k, 样品也由能量为 E_{λ_0} 的初态 $|\lambda_0\rangle$ 跃迁到能量为 E_λ 的末态 $|\lambda\rangle$. 如果不考虑中子在散射过程中自旋状态的变

化,这个过程的微分散射截面是

$$\left(\frac{\mathrm{d}\sigma}{\mathrm{d}\Omega}\right)_{k_0,\lambda_0 \to k,\lambda} = \frac{1}{N\varphi_0 \Delta\Omega} W_{k_0,\lambda_0 \to k,\lambda} \tag{10.10}$$

其中,N 为样品中受到中子束照射的核数目,φ_0 为入射的中子注量率,$\Delta\Omega$ 为探测器对散射靶所张的立体角;$W_{k_0,\lambda_0 \to k,\lambda}$ 是单位时间内由中子和样品组成的散射系统从初态 k_0,λ_0 跃迁到末态 k,λ 的数目。根据量子跃迁的微扰理论可以直接写出整个散射体系由初态 $|k_0\lambda_0\rangle$ 跃迁到末态 $|k\lambda\rangle$ 的双微分截面:

$$\left(\frac{\mathrm{d}^2\sigma}{\mathrm{d}\Omega \mathrm{d}E}\right)_{k_0,\lambda_0 \to k,\lambda} = \frac{k}{k_0} \frac{1}{N} \left(\frac{m}{2\pi\hbar^2}\right)^2 |\langle k\lambda | V | k_0\lambda_0 \rangle|^2 \times \delta(\hbar\omega + E_{\lambda_0} - E_\lambda) \tag{10.11}$$

将上式对靶系统的初态平均,并对末态求和,就得到了实验上观测到的双微分散射截面,即

$$\left(\frac{\mathrm{d}^2\sigma}{\mathrm{d}\Omega \mathrm{d}E}\right) = \frac{1}{N}\frac{k}{k_0}\left(\frac{m}{2\pi\hbar^2}\right)^2 \sum_{\lambda_0} P_{\lambda_0} \sum_{\lambda} |\langle k\lambda | V | k_0\lambda_0 \rangle|^2 \times \delta(\hbar\omega + E_{\lambda_0} - E_\lambda) \tag{10.12}$$

其中,$P_{\lambda_0} = \frac{1}{Z}\exp(-\beta E_{\lambda_0})$ 是靶系统在温度 T 时处于 λ_0 态的概率,$\beta = \frac{1}{k_B T}$,$Z = \sum_{\lambda_0}\exp(-\beta E_{\lambda_0})$。

式(10.12)是中子双微分散射截面的基本公式。它是解释中子散射实验观察量的出发点。如果计及散射过程中中子自旋状态的变化,式(10.12)应该改成

$$\left(\frac{\mathrm{d}^2\sigma}{\mathrm{d}\Omega \mathrm{d}E}\right) = \frac{1}{N}\frac{k}{k_0}\left(\frac{m}{2\pi\hbar^2}\right)^2 \sum_{\lambda_0} P_{\lambda_0} P_{\sigma_0} \sum_{\lambda\sigma} |\langle k\lambda | V | k_0\sigma_0\lambda_0 \rangle|^2$$
$$\times \delta(\hbar\omega + E_{\lambda_0} - E_\lambda) \tag{10.13}$$

2. 费米赝势

式(10.12)和式(10.13)是在玻恩(Born)近似条件下获得的结果。核力的作用半径 r_0 为 $10^{-12} \sim 10^{-13}$ cm,而中子散射涉及的中子波长 $\lambda \geqslant 10^{-9}$ cm,凝聚态物质中的原子间距 $d \geqslant 10^{-8}$ cm,因此 λ 远小于 r_0,d 远小于 r_0。在这种条件下,可以近似地把中子与靶原子核之间的相互作用范围看作一个点,并用一个 δ 函数,即费米赝势来描写中子与靶原子核之间的相互作用。这样,尽管相互作用很强,但在散射中心附近的中子波函数与入射平面波得到偏离仍然较小,从而仍旧可以把相互作用势当作一个小的微扰量,并利用玻恩近似来处理问题,得到

$$\left(\frac{\mathrm{d}^2\sigma}{\mathrm{d}\Omega \mathrm{d}E}\right) = \frac{1}{N}\frac{k}{k_0}\frac{1}{2\pi\hbar} \int_{-\infty}^{+\infty} \sum_{ll'} \langle b_l^* b_{l'} \mathrm{e}^{-\mathrm{i}\mathbf{Q}\mathbf{R}_l(0)} \mathrm{e}^{\mathrm{i}\mathbf{Q}\mathbf{R}_{l'}(t)} \rangle \mathrm{e}^{-\mathrm{i}\omega t} \mathrm{d}t \tag{10.14}$$

式中,$\langle \cdots \rangle = \sum_{\lambda_0} P_{\lambda_0} \langle \lambda_0 | \cdots | \lambda_0 \rangle$ 是算符在温度 T 情况下的热力学平均值,而 $\mathrm{e}^{-\mathrm{i}\mathbf{Q}\mathbf{R}_{l'}(t)} = \mathrm{e}^{\mathrm{i}Ht/\hbar} \mathrm{e}^{-\mathrm{i}\mathbf{Q}\mathbf{R}_{l'}(0)} \mathrm{e}^{-\mathrm{i}Ht/\hbar}$ 是薛定谔算符 $\mathrm{e}^{-\mathrm{i}\mathbf{Q}\mathbf{R}_{l'}(0)}$ 的海森伯(Heisenberg)算符形式。

式(10.14)是由 N 个原子核组成的散射体中每一个核对中子散射截面的量子力学形式。这个式子清楚地表明:散射波来自两个波的干涉,其中一个由位于 $\mathbf{R}_l$ 处的固定散射中心发出,另一个由移动的散射中心在 $\mathbf{R}_{l'}$ 处发出,后者相对前者有一个时间差。

3. 相干双微分散射截面和非相干双微分散射截面

式(10.14)中的 b_l 的取值与 $\mathbf{R}_l$ 处的核素种类及核的自旋取向有关。除了在极低温状态下(T<1mK),靶原子的同位素位置及核自旋取向都是随机的。因此,b_l 的取值和位矢 $\mathbf{R}_l$ 是不相关的。这样,式(10.14)就可以改写为

$$\left(\frac{\mathrm{d}^2\sigma}{\mathrm{d}\Omega \mathrm{d}E}\right) = \frac{1}{N}\frac{k}{k_0}\frac{1}{2\pi\hbar} \int_{-\infty}^{+\infty} \sum_{ll'} \langle b_l^* b_{l'} \rangle \langle \mathrm{e}^{-\mathrm{i}\mathbf{Q}\mathbf{R}_l(0)} \mathrm{e}^{\mathrm{i}\mathbf{Q}\mathbf{R}_{l'}(t)} \rangle \mathrm{e}^{-\mathrm{i}\omega t} \mathrm{d}t \tag{10.15}$$

其中，$\langle b_l^* b_{l'} \rangle$ 表示对靶原子核的同位素及核自旋取向分别取平均. 因为下标 l 表示不同的散射长度之间没有关联，而且不论核占据什么位置，其平均值都是 $\langle b \rangle$，即 $\langle b_l \rangle = \langle b_{l'} \rangle = \langle b \rangle$. 所以

$$\langle b_l^* b_{l'} \rangle = \langle b_l^* \rangle \langle b_{l'} \rangle = \langle b^* \rangle \langle b \rangle = \langle b \rangle^2 \quad (l \neq l') \tag{10.16a}$$

$$\langle b_l^* b_{l'} \rangle = \langle b_l^* \rangle \langle b_{l'} \rangle = \langle b_l^2 \rangle = \langle b^2 \rangle \quad (l = l') \tag{10.16b}$$

于是，式(10.16a)和(10.16b)可以合并为

$$\langle b_l^* b_{l'} \rangle = \langle b_l^* \rangle \langle b_{l'} \rangle + (\langle b_l^2 \rangle - \langle b_l \rangle^2) \delta_{ll'} \tag{10.17}$$

因而，式(10.15)的双微分截面可以分成两部分

$$\left(\frac{d^2\sigma}{d\Omega dE} \right) = \left(\frac{d^2\sigma}{d\Omega dE} \right)_{coh} + \left(\frac{d^2\sigma}{d\Omega dE} \right)_{inc} \tag{10.18}$$

其中

$$\left(\frac{d^2\sigma}{d\Omega dE} \right)_{coh} = \frac{1}{N} \frac{k}{k_0} \frac{\sigma_{coh}}{4\pi} \frac{1}{2\pi \hbar} \int_{-\infty}^{+\infty} \sum_{ll'} \langle e^{-i\boldsymbol{Q}\boldsymbol{R}_l(0)} e^{i\boldsymbol{Q}\boldsymbol{R}_{l'}(t)} \rangle e^{-i\omega t} dt \tag{10.19}$$

$$\left(\frac{d^2\sigma}{d\Omega dE} \right)_{inc} = \frac{1}{N} \frac{k}{k_0} \frac{\sigma_{inc}}{4\pi} \frac{1}{2\pi \hbar} \int_{-\infty}^{+\infty} \sum_{l'} \langle e^{-i\boldsymbol{Q}\boldsymbol{R}_l(0)} e^{i\boldsymbol{Q}\boldsymbol{R}_{l'}(t)} \rangle e^{-i\omega t} dt \tag{10.20}$$

$\left(\frac{d^2\sigma}{d\Omega dE} \right)_{coh}$ 和 $\left(\frac{d^2\sigma}{d\Omega dE} \right)_{inc}$ 分别称为相干双微分散射截面和非相干双微分截面. 相干散射截面的求和项既包括 $l = l'$ 的项，也包括 $l \neq l'$ 的项. 因此，相干散射截面不仅取决位矢 $\boldsymbol{R}_l$ 处的原子核本身在 $t=0$ 和 $t=t$ 时刻位置间的关联，也涉及它和其他所有原子核在 $t=0$ 和 $t=t$ 时刻位置之间的关联；非相干散射截面的求和只包括 $l = l'$ 的项，所以它只涉及同一核在不同时刻位置的关联，因而不产生干涉效应. 由此可见，相干散射反映的是靶原子核集体运动的信息，而非相干散射只能给出单个原子核的运动信息. 正如在本章所叙述的，由于同一元素原子的散射长度随同位素占位的不同以及中子自旋与原子核自旋的相对取向的不同而具有不同的取值，从而破坏了靶原子系统对中子散射势的均匀性. 因为 $b = \langle b \rangle + \delta b$，所以散射长度包含了 $\langle b \rangle$ 和 δb 两种成分，而 $\delta b = |b - \langle b \rangle|$. 双微分截面也因此而分成了相干和非相干两种成分. 其中 $\langle b \rangle$ 所代表平均势具有相干性质，所以相干散射截面正比于 $\langle b \rangle^2$. 偏离平均势的部分所给出的散射是非相干的，所以非相干散射截面正比于散射长度相对平均值的偏离的均方值，即 $[\langle b^2 \rangle - \langle b \rangle^2]$. 如果 $b - \langle b \rangle = 0$，则不存在散射势的随机涨落，非相干散射也就不存在了.

4. 散射函数

令

$$S(\boldsymbol{Q}, \omega) = \frac{1}{2\pi \hbar} \frac{1}{N} \int_{-\infty}^{+\infty} \sum_{ll'} \langle e^{-i\boldsymbol{Q}\boldsymbol{R}_l(0)} e^{i\boldsymbol{Q}\boldsymbol{R}_{l'}(t)} \rangle e^{-i\omega t} dt \tag{10.21}$$

$$S_{inc}(\boldsymbol{Q}, \omega) = \frac{1}{2\pi \hbar} \frac{1}{N} \int_{-\infty}^{+\infty} \sum_{l} \langle e^{-i\boldsymbol{Q}\boldsymbol{R}_l(0)} e^{i\boldsymbol{Q}\boldsymbol{R}_{l'}(t)} \rangle e^{-i\omega t} dt \tag{10.22}$$

则式(10.19)和式(10.20)可分别写成

$$\left(\frac{d^2\sigma}{d\Omega dE} \right)_{coh} = \frac{1}{4\pi} \frac{k}{k_0} \sigma_{coh} S(\boldsymbol{Q}, \omega) \tag{10.23}$$

$$\left(\frac{d^2\sigma}{d\Omega dE} \right)_{inc} = \frac{1}{4\pi} \frac{k}{k_0} \sigma_{inc} S_{inc}(\boldsymbol{Q}, \omega) \tag{10.24}$$

$S(\boldsymbol{Q}, \omega)$ 和 $S_{inc}(\boldsymbol{Q}, \omega)$ 是描写散射体微观结构和动力学特性的函数，分别称为相干和非相干散射函数. 对于给定的散射物体，它们只取决于散射过程中的动量转移 $\hbar \boldsymbol{Q}$ 和能量转移 $\hbar \omega$，而与

入射中子的能量、动量、相互作用截面等无关．所以式(10.23)和式(10.24)适用于一切符合玻恩近似条件的散射过程，但不同的射线覆盖的 (Q,ω) 空间不尽相同，因而由相应的 $S(Q,\omega)$ 获得的信息并不完全相同．

5. 细致平衡原理

$S(Q,\omega)$ 还可以写为

$$S(Q,\omega) = \frac{1}{NZ} \sum_{\lambda\lambda_0} \frac{e^{-\beta E_{\lambda_0}}}{Z} \left| \sum_l \langle \lambda | e^{iQR_l} | \lambda_0 \rangle \right|^2 \times \delta(\hbar\omega + E_{\lambda_0} - E_\lambda) \quad (10.25)$$

当 ω 为正值时，$E_\lambda > E_{\lambda_0}$，属中子损失能量的下散射．现考察这一过程的逆过程 $S(-Q,-\omega)$．当 ω 仍为正值时，中子由样品获得能量（上散射），而样品则由初态 E_λ 跃迁到末态 E_{λ_0}．由式(10.25)可得

$$S(-Q,-\omega) = \frac{1}{NZ} \sum_{\lambda\lambda_0} \frac{e^{-\beta E_\lambda}}{Z} \left| \sum_l \langle \lambda | e^{-iQR_l} | \lambda_0 \rangle \right|^2 \times \delta(-\hbar\omega + E_\lambda - E_{\lambda_0}) \quad (10.26)$$

因为 $\langle j | A | k \rangle = \langle k | A^+ | j \rangle^*$，所以

$$S(-Q,-\omega) = e^{[-(E_\lambda - E_{\lambda_0})\beta]} \frac{1}{NZ} \sum_{\lambda\lambda_0} e^{-\beta E_{\lambda_0}} \times \left| \sum_l \langle \lambda | e^{iQR_l} | \lambda_0 \rangle \right|^2$$

$$\times \delta(-\hbar\omega - E_\lambda + E_{\lambda_0}) = e^{-\hbar\omega\beta} S(Q,\omega) \quad (10.27)$$

对 $S_{\text{inc}}(-Q,-\omega)$ 可得到同样结果．式(10.27)称为细致平衡原理．它表明，散射体在能量相差 $\hbar\omega$ 的两个态之间的跃迁没有择优方向，正向和逆向跃迁概率相等；但在热力学平衡状态下，样品起始处于较高能态的概率比处于较低能态的小 $e^{-\hbar\omega\beta}$ 倍，因而导致式(10.27)的结果．所以，散射函数对 ω 是不对称的．当 $\hbar\omega \ll k_B T$ 时，中子上、下散射的概率相近；而当 $\hbar\omega \gg k_B T$ 时，上、下散射几乎是不可能的．

6. 晶体对中子的散射

1) 散射截面的声子展开

晶体的特征是具有周期性的长程有序结构．因此，原子（或分子、离子）在晶体中的平衡位置可以表示为

$$R_{ld} = l + d \quad (10.28)$$

其中，l 是原子所在的晶胞位置；d 是原子在该晶胞中的相对位置，即以晶胞位置为原点的原子坐标．对于布拉维(Bravais)晶体，晶胞位置和原子位置相同．由于热运动，原子的瞬时位置可以写为

$$R_{ld}(t) = l + d + u_{ld}(t) \quad (10.29)$$

$u_{ld}(t)$ 是在 t 时刻原子偏离平衡点的位移，是一个很小的量．将式(10.29)代入式(10.21)，可得

$$S(Q,\omega) = \frac{1}{2\pi\hbar} \frac{1}{N} \int_{-\infty}^{+\infty} e^{iQ(d'-d)} \sum_u^{N_1} e^{iQ(l-l')} \langle e^{-iQu_{ld}(0)} e^{iQu_{l'd'}(t)} \rangle e^{-i\omega t} dt \quad (10.30)$$

$$u_{ld}(t) = \sum_{j=1}^{3} \sum_q^N \sqrt{\frac{\hbar}{2NM_d\omega_j(q)}}$$

$$\times [e_d^j(q) e^{i(ql-\omega_j(q)t)} \times a_j(q) + e_d^{*j}(q) e^{-i(ql-\omega_j(q)t)}] a_j^+(q) \quad (10.31)$$

式中，M_d 是原子质量，j 是声子支的指标，q 是声子动量，$\omega_j(q)$ 是第 j 支动量为 q 的声子频

率，$e_d^j(\bm{q})$ 为 $(j, \bm{q})$ 声子的特征矢量．a_j 和 a_j^+ 分别为 $(j, \bm{q})$ 声子的产生和湮灭算符．可以证明

$$\langle e^{-i\bm{Q}\bm{u}_{ld}(0)} e^{i\bm{Q}\bm{u}_{l'd'}(t)} \rangle = e^{-(W_d+W_d')} \sum_{p=0}^{\infty} \frac{1}{p!} \langle \bm{Q}\bm{u}_{ld}(0)\bm{Q}\bm{u}_{l'd'}(t) \rangle^p \tag{10.32}$$

式中，$e^{-(W_d+W_d')}$ 称为德拜-沃勒(Debye-Waller)因子

$$W_d(\bm{Q}) = \frac{\hbar}{4NM_d} \sum_{qj} \left[\frac{|\bm{Q}e_d^j(\bm{q})|^2}{\omega_j(\bm{q})} \right] \times \langle 2n_j(\bm{q}) + 1 \rangle \tag{10.33}$$

$n_j(\bm{q})$ 是玻色-爱因斯坦分布：

$$n_j(\bm{q}) = \frac{1}{e^{\beta\hbar\omega_j(\bm{q})} - 1} \tag{10.34}$$

结合式(10.23)便得到

$$\left(\frac{d^2\sigma}{d\Omega dE}\right)_{\text{coh}} = \frac{k}{k_0} \frac{1}{2\pi\hbar} \frac{1}{N} \sum_{dd'} \langle b_d^* \rangle \langle b_{d'} \rangle \int_{-\infty}^{+\infty} e^{-i\omega t} dt e^{i\bm{Q}(d'-d)} e^{-(W_d+W_d')}$$
$$\times \sum_{ll'}^{N_l} e^{i\bm{Q}(l-l')} \sum_{p=0}^{\infty} \frac{1}{p!} \langle \bm{Q}\bm{u}_{ld}(0)\bm{Q}\bm{u}_{l'd'}(t) \rangle^p \tag{10.35}$$

仿此可得

$$\left(\frac{d^2\sigma}{d\Omega dE}\right)_{\text{inc}} = \frac{k}{k_0} \frac{1}{2\pi\hbar} \frac{1}{N} \sum_{d} \langle b_d^2 \rangle - \langle b_d \rangle^2 \, e^{-2W_d} \sum_{l}^{N_l} \int_{-\infty}^{+\infty} e^{-i\omega t} dt$$
$$\times \sum_{p=0}^{\infty} \frac{1}{p!} \langle \bm{Q}\bm{u}_{ld}(0)\bm{Q}\bm{u}_{l'd'}(t) \rangle^p \tag{10.36}$$

式(10.35)和式(10.36)中 $p=0$ 项为弹性散射截面，$p=1,2,\cdots$ 各项分别称为单声子、双声子、多声子散射截面．由于中子波长 λ 远大于原子热振动的位移 $\bm{u}(t)$，所以双声子以上的多声子截面一般可以忽略．

2) 弹性散射

在式(10.35)中，$p=0$ 项里含有 $\delta(\hbar\omega)$，所以它代表弹性散射截面：

$$\left(\frac{d^2\sigma}{d\Omega dE}\right)_{\text{coh}}^{\text{el}} = \frac{k}{k_0} \frac{1}{N} \sum_{dd'} \langle b_d^* \rangle \langle b_{d'} \rangle e^{i\bm{Q}(d'-d)} e^{-(W_d+W_d')} \times \sum_{ll'} e^{i\bm{Q}(l'-l)} \delta(\hbar\omega) \tag{10.37}$$

上式对能量积分后有

$$\left(\frac{d\sigma}{d\Omega}\right)_{\text{coh}}^{\text{el}} = \sum_{dd'} \langle b_d^* \rangle \langle b_{d'} \rangle e^{i\bm{Q}(d'-d)} e^{-(W_d+W_d')} \times \sum_{ll'} e^{i\bm{Q}(l'-l)} \tag{10.38}$$

因为

$$\lim_{N_l \to \infty} \frac{1}{N} \sum_{l}^{N_l} \sum_{l'}^{N_l} e^{i\bm{Q}(l'-l)} = \frac{(2\pi)^3}{v_0} \delta(\bm{Q} - \bm{\tau}) \tag{10.39}$$

其中，$\bm{\tau}$ 为倒易晶格矢量，v_0 为晶胞体积．所以

$$\left(\frac{d\sigma}{d\Omega}\right)_{\text{coh}}^{\text{el}} = \frac{(2\pi)^3}{v_0} \sum_{\bm{\tau}} |F(\bm{\tau})|^2 \delta(\bm{Q} - \bm{\tau}) \tag{10.40}$$

其中

$$F(\bm{\tau}) = \sum_{d} \langle b_d \rangle e^{i\bm{Q}d} e^{-W_d} \tag{10.41}$$

为单位晶胞结构因子．由式(10.40)可以看出，中子通过晶体时，将出现一系列弹性散射的干涉极大，其强度正比于结构因子的平方．实际上 $\bm{Q} = \bm{\tau}$ 是布拉格衍射条件 $2d\sin\theta = \lambda$ 的另一种写法，而在 $\bm{Q} = \bm{\tau}$ 处出现的干涉极大也就是布拉格衍射峰，所以中子的相干弹性散射又叫中子

衍射. 德拜-沃勒因子作为一个衰减因子出现在 $F(\tau)$ 中,是由于热运动模糊了原子间的相位关系. 式(10.40)右边包含晶体结构的全部信息.

将以上推演步骤用于非相干散射,不难得到

$$\left(\frac{d\sigma}{d\Omega}\right)_{\text{inc}}^{\text{el}} = \frac{1}{4\pi} \sum_d C_d \sigma_{\text{inc}}^d e^{-2W_d} \tag{10.42}$$

由此可见,非相干弹性散射并不给出任何结构信息,它是叠加在相干弹性散射上的本底.

3)单声子非弹性散射

在式(10.35)中,若只取声子展开式中 $p=1$ 的项,而略去其他各项即得到单声子相干散射截面.

$$\left(\frac{d^2\sigma}{d\Omega dE}\right)_{\text{coh}}^{\pm 1} = \frac{k}{k_0} \frac{(2\pi)^3}{v_0} \frac{1}{2N} \sum_\tau \sum_{qj} |F_1(\mathbf{Q}, \mathbf{q}j)|^2 \times \frac{1}{\omega_j} [\langle n_j(\mathbf{q}) + 1\rangle$$
$$\delta(\mathbf{Q} - \mathbf{q} - \tau)\delta(\omega - \omega_j(\mathbf{q})) + \langle n_j(\mathbf{q})\rangle \delta(\mathbf{Q} + \mathbf{q} - \tau)\delta(\omega + (\mathbf{q}))] \tag{10.43}$$

单声子过程是激发或湮灭一个声子非弹性散射过程. $\left(\frac{d^2\sigma}{d\Omega dE}\right)_{\text{coh}}^{\pm 1}$ 的上标 +1 表示等式右边方括号中只取第一项,代表下散射;上标 -1 表示只取第二项,代表上散射.

$$F_1(\mathbf{Q}, \mathbf{q}j) = \sum_d \frac{\langle b_d \rangle}{\sqrt{M_d}} e^{-W_d(\mathbf{Q})} e^{i\mathbf{Q}d} \mathbf{Q} \mathbf{e}_d^j(\mathbf{q}) \tag{10.44}$$

式(10.43)右边的 δ 函数代表散射过程的动量、能量守恒条件. 以下散射为例,这两个条件分别是

$$\mathbf{Q} = \mathbf{q} + \mathbf{r} \tag{10.45}$$
$$E = E_0 - \hbar\omega_j \tag{10.46}$$

对一定的 k_0 和 E_0,当 $\mathbf{Q}$ 和 E 同时满足式(10.45)和式(10.46)时,实验上将观察到 $\omega_j(\mathbf{q})$ 声子的散射峰. 利用这一原理,可以用单晶样品测出声子频率随其动量 $\mathbf{q}$ 和极化指标 j 变化的曲线,即声子色散曲线 $\omega = \omega_j(\mathbf{q})$.

同理,不难推出单声子非相干散射截面

$$\left(\frac{d^2\sigma}{d\Omega dE}\right)_{\text{inc}}^{\pm 1} = \frac{k}{k_0} \frac{1}{2N} \sum_d \frac{1}{M_d} \frac{\sigma_{\text{inc}}^d}{4\pi} e^{-2W_d(\mathbf{Q})} \sum_{qj} \frac{|\mathbf{Q}\mathbf{e}_d^j(\mathbf{q})|^2}{\omega_j(\mathbf{q})}$$
$$\times [\langle n_j(\mathbf{q}) + 1\rangle \delta(\omega - \omega_j(\mathbf{q})) + \langle n_j(\mathbf{q})\rangle \delta(\mathbf{Q} + \mathbf{q} - \tau)\delta(\omega + (\mathbf{q}))] \tag{10.47}$$

式(10.47)只含有代表能量守恒的 δ 函数,而没有动量约束条件. 这表明,对于给定的 k_0、2θ 和晶体取向,发生单声子非相干散射的 k 值构成一个连续区间;而对任何给定的 k 值,可以得到满足式中 $\omega_j(\mathbf{q})$ 值的所有简正模式. 因此,可以用声子态密度 $Z(\omega)$ 来表示非相干单声子散射截面. 因为

$$Z(\omega) = \frac{1}{3N} \sum_{qj} \delta(\omega - \omega_j(\mathbf{q})) \tag{10.48}$$

所以

$$\left(\frac{d^2\sigma}{d\Omega dE}\right)_{\text{inc}}^{+1} = \frac{k}{k_0} \sum_d \frac{3}{2M_d} \frac{\sigma_{\text{inc}}^d}{4\pi} e^{-2W_d(\mathbf{Q})} \langle (\mathbf{Q}\mathbf{e}_d(\mathbf{q}))^2 \rangle \frac{Z(\omega)}{\omega} (n(\omega) + 1) \tag{10.49}$$

式中,$\mathbf{Q}\mathbf{e}_d(\mathbf{q})$ 表示对 ω 处有模式取平均. 同理,式(10.47)中的单声子吸收截面可以写为

$$\left(\frac{d^2\sigma}{d\Omega dE}\right)_{\text{inc}}^{-1} = \frac{k}{k_0} \sum_d \frac{3}{2M_d} \frac{\sigma_{\text{inc}}^d}{4\pi} e^{-2W_d(\mathbf{Q})} \langle (\mathbf{Q}\mathbf{e}_d(\mathbf{q}))^2 \rangle \times \frac{Z(\omega)}{-\omega} \langle n(-\omega) \rangle$$

如果 $Z(\omega) = Z(-\omega)$,则有

$$\left(\frac{\mathrm{d}^2\sigma}{\mathrm{d}\Omega\mathrm{d}E}\right)_{\mathrm{inc}}^{-1} = \frac{k}{k_0}\sum_d \frac{3}{2M_d}\frac{\sigma_{\mathrm{inc}}^d}{4\pi}\mathrm{e}^{-2W_d(Q)}\langle(\boldsymbol{Q}\boldsymbol{e}_d(\boldsymbol{q}))^2\rangle \times \frac{Z(\omega)}{\omega}\langle n(\omega)+1\rangle \tag{10.50}$$

式(10.49)与式(10.50)完全相同,因此

$$\left(\frac{\mathrm{d}^2\sigma}{\mathrm{d}\Omega\mathrm{d}E}\right)_{\mathrm{inc}}^{+1} = \left(\frac{\mathrm{d}^2\sigma}{\mathrm{d}\Omega\mathrm{d}E}\right)_{\mathrm{inc}}^{-1} = \left(\frac{\mathrm{d}^2\sigma}{\mathrm{d}\Omega\mathrm{d}E}\right)_{\mathrm{inc}} \tag{10.51}$$

对于立方晶体,$\langle(\boldsymbol{Q}\boldsymbol{e}_d(\boldsymbol{q}))^2\rangle = \frac{Q^2}{3}$. 因而,对单一元素的立方晶体有

$$\left(\frac{\mathrm{d}^2\sigma}{\mathrm{d}\Omega\mathrm{d}E}\right)_{\mathrm{inc}}^{+1} = \frac{\sigma_{\mathrm{inc}}}{4\pi}\frac{k}{k_0}\frac{Q^2}{2M}\mathrm{e}^{-2W_d(Q)}\frac{Z(\omega)}{\omega}(n(\omega)+1) \tag{10.52a}$$

顺便指出,对于含有多种类原子的分子晶体,双微分截面需要对每类原子按其振动的位移 $\boldsymbol{u}_d$ 的平方加权. 因而对含 N 个原子的分子,其微分截面表示式为

$$\left(\frac{\mathrm{d}^2\sigma}{\mathrm{d}\Omega\mathrm{d}E}\right)_{\mathrm{inc}}^{+1} = \frac{k}{k_0}\sum_d \frac{\sigma_{\mathrm{inc}}^d}{4\pi}\frac{Q^2\langle u_d^2\rangle}{2M_d}\mathrm{e}^{-2W_d}\frac{Z(\omega)}{\omega}[\langle n+1\rangle] \tag{10.52b}$$

双声子以上的散射过程对截面的贡献通常为百分之几,实验上一般把它们当作修正项来处理.

7. 范霍夫关联函数

对散射截面的进一步处理,需要利用范霍夫空间-时间关联函数. 范霍夫(van Hove)将 X 衍射理论中三维静态(粒子)对分布函数 $g(\boldsymbol{r})$ 推广为四维的空间-时间关联函数 $G(\boldsymbol{r},t)$,应用于中子散射. 利用空间-时间关联函数来表示中子散射双微分截面,不仅使截面中所含各项物理意义更加清晰,而且在散射体系特性的计算,数据的分析、解释等方面都有一些优点. 关联函数方法对固态、液态和气态散射物质普遍适用,但对液体的研究尤其有用. 固体原子间的相互作用虽然很复杂,但它在结构上的长程有序使情况大大简化;气体的原子分布虽然是无规则的,但其原子间距离相当大,从而可以忽略原子间的相互作用;液体则不然,它在结构上只有邻近短程有序,但原子并无固定的位置,加之原子间距离和固体差不多,存在着较强的相互作用. 因此,液体的结构和动力学的研究相对复杂很多. 20 世纪 60 年代以后,由于关联函数的引入,利用中子散射体对液体的研究取得了一些进展.

由 $(\boldsymbol{Q},\omega)$ 构成的动量空间是真实空间的倒易空间. 因此,散射函数 $S(\boldsymbol{Q},\omega)$ 经过双重傅里叶转换后可以得到描写散射物质微观结构和动力学特性的空间-时间关联函数 $G(\boldsymbol{r},t)$,即

$$S(\boldsymbol{Q},\omega) = \frac{1}{2\pi\hbar}\int_{-\infty}^{+\infty}\mathrm{e}^{-\mathrm{i}\omega t}\mathrm{e}^{\mathrm{i}\boldsymbol{Q}\boldsymbol{r}}G(\boldsymbol{r},t)\mathrm{d}\boldsymbol{r}\mathrm{d}t \tag{10.53}$$

$$G(\boldsymbol{r},t) = \frac{1}{(2\pi)^3}\int_{-\infty}^{+\infty}\mathrm{e}^{\mathrm{i}\omega t}\mathrm{e}^{-\mathrm{i}\boldsymbol{Q}\boldsymbol{r}}S(\boldsymbol{Q},\omega)\mathrm{d}\boldsymbol{Q}\mathrm{d}\omega \tag{10.54}$$

以及

$$S_{\mathrm{inc}}(\boldsymbol{Q},\omega) = \frac{1}{2\pi\hbar}\int_{-\infty}^{+\infty}\mathrm{e}^{-\mathrm{i}\omega t}\mathrm{e}^{\mathrm{i}\boldsymbol{Q}\boldsymbol{r}}G_s(\boldsymbol{r},t)\mathrm{d}\boldsymbol{r}\mathrm{d}t \tag{10.55}$$

$$G_s(\boldsymbol{r},t) = \frac{1}{(2\pi)^3}\int_{-\infty}^{+\infty}\mathrm{e}^{\mathrm{i}\omega t}\mathrm{e}^{-\mathrm{i}\boldsymbol{Q}\boldsymbol{r}}S_{\mathrm{inc}}(\boldsymbol{Q},\omega)\mathrm{d}\boldsymbol{Q}\mathrm{d}\omega \tag{10.56}$$

$G_s(\boldsymbol{r},t)$ 称为自相关函数,如果定义两个新的函数

$$I(\boldsymbol{Q},t) = \frac{1}{N}\sum_{u'}\langle\mathrm{e}^{-\mathrm{i}\boldsymbol{Q}\boldsymbol{R}_l(0)}\mathrm{e}^{\mathrm{i}\boldsymbol{Q}\boldsymbol{R}_{l'}(t)}\rangle \tag{10.57}$$

$$I_s(\boldsymbol{Q},t) = \frac{1}{N}\sum_l\langle\mathrm{e}^{-\mathrm{i}\boldsymbol{Q}\boldsymbol{R}_l(0)}\mathrm{e}^{\mathrm{i}\boldsymbol{Q}\boldsymbol{R}_{l'}(t)}\rangle \tag{10.58}$$

则由式(10.57)及式(10.58)可将散射函数改写为

$$S(\boldsymbol{Q},\omega) = \frac{1}{2\pi\hbar}\int_{-\infty}^{+\infty} e^{-i\omega t} I(\boldsymbol{Q},t)\,dt \tag{10.59}$$

$$S_{\text{inc}}(\boldsymbol{Q},\omega) = \frac{1}{2\pi\hbar}\int_{-\infty}^{+\infty} e^{-i\omega t} I_s(\boldsymbol{Q},t)\,dt \tag{10.60}$$

$I(\boldsymbol{Q},t)$ 称为中间相干散射函数；$I_s(\boldsymbol{Q},t)$ 称为中间非相干散射函数. 比较式(10.53)与式(10.59)、式(10.55)与式(10.60)可得

$$I(\boldsymbol{Q},t) = \int_{-\infty}^{\infty} e^{i\boldsymbol{Q}\boldsymbol{r}} G(\boldsymbol{r},t)\,d\boldsymbol{r} \tag{10.61}$$

$$I_s(\boldsymbol{Q},t) = \int_{-\infty}^{\infty} e^{i\boldsymbol{Q}\boldsymbol{r}} G_s(\boldsymbol{r},t)\,d\boldsymbol{r} \tag{10.62}$$

因此,中间散射函数是关联函数的空间傅里叶变换.

对式(10.61)进行傅里叶变换可得

$$G(\boldsymbol{r},t) = \frac{1}{N}\sum_{ll'}\int \langle \delta(\boldsymbol{r}-\boldsymbol{r}'+\boldsymbol{R}_l(0))\delta(\boldsymbol{r}'-\boldsymbol{R}_{l'}(t))\rangle\,d\boldsymbol{r}' \tag{10.63}$$

上式是关联函数的量子力学表达式. 其中算符 $\boldsymbol{R}_l(0)$ 和 $\boldsymbol{R}_{l'}(t)$ 除 $t=0$ 外是不对易的. 因此上式在一般情况下是无法求积的. 同样,对自相关函数有

$$G_s(\boldsymbol{r},t) = \frac{1}{N}\sum_{l}\int \langle \delta(\boldsymbol{r}-\boldsymbol{r}'+\boldsymbol{R}_l(0))\delta(\boldsymbol{r}'-\boldsymbol{R}_{l}(t))\rangle\,d\boldsymbol{r}' \tag{10.64}$$

$G_s(\boldsymbol{r},t)$ 实际上是式(10.63)求和式中的对角项. 令非对角项为 $G_d(\boldsymbol{r},t)$,则

$$G(\boldsymbol{r},t) = G_s(\boldsymbol{r},t) + G_d(\boldsymbol{r},t) \tag{10.65}$$

其中

$$G_d(\boldsymbol{r},t) = \frac{1}{N}\sum_{l\neq l'}\int \langle \delta(\boldsymbol{r}-\boldsymbol{r}'+\boldsymbol{R}_l(0))\delta(\boldsymbol{r}'-\boldsymbol{R}_{l'}(t))\rangle\,d\boldsymbol{r}' \tag{10.66}$$

称为异对关联函数或对关联函数. $G_d(\boldsymbol{r},t)$ 和 $G(\boldsymbol{r},t)$ 的不同点在于,在考虑 t 时刻的粒子密度时,前者不包括 $t=0$ 时刻位于原点的粒子.

为了把中间函数、散射函数和关联函数写成另一种更常用、更简洁的形式,以下引入粒子密度算符 $\rho(\boldsymbol{r},t)$：

$$\rho(\boldsymbol{r},t) = \sum_{l}\delta(\boldsymbol{r}-\boldsymbol{R}_l(t)) \tag{10.67}$$

它的物理含义是,在 t 时刻位置 $\boldsymbol{r}$ 处的粒子密度. 令它的傅里叶转换为 $\rho_{\boldsymbol{Q}}(t)$,则有

$$\rho(\boldsymbol{r},t) = \frac{1}{(2\pi)^3}\int \rho_{\boldsymbol{Q}}(t)e^{i\boldsymbol{Q}\boldsymbol{r}}\,d\boldsymbol{Q} \tag{10.68}$$

其中

$$\rho_{\boldsymbol{Q}}(t) = \sum_{l} e^{-i\boldsymbol{Q}\boldsymbol{R}_l(t)} \tag{10.69}$$

由此可得

$$I(\boldsymbol{Q},t) = \frac{1}{N}\langle \rho_{\boldsymbol{Q}}(0)\rho_{-\boldsymbol{Q}}(t)\rangle \tag{10.70}$$

$$S(\boldsymbol{Q},\omega) = \frac{1}{2\pi\hbar N}\int_{-\infty}^{+\infty}\langle \rho_{\boldsymbol{Q}}(0)\rho_{-\boldsymbol{Q}}(t)\rangle e^{-i\omega t}\,dt \tag{10.71}$$

$$G(\boldsymbol{r},t) = \frac{1}{N}\int \langle \rho(\boldsymbol{r}'-\boldsymbol{r},0)\rho(\boldsymbol{r}',t)\rangle\,d\boldsymbol{r}' \tag{10.72}$$

仿照以上同样步骤,对 $G_s(\boldsymbol{r},t)$ 可得到类似的结果.

1) 关联函数的经典近似及其物理解释

在 $t=0$ 的特殊情况下

$$G(\mathbf{r},0) = \frac{1}{N}\sum_{u'}\langle\delta(\mathbf{r}+\mathbf{R}_l(0)-\mathbf{R}_{l'}(0))\rangle = G_s(\mathbf{r},0) + G_d(\mathbf{r},0) \tag{10.73}$$

其中

$$g(\mathbf{r}) = \sum_{l\neq 0}\langle\delta(\mathbf{r}+\mathbf{R}_0(0)-\mathbf{R}_l(0))\rangle = G_d(\mathbf{r},0) \tag{10.74}$$

在推导式(10.73)时作了一个简化的假定,即认为散射体中所有原子核都是相同的. 在 X 射线衍射理论中,$g(\mathbf{r})$ 称为静态对分布函数. 它给出相对于任何粒子为原点的平均粒子密度分布. 式(10.74)的物理含义是:选定任一原子的坐标为原点,则在任意瞬间,在 $\mathbf{r}$ 附近 $\mathrm{d}\mathbf{r}$ 体积内发现任何其他原子的概率为 $g(\mathbf{r})$. 同样,对自关联函数有

$$G_s(\mathbf{r},0) = \delta(\mathbf{r}) \tag{10.75}$$

当散射过程的能量转移 $\hbar\omega$ 和动量转移 $\hbar\mathbf{Q}$ 都很小,即当条件

$$|\hbar\omega| \gg \frac{1}{2}k_\mathrm{B}T \tag{10.76}$$

$$\frac{\hbar^2\mathbf{Q}^2}{2M} \ll \frac{1}{2}k_\mathrm{B}T \tag{10.77}$$

得到满足时,散射体系的量子力学性质便可以忽略. 上式中 M 为散射原子的质量. 此时,$\mathbf{R}_l(0)$ 和 $\mathbf{R}_{l'}(0)$ 不再具有算符性质,只分别代表粒子 l 在 $t=0$ 时刻及粒子 l' 在 $t=t$ 时刻的坐标位置,从而关联函数便过渡到它的经典形式:

$$G^{\mathrm{cl}}(\mathbf{r},t) = \sum\langle\delta(\mathbf{r}+\mathbf{R}_0(0)-\mathbf{R}_l(t))\rangle \tag{10.78}$$

$$G_s^{\mathrm{cl}}(\mathbf{r},t) = \langle\delta(\mathbf{r}+\mathbf{R}_0(0)-\mathbf{R}_0(t))\rangle \tag{10.79}$$

式(10.78)有明确的物理意义,它表示在 $t=0$ 时刻选定某个原子的坐标为原点,则在 $t=t$ 时刻,在 $\mathbf{r}$ 位置的 $\mathrm{d}\mathbf{r}$ 体积内发现任何原子(包括 $t=0$ 时刻在坐标原点的原子在内)的概率为 $G^{\mathrm{cl}}(\mathbf{r},t)$;同样式(10.79)表示,在 $t=0$ 时刻选定某原子的坐标为原点,则在 $t=t$ 时刻,在 $\mathbf{r}$ 位置的 $\mathrm{d}\mathbf{r}$ 体积元内发现该原子的概率为 $G_s^{\mathrm{cl}}(\mathbf{r},t)$. 由此

$$\int G^{\mathrm{cl}}(\mathbf{r},t)\mathrm{d}\mathbf{r} = N \tag{10.80}$$

$$\int G_s^{\mathrm{cl}}(\mathbf{r},t)\mathrm{d}\mathbf{r} = 1 \tag{10.81}$$

$G(\mathbf{r},t)$ 通常是一个复函数. 在量子效应可以忽略的情况下,式(10.72)中的 $\rho(\mathbf{r}'-\mathbf{r},0)$ 和 $\rho(\mathbf{r}',t)$ 不再是非对易算符. 因而 $G^{\mathrm{cl}}(\mathbf{r},t)$ 也变为实函数,且为 $\mathbf{r}$ 和 t 的偶函数. 在这种情况下,由式(10.53)可以看出 $S(\mathbf{Q},\omega) = S(-\mathbf{Q},-\omega)$.

这个结果是和细致平衡原理相悖的. 在实际应用中,通过物理模型计算的往往是 $G^{\mathrm{cl}}(\mathbf{r},t)$ 而不是 $G(\mathbf{r},t)$. 为了在实函数 $G^{\mathrm{cl}}(\mathbf{r},t)$ 和 $G(\mathbf{r},t)$ 之间建立一个过渡关系,Schofield 建议定义一个新的函数

$$\widetilde{G}(\mathbf{r},t) = G\left(\mathbf{r},t+\frac{1}{2}\mathrm{i}\hbar\beta\right) \tag{10.82}$$

并认为,令 $\widetilde{G}(\mathbf{r},t) = G^{\mathrm{cl}}(\mathbf{r},t)$ 可以获得较好的近似. 这样,用 $\widetilde{G}(\mathbf{r},t)$ 代替由模型计算出 $G^{\mathrm{cl}}(\mathbf{r},t)$ 的后,再利用关系式

$$G(\mathbf{r},t) = \widetilde{G}\left(\mathbf{r},t-\frac{1}{2}\mathrm{i}\hbar\beta\right) \tag{10.83}$$

便可将 $G^{cl}(\boldsymbol{r},t)$ 过渡为 $G(\boldsymbol{r},t)$, 并使 $S(\boldsymbol{Q},\omega)$ 满足细致平衡原理. 以上关系也适用于 G_s、I_s、S_{inc}.

2) 关联半径及时间

中子散射所研究的散射体系通常都足够大，因而它的一切行为都应遵循统计物理规律. 显然，对这样的体系在足够大的时间间隔或空间距离以外，粒子之间的行为是没有关联的. 以液体为例，假定有一个原子在 $t=0$ 时刻运动到原点，这个原子的运动对以原点为中心、半径为 r_0 的区间内的其他原子形成了一个微扰. 这个微扰虽然发生在 $t=0$ 时刻，但它的有效作用时间将覆盖 $t=0$ 前、后的一段时间间隔 t_0. r_0 称为关联半径，t_0 称为弛豫时间. r_0 在量级上相当于液体中的平均原子间距，约 10^{-8} cm；t_0 相应于粒子通过关联区域所需的时间. 粒子运动的速度为 10^5 cm·s^{-1} 量级，因此，$t_0 \sim 10^{-13}$ s. 当 $r \gg r_0$ 或 $t \gg t_0$ 时，粒子之间实际上已经不存在关联，$G(\boldsymbol{r},t)$ 过渡到它的渐近式 $G(\boldsymbol{r},\infty)$. 当利用中子研究液体的结构和动力学性质时，中子穿过关联半径的时间必须大于 t_0，即速度应在 1000 m/s 左右 ($\lambda \sim 0.4$ nm). X 射线的速度约为 3×10^8 m/s，其穿过关联半径的时间远小于 t_0，因此它只能用来探测液体内部的瞬时结构，即 $G_d(\boldsymbol{r},0)$ 和 $g(r)$，而不能获得任何动力学信息. r_0 和 t_0 的概念对理想晶体是没有意义的. 由于晶格振动的集体运动性质，理想晶体的 $r_0 = \infty$，$t_0 = \infty$. 实际晶体的 r_0 和 t_0 虽然不会趋于无限大，但仍然是很大的. 上面估计的 r_0、t_0 值是符合液体的实际情况的. 图 10.3 是单原子气体、单晶和液体的 $g(r)$ 曲线，这里假定在原地已有一个原子. 从图可看出，单原子气体的 $g(r)$ 值在原点附近很小 (图 10.3(a))，这是因为在第一个原子附近不可能找到另一个原子；但曲线很快上升至平均密度 g_0，并达到饱和状态，体现了气体分布的完全无规性. 单晶的 $g(r)$ 曲线呈现出周期性的极大值 (图 10.3(b))，反映出单晶的长程有序性质. 与此相反，液体的 $g(r)$ 曲线在原点附近就出现尖锐的极大 (图 10.3(c))，并随 r 增大逐渐趋于平缓，表明了液体中只存在短程有序.

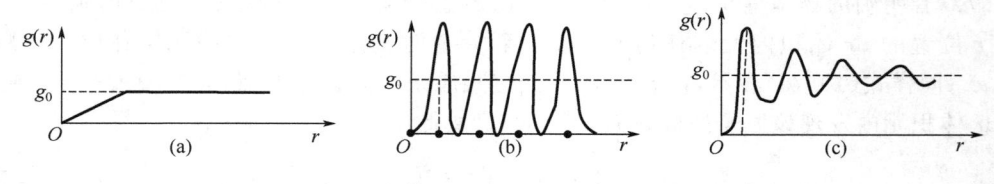

图 10.3 单原子气体(a)、单晶(b)和液体(c)的 $g(r)$ 曲线

图 10.4 是液体 $t \gg t_0$ 及 $t \ll t_0$ 两个极端情况下的 G_d 和 G_s 曲线，t_0 是弛豫时间. 图 10.4(a) 为在 $t \ll t_0$ 时，即在原点发现某个原子后不久，该原子几乎还在原点，因而 G_s 近似于 $\delta(r)$，而其余原子在这一时刻的分布函数 $g(r)$. 图 10.4(b) 为在原点观察到该原子很长一段时间以后，该原子已由原点扩散远去，但只要这段时间是有限的，这个原子便仍有一定概率占据原点，因而，其他原子的分布在原点的概率略低于正常时刻. G_d 和 G_s 都是复函数，图中给出的只是其实部.

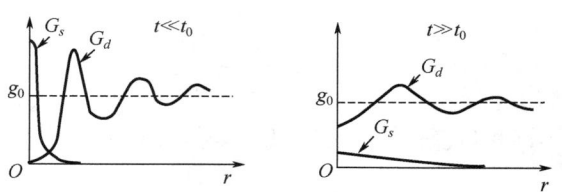

图 10.4 液体的空间-时间关联函数

3）弹性散射和 $G(r,\infty)$

令 $G(r,\infty)$ 为 $r > r_0$、$t > t_0$ 时 $G_d(r,t)$ 的渐近形式。由于原子间的关联不存在，因而式(10.63)和(10.64)可以分别写成

$$G(r,\infty) = \frac{1}{N} \sum_{ll'} \int \langle \delta(r-r'+R_l) \rangle \langle \delta(r'+R_{l'}) \rangle dr' \tag{10.84}$$

$$G_s(r,\infty) = \frac{1}{N} \sum_{l} \int \langle \delta(r-r'+R_l) \rangle \langle \delta(r'+R_l) \rangle dr' \tag{10.85}$$

此外，当 $t \to \infty$ 时，$R_l(0)$ 和 $R_{l'}(0)$ 都不再与时间有关，所以式(10.67)定义的粒子密度算符 $\rho(r,t)$ 也不再与时间有关。这样就有

$$G(r,\infty) = \frac{1}{N} \int \langle \rho(r') \rangle \langle \rho(r'-r) \rangle dr' \tag{10.86}$$

通常总可以把 $G(r,t)$ 分为两部分，使

$$G(r,t) = G(r,t) + G'(r,t) \tag{10.87}$$

其中

$$\lim_{t \to \infty} G'(r,t) = 0 \tag{10.88}$$

同样可

$$G_s(r,t) = G_s(r,t) + G'_s(r,t) \tag{10.89}$$

$$\lim_{t \to \infty} G'_s(r,t) = 0 \tag{10.90}$$

将式(10.87)代入式(10.53)，并利用式(10.23)可得到

$$\left(\frac{d^2\sigma}{d\Omega dE}\right)_{\text{coh}} = \left(\frac{d^2\sigma}{d\Omega dE}\right)^{\text{el}}_{\text{coh}} + \left(\frac{d^2\sigma}{d\Omega dE}\right)^{\text{inel}}_{\text{coh}} \tag{10.91}$$

由此可见 $\left(\frac{d^2\sigma}{d\Omega dE}\right)_{\text{coh}}$ 由两部分组成：第一部分是由 $G(r,\infty)$ 贡献的弹性散射成分 $\left(\frac{d^2\sigma}{d\Omega dE}\right)^{\text{el}}_{\text{coh}}$；另一部分是由 $G'(r,t)$ 贡献的非弹性散射成分 $\left(\frac{d^2\sigma}{d\Omega dE}\right)^{\text{inel}}_{\text{coh}}$。由式(10.86)可得到弹性散射截面为

$$\left(\frac{d\sigma}{d\Omega}\right)^{\text{el}}_{\text{coh}} = \frac{\sigma_{\text{coh}}}{4\pi} \frac{1}{N} \left| \int e^{iQ\cdot r} \langle \rho(r) \rangle dr \right|^2 \tag{10.92}$$

同样，由 $G_s(r,t)$ 可以得到

$$\left(\frac{d^2\sigma}{d\Omega dE}\right)_{\text{inc}} = \left(\frac{d^2\sigma}{d\Omega dE}\right)^{\text{el}}_{\text{inc}} + \left(\frac{d^2\sigma}{d\Omega dE}\right)^{\text{inel}}_{\text{inc}} \tag{10.93}$$

比较上式与式(10.42)，可以看出 $G_s(r,\infty)$ 的傅里叶转换是德拜-沃勒因子，因而非相干弹性散射截面可以写为

$$\left(\frac{d\sigma}{d\Omega}\right)^{\text{el}}_{\text{inc}} = \frac{\sigma_{\text{inc}}}{4\pi} \frac{1}{N} \int e^{iQ\cdot r} G_s(r,\infty) dr = \frac{\sigma_{\text{inc}}}{4\pi} e^{-2W} \tag{10.94}$$

因此，$G(r,\infty)$ 和 $G_s(r,\infty)$ 分别与相干弹性散射的截面和本底有关。对于各向同性的均匀散射体，比如液体或气体，$\langle \rho(r) \rangle = \rho$，这将导致式(10.93)$\propto \delta(Q)$。所以，中子在液体或气体中不会产生弹性散射，因为入射波矢没有变化的散射并不是真正的散射。

4）静态近似

从原则上讲，将 $S(Q,\omega)$ 对 $d\omega$ 积分，就可以单独得到结构的信息。因此，$S(Q)$ 称为结构因子，它的定义如下：

$$S(Q) = \int S(Q,\omega) d\omega \tag{10.95}$$

将式(10.53)代入式(10.95),利用式(10.73)便可以得到

$$S(\boldsymbol{Q}) = \frac{1}{2\pi\hbar}\int e^{i\omega t} e^{i\boldsymbol{Q}\boldsymbol{r}} G(\boldsymbol{r},t) d\boldsymbol{r} dt d\omega = 1 + \int e^{i\boldsymbol{Q}\boldsymbol{r}} g(\boldsymbol{r}) d\boldsymbol{r} \quad (10.96)$$

这表示,要测定 $g(\boldsymbol{r})$ 只要知道 $\int S(\boldsymbol{Q},\omega) d\omega$ 就行了,并不需要知道 $S(\boldsymbol{Q},\omega)$,但实际上获取 $\left(\frac{d\sigma}{d\Omega}\right)_{coh}$ 只能通过全散射截面测量. 从式(10.23)可知

$$\left(\frac{d\sigma}{d\Omega}\right)_{coh} = \frac{\sigma_{coh}}{4\pi}\int_{-\infty}^{\infty} \frac{k}{k_0} S(\boldsymbol{Q},\omega) d\omega \quad (10.97)$$

从式(10.97)很难得到 $S(\boldsymbol{Q})$. 如果散射中子的能量和入射中子能量相比变化很小,近似认为散射是弹性的,则相当于在式(10.97)中令

$$\frac{k}{k_0} \approx 1 \quad (10.98)$$

这样才能从全散射截面测量获得 $S(\boldsymbol{Q})$,这种近似称为静态近似. X射线入射能量高,散射能量近似等于入射能量,故能满足静态近似;而低能中子散射时能量变化较大,不符合静态近似条件,必须对全散射实验结果进行修正才能得到 $S(\boldsymbol{Q})$. 在静态近似条件下,全散射截面由相干和非相干两部分组成

$$\left(\frac{d\sigma}{d\Omega}\right)_{coh} = \frac{\sigma_{coh}}{4\pi}\int e^{-i\boldsymbol{Q}\boldsymbol{r}} G(\boldsymbol{r},0) d\boldsymbol{r} \quad (10.99)$$

$$\left(\frac{d\sigma}{d\Omega}\right)_{inc} = \frac{\sigma_{inc}}{4\pi}\int e^{-i\boldsymbol{Q}\boldsymbol{r}} G_s(\boldsymbol{r},0) d\boldsymbol{r} = \frac{\sigma_{inc}}{4\pi} \quad (10.100)$$

$$\frac{d\sigma}{d\Omega} = \left(\frac{d\sigma}{d\Omega}\right)_{coh} + \left(\frac{d\sigma}{d\Omega}\right)_{inc} = \frac{\sigma_{coh}}{4\pi}\int e^{-i\boldsymbol{Q}\boldsymbol{r}} G(\boldsymbol{r},0) d\boldsymbol{r} + \frac{\sigma_{inc}}{4\pi} \quad (10.101)$$

全散射截面测量是研究液体、非晶态物质的主要方法. 图10.5(a)是这类实验的示意图. 实验要求用一系列选定的 2θ 散射角测量散射中子强度 $I(2\theta)$. 由图10.5(b)可以看出,由于实验所做的是固定散射角测量,而不是常 Q 测量,探测器在 2θ 角接收到的散射中子有一个很宽的动量转移范围,因此测量结果必须对静态近似及其他相关的修正项进行修正.

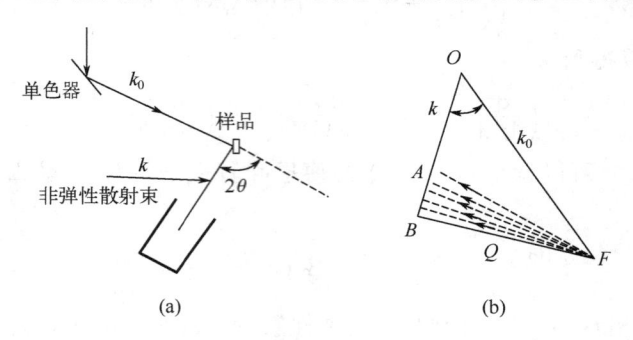

图 10.5 全散射截面测量示意图

8. 准弹性散射

在处理晶体对中子的散射时,首先假定晶体中所有原子都有一个确定的平衡位置,在这种假定下,散射被区分为弹性散射和非弹性散射两大类型. 非弹性散射表现为元激发的产生和湮灭过程,成为中子与元激发交换动量和能量的过程;而在弹性散射中,中子的动量转移只能

使晶体作为一个整体产生反冲,单个原子仍然留在原来的平衡位置. 但在实际晶体中,原子除了在平衡位置附近的热运动外,偶尔还可以从一个晶位移动到另一个晶位,这就是固体粒子扩散现象. 粒子的扩散使弹性散射峰宽化,形成准弹性散射峰. 峰的宽化程度与粒子扩散速率有关. 某些固体中的粒子,例如金属氢化物中的氢原子和超离子导体中的导电离子扩散速度很快,其弹性峰的宽化较明确. 在这种情况下,中子准弹性散射(quasi-elastic neutron scattering,QENS)便成了深入研究扩散过程的一种实验手段.

液体原子没有固定的平衡位置,因此总能观察到准弹性散射现象,但液体中的元激发通常是高度阻尼的,其散射函数在非弹性散射区和准弹性散射区常常严重交叠,尤其在高动量转移区. 在某些条件下,在小 Q 区间还是可以把准弹性峰分出来,并从中获得有关的扩散过程的信息.

1) 液体的扩散

液体的扩散可以用菲克定律来描写. 根据菲克定律,对于足够长的时间 t、足够大的距离 r,描写原子运动的扩散方程为

$$\frac{\partial p(\boldsymbol{r},t)}{\partial t} = D\nabla^2 p(\boldsymbol{r},t) \tag{10.102}$$

式中,D 为自扩散系数;对各向同性的扩散 $\nabla^2 = \frac{1}{r^2}\frac{\partial}{\partial r}\left(r^2\frac{\partial}{\partial V}\right)$;$p(\boldsymbol{r},t)$ 是在时刻 t、距离 r 处发现某个原子的概率. 如果在 $t=0$ 时刻该原子位于坐标原点,则 $p(\boldsymbol{r},t)$ 实际上就是 $G_s(\boldsymbol{r},t)$. 在这种情况下,式(10.102)的解为

$$G_s(\boldsymbol{r},t) = \frac{1}{(4\pi D|t|^{\frac{3}{2}})}\exp\left(-\frac{r^2}{4D|t|}\right) \tag{10.103}$$

该原子在时间 t 内走过的均方距离为

$$\langle r^2 \rangle = \int |r^2| G_s(\boldsymbol{r},t)\mathrm{d}\boldsymbol{r} = 6Dt \tag{10.104}$$

进行傅里叶变换可得到 $S_{\mathrm{inc}}(\boldsymbol{Q},\omega)$

$$S_{\mathrm{inc}}(\boldsymbol{Q},\omega) = \frac{1}{\pi\hbar}\frac{DQ^2}{\omega^2 + (DQ^2)^2} \tag{10.105}$$

因此,散射中子谱形为洛伦兹函数,其半宽度 $\Gamma(Q) = 2DQ^2$. 准弹性散射提供了直接测量扩散系数的手段,但测量只限于小 Q 区间. 液体原子的扩散系数 $\sim 10^{-5}\mathrm{cm}^2/\mathrm{s}$,当 $Q \approx 0.1\mathrm{nm}^{-1}$ 时,$\Gamma(Q) \sim 0.1\mathrm{meV}$,这样的宽度一般的中子实验是可以分辨的.

2) 固体的扩散——跳步式模型

"液体扩散"中的讨论只适合于连续扩散模型,它的基本假定是扩散的步进单元是一个无限小量,远小于时间间隔 Δt 较长的任意两个时刻的粒子间距. 固体粒子的扩散方式是非连续性的,粒子由一个平衡位置以跳进的方式移动到另一个平衡位置. Chudley 和 Elliott 提出了一个适合这种方式的模型,其基本假设是:一个原子在时间间隔 t 内占据一个给定的晶位,并在平衡位置附近做热振动. 在这期间,它有可能聚积了足够的能量,并很快跳向相邻的另一个晶位,跳步的时间可以忽略. 原子在两个晶位之间的跳步矢量 $|\boldsymbol{l}|$ 远大于原子在平衡点附近热运动的区间. 假定原子所在晶位为布拉维格子(Bravais lattice),而且跳步只限于在最近邻晶位之间进行,则在 t 时刻该原子占据 $\boldsymbol{r}$ 晶位的概率 $p(\boldsymbol{r},t)$ 可由以下方程给出:

$$\frac{\partial}{\partial t}p(\boldsymbol{r},t) = \frac{1}{n\tau}\sum_{i=1}^{n}[p(\boldsymbol{r}+\boldsymbol{l}_i,t) - p(\boldsymbol{r},t)] \tag{10.106}$$

式中,n 为 $\boldsymbol{r}$ 晶位的最近邻晶位数. 因为 $p(\boldsymbol{r},0) = \delta(\boldsymbol{r})$,所以

$$G_s(\bm{r},t) = p(\bm{r},t) \tag{10.107}$$

由此可得

$$\frac{\partial}{\partial t} I_s(\bm{Q},t) = \frac{1}{n\tau}\sum_{i}^{n} I_s(\bm{Q},t)[\exp(-i\bm{Q}\bm{l}_i)-1] \tag{10.108}$$

令 $f(\bm{Q}) = \dfrac{1}{n\tau}\sum_{i=1}^{n}[1-\exp(-i\bm{Q}\bm{l}_i)]$，则有

$$I_s(\bm{Q},t) = I_s(\bm{Q},0)\exp(-\Delta\omega(\bm{Q})t) \tag{10.109}$$

或

$$S_{\text{inc}}(\bm{Q},\omega) = \frac{1}{\pi\hbar}\frac{f(\bm{Q})}{f^2(\bm{Q})+\omega^2} \tag{10.110}$$

即在这种情况下，非相干散射函数仍旧是一个洛伦兹函数，其半宽度 $\Gamma(\bm{Q}) = 2f(\bm{Q})$，$\Gamma(\bm{Q})$ 与原子在晶位的平均驻留时间 τ 有关，也与晶格几何有关.

9. 磁散射

磁散射源于中子的磁矩与原子中的未配对电子（即磁活性电子）的磁相互作用. 在中子波长大于电子经典半径的条件下，磁散射可以用玻恩近似方法处理. 实际上，低能中子波长 $\lambda \sim 10^{-9}$ cm，电子的经典半径 $r_0 = 2.818\times 10^{-13}$ cm，因此，低能中子磁散射的理论诠释完全可以在玻恩近似的理论框架下进行.

1) 中子与电子的磁相互作用

一个动量为 $\bm{P}_l$ 的电子在距自己 $\bm{R}$ 处产生的磁场强度为

$$\bm{B} = \frac{\mu_0}{4\pi}\left[\text{rot}\left(\frac{\bm{\mu}_e\times\bm{R}}{|\bm{R}|^3}\right) - \frac{2\mu_B}{\hbar}\frac{\bm{P}_l\times\bm{R}}{|\bm{R}|^3}\right] \tag{10.111}$$

式中，μ_0 为真空磁导率；$\bm{\mu}_e = -2\mu_B \bm{s}$，为电子的磁矩算符，$\mu_B = \dfrac{e\hbar}{2m_e}$ 为玻尔磁子，$\bm{s}$ 为电子的自旋算符. 这个磁场由电子的自旋电流和轨道运动电流产生. 它们分别由式（10.111）方括号中的第一项和第二项表示.

中子的磁矩算符

$$\bm{\mu}_n = -\gamma\mu_N\bm{\sigma} \tag{10.112}$$

其中，$\gamma = 1.1913$，$\mu_N = \dfrac{e\hbar}{2m_p}$ 为核磁子，$\bm{\sigma}$ 为中子的泡利自旋算符，m_p 为质子质量.

因此，位于 $\bm{r} = \bm{r}_l + \bm{R}$ 的中子，感受到第 l 个电子磁场的作用势为

$$V_m^l = -\bm{\mu}_n\bm{B} = \frac{-\mu_0}{4\pi}\gamma\mu_N 2\mu_B\bm{\sigma}\left[\text{rot}\left(\frac{\bm{s}_l\times\bm{R}}{|\bm{R}|^3}\right) + \frac{1}{\hbar}\frac{\bm{P}_l\times\bm{R}}{|\bm{R}|^3}\right] \tag{10.113}$$

可以证明

$$\left\langle \bm{k}\left|\text{rot}\left(\frac{\bm{s}_l\times\bm{R}}{|\bm{R}|^3}\right)\right|\bm{k}_0\right\rangle = 4\pi e^{i\bm{Q}\bm{r}_l}[\bm{e}\times(\bm{s}_l\times\bm{e})] \tag{10.114}$$

$$\left\langle \bm{k}\left|\frac{\bm{P}_l\times\bm{R}}{|\bm{R}|^3}\right|\bm{k}_0\right\rangle = \frac{4\pi i}{\hbar Q}e^{i\bm{Q}\bm{r}_l}[\bm{P}_l\times\bm{e}] \tag{10.115}$$

式中，$\bm{e}$ 为沿散射矢量 $\bm{Q}$ 方向的单位矢量. 对含有 l 个磁活性电子的离子，磁相互作用势 $V_m = \sum_l V_m^l$. 于是

$$\langle \bm{k}|V_m|\bm{k}_0\rangle = -\frac{2\pi\hbar^2}{m}r_0\gamma\bm{\sigma}\bm{D}_\perp \tag{10.116}$$

式中，$r_0 = \frac{\mu_0}{4\pi}\frac{e^2}{m_e} = 2.818 \times 10^{-13}$ cm，是电子的经典半径．

$$\boldsymbol{D}_\perp = \sum_l e^{i\boldsymbol{Q}\boldsymbol{r}_l}\left[\boldsymbol{e}\times(\boldsymbol{s}_l\times\boldsymbol{e}) + \frac{i}{\hbar Q}\boldsymbol{P}_l\times\boldsymbol{e}\right] = \boldsymbol{D}_{\perp s} + \boldsymbol{D}_{\perp L} \tag{10.117}$$

其中，$\boldsymbol{D}_{\perp s} = \sum_l e^{i\boldsymbol{Q}\boldsymbol{r}_l}[\boldsymbol{e}\times(\boldsymbol{s}_l\times\boldsymbol{e})]$，$\boldsymbol{D}_{\perp L} = \frac{i}{\hbar Q}\sum_l e^{i\boldsymbol{Q}\boldsymbol{r}_l}(\boldsymbol{P}_l\times\boldsymbol{e})$．$\boldsymbol{D}_\perp$ 称为磁相互作用算符，$\boldsymbol{D}_{\perp s}$ 和 $\boldsymbol{D}_{\perp L}$ 分别是自旋和轨道角动量对 $\boldsymbol{D}_\perp$ 的贡献．

根据式(10.117)

$$\boldsymbol{D}_{\perp s} = \sum_l e^{i\boldsymbol{Q}\boldsymbol{r}_l}[\boldsymbol{e}\times(\boldsymbol{s}_l\times\boldsymbol{e})] = \boldsymbol{e}\times\boldsymbol{D}_s\times\boldsymbol{e} \tag{10.118}$$

其中，$\boldsymbol{M}_s(\boldsymbol{r}) = -2\mu_B\sum_l\delta(\boldsymbol{r}-\boldsymbol{r}_l)\boldsymbol{s}_l$ 是自旋磁化算符，$\boldsymbol{M}_s(\boldsymbol{Q})$ 是 $\boldsymbol{M}_s(\boldsymbol{r})$ 的傅里叶变换．所以 $\boldsymbol{D}_{\perp s}$ 相当于自旋磁化算符的傅里叶变换 $\boldsymbol{M}_s(\boldsymbol{Q})$ 在垂直于散射矢量平面的投影．

可以证明

$$\boldsymbol{D}_{\perp L} = \boldsymbol{e}\times\left(-\frac{1}{2\mu_B}\boldsymbol{M}_L(\boldsymbol{Q})\times\boldsymbol{e}\right) \tag{10.119}$$

这里的 $\boldsymbol{M}_L(\boldsymbol{Q})$ 是轨道磁化算符 $\boldsymbol{M}_L(\boldsymbol{r})$ 的傅里叶变换．因此，$\boldsymbol{D}_{\perp L}$ 是 $\boldsymbol{M}_L(\boldsymbol{Q})$ 在垂直于 $\boldsymbol{e}$ 的平面上的投影，所以，算符 $\boldsymbol{D}_\perp$ 实质上与原子总磁化算符 $\boldsymbol{M}(\boldsymbol{r})$ 的傅里叶转换 $\boldsymbol{M}(\boldsymbol{Q})$ 在矢量 $\boldsymbol{e}$ 的垂直平面上的投影相关．从物理上讲，矩阵元 $\langle \boldsymbol{k}|V_m|\boldsymbol{k}_0\rangle$ 中含有算符 $\boldsymbol{D}_\perp$ 是可以理解的，因为中子感受到的相互作用势来自磁性电子的磁场，而这个磁场归根结底又是和电子的总磁化程度相关的，但对散射起作用的只是磁化矢量在垂直于 $\boldsymbol{e}$ 的平面上的投影部分．

2) 磁散射双微分截面的一般表达式

在相互作用势 V_m 的作用下，含有 l 个磁性电子的离子与中子组成的散射系统从 $|\boldsymbol{k}_0\sigma_0\lambda_0\rangle$ 态跃迁到 $|\boldsymbol{k}\sigma\lambda\rangle$ 态的微分截面

$$\frac{d^2\sigma}{dEd\Omega} = (r_0\lambda)^2\frac{1}{N_m}\frac{k}{k_0}\sum_\lambda\sum_{\lambda_0}p_{\lambda_0}\sum_\sigma\sum_{\sigma_0}p_{\sigma_0}|\langle\sigma\lambda|\boldsymbol{\sigma}\boldsymbol{D}_\perp|\sigma_0\lambda_0\rangle|^2$$
$$\times\delta(\hbar\omega + E_{\lambda_0} - E_\lambda) \tag{10.120}$$

式中，N_m 是磁性离子的数目．由于中子和电子的坐标参数是相互独立的，$\boldsymbol{\sigma}$ 只与中子有关，$\boldsymbol{D}_\perp$ 只与电子有关，所以

$$\langle\sigma\lambda|\boldsymbol{\sigma}\boldsymbol{D}_\perp|\sigma_0\lambda_0\rangle = \langle\sigma|\boldsymbol{\sigma}|\sigma_0\rangle\langle\lambda|\boldsymbol{D}_\perp|\lambda_0\rangle \tag{10.121}$$

由此，对于非极化中子可得

$$\frac{d^2\sigma}{dEd\Omega} = (r_0\lambda)^2\frac{1}{N_m}\frac{k}{k_0}\sum_{\alpha\beta}(\delta_{\alpha\beta}-e_\alpha e_\beta)\sum_{\lambda_0}p_{\lambda_0}\sum_\lambda\langle\lambda_0|D_\alpha^+|\lambda\rangle\times\langle\lambda|D_\beta|\lambda_0\rangle$$
$$\times\delta(\hbar\omega + E_{\lambda_0} - E_\lambda) \tag{10.122}$$

式中，α、β 代表 x、y、z，$\delta_{\alpha\beta}$ 为克罗内克 δ 函数．上式在推导过程中，利用以下关系式：

$$\boldsymbol{D}_\perp = \boldsymbol{e}\times(\boldsymbol{D}\times\boldsymbol{e}) = \boldsymbol{D} - (\boldsymbol{D}\boldsymbol{e})\boldsymbol{e} \tag{10.123}$$

$$\boldsymbol{D}_\perp^+\boldsymbol{D}_\perp = \boldsymbol{D}^+\boldsymbol{D} - (\boldsymbol{D}^+\boldsymbol{e})(\boldsymbol{D}\boldsymbol{e}) = \sum_{\alpha\beta}(\delta_{\alpha\beta}-e_\alpha e_\beta)D_\alpha^+D_\beta \tag{10.124}$$

$$\sum_{\sigma_0}p_{\sigma_0}\langle\sigma_0|\sigma^+\sigma|\sigma_0\rangle = 1 \tag{10.125}$$

其中，$\boldsymbol{D} = \boldsymbol{D}_s + \boldsymbol{D}_L$．式(10.122)表明，磁散射是各向异性的．令离子自旋方向的单位矢量为 $\boldsymbol{\eta}$，则磁散射的各向异性可以用 $1-\boldsymbol{e}\boldsymbol{\eta}$ 来表示．当 $\boldsymbol{e}\perp\boldsymbol{\eta}$，即离子磁化方向垂直于散射矢量时，散射截面极大；而当两者平行或反平行时，截面为零．

3) 自旋磁散射

对于磁性电子局域在离子的平衡位置附近,而离子的总角动量合成又遵循 LS 耦合规则的晶体,当总的轨道角动量量子数 $L=0$(如 Mn^{2+}、Fe^{3+} 和 Gd^{3+} 等)或总的轨道角动量被其内部晶场淬灭(例如铁族元素)时,磁相互作用势中只剩下由自旋磁场贡献的那一部分,磁散射的处理便有所简化. 这种类型的散射称为自旋磁散射. 以下对自旋磁散射进行一些讨论.

(1) 磁散射长度.

假定离子的位矢为

$$R_{ld} = R_l + R_d \tag{10.126}$$

式中,R_l 为离子所在的晶胞的位置,R_d 为离子在该晶胞中的位置. 令离子中的第 l 个磁性电子位置 r'_l 与 R_{ld} 相距 r_l,即 $r'_l = R_{ld} + r_l$,由此得到

$$D = D_s = \sum_{ld} e^{iQR_{ld}} \sum_{l(d)} e^{iQr_l} s_l \tag{10.127}$$

$$\langle \lambda | D | \lambda_0 \rangle = \langle \lambda | \sum_{ld} e^{iQR_{ld}} \sum_{l(d)} e^{iQr_l} s_l | \lambda_0 \rangle \tag{10.128}$$

式中,λ_0 和 λ 分别代表描写散射前后离子状态的所有量子数. 由于中子能量很低,所以散射前后除了离子的自旋取向和空间位置可能发生变化外,其余状态不可能改变,因此

$$\langle \lambda | \sum_{ld} e^{iQR_{ld}} \sum_{l(d)} e^{iQr_l} s_l | \lambda_0 \rangle = F_d(Q) \langle \lambda | \sum_{ld} e^{iQR_{ld}} s_{ld} | \lambda_0 \rangle \tag{10.129}$$

式中,$s_{ld} = \sum_{l(d)} s_l$ 是离子的总自旋算符,$F_d(Q)$ 称为磁形状因子,其表示式为

$$F_d(Q) = \int \rho_d(r) e^{iQr} dr \tag{10.130}$$

函数 $\rho_d(r)$ 为离子 d 的归一化的磁性电子密度,即磁性电子密度除以磁性电子数目. 因为 $D_\perp = D_{\perp s}$,所以由式(10.127)及式(10.128)可以得到

$$\langle \lambda | D_\perp | \lambda_0 \rangle = F_d(Q) \langle \lambda | \sum_{ld} e^{iQR_{ld}} e \times (s_{ld} \times e) | \lambda_0 \rangle \tag{10.131}$$

对布拉维晶胞,$R_{ld} = R_l$,$s_{ld} = s_l$,于是

$$\frac{d^2\sigma}{dE d\Omega}_{\sigma_0\lambda_0 \to \sigma\lambda} = (r_0\lambda)^2 \frac{1}{N_m} \frac{k}{k_0} |\langle \sigma\lambda | \sigma D_\perp | \sigma_0\lambda_0 \rangle \times|^2 \delta(\hbar\omega + E_{\lambda_0} - E_\lambda) \tag{10.132}$$

把式(10.131)代入式(10.132),可得到

$$\frac{d^2\sigma}{dE d\Omega}_{\sigma_0\lambda_0 \to \sigma\lambda} = \frac{1}{N_m} \frac{k}{k_0} |r_0\gamma F_l(Q)\sigma\lambda | e^{iQR_l} e \times (s_l \times e)\sigma |\sigma_0\lambda_0|^2 \times \delta(\hbar\omega + E_{\lambda_0} - E_\lambda) \tag{10.133}$$

由式(10.133)不难看出,磁散射长度

$$P = 2r_0\gamma F(Q) e \times (\langle S \rangle \times e) \langle S' \rangle = 2r_0\gamma F(Q) \langle S' \rangle \langle S \rangle [e(\eta e) - \eta] \tag{10.134}$$

式中,$\langle \sigma \rangle = 2\langle S' \rangle$,$S'$ 是中子自旋矢量,$\langle \rangle$ 表示对自旋取向平均,η 是离子自旋方向的单位矢量. 式中省略了 F_d 和 S_l 的下标. $[e(\eta e) - \eta]$ 称为磁相互作用矢量,文献中常用 q 代表. q 是一个几何因子,其模量为 $\sin\alpha$,α 是 η 和 e 之间的夹角(见图10.6).

式(10.134)给出的磁散射长度仅适用于自旋磁散射. 对 $L \neq 0$ 是散射需要用 $g(J)/2$ 代替式(10.134)中的 $\langle S \rangle$.

$$g = 1 + \frac{[J(J+1) + S(S+1) - L(L+1)]}{[2J(J+1)]} \tag{10.135}$$

式中,J 是总角动量,g 是朗德因子. 磁散射长度有正负之分. 当中子和离子自旋平行时,P 为

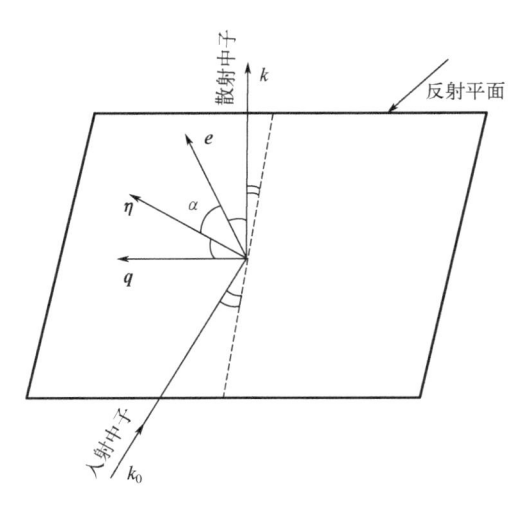

图 10.6 矢量 q、e、η 的几何关系

正;当中子和离子自旋反平行时,P 为负. 因此
$$P = \pm (r_0\gamma)F(Q)\langle S\rangle\langle H\rangle \tag{10.136}$$
式中,$H = 2(\langle S'\rangle q)$.

磁散射长度中包含磁形状因子 $F(Q)$ 反映了电子云的有限尺寸对磁散射的影响. 电子云对中子的散射不再是点源的散射,因此,散射波不再是各向同性的,而是 Q 相关的. 图 10.7 是 Shull 等由 MnF_2 顺磁散射测定的 Mn^{2+} 的磁形状因子随 $\sin\theta/\lambda$ 变化的曲线,图中还画出了锰的 X 射线散射形状因子. 由图 10.7 可见,中子的磁形状因子随散射角的变化比 X 射线形状因子的变化快得多. 因此,磁散射的贡献主要在散射角小的区间.

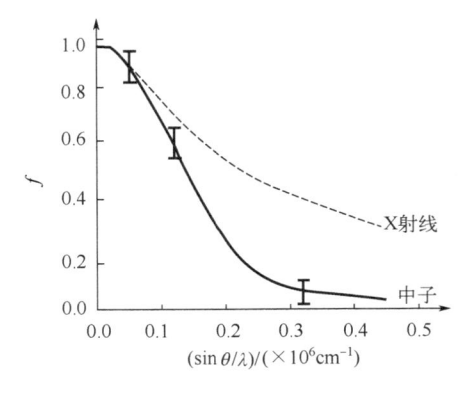

图 10.7 由 MnF_2 顺磁散射实验测量得到的 Mn^{2+} 的磁形状因子 f 随 $\sin\theta/\lambda$ 的变化

利用磁散射研究 $F(Q)$ 是很有意义的,因为:① $F(Q)$ 能提供电子定向分布的信息;② $F(Q)$ 是测得磁结构必不可少的参数. 作为比较,图 10.7 中同时画出了锰原子对 X 射线散射缓慢变化的形状因子.

(2) 铁磁体离子磁散射截面
$$\frac{d\sigma}{d\Omega} = (r_0\gamma)^2\langle S^2\rangle F(Q)^2 H^2 \tag{10.137}$$
这里给出的是每个离子的散射截面. 所以在上式中略去了 S_i 的下标. 对于非极化中子,H^2 需

要对中子自旋取向求平均

$$\langle H^2 \rangle = 4\sum_{i=1}^{3} q_i^2 \langle S_i'^2 \rangle = \frac{4}{3}\langle S_i'^2 \rangle \sum_i q_i^2 = \frac{4}{3}S'(S'+1)q^2 \tag{10.138}$$

对于电子 $s' = \frac{1}{2}$，所以 $\langle H^2 \rangle = q^2$，因此

$$\frac{d\sigma}{d\Omega} = (r_0\gamma)^2 \langle S^2 \rangle F(\boldsymbol{Q})^2 [1-(\boldsymbol{e\eta})^2] \tag{10.139}$$

当磁化方向与散射矢量 $\boldsymbol{e}$ 成直角时，$q^2 = 1$，截面值极大；而当磁化方向与 $\boldsymbol{e}$ 平行或反平行时，$q^2 = 0$，截面为零。实验上可以利用这一原理将核散射效应从磁散射中扣除.

(3) 顺磁离子散射截面.

对于顺磁离子，除了对中子自旋取向求平均外，还要对不同的离子自旋方向求平均. 因为 $q = \sin a$，所以

$$\langle q^2 \rangle = \langle \sin^2 a \rangle = \frac{2}{3} \tag{10.140}$$

此外，$\langle S^2 \rangle = S(S+1)$，因此得到顺磁离子散射截面

$$\frac{d\sigma}{d\Omega} = \frac{2}{3}(r_0\gamma)^2 S(S+1)F(\boldsymbol{Q})^2 \tag{10.141}$$

顺磁材料中离子的自旋取向是随机的，彼此没有联系. 因此，其散射截面和单个离子的完全相同，两者都可用式(10.141)表示.

4) 自旋磁散射双微分截面

将式(10.128)、式(10.129)代入式(10.122)，可得

$$\frac{d^2\sigma}{dEd\Omega} = \frac{1}{N_m}(r_0\lambda)^2 \frac{k}{k_0}\sum_{\alpha\beta}(\delta_{\alpha\beta} - e_\alpha e_\beta) \sum_{ld}\sum_{l'd'} F_d^*(\boldsymbol{Q}) F_{d'}(\boldsymbol{Q})$$

$$\times \sum_{\lambda_0} p_{\lambda_0} \sum_{\lambda} \langle \lambda_0 | e^{-i\boldsymbol{Q}\boldsymbol{R}_{ld}} S_{ld}^\alpha | \lambda \rangle \langle \lambda | e^{-i\boldsymbol{Q}\boldsymbol{R}_{l'd'}} S_{l'd'}^\beta | \lambda_0 \rangle \delta(\hbar\omega + E_{\lambda_0} - E_\lambda) \tag{10.142}$$

因为

$$\delta(\hbar\omega + E_{\lambda_0} - E_\lambda) = \frac{1}{2\pi\hbar}\int_{-\infty}^{\infty} e^{\frac{i(E_{\lambda_0} - E_\lambda)t}{\hbar}} e^{-i\omega t} dt \tag{10.143}$$

$$\langle e^{\frac{iHt}{\hbar}} | \lambda \rangle = \langle e^{\frac{iE_\lambda t}{\hbar}} | \lambda \rangle \tag{10.144}$$

所以

$$\frac{d^2\sigma}{dEd\Omega} = \frac{1}{N_m}(r_0\lambda)^2 \frac{1}{2\pi\hbar}\frac{k}{k_0}\sum_{\alpha\beta}(\delta_{\alpha\beta} - e_\alpha e_\beta) \sum_{ld}\sum_{l'd'} F_d^*(\boldsymbol{Q}) F_{d'}(\boldsymbol{Q})$$

$$\times \int_{-\infty}^{\infty} \langle e^{-i\boldsymbol{Q}\boldsymbol{R}_{ld}(0)} e^{-i\boldsymbol{Q}\boldsymbol{R}_{l'd'}(t)} S_{ld}^\alpha(0) S_{l'd'}^\beta(t) \rangle e^{-i\omega t} dt \tag{10.145}$$

因为电子自旋取向对原子间作用力的影响极小，因而对原子核的运动影响极小，从而可以忽略磁振子(magnon)和声子间的关联，即

$$\langle e^{-i\boldsymbol{Q}\boldsymbol{R}_{ld}(0)} e^{-i\boldsymbol{Q}\boldsymbol{R}_{l'd'}(t)} S_{ld}^\alpha(0) S_{l'd'}^\beta(t) \rangle = \langle e^{-i\boldsymbol{Q}\boldsymbol{R}_{ld}(0)} e^{-i\boldsymbol{Q}\boldsymbol{R}_{l'd'}(t)} \rangle \langle S_{ld}^\alpha(0) S_{l'd'}^\beta(t) \rangle \tag{10.146}$$

式(10.145)中的因子 $\langle e^{-i\boldsymbol{Q}\boldsymbol{R}_{ld}(0)} e^{-i\boldsymbol{Q}\boldsymbol{R}_{l'd'}(t)} \rangle$ 是决定核，仍然需要对散射体的化学性质和核性质有所了解. 它的物理意义是不言而喻的，因为原子是磁的"载体".

因此，中子的核散射只与核散射长度与核的坐标关联因子 $\langle e^{-i\boldsymbol{Q}\boldsymbol{R}_{ld}(0)} e^{-i\boldsymbol{Q}\boldsymbol{R}_{l'd'}(t)} \rangle$ 有关；而中子的磁散射不仅与原子的磁散射长度和自旋关联因子 $\langle S_{ld}^\alpha(0) S_{l'd'}^\beta(t) \rangle$ 有关，而且还与核的坐标关联因子有关. 所以一般而言，磁散射的处理比核散射复杂.

在进一步处理中，需要把坐标关联因子和自旋关联因子的弹性散射部分分离出来。为此，需要把关联因子分为与时间无关的（$t \to \infty$ 时的渐近值）和与随时间变化的（$t \to \infty$ 时，其渐近值为零）两部分。前者与弹性散射有关，因为 $t \to \infty$ 时，能量变化为零。对于坐标关联因子

$$\lim_{t \to \infty} \langle e^{-i\boldsymbol{Q}\boldsymbol{R}_{ld}(0)} e^{-i\boldsymbol{Q}\boldsymbol{R}_{l'd'}(t)} \rangle = e^{-i\boldsymbol{Q}\boldsymbol{R}_{ld}(0)} e^{-W_d} e^{-i\boldsymbol{Q}\boldsymbol{R}_{l'd'}} e^{-W_{d'}} \qquad (10.147)$$

式中，$\boldsymbol{R}_{ld}$、$\boldsymbol{R}_{l'd'}$ 分别表示第 ld 个和第 $l'd'$ 个核的平衡位置，e^{-W_d} 和 $e^{-W_{d'}}$ 是由于原子核在平衡位置附近的热振动而带来的散射强度衰减因子，即德拜-沃勒因子。自旋关联因子与时间无关的部分为

$$\lim_{t \to \infty} \sum_{\alpha\beta} (\delta_{\alpha\beta} - e_\alpha e_\beta) \langle S_{ld}^\alpha(0) S_{l'd'}^\beta(t) \rangle = \sum_{\alpha\beta} (\delta_{\alpha\beta} - e_\alpha e_\beta) \langle S_{ld}^\alpha \rangle \langle S_{l'd'}^\beta \rangle \qquad (10.148)$$

这样，磁散射双微分截面便可表示成

$$\frac{d^2\sigma}{dEd\Omega} = \frac{d^2\sigma_{ee}}{dEd\Omega} + \frac{d^2\sigma_{ie}}{dEd\Omega} + \frac{d^2\sigma_{ei}}{dEd\Omega} + \frac{d^2\sigma_{ii}}{dEd\Omega} \qquad (10.149)$$

式中，σ 的双下标意义如下：e 代表弹性散射，i 代表非弹性散射，第一个下标表示核散射，第二个下标表示磁散射。因此，$\dfrac{d^2\sigma_{ee}}{dEd\Omega}$ 为核散射和磁散射都是弹性散射的截面，对 E 积分后得

$$\frac{d\sigma_{ee}}{d\Omega} = (r_0\lambda)^2 \frac{1}{N_m} \sum_{ld} \sum_{l'd'} F_d^*(\boldsymbol{Q}) e^{-W_d} F_{d'}(\boldsymbol{Q}) e^{-W_{d'}} e^{-i\boldsymbol{Q}(\boldsymbol{R}_{l'd'} - \boldsymbol{R}_{ld})}$$
$$\times \sum_{\alpha\beta} (\delta_{\alpha\beta} - e_\alpha e_\beta) \langle S_{ld}^\alpha \rangle \langle S_{l'd'}^\beta \rangle \qquad (10.150)$$

磁弹性散射不改变散射体的量子状态。

第二项所代表的散射过程为磁振动散射，这种散射过程对声子系统是非弹性的，而对自旋系统是弹性的。散射前后电子的自旋取向不变，但中子通过磁相互作用使晶格发射或吸收声子，其截面形式为

$$\frac{d^2\sigma_{ie}}{dEd\Omega} = \frac{1}{N_m} (r_0\lambda)^2 \frac{k}{k_0} \sum_{ld} \sum_{l'd'} F_d^*(\boldsymbol{Q}) F_{d'}(\boldsymbol{Q}) \frac{1}{2\pi\hbar} \int e^{-i\omega t} dt$$
$$\times [[\langle e^{-i\boldsymbol{Q}\boldsymbol{R}_{ld}(0)} e^{-i\boldsymbol{Q}\boldsymbol{R}_{l'd'}(t)} \rangle - \langle e^{-i\boldsymbol{Q}\boldsymbol{R}_{ld}} \rangle - \langle e^{-i\boldsymbol{Q}\boldsymbol{R}_{l'd'}} \rangle]]$$
$$\times \sum_{\alpha\beta} (\delta_{\alpha\beta} - e_\alpha e_\beta) \langle S_{ld}^\alpha \rangle \langle S_{l'd'}^\beta \rangle \qquad (10.151)$$

它和核的非弹性散射不同的地方在于截面中出现了磁形状因子。这当然因为散射并不是由原子核，而是由电子的磁相互作用产生的缘故。而不同原子散射的波之间的干涉比核散射更复杂一些。与时间有关的截面部分和核的非弹性散射没有什么区别。

第三项形式为

$$\frac{d^2\sigma_{ei}}{dEd\Omega} = \frac{1}{N_m} (r_0\lambda)^2 \frac{k}{k_0} \sum_{ld} \sum_{l'd'} F_d^*(\boldsymbol{Q}) e^{-W_d} F_{d'}(\boldsymbol{Q}) e^{-W_{d'}}$$
$$\times e^{-i\boldsymbol{Q}(\boldsymbol{R}_{ld} - \boldsymbol{R}_{l'd'})} \sum_{\alpha\beta} (\delta_{\alpha\beta} - e_\alpha e_\beta) \int dt e^{-i\omega t}$$
$$\times [\langle S_{ld}^\alpha(0) S_{l'd'}^\beta(t) \rangle - \langle S_{ld}^\alpha \rangle \langle S_{l'd'}^\beta \rangle] \qquad (10.152)$$

这个截面代表散射前后原子核的量子状态没有变化，但原子的自旋状态却发生了变化，即散射过程没有声子参与，但由于磁振动的产生或吸收，晶格中出现了自旋波的传播。

第四项的形式为

$$\frac{d^2\sigma_{ii}}{dEd\Omega} = \frac{1}{N_m} (r_0\lambda)^2 \frac{k}{k_0} \sum_{ld} \sum_{l'd'} F_d^*(\boldsymbol{Q}) F_{d'}(\boldsymbol{Q}) \frac{1}{2\pi\hbar} \times \int dt e^{-i\omega t}$$

$$\times [\langle e^{-iQR_{ld}(0)} e^{-iQR_{l'd'}(t)} \rangle - \langle e^{-iQR_{ld}} \rangle - \langle e^{-iQR_{l'd'}} \rangle]$$
$$\times \sum_{\alpha\beta}(\delta_{\alpha\beta} - e_\alpha e_\beta)[\langle S_{ld}^\alpha(0) S_{l'd'}^\beta(t) \rangle - \langle S_{ld}^\alpha \rangle \langle S_{l'd'}^\beta \rangle] \tag{10.153}$$

这个截面代表同时有声子和磁振子参与的散射过程.

顺磁材料的离子自旋取向是随机的,各离子自旋之间没有关联,自旋关联因子与时间无关. 因此,自旋关联因子的平均值为

$$\langle S_{ld}^\alpha(0) S_{l'd'}^\beta(t) \rangle = \langle S_{ld}^\alpha(0) S_{l'd'}^\beta(0) \rangle = \delta_{\alpha\beta}\delta_{ldl'd'}\frac{1}{3}S_{ld}(S_{ld}+1) \tag{10.154}$$

$$\sum_{\alpha\beta}(\delta_{\alpha\beta} - e_\alpha e_\beta)\langle S_{ld}^\alpha(0) S_{l'd'}^\beta(t) \rangle = \delta_{ldl'd'}\frac{2}{3}S_{ld}(S_{ld}+1) \tag{10.155}$$

由此得到顺磁散射截面

$$\frac{d\sigma}{d\Omega} = (r_0\lambda)^2 \sum_d F_d(Q)^2 e^{-W_d} \frac{2}{3}S_d(S_d+1) \tag{10.156}$$

如果略去德拜-沃勒因子,此式与式(10.141)完全相同. 因此,顺磁散射只有弹性散射,而且式(10.155)中的 $\delta_{ldl'd'}$ 说明,顺磁散射还是非相干的.

10. 中子光学基础

1) 概述

普通光学中有许多现象,如折射、反射等都可以用慢中子来观察. 对这些现象的系统研究形成了中子物理的一个分支,即中子光学. 中子光学方法很早就用来测量核的中子散射长度. 随着专业领域的拓展,中子光学和中子散射技术两者正在相互渗透. 从20世纪70年代中期开始,利用中子的全反射、镜反射等原理设计、制造的中子导管、中子超镜和其他多层薄膜器件已经广泛用于中子散射技术. 本部分将简要介绍与中子折射、反射等现象有关的一些内容. 这些内容虽不属中子散射技术的范畴,但在中子散射技术中有着广泛的应用,是中子散射技术中某些实验方法和设备的物理基础.

需要指出的是,中子光学和中子散射虽然探讨的都是中子波的干涉现象,但两者的着眼点是不同的. 中子散射研究的是从散射体中各个原子发出的散射波之间的干涉,这种干涉是和散射体的结构与动力学状态相关的,因而要求入射中子的波长、动量分别与原子的间距及各种元激发的能量相当;中子光学研究的是中子通过介质时,入射波和向前散射的波之间的干涉,即 $Q=0$ 的弹性相干散射. 所以中子光学现象与介质的微观结构及动力学状况无关,因而入射中子的波长往往比原子间距离大得多. $Q=0$ 还表示散射核无反冲,因而中子光学中的散射长度一律采用束缚核的相干散射长度,即使对气体也不例外.

当中子由一种介质进入另一种介质时,由于相互作用势的变化,其波长要发生变化. 由能量守恒原理可以推出,动能为 E_1 的中子,由介质1进入介质2之后,其波长将按以下方式变化:

$$E_1 = \frac{\hbar^2 k_1^2}{2m} = \frac{\hbar^2 k_2^2}{2m} + \langle V \rangle \tag{10.157}$$

其中,k_1、k_2 分别为中子在介质1、2中的波数,$\langle V \rangle$ 为中子由介质1进入到介质2后感受到的平均作用势的变化. 由此得到

$$\frac{k_2}{k_1} = \sqrt{1 - \frac{\langle V \rangle}{E}} \tag{10.158}$$

$\frac{k_2}{k_1}$ 称为介质2相对于介质1的折射率 $n_{1,2}$,它实际上也是介质2的折射率 n_2 和介质1的折射率 n_1 之比,即

$$n_{1,2} = \frac{n_2}{n_1} = \frac{k_2}{k_1} \tag{10.159}$$

真空(或空气)的折射率为1,因此,任何介质相对于中子的作用是由核势和磁势两部分构成. 对于非磁性材料,磁势不存在. 由此,介质的折射率

$$n_{\pm} = n_\mathrm{N} + n_\mathrm{M} = 1 - \frac{N\lambda^2}{2\pi}\left(b \pm \frac{2\pi m \mu_\mathrm{n} B}{h^2 N}\right) \tag{10.160}$$

n_+ 和 n_- 分别代表中子自旋与 B 平行及反平行的折射率;n_N 和 n_M 分别代表核势和磁势对折射率的贡献;N 为介质单位体积的原子数;b 为介质的相干散射长度. 式(10.160)没有考虑核对中子的吸收,因为在大多数情况下吸收是可以忽略不计的.

2) 镜反射

(1) 全反射.

中子波在穿越折射率不同的两种介质时,入射波一部分被界面反射,另一部分将透过界面继续传播,如图10.8所示.

入射波在界面的反射为镜反射,反射角与掠射角 θ_1 相等. 透射束与分界面形成的折射角 θ_2 与介质的相对折射率有关. 根据斯涅尔(Snell)定律

$$\frac{\cos \theta_1}{\cos \theta_2} = \frac{n_2}{n_1} = n_{1,2} \tag{10.161}$$

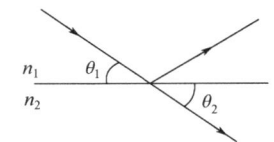

当 $n_{1,2} < 1$ 时,将出现全反射现象. 全反射临界角

$$\cos \theta_c = n_{1,2} \tag{10.162}$$

图 10.8 中子波在折射率分别为 n_1 和 n_2 的两种物质界面上的反射及折射

大多数物质的散射长度 b 为正值,因而其折射率 $n < 1$. 所以中子从空气入射到这些介质表面可能会出现全反射现象. 对于 $0.1\mathrm{nm}$ 的中子,$1-n$ 的数值在 10^{-6} 量级,因此有

$$\cos \theta_c \approx 1 - \frac{\theta_c^2}{2} = n \tag{10.163}$$

$$\theta_c = \sqrt{2(1-n)} = \lambda\sqrt{\frac{N}{\pi}\left(b \pm \frac{2\pi m \mu_\mathrm{n} B}{h^2 N}\right)} = \alpha\lambda \tag{10.164}$$

式中,$\alpha = \sqrt{\dfrac{N}{\pi}\left(b \pm \dfrac{2\pi m \mu_\mathrm{n} B}{h^2 N}\right)}$,只取决于介质的原子核性质,是一个和中子波长无关的参量.

中子在界面发生全反射时,入射波矢垂直于界面的分量

$$|k_\perp| = \Delta k = \frac{2\pi}{\lambda}\sin\theta_c \approx \frac{2\pi}{\lambda}\theta_c \tag{10.165}$$

因此,全反射条件也可以表示为

$$\Delta k \leqslant 2\pi\alpha \tag{10.166}$$

Δk 与波长无关,只与反射介质的核性质有关,用它表示全反射条件在有些情况下是很方便的. 表10.1给出了若干典型材料的 α 和 Δk 值.

表 10.1 若干典型材料的 α 和 Δk 值

	原子数 /($\times 10^{22}\mathrm{cm}^{-3}$)	散射长度 /($\times 10^{12}\mathrm{cm}$)	α /($\times 10^{-2}$ rad/nm)	α /($\times 10(')$/nm)	$\Delta k = 2\sqrt{Nb\pi}$ /($\times 10^{-1}\mathrm{nm}^{-1}$)
玻璃	7.0		1.06	3.64	0.67
^{58}Ni	9.0	1.44	2.03	6.98	1.28

续表

	原子数 /($\times 10^{22}$ cm^{-3})	散射长度 /($\times 10^{12}$ cm)	α /($\times 10^{-2}$ rad/nm)	α /($\times 10$(′)/nm)	$\Delta k = 2\sqrt{Nb\pi}$ /($\times 10^{-1}$ nm^{-1})
Ni	9.0	1.03	1.70	5.84	1.07
Cu	8.5	0.79	1.39	4.78	0.88
Fe	8.5	0.96	1.62	5.57	1.02
C	11.1	0.66	1.61	5.53	1.01

(2) 反射率.

反射率 R 定义为反射中子波与入射中子波的强度比. 对如图 10.8 这样界面明确的两种介质,散射长度只在垂直于界面的方向发生变化. 因此反射率的考虑只涉及波的垂直分量,其波函数 $\Psi(z) = \exp(ik\sin\theta)$. 对于介质 1 和介质 2,波的总振幅分别为

$$\Psi_1(z) = \exp(ik_1 \sin\theta_1 z) + \sqrt{R}\exp(-ik_1 \sin\theta_1 z) \tag{10.167}$$

$$\Psi_2(z) = \sqrt{T}\exp(ik_2 \sin\theta_2 z) \tag{10.168}$$

T 为波的透射率,$R + T = 1$. 利用波函数 $\Psi(z)$ 及其导数 $d\Psi/dz$ 在边界两侧必须连续的边界条件,不难得到

$$R = \left|\frac{n_1 \sin\theta_1 - n_2 \sin\theta_2}{n_1 \sin\theta_1 + n_2 \sin\theta_2}\right|^2 \approx \left|\frac{1-\sqrt{1-\left(\frac{\theta_c}{\theta_1}\right)^2}}{1+\sqrt{1-\left(\frac{\theta_c}{\theta_1}\right)^2}}\right|^2 \tag{10.169}$$

从这个结果可以看出,当 $\theta_1 = \theta_c$ 时,$R = 1$;而在 $\theta_1 > \theta_c$ 区间,R 随 θ_1 的增大而锐减. 例如 $\frac{\theta_1}{\theta_c} = 1.1$ 时,$R \sim 17\%$.

在 $\theta_1 \leqslant \theta_c \leqslant$ 区间,$\sqrt{n_2^2 - n_1^2 \cos\theta_1}$ 为虚数,从而导致 $n_2 \sin\theta_2$ 在介质 2 内为虚数,这就是全反射时出现的衰减波(也叫倏逝波,evanescent wave). 通常把衰减波振幅在介质 2 内衰减到其界面处的 $1/e$ 倍的距离当作全反射中子在介质 2 中的穿透深度 d,因此

$$d = \frac{i}{k_l \sqrt{n_{1,2}^2 - \cos^2\theta_1}} = \frac{\lambda}{2\pi \sqrt{\sin^2\theta_c - \sin^2\theta_1}} \tag{10.170}$$

3) 多层膜的全反射

图 10.9 是一种最简单的薄膜系统,膜的厚度为 d,它和空气以及底衬之间都具有明确的界面.

对于这样的系统,仍然利用波函数及其梯度在两种介质界面必须连续的界面条件,采用上文同样的方法可以算出其反射率

$$R = \left|\frac{r_{01} + r_{12}\exp(2i\beta)}{1 + r_{01}r_{12}\exp(2i\beta)}\right|^2 \tag{10.171}$$

其中,r_{ij} 为 ij 界面的菲涅耳(Fresnel)系数,其表示式为

$$r_{ij} = \frac{n_i \sin\theta_i - n_j \sin\theta_j}{n_i \sin\theta_i + n_j \sin\theta_j} \tag{10.172}$$

$$\beta = \frac{2\pi}{\lambda} n_1 d \sin\theta_1 \tag{10.173}$$

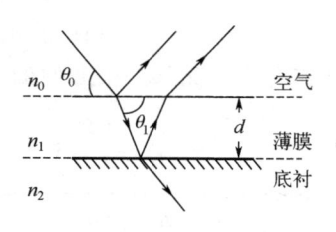

图 10.9 薄膜系统

这种计算方法可以严格地推广到多层薄膜系统,用来计算每个界面上的反射率和透射率. 每

一层膜的特征矩阵为

$$M_j = \begin{bmatrix} \cos\beta_j & -\dfrac{\mathrm{i}\sin\beta_j}{\rho_j} \\ -\mathrm{i}\rho_j\sin\beta_j & \cos\beta_j \end{bmatrix} \tag{10.174}$$

其中

$$\rho_j = n_j\sin\theta_j \tag{10.175}$$

$$\beta_j = \left(\frac{2\pi}{\lambda}\right)n_j d_j\sin\theta_j \tag{10.176}$$

n_j 和 d_j 分别为第 j 层膜的折射率及厚度；θ_j 为第 j 层膜的入射掠角，可由斯涅尔定律得到

$$n_1\cos\theta_1 = n_2\cos\theta_2 = \cdots = n_L\cos\theta_L \tag{10.177}$$

由每一层的特征矩阵可以得到多层特征矩阵

$$[M] = [M_1][M_2]\cdots[M_j]\cdots[M_L] = \begin{bmatrix} M_{11} & M_{12} \\ M_{21} & M_{22} \end{bmatrix} \tag{10.178}$$

而反射率

$$R = \left|\frac{(M_{11}+M_{12}\rho_s)\rho_0-(M_{21}+M_{22}\rho_s)}{(M_{11}+M_{12}\rho_s)\rho_0+(M_{21}+M_{22}\rho_s)}\right|^2 \tag{10.179}$$

透射率

$$T = \left|\frac{2\rho_0}{(M_{11}+M_{12}\rho_s)\rho_0+(M_{21}+M_{22}\rho_s)}\right|^2 \tag{10.180}$$

式(10.179)及式(10.180)中的下标 0 和 s 分别代表空气(真空)层及底衬层.

上面这种中子反射率的计算方法在表面、界面研究及中子光学器件(薄膜单色器、中子极化器等)的设计和研究中有广泛的应用.

10.3 中子散射实验设备和方法

10.3.1 中子源概述

现代的中子散射实验要求样品处的热中子注量率不小于 $10^{14}\,\mathrm{cm}^{-2}\cdot\mathrm{s}^{-1}$，并要有合适的中子谱. 符合上述条件的中子源有两类，即反应堆(主要是研究堆)和散裂中子源(散裂源). 反应堆包括稳态的和脉冲的两类. 散裂源通常工作于脉冲状态，只有瑞士保罗谢尔研究所的 SINQ 散裂源工作于连续状态，提供类似于稳态反应堆的连续中子束. 以反应堆作为中子源进行中子衍射结构分析的历史可以回溯到 20 世纪 40 年代中期；而散裂源是最近 20～25 年刚刚兴起的新一代中子源，现在还不普及. 当前世界上大多数中子散射实验室，包括中国原子能科学研究院和中国工程物理研究院核物理与化学研究所的中子散射实验室均是以反应堆作为中子源，即 CARR 堆和中国绵阳研究堆(China Mianyang Research Reactor, CMRR).

早期的反应堆几乎都以天然铀或低浓铀为燃料，堆芯和堆体都比较大，堆内最大热中子通量只有 10^{11}～$10^{13}\,\mathrm{cm}^{-2}\cdot\mathrm{s}^{-1}$. 这些反应堆并不是专门为中子束实验而设计的，水平孔道一般沿径向安排，直视堆芯，因而中子束的快成分和γ辐射本底都较高. 20 世纪 60 年代后出现了一批新研究堆. 这些研究堆的建造主要是为了满足中子束实验的需求，在设计上不仅追求较高的热中子注量率，同时还着眼于引出的中子束流品质. 其中典型的代表是美国布鲁克海文国家实验室(Brookhaven National Laboratory, BNL)的 HFBR (high flux beam reactor)和位于

法国的劳厄-朗之万研究所的 HFR (high flux reactor). 前者于 1965 年投入运行, 是世界上第一座专供中子束实验的反应堆, 其最大热中子注量率为 $1.5\times10^{15}\,\mathrm{cm^{-2}\cdot s^{-1}}$ (60MW). 劳厄-朗之万研究所的 HFR 为法、德两国共建, 现为法、德、英等国共有, 1971 年投入运行, 最大热中子注量率为 $1.5\times10^{15}\,\mathrm{cm^{-2}\cdot s^{-1}}$ (57MW). 与 HFBR 同期投入运行的高通量堆还有美国橡树岭国家实验室 (Oak Ridge National Laboratory, ORNL) 的 HFIR (high flux isotope reactor), 其最大热中子注量率为 $1.2\times10^{15}\,\mathrm{cm^{-2}\cdot s^{-1}}$ (85MW). 这个堆虽然主要用途是生产同位素, 但在设计上也兼顾了中子束实验的要求. HFR 的反射层内还装有冷源和高温源, 所以从水平孔道不仅可以引出热中子束, 还可以引出较强的冷中子 ($0.2\sim2\,\mathrm{nm}$ 长波中子) 和超热中子 ($\leqslant 0.1\,\mathrm{nm}$ 的短波中子) 束. 20 世纪 80 年代前后, 一大批老的研究堆在运行多年以后开始升级改建, 并陆续建成一批新研究堆, 其中具有代表性的是法国 Saclay 的 Orphee 堆, 该堆于 1981 年建成, 最大热中子注量率可达到 $3\times10^{14}\,\mathrm{cm^{-2}\cdot s^{-1}}$.

中国原子能科学研究院于 1958 年建成一座功率 3~5MW 的重水研究堆 (HWRR), 并在该堆上开展了中子散射研究. 1979~1980 年, 对 HWRR 进行了升级改建. 改建后用含 3% ^{235}U 的低浓铀燃料, 堆芯较改造前紧凑, 功率提升到 10~15MW. 堆芯附近最大热中子注量率为 $1.6\times10^{14}\,\mathrm{cm^{-2}\cdot s^{-1}}$. 1988 年在反应堆 4 号孔道的内端附近安装了液氢冷源.

中国工程物理研究院于 2012 年在绵阳建成一座 20MW 的轻水研究堆 (中国绵阳研究堆), 拥有 65 个水平中子通道和若干垂直孔道, 堆芯热中子注量率达到 $2.4\times10^{14}\,\mathrm{cm^{-2}\cdot s^{-1}}$. 热中子通道出口的中子注量率 $\sim 10^9\,\mathrm{cm^{-2}\cdot s^{-1}}$, 液氢冷源后有 3 条冷中子导管, 依托于该堆在 2015 年建成并投入运行一期的中子应力分析谱仪、高压中子衍射谱仪、高分辨中子衍射谱仪、飞行时间极化中子反射谱仪、中子小角散射谱仪 (SANS) 和冷中子三轴谱仪等 6 台中子散射谱仪和 2 台中子照相装置, 其二期建设的超小角中子散射谱仪、热中子三轴谱仪、中子测试束等 8 台中子散射装置将于 2022 年建成投运.

高通量堆能给出的最大热中子注量率在 10^{15} 左右. 这个数值已经接近当前反应堆技术所能达到的极限, 进一步提高中子注量率将受到燃料的导热条件限制. 加速器由于靶上的能量沉积相对低一些, 且工作在脉冲状态, 而靶的散热却是连续的, 故导热条件相对宽松一些. 20 世纪六七十年代, 强流电子加速器曾一度有所发展, 但最近几十年来人们开始关注散裂源的发展.

散裂源中子源的中子产额非常高, 但是由于造价昂贵, 且工艺要求较高, 目前只有少数国家建造了散裂源, 并且部分散裂源已经处于关闭状态. 表 10.2 为目前国际上散裂源的建设情况, 其中日本的 KENS 散裂中子源于 2005 年关闭; 美国的 IPNS 散裂中子源于 2008 年关闭.

表 10.2 在建或已在运行的散裂中子源

名称	所在国家	靶体材料	脉冲频率/Hz	质子能量/GeV	质子束功率/kW	中子注量率/(n·cm^{-2}·s^{-1})	运行时间
KENS	日本	W/Ta	50	0.5	3	5×10^{14}	1980
IPNS	美国	U	60	0.5	6	7.5×10^{14}	1981
LANSCE	美国	W/Ta	60	0.8	80	5×10^{15}	1985
ISIS	英国	W/Ta	50	0.8	160	8×10^{15}	1985
SNS	美国	Hg	60	1.0	1400	1×10^{17}	2006
J-PARC	日本	Hg	25	3.0	1000	1.2×10^{17}	2007
ESS	欧盟	Hg	50	1.0	5000		
CSNS	中国	W/Ta	25	1.6	100	2.5×10^{16}	2018

10.3.2 稳态反应堆

研究堆的目的是为中子束实验提供品质优良的热中子束. 它的设计思想不同于以生产同位素或材料元件辐照为目的的反应堆. 后者要求在活性区形成一个中子阱, 以保持堆芯较高的中子注量率; 前者的要求正好与此相反, 希望热中子分布的峰值不在活性区, 而在活性区以外的反射层中. 为此, 研究堆的各个部分应满足一些特殊要求.

1. 堆芯

研究堆的堆芯应小而紧凑, 外围有较大的反射层 (兼作慢化剂). 活性区的中子是欠慢化的, 这些中子进入反射层后继续慢化, 并在距活性区 30~50cm 处形成热中子峰区冷源和水平孔道内端口. 由于峰区距离活性区较远, 中子束的快成分和 γ 辐射都大大减少, 故引出的中子束品质较好; 冷源放在这里, 也使辐照发热量相应降低. 峰区远离活性区的另一个好处是有足够的空间使水平孔道沿堆芯切线方向布置, 从而可以进一步降低水平孔道的快中子及 γ 辐射.

2. 冷却剂

高通量研究堆通常都用高浓铀作燃料, 采用渐开线式整体燃料组件, 堆芯直径一般不大于 50cm, 从而有较高的功率密度, 可以向反射层提供足够的欠慢化中子.

D_2O 的散射截面和吸收截面比轻水的小. 堆芯的冷却剂应以重水为佳, 但 D_2O 的密封、加压等技术较复杂, 因此, 现有的几座高通量堆除 HFBR 用重水冷却外, 大多采用轻水冷却. 采用轻水作为冷却剂的反应堆堆芯应更加紧凑, 并要有足够高的功率密度.

3. 反射层和慢化剂

反射层及慢化剂对反应堆的性能影响较大. 就研究堆而言, H_2O 和 Be 都不是理想材料. H_2O 的慢化长度较短, 吸收截面较大; Be 对中子吸收虽小, 反射性能也不错, 但弱点是慢化长度不够大. 热中子注量率在 Be 中沿径向衰减较快, 造成峰区离活性区较近. 相比之下, D_2O 的慢化长度较大, 用作慢化剂兼反射层具有较好的输运效果, 形成的热中子注量峰区较宽, 而且远离活性区. 引出的中子束镉比可高达 200 以上.

4. 能谱

反应堆的中子谱除麦克斯韦部分外, 还含有少量 $1/E$ 谱, 其能谱形式为

$$\phi(E) = \phi_{th} \frac{E}{(k_B T)^2} e^{-\frac{E}{k_B T}} + \frac{\phi_{epi}}{E} \tag{10.181}$$

其中, ϕ_{th} 和 ϕ_{epi} 分别为热中子和超热中子注量率. 典型的研究堆要求 $\phi_{th}/\phi_{epi} \geqslant 100$. D_2O 慢化剂的温度约在 35~50℃, 相应的麦克斯韦谱的最概然中子波长在 0.1~0.2nm. 这种波长的中子对热中子散射实验很理想, 但麦克斯韦谱的超热区 ($\lambda \leqslant 0.05$nm) 以及低能区 ($\lambda \geqslant 0.2$nm) 能谱下降很快. 解决这个问题的方法是局部改变慢化剂的温度, 即安装冷源和高温源.

5. 水平孔道

水平孔道是研究堆的一个重要组成部分. 早期水平孔道多为圆形, 现在已逐渐出现一些椭圆及矩形水平孔道. 在中子散射实验中, 束的垂直发散度对分辨率的影响远小于水平发散

度.因此,水平孔道以矩形或椭圆形为佳.根据国内外的经验,孔道内端开口的线度不宜大于 18cm.开口过大不仅增加堆外屏蔽的难度,而且也会使反应堆的有效功率降低.研究堆的水平孔道内要有一道能远距离控制的内门.

由于反应堆有一定体积,水平孔道的长度一般不小于 3m.缩短水平孔道长度的一个可行的方法是把部分实验部件安装到孔道出口一侧的反应堆屏蔽墙内.例如,美国 NIST 和法国 Orphee 堆的冷源导管前端就装在反应堆屏蔽墙内.

出于屏蔽和安放各种设备的需要,水平孔道之间必须留有足够的距离.通常相邻孔道之间的反应堆屏蔽墙上的平均间隔应不小于 2m.孔道外围应有 5~10m 或更长的延伸空间.为了充分利用中子束,解决实验空间拥挤的办法是安装导管;另外,还可以安装倾斜孔道.水平孔道由于内端延伸至反射层内热中子峰区,孔道材料的辐射损伤不容忽视,在设计中必须考虑是否易于更换.法国 Grenoble 的高通量堆(HFR)的孔道寿命为 12 年,已于 1984~1985 年全部更新.

现在冷源、热源、导管以及水平孔道等已经发展成研究堆上的常规设备,应视为反应堆主体的一部分.其设计、安装、使用和维修等因素都应在反应堆设计时由反应堆工程技术人员和中子散射实验人员相互磋商,拟定最佳方案.

10.3.3 散裂中子源

目前世界上有 6 台散裂中子源用于中子散射工作,其中 5 台为短脉冲源,产生亚微秒宽度的快中子脉冲;另一台是瑞士保罗谢尔研究所的连续中子源 SINQ,用回旋加速器加速的质子流直接打在靶上产生连续的中子流.这里仅从中子散射的角度作进一步讨论.

(1)散裂中子源的初始中子能量平均在 MeV 量级,必须慢化到 10eV 以下才能供中子散射使用.连续工作状态的散裂源不存在脉冲宽度问题,允许采用较长的慢化时间充分慢化,以获得较高的热中子强度.因此对冷中子,一般不需要太短的脉冲即可达到较高的分辨.

一般来说,短脉冲散裂源要求中子的脉冲持续时间尽可能短,所以对慢化剂的种类和尺寸都有严格限制.为了获得较强的热中子短脉冲,一般用高密度的氢化物作慢化剂,并尽可能贴近靶头放置.慢化剂外围要加反射层,以减少中子漏失.在慢化剂和反射层中逗留时间过长的中子要用吸收片吸收,以控制脉冲宽度.降低慢化剂的温度也能有效地缩短脉冲宽度.但限制脉冲宽度是以降低中子强度为代价的,两者必须根据实验要求折中处理.

(2)散裂源的中子谱与慢化剂的种类、尺寸以及中子束的裁剪等情况有关.但一般而言,为了保持较短的脉冲宽度,其中子谱是欠慢化的.在超热中子区,散裂源中子束比反应堆的高温源强得多.图 10.10 是 ILL 的 HFR 的高温源中子谱及重水反射层距堆芯 30cm 处的中子谱与 ANL 的 IPNS 散裂源中子谱的比较.后者所用的慢化剂为 $10cm \times 10cm \times 5cm$ CH_2,300K.由图 10.10 可见,在 0.5~1eV 区间,IPNS 的中子注量率较 HFR 高温源的高约 100~1000 倍.因此,散裂源中子散射实验的 (Q,W) 空间比反应堆源宽得多,最大能量转移和动量转移分别可达到 10eV 及 $1000nm^{-1}$,反应堆源只能达到 100meV 和 $100nm^{-1}$.

(3)散裂源工作于脉冲状态,中子本底比反应堆低,但由于高能质子打在靶上会产生一些前冲的高能中子,对这部分中子的屏蔽比较复杂.

(4)散裂源一般利用飞行时间法测量中子能量.为提高分辨率,飞行距离往往很长.例如 ISIS 散裂源的高分辨粉末衍射谱仪的飞行距离长达 100m 左右,分辨率可达到相当高水平 ($\Delta d/d \approx 5 \times 10^{-4}$).

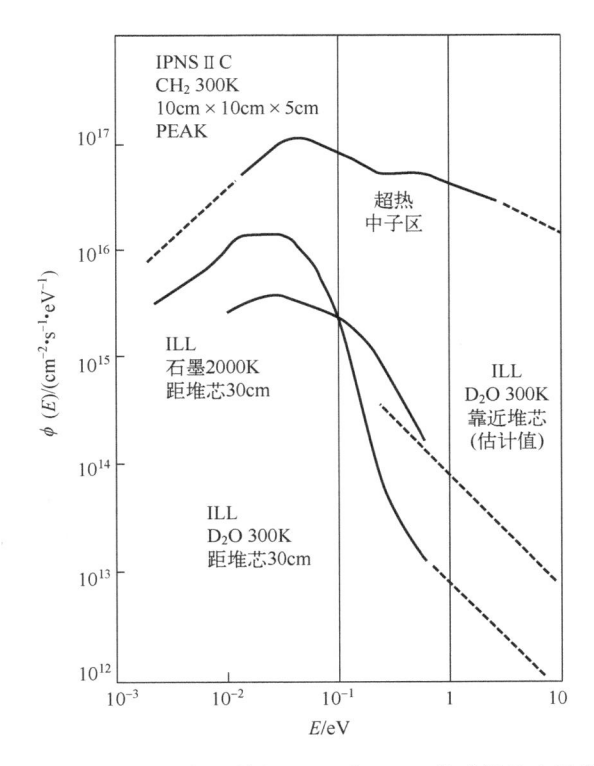

图 10.10　ILL 的 HRF 中子谱与 ANL 的 IPNS 散裂源的中子谱比较

中国散裂中子源(CSNS)于 2011 年开工建设，2018 年 8 月 23 日通过国家验收，正式投入运行，并将对国内外各领域的用户开放. CSNS 的总体设计指标为：质子打靶的束流功率为 100kW，脉冲重复频率为 25Hz，质子束动能为 1.6GeV，每脉冲质子数为 1.56×10^{13}. 同时，CSNS 束流功率设计有 500kW 的升级能力.

由于反应堆中子源和加速器散裂中子源的差别，两者的实验技术有许多差别，后者以飞行时间法为主，前者则更加灵活、多样化. 鉴于当前中子散射实验仍以稳态反应堆中子源为主，所以下面将着重讨论反应堆的中子散射实验技术和方法.

10.3.4　中子衍射

1. 概述

中子衍射是中子散射技术的一个重要组成部分. 它和 X 射线(包括同步辐射)衍射一起，并称为研究物质微观结构的两大工具. 但两者在结构研究方面的侧重点不同. 中子衍射侧重于结构中轻元素的定位、原子序数相近的"近邻"元素的分辨和磁结构的测定. 此外，由于中子能够分辨同位素，尤其是对氢(散射长度为 -0.374×10^{-12} cm)和氘(散射长度为 0.6675×10^{-12} cm)的分辨非常灵敏，所以在有机物、聚合物和生物大分子的结构研究中，中子衍射具有其他手段难以替代的优势. 不过目前中子源的强度远远低于 X 射线源的强度，因而它的实验精度一般不如同类的 X 射线衍射实验高，且实验周期长. 此外，反应堆和加速器的建造、运行和维修耗资巨大，实验成本高，所以在结构研究中一般应遵循"先 X 射线后中子"的原则，对所研究的对象，首先用 X 射线衍射或其他实验获得一切可能得到的资料，然后再用中子衍射获得 X 射线不能得到的信息.

早期中子衍射的对象几乎都是具有长程有序结构的晶态物质. 20 世纪 50 年代中期以后,范霍夫关联函数方法的建立拓宽了中子衍射技术的应用范围,使它的研究对象由单纯的晶态物质扩大到包括液体、非晶态、软物质和致密气体在内的所有凝聚态物质.

对晶态物质,衍射涉及的是弹性相干散射,实验测定的是 $S(Q,0)$,其变换为 $G(r,\infty)$;对于缺乏长程有序结构的物质,实验测定的是全散射截面 $d\sigma/d\Omega$,在散射中子能量变化远小于入射中子能量 E_0 的情况下,由测量结果可获得 $S(Q)$.

布拉格散射和晶体结构分析.

中子通过晶态物质产生的相干弹性散射称为中子衍射. 在式(10.40)和式(10.41)中,(hkl) 晶面的结构因子 $F(\tau)$ 可以写成

$$F(\tau) = \sum_d \langle b_d \rangle e^{2\pi i(hx_d + ky_d + lx_d)} e^{-W_d} \tag{10.182}$$

其中,$\tau = ha^* + kb^* + lc^*$,$\tau$ 为 (hkl) 晶面的倒易晶格矢量,a^*、b^*、c^* 为倒易晶胞的基矢.

由式(10.40)可知,相干弹性散射中子波的干涉极大,将以一系列 δ 函数形式在某些特定的散射角 $2\theta_{hkl}$ 出现. 因为 $|Q| = 4\pi\sin\theta_{hkl}/\lambda$,$|\tau| = 2\pi/d_{hkl}$,$|Q| = |\tau|$ 实际上就是熟知的布拉格衍射方程 $2d_{hkl}\sin\theta_{hkl} = \lambda$ 的另一种表示方式. τ 的矢量方向与 Q 相同,沿 (hkl) 反射面的法向. 由于晶体的嵌镶度、仪器的分辨率、入射中子的波长都有一定宽度,理论上的占函数在实验上将表现为具有一定半宽度的有限高峰. 这就是通常所称的衍射峰或布拉格峰. 由峰的位置可定出 d_{hkl},进而推出晶胞的形状和尺寸.

实验上观测布拉格反射需要满足两个条件:第一,散射矢量的长度 $|Q|$ 必须适合布拉格方程,即探测器应放在 $Q = \tau = 4\pi\sin\theta_{hkl}/\lambda$ 所规定的 θ_{hkl};第二,反射晶面的法线方向必须平行于散射矢量 Q. 第一个条件可以通过探测器沿 2θ 角扫描来实现. 实现第二个条件有两种不同的方法:第一种方法是采用含有许多小晶粒的粉末样品,晶粒的取向分布是随机的,其中总有一些晶面的法线平行于 Q. 这种方法称为粉末(晶体)衍射;第二种方法是采用单晶样品,使待测晶面的倒易晶格矢量 τ 平行于 Q,这种方法称为单晶中子衍射.

2. 粉末晶体中子衍射

1) 粉末晶体中子衍射仪

粉末晶体中子衍射仪简称粉末(中子)衍射仪,是利用粉末衍射测定晶体结构和磁结构的专用设备. 它的主要部件包括:三个准直器、一个晶体单色器、一个样品台和一个中子探测器. 其结构和工作原理如图 10.11 所示. 谱仪的第一准直器(发散角为 α_1)安装在反应堆水平孔道内. 经这个准直器准直后引出的中子束,以确定的掠射角 θ_M 入射到晶体单色器 M 上,由单色器的布拉格反射获得一束波矢为 k_0 的单色中子束. 这束单色中子通过发散角为 α_2 的第二准直器后投射到固定在样品台中心的样品上,经样品散射后的中子通过发散角为 α_3 的第三准直器进入探测器. 第一、二、三准直器及样品、探测器的中心都在同一水平高度. 第一准直器用以限定投射到单色器上的白光中子束的方向;改变 θ_M 可以获得不同能量的单色束. 入射中子的方向由第二准直器限定,散射中子的方向由第三准直器限定. 第三准直器和探测器作为一个整体可绕样品台中心的垂直轴在轨道上转动,从而在不同的散射角 2θ 上进行扫描记录散射中子,测出衍射中子强度随散射角变化的曲线 $S(Q)$.

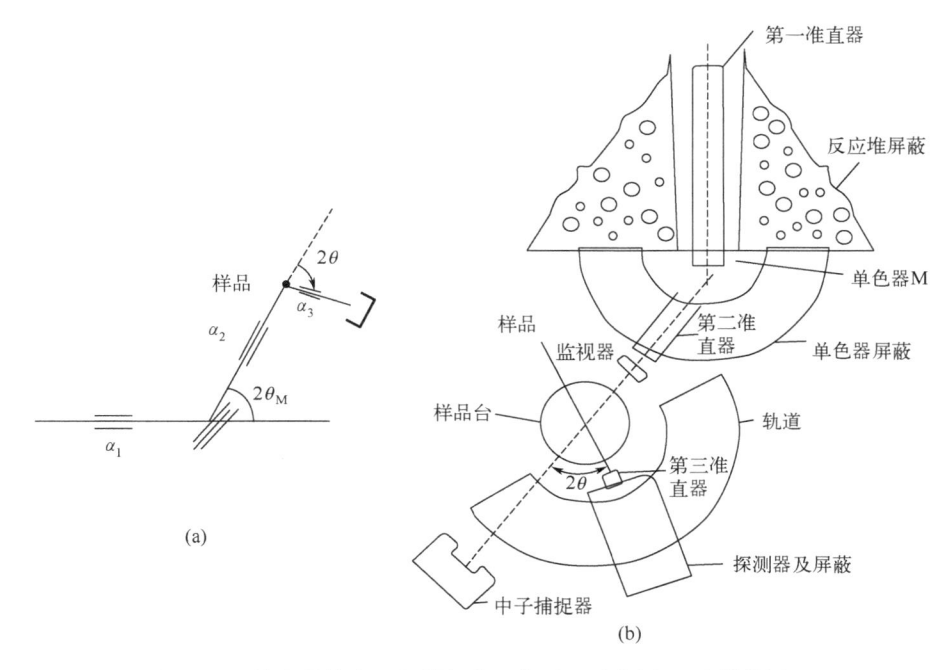

图 10.11 粉末晶体中子衍射仪的工作原理示意图(a)和结构图(b)

2) 粉末衍射仪的分辨率

粉末衍射仪的分辨率取决第一、二、三准直器的发散角 α_1、α_2、α_3 和晶体单色器的嵌镶发散角 β。Caglioti 等对此做过详细计算。为了简化计算,他们将 Soller 准直器的三角形透射函数代之以高斯函数,其形式为

$$G(\phi_i) = \exp\left[-\left(\frac{\phi_i}{\alpha'_i}\right)^2\right] \quad (10.183)$$

其中,$G(\phi_i)$ 为穿过第 i 个 Soller 准直器的中子束在 ϕ_i 方向的相对强度;ϕ_i 为中子束与准直器轴线的交角;$\alpha'_i = \alpha_i/2\sqrt{\ln 2}$,$\alpha_i$ 是第 i 个准直器的发散角。晶体单色器的嵌镶分布也假定为高斯分布形式

$$W(\eta) = \exp\left[-\left(\frac{\eta}{\beta'}\right)^2\right] \quad (10.184)$$

其中,$\beta' = \beta/2\sqrt{\ln 2}$,$\beta$ 是晶体单色器的嵌镶分布的半宽度;$W(\eta)$ 是嵌镶晶块的法线与晶体平均法线成 η 角的晶块数目。对于没有择优取向的粉末晶体样品,Caglioti 等给出的衍射峰半宽度 $A_{\frac{1}{2}}$ 所适合的方程为

$$A_{\frac{1}{2}}^2 = U \tan^2\theta + V \tan\theta + W \quad (10.185a)$$

其中

$$U = \frac{4(\alpha_1^2 \alpha_2^2 + \alpha_1^2 \beta^2 + \alpha_2^2 \beta^2)}{\tan^2\theta_M (\alpha_1^2 + \alpha_2 + 4\beta^2)} \quad (10.185b)$$

$$V = \frac{4\alpha_2^2(\alpha_1^2 + 2\beta^2)}{\tan^2\theta_M(\alpha_1^2 + \alpha_2 + 4\beta^2)} \quad (10.185c)$$

$$W = \frac{\alpha_1^2 \alpha_2^2 + \alpha_1^2 \alpha_3^2 + \alpha_2^2 \alpha_3^2 + 4\beta^2(\alpha_2^2 \alpha_3^2)}{\alpha_1^2 + \alpha_2 + 4\beta^2} \quad (10.185d)$$

θ 为衍峰的布拉格角,θ_M 为单色器的布拉格角。衍射峰的积分强度

$$L = \frac{\alpha_1 \alpha_2 \alpha_3 \beta}{\sqrt{\alpha_1^2 + \alpha_2^2 + 4\beta^2}} \tag{10.186}$$

Hewat 认为,常规高分辨粉末谱仪的参数优化组合应该是:晶体单色器的起飞角 $2\theta_M \sim 120°$, $\alpha_1 = \alpha_3 = \alpha$, $\beta = 2 \sim 4\alpha$, $\alpha_2 = \beta$,样品对计数管所张的垂直发散角应大于 $5°$. 垂直发散度对分辨率没有直接影响,只不过除 $2\theta = 90°$ 外,德拜-谢勒(Debye-Scherrer)锥在探测器平面的投影并不是直线,而是有些弯曲,因而垂直发散度将造成探测器两端的角位置与其中央的角位置略有差异.

3) 粉末晶体的衍射强度

粉末衍射样品中的晶粒取向是随机的,波矢为 k 的中子入射到样品上产生的衍射效果,等效于保持 k 固定,而对倒易晶格矢量的所有取向求平均. 因此,必须把式(10.40)对 τ 的所有取向求平均才能适用于粉末晶体衍射,而对 τ 的取向进行平均等效于对散射矢量 Q 的取向求平均,其结果为

$$\frac{d\sigma}{d\Omega} = \frac{2\pi^2 N}{k^2 v_0} \sum_\tau \frac{1}{\tau} |F(\tau)|^2 \delta\left(1 - \frac{\tau^2}{2k^2} - \cos 2\theta\right) \tag{10.187}$$

其中, v_0 为单胞体积, N 为单胞数目. 上式表明,衍射只发生在入射中子以 k 为轴线,以 2θ 为半角的锥内, θ 满足方程

$$\cos 2\theta = 1 - \frac{\tau^2}{2k^2} \tag{10.188}$$

这就是所谓的德拜-谢勒锥.

根据式(10.187),每一个 τ 值所对应的德拜-谢勒锥都是无限薄的,但实际上由于准直器有一定宽度,入射中子波长也有一定范围,因而锥也有一定厚度. 每个锥所对应的散射截面:

$$\sigma(hkl) = \frac{4\pi^3 N}{k^2 v_0} \frac{j_{hkl}}{\tau} |F(\tau)|^2 \tag{10.189}$$

其中, j_{hkl} 是反射的多重性因子. 它出现的原因是不同的 (hkl) 晶面,例如 $(h_1 k_1 l_1)$ 晶面与 $(h_2 k_2 l_2)$ 晶面具有相同的 τ 值,因而其衍射峰位于相同的 θ 位置. 德拜-谢勒锥的积分散射中子强度正比于 $\sigma(hkl)$;但探测器所"见"到的只是全部德拜-谢勒锥的一部分,即 $1/(2\pi r \sin\theta)$. l 是探测器的高度, r 是探测器与样品之间的距离. 这样,探测器记录到的强度

$$I_{hkl} \sim \frac{V \lambda^3 j_{hkl} |F_{hkl}|^2}{v_0^2 8\pi r \sin\theta \sin 2\theta} \frac{\rho'}{\rho} A_{hkl} \tag{10.190}$$

其中, $F(\tau) = F_{hkl}$, ρ' 和 ρ 分别为样品的真实密度和理论密度, A_{hkl} 是样品的吸收系数, V 是样品沉浸在中子束中的体积. 准确测定衍射峰的积分强度,可以获得结构因子 F_{hkl},从而获得各种原子在晶胞中的占位数和坐标.

4) 实验方法考虑及要求

(1) 尽可能用大一些的样品,对一般中等面量反应堆柱状样品直径不应小于 0.5cm. 过小的样品不仅不利于强度提高,而且样品的晶粒取向也不充分,不能代表所有的晶粒取向. 允许使用较大的样品尺寸,正是中子优于 X 射线的条件之一. X 射线的低穿透力限制了样品的尺寸,样品中的晶粒取向往往不充分.

(2) 对结构研究而言, $\Delta d/d$ 的分辨率比衍射束的分辨 $\Delta\theta$ 更重要. 由布拉格方程可得: $\Delta d/d = \Delta\theta \cot\theta$,所以散射角越大,则 $\Delta d/d$ 值小(分辨高). 大角度虽然衍射峰较宽,但 $\Delta d/d$ 并不会差. 因此, 2θ 的收集范围应该尽可能大. 背散射中子的 $\Delta d/d$ 可与最好的 X 射线设备相比.

(3)衍射强度随散射角增大而衰减的主要因素来源于核的热振动,即德拜-沃勒(Debye-Waller)因子,但德拜-沃勒因子的作用随样品温度降低很快减小.因而,必要时可在低温下进行测量(X射线衍射一般只能在室温下进行,因此这也是中子的优点).

(4)衍射实验的中子束宽度应等于或略大于样品宽度,但束的垂直发散度对水平方向的分辨率影响极小,如将束的垂直发散度放开到5°左右,对一般的衍射仪的几何尺寸则大致上相当于采用125mm高的样品或125mm高的探测器.

(5)在给定的2θ区间,布拉格峰的数目随a_0/λ增加而很快增加,a_0为晶格常数.因为总的散射强度只与散射原子数有关,而与晶胞尺寸无关,所以每一个布拉格峰的平均强度随a_0/λ的增大而减小.因此对尺寸大的晶胞必须选用长波中子.这样既可以拉开峰与峰之间的距离,也可提高峰的平均强度.

(6)磁散射信息主要来源于低Q区的数据,采用长波中子会使数据质量得到优化;而对原子位置参数精度要求高的结构研究,就应选用短波(约0.1nm)中子进行测量.

3. 单晶中子衍射和四圆中子衍射仪

1)单晶中子衍射原理

当一束单能中子入射到单晶样品时,如果布拉格条件得到满足,即$Q = \tau_{hkl}$,则在$2\theta_{hkl}$散射角将出现布拉格峰.对全部沉浸在中子束中的样品,衍射积分强度I_{hkl}与结构因子F_{hkl}间的关系为

$$I_{hkl} = \frac{\lambda^3 V |F_{hkl}|^2}{v_0^2 \sin 2\theta_{hkl}} A_{hkl} \tag{10.191}$$

因此,由衍射峰的位置和积分强度可以得到τ_{hkl}和F_{hkl}的信息.在2θ角范围内收集尽可能多的反射面的积分衍射强度数据,并对吸收、消光、原子的热振动、热漫散射等一系列因素进行修正后,求得$|F_{hkl}|^2$,再利用傅里叶求和,转换为核散射密度函数$\rho(\boldsymbol{r})$:

$$\rho(\boldsymbol{r}) = \frac{1}{v_0} \sum_h \sum_k \sum_l |F_{hkl}| e^{i\varphi} \exp[2\pi i(hx + ky + lz)] \tag{10.192}$$

其中,φ为相角.由ρ的极大值,即密度峰的位置可得到原子的位矢$\boldsymbol{r}$,密度峰的高度正比于相应原子核的散射长度b.这种方法通常称为傅里叶合成法.利用式(10.192)求散射密度函数必须知道相角φ,但由衍射数据无法得到φ,解决这个问题需要借助于X射线衍射发展的一些方法,如直接法或化学改变法等.

2)四圆中子衍射仪

用于单晶中子衍射实验的设备称为四圆中子衍射仪.图10.12是四圆中子衍射仪的结构示意图.它的特征是有四个独立旋转的"圆",分别称为x圆、ω圆、φ圆和2θ圆.仪器的主轴由两个同心轴组成,载有探测器的长臂通过外轴环绕主轴沿水平面的旋转称为2θ旋转.内轴上装有一个欧拉环.欧拉环绕主轴沿水平面的转动称为ω旋转,绕水平轴线在垂直平面内的转动称为x旋转.单晶样品通过一个探测角头放置在欧拉环的中心(ω圆的中心),它通过探测角头固定在欧拉环的内环上,可以绕自身轴做协旋转.样品通过x、φ和ω.运动

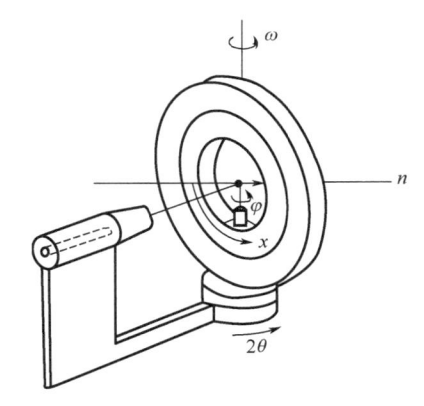

图10.12 四圆中子衍射仪的结构示意图

可以在空间作任何取向.入射中子束沿水平方向通过 ω 圆中心打到样品上,在 2θ 方向记录散射中子的探测器中心与入射中子束在同一水平面上.因此,2θ 轴总是垂直于含有入射中子束及散射中子束的散射平面 ω 轴与 2θ 轴重合,并与 x 轴垂直,而 φ 轴在垂直于 x 轴的平面中沿 x 圆和 ω 圆旋转.虽然只需要 x 和 ω 两种旋转就可以把晶体中的任何一个倒易矢量调整到平行于散射矢量 Q 的方向,但在某些情况下会出现"盲点",即入射束或衍射束被欧拉环挡住.加上一个势圆运动就是为了避免这种盲点.实验所需的 x、ω、φ 和 2θ 角都由计算机控制.

四圆中子衍射仪的单晶样品体积较小,为了增加强度,有时采用聚焦单色器,将中子束聚到样品上.因此,中子束的发散度可能较大;有时采用较宽的单色中子束.四圆中子衍射仪的数据收集方式随入射中子束的情况不同而不同.因此,实验之前必须对仪器和样品的情况进行初步估计,以决定采用什么方式进行扫描.四圆中子衍射实验对分辨的要求不太高,所以探测器与样品之间距离不大.探测器前的准直孔径要足够大,以使布拉格反射束全部都能进入探测器中.四圆衍射仪的缺点是样品附近的空间较小,样品的高、低温及磁场等装置安排较困难.

10.3.5 磁性中子衍射

利用磁性晶体进行中子衍射实验,除了核的布拉格峰外,还会出现附加的磁散射峰.磁散射长度和核散射长度有相同的量级,所以利用中子衍射不仅可以测定晶体结晶,还可以测定磁结构.

1. 非极化中子的布拉格磁散射

对于简单的铁磁或反铁磁材料,磁矩只有平行和反平行两种情况,其微分散射截面为

$$d\sigma = b^2 + 2bp\lambda q + p^2 q^2 \tag{10.193}$$

其中,b、p 分别为核和磁的散射长度,q 为磁散射矢量,λ 是入射中子方向的单位矢量.对于非极化中子,λ、q 对所有方向的平均为零,所以

$$d\sigma = b^2 + p^2 q^2 \tag{10.194}$$

于是,相应的结构因子

$$|F_{hkl}|^2 = |F_{hkl}^n|^2 + |F_{hkl}^m|^2 \tag{10.195}$$

其中

$$\boldsymbol{F}_{hkl}^m = \sum_j \boldsymbol{q}_j p_j \exp[2\pi i(hx_j + ky_j + lz_j)]e^{-\omega_j} \tag{10.196}$$

为磁结构因子,是一个矢量.

大多数磁性材料样品,无论是多晶还是单晶,都含有许多磁畴,磁矩只有在单个磁畴内才出现有序排列.磁反射的总强度取决于 q^2 对所有磁畴的磁矩方向的平均值 $\langle q^2 \rangle$.

反铁磁结构中存在一种特殊的螺旋磁结构,其磁矩方向的轨迹形成一条螺旋线.以 Au_2Mn 为例,其结构如图 10.13(a) 所示.由于相邻的两层锰原子层的磁矩相对于 C 轴有 51° 的转动,所以在主衍射峰附近会出现一对伴峰(或称伴线),如图 10.13(b) 所示.

迄今已经发现了多种螺旋磁结构.不同的螺旋结构具有不同的结构因子表达式,因而具有不同的衍射强度.

利用非极化中子进行测量,衍射束中的核和磁两种成分是混在一起的.铁磁材料的磁峰与核峰是完全重合的,从一次测量的衍射曲线中不可能单独分离出磁散射的强度;必须对比居

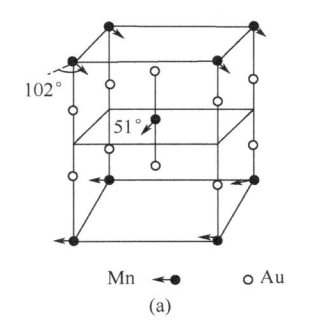

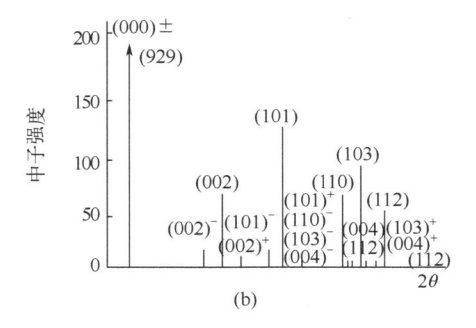

图 10.13 Au_2Mn 的螺旋磁结构(a)和 Au_2Mn 的衍射峰及伴线示意图(b)

里点以上和居里点以下的两次实验结果,才能把磁峰分离出来. 对软磁材料,还可以对样品加磁场,让磁场沿散射矢量 Q 的方向,使磁结构因子中的 $q^2=0$,从而使衍射束中的磁散射成分消失. 对于反铁磁材料,由于磁晶胞大于螺旋磁结构叫化学晶胞,磁峰与核峰一般不重合,磁峰表现为超结构峰,比较容易辨认;螺旋结构的标志是在主衍射峰两侧出现伴线,也较容易辨认.

磁衍射的数据处理原理上与核衍射的数据处理并没有差别,但需要注意:

(1) 测定磁结构必须知道磁形状因子 $F(Q)$ 随 $\sin\theta/\lambda$ 的变化,在数据缺乏的情况下,可用图 10.7 的 Mn^{2+} 的形状因子曲线作为输入的初始数据.

(2) 计算式(10.195)中的结构因子时,对 F_{hkl}^m 和 F_{hkl}^n 必须用同样数目的原子进行计算,对磁晶胞大于化学晶胞的反铁磁材料,结构因子应包含磁晶胞中所有原子的贡献.

(3) 磁晶胞的对称性通常低于化学晶胞,结果使 $\{hkl\}$ 反射晶形的多重性降低. 例如 MnO 的 $\{111\}$ 反射晶形的 8 个等效反射面中,只有(111)和(iii)反射,因而,粉末衍射的多重性因子由 8 减小为 2.

(4) 利用粉末衍射确定磁结构有一定局限性:当结构是立方对称时,从粉末数据不能得到自旋取向的结论;而对单轴系统,只能推断出自旋取向和磁单胞的单轴间的夹角. 例如,对铁,不可能得到任何结论;对 MnO,可以得出自旋矩与(111)轴成 90°,但不知道在(111)平面内的取向.

2. 极化中子的布拉格散射

对于极化的入射中子,由式(10.193)可知,相应中子与原子磁矩方向呈现平行和反平行两种状态,结构因子中的散射长度分别取 b_j+p_j 和 b_j-p_j,在这种情况下,通常都要利用外加磁场使样品磁化.

由于磁散射结构因子与中子自旋方向有关,磁散射可以作为获取极化中子束的一种方法.

10.3.6 中子小角散射

中子小角散射是 20 世纪 70 年代冷源和中子导管普及以后逐渐发展起来的一种实验方法,位置灵敏探测器的出现进一步推动了它的发展. 目前,它在生物大分子、聚合物分子、冶金以及材料科学和工程等方面有着极其广泛的应用,是当今中子散射技术中最活跃的一个分支.

在许多材料中存在一些大于原子间距离的结构单元,例如金属中的沉淀、空洞、溶液中的大分子或分子团、聚合物长链等,其线度通常在 $1\sim500\text{nm}$,远大于原子间的距离 d. 由这些结构单元发出的散射波将在 $Q \leqslant \pi/d$ 的区间,即从倒易空间原点至第一倒易格点之间的区间,形成干涉. 小角散射就是指这种倒易晶格原点附近的干涉现象.

"小角散射"这个名词并不确切,更确切的名称应该是"低 Q 散射". 实际上,如果 $d \sim 0.3$nm,则 $Q \leqslant 10$ nm^{-1},对 1.2nm 的中子,散射角 2θ 已经达到 180°左右了! 但今天人们仍然习惯使用在 X 射线衍射中沿用已久的"小角散射"一词.

1. 原理

小角散射从散射性质上应归属于相干弹性散射. 每个原子的相干散射截面为

$$\frac{d\sigma}{d\Omega} = \frac{1}{N} \left| \sum_R b_R e^{iQR} \right|^2 \tag{10.197}$$

对于 $Q \leqslant \pi/d$ 的散射,单个原子的散射已经不可能分辨,散射过程主要取决于散射体中尺度大约为 π/Q 的一些散射单元之间的干涉. 所以,可以把散射长度重新定义为空间连续变化的散射长度密度 $\rho_b(r)$,而将式(10.197)的对原子求和改为对 r 积分:

$$\frac{d\sigma}{d\Omega} = \frac{1}{N} \left| \int_V \rho_b(r) e^{iQR} dr \right|^2 \tag{10.198}$$

式中积分区间 V 为受到中子束照射的样品体积. 核的散射长度密度 ρ_b 的定义为 $\rho_b = N_A db/A$,其中 N_A 为阿伏伽德罗常量,d 为密度,A 为原子量,b 为散射长度.

当样品中存在结构不均匀现象时,则散射长度密度将偏离其平均值

$$\rho(r) = \langle \rho_b \rangle + \delta(r) \tag{10.199}$$

其中,$\langle \rho_b \rangle$ 为 $\rho_b(r)$ 的平均值,$\delta(r)$ 为 $\rho_b(r)$ 在 r 附近偏离平均值的涨落. 将此式代入式(10.198),因为 $\langle \rho_b \rangle$ 的贡献为 $Q=0$ 处的弹性峰,故可略去;而在 $Q>0$ 处则有

$$\frac{d\sigma}{d\Omega} = \frac{1}{N} \left| \int_V \delta_p(r) e^{iQR} dr \right|^2 \tag{10.200}$$

由此可见,小角散射的出现,是由于样品中存在尺度大于原子间距离的不均匀结构. 对于均匀的结构,即 $\delta_p(r) = 0$,则不存在低 Q 区的散射.

2. 小角散射函数 $S(Q)$ 的性质

小角散射的散射函数 $S(Q)$ 的某些性质可以从两相材料的散射推导出来. 假定样品中含有两相,一相是具有均匀散射长度密度的基体(matrix)材料,另一相是嵌在基体材料中具有均匀散射长度密度 ρ_b 的 N_b 个粒子. 利用式(10.200)可写出

$$\frac{d\sigma}{d\Omega} = \frac{V_p^2 N_p}{N} (\rho_p - \rho_m)^2 |F_p(Q)|^2 \tag{10.201}$$

其中

$$F_p(Q) = \frac{1}{V_p} \int_{V_p} e^{iQR} dr \tag{10.202}$$

因此,可知

(1) $Q \to 0$,$|F_p(0)|^2 = 1$,若已知 $(\rho_p - \rho_m)$,则可测出 $\frac{V_p^2 N_p}{N}$.

(2) 对单一尺寸、半径为 R 的颗粒,当 $Q \to 0$ 时,有

$$S(Q) = |F_p(Q)|^2 = \left\{ \frac{3[\sin QR - QR(\cos QR)]}{Q^3 R^3} \right\}^2 \tag{10.203}$$

(3) 对大小相同,随机取向的粒子,当粒子的线度 l 满足 Ql 远小于 1 时

$$S(\boldsymbol{Q}) = \frac{e^{-Q^2 R_G^2}}{3} \tag{10.204}$$

式(10.204)称为吉尼尔(Guinier)近似；式中 R_G 为粒子的回旋半径：$R_G = \frac{1}{V_p} \int_{V_p} r^2 d\boldsymbol{r}$. 对半径为 R 的球状颗粒, $R_G = R\sqrt{3/5}$. 吉尼尔近似的适用范围为 $QR_G < 1.2$.

(4) 对具有明确边界、表面积为 A 的均匀颗粒

$$S(\boldsymbol{Q}) \approx \frac{2\pi A_p}{V_p^2 Q^4} \tag{10.205}$$

式(10.205)称为波罗德(Porod)近似，它的适用条件是 Ql 远大于 1，即大 Q 值区.

(5) 由式(10.201)及式(10.202)可得

$$\widetilde{Q} \approx \frac{N}{V} \int \frac{d\sigma}{d\boldsymbol{Q}}(\boldsymbol{Q}) d\boldsymbol{Q} = (2\pi)^3 \left[\delta\rho^2(\boldsymbol{r}) \right]_{av} \tag{10.206}$$

其中，$[\delta\rho^2(\boldsymbol{r})]_{av}$ 是对整个散射体取平均. 对于嵌在均匀基体材料中的均匀颗粒有

$$\widetilde{Q} = (2\pi)^3 C_p (1-C_p)(\rho_p - \rho_m)^2 \tag{10.207}$$

式中，$C_p = \frac{V_p N_p}{N}$ 是粒子所占的体积分数. 因此，由全散射强度的绝对测量可得到粒子的体积分数，而由外推到 $Q=0$ 的小角散射强度可得 $\frac{V_p^2 N_p}{N} = V_p C_p$，从而两者结合可测得粒子体积 V_p.

3. 粒子间的相互干涉

以上讨论只适用于颗粒之间没有相互干涉，即颗粒浓度低的情况，但在某些高浓度胶体溶液或生物分子中，粒子间的干涉必须加以考虑.

将散射体分为 N_p 个元胞，使每个元胞中只含 1 个颗粒. 令第 i 个元胞的中心位置为 $\boldsymbol{R}_i$，而元胞中第 j 个原子与元胞中心的相对距离为 $\boldsymbol{d}_j$，则宏观截面

$$\frac{d\Sigma}{d\Omega} = \frac{1}{V} \left\langle \left| \sum_{i=1}^{N_p} e^{i\boldsymbol{Q}\boldsymbol{R}_i} \sum_{j=1}^{N_i} b_{ij} e^{i\boldsymbol{Q}\boldsymbol{d}_j} \right|^2 \right\rangle \tag{10.208}$$

N_i 为元胞中的原子数目. 式中 b_{ij} 为元胞 i 中原子 j 的散射长度，定义单个元胞的形状因子

$$F_i(\boldsymbol{Q}) = \sum_{j=1}^{N_i} b_{ij} e^{i\boldsymbol{Q}\boldsymbol{d}_j} \tag{10.209}$$

于是可以得到

$$\frac{d\Sigma}{d\Omega} = \frac{1}{V} \left\langle \sum_{i=1}^{N_p} \sum_{i'=1}^{N_i} F_i(\boldsymbol{Q}) F(\boldsymbol{Q}) e^{i\boldsymbol{Q}(\boldsymbol{R}_i - \boldsymbol{R}_{i'})} \right\rangle \tag{10.210}$$

对于全同粒子系统，如果所有粒子具有同一取向，或对球形粒子，则所有粒子的形状因子相同，因而有

$$\frac{d\Sigma}{d\Omega} = \frac{N_p}{V} |F(\boldsymbol{Q})|^2 S(\boldsymbol{Q}) \tag{10.211}$$

其中，$S(\boldsymbol{Q})$ 为粒子间结构因子，有

$$S(\boldsymbol{Q}) = \frac{1}{N_p} \left\langle \sum_{i=1}^{N_p} \sum_{i'=1}^{N_i} e^{i\boldsymbol{Q}(\boldsymbol{R}_i - \boldsymbol{R}_{i'})} \right\rangle \tag{10.212}$$

上式为测定大尺寸结构单元构形的基本公式，在生物分子结构研究中十分有用. 利用氘化技术可以使结构中某些亚单元的散射长度密度与基体材料(在生物分子研究中多为水溶液)的参

数相匹配. 如果除了两个亚单元外,分子中所有其余单元的散射长度密度都与基体溶液相等,则 $S(Q)$ 中含有的 $I(Q)$ 项为

$$I(Q) = \frac{\sin Ql}{Ql} \tag{10.213}$$

式中,l 为两个亚单元之中心间的距离,$I(Q)$ 描写的是这两个散射中心之间的干涉. 由 $Q = 2n\pi/l$ 所对应的 $I(0)$ 可得到中心距离 l. 这种方法曾广泛使用于核糖体(ribosome)结构的测定.

4. 小角磁散射

均匀磁化的磁性样品,小角磁散射强度为零. 但当临近饱和磁化时,磁化密度 $M(r)$ 可能有取向和大小的涨落,从而会产生小角磁散射. 小角磁散射截面:

$$\frac{d\sigma}{d\Omega_{\text{mag}}} = \frac{1}{N_m} (N_0 \gamma)^2 |\langle D \perp (Q) \rangle|^2 \tag{10.214}$$

5. 中子小角散射谱仪及实验技术

1) 中子小角散射谱仪

中子小角散射谱仪通常安装在冷源导管出口处. 图 10.14 是中子小角散射谱仪的示意图. 由导管(1)出口处引出的白光中子束首先通过一个机械选择器(2)选出适合的单色中子束. 单色中子束经过第一准直器(3)后投射到安放在样品台(4)上的样品,经样品散射后的中子由二维位置灵敏探测器(7)记录并将信号送入在线计算机. 在第一准直器入口与机械选择器出口间有一个低计数效率的探测器用作入射中子束监视器. 第一准直器由多节可移动的导管和固定光栏组成,光栏装在每节导管的接头处. 准直器的长短根据实验对中子束的发散度要求而定. 样品台上除了安放样品外,还应能安放改变样品环境的辅助装置,如高、低温装置、磁场装置,高压装置等. 样品台至探测器之间是第二准直器(5). 该准直器通常为直径 1m 左右的圆柱形中空钢管,内表面有 1~2cm 的含硼聚乙烯或碳化硼等屏蔽材料. 管内抽真空,其长短可根据实验要求而改变,如法国 ILL 的 D11 小角谱仪的探测腔,直径为 1m,长度可作 2m、5m、10m、20m 及 40m 几种选择. 二维探测器表面在正对入射中子束方向($\theta=0°$)有一块由厚度 1~2mm 的镉片做成的中子束阻挡片(6),其外形略大于直接入射束,用以吸收 0°角的投射中子束.

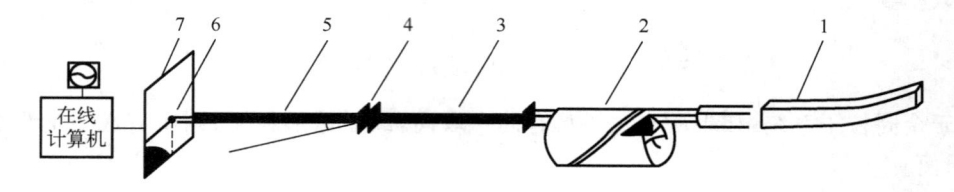

图 10.14 中子小角散射谱仪的示意图

中子小角散射探测器是小角中子散射(SANS)谱仪的关键设备之一,探测器要求有足够大的探测面积、较高的探测效率及较好的空间分辨率,能够在真空腔中稳定地工作并可在腔体内前后移动. 以中国散裂中子源小角中子散射谱仪探测器为例,小角散射探测器采用 120 只 8mm 直径位置灵敏 ^{3}He 管,组成有效面积 1000mm(X)×1020mm(Y)的二维探测器阵列. 探测器阵列分为 10 个模块,每一个模块功能完全独立,包括 12 只 ^{3}He 管及其对应的位于探测器背面的

回字形密闭腔体内的读出电子学和数据获取系统. 该探测器探测效率大于 50%（中子波长为 2Å 时）, 空间分辨率好于 10mm（FWHM）, 目前正在中国散裂中子源小角散射谱仪中使用.

2) 实验技术

现代的小角散射谱仪本身都是高度自动化的, 只要对设备本身有初步了解一般都能操作. 但要获得高质量的数据, 必须做到以下几点.

(1) Q 区间的估计. 根据所测结构的尺度 L 及谱仪的有效散射角 Φ. 可对 Q 区间作如下估计:

$$\frac{\pi}{L_{\max}} < Q < \frac{\pi}{L_{\min}} \quad L_{\min} \approx \frac{\lambda}{\phi_{\max}} \quad L_{\max} \approx \frac{\lambda_{\max}}{\phi_{\min}} \tag{10.215}$$

选择适当的 $\lambda_{\max}$ 及样品至探测器的距离, 满足 $\phi_{\min}$. 通常入射中子注量随源到样品的距离增大而降低. $\phi_{\min}$ 取决于束或准直器面积. 能达到的 $\phi_{\min}$ 取决于探测器面积.

(2) 样品厚度 t 选择的依据一般是使透射率 $T = e^{-\Sigma_t t}$ 达到 60%~90%. Σ_t 为宏观全截面, 一般为 1~10mm. 样品尺寸约 10mm×10mm. 薄样品多次散射误差小, 优于厚样品. 小角散射数据积累时间不长, 中等通量堆做一轮测量大约几小时, 高通量堆只需几分钟, 样品更换频繁, 需要有自动换样品装置.

(3) 中子小角散射实验通常要对截面作绝对测量. 因而除样品（S）外还要对标准样品（W）（钒样品或 1mm 厚的水样品）、空样品盒（C）、镉吸收片（Cd）进行测量. 一般小角散射的本底计数大约每平方厘米探测器每分钟几个计数. 本底一部分来自透过样品的直穿束; 另一部分与入射中子无关. 因此, 需要分别将空样品盒及镉吸收片放在样品位置进行测量. 除此以外还要对样品的透射率进行测量才能正确估算出样品盒的本底. 作透射率测量需要将探测器中央的锅阻挡片取下, 测量时间应尽可能短. 令 I、M 分别代表探测器及监视器计数, T 代表透射率, 则测得的截面为

$$\frac{d\Sigma}{d\Omega} = \frac{\left(\frac{I_s}{M_s} - \frac{I_{cd}}{M_{cd}}\right) - T_s\left(\frac{I_c}{M_c} - \frac{I_{cd}}{M_{cd}}\right)}{\left(\frac{I_w}{M_w} - \frac{I_{cd}}{M_{cd}}\right) - T_w\left(\frac{I_c}{M_c} - \frac{I_{cd}}{M_{cd}}\right)} \times \left(\frac{d\Sigma}{d\Omega}\right)_w \frac{t_w}{t_s} \frac{1}{T_s} \tag{10.216}$$

式中 t_w 及 t_s 分别代表水及样品的厚度, T_s 的引进是为了修正样品的多次散射效应; 但对水的多次散射无须修正, 因为水对中子的散射是各向同性的. 式（10.216）中仍然包含了样品的非相干散射贡献, 最后的数据还需要扣除这项贡献.

10.3.7 中子反射仪

利用中子镜反射（neutron specular reflection）研究物质的表面、界面现象是 20 世纪 80 年代初、中期发展起来的中子散射的一个分支. 目前这方面的研究工作十分活跃. 凡是拥有散裂源或中等以上通量反应堆的中子散射中心, 近几年都相继建立了中子反射仪.

单能中子入射到物质的表面时, 如果入射掠角 θ 大于临界角 θ_c, 则反射率 $R(Q)$ 下降的方式取决于折射率 $n(Z)$ 的变化, Z 是以表面为零点的垂直距离; 或者说, $R(Q)$ 取决于散射长度密度 P 随表面深度 Z 的变化 $P(Z)$. 因此, $R(Q)$ 可以给出散射表面和界面的核成分及密度梯度的知识.

$R(Q)$ 的测量有两种方式: 一种是固定入射中子波长, 改变掠入射角进行扫描; 另一种是用白光中子入射, 在固定的反射角 θ 测量反射中子的飞行时间谱. 由于入射角非常小, 所以入射中子束要求准直得非常好. 对于给定的 Q, 中子波长越大, 掠入射角 θ 越大.

迄今为止,反应堆上所建的反射仪既有用固定的长波中子入射,进行 $\theta \sim 2\theta$ 扫描的,也有用白光中子飞行时间扫描. $\theta \sim 2\theta$ 扫描的分辨率由 $\delta\theta$ 及 $\delta\lambda$ 共同决定,分辨率随入射角以 $\cot\theta\delta\theta$ 方式变化;样品受到中子束的照射面积随 θ 变化而变化,所以对测量结果须作几何修正.在脉冲源上大多采用飞行时间方法.飞行时间方法测量的优点是测量几何恒定, Q 的分辨率仅与 $\delta\theta$ 有关,在整个扫描过程中 $\delta\theta$ 是一个常数,而飞行时间误差 δt 对 $\delta\lambda$ 的贡献与 $\delta\theta$ 相比可以忽略.飞行时间方法的另一个优点是反射率扫描同时在较宽的 Q 区间进行.

谱仪的散射几何有水平散射和垂直散射两种,前者的样品表面,即反射面,是垂直安放的,适于开展固体-固体及固体-气体的表面、界面研究;后者的样品表面在水平面上,适于包括液体和气液界面在内的各类表面、界面研究,但探测器必须能在垂直方向移动,且对防震要求比较严格.反射仪也可利用极化中子入射,并分析极化中子反射率,研究与磁有关的表面、界面现象.

10.3.8 三轴谱仪

三轴谱仪由于具有较高的束流强度和适中的能量分辨率,是目前最为广泛采用的中子非弹性散射测量技术.如图 10.15 所示,从反应堆中子源导出的白光谱首先经单色器(第一轴)实现单色化,此时入射中子束的波矢为 k.单色束经样品(第二轴)散射后,散射束(波矢为 k')的强度被分析器晶体(第三轴)反射到中子探测器,从而确定能量转移.

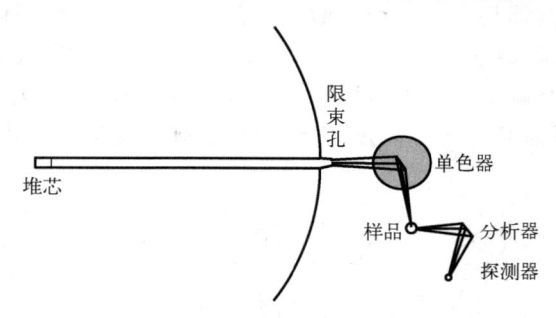

图 10.15 三轴谱仪的基本布置图

三轴谱仪最大的优势是可以测量倒易空间中的任一预设点(恒 Q 扫描),也可以在固定能量转移的情况下对倒易空间中特点 Q 方向进行扫描(恒 E 扫描),因此能够以可控的方式测量单晶的色散关系.当然,对 Q 和 E 进行一般的扫描也是可行的.对于三轴谱仪,确定动量转移和能量转移的所有物理量都是可调的,因此测量 Q、ω 空间中的某一点的强度具有多种可能的方式.最常用的方式是固定 k' 的扫描,因其只需要稍做修改即可将计数率转换成截面.

三轴谱仪的分辨率依赖于散射平面内经单色器晶体和分析器晶体透射过的相空间体积,以及拟测的激发的色散斜率.三轴谱仪有多种不同的中子路径构型,每个轴都可以顺时针或者逆时针地旋转一定角度,以便达到最佳的分辨特征.

目前世界上主要的科技强国都拥有自己的三轴中子散射谱仪,其中高水平的实验室包括:美国的橡树岭国家实验室和美国国家计量标准局;加拿大的 Chalk River 实验室;欧洲的 ILL 研究所(法国)、FRM-II 实验室(德国);澳大利亚的 Bragg 研究所等.中国原子能科学研究院核物理研究所于 2009 年联合德国于利希(Jülich)中子科学中心在中国先进研究堆 CMRR 开始设计建造非弹性中子散射三轴谱仪.到目前为止,该三轴谱仪上可实现从低温 6K 到高温 1900K 的测试功能,满足设计需求.CMRR 上的冷中子非弹性散射谱仪(鲲鹏,CTAS)是一期投运的六台中子散射谱仪之一,已在凝聚态物理问题揭示中发挥重要作用.

10.3.9 背散射谱仪

在单晶反射实验中,如果希望获得极高的能量分辨率,散射角必须为 π(或极为接近 π).超高分辨谱仪的分析器利用了这一特性,从而可以极精确地测量散射束波矢. 在这种情况下,大面积的近乎完美的晶体排列在样品周围的球形支架上. 经样品散射且满足背散射条件的中子被反射到样品附件的一系列探测器上. 分析器系统的能量是固定的. 为了测量样品的能量转移,入射中子的能量变化必须同样具有非常高的分辨. 可通过下面几种方法来实现:

(1)利用高分辨飞行时间单色器(斩波器)产生入射中子束,但需要脉冲装置到样品处的飞行路径在 100m 量级内;

(2)设计一种可用于背散射的单色器,其晶格常数可以随时间变化,即通过改变温度来改变其晶格常数;

(3)将背散射单色器安装在速度驱动器上,利用多普勒效应来产生频移.

背散射谱仪的能量分辨率在 μeV 范围,这近乎是基于晶体单色器和飞行时间设备的谱仪所能达到的极限分辨率了.

10.3.10 自旋回波谱仪

自旋回波谱仪基于中子自旋在磁场中的进动. 中子自旋在穿过磁场的过程中将会发生一系列的旋转,通过反转散射中子的自旋方向,并探测其在穿过第二个进动场之后自旋取向的变化,就可以很好地分析其能量的变化. 图 10.16 是该谱仪的示意图.

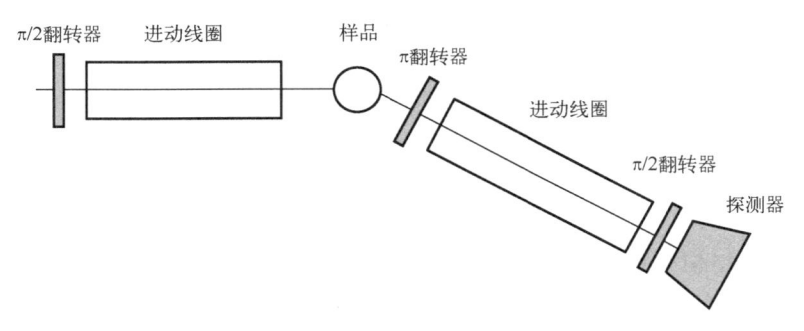

图 10.16 自旋回波谱仪示意图

纵向极化中子自左边进入谱仪. 在第一个 π/2 翻转器处,自旋发生旋转,出来的中子自旋垂直于进动路径的纵向磁场 H,得到初始极化 $P=1$. 中子横穿过长度为 L 的第一个进动线圈时,总的进动角度为

$$\phi = \gamma_d \cdot \frac{L \cdot H}{v} \tag{10.217}$$

由于速度分布的原因,束流在进动线圈中存在去极化问题,平均极化度为

$$P = \langle \cos \phi \rangle = \int f(v) \cos(\phi(v)) \mathrm{d}v \tag{10.218}$$

然而,如果束流横穿过第二个一模一样但进动方向相反的线圈时,去极化可以被消除. 为了反转进动方向,需要在两个进动线圈中放置一个 π 翻转器. 最后,在第二个进动线圈的末端,将中子自旋翻转回初始的纵向方向,以便分析它的极化. 只有当两个进动线圈完全一样,且中子

在样品处没有能量变化的情况下才能得到完全极化的中子束.

如果中子在样品处有能量变化为 $\hbar\omega$,也即是速度变化 Δv ,则经过第二个进动线圈后的自旋取向将会偏离一个角度

$$\Delta\phi \approx \gamma_L \frac{L \cdot H}{v^2} \tag{10.219}$$

在自旋回波谱仪中,能量转移不像背散射谱仪那样通过测定入射波矢和散射波矢来进行测量. 而是根据式(10.219)直接分析散射前后中子速度的变化来进测量. 因此,在自旋回波实验中可以使用相对较宽的中子波段(波长分辨量级为 $\delta\lambda/\lambda \sim 10^{-1}$),而在背散射中一般要求 $\delta\lambda/\lambda \leqslant 10^{-4}$. 在自旋回波方法中,能量转移与中子能量是相互独立的量(不以牺牲中子强度为代价来提高能量转移分辨),能够分辨的最小能量低至 neV.

10.4 中子散射在基础研究、工业以及国防等领域的应用

10.4.1 基础研究

1. 磁形状因子测定

由式(10.131)可以看出,磁形状因子 $F(Q)$ 含有离子的归一化磁性电子密度. 因此,磁形状因子的研究可以获得原子外层未配对电子的密度分布,从而得到未配对电子波函数的知识. 具体而言,对 3d 过渡材料、稀土材料和锕系材料的磁形状因子研究可以分别获得 3d、4f 和 5f 电子的分布和波函数.

实验上需要在尽可能宽的 Q 范围内测量出 $F(Q)$ 方能由式(10.131)的傅里叶变换获得比较可靠的磁电子密度值. 由于形状因子随 Q 的增大下降很快,所以在磁散射长度 p 远小于核散射长度 b 的情况下,例如,当 $p/b \leqslant 0.01$ 时,必须利用极化中子进行测量. 除此以外,为了测定每一个 Q 值所对应的实验值,需采用单晶样品,否则无法区分 $|Q|$ 相同的反射,如立方晶体的(333)和(511).

在固体的电子结构计算中,为了区分所用的各种势模型,通常要求磁形状因子的测量值精度不低于 1‰. 在含有轨道电子磁矩的情况下,电子波函数的理论推导和处理相当复杂.

自 1959 年 Shull 等对 Mn^{2+} 的磁形状因子测量后,迄今已利用中子磁散射对一大批分子晶体、顺磁金属及 3d、4d、5f 磁性材料的磁形状因子进行了研究,并在锕系化合物中存在的基态波函数不对称性等方面获得了其他方法难以获得的许多知识.

2. 对多酸溶液的成分、行为、结构的研究

多金属氧酸盐(即多酸)是一大类主要由金属-氧多面体连接构成、结构明确、大小在纳米级(尺寸从 1~10nm)的分子簇. 多酸因为其丰富的组成与结构,在催化、光电材料、单分子磁体、质子导体、磁性材料、生物材料等领域有着非常广泛的应用. 但是如何设计与合成具有特定结构和功能的多酸分子簇,是多酸化学家面临的一个难题,需要对多酸的溶液行为进行深入的研究. 与 X 射线等分析方法相比,中子散射具有以下优点.

(1)可以分辨轻元素、同位素和原子序数紧邻的元素,补充了 X 射线技术不能表征有机成分的空白. 例如,氢和氘这对同位素对中子的散射具有差异性,因而通过对杂化材料相应结构

进行氘代处理,可以选择性地提取杂化材料的结构信息.

(2) 对于有自组装行为的杂化分子来说,中子散射的能量(MeV 到几百 eV;其中,冷中子 <5meV;热中子~25meV)、散射矢量范围(0.00003~100Å^{-1})完全满足杂化分子多尺度结构组装的时间、空间尺度要求,可以对杂化分子自组装过程中结构变化的动力学机理进行表征.

(3) 中子散射表征手段对样品具有较好的穿透性,且属于无损检测,可对杂化软物质体系进行原位表征,因此中子散射是测定杂化材料有机成分的结构、构象和形态的有效手段.

Bauduin 课题组在研究多金属氧酸盐/聚乙二醇体系在水中的相互作用时,同时利用了小角 X 射线散射技术和中子散射技术来表征样品结构. 研究人员研究了 α-Keggin 型多酸(比如 α-硅钨酸和 α-磷钨酸)吸附在覆盖有极性有机物(例如,蔗糖和环氧乙烷)的中性柔软表面上这一过程. 结合 SAXS/SANS(小角 X 射线散射、小角中子散射)结果,判断 PW-PEG200 纳米组装体是否平均由两个 PEG(聚乙二醇)寡聚物包围多酸组成.

10.4.2 生物分子研究

20 世纪 70 年代以来,中子散射技术以其特有的性质,成为了继 X 射线和电子衍射之后的又一研究物质微观结构的有效方法. 近年来,中子散射技术在蛋白质等生物大分子结构研究领域中得到了广泛的应用. 在这个领域里,使用得较广泛的是中子衍射和小角中子散射两项技术. 前者相当于一个高倍数(10^9)、小视野的显微镜,可用于研究溶剂水的结构、位置及氢键在蛋白质分子中的精确位置. 后者则相当于倍数稍低、视野较大、适用于尺度在几纳米到几十纳米,分子量在 10^4~10^6 的中、大分子集团的观察,例如,大分子周围的脂质、胶束结构、类脂膜结构或微囊的结构. 中子散射不仅可以定位生物大分子中的氢核,提供静态结构信息,而且可以提供氢核、水分子及大分子的分子运动动力学信息.

中子散射用于生物大分子高级结构研究包括以下几个方面:

(1) 生物大分子及其晶体主要是 C、H、O 的化合物,测定氢原子和氢键的位置是十分重要的. 由于氢元素具有较大的中子散射截面,所以在高分辨率时利用中子衍射可以定位生物大分子中的氢原子和氢键的位置.

(2) 利用小角中子散射(SANS)来研究生物大分子的形状和结构.

(3) 中子散射同时也可用于生物大分子的动力学研究,获得原子和分子的动态信息.

(4) 中子散射可以区分氢中的氘. 利用中子对氢和氘的灵敏度,低分辨率时在生物研究中可以使用"同位素标记"方法,利用 SANS 来测定复合生物大分子的结构及分子组成.

1. 定位生物大分子中的氢原子和水分子的位置与状态

近年来,人们对于蛋白质序列方面的研究已经有了长足的进展,然而对于各种蛋白质高级结构及其周围水分子的动态性能的了解进展缓慢. 许多大的蛋白质分子的结构至今仍是未知的. 蛋白质分子中有将近一半的元素是氢原子,定位蛋白质分子中的氢原子对于研究蛋白质分子的结构起着非常重要的作用,而确定氢原子位置的最有效方法就是中子衍射. 同时有研究表明,水合水分子对于球形蛋白等生物大分子结构的稳定起着非常重要的作用. 在高分辨率时,用中子衍射不仅可以定位蛋白质分子中的氢,同时也可以定位生物大分子中水合水分子的位置.

上海大学叶毅扬和洪亮就通过将中子散射、氘化技术以及分子动力学模拟相结合的方法研究蛋白质及其表面水分子的动力学行为,使得对蛋白质的研究有了更加深入的认识.

2. 生物大分子的结构研究

生物大分子结构研究是生命科学的一个重要的研究领域. 在 20 世纪后半叶, X 射线单晶结构分析被用于生物大分子(如蛋白质和 DNA)的三维结构, 揭示出了生命科学中许多未知的奥秘, 但对于一些生物大分子的结构仍然存在着许多疑问. 人类进入 21 世纪, 对生物大分子结构的研究日益引起人们的重视, 已经成为世界瞩目的一个科学研究领域. 而中子散射技术的引入将使这一研究领域产生前所未有的突破性进展.

1)利用小角中子散射研究生物大分子的形状和结构

如前所述, SANS 适用于尺度在几到几十纳米的生物大分子结构的研究. 同时由于中子是中性粒子, 所以不受磁场和电场的影响, 具有很好的穿透性, 可以很容易地穿过生物大分子, 利用三维小角中子散射(3D-SANS)研究生物大分子纳米级的立体结构. 例如, 近期人们就利用 SANS 解释了免疫球蛋白 A(IgA)的结构. 免疫球蛋白 IgA 对人体自身免疫力有重要的作用, 它不仅存在于血液中, 同时也是胃、肠道黏膜表面抗体的重要组成, 但是长期以来人们对于它的三维结构一直不是很清楚. 近期, Perkins 等在 ISIS 利用 SANS 研究得到了 IgA 的立体结构(图 10.17). IgA 的这种两端展开的 T 形结构使其较其他抗体更易接近较远处游离的外来粒子上的抗原. 从而正确解释了其具有较高免疫功能的原因.

图 10.17 免疫球蛋白 A 的缎带结构

此外, 近十年来, 由于天然生物大分子应用的广泛, 人们对其结构的研究也越来越重视. 目前研究大分子结构的方法并不少(电镜纳米技术、X 射线衍射、核磁共振等), 其中确定 1~100nm 范围内大分子结构的最有效、简便的方法是 SANS. Evmenenko 等便利用 SANS 确定了壳聚糖等多种天然多糖类大分子的立体结构, 这对于此类生物大分子材料的应用具有重要的指导意义.

2)生物大分子复合物结构的研究

生物大分子在生物体内很少是单独存在的, 多是以多组分复合物的复杂形式存在, 例如蛋白质与脂的复合物、DNA 键连蛋白质是一种 DNA 和蛋白质的复合物、核糖体是各种形式的蛋白质与 RNA 的复合物. 在 SANS 实验中, 利用 H 和 D 之间散射截面的巨大差别($\sigma_H = 8 \times 10^{-24} cm^2$, $\sigma_D = 8 \times 10^{-24} cm^2$)可以获得生物大分子复合物的结构.

(1) "衬度变化"法(contrast variation method).

图 10.18 是一个"反差图", 横坐标是普通水-重水(H_2O-D_2O)混合物中重水的百分比, 纵坐标是热中子"散射密度", 对于体积为 V 的物质的散射密度等于该体积内所有原子的散射长度之和除以 V, 相当于用热中子观察该物质时物质的"密度". 图中列出了混合水(斜度最大的线)和酯类、蛋白质、DNA、RNA 以及某些氘化(用氘代氢)物的"密度"曲线, 水-重水混合物在约 9(wt)% 重水时"密度"为零, 即中子看来它是真空. 更为重要的是, 混合水的散射密度在许

多点上与蛋白质、DNA、RNA 等物质相等. 也就是说,在这些特殊的水-重水混合物比值上,它的"密度"与蛋白质、DNA 等一致,而使得这些物质在这一特殊点上对中子而言和"水"背景完全一样而"消失". 这样便可以把其他成分突出出来加以测定.

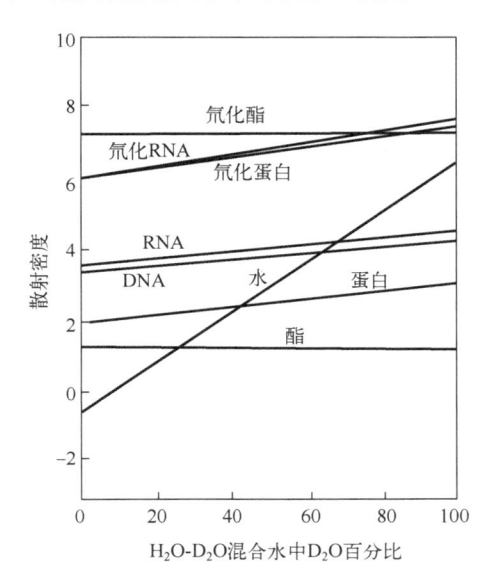

图 10.18　H$_2$O-D$_2$O 混合水和一般生物分子的热中子散射密度

(2) 三重同位素替代法.

对比变异法只能使一种组分"消失",对于多组分复合物,如果要研究其中一种组分的结构,就必须把其他所有组分的散射"扣除". 这时上述方法就无能为力了. 于是人们又设计了三重同位素替代(triple isotopic substitution, TIS)方法来研究多组分复合物.

此方法的基本原理是研究溶液（Ⅰ）和（Ⅱ）的散射曲线之差,即差谱. 其中溶液（Ⅰ）包括 1、2 两种不同氘代形式的粒子,溶液（Ⅱ）中包括一种氘代形式介于 1、2 之间的第三种形式的粒子 3,其散射长度 $b_3 = (1-x)b_1 + b_2$,式中 b_1、b_2 为溶液（Ⅰ）中 1、2 两种粒子的散射长度,x 为粒子 2 在 1、2 混合物中的百分含量. 在两种溶液中溶剂对谱线的影响是相等的,所得的差谱与溶剂中水-重水比例无关. 计算结果发现所得差谱相当于一种散射密度等于 1、2 两种粒子散射密度之差,即 $b_F = b_1 - b_2$ 的粒子在"真空"中的散射曲线. 这样,在（Ⅰ）、（Ⅱ）两种溶液所有粒子中氘代程度一致的组分在差谱中其散射信号均被"扣除"了,仅余下在（Ⅰ）、（Ⅱ）两种溶液中氘代程度不一致的那一种组分的散射信号. 利用这种方法就可以研究多组分复合物中任一组分的结构了.

3. 生物大分子的动力学研究

生物学家的研究表明,生物大分子的动态力学特性与其一系列生理功能有着密切的联系. 这些动态特性是指介质内部粒子的各种运动,包括固体和液体的各种元激发,如晶格点阵的振动(即声子谱),磁矩的扰动,液体分子的扩散,不同分子或分子团之间的振动、旋转、离子迁移等. 而这些都可以归结为能量问题,它们大都在 1～100meV 之间,而中子的能量恰恰与研究对象具有相同的数量级,因而利用中子与物质的相互作用所引起的能量和动量的变化,就可以测定出研究对象内部的能量状态. 这就是利用热中子非弹性散射(INS)进行动态研究的基本原理. 由于1H核的不相干中子散射截面相当大, 而且氢核在蛋白质中大量存在且分布均匀, 所以此方法是通过氢原子作为探针来研究蛋白质的动力学信息的.

目前, 人们对于蛋白质分子在皮秒(ps)范围内的结构的不规则变动利用动态模拟等理论方法已经研究得非常细致了, 然而, 长期以来并没有很多相应的实验数据来验证所得到的结论. 利用非弹性中子散射(INS)方法, 人们得到了几种蛋白质在皮秒范围的动力学信息, 及湿度和温度对其流动性等动力学性能的影响. 研究发现溶液中的蛋白质和低含水量的蛋白质粉末的内部动力学情况不同. 例如, 将溶菌酶粉末中 D_2O 的含量从 0.07g D_2O/g 蛋白质增加到 0.20g D_2O/g 蛋白质时, 中子散射峰强度有所降低, 这是由于均方位移增加造成的. Doster 等利用 INS 对水合肌红蛋白在 4～350K, 0.1～100ps 范围内原子运动情况的研究还发现: 在 180K 以下, 肌红蛋白的动力学行为基本上只有振动这一种运动方式, 在 180K 以上则发生变化, 产生非振动的运动方式. 另外, 利用准弹性非相干中子散射(IQEN), Wanderlingh 等还研究了肌红蛋白和溶菌酶等生物大分子中水合水的动力学信息, 发现它们转换和旋转速度均比自由水低, 空间结构也有所改变. 同时还利用氘代溶剂的方法研究了水合水对生物大分子动力学性能的影响.

10.4.3 工业应用

1. 残余应力测量

材料和工程部件在焊接、加工和实验中产生的非均匀塑性形变往往形成残余应力. 在材料和工程部件的使用上, 残余应力是必须考虑的安全因素之一. 工程上沿用的通过测量残余应变张量导出残余应力的方法一般是破坏性的, 因而只能在有限的方向上进行有限数目的测量. 从原则上讲, 测量任一点的残余应变张量必须在不同方向做出六个独立的测量, 但这对于破坏性测量是根本做不到的. 虽然用 X 射线衍射可以非破坏性地去测定材料晶格的应变力, 但由于材料对 X 射线的吸收, 所以只能测出表面的应变. 利用中子衍射进行的类似测量, 不仅是非破坏性的, 而且材料的吸收问题小得多, 故可以提供材料内部的应变情况. 目前, 中子应力测量已经发展成一种成熟的常规检验技术, 世界上许多中子散射中心都在反应堆或散裂源加速器上建立了固定的装置, 开展常规的应力检测和研究. 检验的部件有核电站透平机蒸气管、火车铁轨、焊缝、声呐系统的电致伸缩材料和聚变堆材料等.

测量残余应力的中子衍射方法的基本原理是布拉格定律, 当晶体材料受到与其晶面间距相近波长的射线照射时, 射线将被衍射从而形成特定的布拉格峰, 衍射线产生的角度由布拉格衍射定律给出

$$2d_{hkl} \sin\theta_{hkl} = \lambda \tag{10.220}$$

式中, λ 为射线波长, d_{hkl} 为产生布拉格峰的 (hkl) 晶面间距, $\sin\theta_{hkl}$ 为布拉格角, 衍射峰观察位置与入射束成 $2\theta_{hkl}$ 角.

当利用中子衍射测量残余应力时, 材料的晶格应变 $\varepsilon = \delta d/d$, 其中 δd 是由应变引起的晶面间距的变化量, d 是无应变的晶面间距. 对布拉格公式微分后可得, 对于固定的 λ, $\varepsilon = -\cot\theta \delta\theta$. 如果用飞行时间法测量, $\varepsilon = \delta t/t$.

目前, 中国工程物理研究院中子物理学重点实验室已经建成多个中子应力分析谱仪, 将中子应力分析技术已经应用于惯性仪表、航空发动机涡轮盘、飞机翼身等残余应力的检测, 为优化结构设计和工艺改进提供了数据支撑, 在此过程中已经建立了一整套完善的实验技术方法、

数据处理、有限元拟合等方面的能力,可用于航空航天、船舶、高铁等高端工业的无损检测.该实验室通过与中国人民解放军火箭军工程大学、南京航空航天大学、北京航空航天大学等单位开展合作,利用中子应力分析谱仪对惯性仪表薄壁件、大型飞机翼身、飞机铝锂合金蒙皮内部残余应力进行检测.为我国高端制造的加工变形预测和控制、质量检验提供可行的研究手段和可借鉴的理论方法.图 10.19 为该单位于 2017 年设计的航空发动机涡轮盘特定区域三维残余应力分布检测装置.

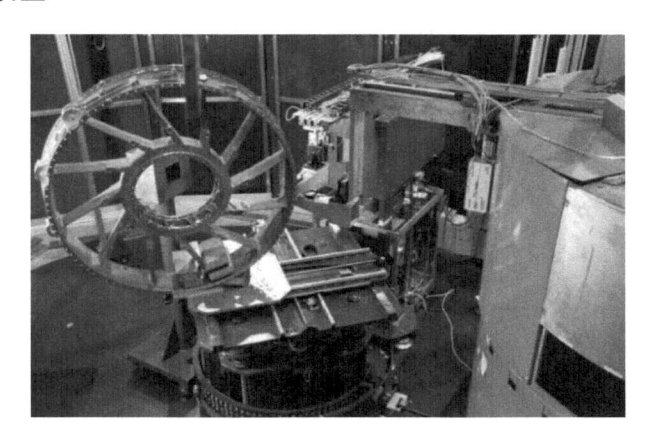

图 10.19 航空发动机涡轮盘应力检测装置

2. 织构测量

实用的材料大多为多晶状态,其晶粒的取向分布规律称为织构.织构在许多加工环节中都会形成,特别是金属材料在锻造、轧制、热处理、电镀等过程中总会形成一定的择优取向.人们有时候不希望材料有择优取向;而有时候为了加强材料某些性能,又希望获得某种织构.例如,硅钢板的使用要求在磁力线流通的方向具有最大磁感应强度.

织构的传统测量采用 X 射线衍射方法.用 X 射线测量织构与测量残余应力具有同样性质的缺点,即给出仅仅是表面层的信息,而且由于其穿透深度仅为微米量级,所以统计性较差.借用 X 射线衍射测量织构的方法,用中子进行织构分析也有极图、反极图和几维取向分布函数三种表示式方法,但中子测量可以获得与 X 射线不同的效果,中子给出的结果是大块材料的平均效果,与材料的真实性能更接近.除此之外,对磁性材料,如硅钢,中子还能给出磁畴取向的重要信息.

3. 金属沉淀颗粒回转半径测量

很多用于高温的高强度合金,其性能与合金中呈现的第二相微颗粒有关.这些颗粒的存在可以阻止位错移动及蔓延,从而防止断裂,但材料在有高温、应力和辐射的情况下使用,第二相沉淀会继续生长,使材料老化而降低强度.

在中国绵阳研究堆上,中国工程物理研究院的研究人员利用中子小角散射谱仪原位磁场环境开展了纳米结构氧化物弥散强化钢内析出相粒子尺寸信息研究,使用球形粒子对数正态分布模型拟合得到某一个样品析出相的平均半径为 2.3nm.

4. 材料中的粒子扩散和漫散射

漫散射很早就被用于材料中的杂质和缺陷检验. Harris 曾经利用中子准弹性散射(quasi-elastic neutron scattering, QENS)为英国水泥混凝土协会研究水泥固化过程中结晶的变化. 自由水分子的扩散造成准弹性峰加宽;结晶水处于束缚状态,不贡献准弹性成分,在水泥的不同固化阶段,准弹性散射峰是不同的. 暨南大学的刘小慧等也利用中子准弹性散射研究了混凝土样品中含两个氢原子的水分子的动态信息,通过其 QENS 谱对水泥样品微纳孔中三维受限水的动态特征分析进行研究. 水泥固化过程中的许多物理、化学问题至今尚未获得最终答案. 目前的研究手段已经由简单的准弹性散射发展到高分辨本领的实时准弹性散射. 在燃料电池领域,中国工程物理研究院的夏元华等利用高分辨中子衍射谱仪(凤凰)首次完成了质子交换燃料电池材料中氢离子的定位研究工作,确定了质子氢在材料中的传导机理.

5. 原位中子散射水合物测量

由于中子对于氢元素极为敏感,中子散射技术也常用于可燃冰检测. 可燃冰作为一种清洁能源在世界范围内广泛存在,具有巨大的应用前景. 由于可燃冰资源存在于海洋底部,处在一种十分敏感的平衡状态,开采、减压或升温都会使其分解,扩散到大气中的甲烷气体将急剧加重温室效应,因此必须在原位进行检测,避免对环境造成影响. 目前研究可燃冰的晶体结构通常使用 X 射线衍射和中子散射技术两种方法,由于中子衍射对氢和其他轻元素更为敏感,能够精确测定可燃冰晶体结构中碳、氢和氧原子的位置. 同时,中子具有更强的穿透能力,能够穿透维持极端环境的高压容器及低温恒温器,因此原位低温高压耦合环境下的中子衍射技术对可燃冰的研究具有巨大的优势.

2017 年房雷鸣等与中国科学院物理研究所合作,完成高压低温水合物合成与表征实验系统的搭建调试,并在高分辨中子衍射谱仪(凤凰)上完成了首轮测试. 研究结果表明团队成功合成了稳定的 S I 型 $CH_4 \cdot nH_2O$ 甲烷水合物,同时该团队还对可燃冰的动力学稳定性进行研究. 随着中国散裂中子源 2018 年建成投入使用,白波等设计加工了一套低温高压耦合设备,该装置如图 10.20 所示,主要包括恒温器主体、循环冷水机、制冷压缩机、分子泵组、温控仪、气体面板等部分. 通过该装置,可以为样品提供 50~300K 的变温环境,并提供最高 20MPa 的气体压强. 通过在通用粉末衍射谱仪(GPPD)测试,成功观察到了可燃冰的衍射峰.

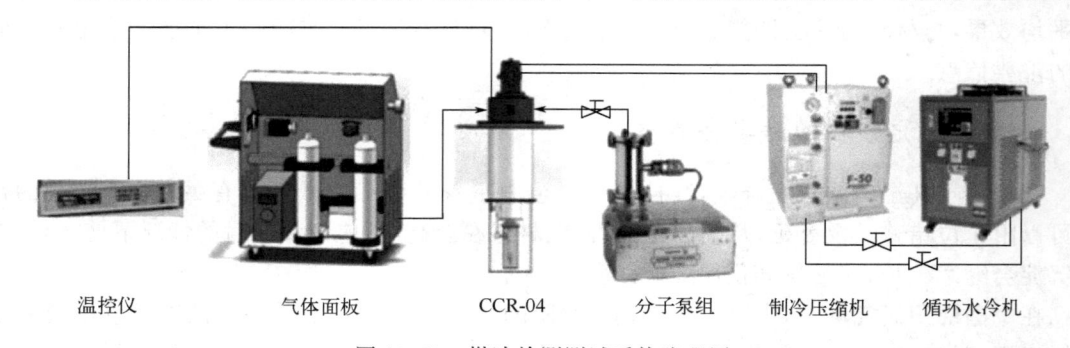

温控仪　　气体面板　　CCR-04　　分子泵组　　制冷压缩机　　循环水冷机

图 10.20 燃冰检测测试系统流程图

10.4.4　中子散射探雷技术

长期以来，地雷被许多国家列为了"常规性防御武器"的首选，在战后给人民生产与生活造成严重危害．由于地雷种类繁多，埋设背景复杂，使得对地雷目标的识别十分复杂．常规方法，如金属探雷、红外成像探雷、声波探雷、微波探雷、雷达探雷等通过探测地雷外壳中的金属成分、地雷与周围土壤的传导特性、发热量、电磁波等特性不同对地雷进行识别，存在原理性虚警，对新型塑料地雷虚警率较高．中子背散射是以快中子为"探针"，通过探测背散射慢热中子计数实现对目标物氢元素含量的准确判断，依据地表氢元素含量判断是否有地雷存在．由于该技术穿透力强、准确、快速等特点，在20世纪晚期受到人们的关注，发展迅速．

图 10.21 是炸药物质的主要原子组分和几种元素的弹性散射截面图．如图所示，各种炸药的氢元素含量大部分为 20%～30%，通常高于环境中的氢含量．并且随着中子能量的降低，弹性散射截面显著升高．当中子能量低于 1MeV 时，中子与氢元素的弹性散射截面明显高于其他核素，当中子能量达到热中子能区，中子与氢元素的弹性散射截面比其他核素高出数倍．因此，可以将氢元素作为炸药的特征元素或称为指纹特征，探测土壤中的氢元素异常，即可探测地雷．

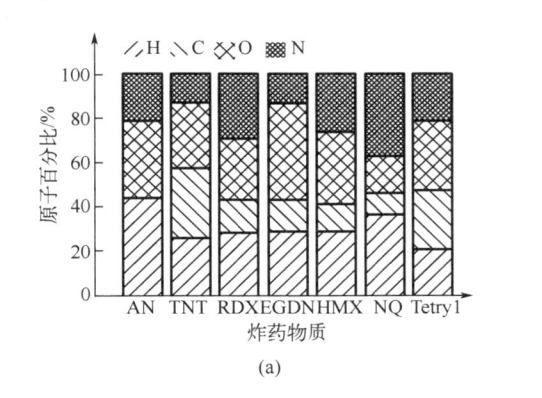

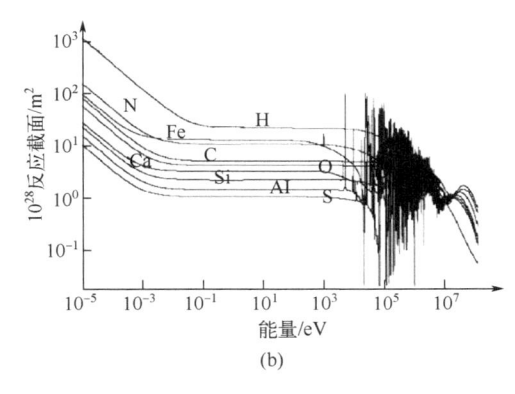

图 10.21　炸药物质的主要原子组分(a)和几种元素的弹性散射截面图(b)

基于中子散射的原理，中国原子能研究院核技术应用研究所的卢远镭等采用 ^{252}Cf 作为中子源设计了高阻性板室(resistive plate chambers，RPC)热中子探雷系统，通过该装置实现热中子的成像，进而识别地雷的位置．图 10.22 为 RPC 探测器的基本结构．

随着中子散射技术的不断发展，对实验设备、技术的要求不断提高，而应用领域也在不断扩宽．许多国家都加大了对中子光学关键部件的研发与升级，如径向准直器、双聚焦硅单色器、双晶石墨单色器等设备．通过改进这些现有设备，能够有效提高使用效果，获取更加准确的数据．同时，对于新型中子探测器的研发也在不断取得成果．目前常用的 ^{3}He 中子探测器虽然具有中子探测效率高、性能稳定、无毒等优势，但 ^{3}He 气体缺乏等难题也加快了其他中子探测器（如液体闪烁体探测器、塑料闪烁体探测器等）的研发．同时，中子散射也越来越多地运用于更多的领域，在材料学领域中，可以从原子结构的层面研究高强高韧纤维、太阳能电池、高比表面材料内部分子结构，探索航空航天特种材料金属析出相结构演变，以及对高分子合金相分离、功能高分子自组装行为；在复杂流体领域，可以分析表面活性剂、液晶、胶体的溶液结构；在生物科学领域可以表征细胞组分结构、细胞膜内超分子聚集、神经和突触结构、病毒结构等．这些研究成果将使得中子散射技术更好地应用于生产生活中，产生巨大的社会和经济效益．

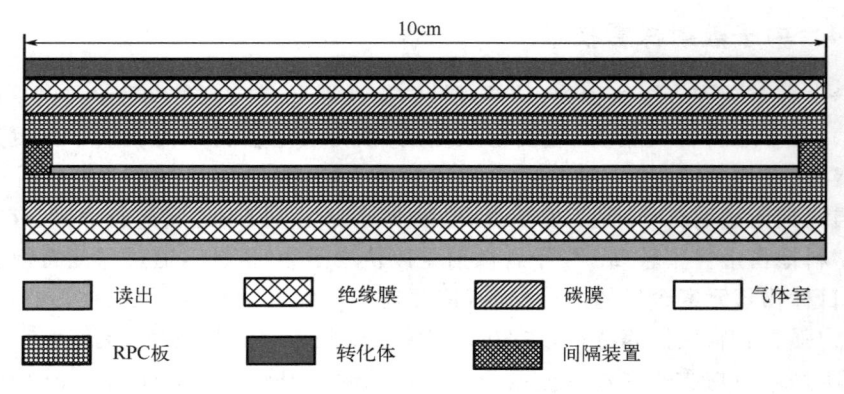

图 10.22 RPC 探测器的基本结构

参 考 文 献

[1] 白波,袁宝,杜三亚,等.用于原位中子散射水合物测量装置.低温与超导,2019,47(5):7-11.
[2] 郝丽杰,马小柏,秦健飞,等.冷中子非弹性散射谱仪建设.中国原子能科学研究院年报,2017:97.
[3] 李世亮,戴鹏程.中子三轴谱仪的原理、技术与应用.物理,2011,40(1):33-39.
[4] 刘小慧,邓沛娜,李华.水泥样品的准弹性中子散射谱分析.核技术,2019,42(6):60-68.
[5] 孙志嘉,杨桂安,许虹,等. CSNS 谱仪-中子探测器初步设计.第十五届全国核电子学与核探测技术学术年会论文集,2010.
[6] 武梅梅,郝丽杰,孙凯,等.中子散射关键技术及前沿应用研究.中国基础科学,2019,21(2):33-37,43.
[7] 叶春堂.我国的热中子散射工作现况和展望.核技术,1993,16(8):505-510.
[8] 叶毅扬,洪亮.基于中子散射、氘化技术和分子模拟探究蛋白质及其表面水分子的动力学行为.物理学进展,2019,39(3):12.
[9] 郑昭,赖钰妍,张明鑫,等.散射技术在多酸溶液研究中的应用.科学通报,2018,63(32):3313-3332.
[10] 仲言,重水研究堆.北京:原子能出版社,1989.
[11] 周晓娟,周健荣,滕海云,等.中国散裂中子源小角中子散射谱仪探测器研制.原子核物理评论,2019,36(2):204-210.
[12] Buchecker T,Le Goff X,Naskar B,et al. Polyoxometalate/polyethylene glycol interactions in water:From nano-assemblies in water to crystal formation by electrostatic screening. Chemistry-A European Journal,2017,23:8434-8442.
[13] Abrahams K,Ratynski W,Stecher-Rasmussen F,et al. On a system of magnetized cobalt mirrors used to produce an intense beam of polarized thermal neutrons. Nuclear Instruments and Methods,1996,45(2):293-300.
[14] Bauer G S,Thamm G. Reactors and neutron-scattering instruments in Western Europe—an update on continuous neutron sources. Physica B:Condensed Matter,1991,174(1-4):476-490.
[15] Bellissent-Funel M C. Neutron scattering facilities at the Laboratoire Léon Brillouin. Neutron News,1992,3(1):7-15.
[16] Caglioti C,Ricci F P. Resolution and luminosity of crystal spectrometers for neutron diffraction. Nuclear Instruments and Methods,1962,15(2):155-163.
[17] Caglioti G,Paoletti A,Ricci F P. Choice of collimators for a crystal spectrometer for neutron diffraction. Nuclear Instruments,1958,3(4):223-228.
[18] Caglioti G,Paoletti A,Ricci F P. On resolution and luminosity of a neutron diffraction spectrometer for

single crystal analysis. Nuclear Instruments and Methods,1960,9(2):195-198.

[19] Carlile C J, Johnson M W, Williams W G. Neutron guides on pulsed sources. Science Research Council,1979.

[20] Carpenter J M. Pulsed spallation neutron sources for slow neutron scattering. Nuclear Instruments and Methods,1977,145(1):91-113.

[21] Cheng P, Zhang H, Bao W, et al. Design of the cold neutron triple-axis spectrometer at the China Advanced Research Reactor. Nuclear Instruments and Methods in Physics Research Section A: Accelerators, Spectrometers, Detectors and Associated Equipment,2016,821:17-22.

[22] Chudley C T, Elliott R J. Neutron scattering from a liquid on a jump diffusion model. Proceedings of the Physical Society,1961,77(2):353.

[23] El Abd A, Abdel-Monem A M, Osman A M. A method for bulk hydrogen analysis based on transmission and back scattering of fast neutrons. Journal of Radioanalytical and Nuclear Chemistry,2013,298(2): 1293-1301.

[24] Engelman D M, Moore P B. Neutron-scattering studies of the ribosome. Scientific American,1976,235 (4):44-56.

[25] Freeman B J. Handbook on the physics and chemistry of the actinides. Amsterdam: North-Holland,1984.

[26] Gukasov A G, Ruban V A, Bedrizova M N. Interference magnification of the region of specular reflection of neutrons by multilayer quasimosaic structures. Sov. Tech. Phys. Lett.,1977,3:52.

[27] Halpern O, Johnson M H. On the magnetic scattering of neutrons. Physical Review,1939,55(10):898.

[28] Hayter J B, Penfold J, Williams W G. Compact polarising Soller guides for cold neutrons. Journal of Physics E: Scientific Instruments,1978,11(5):454.

[29] Hewat A W. Design for a conventional high-resolution neutron powder diffractometer. Nuclear Instruments and Methods,1975,127(3):361-370.

[30] Koester L, Steyerl A. Neutron Physics. Berlin: Springer,2006.

[31] Maier-Leibnitz H, Springer T. The use of neutron optical devices on beam-hole experiments on beam-hole experiments. Journal of Nuclear Energy. Parts A/B. Reactor Science and Technology,1963,17(4-5): 217-225.

[32] Manning G. Spallation neutron sources for neutron beam research. Contemporary Physics,1978,19(6): 505-529.

[33] Marshall W, Lovesey S W. Theory of thermal neutron scattering: the use of neutrons for the investigation of condensed matter. New York: Clarendon Press,1971.

[34] Mezei F, Dagleish P A. Corrigendum and first experimental evidence on neutron supermirrors. Communications on Physics (London),1977,2(2):41-43.

[35] Mezei F. Novel polarized neutron devices: supermirror and spin component amplifier. Communications on Physics(London),1976,1(3):81-85.

[36] Moon R M. Magnetic form factors. Le Journal de Physique Colloques,1982,43(C7):C7-187-C7-197.

[37] Mössbauer R L. Neutron beam research at the high flux reactor of the institute max von laue-paul langevin. Europhysics News,1974,5(6):1-4.

[38] Oberdisse J, Hellweg T. Structure, interfacial film properties, and thermal fluctuations of microemulsions as seen by scattering experiments. Advances in Colloid and Interface Science,2017,247:354-362.

[39] Placzek G. The scattering of neutrons by systems of heavy nuclei. Physical Review,1952,86(3):377.

[40] Prask H J, Rowe J M, Rush J J, et al. The NIST cold neutron research facility. Journal of Research of the National Institute of Standards and Technology,1993,98(1):1.

[41] Rowe J M, Prask H J. Status of research reactor instrumentation in the USA. Physica B:Condensed Matter,1991,174(1-4):421-429.
[42] Schofield P. Space-time correlation function formalism for slow neutron scattering. Physical Review Letters,1960,4(5):239.
[43] Shull C G, Strauser W A, Wollan E O. Neutron diffraction by paramagnetic and antiferromagnetic substances. Physical Review,1951,83(2):333.
[44] Orville-Thomas W J. Chemical applications of thermal neutron scattering. Journal of Molecular Structure,1973,17(2):214-215.
[45] Stout,George H, Stout G H, et al. X-ray Structure Determination:A Practical Guide. New York:John Wiley & Sons,1989.
[46] Strobl M, Harti R P, Grünzweig C, et al. Small angle scattering in neutron imaging—a review. Journal of Imaging,2017,3(4):64.
[47] Temperley H N V, Rowlinson J S, Rushbrooke G S. Physics of Simple Liquids . Amsterdam:Wiley,1968.
[48] van Hove L. Correlations in space and time and Born approximation scattering in systems of interacting particles. Physical Review,1954,95(1):249.
[49] Rogers W F, Kuchera A N, Boone J et al. Measurements of fast neutron scattering in plastic scintillator with energies from 20 to 200 MeV. Nuclear Inst. and Methods in Physics Research, A, 2019, 943:162436.
[50] Windsor C G. Pulsed Neutron Scattering. New York:Taylor & Francis,1981.
[51] Ye C T. Developments at the institute of atomic energy,China. Neutron News,1990,1(1):20-20.
[52] Zhou Y, Cai G X, Li G. The cryogenic system for the cold neutron source at the Institute of Atomic Energy,Beijing. Cryogenics,1990,30(suppl):178-182.

第11章

中子活化分析

中子活化分析是一种有效的核分析技术,在微量和痕量元素分析中占有重要的地位.自从1936年第一次用热中子活化分析分析元素以来,由于反应堆和加速器技术、γ射线探测技术和核电子学技术以及计算机技术的发展,中子活化分析技术得到迅速发展.从原先的放射化学分离中子活化分析发展到如今的仪器中子活化分析,成为高灵敏、多元素、非破坏性元素分析的可靠方法.目前,慢中子和快中子活化分析,几乎能分析所有的核素;分析的灵敏度为百万分之一(ppm),甚至可达十亿分之一(ppb),一次能同时分析30~40个核素,甚至可以做瞬发γ射线中子活化分析,而且自动化分析的程度很高.

中子活化分析技术不仅是作为一种常规的元素定量分析方法,已广泛用于生物医学、环境、地质、冶金、半导体工业、考古、刑庭侦查等许多领域,而且也是作为验证其他分析方法可靠性的一种监测手段,在许多场合用于对比测量.中子活化分析的发展虽已成熟,但在进一步提高测量精确度和分析效率及提高分析灵敏度和选择性方面,在改善辐照设备、γ谱仪和谱的分解及计算机程序等方面仍有新的进展.

11.1 中子活化分析原理

中子活化分析是用中子辐照样品,与原子核发生核反应,生成具有一定寿命的放射性核素,然后对生成的放射性核素进行鉴别,从而确定样品中的核素成分和含量的分析方法.除了辐照样品的制作步骤外,中子活化分析主要包括三个步骤:一是将样品放入中子场中辐照,二是取出已辐照的样品,如有必要可对样品进行放射化学元素分离,三是进行放射性活度测量,然后进行数据处理,按一定的标准化方法求出样品中的元素的浓度.

11.1.1 活化分析公式推导

样品在一定能量的中子辐照下,通过(n,γ)、(n,α)、(n,p)、(n,2n)等核反应生成放射性核素.图11.1给出了样品中放射性活度随时间的变化关系.横坐标上给出了活化分析中的三个时间标志,我们可以分别写出这三段时间内放射性活度的表达式.

1. 辐照时放射性核素的产额

设样品中的原子总数为N_t,中子能量为E,单能中子通量密度为Φ,且Φ不随时间变化.不考虑中子通量衰减(即没有样品自吸收)时,样品在中子辐照下放射性核的产生率为

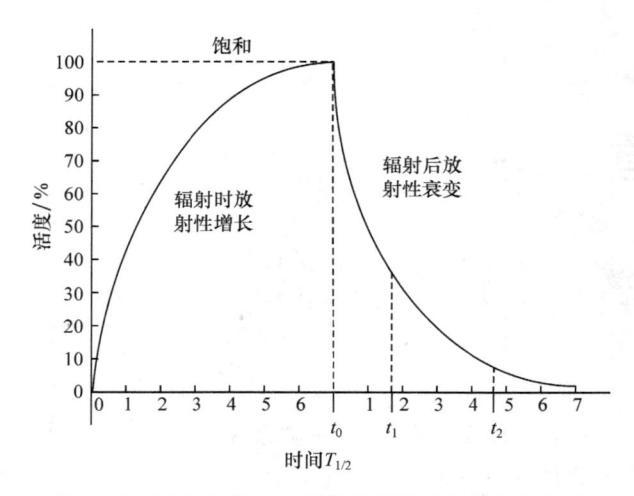

图 11.1 活化分析中放射性活度随时间的变化关系

t_0 为辐照时间, t_1-t_0 为冷却时间, t_2-t_1 为测量时间

$$P = N_t \sigma \Phi \tag{11.1}$$

式中,σ 是中子与样品中原子核发生反应的截面,或称活化截面. 在这同时,已生成的放射性核发生衰变,衰变率(活度)为

$$A = \lambda N \tag{11.2}$$

式中,λ 为衰减常数,N 为放射性核数. 辐照时某一时刻的放射性核数目的变化率为

$$\frac{dN}{dt} = P - \lambda N = N_t \sigma \Phi - \lambda N \tag{11.3}$$

解此方程,并利用初始条件($t=0$ 时,$N=0$),可得到

$$N(t) = \frac{1}{\lambda} N_t \sigma \Phi (1 - e^{-\lambda t}) \tag{11.4}$$

式中,$N(t)$ 是辐照时 t 时刻的放射性核数.

如果辐照的时间为 t_0,那么在 t_0 时刻停止辐照时样品中所生成的放射性核数为

$$N(t_0) = \frac{1}{\lambda} P (1 - e^{-\lambda t_0}) = \frac{1}{\lambda} N_t \sigma \Phi S \tag{11.5}$$

或者写成

$$A(t_0) = N_t \sigma \Phi S \tag{11.6}$$

式中,$A(t_0)$ 为 t_0 时刻的放射性活度,$S = 1 - e^{-\lambda t_0}$ 称为饱和因子. 当辐照时间为 2 个半衰期时,放射性活度为最大值的 75%;而辐照 7 个半衰期时,活度为最大值的 99.2%,只增加 22%;辐照时间小于 1 个半衰期时,放射性活度的增长与时间近似呈线性关系;辐照时间足够长时,放射性活度达到饱和值 $A(\infty)$.

2. 冷却时间内的放射性活度

在冷却时间内,放射性核衰变,冷却到时间 t_1 未发生衰变的放射性核数为

$$N(t_1) = N(t_0) e^{-\lambda(t_1 - t_0)} \tag{11.7}$$

活度为

$$A(t_1) = A(t_0) e^{-\lambda(t_1 - t_0)} = A(t_0) D \tag{11.8}$$

式中，$D=e^{-\lambda(t_1-t_0)}$ 称为衰变因子.

3. 测量阶段的放射性计数

在测量时间间隔 t_2-t_1 内，样品中放射性核衰变的总数为

$$A_t = \int_{t_1}^{t_2} A(t)dt \tag{11.9}$$

对中子活化生成的放射性核素，可用γ射线探测器测量他所放出的γ射线的能量和强度. 假定衰变时只有一种衰变方式，而且只放出一种能量的γ射线，并假定探测系统的总绝对效率 ε_t 为

$$\varepsilon_t = \frac{\Omega}{4\pi}\varepsilon \tag{11.10}$$

式中，ε 为探测器对一定能量的γ射线的本征探测效率，Ω 为探测器对样品所张的立体角. 那么，在时间间隔 t_2-t_1 内所记录到的γ射线总计数为

$$N_0 = \frac{N_t\sigma\Phi\varepsilon_t}{\lambda}(1-e^{-\lambda t_0})e^{-\lambda(t_1-t_0)}[1-e^{-\lambda(t_2-t_1)}] \tag{11.11}$$

或者，从式(11.8)出发，可以写出在停止辐照后的某一测量时刻 t 记录到的γ射线强度为

$$n_t = \varepsilon_t A(t) = N_t\sigma\Phi\varepsilon_t(1-e^{-\lambda t_0})e^{-\lambda(t-t_0)} \tag{11.12}$$

当生成的放射性核素还存在着其他衰变方式（如内转换）和发射几组不同能量的γ射线时，在 t_2-t_1 时间内记录到的某一能量的γ射线的总计数表达式(11.11)，或在时刻 t 测得的某一能量的γ射线强度表达式(11.12)，应乘上修正因子 $\frac{1}{1+\alpha}$ 和 f_r. α 为内转换系数，$\frac{1}{1+\alpha}$ 表示核发射γ射线的概率，f_r 为该放射性核素发射某一定能量γ射线的强度比（分支比）. 于是，有关系式

$$N_0 = \frac{N_t\sigma\Phi\varepsilon_t}{\lambda}(1-e^{-\lambda t_0})e^{-\lambda(t_1-t_0)}[1-e^{-\lambda(t_2-t_1)}]f_r\frac{1}{1+\alpha} \tag{11.13}$$

和

$$n(t) = N_t\sigma\Phi\varepsilon_t(1-e^{-\lambda t_0})e^{-\lambda(t-t_0)}f_r\frac{1}{1+\alpha} \tag{11.14}$$

若用样品的重量 W 来表示待测元素的含量，则式(11.13)和(11.14)可以写成

$$N_0 = \frac{WN_A\eta\sigma\Phi\varepsilon_t}{M\lambda}(1-e^{-\lambda t_0})e^{-\lambda(t_1-t_0)}[1-e^{-\lambda(t_2-t_1)}]f_r\frac{1}{1+\alpha} \tag{11.15}$$

和

$$n(t) = \frac{W}{M}N_A\eta\sigma\Phi\varepsilon_t(1-e^{-\lambda t_0})e^{-\lambda(t-t_0)}f_r\frac{1}{1+\alpha} \tag{11.16}$$

式中，M 是待测元素的原子量，N_A 是阿伏伽德罗常量，η 是待测元素的同位素丰度，只有这种丰度的同位素才发生核反应生成我们所鉴定的放射性核素. 式(11.13)~式(11.16)是中子活化分析中的基本公式. 当辐照和放射性测量的一些参数以及有关的核数据等已知时，便可以从这些基本公式计算出样品中待测元素的浓度. 当然，辐照时的一些参数由具体的辐照中子源条件而定.

11.1.2 中子能量、通量和反应截面

在推导式(11.1)时，认为入射到样品上的中子通量密度和核反应截面都是单能中子的通量密度和截面值. 当辐照源的中子能量不是单能时，必须考虑中子通量密度分布和中子活化截

面随能量的变化,这时放射性核的产生率为

$$P = N_t \int_0^\infty \sigma(E)\Phi(E)\mathrm{d}E \tag{11.17}$$

式中,$\Phi(E)$是单位能量间隔内的中子通量密度.对于中子阈能反应,能量小于阈能 E_{th} 时,$\sigma(E)=0$,式(11.17)可改写为

$$P = N_t \int_{E_{th}}^\infty \sigma(E)\Phi(E)\mathrm{d}E \tag{11.18}$$

所以,在活化分析的定量计算中,应该根据具体的辐照中子源条件,对不同的中子能区采用相应能量下的中子通量密度和截面值.

1. 反应堆中子的能量、通量和反应截面

对于反应堆中子源,在理想的慢化条件(反应堆中慢化区无限大,慢化剂不吸收中子,慢化材料的原子是自由粒子)下的中子能谱分为热区、中能区、快区.图 11.2 给出了典型的裂变反应堆中子通量密度随能量的分布.

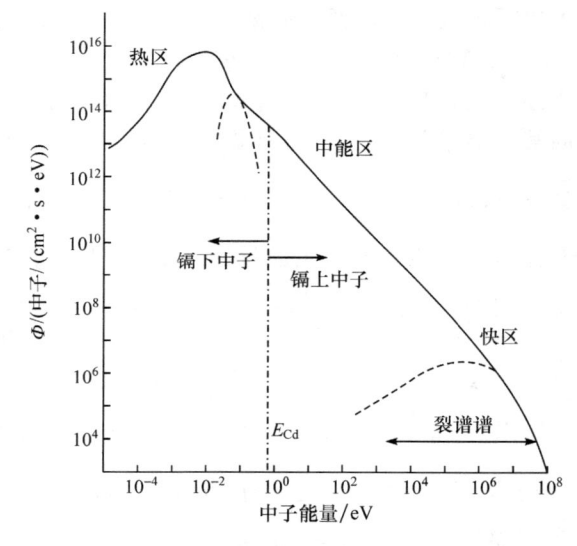

图 11.2 典型的裂变反应堆中子通量密度随能量的分布

1) 热区

热区中子的速度是慢化剂处于热平衡时的速度,其分布为麦克斯韦分布.在 20℃时的最可几速度 v_0 为 2200m/s,相应的中子能量为 0.025eV,这种中子称为热中子.图 11.2 中 $E_{Cd}=0.55$eV 为镉截止能量.由于 Cd 对热中子的吸收截面很大,能量小于 E_{Cd} 的反应堆中子通过 Cd 片时吸收,只有能量较高的中子才能穿过.能量小于 E_{Cd} 的中子称为镉下中子,大于 E_{Cd} 的称为镉上中子.热中子的密度为

$$n_0 = \int_0^\infty n(v)\mathrm{d}v \tag{11.19}$$

式中,$n(v)$为单位速度间隔内的中子密度.

热中子与原子核发生(n,γ)反应,生成放射性核素.热中子的活化截面为 σ_0.热区中子与原子核作用的总截面遵循 $1/v$ 定律,速度为 v 的中子的活化截面 $\sigma(v)$ 可以写成

$$\sigma(v)=\sigma_0 v_0/v \tag{11.20}$$

根据式(11.17),由式(11.19)和式(11.20)得到热区中子活化时每一个样品原子的放射性产生率为

$$\begin{aligned} P_1 &= \int_0^\infty n(v)v\sigma(v)\mathrm{d}v \\ &= \sigma_0 v_0 \int_0^\infty n(v)\mathrm{d}v \\ &= \sigma_0 \Phi_0 \end{aligned} \tag{11.21}$$

式中,$\Phi_0 = n_0 v_0$ 为热中子通量密度.

2) 中能区

在反应堆中,超热中子或镉上中子为中能区中子.在理想的慢化介质情况下的超热中子能量分布为 $1/E$ 分布,即

$$\Phi_\varepsilon(E) = \Phi_\varepsilon \frac{1}{E} \tag{11.22}$$

式中,Φ_ε 是单位对数能量间隔内的热中子通量密度.中能中子与原子核作用的总截面存在许多共振峰,故中能区也称共振区.共振区的截面 $\sigma(v)$ 包含两个部分:布赖特-维格纳共振截面 $\sigma_R(v)$ 和 $1/v$ 截面曲线 $\sigma_{1/v}(v)$ 的尾部,即

$$\sigma(v) = \sigma_R(v) + \sigma_{1/v}(v) \tag{11.23}$$

我们把热区和中能区统称为慢区.用慢区中子做活化分析时,每个样品原子通过(n,γ)反应生成为放射性核的产生率为

$$\begin{aligned} P_1 &= \int_0^\infty n(v)v\sigma(v)\mathrm{d}v \\ &= \int_0^{v_{Cd}} n(v)v\sigma(v)\mathrm{d}v + \int_{v_{Cd}}^\infty n(v)v\sigma(v)\mathrm{d}v \end{aligned} \tag{11.24}$$

式中,积分上限 v_{Cd} 为对应于 E_{Cd} 时的中子速度,第一个积分项是镉下中子对活化的贡献,第二项是镉上中子的贡献.根据式(11.21),式(11.24)中的第一个积分项也可以写成类似的形式

$$\begin{aligned} \int_0^{v_{Cd}} n(v)v\sigma(v)\mathrm{d}v &= \sigma_0 v_0 \int_0^{v_{Cd}} n(v)\mathrm{d}v \\ &= \sigma_0 \Phi_{th} \end{aligned} \tag{11.25}$$

式中,$\Phi_{th} = v_0 n_{th}$ 为镉下热中子通量密度,n_{th} 为镉下热中子密度.利用式(11.22)和式(11.23),可把式(11.24)的第二项写成

$$\begin{aligned} \int_{v_{Cd}}^\infty n(v)v\sigma(v)\mathrm{d}v &= \int_{E_{Cd}}^\infty \sigma(E)\Phi_\varepsilon(E)\mathrm{d}E \\ &= \Phi_\varepsilon \left[\int_{E_{Cd}}^\infty \sigma_{1/v}(E)\frac{\mathrm{d}E}{E} + \int_{E_{Cd}}^\infty \frac{\sigma_R(E)}{E}\mathrm{d}E \right] \\ &= \Phi_\varepsilon [I_{1/v} + I_R] \end{aligned} \tag{11.26}$$

式中,$I_{1/v} + I_R = I_0$,而

$$I_0 = \int_{E_{Cd}}^\infty \frac{\sigma(E)}{E}\mathrm{d}E \tag{11.27}$$

称为共振积分截面.对 1mm 厚的 Cd 片,$I_{1/v} = 0.45\sigma_0$.

利用式(11.25)和式(11.26),式(11.24)可以写成

$$P_1 = \sigma_0 \Phi_{th} + I_0 \Phi_\varepsilon = \sigma_0 \Phi_\varepsilon \left(\frac{\Phi_{th}}{\Phi_\varepsilon} + \frac{I_0}{\sigma_0} \right) = \sigma_0 \Phi_\varepsilon (f + Q_0) \tag{11.28}$$

式中，$f=\Phi_{th}/\Phi_e$ 为镉下热中子通量密度与超热中子通量密度之比，$Q=I_0/\sigma_0$ 为共振积分截面与热中子截面之比。辐照时样品包上 Cd 片后，镉下中子对活化没有贡献，式(11.28)中第一项为零。于是，式(11.28)可以写出慢中子活化分析中放射性核素发射的γ射线强度表达式（与式(11.16)相似）为

$$n(t) = \frac{W}{M} N_A \eta \sigma_0 \varepsilon_t \Phi_\varepsilon (f+Q_0)(1-e^{-\lambda t_0}) e^{-\lambda(t_1-t_0)} f_r \frac{1}{1+\alpha} \tag{11.29}$$

3）快区

反应堆中快区中子的能谱为裂变谱。该能区的中子通量密度弱，只占总通量密度的百分之几。辐照时，快区中子通过(n,p)、(n,α)、(n,2n)、(n,n′)、(n,γ)反应活化样品。快中子的(n,γ)反应截面很小，(n,p)、(n,α)等反应是阈能反应，反应截面比热中子活化截面小得多，所以反应堆中快中子对活化的贡献较小。

用快中子做活化分析时，每个样品原子通过核反应生成放射性核的产生率为

$$P_1 = \int_0^\infty \sigma(E)\Phi(E)dE = \int_{E_{th}}^\infty \sigma(E)\Phi(E)dE = \bar{\sigma}\int_0^\infty \Phi(E)dE \tag{11.30}$$

$\bar{\sigma}$ 称为平均截面，式中 $\int_0^\infty \Phi(E)dE$ 为等效裂变中子通量密度，通常归一化为 1 中子/(cm² · s)。

2. 加速器中子的能量、通量和反应截面

加速器上带电粒子核反应产生的中子是快中子，在一定的中子发射方向可以获得单能的快中子，中子的通量密度比反应堆中热中子通量密度弱得多。加速器中子的活化分析中以 14MeV 快中子的活化分析最为重要。辐照时，样品原子的放射性产生率就用式(11.1)表示。此时，式中的 σ 为 14MeV 中子的反应截面，Φ 为 14MeV 中子的通量密度。

11.1.3 中子活化分析中的标准化方法

做中子活化分析时，为求得样品中元素的浓度，需确定测量的标准化方法，即采用绝对测量法还是相对测量法。绝对测量法要求活化时的中子通量分布、截面、探测效率、放射性核的有关核参数等都为已知，然后再按公式计算元素浓度。相对测量法是将待分析样品与已知浓度的标准样品作比较测量，从而求得元素浓度。

1. 相对测量法

将待分析样品与相同材料但含量已知的标准样品在相同的中子能量和通量条件下辐照，并在相同的测量条件下测量它们的放射性，比较它们的放射性活度就可以求得待分析样品中的元素含量。根据式(11.16)可以分别写出对应于待分析样品和标准样品中子活化分析的表达式为

$$n_x = \frac{W_x}{M} N_A \eta \varepsilon_t \sigma \Phi S_x D_x f_r \frac{1}{1+\alpha} \tag{11.31}$$

和

$$n_s = \frac{W_s}{M} N_A \eta \varepsilon_t \sigma \Phi S_s D_s f_r \frac{1}{1+\alpha} \tag{11.32}$$

式中，用角标 s 表示标准样品的有关参数，x 表示待分析样品的有关参数。两式消除得到待分析样品的元素含量为

$$W_x = W_s \left(\frac{n}{SD}\right)_x \bigg/ \left(\frac{n}{SD}\right)_s \tag{11.33}$$

或者由基本公式(11.15),可以写出

$$W_x = W_s \left(\frac{N_0}{SDC}\right)_x \bigg/ \left(\frac{N_0}{SDC}\right)_s \tag{11.34}$$

式中,$C = 1 - e^{-\lambda(t_2 - t_1)}$.

相对测量方法的优点是不必知道辐照时的中子通量密度绝对值和探测器绝对效率,但要求待测样品和标准样品所受到的辐照中子通量密度相同. 为防止辐照待分析样品和标准样品时中子通量密度的变化,实验时可用另一材料(如 Ni)作为中子通量监测器,与标准样品或待分析样品一同辐照,测量通量监测器的γ射线计数. 这时浓度计算公式可以写成

$$\left(\frac{W}{W_{Ni}}\right)_x = \left(\frac{W}{W_{Ni}}\right)_s \left[\left(\frac{n}{SD\varepsilon_t}\right) \bigg/ \left(\frac{n}{SD\varepsilon_t}\right)_{Ni}\right]_x \bigg/ \left[\left(\frac{n}{SD\varepsilon_t}\right) \bigg/ \left(\frac{n}{SD\varepsilon_t}\right)_{Ni}\right]_s \tag{11.35}$$

样品与通量监测器,或者标准样品与待测样品同时辐照时对中子通量和中子能谱的稳定性就没有要求. 若待测样品和标准样品都占有一定体积,则它们在中子场中所在位置处的中子通量密度不尽相同. 实验时也应该用中子通量监测器监测,计算时,应对中子通量梯度作修正. 若分析样品自身吸收中子,则在相对测量时要求待测样品和标准样品的形状和组成成分相同,否则要对样品的自屏蔽效应作修正. 另外,相对测量法要求对待测样品和标准样品放射性测量条件(如立体角)相同. 若样品自吸收γ射线,则要求两种样品的大小,形状和组成成分相同,否则要对γ射线自吸收效应作修正. 可见,为了避免中子自屏蔽和γ射线自吸收修正,就要求对每一种待测样品中每一待测元素,有与待测样品组成成分和形状相同的标准样品. 制备这一系列相应的标准样品,显然不是一件十分容易的事情.

相对测量法的测量准确度较高,主要取决于标准样品的准确度.

2. 绝对测量法

绝对活化分析法要求知道中子通量密度绝对值和探测器绝对效率,以及有关的参数的精确数值,才能计算出元素含量. 中子通量密度值可以通过中子通量监测器样品的活化分析确定. 常用的监测器样品元素有 Au、Zn、Fe、Cu、Ni 等. 实验时,将中子通量监测器样品与待测样品一起辐照,分别测得通量监测器样品和待测样品的γ强度为

$$n^* = \frac{W^* N_A \eta^*}{M^*} \varepsilon_t^* \sigma^* \Phi S^* D^* \gamma^* \tag{11.36}$$

和

$$n = \frac{W N_A \eta}{M} \varepsilon_t \sigma \Phi S D \gamma \tag{11.37}$$

式中,记号"*"表示中子通量监测器样品的有关参数,$\gamma = f_r \frac{1}{1+\alpha}$. 于是得到待测样品元素含量计算公式

$$W = \frac{W^* n \eta^* M \varepsilon_t^* \sigma^* S^* D^* \gamma^*}{n^* \eta M^* \varepsilon_t \sigma S D \gamma} \tag{11.38}$$

式中,探测效率 ε_t 和 ε_t^* 是探测器对不同能量γ射线的探测效率.

对于慢区中子活化分析,由式(11.29)可将式(11.38)写成

$$W = \frac{W^* n S^* D^*}{n^* S D} \left[\frac{\eta^*}{\eta} \frac{M}{M^*} \frac{\gamma^*}{\gamma} \frac{\sigma_0^*}{\sigma_0} \right] \left[\frac{f+Q_0^*}{f+Q_0} \right] \left[\frac{\varepsilon_t^*}{\varepsilon_t} \right]$$

$$= \frac{W^* n S^* D^*}{n^* S D} \frac{1}{k} \tag{11.39}$$

式中,$k = k_0 k_1 k_2$,而

$$k_0 = \frac{\eta}{\eta^*} \frac{M^*}{M} \frac{\gamma^*}{\gamma} \frac{\sigma_0}{\sigma_0^*}$$

$$k_1 = \frac{f+Q_0}{f+Q_0^*}$$

$$k_2 = \frac{\varepsilon_t}{\varepsilon_t^*}$$

k_0 与核参数有关,k_1 与中子能谱有关,k_2 与探测器有关.当 k 值已知时,由式(11.39)就可以计算出待测样品中的元素含量.

绝对测量法分析不同元素时,要分别计算 k 值,而且要求核数据 σ_0、γ、I_0 以及 f、ε_t 等数据准确度好才行. 但是,这些数据,特别是活化截面和核发射 γ 射线的分支比参数的准确度不高,绝对测量法的准确度往往比相对测量法差.为避免在绝对测量法中使用不精确的核数据给分析结果带来误差,于是就提出了另外一种标准化方法——单标准法(或称单比较器法).

3. 单标准法

事先选择某一种元素作为标准参考元素(或称比较器),将已知重量的参考元素样品与已知重量的某一些其他元素样品一起辐照,并在确定的几何条件下测量 γ 射线计数,用式(11.39)求得这一元素相对于比较器元素绝对活化分析时的 k_i 值.对其他不同元素样品分别做相同的实验,求得相应的 k_i 值,建立一套各种元素相对于这比较器元素测量的 k_i 值实验数据库,作为参考标准.以后分析任何样品时,只要用该比较器与待分析样品一起在原来测定 k_i 值标准数据时的相同辐照条件下辐照,并用原来测定 k_i 值标准数据时的同一探测器在相同测量几何条件下测量 γ 射线,然后用已建立的 k_i 值标准数据便可计算出待分析样品中元素含量.计算公式与式(11.39)相同,带 * 号的参数表示单比较器的参数.常用的比较器元素是 Au 和 Co.

单标准法中的比较器,类似于绝对测量法中的中子通量监测器.这两种测量方法的不同之处是:在绝对测量法中,要知道探测器总绝对效率,而在单标准法中不必要知道探测器效率.单标准法与相对测量法的不同之处是:在标准样品的处理上,单标准法只用一种元素标准样品作为参考,不必像相对测量法要用各种元素的标准样品,因而简化了标样的制备、辐照和测量手续;在单标准法中要用到核数据,而在相对法中则不用核数据. 所以,在做多元素活化分析时,单标准法比相对测量法优越,特别适用于只要想知道元素浓度相对变化情况的那些分析中.此方法也比较容易实现自动化分析.单标准法的测量准确度与相对法的准确度接近,测量精度较好.

单标准法要求测定 k_i 值标准数据时和以后分析样品时的实验条件完全一致.若实验条件(例如辐照位置上中子通量密度,探测器性质和几何条件)稍有变化,就得重新测定 k_i 值标准数据库,这是这一方面的不足之处.

在单标准法基础上又发展了 k_0 标准化方法,把 k 中不受辐照条件和测量条件影响,而仅与中子能谱和探测器因素有关的 k_1 和 k_2 值在分析样品时确定. k_0 标准法中的元素浓度计算

公式为

$$W = \frac{W^* n S^* D^*}{n^* SD} \frac{1}{k_0} \frac{f+Q_0^*}{f+Q_0} \frac{\varepsilon_t^*}{\varepsilon_t} \tag{11.40}$$

11.2 快、慢中子活化分析技术

11.2.1 常用的中子核反应

按中子能量范围的不同,中子活化分析可区分为慢中子活化分析和快中子活化分析.慢中子活化分析是通过(n,γ)俘获反应生成放射性核素.大多数核的慢化中子活化截面很大,故分析灵敏度高.快中子活化是通过(n,p)、(n,α)、(n,2n)和(n,n'γ)阈能反应生成放射性核素.快中子的活化截面比慢中子的活化截面小,但对轻元素分析具有较高灵敏度.快、慢中子活化分析技术包括辐照源的选择、样品的制备和处理、干扰反应影响的考虑、放射性测量和数据处理等实验方法和技术.

11.2.2 中子活化分析设备

中子活化分析设备主要有:辐照中子源、样品传送设备及必要的放射化学分离设备、射线能量和强度测量设备以及数据记录和处理设备.

1. 辐照源

1) 反应堆中子源

反应堆中子源的热中子通量密度高达 $10^{12} \sim 10^{15}$ 中子/(cm²·s),可做高灵敏度痕量元素分析.在反应堆上一般有好多辐照孔道,在每一个辐照孔道中,沿反应堆纵向和横向的中子通量密度分布是不均匀的,各孔道之间的中子通量密度分布情况也不相同.在做中子活化分析前,应对反应堆的每一个孔道中的中子通量密度及其分布进行试验测定.对不同的反应堆,在辐照样品所占有的空间范围内,中子通量密度的不均匀性一般为 2%～6%.

由于反应堆中慢化介质不是无限大和均匀的,慢化原子也不是自由粒子,慢化能力不是常数,实际的反应堆超热中子能谱也不是 $1/E$ 谱,而是 $1/E^{1+\alpha_0}$ 谱,即

$$\Phi_e(E) = \Phi_e 1/E^{1+\alpha_0} \tag{11.41}$$

式中,α_0 为非理想超热中子谱修正因子.于是式(11.27)中的 I_0 改写为

$$I_0 = \int_{E_{Cd}}^{\infty} \sigma_{1/v}(E) \frac{dE}{E^{1+\alpha_0}} + \int_{E_{Cd}}^{\infty} \sigma_R(E) \frac{dE}{E^{1+\alpha_0}}$$
$$= I_{1/v}(\alpha_0) + I_R(\alpha_0) \tag{11.42}$$

选用已知含量的不同元素样品,包上 Cd 片进行中子辐照(超过中子活化),可以确定反应堆中每个辐照孔道中中子能谱的 α_0 因子实验值.

2) 加速器中子源

静电加速器、回旋加速器、高压倍加器以及电子加速器上核反应均可产生中子.产生中子的核反应有(d,n)、(p,n)、(α,n)、(γ,n).T(d,n)⁴He 反应是最常用的核反应,用 100～200keV 的高压倍加器做成中子发生器能获得产额为 10^9 中子/(cm²·s)的单能中子,比 D(d,n)³He

反应的中子产额高 100 倍.

表 11.1 给出了 T(d,n)⁴He 反应产生的中子能量和产额随中子发射角的变化. 从表中可见, 在确定的 E_d 下中子能量几乎是单能的. 中子产额几乎是各向同性的. 所以, 用 14MeV 中子做活化分析时, 即使样品对中子源有一定的张角, 完全可以忽略这角度范围内中子能量的微小变化引起的中子反应截面变化以及中子通量密度变化. 14MeV 中子可以使许多原子核发生阈能反应, 而 (n,γ) 反应截面很小, 14MeV 中子广泛用于快中子活化分析.

表 11.1 T(d,n)⁴He 反应的中子能量和产额与中子发射角的关系

氘束能量 E_d/keV	中子能量和微分截面	中子出射角度					
		0°	20°	30°	60°	90°	120°
100	E_n/MeV	14.7800	14.7374	14.6354	14.4301	14.0884	13.7548
	$\frac{d\sigma}{d\Omega} \times 10^{-31}$ (m²/Sr)	413	412	410	403	393	384
150	E_n/MeV	14.9605	14.9076	14.8434	14.5281	14.1082	13.7005
	$\frac{d\sigma}{d\Omega} \times 10^{-31}$ (m²/Sr)	336	334	333	326	316	307
200	E_n/MeV	15.1173	15.0557	14.9809	14.6144	14.1281	13.6580
	$\frac{d\sigma}{d\Omega} \times 10^{-31}$ (m²/Sr)	212	211	210	205	198	192

中子发生器价格便宜、操作方便、易于推广使用, 甚至可以做成小型中子管用于地质勘探. 中子发生器上 D(d,n)³He 反应产生的中子能量较低 (约 2.6MeV), 对许多原子核不能引起中子阈能反应, 而这种能量的中子的 (n,γ) 反应对活化具有贡献.

⁹Be(d,n)¹⁰B 反应产生的 1~6MeV 的非单能快中子. 电子加速器上的韧致辐射通过 (γ,n) 反应, 如 ⁹Be(γ,n)⁸Be、D(γ,n)H 也能产生能量连续的快中子. 用这种快中子做活化分析时, 放射性核素产生率要用与式 (11.30) 和式 (11.31) 相似的公式计算.

加速器中子源的快中子经过慢化, 可以成为热中子, 但其通量很弱. 加速器中子源的中子通量大小随时间而变化. 辐照时可以用中子通量监测器与待测样品或标准样品一起辐照进行监测. 最常用的监测核素是 ⁶³Cu, 其丰度为 69%, 14MeV 中子的 ⁶³Cu(n,2n)⁶²Cu 反应截面为 5×10^{-29} m², ⁶²Cu 为 β⁺ 衰变核, $T_{1/2}$ 为 10min.

3) 同位素中子源

同位素中子源是由放射性同位素放出的 α 粒子或 γ 射线与轻核发生反应产生中子, 如 ²¹⁰Po-Be、²⁴¹Am-Be(α,n) 反应中子源、¹²⁴Sb-Be(γ,n) 反应中子源. 另外, 还有 ²⁵²Cf 裂变中子源, 这种源的中子强度很高, 10 μg ²⁵²Cf 自发裂变发射 3×10^7 中子/s, 平均中子能量为 2.2MeV. 同位素中子源体积小, 便于携带, 并且产生的中子产额稳定. 但是同位素中子源的热中子通量比反应堆中的低得多, 与中子发生器上慢化后的热中子通量大小差不多.

2. 样品传送装置

样品装在特殊的容器 (称跑兔) 内, 通过气动传送装置将它们迅速准确地送到辐照位置, 辐照完后再由这传送装置将样品快速送到测量部位. 这样避免了高辐照剂量对人体的危害, 同时能满足做短寿命核素活化分析的需要. 由于样品包装容器在辐照时同时也可能产生放射性, 并且长期辐照后, 材料会因辐照而损伤, 所以应选择纯度高、活化截面小和耐辐照材料, 如二氧化

硅、聚乙烯等做包装材料和跑兔.为避免在反应堆中辐照时由于吸收γ射线和其他辐照产生的热量,传送管道是需要冷却的,样品等也应尽量保持良好的热传导.

3. 射线探测器

活化后放射性核素发射的γ射线能量和强度,用常规的核粒子探测器测量.以前用NaI(Tl)探测器,现在大多数用Ge(Li)或高纯Ge探测器测量γ射线,配以多道脉冲分析器和计算机数据处理系统,可以进行自动化分析.Ge(Li)探测器的能量分辨率好.例如,114cm³ 的Ge(Li)探测器对1.33MeV γ射线典型的能量宽度为2keV,但探测效率较低,相对于7.6cm×7.6cm NaI(Tl)的探测效率约为23％.Ge(Li)探测器的探测效率需要经过刻度,得到一定能量范围内的效率刻度拟合曲线,如图11.3所示.图中还给出了单逃逸、双逃逸和电子对效应的效率曲线.

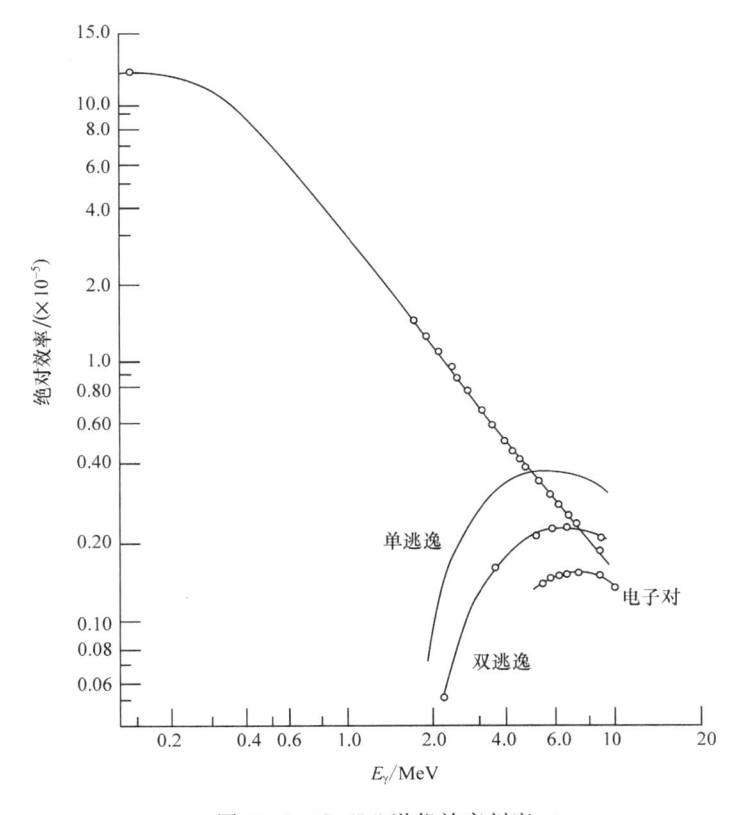

图 11.3 Ge(Li)谱仪效率刻度

高分辨率γ谱仪和解谱程序的使用,能省去样品活化后的放射化学分离步骤,实现对样品进行非破坏性、多元素分析.我们称这种分析法为仪器中子活化分析(记为INAA).但在某些情况中,为提高分析灵敏度和元素鉴别能力,必要的放射化学分离步骤仍是需要的.这时样品结构被破坏,我们称这种分析法为放射化学中子活化分析(记为RNAA).另外,为避免或减少化学分离步骤,有时可采用符合测量、康普顿补偿等计数装置和技术.

11.2.3 样品制备

待分析样品和标准样品的制备是十分重要的,它关系到分析结果的可靠性和准确度.对样品的大小、状态,样品的包装,样品的采集,以及在制备和辐照过程中的沾污、挥发、吸附等因素,都必须认真考虑.从分析灵敏度考虑,样品应大一些,但是样品太大影响中子通量密度分布和引起γ射线的自吸收.例如,几克重量的样品将会造成中子自屏蔽效应.

固体样品的制备十分简单,切割成合适大小的薄片即可.粉末样品可以密封在一个容器内,或者压成薄片,用纯Al箔或清洁的滤纸包装.作标准样品时,粉末应充分混合均匀.液体和气体样品可密封在石英安瓿或聚乙烯容器内.生物样品可通过冷冻干燥、粉碎后压成片状,采样时可使用石英刀或Ti刀以减少沾污.气溶胶样品可采集在多孔滤膜上,然后包装压成薄片.包装用的铝箔和滤纸可单独压成样品进行辐照,以便以后样品分析的数据处理时扣除包装材料的本底元素浓度.

有些元素分析需对样品进行浓缩后再做成合适的样品,例如灰化处理是一种常用的方法.样品制备过程中须严格防止沾污,以及由挥发或容器壁吸附引起的损失.对辐照后的样品进行必要的化学分离时应确保元素的回收率恒定.样品辐照后进行处理过程中来自溶剂、容器的元素污染(一般不是放射性污染)不会干扰样品中已形成的放射性核素的测量,所以活化分析法的相对抗污染性强.

11.2.4 干扰反应

中子活化分析中的干扰,泛指不同元素通过不同核反应形成了同一种被用来做鉴定的放射性核素;或者,生成的不同放射性核素的半衰期相近及发射的γ射线能量差小于探测器能量分辨率;某种放射性核素衰变后的子核与待鉴定的核素相同;测量γ射线能量时的其他本底干扰等.来自于核反应的干扰包括初级反应和次级反应两种.

1. 初级干扰反应

不同元素通过不同的中子反应道形成相同的放射性核素,称初级干扰反应.样品中的待分析元素 X,它的原子序数为 Z,质量为 A,通过(n,γ)反应($^A_Z X_{A-z} + n \longrightarrow ^{A+1}_Z Y_{A-z+1} + \gamma$)生成放射性核素 Y.对核素 Y 的测定,可以确定元素 X 的种类和含量.如果样品中存在另一种原子序数为($Z+1$)、质量数为($A+1$)的元素 X′,则通过(n,p)反应($^{A+1}_{Z+1} X'_{A-z} + n \longrightarrow ^{A+1}_Z Y_{A-z+1} + p$)生成放射性核素 Y;或者,另一种($Z+2$)、($A+4$)的元素 X″,通过(n,α)反应($^{A+4}_{Z+2} X''_{A-z+2} + n \longrightarrow ^{A+1}_Z Y_{A-z+1} + \alpha$)生成核素 Y.显然,这时对核素 Y 的测定就不能唯一地确定元素 X,元素 X′和 X″的存在是对元素 X 分析的干扰.例如,^{63}Cu(n,γ)^{64}Cu 的干扰反应是^{64}Zn(n,p)^{64}Cu;^{59}Co(n,γ)^{60}Co 的干扰反应是^{60}Ni(n,p)^{60}Co.原子序数为 Z,质量是为($A+2$)的元素 X‴,通过(n,2n)反应($^{A+2}_Z X'''_{A-z+2} + n \longrightarrow ^{A+1}_Z Y_{A-z+1} + 2n$),虽然也生成核素 Y,但这种反应的存在,视采用的标准化方法不同,所起的作用也不同.在相对测量法中,X‴的存在并不认为是干扰,相反对分析起着增强作用,^{65}Cu(n,2n)^{64}Cu 反应和^{63}Cu(n,γ)^{64}Cu 反应生成的都是^{64}Cu,^{65}Cu 的存在对 Cu 元素分析来讲提高了分析灵敏度;而 k_0 标准化方法中,这一反应起着干扰作用.

同样,如果样品中原子序数为 Z,质量是为 A 的待分析元素 X 通过(n,p)反应($^A_Z X_{A-z} + n \longrightarrow ^A_{Z-1} Y'_{A-z+1} + p$)生成放射性核素 Y′,而样品中另一($Z+1$)、($A+3$)的元素 X* 通过(n,α)反应($^{A+3}_{Z+1} X^*_{A-z+2} + n \longrightarrow ^A_{Z-1} Y'_{A-z+1} + \alpha$)生成核素 Y′,这时元素 X* 的存在是对元素 X 分析的干扰.例如,^{28}Si(n,p)^{28}Al 干扰反应时^{31}P(n,α)^{28}Al;^{16}O(n,p)^{16}N 的干扰反应是^{19}F(n,α)^{16}N.

这种初级干扰反应的严重程度取决于样品中的干扰元素的相对含量、中子通量分布和活化截面.一般来说,除非在辐照前对样品进行元素分离外,这类干扰是难以排除的.选择合适的中子能区,可以减少干扰核反应的产额.如果干扰元素是样品的基本元素,则即使干扰反应截面较小,这时也会造成严重的干扰.当用纯的热中子做活化分析时,(n,γ)反应截面大,(n,p)、(n,α)干扰反应不存在.在快中子活化分析中,因(n,p)、(n,α)、(n,2n)反应截面大致是同数量级,干扰比较严重.例如 14MeV 中子的 $^{19}F(n,α)^{16}N$ 反应截面为 $5.7×10^{-30}m^2$,$^{16}O(n,p)^{16}N$ 反应截面为 $9×10^{-30}m^2$,^{19}F 的存在对 ^{16}O 的分析造成严重干扰.可以根据它们反应阈能的不同,改变中子能量来减少干扰;或通过另外的核反应测定干扰元素含量,从而可以扣除这部分对分析结果的影响.例如,对于 ^{19}F 的干扰,可用 $^{19}F(n,p)^{19}O$ 反应. ^{19}O 的半衰期为 29.4s,比 ^{16}N 的半衰期(7.4s)长,在测定 ^{16}N 之后再测 ^{19}O,就可以定出 ^{19}F 的含量,再从 ^{16}N 的测定结果中扣除这 $^{19}F(n,α)^{16}O$ 反应的贡献就可以确定 ^{16}O 的含量.

其他的初级干扰反应是裂变反应.样品中含有的裂变物质受热中子作用发生裂变,裂变产物可能干扰待分析元素.稀土元素的中子活化分析时,这种干扰比较严重.

2. 次级干扰反应

(n,γ)、(n,p)、(n,α)反应产生的γ射线,质子和α粒子与某些原子核发生核反应,生成了待鉴定的放射性核素,称为次级干扰反应.次级干扰反应的产额一般都是很低的,在慢中子活化分析中可以不予考虑,在快中子活化分析时,有时会带来一些影响.例如,14MeV 中子辐照聚乙烯样品时,中子与样品中的氢原子发生 n-p 碰撞,反冲质子能量很高,可与 B、C 等元素发生 $^{13}C(p,n)^{13}N$ 反应,此反应干扰了 $^{14}N(n,2n)^{13}N$ 反应对碳氢化合物中的 N 元素分析.又如,$^{48}Ti(n,p)^{48}Sc$ 反应产生的质子与 ^{48}Ca 发生 $^{48}Ca(p,n)^{48}Sc$ 反应,造成对 ^{48}Ti 分析的干扰.

3. 其他干扰

除上述的干扰反应外,还有样品中含量多的元素或基体元素的活化产物,通过 $β^-$、$β^+$ 及电子俘获衰变成待测元素的稳定同位素,然后再被活化成待鉴定的放射性核素.这种干扰往往发生在干扰元素的丰度高、原子序数为 Z,而待测分析的痕量元素的原子序数为 $Z+1$ 的那些元素的热中子活化分析中.例如,要分析 Os 样品中的 Ir,可以用 $^{191}Ir(n,γ)^{192}Ir$ 反应,测量 ^{192}Ir ($T_{1/2}=74.3d$);但 Os 可以通过 $^{190}Os(n,γ)^{191}Os$ 反应生成 ^{191}Os,^{191}Os 经 $β^-$ 衰变形成 ^{191}Ir,^{191}Ir 再被活化成 ^{192}Ir.这过程使样品中的 ^{191}Ir 含量不断增加(增强效应),给分析带来困难.又如,分析 Si 样品中的 P,可用 $^{31}P(n,γ)^{32}P$ 反应,测量 ^{32}P 的放射性,但基体元素 Si 可通过 $^{30}Si(n,γ)^{31}Si$ 反应生成 ^{31}Si,^{31}Si 经 $β^-$ 衰变形成 ^{31}P.分析 Ge 中的 As 也有类似的情况发生.而分析 Ge 中痕量的 Ga 元素时,基体元素活化后通过 $β^+$ 衰变也使痕量元素含量增加.在快中子活化分析时,因(n,γ)活化截面太小,几乎没有这种干扰.

此外,尚有样品中天然放射性物质的高能γ射线本底干扰,以及样品包装材料可能引起的干扰反应.例如,包装材料 Al 可通过 $^{27}Al(n,α)^{24}Na$ 反应生成 ^{24}Na,这对用 $^{23}Na(n,γ)^{24}Na$ 反应分析 ^{23}Na 来讲是干扰.

11.2.5 放射性活度测量和核素鉴别

辐照生成的放射性核素的活度或者γ射线强度测量有三种方法:一是衰变曲线法,二是能谱法,三是能谱和衰变曲线法的结合.

1. 衰变曲线法

测量放射性核素的衰变曲线,从衰变曲线的分析可以确定被测核素的半衰期,而且能在样品基体元素和其他杂质元素的干扰存在的情况下鉴别出待测元素种类和确定其活度.对于只存在单种放射性核素的简单情况,在 t 时刻的活度为

$$A(t) = A_0 \exp(-0.693t/T_{1/2}) \tag{11.43}$$

式中,A_0 是辐照结束时刻的放射性活度.$\ln A(t)$ 与 t 为直线关系,直线的斜率表示半衰期 $T_{1/2}$,与纵坐标 $\ln A(t)$ 的交点可得 A_0.

如果辐照后生成好几种放射性核素,则测得的衰变曲线是这些放射性核素的混合衰变曲线,在任意时刻 t 测得的活度是各个核素成分的活度之和,即

$$A(t) = \sum_i A_{0i} \exp(0.693t/T_{1/2,i}) \tag{11.44}$$

将混合衰变曲线进行分解,可以得到每一种核素的衰变曲线,简单的分解办法是图解法,即从混合衰变曲线中斜率最小的那部分曲线开始作一直线,定出寿命最长的放射性核素的半衰期;然后从混合衰变曲线中扣除这寿命最长的核素成分的贡献,得到寿命较短的核素的衰变曲线,再对这修正后的混合衰变曲线进行分解.对所包含的每一种核素成分都重复这样的分解步骤,就求得每种核素的活度.当样品中包含的核素种类较少,而且半衰期数值相差较大(约 5 倍)时,这种图解法鉴别核素能得到较好的结果.

混合衰变曲线的分解也可以用计算机程序来完成.采用最小二乘法拟合,解一线性方程组求得各个核素在测量初始时刻的活度.对半衰期相差 2~3 倍的核素的鉴别,计算机程序分解法能得到较好的结果.衰变曲线的分解结果可靠性也与各个核素成分的相对活度及样品监测时的总计数率有关.计数率低时,统计涨落大,衰变曲线分解结果误差较大.当然,在分解混合衰变曲线前,先将实验数据点进行光滑,有利于曲线的分解.

衰变曲线法适合短寿命核素的测定.短寿命核素分析所需的辐照时间短,测量时间也短,分析速度很快.对于样品基体元素产生的寿命短、但活度强的放射性核素,测量时可以延长等待时间,让它先衰变,以减小对测量的影响.图 11.4 给出了样品中稀土放射性核素混合衰变曲线分解的例子.

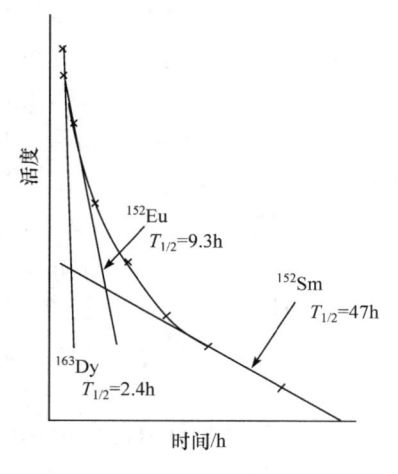

图 11.4 稀土元素样品的混合衰变曲线

2. 能谱测量法

用 Ge(Li) 或高纯 Ge γ 谱仪测量放射性核素发射的 γ 射线能谱,由 γ 射线全能峰能量鉴别待测核素种类,并由 γ 射线全能峰面积计数和测量时间以及全能峰探测效率,按式(11.13)计算给出该元素的含量.

测得的 γ 射线能谱一般是由各种 γ 射线成分的谱线以及本底成分的叠加(混合 γ 谱),谱线由于受 γ 射线探测器固有的能量分辨率影响而展宽,峰之间相互重叠,甚至不能区分开.也就是说,实验测得的 γ 能谱(每道计数)$N_0(E)$ 是真实的 γ 谱线 $N(E')$ 与探测器的能量分辨率函数 $f(E-E')$ 的卷积

$$N_0(E) = \int_{-\infty}^{+\infty} N(E') f(E-E') dE' \tag{11.45}$$

为了得到真实的γ能谱(各个分立谱线),需对实验测得的混合γ谱进行退卷积处理.迄今,发展了许多γ谱解谱方法和计算机程序,能自动鉴别复杂的γ谱中的各个峰,确定其中心位置(能量)和峰面积(扣除了本底及康普顿峰的全能峰净计数),从而确定核素成分和计算出待测样品中的元素浓度.在鉴别核素时,不仅可以从核素的一个γ射线峰来进一步鉴别核素.这种测量方法较之前论述的衰变曲线法准确度高,且能作多元素同时分析,但受探测效率的限制,灵敏度会受一定影响.

计算中要对γ射线峰面积计数损失作修正,包括时间修正和符合计数修正.在测量样品的放射性时,由于存在偶然符合和真符合,使核素发射的某一能量的γ射线全能峰计数丢失.偶然符合计数与计数率和分辨率时间有关;而真符合计数是在分辨时间内核素发射的级联γ射线之间,或γ射线与内转换过程后发射的特征X射线之间的相加脉冲计数,真符合计数只与核素性质有关,与计数率无关.这两种效应所造成的后果都是使原来应属于某一能量的γ射线全能峰计数被记录到另一能量的峰计数中去.所以,对多道分析器记录的γ射线全能峰计数需进行真符合和偶然符合计数修正,尤其是用绝对测量法计算浓度时,应作这项修正.在相对测量中,只有当标准样品和待测样品的γ射线计数率相差太大时,才需对偶然符合计数进行修正.

当两种放射性核素的半衰期几乎相同,化学分离又很困难,而且γ射线能量又十分接近的情况下,只能用能谱测量法,并对能谱进行分解,才能鉴别核素.

3. 能谱和衰变曲线法的结合

选定一定能量的γ射线,测量核素的半衰期,从而提高了元素鉴别能力.这种测量方法在实际应用中用的较多,尤其是对于β^+衰变放射性核素的测量,通常是在γ射线谱上选 0.511MeV 湮没光子测衰变曲线.

4. 中子活化分析的准确度和灵敏度

中子活化分析的误差与样品制备的准确性、辐照的均匀性、测量条件的重复性、计数的统计涨落、记录系统的死时间、有关核参数的准确性和干扰反应等因素有关,在化学分离步骤时,还与分离过程中待测放射核素的回收率准确度有关.样品量的称重误差,对 mg 量级重的样品可控制在 0.5%~1%.辐照时的误差主要是中子通量密度的变化,尤其在快中子活化分析时,距离相差一点,中子通量密度变化就较大.分析时应将待测样品和通量监测器叠在一起进行辐照.对短寿命核素的分析,若标样和待测分析样品不是在同时进行辐照时,辐照时间的涨落也引起误差.样品测量时的放射性计数误差,除统计误差外,修正项的考虑也很重要.一般仪器中子活化分析的准确度能达±5%.

在痕量元素分析中,监测样品中杂质元素含量的最低浓度水平是衡量一种分析技术好坏的重要指标之一.在文献中对这一指标的定义曾有着许多许多数学表达式和术语,这些所定义的探测限之间,数值相差很大,不便于相互比较.现在一般都采用美国国家标准局的定义,分为判别限 L_C、探测限 L_D 和定量探测限 L_Q.在中子活化分析中,在一定的辐照和测量条件下,元素探测的下限为

$$L_D = 2.71 + 3.29\sqrt{B} \tag{11.46}$$

式中,B 为本底计数,B 和 L_D 均以计数为单位.这是 95% 置信度时可测到的信号净计数最低水平.通过校正因子(或称灵敏度因子)S_0,可以换算到以重量为单位的探测限大小,即

$$W_{D.L} = L_D/S_0 \tag{11.47}$$

式中,S_0 以计数/mg 或计数/μg 为单位,如 S_0 以计数/ppm 为单位,则 $W_{D.L}$ 以 ppm 为单位. S_0 与中子通量密度、靶元素同位素丰度、原子量、反应截面、辐照和等待时间、放射性核衰变纲图、计数几何条件、探测效率等有关. 中子活化分析的探测下限(分析灵敏度)可达 1ppb(10^{-9})量级.

11.3 利用反应堆中子的元素分析

11.3.1 反应堆中子活化分析简介

1. 基本原理

反应堆中子活化分析(ReNAA)是利用反应堆中子轰击待分析的样品,通过核反应使其中多种元素(每种元素的至少一种同位素)生成放射性核素,根据这些核素衰变中发射特征射线的性质和强度,对相应元素进行定性、定量分析的方法.

1) 定性分析

由于现代高分辨 Ge γ 射线谱仪的使用,γ 射线全能峰的能量已经成为核素鉴定的最重要(往往是唯一)依据. 例如,Na 的定性鉴定是利用元素 Na 的唯一天然同位素 ^{23}Na(称之为靶核素)的如下核反应(称之为分析反应)进行的:

$$^{23}\text{Na}(n,\gamma)^{24}\text{Na}$$

生成核,^{24}Na(称之为 Na 的指示核素)是一个 β^--γ 放射核,其有关核参数在图 11.5 中标出. 活化样品的 γ 能谱中,1368.6keV(或 2754keV)峰的存在,可以作为 ^{24}Na 的指示,而峰强度(面积)按照 ^{24}Na 的半衰期衰减,则可作为该峰完全由 ^{24}Na 贡献的进一步验证.

为了确认产生 1368.6keV 峰的事件全部来自 ^{23}Na 衰变,需要仔细研究发射与 1368.6keV 相近能量 γ 射线的所有可能的其他核素(干扰核素)的存在. 若这一干扰不能忽略,则需进行校正,以便得到纯粹由指示核素 ^{24}Na 贡献的 1368.6keV 峰强度,这就是所谓的 γ 能谱干扰校正.

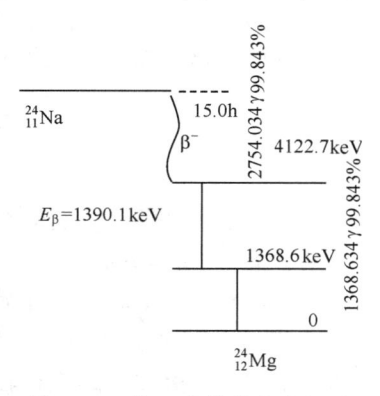

图 11.5 ^{24}Na 的简化衰变纲图

指示核素 ^{24}Na 除了由 Na 元素通过分析反应 ^{23}Na(n,γ)^{24}Na 生成外,亦可能通过反应堆快中子引起的 ^{24}Mg(n,p)、^{27}Al(n,α) 和 ^{28}Si(n,αp) 干扰反应,分别由 Mg、Al 和 Si 产生. ^{235}U 的某些裂变产物与一些元素的指示核素相同,亦可能对这些元素的测定构成干扰. 这些干扰反应对指示核素的贡献需要进行测定和必要的扣除,以得到纯粹由分析反应产生的指示核素,这就是所谓的核反应干扰校正.

2) 定量测定

经上述两项校正后的分析峰强度与相应元素含量之间的关系,可以用如下的活化公式表示:

$$W = M \cdot A / (6.02 \times 10^{23} \cdot \theta \cdot \phi \cdot \sigma \cdot \gamma \cdot \varepsilon \cdot S \cdot D \cdot C) \qquad (11.48)$$

式中,W 为待测元素含量,g;A 为分析峰强度,s^{-1};M 为待测元素原子量;θ 为靶核素的同位素丰度;ϕ 为样品接受的中子注量率,$cm^{-2} \cdot s^{-1}$;σ 为分析反应的有效截面,cm^2;γ 为 γ 衰变分支比;ε 为分析峰探测效率;S 为饱和因子,$S=1-\exp(-0.693t_i/t)$;D 为衰变因子,$D=\exp(-0.693t_d/t)$;C 为测量因子,$C=[1-\exp(-0.693t_c/t)]/(0.693t_c/t)$. 其中,$t_i$、$t_d$、$t_c$ 分别为照射时间、衰变时间、测量时间,t 为指示核素的半衰期.

由于有关的核参数(如 σ)准确度不高,以及某些实验参量(如 ϕ)难于准确测定,式(11.49)很少在分析中使用. 实际上,通常使用的是所谓"相对比较法". 即,将已知量待测元素(称之为标准)与样品在相同条件下照射和测量,从而可以对样品和标准中的待测元素分别列出式(11.48). 二者相比,并约化后,如下的简单关系成立:

$$W=[A \cdot W(标)]/A(标) \tag{11.49}$$

式(11.49)中,当样品和标准的 t_i、t_d、t_c 不同时,需以 S、D、C 因子进行归一.

显然,样品和标准在照射条件和测量条件上的任何不一致,将破坏式(11.49)成立的前提,从而引入系统误差.

2. ReNAA 的主要优缺点

ReNAA 可以分析什么样品?

原则上,可以分析任何样品,固体、液体或气体. 唯一的限制是,样品的辐照不能违反反应堆的安全条例. 这就是说,照射过程中产生高压气体,以至逸出照射容器或造成容器变形的不稳定物质是不能直接照射的. 不过,近年来已经发展了多种照前样品处理技术,可以将这些物质转变为适于反应堆照射的形式. 比如,灰化(高温灰化炉或低温等离子体灰化装置)和冷冻干燥等方法可以将有机和含水样品无机化和固体化,从而适于反应堆照射. 所以,ReNAA 对样品的物理和化学形态几乎没有限制.

ReNAA 对样品量亦有极宽的适用范围,从几 μg(如 4 μg 地质微粒中 32 种元素的测定)至 50kg.

ReNAA 可以测定哪些元素?

目前已知的 118 种元素中,26 种是人工合成的,它们都是放射性元素,无需活化即可分析. 另外 83 种元素($Z=1\sim83$,除去 $_{43}$Tc 和 $_{61}$Pm,加上 $_{90}$Th 和 $_{92}$U)是天然存在的,其中 77 种元素原则上可以用 ReNAA 测定(H、He、Be、C、N 和 Ne 不能用通常的 ReNAA 测定). 若测量手段只限于现代 γ 能谱学,则可测定元素减为 73 种(Li、B、P 和 Bi 只生成纯 β 放射核). 实际上,通常用 ReNAA 测定的元素 40~60 种.

这些元素的探测极限是多少?

这是很难简单地回答的. 因为各元素的探测极限不仅取决于反应堆的照射条件(φ,t_i,t_d)、测量条件(ε,t_c,本底水平)、待测元素的固有核性质(σ,t,E,γ),而且与样品中共存元素活化后产生的射线干扰程度密切相关. 一般地说,对于有利的基体(如高纯硅),在目前可以得到的最有利的照射和测量条件下,约 60 种元素的仪器分析(INAA)探测极限为 10^{-8} g(对 Fe、Ni、Zr 等)至 10^{-13} g(对 Au、Sc、Ir 等). 表 11.2 给出了高纯硅分析的一个典型的探测极限表.

ReNAA 与其他痕量分析技术优缺点的比较已在许多文章中评述. 一般说来,ReNAA 有较低的探测极限,较高的选择性,较高的精密度和准确度,普遍适用于各类物质和较宽的样品量范围,以及非破坏、多元素同时分析能力. 相对低的待测元素污染和丢失问题是活化分析所独具的可贵优点.

表 11.2　高纯硅的典型探测极限 L_D　　　　（单位：10^{-12} g）

元素	L_D	元素	L_D	元素	L_D	元素	L_D
Na	5000	Se	20	Te	40	Tm	30
K	15000	Br	24	I	8×10^4	Yb	2
Ca	1×10^5	Rb	100	Cs	5	Lu	0.4
Sc	0.3	Sr	1500	Ba	600	Hf	3
Ti	3000	Y	2×10^6	La	1.5	Ta	5
Cr	20	Zr	1500	Ce	9	W	15
Mn	1.5×10^5	Nb	1.5×10^5	Pr	60	Re	3
Fe	3000	Mo	60	Nd	100	Os	7
Co	5	Ru	15	Sm	0.3	Ir	0.04
Ni	1500	Pb	600	Eu	0.7	Pt	40
Cu	250	Ag	30	Gd	60	Au	0.5
Zu	150	Cd	150	Tb	1	Hg	6
Ga	15	In	40	Dy	3×10^6	Ti	3×10^4
Ge	1×10^4	Sn	2000	Ho	30	Th	2
As	24	Sb	7	Er	400	V	10

另一方面，ReNAA 需要的设备和技术（反应堆、放射性操作的设施、核科学知识和技术等）决定了它难于广泛普及.此外，核粒子轰击改变了样品中元素固有的化学结合形式，所以，单纯的 ReNAA（以及任何活化分析）不能进行元素化学种态的分析.放射性衰变的本质决定了通常活化样品要经过一段时间的"冷却"（衰变）方可测量，ReNAA 不是"即答性"的分析方法.

国际原子能机构（IAEA）曾组织了用 ReNAA、原子吸收光谱、质谱、发射光谱、化学分析、和 X 射线荧光法对四种生物参考物质（Bowen 甘蓝菜粉、NBS SRM1577 牛肝、IAEAH-4 动物肌肉和人血清）中 28 种元素的分析能力比较.结果表明，能以好于 10% 的相对不确定度测定的元素数为：ReNAA，26；原子吸收光谱，22；质谱法，13；化学分析法，11；发射光谱法，10；X 射线荧光法，3.

ReNAA 的高准确度多元素分析能力决定了它在标准物质定值分析中的突出地位.

20 世纪 60 年代中后期，高分辨高效率 Ge 半导体探测器的出现大大增强了堆中子活化法的纯仪器多元素分析能力.以计算机化 Ge γ 谱仪为主要技术标志的现代 ReNAA 反映了核物理、射线测量、核化学和计算机技术等多学科的综合成果，作为痕量分析的有力手段，在地球和宇宙科学、生命科学、环境科学、材料科学等广泛的自然科学领域，乃至考古学和法医学等社会科学领域，发挥了重要的作用.许多地质学家，生物医学家和环境科学家等应用领域的专家已经亲自使用 ReNAA 解决他们的问题，这是本方法达到成熟阶段的标志.到 1980 年底，全世界有 41 个国家在 163 座反应堆上开展活化分析工作.我国的 ReNAA 工作始于 20 世纪 60 年代初.20 世纪 70 年代初期开始建立了以计算机化 Ge γ谱仪为基础的现代 ReNAA.迄今全国有近 20 个 ReNAA 实验室.除了 5 座较大型实验反应堆——中国原子能科学研究院的 15MW 重水反应堆（HWRR）和 3.5MW 游泳池式反应堆（SPR）、清华大学的游泳池式反应堆、西南核物理核化学所的游泳池式反应堆和西北核技术研究所的脉冲堆外，中国原子能科学研究院于

1984 年开发的微型中子源反应堆(MNSR)已经在中国原子能科学研究院、深圳大学、山东地质局研究所和上海市计量测试技术所投入运行,并已出口到巴基斯坦、叙利亚、加纳、伊朗和尼日利亚等国. MNSR 主要用于 ReNAA,亦可用于人员培训和少量的短寿命同位素生产. 它具有绝对安全、全自动化微机控制运行、相当高的中子注量率(最高可达 $10^{12}\,n \cdot cm^{-2} \cdot s^{-1}$)、低堆温、自动化样品传送系统和数据获取处理软件等特长. MNSR 的开发,对发展中国家 ReNAA 的普及作出了重要贡献.

11.3.2 ReNAA 的基本操作

1. 样品制备

1) 非破坏样品制备

样品制备是任何分析工作的第一步. 对此操作的两个基本要求是:①待测定的组分不被污染(因而使含量偏高)或丢失(因而使含量偏低),即所谓保证样品的完整性(integrity);②用于分析的样品,在各待测组分的含量方面应能代表待研究的物质总体,即所谓保证样品的代表性(representativeness).

为保证样品的完整性,如下的一般性原则可供参考:

(1) 样品制备应在低颗粒物浓度的清洁环境中进行. 电子工业中使用的超净房可用于这一操作. 一种简单的层流式工作台可以显著降低颗粒物浓度. 清洁环境也包括操作者自身的清洁.

(2) 储存和照射样品/标准用的玻璃、石英、聚乙烯、聚四氟乙烯容器的清洗和处理已有专文论述(机械清洗、HNO_3 浸洗、去离子水清洗……).

(3) 块状固体样品照射后应作彻底的表面去污(最好是切去表面一层). 这一操作基本上消除了任何污染.

(4) 当必须粉碎、均匀化,以制成粉末样品时,应使用玛瑙研钵、尼龙筛子等非金属器具.

(5) 生物样品的切取忌用不锈钢刀剪(以防 Cr 污染),最好用石英制品或钛制品.

(6) 以优级纯 HNO_3 调节水样(或标准溶液)的酸度至 pH 0.5~1,可以有效地抑制绝大多数金属阳离子的吸附和胶体形成.

(7) 大气颗粒物分析中,应选用低空白和有合适捕集特性的过滤膜(如聚碳酸酯核孔膜或滤纸等).

(8) 样品包装材料通常使用清洁处理过的高纯铝箔、高纯石英瓶(用于较高温度和/或较长时间照射)和高纯聚乙烯容器(用于低温/短时间照射).

(9) 对含水分的样品(土壤、地质和生物样品等),在制样的同时,另外称取一份样品于称量瓶中(保证与待分析样品有相同的温度和湿度,因而有相同的水分含量),按供样者指示的干燥操作(如 105℃烘至恒重;冷冻干燥至恒重等)测定水分含量. 所有分析结果均以干燥样品为重量基础报道.

为保证样品的代表性,首先需要依照研究目的制定采样计划. 例如,为测定矿山中某矿物品位选取的采样部位和混样设计;为研究生物组织中某些元素含量选取的代表性个体、采样时间和方式;为研究某地区大气颗粒物污染选取的采样地、采样时间和方式等. 这一工作的目标是得到有代表性的实验室样品.

上述实验室样品的采集与研究领域和研究目的密切相关,通常由相应领域研究人员主持完成. 而从实验室样品中采取有代表性的分析样品则是分析家的责任,并遵循某些一般性规则.目前通用的均匀度检验方法是基于"瓶间方差与瓶内方差之比"的 F 检验法,即随机 n 瓶待分析样品中各取给定样品量的 m 个随机子样,计算待测元素测定值的瓶内标准偏差 S_b 和瓶间标准偏差 S_a,$F=S_a^2/S_b^2$. 若 $F<F_a(n-1,m-1)$,则认为该元素在给定取样量下是均匀的. 其中,$F_a(n-1,m-1)$ 为自由度 $(n-1,m-1)$,显著水平 α(通常取 0.01 或 0.05)的统计学 F 临界值. 对粒度为 100~200 目的固体粉末样品,取样量为 150~250mg 时,通常可以保证绝大多数元素的取样不确定度可以忽略. 对 ReNAA 而言,从活化样品的总放射性强度和探测极限的要求考虑,这一取样量通常也是合适的.

许多现代分析方法要求样品量不多于几 mg(乃至 μg 以下),另外一些现代分析方法(包括 ReNAA)亦可接受(有时更希望)毫克级的样品量. 某些现代固体取样分析技术的典型取样量归纳于表 11.3. 此外,某些待分析的样品仅有 mg 乃至 μg 量级(如宇宙尘、某些考古和法医样品等). 这些微样品分析(亦称为微分析)的质量控制,要求相近样品量的标准物质(CRM). 现有的 CRM 证书中给出的推荐最小取样量均在 100~250mg,显然不适用于上述的"微分析"质量控制.

表 11.3 某些现代分析技术的典型取样量

固体取样分析技术	典型取样量
中子活化分析(NAA)	1mg~10g
X 射线荧光(XRF)	1~100mg
粒子激发 X 射线发射(PIXE)	0.1~10mg
粒子激发核反应分析(PIGE)	0.1~10mg
卢瑟福反散射谱学(RBS)	0.1~10mg
火花源质谱(SSMS)	0.1~10mg
固体取样原子吸收谱学(SS-ZAAS)	0.1~1mg
固体取样电感耦合等离子体发射光谱(SS-ICPAES)	0.1~1mg
固体取样电感耦合等离子体质谱(SS-ICPMS)	0.1~1mg
辉光放电质谱(GDMSS)	1~100mg
激光剥离电感耦合等离子体发射光谱(LA-ICPAES)	1~10ng
激光剥离电感耦合等离子体质谱(LA-ICPMS)	1~10ng
微区 PIXE(microPIXE)	≈0.1ng
微区同步辐射 XRF(microSR-XRF)	≈0.1ng
电子微探针分析(EMPA)	≈1pg
激光微探针分析(LAMMA)	≈1pg
次级离子质谱(SIMS)	≈1pg
带有能散 X 射线分析的透射电子显微镜(EPXMA)	≈1fg

利用 ReNAA 对多种元素测定具有相对小而且可以精确表述的不确定度这一特长,结合 Ingamells 取样常数理论,原子能院 NAA 实验室建立了对给定标准物质中给定元素的取样不确定度与取样量之间的函数关系

$$K_S = R^2 \omega, \quad R^2 = S_0^2 - S_a^2 \tag{11.50}$$

式中,S_0 为单次测量的相对标准偏差,%;S_a 为相对分析不确定度,%;R 为相对取样不确定度,%;ω 为子样品量,mg.

Ingamells 取样常数 K_S 则定义为:对很好地混合了的物质,为保证某组分的取样不确定度小于 1‰(68% 置信水平)所需的最小取样量. 其量纲与 ω 相同. 原子能院 NAA 实验室已经对多种国内外有证标准特质(certified reference material, CRM)进行了多元素 K_S 测定,从而使这些 CRM 成为对部分元素适用的微分析 CRM.

2) 样品的照前处理(破坏性样品制备)

活化前对样品进行任何处理将失去(至少是部分地失去)活化分析的最大特长——相对低污染和低损失,但下列场合常需使用这些操作.

(1) 生物样品和含水样品的照前无机化和固体化.

如前所述,这是反应堆安全规程的要求. 高温灰化、低温等离子体灰化和冷冻干燥是常用的方法. 建立一种低温辐照装置,有可能直接照射有机和含水物质,从而可以避免上述的照前处理.

(2) 待测元素的照前富集.

下列场合之一常需使用这一操作:①样品中具有大热中子吸收截面的元素(如 B、Cd、Li、稀土元素等)含量较高,以致引入难于校正的中子注量率自屏蔽效应;②为达到要求的探测极限所需样品量过大;③指示核素为短寿命核,没有足够的时间进行放化分离,而纯仪器分析(INAA)又测不到. 这类分析通称为化学中子活化分析(CNAA). CNAA 的例子是海水和淡水的分析、钒的痕量测定、全血分析和岩矿样品中稀土元素测定等.

(3) 照前分离进行元素化学种态研究.

前已述及,由于粒子轰击将造成化学键的破坏,活化分析不能直接用于元素化学种态分析. 通过照前的化学或生化技术处理,依研究目标将样品中的不同物相或化学物质群(如特定的大分子)分离,然后对各部分分别进行 ReNAA,则可以实现元素化学种态分析的目的. 此类分析通称为化学种态中子活化分析(speciation NAA, SNAA). 其中,对生物大分子中的元素种态分析,有人亦称之为分子活化分析(molecular AA, MAA).

2. 标准制备

1) 比较标准(已知量待测元素)的制备

(1) 用自配的标准溶液制备. 以待测元素的高纯金属、氧化物或硝酸盐等化合物配制已知浓度的溶液(称为储备液),稀释至合适浓度(称为工作液),定量转移到高纯的无灰滤纸(或聚乙烯膜、硅片、铝箔)上,低温烘干,以高纯铝箔(对长时间照射)或聚乙烯膜(对短时间照射)包好,或密封于石英瓶中(特别对挥发性元素),即是标准. 将这些标准与待分析样品在相同条件下照射和测量,进行各元素测定. 标准制备中应注意如下事项:①所用试剂对待测元素有高的"化学计量学"纯度——含量与分子式相符(特别要注意纯度、结晶水的稳定性、吸附水问题、高纯金属表面氧化问题等);②标准溶液应有合适的介质,储备液配制后应立即稀释,立即滴制标准,以防吸附或胶体形成等超低浓度行为引起的浓度变化;③多元素混合标准配制中,应考虑各元素的化学性质(混合后溶液应稳定)和核性质(活化后,各生成核素的 γ 射线强度均衡,相互间无 γ 能谱干扰和核反应干扰);④特殊元素的处理. 如元素 Hg 易挥发(特别是在溶液中),已经研制了在储存和照射时均稳定的以巯基棉为基体的 Hg 标准. 热中子吸收截面较低的 Fe、Zr、Ni 等,亦可直接称取高纯金属或氧化物作为标准.

(2) CRM 用作多元素标准. CRM 中多种元素已有认证值(certified values)或参考值(reference values),故可直接用作多元素标准. 使用这类标准应注意如下事项:①CRM 作为多元素标准只能用于常规样品分析,不能用于新的 CRM 定值分析(否则后者只能是次级标准,而非 CRM);②应使用与待分析样品基体相近的 CRM,以使可能的中子注量率自屏蔽,γ射线自吸收等效应相近;③应使用几种 CRM,以探测并克服个别元素的错误或低准确度定值.

2) 参量法中的比较器/监测器制备

在 ReNAA 中,从特征射线的放射性强度推导元素含量有两种基本方法:相对法和绝对法. 相对法中,由于消除了绝大多数与核参数和实验参数有关的误差,一般有较高的准确性,迄今为止一直是最广泛的定量方法. 其缺点是:制备,照射和测量各待测元素的标准相当繁杂(亦是一个误差来源);不能测定事先未预期的元素(未照射它们的标准),特别是不适于与计算机结合的大批量样品多元素自动化分析. 直接利用活化公式的绝对法,其利弊恰与前者相反,由于有关核参数和实验参数难于准确得到,迄今几乎无人使用.

有鉴于此,近年来发展了一些既有相对法的高准确度,而又无需制备所有待测元素标准的参量化方法. 其中,以 1975 年 Simonits 等建立的 k_0 法最为完善. k_0 法多元素 ReNAA 中只需 Zr 和 Au 两个标准. 前者用于注量率比 f 测定(^{94}Zr-^{96}Zr),后者用作比较器. 而 ^{94}Zr-^{96}Zr-^{197}Au 则可用于 α 值的即时测定. 对于 α 值已知的孔道,只需一个 Zr(用于 f 测定,不需称重)和一个称重的高纯 Fe 丝(用作比较器),即可计算全部 68 种现代 ReNAA 可测定元素的标准比计数率.

3. 辐照和衰变

1) ReNAA 的堆型

普通实验反应堆可提供 $10^{12} \sim 10^{14}$ n·cm^{-2}·s^{-1} 的中子注量率,热/快比可从 1 至大于 10^5. 美国 GA 公司制造的 TRIGA 型反应堆可以稳态和脉冲两种方式运行,备有旋转样品架(Lazy Susan)以减小中子注量率梯度误差和扩大样品容量. 20 世纪 70 年代初,加拿大开发的 SLOWPOKE 堆和美国研制的 ^{252}Cf-^{235}U 倍增器是使 ReNAA 普及化的重要努力,我国原子能科学研究院于 1984 年开发了微型中子源反应堆(MNSR),ReNAA 关心的主要堆参数包括:样品辐照位置的热中子注量率 Φ_{th}、中子能谱和介质温度.

2) 孔道的选择

当探测极限的主要限制来自天然本底,而不是活化样品中共存核素γ射线的干扰时(例如,高纯硅、石英、石墨等的分析,或经放化分离至核素纯后的测量),使用尽可能高的中子注量率显然有利于提高灵敏度.

对(n,γ)活化反应有实际贡献的堆中子由两部分组成:热中子(或称镉下中子,能量在 0.5eV 以下)和超热中子(或称共振中子,能量约在 0.5eV~1MeV). 如前所述,(n,γ)反应率可由下式估计:

$$R = \Phi\sigma = \Phi_{th} \times \sigma_0 + \Phi_e I_0 \qquad (11.51)$$

当活化样品中主要干扰核素的 I_0/σ_0 小于待测核素的 I_0/σ_0 时(例如,典型地质样品中,主要干扰核素为 ^{24}Na、^{46}Sc 等,而待测核素为 ^{75}As、^{126}Sb、^{98}Au 等;典型生物样品中主要干扰核素为 ^{24}Na、^{42}K、^{32}P 等,而待测核素为 ^{76}As、^{128}I、^{115}Cd 等时),选用 Φ_{th}/Φ_e 较小的照射孔道可以提高上述待测核素对主要干扰核素的相对灵敏度,从而得到较低的探测极限或改善测量精度,反之亦然. 若利用镉或硼盒过滤掉热中子,以"纯"超热中子照射样品,则可使上述例子中具有高 I_0/σ_0 核素的相对灵敏度得到最大限度的改善,这就是后面要讲到的超热中子活化分析.

堆快中子对(n,γ)反应的贡献可以忽略. 然而它们却可引起阈反应干扰. 因此,一般认为,具有高的快中子注量率的堆孔道不适于 ReNAA. 然而, 利用快中子反应 ^{58}Ni(n,p)和 ^{29}Si(n,p)的 Ni 和 Si 的测定则是例外.

3) 样品照射和衰变时间的选择

一种指示核素在稳态堆中子照射过程中的放射性生长、停照至测量起始时刻的衰变和测量过程中的衰减规律可分别由式(11.48)中的饱和因子 S、衰变因子 D、和测量因子 C 定量表示. 定性说来, 待测核素的半衰期比主要干扰核素短时, 使用较短的 t_i、t_d、t_c 对提高信号干扰比有利; 反之亦然. 在多元素分析中, 通常的做法是使用几种不同的照射时间——衰变时间组合, 使各指示核素在某一组合中得到最佳的计数统计. 典型的做法是, 1～3 次不同 t_i 的照射, 各次照射后进行 2～3 次跟踪测量.

4. 照后处理和测量

1) 仪器中子活化分析(instrumental NAA, INAA)

不经放射化学处理直接测量活化样品的方法称为 INAA. 现代 Ge γ 谱仪的极高能量分辨率使得大多数样品的多元素 INAA 成为可能, 所以 INAA 是目前最广泛使用的 ReNAA 方法.

在现代 ReNAA 中, 占压倒优势的测量手段是计算机化 Ge γ 谱仪, 其基本原理是: 入射的 γ 射线与 Ge 晶体作用, 将部分或全部能量沉积于探测器灵敏体积, 产生与沉积能量成正比的电子-空穴对. 这些电荷被加到 Ge 探测器的反向高压收集, 经电荷灵敏前置放大器和成形放大器后, 产生一个与沉积能量成正比的电压脉冲. 通过模数转换器产生一个脉冲高度谱. 经能量刻度后, 即是 γ 能谱. 经在线计算机进行能谱分析, 给出各谱线的能量和强度, 用以进行元素定性定量分析. 一个典型的测量系统框图示于图 11.6.

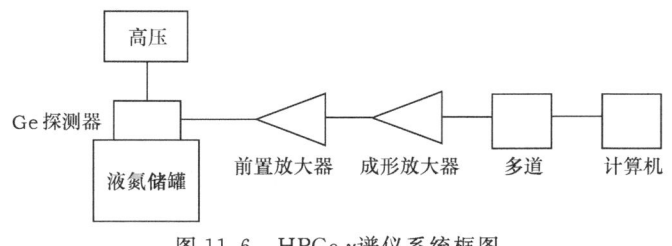

图 11.6 HPGe γ 谱仪系统框图

2) 化学堆中子活化分析(radiochemical NAA, RNAA)

(1) 放化分离在现代 ReNAA 中的地位. 对活化样品进行放射化学分离, 除去主要干扰核素或分离出待测核素, 可以大大改善元素测定的探测极限和精密度. 在使用没有核素甄别能力的 GM 计数器(乃至较低分辨能力的 NaI(Tl) 探测器) 的早期 ReNAA 中, 放化分离曾是必不可少的步骤. 在 INAA 已成为主流的今天, 放化分离仍发挥着极为重要的作用. 这是因为, 一方面, 在许多场合, INAA 的灵敏度已无法与最近发展的某些非核分析技术(如 ICPMS)竞争, 例如, 小麦粉国家标准物质 GBW08503 的稀土元素分析中, ICPMS 可以测定含量在几十至 0.1ng/g 的全部 15 个稀土元素, 而 INAA 只能测定 La 和 Eu 两个稀土元素. 另一方面, 许多科学领域对痕量分析提出了亚 ng/g 的要求, 没有放化分离的 ReNAA 往往不能应对这两方面的挑战.

(2) 放化分离的特点. 与一般的化学分离比较, 放射化学分离有如下的特长: ① 由于分离是在活化之后进行的, 在普通痕量分离中致命的容器、试剂和环境污染, 对放化分离则不复存在(只要污染物没有放射性);②分离前往往加入μg 至 mg 量的天然待测元素"载体"和干扰元素"反载体",从而避免了普通痕量分析中的另一致命问题:吸附、胶体形成等所谓元素的"超低浓行为";③已知量载体的添加可用于化学产额的准确测定,因而,分离不必是定量的.

(3) 溶液化技术-放化分离的关键.绝大多数放化分离的第一步是将活化后的样品制成无机溶液.问题的关键是使加入的载体/反载体(通常是无机元素)与样品中的相应元素处于统一(平衡)的化学状态.已知的经验包括如下几点:①载体/反载体应在溶样之前添加,使之与样品中的相应元素经历相同的化学反应过程;②对可能以几种价态(或化学结合形式)存在的元素(如 Ru、I 等),在加入一种特定价态的载体后,应进行氧化还原循环,统一价态;③对易于水解、聚合的元素(如 Zr、Hf 等),应在加入载体后与强酸一起加热一段时间.

强酸回流和碱熔融法是最广泛使用的溶样方法.Bernas 建立的 Teflon 高压密封溶样法具有回流充分,溶解快速,操作安全,挥发性元素定量回收等优点.近年来引入的微波加热方式,进一步加速了溶样过程.

如何检验溶样步骤的可靠性,还是一个有待深入研究的问题.一个好的例子是,鲁克(Rook)等为考查他们在鱼中 Hg 的分析方法,将 ^{203}Hg 示踪液加入鱼缸中,将在此鱼缸中生活了三个月的鱼取出,通过设计的溶样和分离流程进行示踪回收实验.由于示踪剂是在样品中"生长"出来的,其化学结合状态将有最好的代表性.

(4) 建立放化分离流程的三种方案:

① 元素分离(single element separation,SES).以放射化学纯的状态选择性地分出单个指示核素,以高效率低本底仪器进行测量,可以得到最佳的分析精度和探测极限.例如,以这种方法对低灵敏度(乃至一般认为 ReNAA 不合适)元素 Sn、Si、Pb 分别达到了 2ng、5ng、1 μg 的探测极限.

② 组分离(group separation,GS).HPGe γ谱仪的使用使得逐个元素分离往往并不必要.将待测元素(的指示核素)分成几个无干扰组常可满足要求.早期的组分离流程较为冗长,如 Samsahl 的柱法系统、Goode 的萃取系统、Peterson 的柱萃取系统.近年发展的组分离系统更为简捷和目标明确.我国活化分析家建立的两个稀土元素分离流程、两个铂族元素分离流程和一个生物样品分离流程,即属此类系统.

固定分组法的优点是便于自动化.缺点是不能普适于元素组成差别悬殊的样品和不同的分析目的.

③ 化学剥谱法(chemical spectra stripping,CSS).活化样品的 Ge γ能谱分析中,经常遇到的问题是一种或几种强度最大的核素构成主要干扰.选择性地除去它们,可以同时测定多种元素.20 世纪 60 年代末,Girardi 等以水合五氧化二碲(HAP)除去活化样品中最常见的干扰核素 ^{24}Na,从而开创了化学剥谱法.它的基本出发点是以最简捷的放化分离为下谱分析扫除障碍.Nagy 等建立的生物样品除 ^{24}Na、^{42}K、^{32}P、^{82}Br 的 CSS 流程是一个好例子.

5. 数据处理

高分辨 Ge γ谱仪测得的活化样品γ能谱中,全部有用的信息均存在于峰区.峰的能量(有时结合峰强度的衰减速率)用于核素鉴定.峰的强度(面积)则是核素定量的基础.

峰分析大致有以下步骤:①判定峰的存在(目测法、一阶导数法、广义二次差分法等);②测定精确峰位(拟合峰形函数的极大、峰重心等);③以γ标准源进行测量系统的能量刻度,确定峰的能量;④对照标准能量库,对各峰进行核素检索;⑤测定峰面积(逐道加和法、拟合峰函数积分法等)和相应的计数统计不确定度.即元素含量测定.

1) 相对比较法

参见 11.1 节,特别是其中的公式(11.36).

2) 参量化 k_0 法

$$K_0=\frac{M^*\theta\sigma_0\gamma}{M\theta^*\sigma_0^*\gamma^*}=\frac{N_p/t_c/(\text{SDCW})}{(N_p/t_c/(\text{SDC}\omega))^*}\frac{1}{\rho}\frac{f+Q_0^*(\alpha)}{f+Q_0(\alpha)}\frac{\varepsilon_p^*}{\varepsilon_p} \quad (11.52)$$

式中,M 为原子量;θ 为靶核素同位素丰度;σ_0 为 2200 m·s^{-1} 中子(n,γ)截面,cm^2;γ 为 γ 衰变分支比;N_p 为峰面积;W 为样品重量,g;ω 为比较器重量,μg;f 为热中子对超热中子注量率比;$Q_0(\alpha)$ 为 $I_0(\alpha)/\sigma_0$,$I_0(\alpha)=$ 对超热中子注量率进行了非 $1/E$ 分布校正(假定为 $1/E^{1+\alpha}$)的共振积分;ε_p 为全能峰效率;ρ 为元素含量,μg/g;其他参量定义同前.有 $*$ 表示比较器的参数;无 $*$ 的为待测元素的参数.

式(11.52)的前一部分表明 k_0 是一个与照射和测量条件无关的"组合核常数",其后一部分则表明,它又是一个实测参量.k_0 是对应于一个比较器(一个已知量的某元素,如 Au)的给定待测元素的常数.De Corte 等已经实测并编评了涉及 60 种元素的 112 个核素的 $k_{0,\text{Au}}$(以 Au 为比较器的 k_0 值).Au 以外的任何元素 x,亦可用作比较器.通过式(11.53)可从 $k_{0,\text{Au}}$ 转换为 $k_{0,x}$,即

$$k_{0,x}=k_{0,\text{Au}}/k_{0,\text{Au}}(x) \quad (11.53)$$

利用式(11.52)或式(11.53)进行 k_0-NAA 法元素测定的大致步骤是:

(1) 从文献查得各待测核素的 k_0 值;

(2) 事先测定探测系统在给定测量几何下的效率曲线,查得各分析峰效率 ε_p;

(3) 事先或与待测样品同时测定照射位置的 α 值;

(4) 从文献查得各分析反应的 Q_0 值和 E_γ 值,利用式(11.55)计算出 $Q_0(\alpha)$:

$$Q_0(\alpha)=(Q_0-0.429)/(E_\gamma)^\alpha+0.429/[(2\alpha+1)(0.55)^\alpha] \quad (11.54)$$

(5) 样品同时照射中子注量率比监测器(通常用 ^{94}Zr-^{96}Zr 对)测定照射位置的 f;

(6) 测 N_p 和 N_p^*,计算元素含量 ρ.

3) 广义 k_0——相对比较综合法

20 世纪 90 年代以来,原子能科学研究院活化分析实验室对 k_0 法进行了一系列的发展和完善,建立了基于 k_0 概念的全面参量化方法.这些发展包括如下:

(1) 中子注量率自屏蔽的事先预测和参量法校正.

"样品和标准(比较器)接受相同的中子能谱和注量率辐照"是 ReNAA 定量的前提.中子注量率自屏蔽效应将使二者接受不同的中子注量率,从而破坏了这一前提.对于这一效应可以忽略或相当严重的两种极端情况,分析家常可凭经验预测,但对介于二者之间的情况,则需要实验判定.迄今使用的中子注量率自屏蔽校正的实验方法,如"外推至 0 样重法"、"内标法"等,实验操作均极繁杂,无法在常规分析中使用.因而,建立判定和必要时校正中子注量率自屏蔽效应的参量化方法,是 ReNAA 全面参量化的重要一环.倪邦发等已经用实验证实,20 世纪 60 年代提出的兹韦弗尔(Zweifel)方法对低自屏(自屏蔽因子 $F>90\%$)校正是可靠的.

倪邦发等建立了基于 Zweifel 方程(11.55)的子程序 NFSS.

$$F=1-[0.923+\ln(1/Z)](Z/2) \quad (11.55)$$

式中,$Z=T/L$.其中,T 为片状样品厚度,cm;L^{-1} 为 $\Sigma N_i\sigma_i=0.6D\Sigma C_i\sigma_i/A_i$,$N_i$ 为元素 i 的密度,cm^{-3},σ_i 为元素 i 的热中子吸收截面,cm^2,C_i 为元素 i 的浓度,A_i 为元素 i 的原子质量,g,

D 为样品的表观密度,g·cm^{-3}.

将待测样品中各组成元素(重点是中子吸收截面大和/或含量高的元素)的有关参数输入 NFSS. 当输出 F 值大于 0.99 时,自屏蔽可以忽略;当 $0.99 > F > 0.9$ 时,F 可用于自屏蔽效应校正;当 $F < 0.9$ 时,则应考虑周密的 F 实测方案,或放弃 ReNAA,交由其他方法分析.

(2) 非 $1/v$ 分析反应的 k_0 化.

k_0 法的基础是对 $1/v(n,\gamma)$ 反应建立的 Hogdahl 约定,即 $\sigma_{th} = \sigma_0$,故该法原则上只适用于 $1/v$ 分析反应. 非 $1/v$ 反应 ^{151}Eu、^{176}Lu、^{191}Ir(n,γ) 分别是 Eu、Lu 和 Ir 的最常用(灵敏度最高)的分析反应. 这三种元素中,两个为稀土,一个为铂族元素,均为地球、宇宙和材料科学中的重要元素,有必要实现参量化.

对非 $1/v$ 反应,Hogdahl 约定应以普适的 Westcott 约定代替,其中,$\sigma_{th} = g(T_n)\sigma_0$,$g$ 是中子温度 T_n 的函数.

在中国原子能科学研究院重水反应堆重水反射层随机孔道,以 $6\sim 20$h 的照射时间和典型的地质类样品实测了上述 3 个非 $1/v$ 反应的工作 k_0.

(3) ^{235}U 裂变干扰的参量法校正.

由于照射条件各异,不同作者报道的裂变干扰校正因子存在相当大的分歧. 多数作者没有给出必要的实验条件. 随着越来越多的 U 试剂由贫化 U 制备,以随机得到的 U 试剂用作 ^{235}U 裂变干扰标准(其中 ^{235}U 丰度可能远小于天然 U 的 0.73%)将可能造成干扰因子的低估. 因而,建立 ^{235}U 裂变干扰的参量化校正方法不仅为 ReNAA 全面参量化所必需,而且可以对相对法裂变干扰校正中使用的 U "干扰标准"有无异常的同位素丰度提供一个独立的检验.

^{235}U(n,f) 反应的激发曲线在热区基本上服从 $1/v$ 定律(仅在 0.29eV 有一小共振),因而可以认为 ^{235}U(n,f) 是一个 k_0 适用反应. 此外,^{235}U(n,f) 的 Q_0 (I_0/σ_0) 文献值仅为 0.472,考虑到 $f(\varphi_{th}/\varphi_e)$ 的典型值在 10~300,Q_0 的不确定度对 $f+Q_0$ 因而对 k_0 影响极小. 基于以上事实,k_0 概念可以引入同属 $1/v$ 反应的裂变干扰反应.

对每一个指示核素-裂变干扰核素"对",定义了一个与堆中子能谱无关的组合常数 Ik_0.

$$Ik_0 = \frac{M^*}{M} \cdot \frac{\theta}{\theta^*} \cdot \frac{\gamma}{\gamma^*} \cdot \frac{\sigma_0 Y_s}{\sigma_0^*} \text{(理论)}$$

$$= \frac{A_{sp}}{A_{sp}^*} \cdot \frac{\varepsilon_p^*}{\varepsilon_p} \cdot \frac{f+Q_0^*}{f+Q_0} \text{(实验)} \quad (11.56)$$

其中,带 * 的参量属分析反应/指示核素;不带 * 的参量属干扰反应/干扰核素;A_{sp} 为指示核素的比饱和放射性(A_{sp}/A_{sp}^* 为干扰因子).

$$Q_0 = \frac{I_0}{\sigma_0} \cdot \frac{Y_f}{Y_s} = \frac{275}{582} \cdot \frac{Y_f}{Y_s} = 0.472 \cdot \frac{Y_f}{Y_s} \quad (11.57)$$

I_0、σ_0 分别为 ^{235}U(n,f) 反应的共振积分和 2200m/s 截面;Y_f、Y_s 分别为超镉和亚镉中子致裂变产额.

文献在 φ_{th}/φ_e 广泛分散的(13.7~134)、分属三座反应堆的 6 个孔道上,实测了最重要的裂变干扰反应(生成核为 ^{95,97}Zr、^{99}Mo、^{141,143}Ce、^{147}Nd、^{140}La)的 Ik_0 值,证明了 Ik_0 中子能谱无关性,并给出了所有可能的 66 个裂变干扰反应的 Ik_0 值.

(4) 堆快中子阈反应干扰的参量法校正.

对高灵敏度不断增长的要求,促使活化分析家使用尽可能高的堆中子注量率. 通常中子注量率越高的孔道中子能谱越"硬",因而有越高的干扰阈反应率. 相对法阈反应干扰校正中,使用纯的干扰元素标准测定干扰当量. 然而,干扰元素与待测元素 Z 差 1(对(n,p)反应干扰)或 2(对(n,α)反应干扰),在地壳中它们常共生,提纯后也难免互为杂质."纯"的干扰元素标准中,痕量待测元素杂质的(n,γ)反应产物将造成干扰过估. 通过包 Cd(或 B)和裸样二次照射,解联立方程,可以解决以上问题,但这显然不适于常规分析. 因而,有必要建立阈反应干扰的参量化校正方法.

利用具有不同有效阈能的一系列阈反应,在中国原子能科学研究院重水反应堆游泳池堆,MNSR 微型堆和美国 Missouri 大学反应堆广泛的活化分析孔道,证实了堆快中子($E_n >$ 2MeV)注量率分布具有近似的初级裂变谱形状. ReNAA 有关的阈反应裂变谱平均截面文献值相对误差均在 15% 以内,多数好于 10%,对于修正量计算,已足够准确. 基于以上分析,活化公式可以用于干扰阈反应率的计算.

与样品同时照射高纯铁丝(对长照射,利用 ^{58}Fe(n,γ)和 ^{54}Fe(n,p)反应)或钛片(对短照射,利用 ^{50}Ti(n,γ)和 ^{48}Ti(n,p)反应),即时地测定照射位置的 Φ_{th}/Φ_f,以下式计算任何阈反应干扰的干扰当量 A_{sp}/A_{sp}^*.

$$A_{sp}/A_{sp}^* = Ik_0 \cdot (\Phi_f/\Phi_{th}) \cdot [1/(1+Q_0^*/f^*)] \tag{11.58}$$

其中,A_{sp}、A_{sp}^* 分别为由干扰反应和分析反应贡献的指示核素比饱和放射性强度;Ik_0 为与堆中子能谱无关的组合核常数;* 指分析反应的参数. 其他参量定义如前.

(5) 全能峰效率的参量法几何归一.

ReNAA 中,经常遇到对一批放射性强度悬殊的活化样品、标准进行精确比较测量的问题,不同几何下的效率归一在所难免. 利用放射核溶液定量稀释制备定比源,进行不同几何下效率比测量是解决这一问题的经典方法,但因操作烦琐,不适于常规使用. 已经发展的诸种 Ge γ能谱峰效率计算模型有两个共同的弊端:需要确知 Ge 探测器的精确有效几何(这在实际上很困难);涉及多个待定参数的复杂表达式.

事实上,ReNAA 中需要的是不同测量几何下的效率比,而非效率值本身. 1968 年探测器专家 Cline 提出的"有效作用深度"(effective interaction depth,EID)假定若获实验证实,可简便地用于这一目的. EID 假定认为,一个柱形 Ge 探测器可以看作 Ge 晶体轴线上一定深度处的一个"点",全能峰效率 ε 反比于 Ge 晶体轴线延长线上的点源至该"点"距离的平方.

6. 不确定度和探测极限

1) 统计不确定度

统计不确定度是分析精密度的量度,它反映测量值的重复性. 在 ReNAA 中,它包括计数统计不确定度 S_c 和非计数统计不确定度 S_n. 前者可以较准确地计算;后者包括样品不均匀性、称重、照射中的中子注量率、测量几何、放化分离中的化学产额等参量的统计性起伏等. 它们可以通过多次重复实验所得数值的标准偏差进行估计.

一种物质的 m 个子样品对某元素的测定结果分别为 $N_1,N_2,\cdots,N_m$,单次测定的统计不确定度(标准偏差)S_{st} 的平方 S_{st}^2 为

$$S_{st}^2 = \sum_{}^{m}(N_i - \bar{N})^2/(m-1) \tag{11.59}$$

其中,

$$S_{st}^2 = S_c^2 + S_n^2 \tag{11.60}$$

S_{st} 为总的统计不确定度. 在实际工作中,可能出现三种情况:

(1) $S_{st} > S_c$，说明有明显的非计数统计不确定度；

(2) $S_{st} \approx S_c$，说明计数统计不确定度在总统计不确定度中占主导地位，通常称为"分析结果在计数统计控制中"；

(3) $S_{st} < S_c$，这一异常现象是以有限个子样品偶然得到的"异常一致"结果所致，应以 S_c 代替 S_{st} 更为合理.

平均值的统计不确定度 $\bar{S}_{st}$ 为

$$\bar{S}_{st} = S_{st}/\sqrt{m} \tag{11.61}$$

2) 系统不确定度

系统不确定度 S_y 是分析准确度的量度，它反映测定值与"真值"的偏离.

对分析过程的各个步骤进行系统不确定度分析有两个目的：①尽可能探测所有的系统不确定度来源，采取措施消除或减小它们；②对不能完全消除的系统不确定度因素，通过重复实验将之随机化，从而进行定量估计.

ReNAA 中，系统不确定度来源包括：①样品或标准（比较器）制备中的称重不确定度；②样品制备中待测元素的污染或丢失；③待测元素在样品和标准中有不同的靶核素同位素丰度；④标准溶液配制、储存和标准滴制中引入的元素含量不确定度；⑤照射过程中，样品和标准（比较器）接受的中子注量率不一致（由于中子注量率的空间梯度或自屏蔽效应）；⑥不正确的干扰校正；⑦放化分离中不正确的化学产额校正；⑧样品和标准（比较器）测量几何不一致（不正确的几何归一）等.

由于"真值"无从得知，分析的准确度是通过与样品同时、在相同条件下分析具有相近基体的 CRM，将测定值与认证值（certified value）比较来估计的. 这一做法称为分析质量控制（quality control, QC）. CRM 是以批量制备的、组成均匀稳定的物质，其中多种化学组分（元素）以规定的程序测定，并由权威机构认证. 在实际工作中，应选择几种与待分析样品基体相近的 CRM 作质量控制.

3) 不确定度合成

分析报告中，测定值的不确定度应表示为统计不确定度和系统不确定度的合成.

单次（样）测定的不确定度

$$S = t_{m,0.05} S_{st} + S_y \tag{11.62}$$

平均值的不确定度

$$\bar{S} = t_{m,0.05} \bar{S}_{st} + S_y \tag{11.63}$$

式中，将统计不确定度的置信度扩大到 95%，与通常用范围（range）值表示的 S_y 相匹配. 这样表示的总不确定度 S 和 $\bar{S}$ 可以保守地认为具有 95% 的置信度.

对探测极限的不同定义曾在活化分析界（以及整个分析界）造成很大的混乱. 在库里（Currie）给出的一个例子中，以 8 种文献定义对同一个分析结果计算的探测极限竟分散在 3 个数量级的范围. 库里首次作了具有严格统计意义的处理，提出了判断限（critical level）L_C、探测极限（detection limit）L_D 和定量测定极限（quatitative limit）L_Q 三个概念. 目前，这些定义已被多数活化分析家接受.

(1) 判断限 L_C

$$L_C = 2.33 \sqrt{C_B} \tag{11.64}$$

式中,C_B 为待测元素指示核素分析峰区的本底计数.

L_C 的物理意义是:若一个"峰"的净计数 $C_S > L_C$,则可判定(以 95% 的置信度)该峰为真峰,并由 C_S 计算元素含量.若 $C_S < L_C$,则结论是该峰不存在,相应元素没有(以此峰)测到.

(2) 探测极限 L_D

$$L_D = 2.71 + 4.65\sqrt{C_B} \tag{11.65}$$

L_D 的物理意义是:待测元素的分析峰净计数(面积)C_S 至少等于 L_D 时,该元素方可在给定条件下被测到(以 95% 的置信度).由 L_D 计算出的元素含量 $L_D(m)$ 即为在给定分析条件下该元素的质量探测极限.

对于未测到的元素,分析报告中可以给出 $<L_D(m)$.对于已测到的元素,$L_D(m)$ 则可用于指示所用方法对该元素的测定能力,以及测定值的可信度.一般说来,元素含量与 $L_D(m)$ 比值越大,结果的精密度越高.

11.3.3 ReNAA 的主要应用

1. 地球和宇宙科学

地球化学的主要任务是测定化学元素在各种地质物质中的丰度和分布,以研究岩石、矿物的形成和演化机制.ReNAA 以其高准确度测定地质样品中含量范围在亚 ng/g 至百分之几十的约 50 余种元素的优势,在地球化学研究中发挥着重要作用.Laul 评价了 ReNAA 在地球科学中的应用.由于稀土元素(REE)的化学近似性,REE 分布模式是变质等地质过程和成矿规律研究中的灵敏指示剂.ReNAA 在稀土元素分析中的优势在于:由各 REE 高的活化截面决定的高灵敏度、由特征γ射线能量的化学性质无关性决定的高选择性,以及多元素非破坏分析能力.Kantiptlly 等发表了地质样品中 REE 测定的综述.近年来,我国活化分析工作者与地质学家合作,发展了深部隐伏矿探测的"地气法",即通过收集和测定深部矿体的金属气溶胶经地壳毛细作用升至地面的痕量多元素推断矿体的存在.

1980 年,Alvarez 等利用 ReNAA 发现了意大利 Gubbio 和丹麦 Stevns Klint 地区的白垩系/第三系(K/T)界线黏土层中的 Ir 元素存在异常富集现象,对 6500 万年前恐龙灭绝的地外星体撞击理论提供了强有力的科学证据.这是 ReNAA 对宇宙科学最突出的贡献.随后的大量研究又发现了其他地质界线的 Ir 异常以及火山成因说、混合成因说等不同模型的证据.我国科学家柴之芳等对这一研究亦作出了重要贡献.柴之芳和 Kieslt 的著文综述了铂族元素(PGE)ReNAA 方法学及其在宇宙科学中的应用.此外,ReNAA 亦广泛用于陨石学研究("陨石的元素丰度手册"所列 80 余种元素中,50 余种元素的数据主要来自 ReNAA,约 10 种仅由 ReNAA 提供)、宇宙尘研究、宇宙成因核 ^{53}Mn 测定等.

2. 环境科学

自 20 世纪 50 年代初著名的伦敦大雾事件以来,大气颗粒物(APM)的健康影响受到了普遍重视.近年的研究表明,粒径小于 10 μm,特别是小于 2.5 μm 的 APM 构成主要的健康危害.这是由于:①粗颗粒物在大气中停留时间短,传输距离近;②大于 10 μm 的 APM 基本上被鼻孔截留,2.5~10 μm 的 APM 可进入呼吸道,小于 2.5 μm 的 APM 方可进入肺部;③细 APM 主要由燃烧等化学过程形成,包含了主要污染物,粗 APM 主要是扬尘;④超细 APM 是影响能见度的主要因素.美国环保局于 20 世纪 80 年代制定了 PM10 标准,1997 年又颁布了

PM2.5 标准,分别对粒径小于 10 μm 和 2.5 μm 的 APM 浓度作了规定. APM(特别是细 APM)多元素组成作为污染源的灵敏指示,构成了化学质量平衡法(CMB)进行源分析的基础. CMB 的基本数学表示为

$$c_i = \sum_j^j m_j X_{ij} a_{ij} \tag{11.66}$$

其中,c_i 为样品中元素 i 的浓度;X_{ij} 为源 j 中元素 i 的浓度;m_j 为源 j 的分担率;a_{ij} 为元素 i 从源 j 到采样点输运中的增减调整系数.

ReNAA 的高灵敏度(粒径小于 2.5 μm 的 APM 样品量常少于 100 μg)、多元素(典型地测定 40~50 种元素)和非破坏(APM 样品中常含有极难溶解的颗粒)特点最好地满足了分粒径 APM 多元素分析的要求.

3. 生命科学

随着经济发展和贫困人口的逐年减少,在营养和健康方面长期困扰人们的蛋白质和热能缺乏,对越来越多的国家(包括我国)已不再是主要问题.以必需微量元素和维生素为主的微量营养素缺乏(亦称"隐性饥饿"),是当前和未来相当一段时间内我国和全球面临的主要营养问题.据估计,目前全球约 20 亿人微量营养素缺乏.另外,环境污染带来的毒性元素和化合物摄入亦对人类和生物健康构成威胁.自 19 世纪以来,已经发现的必需微量元素有 14 种:Fe、Cu、Zn、Mn、Mo、Co、V、Cr、Sn、F、I、Se、Ni、Sr. Mertz 给出了它们作为必需元素的发现年代,缺乏症状等背景资料.痕量元素生命科学中涉及的分析问题如下.

(1) "正常人"组织和体液中痕量元素的含量.

1980 年,Versieck 等以 ReNAA 技术测定了人体体液中的多元素含量,发现以往的报道值过高.在 IAEA 组织的"亚洲参考人"合作研究课题中,中国原子能科学研究院的活化分析家与天津放射医学研究所合作,以 ReNAA 测定了我国十余种典型食品以及十余种中国正常人组织和体液样品中 20~30 种元素的含量,为中国食品和中国人多元素正常值的建立提供了基础数据.

(2) 痕量元素与疾病和健康关联研究.

1998 年 10 月在北京召开的第 6 届"生命科学中的核分析方法"国际会议上发表了多篇相关的研究,其中包括我国的钟洪海等关于子宫癌与痕量元素关联的研究、聂辉玲等关于骨质疏松症与痕量元素关联研究等.

(3) 必需微量元素的代谢和生物利用率研究.

人体实际吸收的元素量为摄入量与生物利用率的乘积.前者已有国际参考标准,且主要元素含量正在各种食品出售时标注.后者则值得研究.例如,我国人均 Fe 摄入量已明显超过国家和国际推荐值,但仍有 20% 以上的人缺 Fe.生物利用率与食品构成有关,必须对特定饮食习惯的人群进行专门研究,不能使用他国数据.各种元素生物利用率间有协同或拮抗作用,故应进行多元素同时研究.稳定(可活化)示踪与 ReNAA 结合的技术最好地满足了这些要求. Jangborbani 等以此法对 Fe、Zn、Se 的生物利用率进行了详细研究.倪邦发等在国家自然科学基金的支持下开展了中国人 Ca、Fe、Se、Zn 生物利用率课题的研究.中国儿童 Zn 生物利用率的 ReNAA 研究已经发表.

(4) 痕量元素代谢机制及生理、病理作用研究.

痕量元素的生理和病理作用依赖于它们与多种蛋白酶、荷尔蒙、维生素等生物分子的结合.因此,与特定生物分子结合的必需元素测定较之元素总量测定可以给出更丰富的代

谢机制信息.将凝胶分离、离子交换、渗析、电泳、离心等生化分离技术与 ReNAA 结合的化学种态中子活化分析(speciation NAA,SNAA),或称分子活化分析(MAA)是这一研究的重要工具.需要指出,照前化学处理的使用,丧失了 ReNAA "相对低污染和低损失"的一大特长,而与其他技术(如 ICP-MS)相比,固体样品照射的要求使 ReNAA 又多了一个不能"在线"分析的劣势.

4. 材料科学

20 世纪五六十年代 ReNAA 作为亚 μg/g 水平多元素分析的几乎唯一方法,在电子级高纯 Si 分析中发挥了重要作用.20 世纪 90 年代,中国原子能科学研究院曾为上海某公司进行了 Si 半导体器件中 50 余种杂质元素的体分析、表面分析和灵敏层深度分布分析,探测极限在 $10^{-9} \sim 10^{-15}$. Grasserbauer 等全面评价了用于现代微电子器件开发的分析科学.在化学表征 5 个方面的 3 个方面,体分析、表面分析和深度分布分析中,ReNAA 起着不可替代的作用. Ortner 对几种最重要的现代超痕量分析技术、二次离子质谱(SIMS)、同位素稀释质谱(IDMS)、电感耦合等离子体质谱(ICPMS)和反应堆中子活化分析(ReNAA)进行了评价.

可见,在现代痕量无机分析家族中,ReNAA 已经不再以高灵敏度见长,其根本优势在于由低污染、低空白和基体无关性决定的高准确度以及非破坏多元素分析能力.

5. 考古学和法医学

不同来源的同类物品由相似的主要元素组成,而痕量多元素含量则迥异,据此建立的多元素"化学指纹学"广泛用于考古学中文物产地鉴定和法医学中犯罪嫌疑人指认.以多元素、非破坏分析见长的 ReNAA 在这一领域发挥了重要作用.

第一个核考古学工作是 1957 年发表的地中海陶瓷研究. Sayer 等利用 Na/Mn 值判别了组成的相似性. Neff 等评述了 ReNAA 考古学研究的最新进展.李虎候、孙用均等以 ReNAA 研究了景德镇制瓷业 1 000 余年的发展历史.孙用均、倪邦发等对我国第一个陶瓷参考物质 KPS-1 进行了多元素测定.

ReNAA 法医学研究有长期的历史,1972 年第二届"法医中子活化分析"国际会议上发表了毛发、弹药、玻璃等各种罪证材料 ReNAA 鉴定的多篇论文.中国原子能科学研究院的活化分析家曾通过犯罪现场一根眉毛(约 8 μg)中 5 种元素"模式"的分析,为罪犯指认提供了重要证据.

6. 参考物质认证

参考物质(reference material,RM)是以批量制备的均匀、稳定物质,其中一种或多种物理或化学特性已经以说明的不确定度测定.经认证机构认证(并配发证书)的参考物质称为(有证)标准物质(certified RM,CRM).由于"真值"实际上无从得知,分析的质量控制是通过与未知样品同时分析近似基体组成的 CRM,将分析值与认证值比较来实现的.二者在不确定度范围内的一致是分析结果可靠性的公认的证明.

作为当前水平"真值"最佳估计的认证值,通常以三种途径之一得到:"权威"方法;以上不同原理的方法及多实验室网络.ReNAA 以其高准确度多元素分析能力,在迄今为止的数千种 RM 认证分析中的使用频度高达 40%~60%,居任何单一方法之首.例如,在 IAEA SL-3(湖底沉积物)RM 认证中,有来自 28 个国家的 45 个实验室参加,其中的 20 个为 ReNAA 实验室.对最多元素给出最佳结果的5个实验室均为ReNAA实验室.其中,倪邦发等以k_0相对法结合的ReNAA方法提交了42种元素的数据(居单个实验室之首),且无一离群值.Ehmann的进展评述中给出了部分近期工作.

当前,CRM和ReNAA本身存在的主要问题包括:①由于准确度和溯源性方面的原因,ReNAA尚不是RM认证的基准(权威)方法,这限制了由ReNAA单独测定元素的认证;②迄今的CRM证书中给出的推荐最小取样量均为100mg或更高,这大大限制了多种现代分析技术(如固体取样AAS、厚靶PIXE、LAMMA等,要求几mg或更低的样品量)以及微样品分析(如宇宙尘、大气颗粒物、某些考古和法医样品等)的质量控制;③由于技术原因,超痕量(<1 μg/g)元素缺少认证数据.鉴于此,继续完善k_0相对法综合标准化技术,可望大大改进ReNAA准确度和溯源性,从而将之发展为RM中多元素认证的基准方法;ReNAA与Ingamells模型相结合可以进行多元素取样行为的量化描述,利用几种核分析方法的"接力",可望建立适用于微分析质控的新一代CRM;建立简便有效的RNAA技术,与ICPMS等现代分析技术一道,进一步拓展对超痕量多元素的认证.

11.4 瞬发γ中子活化分析

11.4.1 瞬发γ中子活化分析简介

瞬发γ中子活化分析(PGNAA)是通过测量样品中各种元素(每种元素的至少一种同位素)的原子核俘获中子后,瞬时($<10^{-12}$ s)发射的特征γ射线的能量和强度,对相应元素进行定性和定量分析的方法.对于对中子俘获生成核为非放射性核素,以及纯β或弱γ分支发射核这样一些通常ReNAA无能为力或难于测定的元素,PGNAA则可以发挥重要作用.

第一个利用反应堆中子的PGNAA工作发表于1965年第二次"活性化分析现代趋向"会议(MTAA-2)上.Isenhour等随后计算了PGNAA对所有元素的分析灵敏度.20世纪60年代末以来,随着高分辨Ge γ谱仪的开发,PGNAA得到进一步发展.在1968年的第三届"活化分析现代趋向"国际会议上,Comar等首次报道了使用导管中子束的PGNAA.1973年,Henkelman等首次报道了利用高注量率(1.5×10^{10} n·cm^{-2}·s^{-1})冷中子束的PGNAA工作.基于高效率Ge探测器的现代冷中子束PGNAA始建于1986年.随后,在美国NIST、日本JAERI等研究所均建立了永久性的冷中子束PGNAA装置.迄今在全世界的至少30座反应堆上开展了PGNAA工作.表11.4给出了到1996年的一个统计.

表11.4 截止到1996年存在的部分PGNAA装置

地址	中子注量率/(cm^{-2}·s^{-1})	建立年份
Cornell Univ. Ithaca	1.7×10^6	1966
Univ. of Washington, Seattle	—	1968
AEC, Orsay(弯导管)	2×10^7	1968
ILL, Gerenoble(冷导管)	1.5×10^{10}	1973
TU Munchen	2×10^7	1973
PINST, Pakistan	1.2×10^7	1975
IVIC, Venezuela(弯导管)	4.8×10^7	1976

续表

地址	中子注量率/(cm^{-2}·s^{-1})	建立年份
Los Alamos(内束)	4×10^{11}	1976
ILL,Gerenoble(导管)	8×10^{8}	1979
Univ. of Maryland-NBSR	4×10^{8}	1979
JAERI,Tokai	—	1980
MURR,Columbia	5×10^{8}	1981
Univ. of Michigan,Ann/Arbor	2.4×10^{7}	1982
KURR,Kyoto(热导管)	2×10^{6}	1983
McMasterUniv.,Hamilton	6×10^{7}	1984
MIT,Massachusetts	1×10^{5}	1984
N. C. StateUniv.,Raleigh	1×10^{7}	1986
ILL,Grenoble(热导管)	1.3×10^{8}	1987
Imperial College,Ascot	2×10^{6}	1987
KFA Julich(冷中子束)	2×10^{8}	1987
AEC,Pretoria	—	1988
CornellUniv.,Ithaca	—	1989
CRN,Strsdbourg	1×10^{6}	1990
DINR,Vietnam	5×10^{6}	1992
BNC,Budapest(导管)	—	1993
JAERI,Tokai(冷和热中子束)	1.4×10^{8}	1993
Univ. of Texas,Austin(聚束导管)	—	1993
MIT,Cambridge	6×10^{6}	1993
SINQ,Villigen	—	1996

PGNAA 实验安排的一个简化概念图示于图 11.7,其中包括由反应堆引出的中子束流、安置于束流线上的样品、HPGe γ 探测器及附属电路、吸收从样品穿过的中子的束流阻止器以及为探测器和实验人员的屏蔽系统.

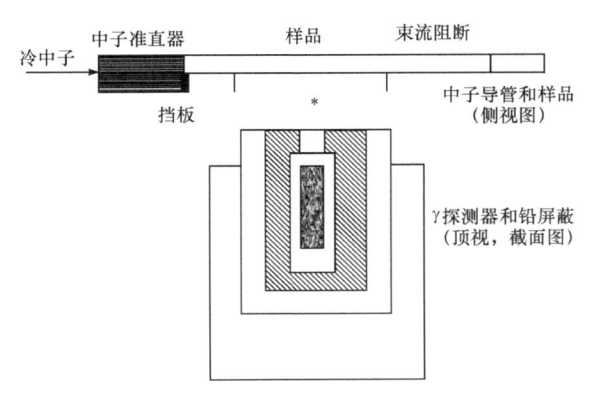

图 11.7 PGNAA 装置示意图

PGNAA 的灵敏度,每克元素产生的计数率,可由式(11.66)给出

$$S = N_A \cdot Q \cdot \sigma \cdot \varphi \cdot \Gamma \cdot \varepsilon(E)/M \tag{11.67}$$

其中,S 为灵敏度,$s^{-1} \cdot g^{-1}$;N_A 为阿伏伽德罗常量;Q 为俘获中子核素的同位素丰度;σ 为中子俘获截面,cm^2;φ 为中子注量率,$cm^2 \cdot s^{-1}$;Γ 为 γ 射线产额;$\varepsilon(E)$ 为能量 E 的 γ 射线的探测效率;M 为原子量.

除灵敏度外,实际探测极限亦与特征峰区本底和计数统计不确定度要求有关. 与通常的 ReNAA 比较,PGNAA 遇到的一个特殊问题是外束(单向近平行束)导致的较严重的散射效应. 对含氢样品,这一效应尤为严重. 对此已有深入的实验和理论研究. 在实际工作中,选用与待分析样品具有相近形状和基体组成的标准,可以在很大程度上补偿这一效应. 球形或近球形样品亦可减小散射引入的不确定度. 使用冷中子束时,常温含氢样品将使有效反应率降低. 样品中的中子散射亦会带来 γ 本底的改变.

导管冷中子束可以减低快中子和 γ 射线干扰,大大改善元素测定的探测限,而且由于反应截面的增加($1/v$ 定律),提高了灵敏度. 美国 NIST 和日本 JAERI 的导管冷中子束 PGNAA 系统反映了当代较高水平的设计.

最新的技术进展包括:使用反康普顿 Ge γ 谱仪改善低能 γ 射线探测、PGNAA 与中子反射仪结合研究成层体系的分布分析、PGNAA 的 k_0 标准化方法等.

11.4.2 PGNAA 的基本操作

PGNAA 分析的基本操作在 11.2 节及 11.3 节中已详细描述,故不再叙述. 本节只就基于同位素中子源的在线分析作一简要介绍. 基于同位素中子源提供的中子注量率远低于反应堆和加速器中子源,然而它的优势是其便携性,从而摆脱了对大型核设施的依赖. 它的主要应用包括工业在线分析、空间物质的就地分析和核测井等.

1. 中子源

1) α 发射核中子源((α,n)中子源)

这是最古老的一类中子源. 查德维克于 1932 年就是利用 ^{210}Po 发射的 α 射线与 ^{9}Be 进行 ^{9}Be(α,n)反应发现了中子. 目前此类中子源中最常用的有 ^{241}Am-Be、^{225}Ra-Be 和 ^{239}Pu-Be 中子源.

2) 光中子源((γ,n)中子源)

此类中子源基于 ^{9}Be(γ,n)$^2_4$He 反应. 入射 γ 射线能量必须在 1.67MeV 以上. 常用的 γ 源有 ^{124}Sb、^{88}Y 等.

3) ^{252}Cf 自发裂变中子源

典型同位素中子源的有关核参数列于表 11.5.

表 11.5 用于 NAA 的典型同位素中子源

类型	组成	半衰期	平均中子能量/MeV	中子产额/(n·s^{-1}·Ci^{-1})
(α,n)	^{239}Pu-^{9}Be	2.4×10^4 a	3～5	～10^7
	^{226}Ra-^{9}Be	160 a	3.6	1.1×10^7
	^{241}Am-^{9}Be	433 a	3～5	2.2×10^6
(γ,n)	^{88}Y-^{9}Be	106.6 d	0.16	～10^5
	^{124}Sb-^{9}Be	60.2 d	0.02	1.9×10^5
自发裂变	^{252}Cf	2.64 a	2.3	2.3×10^{12} n·s^{-1}·g^{-1}

由于分析反应主要是热中子俘获反应（主要测量瞬发γ），所有的同位素中子源均需慢化装置。某些含氢样品本身有一定的慢化作用。^{252}Cf比其他主要中子源有较低的平均中子能量，因而更容易慢化。

2. 中子源强度

决定中子源强度的主要因素有：
(1) 源-探测器距离；
(2) γ测量系统对高计数率的限制；
(3) γ探测器效率；
(4) 操作人员外照射剂量的考虑。

源-探测器距离依赖于样品和慢化体的中子慢化长度，γ屏蔽体也将增大一些距离。有

$$N \sim \gamma_{max} \cdot d^2 \cdot e^{\mu d_s} \tag{11.68}$$

其中，N为中子源强度；γ_{max}为测量系统允许的最高计数率；μ为样品/慢化体的中子慢化系数；d_s为样品/慢化体厚度；d为源-探测器距离。

目前，市售的商品分析器中，^{225}Cf中子源一般为50～200 μg（1.1～4.6×10^8 n·s^{-1}）。

3. 探测器

选择探测器时要考虑的因素包括：①探测效率；②能量分辨率；③抗中子辐照能力；④时间响应（允许的最高计数率）；⑤工作温度范围；⑥价格。在NaI(Tl)、BGO和HPGe三种γ射线探测器中，NaI(Tl)探测器有最高的探测效率、适中的能量分辨率（优于BGO，劣于HPGe）、较快的时间响应、较好的抗中子辐照能力、较宽的工作温度范围和较高的性价比，因此是大多数同位素中子源在线NAA系统中的首选探测器。

4. 样品-探测器几何安排

将中子源和γ探测器分置于样品两侧的所谓"透射几何"较之二者在样品同侧的"反射几何"，通常可以得到更好的结果。透射几何可以降低源和源屏蔽体发射的初级和次级γ射线的相对贡献。若样品富含低Z物质，样品本身亦可作为（至少是部分的）中子慢化体。

便携式同位素中子源用于煤、石灰石、水泥和玻璃原料混合物等物质体分析的特殊优势，使它可以处理工厂中每小时几千吨的物流分析问题。这一特殊的"取样"可以两种方式实现：一种是将样品承载于缓慢移动的传送带上；另一种是将样品填充于样品输送管道。前者的问题是很难形成确定的样品几何和厚度，传送带运动中将造成物料颗粒的偏析，从而影响测量结果。后者可以靠重力得到较均匀的样品密度和固定的几何。多数的商售装置使用样厚为25～30cm的管道几何。

在传送带装置中，需要有一个秤（机械秤或核子秤）和一个密度计。在管道装置中，因填充体积是固定的，故只需要一个密度计。

5. 屏蔽

γ探测器必须对从样品逃逸出的快、热中子和中子源的初级γ射线进行屏蔽。Li和B，特别是浓缩同位素^{6}Li和^{10}B，是常用的中子屏蔽元（核）素。实际上，多用^{6}LiH、B$_4$C$_3$、含B石蜡或载B塑料作中子屏蔽物。使用B时，需附加1cm厚的铅，以屏蔽478keV的俘获γ射线。

^{225}Cf 中子源的初级γ屏蔽使用贴近源的铅-铋材料. ^{241}Am-Be 源则通常需要一个附加的铅锥体以屏蔽长源的γ阴影.

生物屏蔽由含 B 聚乙烯、含 B 聚酯等 B-H 化合物和铅组成. 使用充水容器是很有效的方法. 生物屏蔽应避免使用大量石蜡, 以防火灾和高温熔化.

6. 中子注量率监测

样品组成, 特别是 H 含量的变化, 将导致超热对热中子注量率比例的变化, 从而影响到俘获γ射线的产额. 因而, 有必要对中子注量率进行实时监测. 使用 NaI(Tl) 探测器时, I 的 6.8MeV 俘获γ射线给出了超热中子注量率的一个量度. 加有镉屏蔽的外部 ^{3}He 计数器可以更快地得到超热中子注量率数据.

7. 数据分析和刻度

在线分析仪应对如下参量的变化不灵敏:
(1) 样品的体密度和粒径分布;
(2) 样品中中子毒物 " B、Li、Cd " 等的含量;
(3) ^{252}Cf 源强.

为此, 常用的方法是对一种元素(通常是 H)进行绝对测定, 并将全部主元素百分重量总和作为 1. 通常的刻度操作是测量一系列组成已知的标准样品, 并结合一定的理论模型. 典型商品仪器的分析周期应在 10～100s. 这段时间内, 应自动完成谱收集、分析、解释、标准格式化的显示和结果储存.

11.4.3 PGNAA 的主要应用

对大多数元素测定, PGNAA 比通常的 ReNAA 灵敏度要低 1～3 个数量级. 另外, 复合核退激发射的瞬发γ射线一般远比衰变γ能量高, 故能谱干扰小. 例如, ^{56}Fe(n,γ) 的初级γ射线能量大于 7 MeV, 若用高纯锗谱仪测量本底很低, γ射线响应函数很单纯, 从而减小了γ谱分析的不确定度. 此外, 由于 PGNAA 是测量瞬发γ, 不受生成核稳定与否和寿命长短的限制, 原则上可用于所有天然元素分析. 在实际应用中, 如前所述, 对于通常的 ReNAA 无能为力(如 H、C、B、N 等)和难于测定(如 Si、P、S、Cd、Gd 等)的元素, PGNAA 是 ReNAA 的重要补充.

氢是许多领域的重要元素, 但缺少可靠的分析方法. 燃烧法和热真空提取法是较成熟的测氢技术, 然而它们都是破坏性的. 由于不完全的回收率以及刻度方面的困难, 准确度无法保证. 与此相反, PGNAA 可以非破坏、高灵敏度(探测限可达 1 μg)、无干扰(H 的俘获γ为 2223.23 keV 的无干扰单线)地测定任何样品中的 H.

由于在颗粒边界处氢化物相积聚等原因, 金属中的 H 可以造成金属变脆. PGNAA 已用于新制造的喷气机引擎叶片中 H 含量的测定, 并发展为各种钛合金中 H 含量测定的基准方法. H 的存在对石英和半导体的电性能有重要影响, PGNAA 可以用作这些材料和器件中 H 含量测定的常规性非破坏分析手段. 在美国 NIST 核分析实验室, 以 PGNAA 测定 H 还常用来鉴定材料用于中子散射研究的合适性. 例如, 为此目的他们测定了纳米金属微晶, 工业催化剂以及 C_{60} 及其衍生物中的 H 含量.

硼是另一个 PGNAA 的"特效"元素. 与 H 类似, 除 PGNAA 外, 很少有 B 的痕量、非破坏、高准度测定方法. 迄今, PGNAA 已广泛用于各种基体中 B 的测定, 如食品和生物材料、岩石和地球化学标准物质、高纯石英和硅硼玻璃、陨石、环境样品、大气、碳化硼、难熔合金以及其他物质中从超痕量到常量硼的测定.

1. 煤炭

美国早在 20 世纪 70 年代后期就开始对 PGNAA 如何应用于煤炭工业进行了研究. 20 世纪 80 年代时就在美国的霍默城选煤厂安装了一套设备用来监测选煤厂的低灰和低硫产品. 同时也有推出应用于发电厂的煤炭检测分析设备 Nucoalyzer,其利用 Cf 中子源和一套高计数率同轴锗探测器谱处理系统对其进行在线检测分析,其设备图如图 11.8 所示.

图 11.8 煤炭检测分析设备 Nucoalyzer

由于放射性中子源 ^{252}Cf 产生的中子能量集中在 2MeV 左右,基于其进行检测分析的设备主要是通过热中子俘获反应,因此对于煤炭中的一些关键性元素 C、O 和 Na 等的分析精度十分差,甚至无法分析.

1995 年,美国 Womble 等就提出利用脉冲快热中子来进行无损检测分析并且对煤炭在线分析进行了研究. 1998 年,L. Dep 等针对该问题,提出利用中子发生器来对煤炭进行在线分析,脉冲调制快中子发生器和 BGO 探测器进行了煤的在线元素分析实验,将其称为脉冲快热中子分析(pulsed fast thermal neutron analysis,PFTNA) 技术. 结果表明,应用 PFTNA 技术测量煤中 S 的精度可达 0.05%,C 的精度可接近 1%.

2001 年,澳大利亚的 M. Borsaru 等研究了 PGNAA 技术应用于煤炭钻孔测井,其利用 PGNAA 技术测试的原位测定充满水的钻井中的飞灰、铁、硅、铝和煤层的密度. 随后其又在 2004 年通过在钻井设备上安装了一个 Cf 中子源和 BGO 探测器对煤层和覆盖层土壤中的硫分进行了分析研究.

2. 水泥

对水泥的研究从很早的时候就已开始,1995 年阿根廷的学者 Daniel L. 等就利用 Am-Be 源和高纯锗探测器对水泥中的元素进行了分析研究,其结果显示可以测出样品中 Fe、Si、Ca 和 Cl 元素的相对浓度. 1999 年 R. Kheli 等也利用 5Ci 的 Am-Be 中子源和高纯锗探测器对水泥中的 Si 和 Ca 进行了测量分析,得到 Ca/Si 的比率. 同时,Saleh H. 等也利用 Cf 源和高纯锗探测器研制了一套装置对钢筋混凝土中的 Cl 元素进行检测分析.

1997 年澳大利亚 C. S. Lim 等亦利用 Am-Be 中子源通过中子非弹性散射和俘获技术研制了用于皮带机的新型水泥生料元素分析器. 利用 BGO 探测器和双源双探测器方法研制了一套水泥元素检测分析装置，其实验室设备图如图 11.9 所示. 1999 年 C. S. Lim 等利用该装置在其国内的阿德莱德布莱顿水泥厂进行 10min 的检测分析，得到的结果显示 CaO、SiO_2、Al_2O_3 和 Fe_2O_3 的相对误差分别为 0.49%、0.52%、0.38% 和 0.23%. 2005 年利用该技术对煤炭进行在线分析研究，其实验室设备如图 11.10 所示.

图 11.9　水泥元素检测分析装置其实验室设备图

图 11.10　煤炭在线分析实验室设备图

2004 年开始，Naqvi 等利用中子发生器对水泥进行了很多的研究，利用 D-D 中子发生器对水泥中的 Ca、Si 和 Cl 等元素进行一系列的测量分析，2009 年和 2011 年先后对水泥粉尘和水泥中的氯元素进行了研究，其通过 PGNAA 技术对水泥粉尘进行分析得到其中氯元素的检测限.

3. 安全方面

1995 年,EG&ORTEC 公司和 INEEL(idaho national engineering and environmental laboratory)设计制造的 PINS(portable isotopic neutron spectroscopy)利用 Cf 源和高纯锗探测器对化学武器进行成分检测分析. 2000 年德国 Bruker Saxonia Analytik 公司发明的 NIGAS(neutron-induced gamma spectrometer)利用 D-D 中子发生器和高纯锗探测器对 Cl 和 P 等元素检测分析,然而对 C、H、O、N 等元素的检测并不灵敏.

一些机场也利用中子活化分析技术对爆炸物进行检测分析,图 11.11 是一种利用中子发生器进行安检的设备,该设备最早在 1989 年已得到利用,并在美国多家航空公司装备用来检测行旅箱子中是否有炸药.

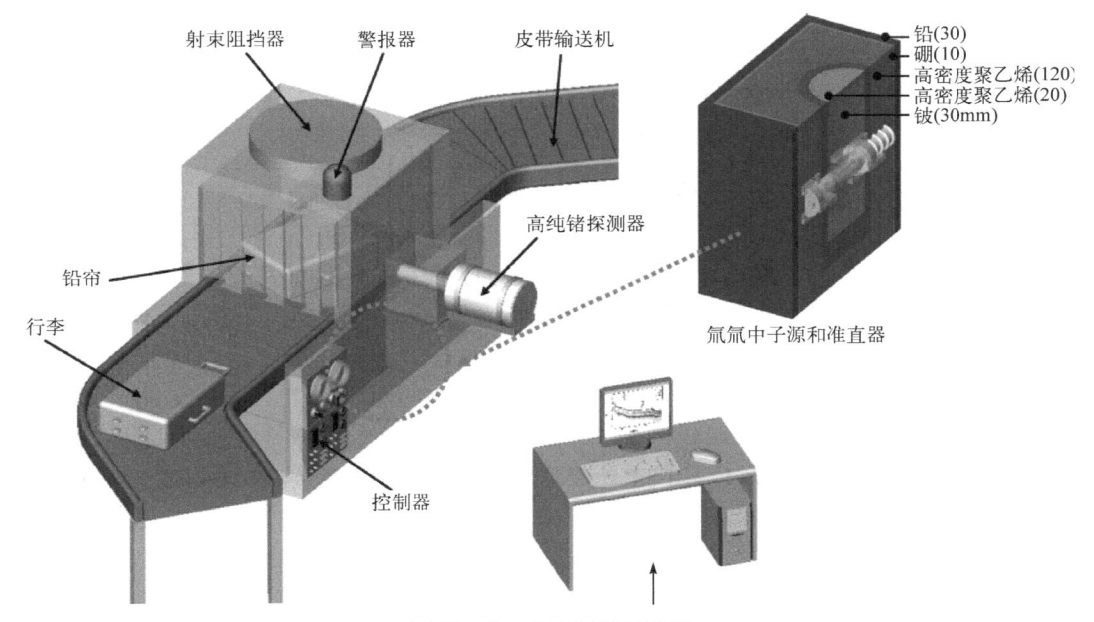

图 11.11 安检装置示意图

1995 年美国 Womble 等就提出利用脉冲快热中子来对检测爆炸物和非法药物进行分析,2001 年 Vourvopoulos 将其应用于对爆炸物的测量,通过测量得到检测物的 C/O 和 N/O 值来判断有无爆炸物的存在,图 11.12 为其用装置对爆炸物进行检测分析.

4. 环境检测

利用 PGNAA 技术对环境样品进行分析检测在国外很早就展开过研究,早在 1996 年埃及的 A.S. ABDEL-HALEEM 等就利用 Cf 源和高纯锗探测器对当地的一些环境样品进行分析检测,认为利用放射性源可以在实验室和现场对环境中的样品进行多元素检测分析,1998 年 S.L. Shue 等利用不同的中子源对土壤中的元素进行了检测研究. 2000 年美国的克莱姆森大学的研究人员利用 Cf 中子源通过水慢化后对土壤中的氯元素进行检测研究,利用高纯锗探测器进行测量. 同时,美国西屋科学和技术中心的学者 Dulloo 利用中子发生器研究了固体中 Hg、Cd 和 Pb 元素的检测效果. 2006 年 Borsaru 等利用 PGNAA 技术对土壤盐化进行了研究,通过测量 Cl 元素来判断土壤的盐化程度. 2007~2010 年 Khelifi 和 Idiri 等利用 Am-Be 中

图 11.12　爆炸物检测装置示意图

子源对水中的污染物进行了研究分析,包括 Cd、Cl、Hg、Pb 和 Cr 等元素. Naqvi 等的团队在此方面做了大量的工作,其课题组在 2009~2013 年之间利用 D-T 中子发生器配合 NaI、BGO、LaBr$_3$、LaCl$_3$ 等多种常用探测器对水泥、水溶液中进行了一系列的研究工作. 2011 年,澳大利亚研究人员利用中子发生器和伽马探测器对土壤表面进行分析研究,并搭建了一套检测装置,结果表明在土壤表层许多元素都可以很好地被检测到.

　　国内的 PGNAA 起步较晚,1991 年刘雨人等利用热中子活化分析技术对工业中煤炭元素在线检测分析做过一定的研究. 1996 年陈伯显等利用 Am-Be 中子源对煤进行初步分析研究,其结果表明,利用热中子俘获反应和快中子非弹反应来分析煤中的 C、O 和 Si 等元素,并建立了相应的数据采集系统,其结果显示利用该方法可以很好地对煤炭中的主要元素进行检测分析. 2001 年南京大陆中电科技股份有限公司将中子感生瞬发γ射线分析技术用于煤炭全元素的分析,具有分析精度高、分析时间短的特点,能实现煤炭品质在线实时监测. 2007 年王百荣等对基于 PGNAA 技术的化学武器检测系统的中子源、慢化剂和探头的选择及数据处理进行了理论分析和研究. 提出了以 BGO 探头、Cf 中子源搭建的一套简便实用的化学武器检测系统,通过检测化学武器中广泛存在的 Cl 元素来识别化学武器.

参 考 文 献

[1] Ni B,Yu Z,Wang P,et al. Multielemental NAA of geological micro-grain samples for origin identification. Journal of Radioanalytical & Nuclear Chemistry,1997,216(2):179-181.

[2] Tian W,Ni B,Wang P,et al. Role of NAA in the characterization of sampling behaviors of multiple elements in CRMs. Fresenius Journal of Analytical Chemistry,1998,360(3-4):354-355.

[3] Blotcky A J,Falcone C,Medina V A,et al. Determination of trace-level vanadium in marine biological samples by chemical neutron activation analysis. Analytical Chemistry,1979,51(2):178-182.

[4] Croudace I W. The use of pre-irradiation group separations with neutron activation analysis for the determination of the rare earths in silicate rocks. Journal of Radioanalytical Chemistry,1980,59(2):323-330.

[5] Simonits A,Corte F D,Hoste J. Single-comparator methods in reactor neutron activation analysis. Journal of Radioanalytical Chemistry,1975,24(1):31-46.

[6] Bernas B. New method for decomposition and comprehensive analysis of silicates by atomic absorption

spectrometry. Analytical Chemistry,1968,40(11):1682-1686.
[7] Rook H L,Gills T E,Lafleur P D,et al. Method for determination of mercury in biological materials by neutron activation analysis. Analytical Chemistry,1972,(44):1114-1117.
[8] Byrne A R. Activation analysis of tin at nanogram level by liquid scintillation counting of121Sn. Journal of Radioanalytical Chemistry,1977,37(2):591-597.
[9] Rouchaud J C,Fedoroff M,Revel G. Determination of silicon in metals by thermal neutron activation. Journal of Radioanalytical Chemistry,1977,38(1-2):185-191.
[10] Samsahl K,Wester P O,Landstrom O. An automatic group separation system for the simultaneous determination of a great number of elements in biological material. . Analytical Chemistry,1968,40(1):181-187.
[11] 潘素京,杜安道,文真君. 中子活化分析测定 UF$_6$ 水解液中微量氯. 核技术,1982,(4):71.
[12] Tian W Z,Ehmann W. Radiochemical neutron activation analysis for arsenic,cadmium,copper and molybdenum in biological matrices. Journal of Radioanalytical and Nuclear Chemistry,1985,89(1):109-122.
[13] Girardi F,Sabbioni E. Selective removal of radio-sodium from neutron-activated materials by retention on hydrated antimony pentoxide. Journal of Radioanalytical Chemistry,1968,1(2):169-178.
[14] Nagy L G,Török G,Fóti G,et al. Investigations on the preparation and application of some inorganic separators for the removal of the matrix activity in neutron-activated biological samples. Journal of Radioanalytical & Nuclear Chemistry,1973,16(1):245-255.
[15] Weizhi T,Bangfa N. Further study on parametric standardization in reactor NAA. Journal of Radioanalytical and Nuclear Chemistry,1994,179:119-129.
[16] 柴之芳. 地质界线的铱异常. 地质论评,1987,33(5):488-489.
[17] Kiesl W. Application of radioanalytical methods in cosmochemistry. Isotopenpraxis Isotopes in Environmental & Health Studies,1988,24(7):279-281.
[18] 柴之芳,毛雪瑛,马淑兰,等. 宁强陨石的化学元素丰度. 科学通报,1985,30:1240.
[19] Ehmann W D,Robertson J D,Yates S W. Nuclear and radiochemical analysis. Analytical chemistry,1994,66(12):229R-251R.
[20] Ehmann W D,Robertson J D,Yates S W. Nuclear and radiochemical analysis. Analytical Chemistry,1992,64(12):1R-22R.
[21] Ehmann W D,Yates S W. Nuclear and radiochemical analysis. Analytical Chemistry,1986,58(5):49R-65R.
[22] Ni B,Peng L,Wang P,et al. Further study on NAA in characterizations of reference materials. Journal of Radioanalytical & Nuclear Chemistry,1995,193(1):15-23.
[23] Paul R,Lindstrom R. Prompt gamma-ray activation analysis:fundamentals and applications. Journal of Radioanalytical and Nuclear Chemistry,2000,243(1):181-189.
[24] Baechler S,Kudejova P,Jolie J,et al. Prompt gamma-ray activation analysis for determination of boron in aqueous solutions. Nuclear Instruments & Methods in Physics Research,2002,488:410-418.
[25] Crittin M,Kern J,Schenker J L. The new prompt gamma-ray activation facility at the Paul Scherrer Institute,Switzerland. Nuclear Instruments & Methods in Physics Research,2000,449(1):221-236.
[26] Duffey D,O Fallon N,Porges K G,et al. Coal composition by /sup 252/Cf neutrons and flux level corrections. Trans. Am. Nucl. Soc.,1977,26.
[27] 基希 A T,朱超. 煤炭在线分析的世界展望. 世界煤炭技术,1994,(12):12-16.
[28] Womble P C. Non-destructive characterization using pulsed fast-thermal neutrons. Nuclear Instruments & Methods in Physics Research,1995,99(1):757-760.
[29] Dep L,Belbot M,Vourvopoulos G,et al. Pulsed neutron-based on-line coal analysis. Journal of Radioanalytical & Nuclear Chemistry,1998,234(1-2):107-112.
[30] Borsaru M,Biggs M,Nichols W,et al. The application of prompt-gamma neutron activation analysis to borehole logging for coal. Applied Radiation & Isotopes Including Data Instrumentation & Methods for

Use in Agriculture Industry & Medicine,2001,54(2):335-343.

[31] Borsaru M,Berry M,Biggs M,et al. In situ determination of sulphur in coal seams and overburden rock by PGNAA. Nuclear Instruments & Methods in Physics Research,2004,213(1-4):530-534.

[32] Savio D L C,Mariscotti M A J,Guevara S R. Elemental analysis of a concrete sample by capture gamma rays with a radioisotope neutron source. Nuclear Instruments & Methods in Physics Research B,1995,95(3):379-388.

[33] Khelifi R,Idiri Z,Omari L,et al. Prompt gamma neutron activation analysis of bulk concrete samples with an Am-Be neutron source. Applied Radiation & Isotopes,1999,51(1):9-13.

[34] Saleh H H,Livingston R A. Experimental evaluation of a portable neutron-based gamma-spectroscopy system for chloride measurements in reinforced concrete. Journal of Radioanalytical & Nuclear Chemistry,2000,244(2):367-371.

[35] Lim C S,Sowerby B D. On-line bulk elemental analysis in the resource industries using neutron-gamma techniques. Journal of Radioanalytical & Nuclear Chemistry,2005,264(1):15-19.

[36] Lim C S,Tickner J R,Sowerby B D,et al. An on-belt elemental analyser for the cement industry. Applied Radiation & Isotopes Including Data Instrumentation & Methods for Use in Agriculture Industry & Medicine,2001,54(1):11-19.

[37] Lim C S. On-line coal analysis using fast neutron-induced gamma-rays. Applied Radiation & Isotopes Including Data Instrumentation & Methods for Use in Agriculture Industry & Medicine,2005,63(63):697-704.

[38] Naqvi A A,Nagadi M M,Al-Amoudi O S B. Elemental analysis of concrete samples using an accelerator-based PGNAA setup. Nuclear Instruments & Methods in Physics Research,2004,225(3):331-338.

[39] Naqvi A A,Nagadi M M,Al-Amoudi O S B. Measurement of lime/silica ratio in concrete using PGNAA technique. Nuclear Instruments & Methods in Physics Research,2005,554:540-545.

[40] Naqvi A A,Garwan M A,Nagadi M M,et al. Non-destructive analysis of chlorine in fly ash cement concrete. Nuclear Instruments & Methods in Physics Research,2009,607(2):446-450.

[41] Naqvi A A,Maslehuddin M,Garwan M A,et al. Estimation of minimum detectable concentration of chlorine in the blast furnace slag cement concrete. Nuclear Instruments & Methods in Physics Research:section B,Beam Interactions with Materials\s&\satoms,2011,269(1):1-6.

[42] Gehrke R J,Greenwood R C,Hartwell J K,et al. US Army Experience with the PINS Chemical Assay System. Non-Stockpile Chemical Materiel Program, Transactions of the American Nuclear Society,1995:72

[43] Im H J,Song K. Applications of prompt gamma ray neutron activation analysis:detection of illicit materials. Applied Spectroscopy Reviews,2009,44(4):317-334.

[44] Lee W C,Mahood D B,Ryge P,et al. Thermal neutron analysis (TNA) explosive detection based on electronic neutron generators. Nuclear Instruments & Methods in Physics Research,1995,99(95):739-742.

[45] Vourvopoulos G,Womble P C. Pulsed fast/thermal neutron analysis:a technique for explosives detection. Talanta,2001,54(3):459-468.

[46] Abdel-Haleem A S,Abdel-Samad M A,Zaghloul R A,et al. The uses of neutron capture gamma-rays in environmental pollution measurements. Radiation Physics & Chemistry,1996,47(5):719-722.

[47] Shue S L,Faw R E,Shultis J K. Thermal-neutron intensities in soils irradiated by fast neutrons from point sources. Chemical Geology,1998,144(1):47-61.

[48] Howell S L,Sigg R A,Moore F S,et al. Calibration and validation of a Monte Carlo model for PGNAA of chlorine in soil. Journal of Radioanalytical & Nuclear Chemistry,2000,244(1):173-178.

[49] Dulloo A R,Ruddy F H,Congedo T V,et al. Experimental verification of modeling results for a PGNAA system for nondestructive assay of RCRA metals in drums. Applied Radiation and Isotopes,2000,53(4):

499-505.

[50] Borsaru M,Smith C,Merritt J,et al. In situ determination of salinity by PGNAA. Applied Radiation & Isotopes Including Data Instrumentation & Methods for Use in Agriculture Industry & Medicine,2006, 64(5):630-637.

[51] Khelifi R,Amokrane A,Bode P. Detection limits of pollutants in water for PGNAA using Am-Be source. Nuclear Instruments & Methods in Physics Research:Section B,Beam Interactions with Materials\s&\ Satoms,2007,262(2):329-332.

[52] Idiri Z,Mazrou H,Beddek S,et al. Monte carlo optimization of sample dimensions of an 241 Am-Be source-based PGNAA setup for water rejects analysis. Nuclear Instruments and Methods in Physics Research Section A:Accelerators,Spectrometers,Detectors and Associated Equipment,2007,578(1):279-288.

[53] Idiri,Z,Mazrou,H,Amokrane,A,et al. Characterization of an Am-Be PGNAA set-up developed for in situ liquid analysis:Application to domestic waste water and industrial liquid effluents analysis. Nuclear Instruments & Methods in Physics Research B,2010,268(2):213-218.

[54] Naqvi A A. Response tests of a $LaCl_3$:Ce scintillation detector with low energy prompt gamma rays from boron and cadmium. Appl Radiat Isot,2012,70(5):882-887.

[55] Naqvi A A,Al-Anezi M S,Kalakada Z,et al. Detection efficiency of low levels of boron and cadmium with a $LaBr_3$:Ce scintillation detector. Nuclear Instruments & Methods in Physics Research,2011,665(3):74-79.

[56] Falahat S,K02ble T,Schumann O,et al. Development of a surface scanning soil analysis instrument. Applied Radiation & Isotopes Including Data Instrumentation & Methods for Use in Agriculture Industry & Medicine,2012,70(7):1107-1109.

[57] Liu Y R,Lu Y X,Xie Y L,et al. Development and applications of an on-line thermal neutron prompt-gamma element analysis system. Journal of Radioanalytical & snuclear Chemistry,1991,151(1):83-93.

[58] 陈伯显,何景烨,刘建成,等. 中子感生瞬发γ射线煤多元素分析研究. 核电子学与探测技术,1996,(1):6-12.

[59] 宋兆龙,吕震中,陆厚平. 基于中子活化技术的煤炭全元素在线分析系统的研究. 中国电机工程学报,2001,21(2):89-92.

[60] 梅义忠,田益华,徐军伟. 基于中子活化技术的水泥原料在线检测装置. 水泥工程,2005,(6):57-58.

[61] 王百荣,尹光华,杨忠平. 基于PGNAA技术的化学武器检测系统. 核电子学与探测技术,2007,27(4):621-623.

第 12 章

中子治癌

1938 年英国汉默史密斯医院首次用回旋加速器的快中子治癌,由于治疗中中子对正常组织损伤严重,使中子治癌沉寂 20 多年.

最近十几年来,放射治疗领域中最明显的进步是通过提高局部控制率以达到提高癌症患者生存率的目的.进一步提高局部控制率的办法是设法找到一种新的射线,其杀伤能力应当比 X 射线和 γ 射线强.最有希望的射线之一就是中子射线.随着对中子生物效应的深入了解以及中子源技术的发展,目前世界上许多国家都建立了中子治癌中心,使很多癌症病人延长生命或使病情得到控制.

12.1 快中子治癌

12.1.1 快中子治癌历史

1. 发展历史

1932 年查德威克发现中子;

1938 年美国的 Stone 首次使用由 Lawrence 设计的回旋加速器产生的快中子治疗不能手术的癌症患者;

1943 年终止快中子放疗;

1966 年英国汉默史密斯医院重启快中子治疗的临床研究;

至 2007 年全球有 20 多台加速器和快中子治疗装置在运行.已经进入随机临床实验阶段.

2. 国内概况

1983 年将快中子治癌研究列为国家重点工程 8312 工程项目之一;

1989 年建成我国第一台快中子治癌研究装置并通过验收;

1991 年首次进行快中子治癌临床研究;

2002 年结束北京快中子治疗工作;

此后,兰州大学中子物理与技术研究所立项研制医用快中子治癌机.

3. 早期快中子治疗

中子被发现以后,人们即考虑利用中子治疗癌症,随即开始中子放射生物学研究.研究表明,与 X 射线和 γ 射线相比,中子能更有效地治疗恶性肿瘤,但由于当时对中子生物效应、癌症及中子剂量效应的了解不够深入,致使患者正常组织受到中子过剂量照射,引起严重的晚期损伤,治疗效果并不理想,以失败告终.中子治癌沉寂 20 多年.

4. 中子治癌技术的发展

(1) 中子放射生物学实验研究,支持快中子对某些肿瘤有显著疗效的结论;
(2) 中子放射物理学和影像学等高新技术的发展,保证了治疗质量,减少了治疗的副作用;
(3) 中子治疗装置的改进,使其与常规放疗一样先进,最大限度地保护正常组织;
(4) 国际上有一个中子治疗研究合作组织,定期进行深入而广泛的经验与技术交流.

5. 中子源

中子源要求:
(1) 射线有足够的穿透能力;
(2) 具有足够高的剂量率,以缩短治疗时间;
(3) 具有满意的准直束流和屏蔽系统,并可旋转;
(4) 射线的源面积直径小于 2cm,以减小半影区.
此外,要价廉、可靠、方便、易维护、寿命长.

目前可用中子源:
(1) 反应堆;
(2) 密封式小型回旋加速器;
(3) 大型回旋加速器;
(4) 14MeV D-T 中子发生器;
(5) 直线加速器.

12.1.2 物理基础

中子辐射计量学中,主要是中子与组成人体组织的元素发生相互作用. 人体组织中,H、C、N、O 等轻元素按重量计占全身的 96%,在肌肉中占 99%.

快中子和中能中子与人体组织的相互作用如表 12.1 所示,主要是中子和人体组织中的 H、C、N、O 原子核的弹性散射. 由于人体组织中 H 原子核的数量最多,并且快中子与 H 原子核弹性散射的反应截面最大,快中子与 H 原子核碰撞时传递的能量最大,其能量的 85%~95% 传递给反冲质子.

表 12.1 小于 100MeV 的中子在人体组织中的主要核反应

元素	核反应
H	弹性散射,辐射俘获 $H(n,\gamma)D$
	弹性散射,非弹性散射
C	$C(n,n',3\alpha), C(n,n',\alpha)Be$
	弹性散射,非弹性散射
N	$N(n,p)C, N(n,d)C, N(n,t)C$
	$N(n,\alpha)Be, N(n,2\alpha)Li, N(n,2n)N$
O	弹性散射,非弹性散射
	$O(n,\alpha)C, O(n,p)N$

反冲质子的大部分能量沉积在传能线密度(LET)小于 $30keV/\mu m$ 的范围内. 当质子接近停止时,最大的 LET 大约为 $100keV/\mu m$. 中子与人体组织中的其他较重的元素发生弹性碰撞,虽然 LET 很高,但反应截面很小,对剂量贡献甚微.

经多次散射后,快中子不断损失能量,成为慢中子或热中子,它们与人体组织相互作用主要是(n,γ)和(n,p)反应,高能中子在人体组织中还能引起 C(n,n',3α)、C(n,n',α)Be 和 N(n,2n)N 等反应,7MeV 和 14MeV 中子在人体组织中产生的次级带电粒子和最大射程如表 12.2 所示.

表 12.2 7MeV 和 14MeV 中子在人体组织中产生的次级带电粒子和最大射程

核反应	反应能/MeV	7MeV E_{max}/MeV	7MeV R_{max}/mm	14MeV E_{max}/MeV	14MeV R_{max}/mm
C(n,α)Be	−5.70	1.28	0.0038	7.89	0.065
N(n,p)C	0.63	7.62	0.69	14.6	2.23
N(n,t)C	−4.01	2.98	0.063	9.67	0.45
N(n,α)B	−0.16	6.30	0.045	12.8	0.15
O(n,p)N	−9.63	0	0	4.19	0.24
O(n,d)N	−9.90	0	0	4.03	0.13
O(n,α)C	−2.21	4.57	0	11.04	0.17

12.1.3 生物基础

1. 基本概念

单链断裂:DNA 双螺旋结构的其中一条链发生断裂.
双链断裂:DNA 双螺旋结构双链的对应位置或相邻位置同时发生断裂.

2. 辐射生物效应

癌:失去控制增殖能力的细胞,它可以是一个实体块(即肿瘤),也可以是骨髓中产生的白血细胞(血癌).单个细胞的突变可引起癌,致癌物质以某种方式激发或促进病毒,其潜伏期长达几年,但在大剂量辐射下潜伏期大为缩短.

平均致死剂量:为存活曲线直线部分斜率 k 的倒数($D_0=1/k$),表示细胞的放射敏感性,即照射后余下 37% 细胞所需的放射量.D_0 值越小,即杀灭 63% 细胞所需的剂量就越小,曲线下降迅速(斜率大).过去曾使用 D_{37} 表示,现已不用,因 D_{37} 受其他参数干扰,在单靶单击的指数性存活曲线中 $D_{37}=D_0$,而在肩段较宽的非指数性存活曲线中 $D_{37}\neq D_0$.

准阈剂量:代表存活曲线的肩段宽度,故也称"浪费的辐射剂量".肩宽表示从开始照射到细胞呈指数性死亡所浪费的剂量,在此剂量范围内,细胞表现为亚致死损伤的修复.D_q 值越大,说明造成细胞指数性死亡的所需剂量越大.经存活率为 100% 的点作与横轴平行的直线,再延长存活曲线直线部分与之相交即可得出 D_q 值.$D_q=D_0\times\ln N$($\ln N$ 是以自然对数表示的 N 值).

氧增强比(OER):

$$OER=\frac{无氧细胞所需剂量}{有氧细胞所需剂量} \qquad (12.1)$$

即无氧细胞和有氧细胞产生相同的生物效应所需要的剂量之比.γ射线和 X 射线是低 LET 射线,OER 较高,一般可达 2.5~3.0;中子 OER 较低,约为 1.0~1.8.

相对生物效应(RBE):

$$RBE = \frac{产生一定生物效应的标准射线的辐射剂量}{产生相同生物效应的另一种射线的辐射剂量} \tag{12.2}$$

即在同一组织中产生相同的生物效应,所需要的不同类型射线的剂量之比. X 射线的 RBE＝1,γ 射线的 RBE＜1,中子射束的 RBE 与射线的能量、剂量和被照射的组织相关,通常大于 2. 通常以 250keV 的 X 射线为标准,现在也有以 ^{60}Co γ 射线作为标准的.

传能线密度(LET):是带电粒子沉积在材料每单位质量厚度的能量,与材料阻止本领在本质上是等同的,单位为 keV/μm.

3. 中子放射生物学特性

第一,中子呈电中性,与 X 射线和 γ 射线以及其他带电粒子不同,与物质相互作用时,可直接与原子核发生碰撞,同时自己被慢化或俘获.

第二,与 X 射线和 γ 射线相比中子在单位径迹长度上消耗的平均能量更大,对受照射物质的电离能力很强,是高 LET 辐射,对组织的生物效应更高,对生物组织的损伤能力更强.

第三,与 X 射线和 γ 射线相比,对细胞的损伤效应存在差异,如图 12.1 所示.

(1) 曲线较陡,D_0 值较小. D_0 为细胞存活分数-剂量曲线直线部分斜率的负倒数,称为平均致死剂量,细胞对某中射线的辐射敏感性越高,其对应的 D_0 越小,即该射线对细胞的损伤作用越大.

(2) 曲线"肩"窄,D_q 值较小. 细胞存活分数-剂量曲线的初始弯曲部分称为该曲线的"肩",用 D_q 表示,低 LET 射线的 D_q 大,高 LET 射线的 D_q 小,表明高 LET 射线照射时,细胞缺少或丧失亚致死性损伤修复能力.

第四,与 X 射线和 γ 射线相比,对 DNA 的损伤效应存在差异:

(1) 中子对 DNA 损伤更强. 双链断裂所需能量更高,剂量相同时,中子照射时产生的单链断裂较低 LET 辐射少,而双链断裂多.

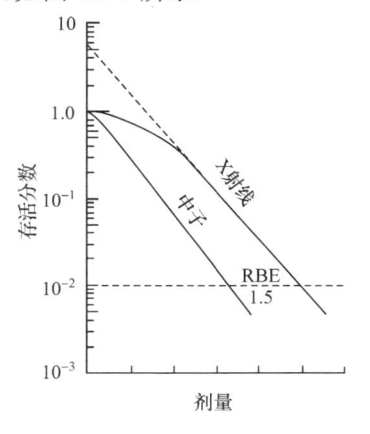

图 12.1 存活分数-剂量曲线

(2) 中子引起的不可修复双链断裂较多. 断裂双链的修复,分为慢修复和不可修复两种. 中子辐射引起的不可修复性双链断裂比低 LET 多.

第五,中子对器官的损伤特点如下:

(1) 中子对胃肠系统的损伤. 中子照射损伤中,胃肠损伤和肠道损伤占据主要地位;而光子照射,主要是引起造血系统的严重损伤.

[实验一] 中子照射小鼠,其死亡高峰期在受照后的 3～5d,而光子照射的死亡高峰期则在 10d 以后. 中子照射大鼠腹部,主要引起小肠辐射损伤,动物死亡高峰期与中子全身照射一致.

[实验二] 军事医学科学研究院放射医学研究所,用裂变中子和 ^{60}Co γ 射线照射小鼠. 分析小鼠空肠隐窝干细胞损伤,发现裂变中子(中子剂量 90%)照射时,D_0 值的 RBE＝1.56,空肠隐窝干细胞数降低 50%(ED_{50})的 RBE＝3.38. 说明中子对空肠隐窝干细胞损伤比 γ 射线更严重.

(2) 中子对造血系统的损伤. 造血系统对辐射非常敏感,照射后造血组织的严重破坏是机体发生骨髓型急性放射病的基础. 中子对造血系统的损伤比低 LET 射线更重.

[实验] 用外源性脾造血灶法和体外琼脂培养法,分别检测小鼠经中子和 ^{60}Co γ 射线照

射后骨髓 CFU-S 和 GM-CFU-C 的变化,发现二者的存活分数均随剂量的增加而呈指数下降. CFU-S 的 D_0 值分别是 0.35Gy 和 1.03Gy,RBE＝2.94.GM-CFU-C 的 D_0 值分别是 0.47Gy 和 1.67Gy,RBE＝3.55.

(3) 中子对免疫系统的损伤.免疫系统的辐射损伤是急性放射病感染并发症产生的基础. 免疫系统作为辐射敏感系统,其辐射损伤和修复的机制越来越受到人们的重视.

[实验] 用裂变中子和 ^{60}Co γ射线照射小鼠的重要免疫器官脾脏和胸腺,研究细胞数目在受照后的变化表明,脾脏和胸腺细胞都是由辐射敏感性不同的两部分组成,每一种成分对中子的辐射敏感性都高于对γ射线照射的辐射敏感性.脾脏敏感成分对中子和γ射线的 D_0 分别为 0.4Gy 和 0.96Gy,RBE＝2.4.胸腺敏感成分对中子和γ射线的 D_0 分别为 0.64Gy 和 0.83Gy,RBE＝1.3.

4. 影响 RBE 的因素

1)物理学因素

(1) 中子能量的影响.中子损伤效应与中子的能量有关.用于治疗的快中子,能量在大于 10keV 时,其损伤效应随中子能量的增加而减轻.例如,以照射后 4d 小鼠脾脏和胸腺重量降低 50％为标准,中子能量由 0.43MeV 增至 1.8MeV,其脾脏 RBE 值降低为原来的 73.6％,胸腺 RBE 值降低为原来的 74.8％.

中子 RBE 随中子能量的增加而下降的事实,可用 LET 来解释,如图 12.2 所示.中子能量增高,LET 下降,即单位径迹上的电离能力下降,因而损伤作用减轻,RBE 降低.然而随 LET 增加,中子 RBE 值达到一个最大值后,反而下降,这是因为在 LET 最初增加阶段,粒子能量尚未过剩,可完全用来作用于细胞的"靶"部位,杀死细胞,当电离能力"过剩"后,能量被浪费,细胞被"超杀",则辐射效应降低.

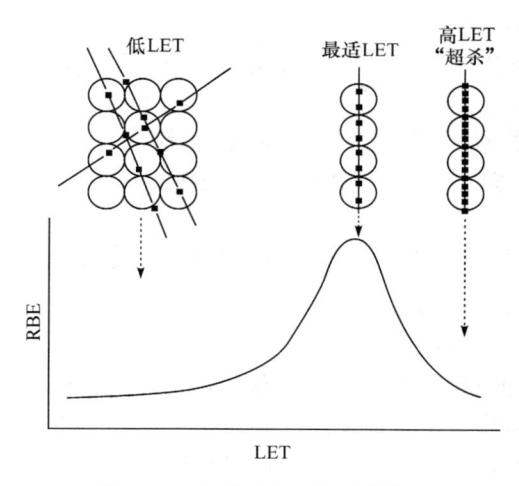

图 12.2 中子对细胞的杀伤作用

中子的 RBE 值与中子的能量有关,而中子的能量又是由产生中子的装置和辐照系统决定的.用不同中子源产生的中子治疗肿瘤,其所用剂量和照射间隔应该是不同的.忽略了这一点就很难取得理想的治疗效果,甚至产生明显的副作用.

(2) 受照物吸收剂量大小的影响.中子的 RBE 值和吸收剂量有关.以体外培养的人肾细胞的增值性死亡为标准,在 3MeV 中子低剂量照射时,RBE＝6.5,而高剂量照射时,RBE＝3.1.以平均能量 1.43MeV、中子剂量约占 90％的裂变中子照射小鼠,其引起骨髓细胞染色体畸变的 RBE 值随剂量增加而下降,低剂量时的 RBE 值比高剂量时高 3~4 倍.

(3) 中子-γ 混合照射时,中子-γ 比例的影响. 裂变中子可由不同比例的中子-γ 组成. 由于混合辐射中的中子效应高于 γ 射线效应,因此混合辐射损伤效应的 RBE 值将随中子比例增加而增高. 高比例中子混合照射的 RBE 在 3~4,中比例中子混合照射的 RBE 在 1.5~3,低比例中子混合照射的 RBE 在 1.1~1.5.

(4) 照射剂量率的影响. 多数学者认为低 LET 辐射的剂量率效应比较明显,即光子照射时,剂量率的改变对其效应影响较大,剂量率高,效应重,剂量率低,效应轻. 而高 LET 辐射的生物效应与剂量率关系不密切,即剂量率的变化对效应影响很小,所以导致中子辐射的 RBE 值随参比射线剂量率的增加而降低.

(5) 分次照射次数多少的影响,如图 12.3 所示. 为减轻低 LET 辐射损伤效应,可采用分次照射的方式. 分次照射时,由于在两次照射的时间间隔内辐射损伤的明显恢复,使总的损伤效应减轻,这种效应称为节余效应. 研究表明,细胞和机体的中子照射损伤后恢复能力极差,即中子分次照射减轻其辐射损伤效应不明显,从而导致中子分次照射的 RBE 值比一次照射时增加.

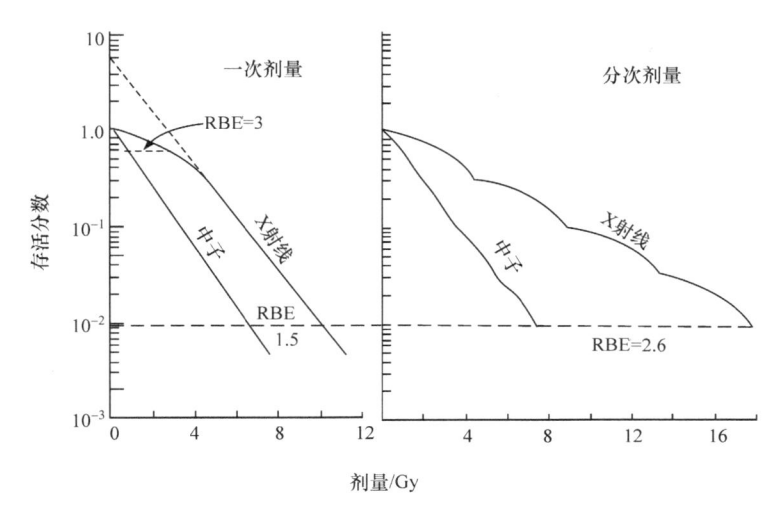

图 12.3 一次剂量与分次剂量的细胞存活分数

2) 生物学因素

影响中子 RBE 值大小的生物学因素主要有动物种属,同种动物的不同细胞、组织和器官,同种效应的不同观察时间等. 肿瘤放疗时,中子对不同组织器官和不同细胞效应的 RBE 值的差异,是特别应该考虑的因素.

3) 中子治癌的优势

(1) OER 很小. 恶性肿瘤组织中通常含有较多的乏氧细胞,对低 LET 辐射具有较强的辐射抗性. 而中子的 OER 较低,即在有氧和无氧条件下的 RBE 变化不大,所以在治疗含有乏氧细胞的肿瘤时,中子有很大的优越性,如图 12.4 所示.

(2) 各组织对中子的辐射敏感性差异很小.

研究细胞的辐射敏感性时发现,不同细胞群对中子的辐射敏感性之间的差别普遍减小,即中子照射可以减小正常组织和肿瘤细胞的"肩"宽,所以当肿瘤细胞存活曲线的肩宽比正常组织细胞的肩宽大时,使用快中子效果更好. 若肿瘤细胞存活曲线的肩宽比正常组织细胞的肩宽

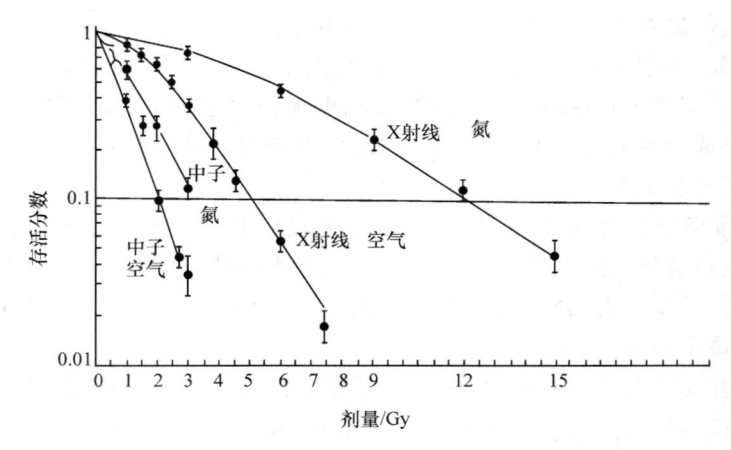

图 12.4　有氧与乏氧条件下中子与 X 射线的治疗效果的比较

小时,使用 X 射线分次治疗可对正常组织产生很大的保护作用,不宜采用中子放疗.

(3) 细胞周期影响不明显.

快中子放射治疗,对处于分裂周期不同时相的肿瘤细胞具有近似的杀伤作用.分次照射可导致肿瘤细胞周期再分布.低 LET 辐射的治疗效果肿瘤的周期再分布水平有密切的关系,而缺乏细胞周期再分布的肿瘤对中子疗效影响不明显.

(4) 分次照射次数的影响小.

随 LET 的增加,其照射后的亚致死性损伤和潜在致死性损伤的修复能力越来越弱,即照射的间隔时间的长短和照射次数,随 LET 的增加越来越不起作用.因此在制定放疗计划时,可以采用较小的分割次数,集中照射,以节省时间,提高疗效.

12.1.4　临床应用

快中子放疗特别适合于唾液腺肿瘤、头颈部肿瘤、骨及软组织肉瘤等.

涎腺癌:单纯手术治疗涎腺癌晚期,局部复发率高,术后常规放疗可将手术完全切除肿瘤的控制率从 34% 提高到 74%,但常规放疗对无法切除、术后残留以及术后复发的肿瘤效果不佳,局部控制率只有 30% 左右,而快中子可将其提高到 60% 左右.

头颈部鳞癌:总结多国临床经验后认为,与常规放疗相比,快中子治疗对于 T1-2、N1 等相对早期的头颈部鳞癌并无优势,只有对 T4、复发或残存的肿瘤或 N3 等晚期肿瘤才具有较高治疗效果,这种有限的治疗效果常被快中子治疗的晚期不良反应所抵消.但快中子治疗对副鼻窦肿瘤有一定优势.英国哈默史密斯医院快中子治疗 43 例副鼻窦癌,完全消退率达 86%,3 年局控率达 50%.

非小细胞肺癌:快中子放射治疗非小细胞肺癌,癌症的病理分期不同,局部控制率存在差异,总体来说优势不甚明显.但中子放射治疗引起放射性脊髓炎、放射性肺炎的概率大大增加.

直肠癌:基于快中子的生物学效应优势和局部晚期或复发性直肠腺癌中乏氧细胞比例较高.快中子曾被用于治疗此类恶性肿瘤.英国 Edingburgh 的初期研究未发现快中子可显著提高局部晚期肿瘤的控制率,但再复发性肿瘤局控率(33.3%)好于光子放疗(18.8%),两种射线治疗后的 3 年总生存率均在 10% 左右.

12.2 硼中子俘获治疗

将亲癌的 ^{10}B 药物口服或注射到体内,使癌细胞聚积 ^{10}B,用慢中子照射病灶,通过 $^{10}B(n,\alpha)^7Li$ 反应的 α 粒子和 ^7Li 核在细胞范围内(几 μm)有效杀死癌细胞.

用热中子进行硼中子俘获治疗(BNCT)只能治疗皮肤和近表面的癌,而用超热中子进行 BNCT 则可治疗脑瘤、黑素瘤、中枢神经瘤、胰腺癌等.

12.2.1 BNCT

1. BNCT 历史

1932 年查德威克发现中子;
1935 年 Taylor 和 Goldhaber 介绍了 $^{10}B(n,\alpha)^7Li$ 反应;
1936 年 Locher 提出 BNCT 想法;
1951 年 Brookhaven 建立石墨研究堆;
1951 年麻省总医院(MGH)神经外科主任 W. Sweet 开始了 BNCT 的临床实验工作;
1957 年合成对硼苯丙氨酸(简称 BPA);
1968 年 H. Hatanaka 开始在日本用多面体硼烷阴离子(简称 BSH 或 PBA)进行 BNCT 的实验研究;
1987 年欧洲共同体建立 BNCT 联合攻关组,其研究也已进入临床实验阶段;
1994 年美国开始进行 BNCT 的临床实验;
1997 年荷兰开始进行 BNCT 的临床实验;
1999 年芬兰开始进行 BNCT 的临床实验;
此后,日本和美国还分别对 30 多例和 5 例黑色素瘤患者进行了治疗,也取得了非常好的疗效.澳大利亚、瑞典等 30 多个国家和地区正在开展 BNCT 的实验研究.

2. BNCT 必备条件

(1) 对肿瘤组织有高度亲和力的硼携带剂;
(2) 建立专供医学使用的中子源,并提供一定能量的稳定中子束;
(3) 建立精确的辐射剂量测算体系.

3. 早期 BNCT

临床上主要用于脑瘤、神经胶质瘤和皮肤浅层的黑色素瘤等的治疗.

4. 初期临床结果

(1) 热中子在组织中的穿透能力很差;
(2) 硼在血液中的浓度高于肿瘤组织;
(3) 浅层组织达到耐受剂量时,深部肿瘤依然存活;
(4) NBL 和 MIT 于 1961 年放弃 BNCT 临床实验.
BNCT 反应机理如图 12.5 所示.

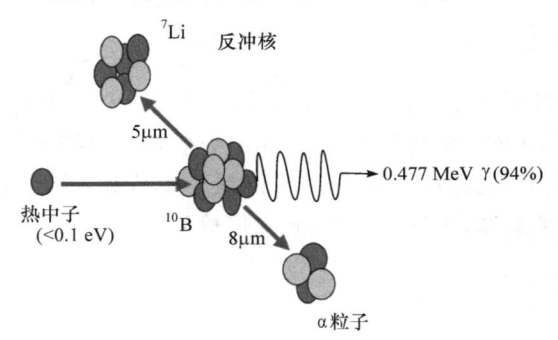

图 12.5　BNCT 反应机理

治疗过程如图 12.6 所示：
(1) 选择性地将 ^{10}B 送达肿瘤组织；
(2) 用热中子(n_{th})照射肿瘤靶区；
(3) 发生 ^{10}B$(n,\alpha)^7$Li 反应，反应产物的射程很短，含 B 癌细胞接受大部分剂量。

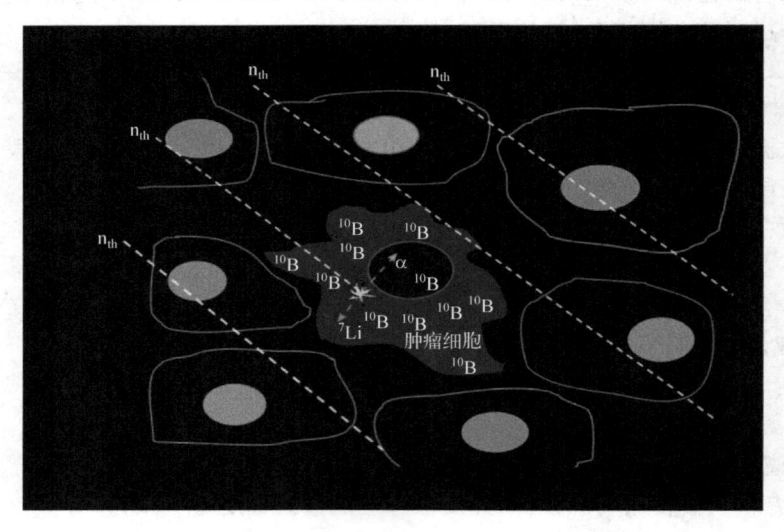

图 12.6　BNCT 杀死肿瘤细胞示意图

BNCT 程序如图 12.7 所示：
(1) 手术后 3～4 周进行 BNCT；
(2) BNCT 单次治疗,持续时间<1h；
(3) 2-hrBPA 注入；
(4) 注入后 45min,进行 BNCT.

5. BNCT 剂量的组成

硼剂量——来自 ^{10}B$(n,\alpha)^7$Li 的反应产物.
γ剂量——来自射束污染以及氢的中子俘获反应：^{1}H$(n,\gamma)^2$H.

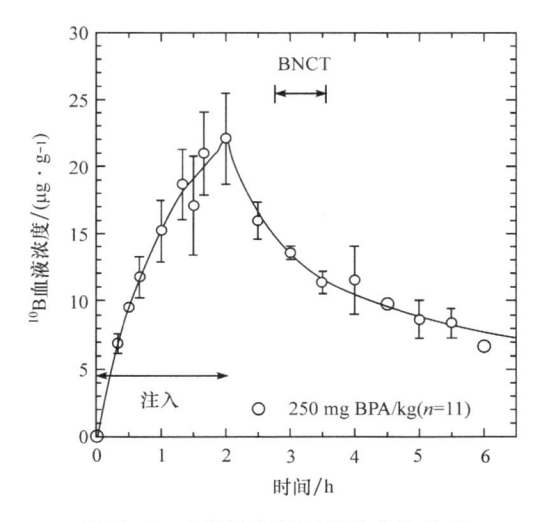

图 12.7　血硼浓度随时间的变化关系

氮剂量——来自 ^{14}N(n,p)^{14}C 的反应产物.

快中子剂量——来自反冲核(主要是质子).

6. 光子当量剂量

国际原子能机构(International Atomic Energy Agency,IAEA)会议推荐 BNCT 剂量采用加权剂量 Dw(单位 Gy)表示,如下式所示：

$$Dw = wb \cdot Db + wg \cdot Dg + wn \cdot Dn + wp \cdot Dp$$

加权因子指相对生物效应(REB)或复合生物有效性因子(compound biological effectiveness,CBE),BNCT 剂量以 Gy-Eq(相对生物剂量)表示.

深度剂量线如图 12.8 所示.

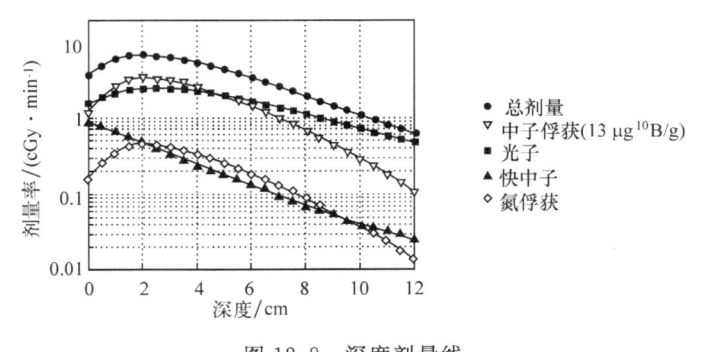

图 12.8　深度剂量线

7. BNCT 特点

(1) 靶向性好,α 粒子射程仅约 10 μm,即一个细胞直径,只能杀死发生核反应的肿瘤细胞,对周围正常组织损伤小；

(2) 肿瘤局部剂量大,可达 20Gy 以上；

(3) 不需增氧效应,α 粒子可以杀死富氧细胞、乏氧细胞,以及未增殖的 G_0 期细胞；

(4) 产生的损伤效应不可修复；

(5) 元素能与多种载体结合,可通过生物结合或代谢途径进入靶组织,可治疗脑、肝、肺和骨等恶性肿瘤;

(6) 次生放射性核素的半衰期和射程均很短,患者不需要特殊的防护.

8. BNCT 改进

(1) 改善 B 载体:研制与肿瘤亲和力强的 B 载体,如 BSH、BPA.

(2) 提高中子穿透力:将 $E<0.4\text{eV}$ 的热中子改成 $0.4\text{eV}<E<10\text{keV}$ 的超热中子,提高射线的穿透力,减少表面剂量沉积.

9. 现状

BNCT 已被证实是目前治疗胶质瘤的最有效的方法之一:脑胶质瘤是对病人威胁最大的一种恶性肿瘤.患这种瘤的病人多为青壮年,平均存活不到半年.由于其形状复杂,像树根一样生长在大脑中,运用手术、常规放疗、化疗等方法治疗效果很差.BNCT 治疗脑胶质瘤,病人 5 年存活率可达 58%,而用手术、化疗、常规放疗等方式治疗,病人 5 年存活率还不到 3%.

BNCT 治疗口腔肿瘤和未分化甲状腺癌及其他非肿瘤性疾病(如类风湿性关节炎)的实验研究正在进行中,也取得了满意的效果.

10. 探索新型趋肿瘤核素

制备更理想的趋肿瘤核素化合物.^{157}Gd 是非放射性核素,热中子俘获截面为 2.55×10^5 b,能释放 $0.08\sim7.96$ MeV 的 β 射线,^{157}Gd 螯合物是很有前途的亲肿瘤载体物质.目前用于脑核磁共振显像的反差增强剂 Gd-DTPA,可在脑瘤中富集,在脑瘤组织中的浓度与在正常组织或血液中的浓度比值为 38,静脉注射后可迅速在血液循环中被清除.^{157}Gd 在理论与实验中被认为是一个很有希望的可能取代 ^{10}B 化合物的核素,但临床资料尚缺乏,有必要作进一步的研究.

12.2.2　B 载体

1. B 载体应具备的特点

(1) 肿瘤中聚集的硼化物对人体无毒性,对各时相细胞均有亲和力;

(2) 硼化合物对肿瘤的选择性要高,即在给药后的某段时间内,药物在肿瘤组织中的浓度与在正常组织或血液中的浓度比越大越好,最好能在肿瘤细胞核内聚集,这样可以保证在用中子照射时只杀死肿瘤细胞,而少伤害正常细胞;

(3) 不论是单独使用,还是与其他硼化合物联合使用,浓度可达每个瘤细胞内约 10^9 个 ^{10}B 原子,或每克肿瘤组织中含有 $20\sim35$ μg;

(4) 在肿瘤与正常组织的浓度比能达到 3∶1~4∶1,并且在治疗期间,在肿瘤组织中能保持一定的治疗浓度.

2. B 载体历史

20 世纪 50 年代,美国首先使用的是一种无机水溶性化合物对羧基二苯硼酸(p-carboxydiphenylboronic acid),它属于硼酸酯类化合物.18 例胶质母细胞瘤患者接受治疗后的平均存活时间不足半年,除死于肿瘤外,有的患者死于硼刺激脑血管内皮而产生的结缔组织裂解栓子.这种化合物于 1961 年即被禁止使用.

第 12 章 中子治癌

20 世纪 70 年代,美国化学家合成了一种新硼化合物巯基十二硼烷二钠盐(BSH).日本神经外科医生 Hatanaka 首次使用它治疗了 40 例恶性胶质瘤患者,用量为 30~80mg·kg^{-1}.静脉注射后 12h 开始照射.肿瘤/血浆浓度比可达 1.69:1,治疗后 5 年生存率为 33%.当时最好的治疗结果 5 年生存率也仅为 5.7%.

20 世纪 80 年代后期,日本神户大学医学院的 Mishima 等研制成对硼苯丙氨酸(BPA),该药经临床十多年应用证明:当实验动物血脑屏障未被破坏时,注射 2.5h 后的肿瘤与血液 BPA 浓度比为 8.5:1,肿瘤与脑组织浓度比为 5.9:1;当血脑屏障被破坏后,其注射 2.5h 后肿瘤与血液 BPA 浓度比可达 10.9:1,肿瘤与脑组织浓度比可达 7.5:1,BPA 与 BSH 的分子结构如图 12.9 所示.

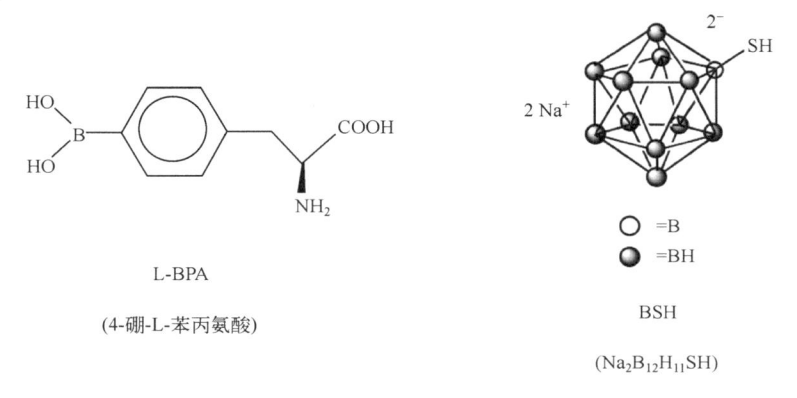

图 12.9 BPA 与 BSH 的分子结构

BPA 药物动力学如图 12.10 所示.肿瘤的 BPA 浓度比血液或脑中的浓度高 3.5~4 倍.小鼠体内硼浓度的变化如图 12.11 所示,肿瘤中 BPA 随时间的变化如图 12.12 所示.鼠 9L 胶质瘤放疗后舌部溃疡百分比如图 12.13 所示.

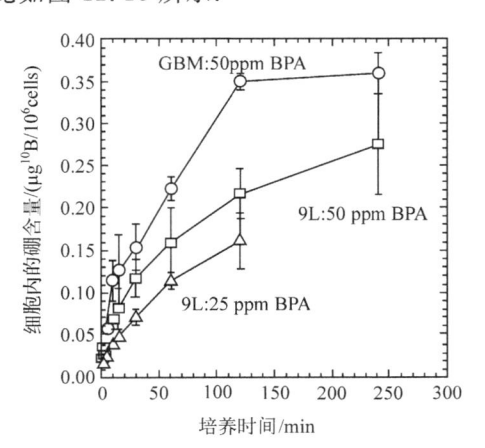

图 12.10 BPA 剂量-时间曲线
培养液中的细胞全部载有 BPA 需要几个小时

多种实验充分证明了 BPA&BSH 安全性,但由于单一硼携带剂不能进入每一个肿瘤细胞,故有必要不断寻找新的硼携带剂,以提高 BNCT 疗效.

硼化卟啉(BOPP)是一种糖卟啉硼化合物,每个 BOPP 分子含有 40 个硼原子,其分子重量的 30% 是硼原子,有高水溶性.卟啉类化合物对肿瘤细胞有靶向定位作用,能将硼定向带入

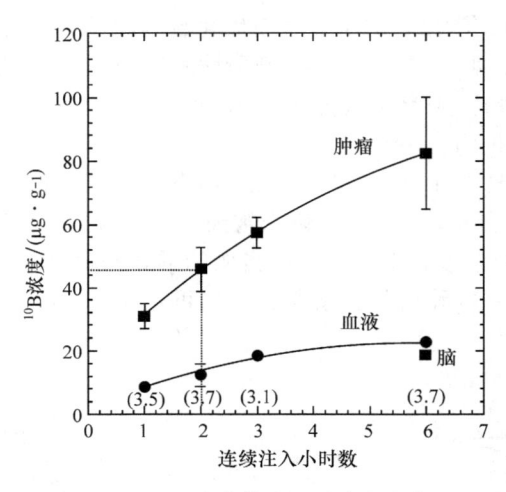

图 12.11 小鼠体内硼浓度的变化

鼠 9L 胶质瘤；注入速率常数为 250mg BPA/kg/hr；
改变注入时间；注入后 1h，肿瘤，血液采样

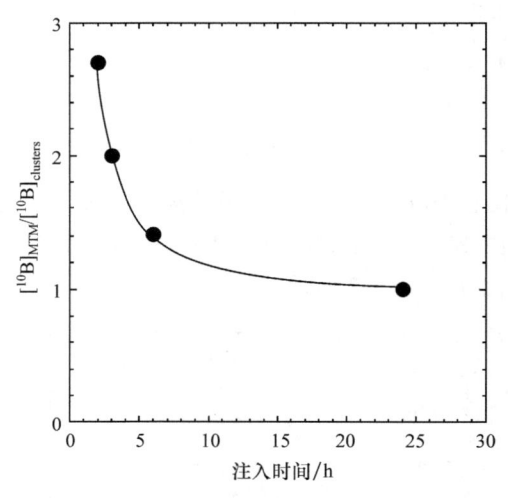

图 12.12 肿瘤中 BPA 随时间变化图

鼠 9L 胶质瘤；浸润肿瘤细胞 BPA 水平达到
主体肿瘤 BPA 水平需要数小时

肿瘤组织中，有效增加硼浓度，而且血药浓度能长时间的保持，是一种极具优势的携带剂．

树枝状大分子是近年来出现的具有高度支化结构的大分子．结构稳定，无免疫原性，临床量时没有毒性，分子中的聚乙二醇保证了其有良好的水溶性．每个树状大分子可结合 250～400 个 ^{10}B 原子，能将足够量的 ^{10}B 化合物送达癌细胞，对癌细胞能持续产生致死性作用．

核苷酸可水解为磷酸根和核苷．肿瘤细胞增殖时，需要大量的核苷．如果将 ^{10}B 连接到核苷上，就能使 ^{10}B 进入肿瘤细胞的 DNA 中．由于肿瘤细胞的繁殖速率远大于正常细胞，硼化合物聚集在肿瘤细胞的浓度不仅高于正常细胞，而且聚积在肿瘤细胞核的浓度最大，大幅度提高了对肿瘤细胞的杀伤力．

单克隆抗体能选择性识别肿瘤细胞表面的抗原并与之结合，因此，利用单克隆抗体可以将

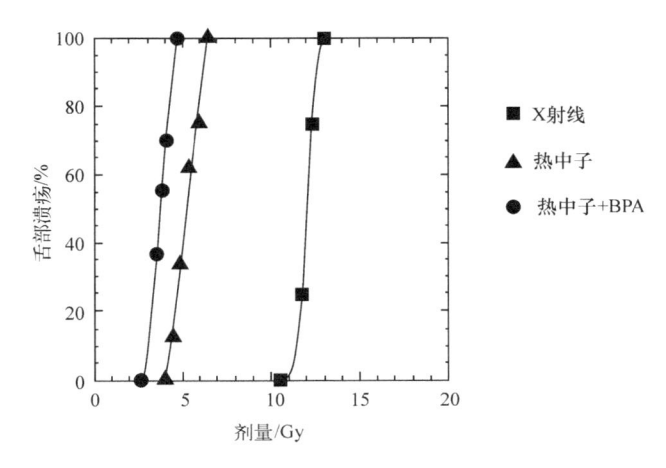

图 12.13 鼠 9L 胶质瘤放疗后舌部溃疡百分比

各种硼化合物聚集到肿瘤细胞上. 目前单克隆抗体的合成技术已能达到这个目的,体外实验也证实了它的疗效,但用于临床还有许多问题需要解决,主要问题是肝等正常组织对 ^{10}B 的吸收较高.

影响硼载体到达肿瘤组织的因素如下:
(1) 硼化合物的血药浓度,由药物剂量和给药途径决定;
(2) 血脑屏障对硼化合物的通透性;
(3) 肿瘤组织的血运.

侵入性方法:包括肿瘤内注射、植入缓释的硼聚合物及高渗透压导致的血脑屏障破坏.

药理性方法:包括应用直径小于 50nm 的脂质体或其他可透过血脑屏障的小直径脂溶性分子,以及应用缓激肽拮抗剂 RMP-7(一种合成的九肽,可选择性地用于血脑屏障开放的脑肿瘤中).

生理性方法:包括应用假性营养物质(如胰岛素样生长因子等),还包括同时应用多种硼携带剂.

因肿瘤细胞摄取每种药物的机制不尽相同,多种药物共同使用可充分利用各种途径使硼进入更多的瘤细胞,多种药物可以针对肿瘤的不同细胞群发挥作用. 另外还可采用多次照射、间歇给药的方法,由于每次照射后肿瘤血液供应都会出现改变,故多次给药也可能使硼进入更多的瘤细胞中.

诱导的血脑屏障破坏可显著增加肿瘤对化疗药物的摄取,这可大大提高患者生存率,但另一方面,血脑屏障破坏后,经颈内动脉给药的正常脑组织对药物摄取也会有所增加,可引起神经毒性的增加.

随着对正常细胞和肿瘤细胞的生物化学和生理学差异认识的深入,人们将设计合成更具肿瘤靶向性的药物:
(1) 硼化合物将特异性结合于瘤细胞核;
(2) 含硼药物特异性结合于细胞器;
(3) 针对特异性癌基因或其表达产物,合成与之有特异亲和力的硼化合物.

12.2.3 中子源

BNCT 对中子的要求:

(1) 中子通量大于 $10^{13}\,\mathrm{cm}^{-2}\cdot\mathrm{s}^{-1}$；

(2) 中子能穿透肿瘤.

早期,满足要求的中子源仅产生于原子核裂变反应堆,不仅成本较高,而且还需考虑可操作性和安全性等问题. 近年来,随着加速器技术的发展,通过强流质子加速器与新型靶材设计,其中子产额可达 $10^{-13} \sim 10^{-14}$ 中子/秒,也能够满足 BNCT 对中子通量的要求,但中子束的污染(包括快中子和γ射线的污染等)也不容忽视.

世界各地用于 BNCT 的反应堆中子源如下：

美国麻省理工学院的 MITR；

瑞典的 MEDICAL AB；

芬兰的 FiR1；

日本京都大学的 KUR；

日本原子力研发机构的 JRR-4；

若加速器能生产出适合 BNCT 的中子源,BNCT 方可普及.

中子源小型化发展：

2009 年在中国核工业北京 401 医院诞生了国际上第一台 BNCT 的微堆系统；

日本京都大学小野公二研究组和住友重工研发团队,建成了世界上首个无核化用于 BNCT 的回旋加速器；

北京大学也在开发用于 BNCT 的射频四极场(RFQ)加速器.

12.2.4 前景

BNCT 特别适合于复发性癌、浸润性癌、恶性脑肿瘤、黑色素瘤、多发性癌等.

BNCT 治疗肿瘤的疗效取决于硼化合物对肿瘤组织是否有高度选择性和亲和性,以及理想的中子源. 虽然在治疗胶质瘤和黑色素瘤中取得一定的成绩,但仍存在许多问题,其中最突出的是硼化合物的肿瘤靶向特异性不够,以及使用的中子束穿透力较弱,目前仅限于无法经手术、常规化疗或放疗根治的残余肿瘤的治疗.

不少学者正致力于超热中子、快中子的研究,以满足治疗深部肿瘤的需要. 随着研究的深入和技术的逐步完善,BNCT 在未来将可能会填平那些无论是原发的,还是复发的恶变癌症无法有效治疗时留下的深坑.

12.3 ^{252}Cf 中子刀治疗

^{252}Cf 中子源自动遥控系统——中子刀,是一种集现代核物理、核医学、放射生物学、自动控制、计算机软件等多学科于一体的大型高科技治疗设备,中子刀是采用腔内直接对肿瘤进行照射的方法,通过 ^{252}Cf 发出的中子射线对病灶进行打击,以有效破坏恶性肿瘤的组织,使其萎缩坏死. 其物理特性与生物特性与快中子治疗基本相同,区别在于这种自发裂变的中子源可以直接置于患处近距离照射. 在确诊肿瘤的位置和体积后,用特制的施源器插入人体腔道内(或植入组织间),再通过自动控制系统和送源机构将 ^{252}Cf 中子源送入施源器中,准确地置于肿瘤病灶部位,按照治疗计划系统事先已规划的治疗方案,对病灶进行确定剂量的区间照射,从而达到最大程度杀死肿瘤组织、保持正常组织损伤较小的目的.

12.3.1 ^{252}Cf 中子刀治疗历史

1932 年,查德威克发现中子.

1950 年,Seaborg 等第一次发现了元素周期表中的第 98 号元素锎(Californium,Cf).

1952 年,美国从热核爆炸的散落物中搜集到 ^{252}Cf,这是人类第一次发现这种锎的同位素.

1958 年,从核试验反应堆中经过长时间照射获得 μg 量级 ^{252}Cf,并被成功分离.

1965 年,美国的 Shea 和 sfoddard 等提出将 ^{252}Cf 应用于腔内和组织间放射治疗.

1966 年 6 月,美国萨凡纳河实验所(SRL)研制出第一支医用 ^{252}Cf 针,随后开始了剂量学研究.

1967 年,美国布鲁克海文实验室的 Atkins 等使用第一支 ^{252}Cf 针进行剂量学、相对生物效应、皮肤耐受量等方面的开创性研究.

1969 年,美国的 M. D. Anderson 医院进行了第一次用 ^{252}Cf 治疗人体肿瘤,随后相继有多家大学和医院参与此项研究.

1971 年,英国牛津大学放射学实验所、Chruchill 医院开始应用 ^{252}Cf 中子治疗.

1973 年,日本东京癌症研究医院开始 ^{252}Cf 中子治疗.

1972~1995 年,美国 Maruyama 等在肯塔基大学开展了大量的 ^{252}Cf 临床实验和放射生物学研究,并于 1985 年建成 Lexington ^{252}Cf 中子近距离治疗中心,取得了丰富的成果,受到医学界的广泛关注.

1973 年,俄罗斯开始 ^{252}Cf 中子治疗,至 1997 年共计治疗了近 3000 例肿瘤患者.

1986 年,捷克开始 ^{252}Cf 中子治疗,至 1997 年治疗了近 700 例妇科肿瘤患者.

1985 年,HFIR 停堆,影响了 ^{252}Cf 的生产和应用.

1996 年 3 月,中国开始研制 ^{252}Cf 中子后装治疗机.

1998 年 8 月,世界第一台工业化 ^{252}Cf 中子后装治疗机(中子刀)在中国诞生.

1999 年 1 月,第三军医大学重庆大坪医院应用中子刀进行了第一例肿瘤治疗.

2000 年 9 月,中子刀获得中国国家药品监督管理局(SDA)颁发的生产许可证,至 2006 年已生产安装了 15 台,治疗患者总计约 6000 例,包括妇科肿瘤、食管癌、直肠癌和黑色素瘤.

12.3.2 应用现状

近距离放射治疗通常采用的放射源有 Ra-226、Co-60、Cs-137、Ir-192 等. 20 世纪 60 年代末,在美国的 Anderson 医院、英国的 Oxford 癌症治疗中心率先将 Cf-252 用于宫颈癌的治疗后,相继在美国的 Lexington ^{252}Cf 中子近距离治疗中心、日本的庆应大学癌症研究中心、俄罗斯的 Obnisk 癌症研究中心和 Blokhia 癌症研究中心等许多医疗研究机构开始了利用锎中子进行近距离治疗恶性肿瘤的临床应用研究,初步提示应以相对生物效应系数 RBE 来比较疗效标准和衡量每次临床给予的剂量. 用管状 ^{252}Cf 中子源对子宫内膜癌进行腔内照射治疗的实验是由美国 Keutueky 大学的 Maruyama 进行的,RBE 采用 6,A 点总剂量为 10Gy,并同时应用直线加速器辅助进行外照射(B 点剂量 45~55Gy),按照类似镭疗程式治疗了 14 例宫体癌,有 12 例(86%)得到治愈. 用遥控后装技术治疗癌症的研究者是日本东京庆应大学癌症中心的 Yamashita,他分别对宫体癌、阴道癌、舌癌、口腔癌和鼻腔内黑色素瘤进行中子源后装治疗,疗效颇令人满意,显示这种新源在近距离治疗中的身价和地位.

^{252}Cf 中子刀与其他后装治疗设备相比,其优势是治疗功能与其他放疗设备相比要高

出2~8倍,而副作用却微乎其微.中子治疗肿瘤时,有肿瘤组织消退快、肿瘤局部控制率高、不易复发等优点,Ⅲ、Ⅳ期宫颈癌和Ⅰ、Ⅱ期直肠癌的局部控制率和生存率均明显高于常规光子线放疗.^{252}Cf中子近距离后装治疗解决了传统的γ射线近距离后装治疗不能解决的问题.

至1997年,美国Maruyama和俄罗斯Vtyuria、Marjina等共收治了3000多例癌症患者,俄罗斯癌症研究中心用高活性^{252}Cf源遥控后装治疗装置(ANET-V)以来,治疗了1411例病人,主要包括子宫体癌、宫颈癌、阴道及直肠癌.常规外照射加^{252}Cf中子腔内放疗,515例Ⅰ、Ⅱ、Ⅲ期子宫体癌患者,3年生存率为89.8%,5年生存率为86.5%;345例Ⅱ、Ⅲ期宫颈癌患者,5年生存率为72.2%;而对42例宫颈癌外生型肿瘤的患者,予以^{252}Cf源进行腔内术前照射,其肿瘤近期消退率为91.2%,显示了中子腔内放疗的效果较佳,有力地证明了^{252}Cf中子治癌技术的强健的生命力.

与加速器中子束外照射相比,体内近距离照射能有效减少健康组织受到损伤.用14MeV快中子束和^{252}Cf中子对宫颈癌患者进行多野外照射和近距离插植治疗对比,用14MeV快中子束进行外照射时膀胱和直肠等重要器官均处于高剂量区域,极易引起严重的放疗并发症,如膀胱炎、直肠炎,甚至造成溃疡或瘘;而用^{252}Cf中子实施近距离照射,高剂量区域集中在宫颈和宫体内,膀胱和直肠等周围需受保护的重要器官均在低剂量区域,不易出现放疗并发症.

参 考 文 献

[1] Nesvizhevsky V V, Pignol G, Protasov K V. Neutron scattering and extra-short-range interactions. Physical Review D-Particles, Fields, Gravitation, and Cosmology, 2008, 77(3): 034020.

[2] Nikolenko V G, Popov A B. What is the correct description of the slow neutron scattering in a gas?. European Physical Journal A, 2007, 34(4): 443-446.

[3] Wang Y, Bangerth W, Ragusa J. Three-dimensional h-adaptivity for the multigroup neutron diffusion equations. Progress in Nuclear Energy, 2009, 51(3): 543-555.

[4] Gill D F, Azmy Y Y. Newton's method for solving k-eigenvalue problems in neutron diffusion theory. Nuclear Science and Engineering, 2011, 167(2): 141.

[5] Sardar T, Saha Ray S, Bera R K, et al. The solution of coupled fractional neutron diffusion equations with delayed neutrons. International Journal of Nuclear Energy Science and Technology, 2010, 5(2): 105-113.

[6] Zinzani F, Demazière C, Sunde C. Calculation of the eigenfunctions of the two-group neutron diffusion equation and application to modal decomposition of BWR instabilities. Annals of Nuclear Energy, 2008, 35(11): 2109-2125.

[7] Davison B, Sykes J B, Cohen E R. Neutron transport theory. Physics Today, 1958, 11(2): 30-32.

[8] Carlson B G, Lathrop K D. Transport Theory-The Method of Discrete Qrdinatesd in Computing Methods in Rector Physics. New York, Gordon Breach, 1968: 165.

[9] Abramowitz M, Stegun I A. Handbook of mathematical functions: with formulas, graphs, and mathematical tables. Dover Books on Advanced Mathematics, 1965, 56(10): 136-144.

[10] Lathrop K D. DTF-IV, a Fortran-IV Program for Solving the Multigroup Transport Equation with Anisotropic Scattering. LA-3373, 1965.

[11] Carlson B G. Transport theory: discrete ordinates quadrature over the unit sphere. Oxford: Oxford University Press, 1970.

[12] Bell G I, Glasstone S. Nuclear reactor theory. Van Nostrand Reinhold Co, 1952.

[13] Weinberg A M, Wigner E P, Cohen E R. The physical theory of neutron chain reactors. Physics Today, 1958,12(3):34.

[14] Larsen E W. The spectrum of the multigroup neutron transport operator for bounded spatial domains. Journal of Mathematical Physics,1979,20(8):1776-1782.

[15] Chabod S P. Number of elastic scatterings on free stationary nuclei to slow down a neutron. Physics Letters A,2010,374(45):4569-4572.

[16] Bodnarchuk I A, Bodnarchuk V I, Yaradaikin S P. Estimation of the cross section of neutron scattering by spin waves in thin ferromagnetic layers. Physics of the Solid State,2014,56(1):138-141.

[17] lLarsen E W. Neutron transport and diffusion in inhomogeneous media. I. Journal of Mathematical Physics, 1975, 16(7): 1421-1427.

第13章

中子照相技术

13.1 中子照相技术的发展概况

自中子被发现后,对于中子照相(neutron radiography,NR)技术的研究工作便广泛开展了.从1935年到1938年,Kallmann和Kuhn用Ra-Be中子源对中子辐射成像技术进行了初步研究,因源强较弱,成像质量很差,进展缓慢.直到1956年Thewlis等利用反应堆中子源才得到优质的中子照相图片.随后中子照相技术得到了快速发展,1981年在美国圣地亚哥举行了第一次中子照相国际会议,有20多个国家的60个研究中心介绍了研究成果.我国的中子照相可以追溯到20世纪60年代初,中国原子能科学研究院朱家煊等根据在研究性重水反应堆上中子穿过有关材料后的强度变化,完成了我国第一颗原子弹引爆中子源的最终质量监测.随着中子照相应用领域的扩展和深入,中子照相技术也得到了长足的发展.为了满足日益增长的需要,中子照相的灵敏度、清晰度和分辨率不断提高.目前,世界上大多数用于科研的反应堆上都曾经或正在进行中子照相的研究工作.

13.2 中子照相技术的基本原理、影响因素及分类

13.2.1 中子照相技术的基本原理

中子照相是射线无损探测的一种,与X射线照相相似,除了可以观察物体表面,还可以观察物体内部结构,都是利用射线穿过被检物时强度发生衰减变化来获得物体及其缺陷图像.不同的是,X射线照相是通过射线与核外电子相互作用,其质量吸收系数随原子序数单调、平滑地递增,而中子照相利用的是中子同原子核发生相互作用,其质量吸收系数随原子质量数的变化很不规则,其中像H、Li、B等轻元素和某些如Cd、Gd、Sm等中重元素有很大的吸收系数,但像Pb、Bi等重元素却有很小的中子吸收系数.中子、X射线的衰减系数与原子序数的关系见图13.1.X射线照相利用物质密度差,中子照相利用原子核对中子的吸收截面差.所以,中子照相可与X射线照相互补且有其独特的优点.中子照相可用于高低原子序数材料、反应截面小的材料中具有大反应截面元素与同位素含量变化的材料的照相,并且可以通过选择中子能量的手段得到最佳中子照相图像.中子照相另外一个特殊的用途是对强放射物体照相,而不受放射性样品中自身产生的X射线本底影响.

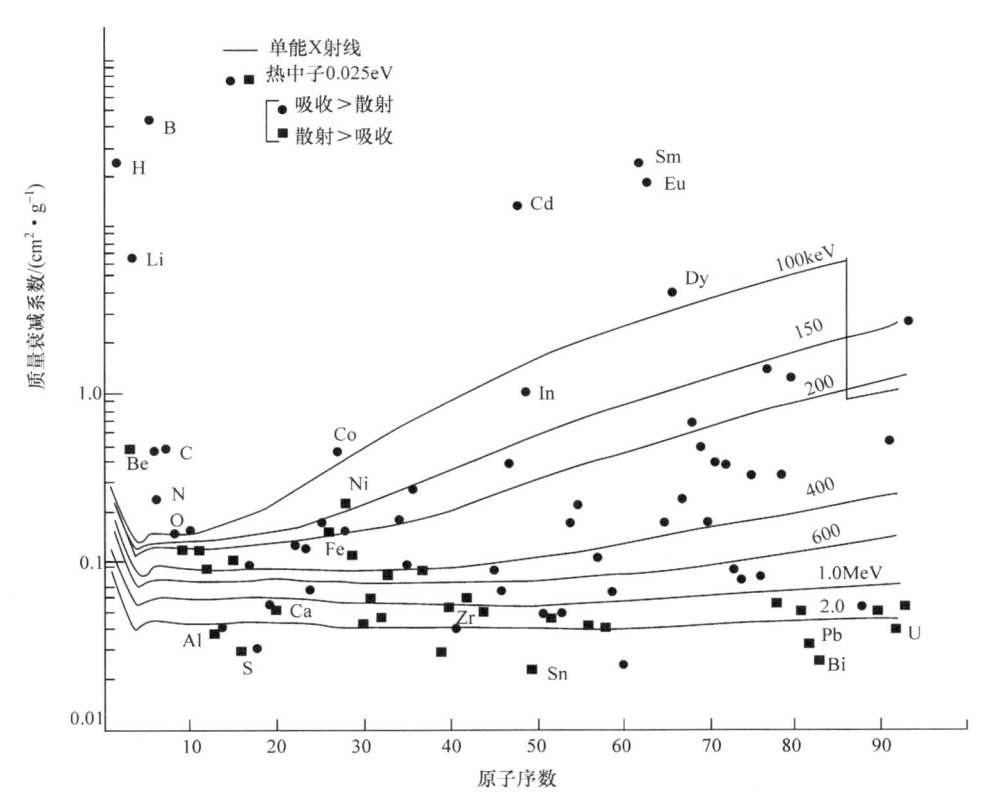

图 13.1　不同元素的热中子和不同能量的 X 射线的质量衰减系数比较图

一些定量的中子照相测量方法随之产生，Σ 测量方法就是一种中子定量测量方法. 中子穿透物质时，由于与原子核发生某种相互作用，强度减弱服从指数规律

$$\Phi = \Phi_0 e^{-\Sigma t} \tag{13.1}$$

式中，Φ_0、Φ 分别为入射和透射的中子强度，Σ 为被检试样的中子减弱系数（宏观截面或线性减弱系数），t 为试样的线性厚度.

如果试样的密度、厚度不均匀，或者存在某些缺陷（裂缝、气泡等），则透射中子强度就发生相应的变化，记录这些变化，就可获得被检试样的内部信息.

13.2.2　影响中子照相质量的因素

衡量中子照相质量的主要指标是灵敏度，即中子照相的图像上所能观察到最小细节的尺寸，它受到图像对比度和分辨率的共同影响. 中子照相质量由对比度和清晰度衡量，灵敏度高，则被照物轮廓明显、边缘清楚；灵敏度低，则弥散、昏暗不清. 影响灵敏度的因素有中子源、准直器、转换屏、胶片、曝光、冲洗及损伤位置等.

1. 分辨率

分辨率定义为在中子照相中发现影像边缘的能力，它由几何因素（U_g）、固有因素（U_f）、散射因素（U_s）和 γ 本底因素决定.

1) 几何因素（U_g）——几何不清晰度

中子束经准直器到达像探测器（即转换屏和胶片），其准直比

$$\frac{L}{D} = \frac{\text{准直器入口至试样的距离 } L_s + \text{试样至像探测器的距离 } L_t}{\text{准直器入口直径 } D} \quad (13.2)$$

根据三角几何关系

$$U_g = \frac{L_t}{(L - L_t)/D}$$

当 $L \gg L_t$ 时,$L_s \approx L$,$U_g \approx \dfrac{t}{L/D}$.

为了得到较小的几何不清晰度,要求准直比 L/D 大,试样至像探测器的距离小,此外要求中子束垂直像探测器、试样主平面与像探测器平面平行.

2) 固有因素(U_f)——像探测器的固有不清晰度

(1) 转换屏厚度越薄,U_f 越小,但转换效率降低;

(2) 转换屏的平整度、均匀性对 U_f 影响很大.

3) 散射因素(U_s)

热中子通过试样时,一部分被吸收,一部分被散射,其余部分透过试样,入射到像探测器上,形成有用的图像. 但被散射的热中子中也有一些被像探测器记录,造成图像干扰. 此外,中子照相装置的周围环境(地面、结构物、屏蔽体等)也产生散射中子,这些散射中子使图像模糊,影响照相质量. 为了控制散射中子的影响,采取以下措施:

(1) 准直器内壁上涂垫有强吸收热中子的硼、镉材料.

(2) 像探测器周围尽可能减少散射物,照相装置的安放空间应足够空旷,必要时照相室的墙壁上涂含硼涂料,正对中子束方向的墙面安装约 40cm 厚的含硼石蜡作热中子捕集器.

(3) 试样本身产生的散射是不可避免的,特别是大块试样造成的散射容易使图像模糊.

(4) γ射线的干扰. 一般中子束中都有伴随γ射线,为了提高 n/γ,准直器设计时常加 Pb、Bi 过滤器. 此外试样和像探测器等的支架尽可能采用俘获截面小的材料.

总的图像不清晰度为

$$U_{\text{总}} = (U_g^3 + U_f^3 + U_s^3)^{1/3} \quad (13.3)$$

2. 图像对比度

图像对比度是指图像从一个区域到另一个区域的黑度差. 对比度大,图像中的任何阴影或细节才能被分辨出来.

试样厚度的变化 ΔX 与图像黑度 D 及黑度差 ΔD 之间有

$$\frac{\Delta D}{D} = -\Sigma \Delta X \quad (13.4)$$

中子照相图像对比度 $\Delta D/D$ 与试样的热中子宏观截面 Σ 关系很大. 由于不同元素的 Σ 差别很大,所以试样中不同组成元素对图像对比度的贡献的差别也就很大. 如果试样厚度均匀,则图像对比度就小,可见试样厚度变化 ΔX 时,才造成图像的黑度差. 散射中子无疑会降低图像对比度. 此外,为要得到某种图像对比度,选择胶片型号也是重要的.

3. 影响图像的人为因素

人为因素包括曝光操作失当造成图像质量低劣,胶片的储存、装卸、化学显影等过程的操作失误也会造成图像质量的下降.

13.2.3　中子照相的分类

中子照相技术可依据利用的中子能量分为：热中子照相技术及快中子照相技术．同时还可根据使用的中子来源分为：固定式中子照相技术及可移动式中子照相技术．

1. 热中子照相技术与快中子照相技术

热中子照相（thermal neutron radiography，TNR）是目前技术最为成熟，应用最为广泛的中子照相技术．它是把中子源产生的快中子经过慢化达到 $0.005\sim0.5\mathrm{eV}$ 能区，该能区的中子衰减特性非常有利用价值．含有 Gd、B、Li、Dy 等高活化截面的中子转换屏有高的转换效率，常作为 TNR 的转换屏，如 NE426（^{6}LiF+ZnS(Ag)）、BAS-ND（Gd_2O_3）BN-ZnS 等．

快中子照相（fast neutron radiography，FNR）．由于大多情况下快中子与物质相互作用反应截面小，转换屏效率低，使得快中子图像记录成为技术瓶颈．通常采用含氢塑料的转换屏，如 PP 屏（聚丙烯树脂+ZnS(Ag)混合物）、PMMC 屏（聚甲基丙烯酸甲脂+Gd_2O_2S(Tb)）等．

2. 固定式中子照相技术及可移动式中子照相技术

固定式中子照相中子源选择范围大，反应堆、次临界倍增器、加速器和同位素中子源都适用．铀氢锆反应堆（Training，Research，Isotopes，General Atomics reactor，TRIGA）、高产额 D-T 中子发生器、静电加速器和 ^{252}Cf 中子源是常用的中子源．中子照相向强中子源方向发展，以提高中子照相灵敏度和照相速度；中子照相图像处理也由定性向定量发展，定性处理已不能满足需要，发展了数字图像处理技术．快中子治疗机的各种照野尺寸准直器引出的 14MeV 中子束，准直比 $L/D=50$，试样处的中子注量率 $\phi \geqslant 4.8\times10^7 \mathrm{n}/(\mathrm{cm}^2 \cdot \mathrm{s})$．这不仅能满足任何成像方法的静态 FNR 要求，而且也能满足大部分要求较低帧频率的动态（实时）FNR 的要求．

与固定式中子照相技术相比，可移动式中子照相技术的主要区别在于中子源通量的降低．可移动式中子照相技术具备四个特点：①外形尺寸小、重量轻，通常情况下一台载重汽车能容装下；②屏蔽防护简易、操作简单、运行稳定、安全可靠；③对周围环境和附近人员造成放射性危害甚微；④引出的中子注量率能满足绝大部分 NR 要求．

3. 热中子照相的中子束质量

不论反应堆，还是加速器中子源或是同位素中子源，经过慢化准直引出的热中子束应具备四个质量指标．

1）热中子注量率

为使像探测器获得清晰图像，要求中子注量率 $\phi_{\mathrm{th}} \geqslant 1\times10^5 \mathrm{n}/(\mathrm{cm} \cdot \mathrm{s})$．

2）镉比

中子束的热中子成分要求很高，通常用镉比（R_{Cd}）衡量，在 R_{Cd} 测量中常采用同一片 Au 箔分别作裸片和包镉片后照射，测量其反应率比，即

$$R_{\mathrm{cd}}=\frac{\text{不包镉的 Au 活度}}{\text{包镉的 Au 活度}} \geqslant 5$$

3）准直比（L/D）

准直器的设计直接影响 NR 的质量，即影响 NR 的分辨率、反差灵敏度和曝光速度．

分辨率是分辨最小缺陷的尺寸的能力；反差灵敏度是指可探测的最小缺陷厚度；曝光速度

是指获得一幅图像所需的时间（即要求曝光的积分中子注量$\geq 1\times 10^8 \mathrm{n/cm^2}$）.

4）干扰射线的影响

散射中子和伴随γ射线会造成图像的背景灰暗和雾斑. TNR 对中子束要求是 $\mathrm{n}/\gamma \geq 1\times 10^5 \mathrm{n/(cm^2 \cdot mR)}$，因此往往采用 Bi 或 Pb 过滤器降低中子束中的γ射线强度（对应反堆的 TNR 必须如此）. 散射中子不仅在图像探测器系统产生本底信号，而且还会引起电子成像元件的辐射损伤，故须采用屏蔽防护措施.

13.3 中子照相装置

13.3.1 中子照相装置的组成

中子照相装置通常由中子源（包括慢化体和屏蔽体）、准直器和像探测器（图像处理系统）三大部分组成.

中子源是 NR 的核心部件，常用的中子源是反应堆、加速器和同位素中子源. 根据不同目的，通过慢化和屏蔽，提供适合要求的快中子、热中子和冷中子束. 反应堆中子的慢化程度、中子束中的伴随γ和散射中子均影响灵敏度，镉比越大，灵敏度越好，伴随γ和散射中子使灵敏度降低. 物和屏之间采用涂有中子吸收层（例 Gd 层）的多通道准直器可有效地排除散射中子. 反应堆中子经一定厚度铅过滤器可减少伴随γ，采用双感光胶片可扣除伴随γ（与转换屏接触的胶片受到转换屏产生的放射性和伴随γ的作用，与转换屏不接触的只受到伴随γ的作用），从而提高中子照相灵敏度.

准直器是中子束的引出装置，对于来自中子源的中子束进行准直、整形、提高平行度、降低弥散性. 准直器用于准直中子束，准直器内壁涂强中子吸收层（B、Gd 等）可以有效地减少杂散和散射中子，提高中子照相灵敏度. L 为准直器入口至被检试样的距离. 加上像距 t（被检物至像探测器距离），D 为准直器入口直径，则准直器长度 L 与入口直径 D 之比（L/D）越大，灵敏度越高，L/D 过大，则使中子束强度减少而增长曝光时间，L/D 大于 50 就能得到较好的灵敏度. 中国原子能科学研究院重水堆和清华大学 IN-ET 屏蔽堆中子照相准直器的 L/D 为 50 到 100 之间.

像探测器由中子转换屏和像记录系统组成. 不同能量的中子束和不同成像技术所采用的像探测器各不相同. 转换屏与中子作用后发射粒子的质量大、能量低则成像分辨好，原则上转换屏越薄分辨越好，但感光效率低. 低中子注量和动态中子照相要求转换屏灵敏度高和速度快. $^6\mathrm{Li}(\mathrm{n},\alpha)\mathrm{T}$ 反应截面大，生成的 α 和 T 粒子使 ZnS(Ag) 发光且效率高，$^6\mathrm{LiF}\cdot\mathrm{ZnS(Ag)}$ 屏灵敏度远高于 In 屏和 $\mathrm{Gd_2O_2S}$ 屏. X 射线胶片一般都适合于中子照相. 胶片的质量好坏直接影响中子照相的灵敏度和分辨率，细颗粒 X 射线胶片有较高的分辨率，能得到清晰的照片. 缺陷或损伤在物体中位置不同，灵敏度不同. 感光成像的清晰度随缺陷或损伤与转换屏和胶片的距离增加而变坏. 此外，曝光量过大或不足，均影响照片的清晰度. 在照相过程中要选取最佳曝光量. 胶片储藏、装卸和冲洗过程中操作不当均能产生缺陷，影响照相质量.

13.3.2 固定式中子照相装置

固定式中子照相中子源选择范围大，反应堆、次临界倍增器、加速器和同位素中子源都适用. TRIGA 反应堆、高产额 D-T 中子发生器、静电加速器和 ^{252}Cf 中子源是常用的中子源. 中子照相向强中子源方向发展,以提高中子照相灵敏度和照相速度;中子照相图像处理也由定性向定量发展,定性处理已不能满足需要,所以发展了数字图像处理技术. 快中子治疗机的各种照野尺寸准直器引出的 14MeV 中子束,准直比 $L/D=50$,试样处的中子注量率 $\phi \geqslant 4.8 \times 10^7 \text{n}/(\text{cm}^2 \cdot \text{s})$. 这不仅能满足任何成像方法的静态 FNR 要求,而且也能满足大部分要求较低帧频率的动态(实时)FNR 的要求.

由教育部拨款 500 万元建设的中子实验室位于兰州大学榆中校区西南方向的萃英山下,占地 15 亩,一期建筑面积 2645m^2,设三个实验大厅,安放一台源强仅次于美国 RTNS-Ⅱ的世界上第二位的强流中子发生器,设置四条终端中子束线,其中一条中子束线引出到使用面积为 $(12 \times 7)\text{m}^2$,用于肿瘤放疗的快中子治疗厅(图 13.2). 该束线的技术指标为:加速能量 $E_d = 600\text{keV}$(设计为 800keV),面积为 $\Phi 330\text{mm}$ 的 TTi 靶上的单原子氘束流强 $I_d \approx 40\text{mA}$,14MeV 中子产额约 $(6 \sim 8) \times 10^{12} \text{n/s}$(瞄准值为 $1 \times 10^{13}\text{n/s}$). 该加速器的氘束流还可经过三次 45°角偏转进入使用面积 $(18 \times 12)\text{m}^2$ 的中子大厅,形成三条终端中子束线,其中第一条 D-T 中子束线是专供物理实验的;第二条束线产生 D-D 中子,也是专供物理实验的;第三条束线是中子照相专用的,可开展 FNR 和 TNR 研究.

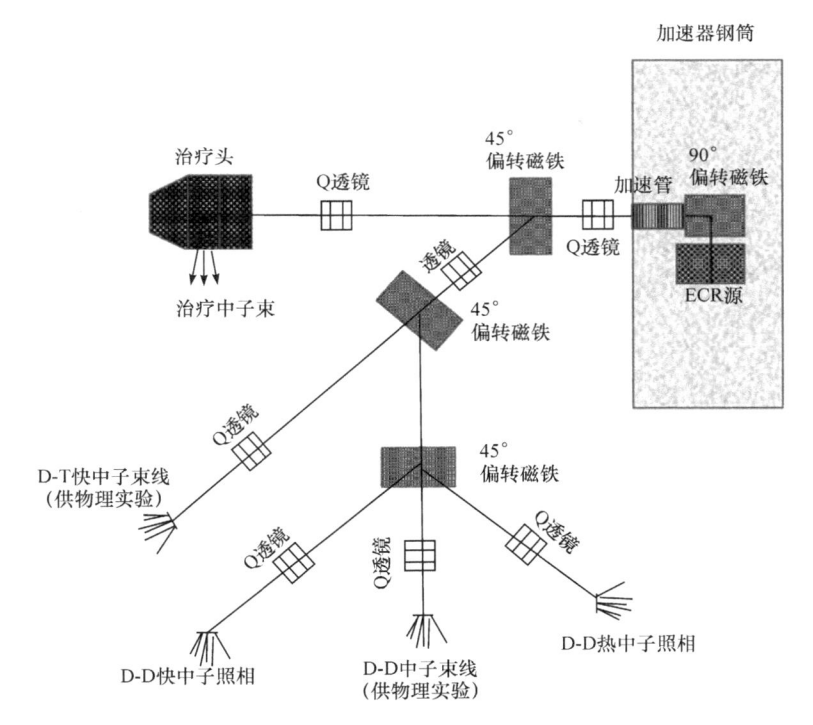

图 13.2 兰州大学新建中子实验大厅的中子束线示意图

1. 固定式热中子照相装置

自 20 世纪五六十年代,采用热中子堆中子源、中子屏和 X 射线胶片的固定式热中子照相装置已得到实际应用. 20 世纪 70 年代之后,TNR 向电子数字化方向发展,一些国家都建立了自己的高水平的 TNR 系统(表 13.1).

表 13.1　世界上主要国家的热中子照相概况

国家	中子源类型	试样处的 $\phi_{th}/(n/(cm^2 \cdot s))$	R_{cd}	L/D	L/mm	D/mm	n/γ /(n/(cm² · mR))	照相面积/mm²
美国	ARRR	1×10^7	5	65—500	—	—	1.6×10^6	558×762
	ERS 堆	4.3×10^6	1.9	50—300	—	—	7.7×10^4	254×432
	NRS 堆	2.6×10^6	1.9	185—700	—	—	1.4×10^5	356×432
	PMLT 堆(水平)	3.2×10^6	47	55.2	—	—	1.0×10^7	Φ300
	PML 堆(垂直)	2.3×10^6	200	326	—	—	7.5×10^6	Φ71
	D-T 中子管	2.7×10^4	3.4				1.3×10^5	
英国	DIDO	8×10^7		160	—	—	—	Φ180-P500
比利时	BR2	3×10^7	40	240	—	—	—	100×600
日本	JJR-2 堆	1.1×10^7	19	70	—	—	—	80×80
	JJR-3 堆	2.6×10^9	81	178	—	—	—	115×432
	JJR-4 堆	3.2×10^7	4.6	67	—	—	—	Φ60
	KUR	1.2×10^6	400	100	—	—	1.0×10^6	Φ160
	TRIGA-II	3.2×10^7	2.2	79.9	—	—	—	Φ200
	名古屋大学 d-T	1.4×10^4	5.0	25	—	—	—	200×200
	佳友回旋	4.5×10^5	3.5	10-30	—	—	1.5×10^5	120×120
	大阪大学 d-T	$1.5-7\times10^5$	3.5	10-30	—	—	—	120×120
意大利	TRIGA	8×10^7	1.65	50	—	—	—	Φ120
荷兰	HFR	1.4×10^7	6.5	400	—	—	—	100×160
法国	LDA-C 堆	10^5	9	13.5	—	—	—	500×100
	ISIS 堆	8×10^6	2.4	940	—	—	—	100×150
	OSIRFS 堆	6×10^6	3.8	148	—	—	—	150×600
	d-T 中子管	5×10^4	3-4	28(有效)	2100	75	1.5×10^5	—
德国	FRE-2 堆	1×10^7	5	100	—	—	—	100×400
	FEG-1 堆	5×10^6	100	375	—	—	—	300×300
	d-T 中子管	8×10^4	—	71.2	—	—	—	250×200
奥地利	ASTRA 堆	6×10^7	8	150	—	—	—	1000×1000
中国	东北师大中子管	$\sim 4\times10^3$	~ 2	~ 18	510	28	0.8×10^5	$\sim$Φ100
	清华大学 200#	5.3×10^6	7—10	100	—	—	—	
	西安 HZr 堆	1.1×10^6	35	80-130	3200	25-40	1.0×10^6	Φ260
	绵阳 300# 堆	4×10^7	4-150	50-120	—	—	2.1×10^7	Φ300
	台湾 ZPRL-NR	6.9×10^5	8.2	111	—	—	—	
	台湾 INLR-TR	2×10^7	—	5.0	—	—	—	
韩国	HANARO 堆	1.5×10^7	6.4	83.0	—	—	—	
印度	KAMINI 堆	3×10^6	—	100	5100	46	—	60×200
伊朗	TNRC 堆	6.1×10^4	56	114	—	—	—	Φ186

2. 固定式快中子照相装置

在世界范围内，目前日本是世界上开展 FNR 水平较高的国家之一，现列出其 FNR 成像技术，如表 13.2 和表 13.3 所示.

表 13.2 日本 FNR 成像技术

成像方法	完成一幅图像的中子注量/(n/cm^2)	图像的空间分辨/mm	反差度	显示方式
C-CCD+PP	3×10^8	0.10	较好	电子数字化
SIP-TV+PP	4.8×10^8	0.25	良好	实时照相
X 胶片+PP	2×10^9	0.05	较好	显影处理

表 13.3 日本 YAYOI 快中子堆的 FNR 的中子束性(平均中子能量约为 1.3MeV)

FNR 孔道	试样处的快中子注量率/$(n/(cm^2 \cdot s))$	$(n/\gamma)/(n/(cm^2 \cdot mR))$	L/D	照相面积/mm^2
Tco	4.8×10^6	1.7×10^5	74	450×450
Tc	1.8×10^7	6.5×10^5	39	$\Phi200$
Fco	2.0×10^6	5.5×10^5	37	450×450
Gyv	3.4×10^6	5.3×10^5	133	$\Phi100$
GyD	1.2×10^6	7.2×10^5	53	$\Phi100$
Gzo	6.0×10^5	7.2×10^5	39	$\Phi100$

而在我国，兰州大学 2001 年建成的中子实验室为 $6\times10^{12}\sim8\times10^{12}$ n/s 强流中子发生器设置了一台专用 NR 束线终端. 600keV 氘束流经过三次 45°偏转和较长光路传输后，入射到靶上的单原子氘束流 $I_d \geqslant 10$mA，利用 1mg/cm^2 的 TTi 和 DTi 靶分别产生 $2\times10^{12}\sim3\times10^{12}$ n/s 的 D-T 中子和约为 2×10^{11} n/s 的 D-D 中子. 这些中子经屏蔽准直，在 $L/D=50$ 时(即离源点 100cm)，分别给出 ϕ_{D-T} 约 2×10^7 n/$(cm^2 \cdot s)$ 和 ϕ_{D-D} 约 4×10^6 n/$(cm^2 \cdot s)$ 的注量率，基本上能量满足一般的 FNR 要求.

利用互补金属氧化物半导体电荷耦合器件(C-CCD)+含磷光体闪烁屏(PP)电子实时照相方法，一幅图像要求 3×10^8n/cm^2 快中子注量，则曝光时间分别为 10s 和 80s，分辨率约为 0.1mm.

若采用 X 射线胶片+PP 成像技术，一幅图像的曝光的中子注量约为 2×10^9n/cm^2，曝光时间分别为 100s 和 600s，但空间分辨率都好于 0.05mm.

专用 NR 束线的主要目的是开展 TNR 技术研究，为此需设计建造一个热化性能良好的慢化体和准直引出系统. 对此，清华大学的貊大卫等学者给出 TNR 的一些要求，如表 13.4 所列.

表 13.4 TNR 系统特性表

检测对象	准直比(L/D)	试样处的 $\phi_{th}/(n/(cm^2 \cdot s))$	成像方法	每幅图像需要的中子注量/(n/cm^2)	曝光时间
机翼蜂窝板	60	10^7	电子成像	10^6	~10s
火工品	~100	3×10^6	胶片+Gd 屏	2×10^9	~10min
飞机腐蚀	~24	10^5	电子成像	5×10^6	50s
航天部件	~24	3×10^4	闪烁电子成像	10^6	30s

由此可见，TNR 要求准直器引出到达试样上的热中子注量率大于 $10^4 \text{n}/(\text{cm}^2 \cdot \text{s})$，为了提高空间分辨，准直比 $L/D \geqslant 50$. 为了获得大于 $10^4 \text{n}/(\text{cm}^2 \cdot \text{s})$ 的热中子照射束，关键是慢化体的设计. 图 13.3 为离源心不同距离放置不同厚度 T 的天然铀热中子注量率 ϕ 分布.

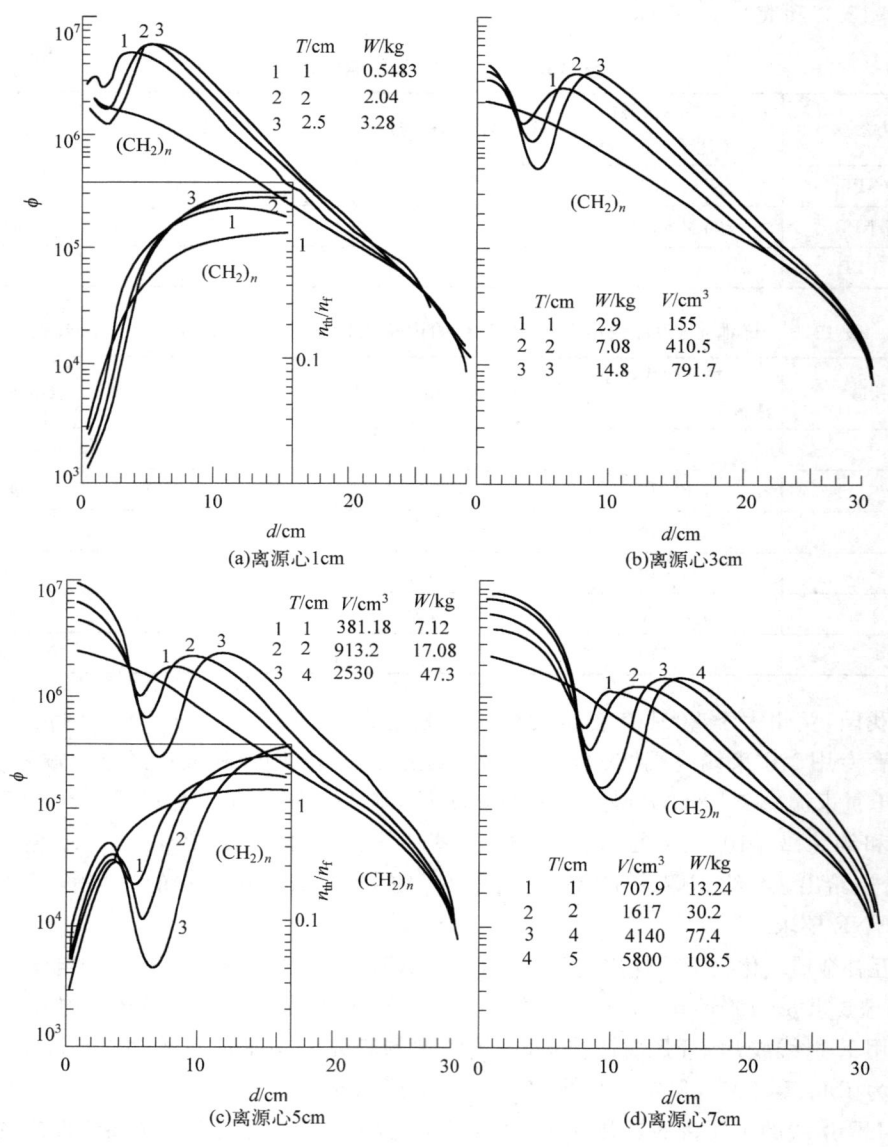

图 13.3 离源心不同距离放置不同厚度 T 的
天然铀热中子注量率 ϕ 分布

慢化剂的热化系数 $R_{\text{th}} = \dfrac{\text{中子源强}}{\text{峰中子注量率}}(\text{cm}^2)$. 同一慢化剂和中子源的 R_{th} 值差别较大（表 13.5），原因在于热中子化程度的要求不同，如东北师范大学的 $R_{\text{th}} \approx 2$，法国和美国的 $R_{\text{th}} \approx 4$.

表 13.5　一些中子源在不同慢化剂中的 R_{th} 值

慢化剂 中子源	聚乙烯	水	石墨	铅+聚乙烯	^{238}U+聚乙烯	备注
D-T	290	438	1390	<80	~50	东北师范大学值
	—	645	—	—	—	清华大学值
	350	—	—	—	—	法国值
	—	910	—	—	—	美国值
D-D	~130	196	—	—	—	清华大学值
^{241}Am-Be		200				清华大学值
^{252}Cf	—	78	—	—	—	清华大学值

对于加速器和同位素中子源的 TNR 装置，慢化体通常在靠近源点处采用增强剂材料，使得热中子注量率比纯含氢材料的慢化体增强 2~3 倍以上. 铅、铋和天然金属铀是常用的增强剂. 2~3cm 厚的铅或铋对 14MeV 中子源的 TNR 装置，其增强因子

$$M \geqslant 2.5 \left(M = \frac{\text{有增强剂时的峰热中子注量率}}{\text{纯慢化剂时的峰热中子注量率}} \right)$$

铅通过 (n,n)、(n,n') 和 (n,2n) 反应不仅减速中子能量到 3MeV 以下，而且还倍增中子. 对 14MeV 中子，$\sigma_{n,n}=2.8$ b, $\sigma_{n,n'}=0.5$b, $\sigma_{n,2n}=2$b, 而 $\sigma_{n,a}=0.17$b. 铋要比铅更好些，但因为铋属于贵金属，故一般不常用，只在快中子堆的 TNR 装置中使用. 天然金属铀 (^{238}U) 是最理想的增强剂，除了通过 (n,n)、(n,n') 和 (n,2n) 反应降低中子能量和增殖中子外，还通过 (n,f) 反应增殖中子，其 σ_f(D-T)=1.12b, σ_f(D-D)=0.6b. 许多国内外的实验表明，对 14MeV 中子，当 ^{238}U 增强剂厚度为 2~3cm 时，倍增因子>2.5. 另外，铍的 (n,γ) 截面较小，不仅是中子慢化剂材料，也是中子增殖材料，通过 ^{9}Be(n,n)^{9}Be 反应可减速中子，而且通过 ^{9}Be(n,2n)^{8}Be 和 ^{9}Be(γ,n)^{8}Be 还可增殖中子.

14MeV 中子在各种慢化装置中，2cm 厚的 ^{238}U+聚乙烯比 2cm 厚 Pb+聚乙烯的慢化体可获得 2 倍的热中子注量率，是纯聚乙烯的慢化体的约为 5 倍的热中子注量率.

但对 D-D 中子，增强剂材料的 (n,n')、(n,2n) 反应截面甚小，只有 ^{238}U(n,f) 起作用，虽然尚未有过报道，但可预计的倍增因子约为 1.5.

东北师范大学的计算表明，慢化体中加入石墨反射层不仅减少中子泄漏，而且也有增强热中子注量率的作用.

由表 13.6 介绍的慢化体的有关参数，比较保守取 R_{th} 的值，对于 D-T 中子，取 $R_{th}=200$，对于 D-D 中子，取 $R_{th}=100$，两种中子源 NR 的 $L/D=50$，由 $\phi_{th}=\frac{Y_n}{R_{th}}/\left[16\left(\frac{L}{D}\right)^2\right]$ 可得

$$\phi_{th}(\text{D-T}) \geqslant \frac{2\times10^{12}}{200}/[16\times(50^2)]=2.5\times10^5(\text{n}/(\text{cm}^2 \cdot \text{s}))$$

$$\phi_{th}(\text{D-D}) \geqslant \frac{2\times10^{11}}{100}/[16\times(50^2)]=5\times10^4(\text{n}/(\text{cm}^2 \cdot \text{s}))$$

表 13.6　东北师范大学 D-T 中子管 TNR 的慢化体结构的计算数据

慢化体结构组合方式	热中子峰离源点距离/cm	增强因子 M
2cmPb+27cm 聚乙烯	5	2.4
4cmPb+25cm 聚乙烯	~7	2.7

续表

慢化体结构组合方式	热中子峰离源点距离/cm	增强因子 M
6cmPb+23cm 聚乙烯	~9	3.0
2cmPb+4cm 聚乙烯+4cmPb+19cm 聚乙烯	~10	3.3
2cmPb+4cm 聚乙烯+6cmPb+17cm 聚乙烯	~13	3.6
2cmPb+6cm 聚乙烯+15cm 石墨+6cm 聚乙烯	~10	2.9
2cmPb+4cm 聚乙烯+6cmPb+12cm 石墨	~13	3.7
2.5cm^{238}U+26.5cm 聚乙烯	~8	4.0
3.0cm^{238}U+26cm 聚乙烯	~5	4.5

13.3.3 可移动式中子照相装置

可移动式 NR 装置由 D-D 中子发生器、屏蔽体、慢化体、准直器和成像系统组成(图 13.4).

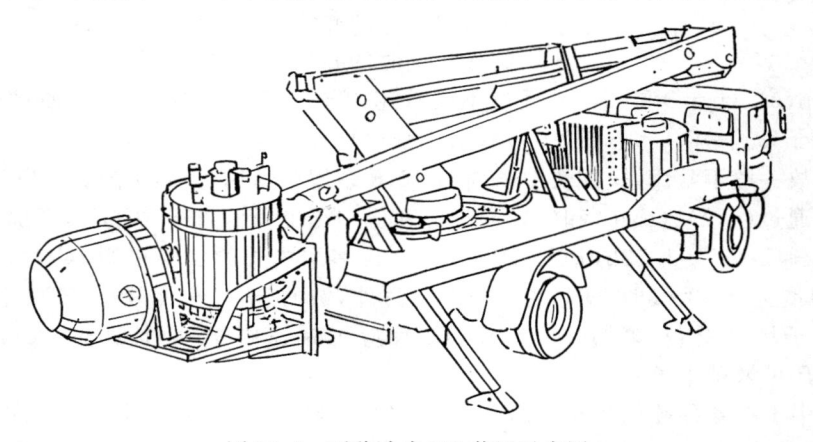

图 13.4 可移动式 NR 装置示意图

采用 D-D 中子发生器的原因在于:①屏蔽防护条件可以大为简化;②中子活化造成的环境污染轻微;③中子能量较低(2~3MeV),慢化体可小型化;④氘靶寿命很长,靠氘的自吸收维持中子产额长期稳定.

1. D-D 中子发生器

兰州大学从事中子发生器研制历史已有 30 多年,先后研制出 10^{10}n/s、10^{11}n/s、10^{12}n/s 量级的中子发生器,为一些科研院所研制了高压电源、加速管、束流分析器、离子源等部件. 利用自制的强流中子发生器承担国际原子能机构的中子截面测量、国家 863 计划的聚-裂堆壁材料的中子辐照损伤研究、国防科学技术工业委员会电子元器件的抗辐射加固预研等项目,先后获得国家科技进步奖三等奖、教育部科技进步奖一等奖及多项省部级科技成果奖.

用于 NR 的 D-D 中子发生器利用 d+D⟶n+^{3}He+3.28MeV,由核反应动力学关系得到

$$\sqrt{E_n} = 0.3535\cos\theta\sqrt{E_d} \pm \sqrt{(0.125\cos^2\theta+0.25)E_d+2.475} \tag{13.5}$$

D-D 中子能量随 E_d 和 θ 的关系如表 13.7 所示.

表 13.7　D-D 中子能量随 E_d 和 θ 的关系　　　　　　　　　　　　（E_n 单位：MeV）

$\theta/(°)$	E_d/keV											
	100	150	200	240	300	340	400	450	500	550	600
0	2.85	2.96	3.05	3.12	3.22	3.28	3.37	3.44	3.51	3.58	3.65
45	2.74	2.81	2.88	2.93	3.00	3.04	3.11	3.16	3.21	3.26	3.30
90	2.47	2.49	2.50	2.51	2.52	2.53	2.55	2.56	2.57	2.59	2.60
135	2.24	2.20	2.17	2.15	2.12	2.11	2.09	2.08	2.06	2.05	2.04
180	2.15	2.10	2.05	2.02	1.98	1.96	1.93	1.91	1.89	1.87	1.85

D(d,n)³He 反应的另外两个特点是反应截面随 E_d 迅速增大，中子发射的各向异性突出，因此，提高加速器能量和利用 0°方向的中子有利于提高反应截面．为了比较，列出 D(d,n)³He 和 T(d,n)⁴He 反应的一些数据，如表 13.8 和表 13.9 所列．

表 13.8　T(d,n)⁴He 和 D(d,n)³He 反应截面和微分截面　　　　　　　　　　　（单位：mb）

E_d/keV	T(d,n)⁴He				D(d,n)³He			
	截面	微分截面			截面	微分截面		
	σ_T	0°	45°	90°	σ_T	0°	45°	90°
150	3984	236.0	330.0	316.0	26.5	3.93	2.56	1.53
200	2501	212.0	208.0	198.0	35.0	5.56	3.43	1.95
250	1611	143.0	140.0	132.0	43.0	7.28	4.28	2.34
300	1196	103.0	100.0	95.1	50.0	8.92	4.49	2.66
350	974	84.6	82.4	78.0	57.0	10.6	5.71	2.95
400	797	69.7	67.9	63.4	63.0	13.2	6.30	3.20
450	666	58.5	57.1	53.0	67.7	13.6	6.79	3.39
500	570	50.5	49.3	45.6	72.6	15.1	7.25	3.59
550	493	43.9	43.0	39.5	77.6	16.7	7.67	3.78
600	443	39.7	38.9	35.6	81.3	18.2	8.07	3.96
700	364	33.2	32.5	29.3	88.2	21.0	8.66	4.35
800	307	28.4	27.8	24.8	92.7	23.4	8.96	4.45
900	268	25.2	24.5	21.6	96.9	25.7	9.17	4.64
1000	238	22.8	22.1	19.1	99.8	27.8	9.29	4.80
1200	195	19.5	18.5	15.6	103.7	31.6	9.26	5.02
1400	165	17.1	16.3	13.3	105.5	35.1	9.01	5.13

表 13.9　D(d,n)³He 反应中子角分布的修正因子 $h_n(\theta)$

$\theta/(°)$	E_d/keV									
	100	120	130	140	150	160	170	180	190	200
0	1.5272	1.5680	1.5889	1.6053	1.6251	1.6413	1.6620	1.6807	1.6976	1.7127
45	1.0786	1.0791	1.0789	1.0780	1.0777	1.0716	1.0756	1.6751	1.0737	1.0722
90	0.7594	0.7439	0.7368	0.7316	0.7247	0.7187	0.7137	0.737	0.7031	0.9685
135	1.1560	1.1701	1.1767	1.1820	1.1886	1.1939	1.1947	1.2062	1.2108	1.2160
180	1.5272	1.5680	1.5886	1.6053	1.6251	1.6413	1.6620	1.6807	1.6976	1.7127

286 应用中子物理学

为了提高 D-D 中子产额,一方面提高加速器能量,另一方面采用厚的 DTi(或 DZr)靶. D-T 和 D-D 反应的中子产额与氘能的关系如图 13.5 所示. 由于入射氘能在厚靶中的能量损失;平均氘能量随靶厚而降低,故靶的厚度应适当,一般取 $0.5 \sim 1\text{mg/cm}^2$.

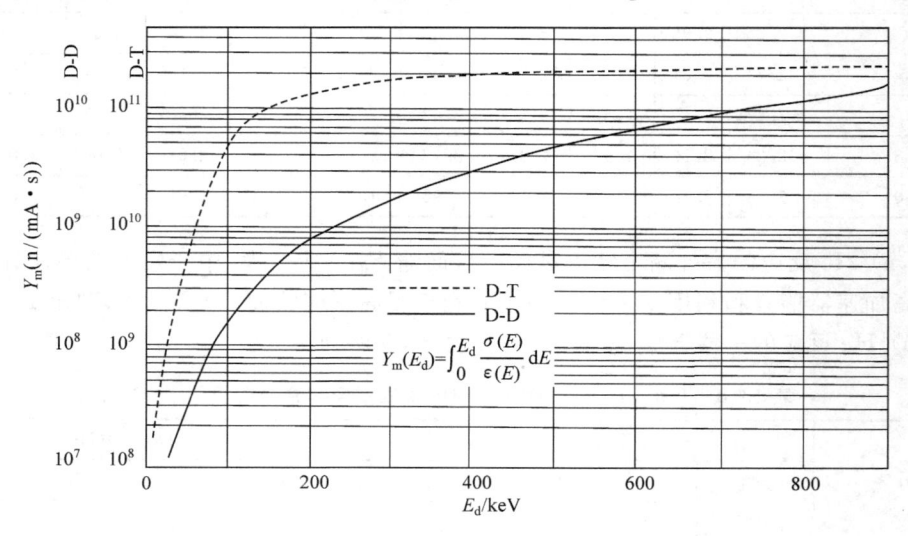

$$Y_m(E_d) = \int_0^{E_d} \frac{\sigma(E)}{\varepsilon(E)} dE$$

图 13.5 D-T 和 D-D 反应的中子产额与氘能的关系

为了计算不同 DTi 靶厚时的 D-D 中子产额,分别列出下面三个表(表 13.10、表 13.11 和表 13.12).

表 13.10 D-T 中子产额与 E_d 的关系

E_d/keV	150	200	250	300	350	400	450	500	550	600
中子比产额 /×10^{11}(n/(mA·s))	1.4	1.8	2.1	2.3	2.5	2.6	2.8	3.00	3.1	3.2

表 13.11 DTi 靶厚变为 0.5mg/cm^2 时,D-D 中子产额与 E_d 的关系

E_d/keV	300	400	500	600
E_d/keV	198.7	316.9	398.8	551.9
中子产额 /×10^{10}(n/(mA·s))	0.03	1.31	2.08	4.11

表 13.12 DTi 靶厚变为 1mg/cm^2 时,D-D 中子产额与 E_d 的关系

E_d/keV	300	400	500	600
E_d/keV	137.7	177.9	309.6	420.8
中子产额 /×10^{10}(n/(mA·s))	0.08	0.26	1.27	2.24

综合上述,给出表 13.13.

表 13.13 D-D 中子发生器的主要技术指标

加速氘能量 E_d	≥600keV(按 800keV 设计)
靶上氘束强度 I_d(混合束)	>5mA
DTi(或 DZr)靶厚	$0.5 \sim 1.0\text{mg/cm}^2$

续表

平均氘能量 E_d	>400keV
中子束斑面积	<Φ20mm
靶冷却方式	固定靶水冷却
预计中子比产额	$1.5\times10^{10}\sim3\times10^{10}$n/(mA·s)

2. 可移动式快中子照相装置

俄罗斯列别捷夫物理研究所的 FNR 装置的中子源是 D-D 中子发生器,其产额 2×10^9 n/s,成像系统是含钆硅塑料转换屏和 C-CCD 相机. 除此之外,尚无 D-D 中子发生器为中子源的 FNR 方面的其他资料可供借鉴.

我们设想的 FNR 装置大致如下.

1) 屏蔽体和准直器

参考快中子治疗机屏蔽头的设计计算,设想的屏蔽体如图 13.6 所示.

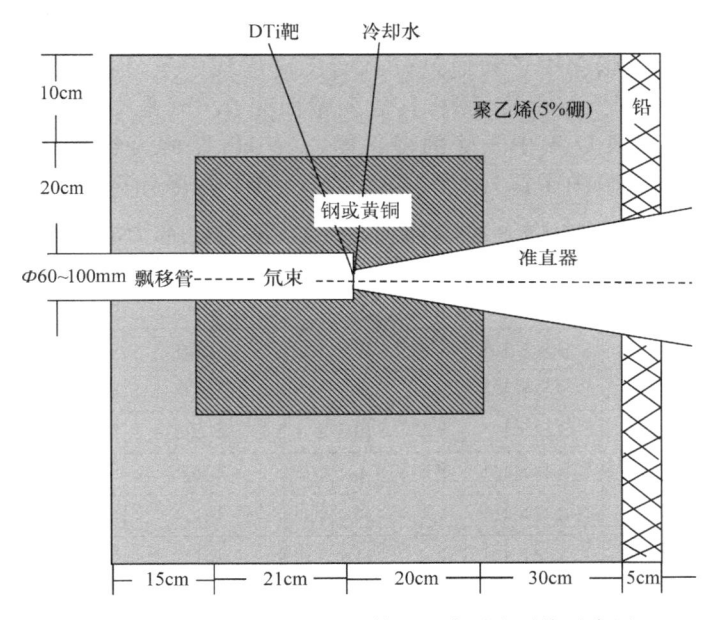

图 13.6 设想的 FNR 屏蔽体和准直引出系统示意图

屏蔽体外形尺寸为 Φ600mm×910mm 的圆柱体;准直器为长度 450mm 的圆锥体,锥度 15°;准直器内壁为不锈钢套. 垫贴一层 0.5mm 厚的镉皮(以吸收热中子),中子从 0°方向引出.

取 $L/D=\dfrac{1000\text{mm}}{20\text{mm}}=50$,预计试样处的快中子注量率为

$$\phi_f(0°\text{方向})=\frac{y_{d\text{-}D}}{4\pi L^2}\cdot hn(0°)>1.6\times10^6 \text{n}/(\text{cm}^2\cdot\text{s}) \tag{13.6}$$

2) 成像方法的选择

(1) C-CCD 相机+PP 转换屏.

完成一幅图像的积分中子注量为 3×10^8 n/cm²,需要的曝光时间为 15min,该方法的空间分辨率为 0.1mm.

C-CCD相机已有商品可购,日本、俄罗斯和美国均有,价格大约5万~8万美元.

(2) X胶片+PP转换屏.

完成一幅图像的积分中子注量约为$2\times10^9 \text{n/cm}^2$,需要曝光时间为48min,空间分辨率为0.05mm.

(3) 硅增强管电视摄相机+PP转换屏.

完成一幅图像的积分中子注量为$4.8\times10^8 \text{n/cm}^2$,需要的曝光时间为12min,空间分辨率为0.25mm.该照相方法可用于动态(即实时)中子照像.增强管在法国、日本等国有商品可购,价格少于1万美元.

3. 可移动式热中子照相装置

1) 慢化体和装置系统

国外可移动式 TNR 的中子源绝大多数是 D-T 中子管,少数为小型加速器(利用^{7}Li(n,p)和^{9}Be(d,n)反应,如美国阿贡国家实验室可移式直线加速器,参数见表13.14)产生强流中子和^{252}Cf 源.在这些中子源上建立的慢化体装置都采用高密度聚乙烯、铅或铋及^{238}U 增强剂和石墨反射层组成的复合结构.众多的这些慢化体性能参数只可参考,还不能套用,其中增强剂铅、铋通过(n,n′)慢化中子和通过(n,2n)反应增强中子,但对 D-D 中子源基本上失效.唯一能增强中子的是^{238}U(n,f)反应,其裂变截面为0.6b(是14MeV裂变截面的1/2).按照东北师范大学和法国 D-T 中子管的慢化体,2~3cm厚的天然金属铀紧靠源时的增强因子 M 为3~5.但对 D-D 中子源,预计 $M\leq 2$(待 MCNP 程序计算),暂取 $M=1.5$.

表13.14 美国阿贡国家实验室可移式直线加速器上的 TNR 装置参数

核反应	平均中子能量/MeV	平均中子产额/(n/(s·μA))	轰击束流/mA	慢化剂	慢化体尺寸/mm	热化系数
Li(2.5MeVp,n)	0.3	1.5×10^9	10	H_2O	$\Phi400\times800$	85.0
Li(4.0MeVp,n)	0.7	4.3×10^9	4	H_2O	$\Phi400\times800$	104.4
Li(2.5MeVp,n)	0.3	1.5×10^9	10	Z_rH_2	$\Phi400\times800$	86.2
Li(4.6MeVp,n)	0.7	4.3×10^9	4	Z_rH_2	$\Phi400\times800$	98.0
Li(2.5MeVp,n)	0.3	1.5×10^9	30	D_2O	$\Phi800\times1600$	274.0
Li(4.8MeVp,n)	0.7	4.3×10^9	11	D_2O	$\Phi800\times1600$	290.7
Be(2.8MeVp,n)	0.2	2.4×10^8	27	H_2O	$P400\times800$	40.0
Be(2.8MeVp,n)	1.7	1.9×10^9	26	H_2O	$P400\times800$	303.0

注:①慢化体外再加10cm厚的铍反射层;②准直比$L/D=100$;③要求试样 $\phi_{th}\geq 10^6 \text{n}/(\text{cm}^2\cdot\text{s})$,则准直器入口处的 $\phi_{th}\geq 1.6\times10^{11}\text{n}/(\text{cm}^2\cdot\text{s})$(即由 $\phi_f=\phi_0/[16(L/D)^2]$);④由于费米年龄 $\tau_{D_2O}(=131)>\tau_{H_2O}(=27)$,故 D_2O 慢化体尺寸比水慢化体要大得多.

台湾 INER 回旋加速器的慢化体和准直器有较大的参考价值.因为源中子能量平均为5MeV接近 D-D 中子能量.台湾 INER 回旋加速器 TNR 的慢化体参见表13.15.

表13.15 INER 中子照相装置的特性

加速能量	$E_P=30$ MeV
靶上束流	$I_P=200$ μA
核反应	^{9}Be(p,n)

中子产额	6×10^{13} n/s
平均中子能量	5 MeV
L/D	50
试样处的热中子注量率（0°方向引出）	2×10^7 n/(cm² · s)
慢化体尺寸（HDPE）	70 cm×70 cm×70 cm
R_{th}	78

参照东北师范大学 D-T 中子管的慢化体，对 D-D 中子发生几种组合材料的慢化体（需要计算）如表 13.16 所示．

表 13.16　D-D 中子慢化体的组合方式

第一层	2 cm ²³⁸U	2 cm ²³⁸U	3 cm ²³⁸U	2 cm 聚乙烯
第二层	20 cm 聚乙烯	20 cm 聚乙烯	25 cm 聚乙烯	2 cm ²³⁸U
第三层	10 cm 石墨	10 cm 石墨	10 cm 石墨	16 cm 聚乙烯
第四层	—	5 cm 聚乙烯	—	10 cm 石墨
第五层	1 cm B₄C	1 cm B₄C	1 cm B₄C	1 cm B₄C

由于 D-D 中子能量约 3MeV，低于 INER 的平均中子能量 5MeV，而且考虑使用 2 cm 厚的 ²³⁸U 作为增强剂，其增强因子 $M\approx 1.5$，因此取 $R_{\mathrm{th}}=70$ 是偏保守的；再取 $L/D=\dfrac{500\text{ mm}}{20\text{ mm}}=25$，试样处的 $\phi_{\mathrm{th}}\geqslant 1.5\times 10^5$ n/(cm² · s)．

若考虑 0°方向引出中子的优势，则 $\phi_{\mathrm{th}}\geqslant 2.8\times 10^5$ n/(cm² · s)．实际的 ϕ_{th} 必须用金箔进行活化测量，同时用包镉法测定中子束的 R_{cd}．

准直器的设计好坏直接影响 TNR 的分辨率，反差灵敏度和曝光速度．分辨率是指照相系统所需分辨的最小缺陷尺寸大小，它是系统反差灵敏度和不锐度（即清晰度）的函数．

照相系统总不锐度表示为

$$U_{\mathrm{t}}=(U_{\mathrm{g}}^3+U_{\mathrm{f}}^3+U_{\mathrm{s}}^3)^{1/3} \tag{13.7}$$

U_{g}、U_{f}、U_{s} 分别表示几何不锐度、成像方式的不锐度和散射本底造成的不锐度．

反差灵敏度是指在中子入射方向上被检测物缺陷的最小厚度．为提高反差灵敏度，要求 L/D 大，中子注量率高，但两者之间是矛盾的，必须折中．

NR 系统的常用的准直器形状为圆锥形和方锥形．由图 13.7 可以看出：$U_{\mathrm{g}}=\dfrac{L_{\mathrm{t}}}{(L-L_{\mathrm{t}})/D}$，当 $L\gg L_{\mathrm{t}}$ 时（像探测器靠近试样时），$U_{\mathrm{g}}=\dfrac{L_{\mathrm{t}}}{L/D}$，$L/D$ 越大，不锐度越小．

一般准直器入口呈顶锥几何状，即入口处于两顶锥交点，面向中子源方向的顶锥的开口角度包盖中子源束斑．对于有增强剂的慢化体，由于峰热中子注量率的位置在增强剂位置的外面处，准直器入口选择在此处为宜．

对于反应堆中子源，由于 n/γ 比较低，故需用 Pb、Bi 等作入口过滤材料，而 D-D 中子源本身的 n/γ 比较高，不必用 γ 过滤材料．但准直器内壁须垫衬强吸收热中子的镉、硼材料，以降低来自慢化体散射的中子污染准直器引出的热中子束．此外准直器出口的慢化体平面挡约 5cm 厚的铅，以降低来自慢化体中 H(n,γ)D 和 ¹⁰B(n,α)⁷Li 等反应产生的 γ 射线．

设想的 D-D 中子源的 TNR 系统的慢化体和准直器如图 13.8 所示．

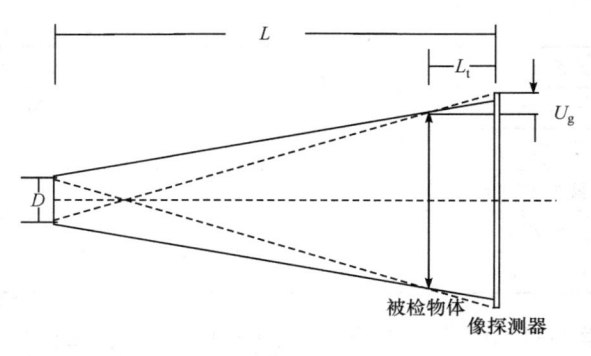

图 13.7　准直器的几何不锐度示意图

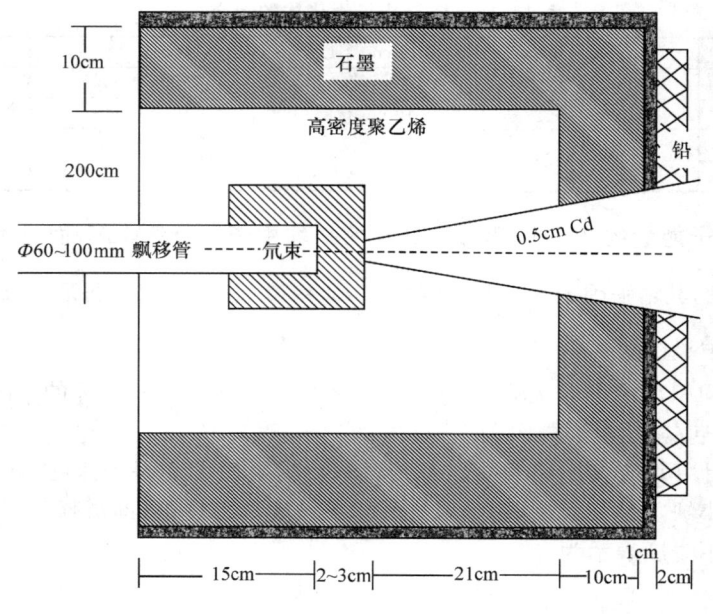

图 13.8　D-D 中子源的增强慢化体示意图

2) 成像系统

常用的 TNR 系统主要有四种（表 13.17）：①NE426 闪烁屏＋C-CCD 相机；②NE426 闪烁屏＋像增强器的摄像机；③BAS-ND(Gd$_2$O$_2$S)屏＋激光扫描仪；④NE426 闪烁屏＋X 胶片. 我们偏重前三种成像系统，因为它们都是电子数字化，既可用于高反差、高分辨的静态照相，也可以用于实时照相.

表 13.17　四种 TNR 照相系统的性能参数和估价

像探测器	转换屏＋胶片	成像板/扫描仪	闪烁体/照相
简单成像原理	转换屏发射次级粒子在胶片上产生潜像，再进行化学显影	信号储存在成像板的荧光剂中，用激光扫描仪读出，计算机显示	闪烁屏发射荧光由反射镜、透镜射到相机上

续表

像探测器	转换屏＋胶片	成像板/扫描仪	闪烁体/照相
信号数字化	化学显影	固有特性	CCD 相机固有
动态范围	2.5×10^2	10^4	5×10^3
空间分辨	0.05mm	0.05mm	0.2mm
估计装置价格	＄1.0万元	＄15万元	＄8万元

注：动态范围的最大、最小值是 TNR 要求的最大和最小可能中子注量率之比.

根据美国 TNR 工程公司提供的可移动式照相系统，要求准直比 $L/D\geqslant20$ 试样处的 $\phi_{th}\geqslant(0.3\sim2)\times10^5$ n/(cm²·s). 完成一幅图像的积分注量约为 10^6 n/(cm²·s)，曝光时间是 0.5～10 min. 采用前述的任何一种成像的方法都可以，主要用于机翼腐蚀、油箱渗漏、航天部件和火工品等的检测. 下面三个成像系统可供选择：BAS-1800Ⅱ激光扫描仪和 BAS-ND 中子屏都是日本富士公司的商品，是静态 TNR 专用的配套产品，其激光扫描仪的激光束径为 $\Phi0.05$，更高性能扫描仪有 BAS-2000、BAS-2500 等系列. BAS-ND 中子屏是 $Gd_2O_2S\text{-}BaFBr(Eu)$ 光激荧光屏，中子潜像在屏中储存，扫描仪把图像信号进行数字化读出，由计算机处理、显示.

图 13.9、图 13.10 和图 13.11 为三种 TNR 成像系统.

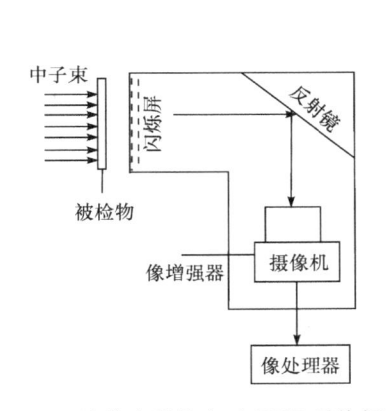

图 13.9　清华大学的实时 TNR 系统框图

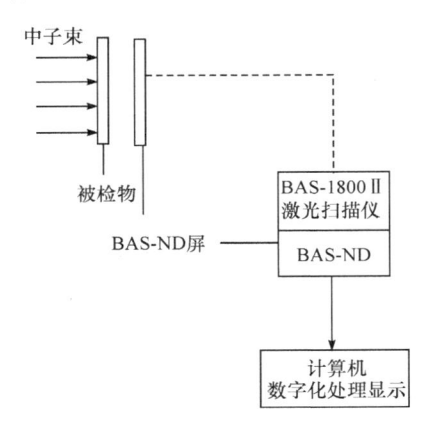

图 13.10　西北核技术研究所在 HZr 脉冲堆上的 TNR 成像系统

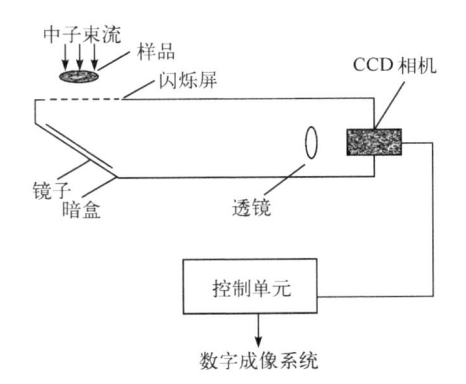

图 13.11　俄罗斯列别捷夫物理所的 CCD＋闪烁屏的 TNR 装置示意图

13.3.4 中子照相转换屏

表 13.18 为转换屏常用的转换物质,作用在于使中子与它们相互作用后放出 α、β 或 γ 射线.

表 13.18 热中子照相常用的转换物质

转换元素	核反应	核素丰度/%	热中子截面/b	半衰期
^{6}Li	^{6}Li(n,α)T	7.52	310	瞬时
^{10}B	^{10}B(n,α)^{7}Li	18.8	3830	瞬时
^{103}Rh	^{103}Rh(n,γ)^{104}Rh	100	139	43s
	^{103}Rh(n,γ)^{104m}Rh	100	11	4.4min
^{113}Cd	^{113}Cd(n,γ)^{114}Cd	12.22	20000	瞬时
^{115}In	^{115}In(n,γ)^{116m}In	95.77	157	54min
	^{115}In(n,γ)^{115}In	95.77	42	14s
^{149}Sm	^{149}Sm(n,γ)^{150}Sm	13.8	41000	瞬时
^{152}Sm	^{152}Sm(n,γ)^{153}Sm	26.8	210	47h
^{155}Gd	^{155}Gd(n,γ)^{156}Gd	14.73	61000	瞬时
^{157}Gd	^{157}Gd(n,γ)^{158}Gd	15.68	254000	瞬时
^{164}Dy	^{164}Dy(n,γ)^{165m}Dy	28.1	2200	1.26min
	^{164}Dy(n,γ)^{165}Dy	28.1	800	139.2min

1. 瞬态发光屏(照相速度最快)

发光屏是由中子吸收物质和荧光物质混合组成. LiF-ZnS(Ag)是常用的瞬态发光中子照相屏,英国公司的产品 NE426 屏性能最佳,清华大学和东北师范大学都自行研制出类似的 NE426 屏可用.

BN-ZnS(Ag)屏是日本使用的 TNR 屏.

Gd_2O_2S 屏具有更高的热中子探测效率,但由于 Gd 吸收热中子后释放的 β 能量较低(约 70keV),对发光物质的激发效率不够高.

2. 瞬态金属屏

发光屏是二次作用曝光,存在两个不确定性,故分辨率较差. 金属屏只有一次作用曝光,一个不确定性.

Gd 的 γ 射线瞬发能谱很丰富,一些低能 γ 适合诱发内转换电子(内转换电子是单能的). 由于 Gd 屏有一定厚度,使得内转换电子形成连续能谱(其中 71keV、81keV、131keV、173keV、173keV 最丰富),72% 的照相黑度是由 70keV 的内转换电子引起的. 由于 Gd 的 Σ_a = 140mm^{-1},10 μm 厚的 Gd 屏可吸收 75% 的热中子,因此 Gd 屏是高分辨 TNR 瞬态金属屏.

3. 间接胶片成像的活化屏

当热中子束中的 γ 射线成分较高时,直接曝光法就会产生胶片上的雾斑、雾影等. 间接曝光法首先将转换屏在中子束中曝光,屏活化后的子核具有一定半衰期,屏上的放射性潜像再与胶片放在一起(在暗房)进行曝光.

间接曝光法使用的活化屏必须是β发射体,而纯γ发射体的黑度低,分辨差不能使用.

In、Dy 是常用的活化屏材料,In 的吸收截面约为 0.73mm^{-1},半衰期是 54min,$E_\beta^{\max}=1\text{MeV}$;Dy 的吸收截面约 0.3mm^{-1},半衰期为 2.3h,$E_\beta^{\max}=1.3\text{MeV}$.

In 和 Dy 化学性质稳定,机械性能良好,易于加工、抛光.要得到较好的图像,In 需要的热中子注量为 $5\times10^4\sim10^7\text{n/cm}^2$,Dy 为大于 $6\times10^8\text{n/cm}^2$.

活化屏可以用于强γ场的中等强度以上热中子束的照相中.

TNR 考虑分辨率、对比度、照相速度、中子注量率和γ污染等因素,若要求高的分辨,最好选用 Gd 屏.如要求快的照相速度,则使用闪烁屏,如果环境γ本底强,就选用 In 和 Dy 屏.在实时中子照像中,只能使用把中子转换成光的闪烁屏,即 ^{6}LiF-ZnS(N426)、BN-ZnS 和 $\text{Gd}_2\text{O}_2\text{S}$(Tb).其中 ZnS(Ag)发光波长为 450nm,光衰减常数 $C\approx60\text{ns}$,而 $\text{Gd}_2\text{O}_2\text{S}$(Tb)分别为 540nm 和 $4.8\times10^5\text{ns}$.

4. 快中子屏

由于快中子与前述的转换屏的光转换效率很低,故用含氢物质与闪烁发光物质混合组成中子屏,其中有日本产品 PP 屏(聚丙烯树脂+ZnS)的灵敏度最高,既可用于 C-CCD 相机成像,也可用于直接胶片成像,还可以用于动态 SIT-TV(硅增强靶 TV)成像.俄罗斯的快中子屏为:硅有机塑料(75%)+$\text{Gd}_2\text{O}_2\text{S}$(Tb)(25%)、PMMA(聚甲基丙烯酸甲脂).

13.3.5 中子照相成像系统

1. 实时热中子照相成像系统

1) 转换屏

常见的 TNR 转换屏有 ^{6}LiF-ZnS(Ag)(NE426)、^{10}BN-ZnS(Ag)、$\text{Gd}_2\text{O}_2\text{S}$(Tb)三种.

2) 像倍增器

由于转换屏在热中子束中产生的发光图像强度很弱,若要得到所观测的图像亮度,还须把此发光图像放大.光学图像放大器主要有:

(1) 图像增强管.其原理是当中子入射到转换屏后,转换成光子,光子在光阴极上打出光电子,电子经聚焦加速后,成像显示在荧光屏上.一般光放大器的放大倍数为 1000.法国生产的 N-11 系列产品的综合性能处于领先地位.

(2) 光放大器.光通过光纤输入到光阴极转换成光电子,再用电磁聚焦,然后在光阴极平面上放大.

(3) 微光摄像管(即直接把微光信号转换成电视信号).其原理是把荧光转换屏中子图像的微光信号转成电视信号,光成像在摄像管的光阴极上产生光电子,经加速聚焦到硅靶片上,加速的电子射向靶极片上产生放大很多的潜像,摄像管扫描电子束时,把这些潜像扫出.清华大学的实时 TR 就采用此摄像管.优点是直接得到电信号,缺点是噪声大、分辨率差.

3) 图像转换器(即记录器)

把实时图像转化为记录图像的常用方法是:

(1) TV 摄像(一般为暗光摄像机或 CCD 摄像机);

(2) 高速摄影机(用于快速动态变化过程),要求 $10^{11}\text{n}/(\text{cm}^2\cdot\text{s})$高中子注量率中子源,用荧光屏和图像增强器.每帧图像需 10^6n/cm^2 的积分中子注量,每秒达 10^4 帧.

4) 光学耦合器件（平面反射和透镜）

由于荧光转换屏输出的光照度很小，经过反射镜和透镜后就更小了，为了减少光的损失，可采用光纤把来自转换屏的光直接传输到倍增系统。

5) 图像后处理系统

实时 TNR 的信息多为电信号，使用计算机为主的处理系统可进行图像的伪彩色、图像黑度变换、积分图像等多种功能处理。中子照相的数字化处理已成为发展趋势，这不仅使图像更加清晰，而且图像信息得到充分利用，缺陷不致漏检。用数字化图像配以计算机显示，可极大地扩大图像显示的动态范围，提高检测精度。

2. 胶片成像系统

中子照相的像探测器最常用的是转换屏与胶片。由于中子在胶片中形成潜像概率非常小，故必须采用转换屏，这样可使中子与转换屏元素发生核反应产生二次辐射引起胶片感光，形成潜像。另外与 X 射线照相不同的还在于中子照相还能进行间接曝光法，即中子与转换屏相互作用形成放射性潜像，然后把转换屏移到暗房，贴到胶片上，使转换屏的放射性衰变放出的 β 射线（或 γ 射线）在胶片上形成潜像。不论直接还是间接胶片曝光法，都是中子与转换屏相互作用产生的二次辐射（β、γ）使胶片感光形成潜像。因此，X 射线的胶片照相的全部理论可适用。

胶片曝光法只能形成潜像，还须对胶片进行化学处理才能使潜像变成可观察的影像。因此中子照相的胶片方法要求合适选择胶片，正确曝光才能获得好的图像。图 13.12 为胶片直接曝光法和胶片间接曝光法的装置图。

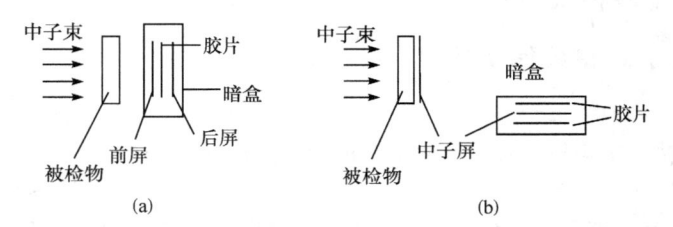

图 13.12 胶片直接曝光法（a）和胶片间接曝光法（b）

不同胶片和转换屏的组合的中子照相特性如表 13.19 所示。

表 13.19 不同胶片和转换屏的组合的中子照相特性

胶片型号	转换屏	灵敏度/$(1/(n \cdot cm^{-2}))$	分辨率/mm
柯达 X-A	Gd_2O_2S	3×10^{-8}	0.26
	NE426	2×10^{-7}	0.35
	BN+ZnS(Ag)	1.0×10^{-8}	0.2~0.3
柯达 X-M	Gd_2O_2S	3×10^{-8}	0.13
	NE426	1.6×10^{-8}	0.23
	BN+ZnS(Ag)	7.7×10^{-10}	0.18
富士 Minicopy	Gd_2O_2S	2.5×10^{-10}	0.014
	BN+ZnS(Ag)	2.9×10^{-9}	0.23

天津胶片厂的国产 X-V、X-Ⅲ 胶片完全可以取代柯达 X 胶片。选择胶片的原则是：①若目标是检测最小缺陷尺寸，则选用慢速、细颗粒单面胶片；②若中子束强度较弱则选用快速、粗颗粒胶片以弥补曝光量的不足；③根据被检测物的缺陷类型和对比度高低要求，选择胶片的对比度。

3. CCD摄像机系统

CCD是电荷耦合部件的简称,CCD摄像机系统是目前国际上最为广泛使用的NR装置之一. 它由闪烁发光屏,常用LiF-ZnS(Ag),即NE426或LiF-ZnS(Cu),即NE(127),光学耦合部件——反射镜和透镜,带冷却系统的数码CCD摄像机,对CCD芯片进行屏蔽防护的铅玻璃和钆液体窗、固定各部件的防光暗箱和控制单元组成,并与Windows窗口计算机连接.

CCD摄像机是最关键部件,在众多的CCD商品中,选用的主要指标:要有大的动态范围、好的线性响应和较高的空间分辨率. 从而输出的图像含300万像素以上,空间分辨小于200 μm. 为了降低暗电流和提高信噪比,CCD摄像机与液氮杜瓦瓶连接,使CCD芯片处在小于40℃温度环境. 为了保护CCD芯片免受中子和γ射线的辐照损伤及其减少图像上这些散射射线造成雾斑,选用厚度约为5cm,剂量当量约为0.3的铅玻璃窗,这使得γ衰减3倍以上,而闪烁屏的约为520nm波长的荧光透射率大于97%;选用厚度约为5cm的$GdNO_3$-$6H_2O$液体窗,使热中子衰减8倍以上,而波长520nm的荧光透射率大于90%.

NE-426和NE-427发射的荧光的峰值波长为520nm,这正好落在CCD芯片频谱灵敏范围内. 因此就要求反射镜和透镜的光学耦合特性与之匹配. 一个厚度2mm的平面玻璃上只能镀铝(而不是银或汞)才可保证可见光的反射效率大于95%,而传统的玻璃上镀银或汞,则产生持久的活化γ射线. 对于透镜,则要求有较大的闪烁图像投射面积(如25cm×25cm)和高光传输效率(如PENTEX 50mmF1.2的透镜能满足这些要求).

CCD摄像机通过控制单元与计算机连接,图像分析处理软件将记录到的图像信号进行数字化处理,然后显示在计算机屏幕上或由打印机输出图像.

对于FNR、CCD摄像机系统除了采用PP屏外,必须对CCD摄相机部位加强中子屏蔽.

CCD摄像机的商品型号和生产厂商很多,有奥地利的Astro·Cam Ⓡ 3200LN/C(在25cm×25cm的芯片上有35万像素)、日本C4880(高帖幅)C-CCD(有100万像素)、国内有Epson Photo PC 800型CCD数码摄像机(全中文液晶显示,300万像素)、Panasonic-Nv-Mx500(3.5吋智能液晶显示,300万像素).

4. 像质指示器系统

像质计(image quality indicator,IQI)是衡量一个中子照相系统质量水平的重要工具,它包括中子束流纯度指示器(BPI)和灵敏度指示器(SI). 国际上采用美国ASTM标准,其BPI由聚四氟乙烯、铅盘、镉棒、氮化硼盘构成,主要功能是将其对中子束曝光可得到像质量有关的各种信息. SI由铝、有机玻璃、铅、铝箔构成,它相当于一个有标准缺陷的试样,用于不连续定量测定中子照相上可见细节灵敏度,在图像上看到最小缝隙和孔.

通过BPI所形成影像参数的分析处理,可得到照相中子束的品质参数,这些参数包括:有效热中子含量NC,它是非散射热中子对像探测器黑度贡献的百分数;有效散射中子含量S,它是散射中子对像探测器黑度贡献的百分数;有效γ射线含量V,它是γ光子对像探测器黑度贡献百分数;有效电子对含量P,它是系统产生的电子对像探测器黑度贡献的百分数. 这些参数用公式表示为

$$NC = \frac{D_H - D_{BI}}{D_H}, \quad S = \frac{\Delta D_B}{D_H}, \quad V = \frac{D_T - D_{L2}}{D_H}, \quad P = \frac{\Delta D_L}{D_H} \tag{13.8}$$

式中,D_H为中心通孔处影像的黑度;D_{BI}为氮化硼盘影像黑度的最大值;ΔD_B为两个氮化硼影

像的黑度差；ΔD_L 为两个铅盘影像黑度差；D_T 为 BPI 基体处的影像黑度；D_{L2} 为铅盘影像黑度的最小值.

ASTM 给出的标准是：$NC=65, S=5, V=3, P=3$.

用 IQI 可得到整个中子照相系统的总分辨率，而像探测器的固有不锐度 U_f 可用刀口法测定. 把一个对热中子不透明的刀口（如氮化硼、镉等）紧贴在中子转换屏上成像，这样几何不锐度 U_g 可消除 $\left(因为 U_g = \dfrac{t}{L/D} \sim 0\right)$，从刀口图像得到黑度曲线，用 KLASENS 或调制传递函数（modulation transfer function, MTF）方法得到固有不锐度 U_f. 关于这两种测定 U_f 的方法涉及一些数学概念，特别是 MTF 方法采用光传输理论，把刀口黑度微分分布，按傅里叶变换成各种频率正弦波的线性叠加. 在物理上，MTF 表征射线照相对刀口函数 $\left((I_0(X)) = \begin{cases} 0, & x<1 \\ 1, & x\geqslant 1 \end{cases}\right)$ 的扩展程度（详细内容请参阅相关资料）.

13.4　中子照相的应用

1) 火工产品的检测

由于氢的热中子吸收系数很大，而一些重金属元素的热中子吸收系数较小，因此 TNR 对检测含氢物质和重金属组成的火工产品特别有效. 例如，爆炸装置通常由钢、铜、铅等金属的外壳和内装含氢炸药组成，热中子容易透过外壳，TNR 就可显示炸药的密度均匀性和空隙大小等信息.

2) 飞机的在线检测

由于飞机制造中的金属蜂窝结构含氢黏合剂、机翼、油箱腐蚀过程积累的隐藏湿气、氢氧化物. 油类等含氢物都需 TNR 检测，X 射线照相却无能为力. 采用可移动式 TNR 对飞机部件检测，可为维修提供精确信息，避免重大飞行事故，确保安全，节省巨额费用. 美、日、英、法、俄等都在大型机场配有可移动式 TNR 装置.

3) 研究金属管（包括容器）内气-水两相流过程

研究两相流过程，必须采用实时 TNR，用高帧率摄像技术记录，显示清晰团状流，乳状流和环状流等，观察空洞三维分布和间隙尺度，验证和完善流体力学理论模型.

4) 检测多孔材料的渗漏和裂缝

混凝土、砖块等建筑材料都是多孔材料，因此在堤坝、地下油库、海洋石油平台上都存在渗水、渗油现象. 利用 TNR 可连续观测渗透全过程. 此外，混凝土建筑在机械力作用下产生的微裂缝随时间缓慢发展成较大裂缝，这在工程上急需检测，TNR 可探测到 0.5 μm 大小的裂缝. 而 X 射线照相只能探测 15 μm 以上的裂缝.

5) 冶金和机械制造中的应用

中子照相可以检测铸件中的缺陷. FNR 可以检测大型金属部件中的深度超过 20cm 处的缺陷、空洞、气泡等. TNR 可灵敏地检测核燃料组件的金属蠕变、He 泡等，也能检测金属中的轻元素的分布、结构相变和氢脆等现象. TNR 也可检测金属构件中夹杂的有机物（如黏接剂）的均匀性和连续性，以及焊缝内的残杂物和气孔等.

6) 在检测核燃料组件内的应用

TNR 通过转移（间接）曝光法，可检测核燃料组件内 ^{235}U 浓缩度的相对变化和可燃中子毒物 Gd、Sm 等核素含量及分布.

7) 在大规模高功率集成电路中的应用

随着大规模高功率集成电路的发展和使用,对微电子线路元器件的质量检验(如断裂缺陷,绝缘填料)都采用中子照相技术完成,这是因为绝大部分绝缘材料是氢-碳有机物.

8) 在核医学中的应用

中子照相在生物和医学方面也有应用潜力.X射线照相用于人体骨骼检查,中子照相可用于人体含氢软组织检查,检测和诊断骨骼的癌症.TNR技术能准确诊断骨骼中的肿瘤和牙髓珐琅质,而X射线照相就显得很逊色.

9) 在文物考古学中的应用

TNR能灵敏鉴别和测定文物内部结构、原料和制造工艺等.

10) NR已成为三品安检的重要手段

欧美和日本等国家已在大型车船码头和海关配备了可移式TNR装置,通过高灵敏电视图像显示系统截获军火和毒品走私.

此外,可移式FNR技术还可从事核查任务,如检测核裂变物、核弹、导弹和生化武器,TNR也在生物学研究中用于微量元素分布的示踪.

13.5 基于中子的元素成像技术

在科学研究和工业生产过程中,除了样品的结构信息,待测样品内部不同元素分布信息即元素成像也是一个重要参数.中子作为电中性的粒子,可以穿透到样品内部,实现样品内部元素分布分析.这一特点使得中子特别适合用于分析大体积样品,基于中子的元素成像技术应运而生.

13.5.1 基于中子共振成像技术的元素成像技术

图13.13给出了C、H、O和N元素总截面随中子能量变化的曲线,从中可以看出,在某些能量区间出现了许多截面很大的峰,这一反应截面呈现强烈的起伏现象称为共振现象,这些峰也称为共振峰.几乎所有核素的中子反应都存在这一现象,但不同的核素的中子共振截面曲线的特征不同,对于重核通常在低能区间和中能区间可以见到这一现象,对于轻核一般要在较高能量区间才会出现.

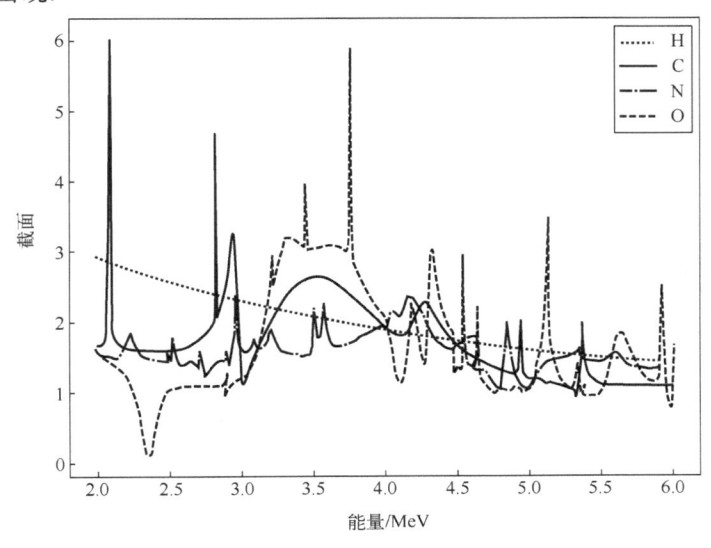

图 13.13 C、H、O和N元素在能量2~6MeV区间的总反应截面

当中子穿透样品时,利用飞行时间(time of flight,TOF)法可以得到时间与中子透射率的关系. 如图 13.14 所示,横坐标时间对应中子的能量,当中子在共振区内被样品吸收之后,在该能量区间的通量会大幅下降,从而其透射率会呈现一个下降的峰,根据不同峰就可以对样品中的核素进行定性和定量分析,该技术称为中子共振透射(neutron resonant transmission, NRT)技术.

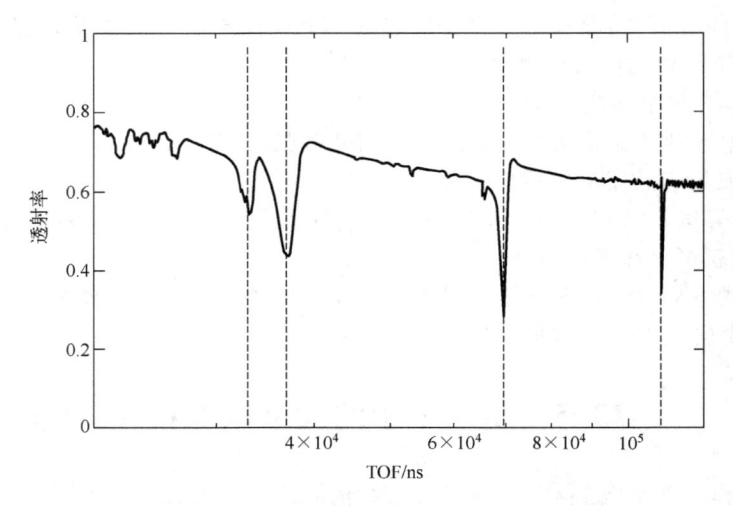

图 13.14　基于 TOF 技术测量共振区中子透射率

目前该技术已被应用于文物分析,英国 ISIS 散裂中子源上利用像素为 10×10 的 ^{6}Li 玻璃阵列探测器对一个文物中的 Ag 和 Cu 元素进行元素成像分析,测量的结果如图 13.15 所示.

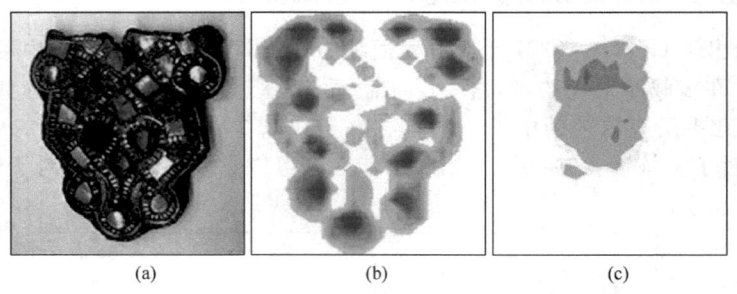

图 13.15　文物样品(a)、Ag 检测结果(b)和 Cu 检测结果(c)

此外,美国的麻省理工学院将这项技术应用于行李箱爆炸和有害物质的检测分析,装置示意图如图 13.16(a)所示,其利用 D-D 中子发生器结合塑料闪烁体制作的整列探测器对样品进

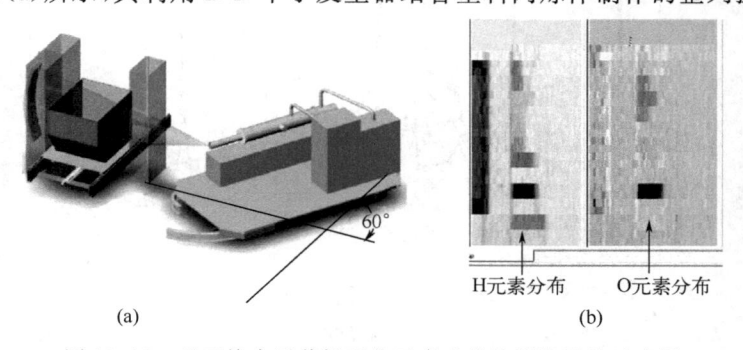

图 13.16　基于快中子共振吸收元素成像检测装置的示意图

行检测,由于样品对不同能量中子的吸收能力不同,因此可以建立不同的方程从而可以求解得到不同元素的分布,如图 13.16(b)所示,可以明显地观察到 H 和 O 元素的分布.

13.5.2 基于 PGNAA 技术的元素成像技术

1. 基于断层扫描的元素成像技术

基于断层扫描的元素成像技术最早由英国萨里大学提出,测量系统如图 13.17 所示,探测系统包括一套中子探测系统(^{3}He 探测器)和一套高纯锗探测器(HPGe)组成. 该技术的基本原理是利用中子束激发样品,通过探测器实时测量其反应过程中不同核素产生的特征γ射线,再对样品进行旋转获取不同位置的元素组成及分布,结合图像重建算法实现元素成像分析.

之后,杜克大学研究人员提出利用快中子与核素发生非弹性散射反应结合断层扫描进行元素成像,其利用加速器产生的 2.5MeV 快中子束对一个由铁和铜组成的"N"形样品进行成像分析,测量装置示意图如图 13.18(a)所示,样品不断旋转如图 13.18(b)所示,通过最大似然期望最大化算法对其进行成像,如图 13.18(c)所示.

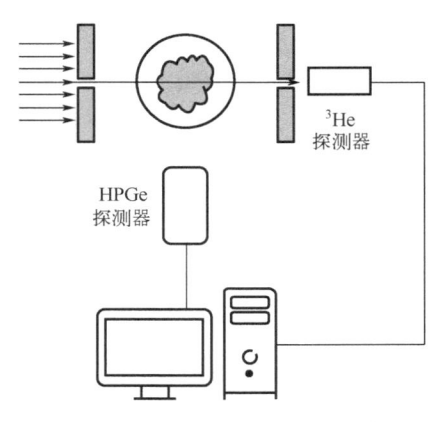

图 13.17 断层扫描的元素成像测量系统示意图

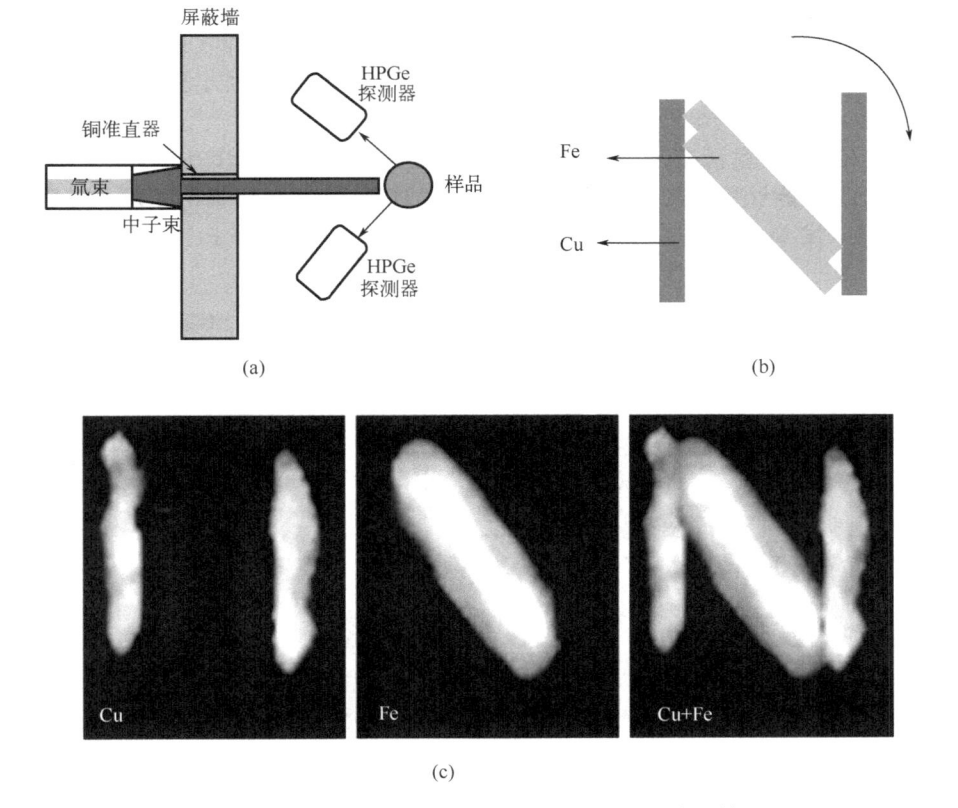

图 13.18 测量装置示意图(a)、被检测样品(b)和检测结果(c)

基于断层扫描的元素成像技术目前已被应用于人体器官元素富集检查,人体组织器官中的元素分布检测是元素成像技术的一个重要应用,因为对于某些疾病,在其早期发病过程中,其器官组织外貌形态可能变化不大,但是病灶处会出现特定元素的富集,因此该技术被应用于人体器官元素成像的可行性研究,如图 13.19 所示,分别探测了不同元素在人体肝脏内部的分布情况.

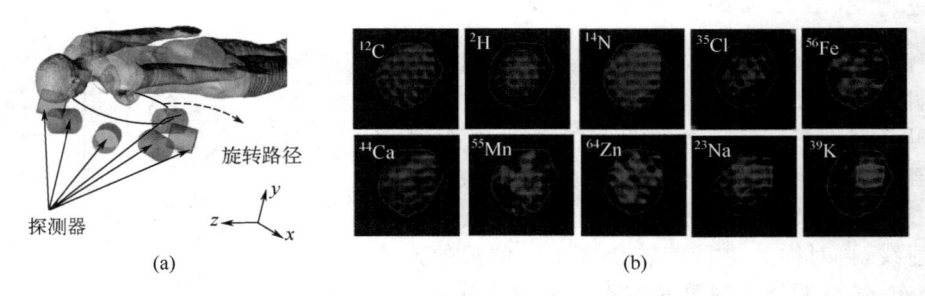

图 13.19 体模和模拟成像系统(a)及不同元素图像重建结果(b)

2. 基于准直聚焦的元素成像技术

基于准直聚焦的元素成像技术是在传统的 PGNAA 技术的基础上发展而来的,同时对探测系统进行准直,被检测体积将会不断缩小,被检测区域为中子束与探测器准直的交点,如图 13.20 所示.之后通过移动样品就可以实现对样品内部不同区域中的核素进行定性和定量检测,该方法是一种直接成像技术,是从传统检测转化为元素成像的最为方便的方法,又被称为瞬发γ成像(prompt gamma activation imaging,PGAI)技术.

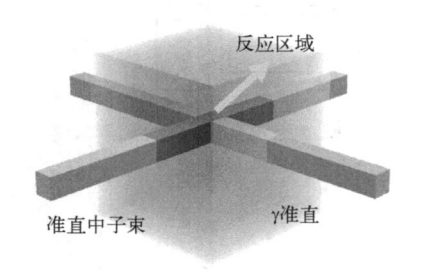

图 13.20 PGAI 技术原理示意图

目前 PGAI 测量装置基本建立在反应堆上,测量装置如图 13.21 所示,主要包括三部分:经过准直的中子束;能够移动和旋转样品的平台;经过准直的γ射线探测系统.将该技术与中子照相进行结合,发展为一种名为瞬发γ射线激活成像-中子断层扫描(PGAI-NT)的检测方法.

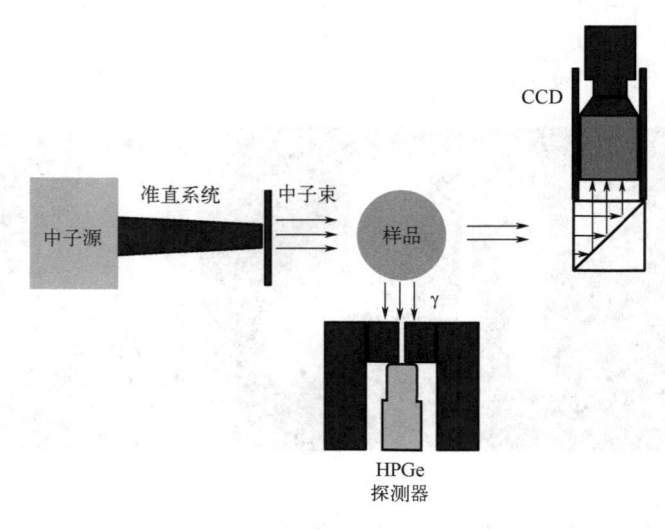

图 13.21 PGAI-NT 检测示意图

文物检测是 PGAI 技术应用较多的领域之一,世界上对该应用研究较多的是位于匈牙利的布达佩斯中子中心(Budapest Neutron Center,BNC)和位于德国的慕尼黑工业大学 FRM-Ⅱ反应堆,其先后建立了分析平台. 国内中国原子能科学研究院的中国先进研究堆(CARR)和中国工程物理研究院的中国绵阳研究堆(CMRR)均开展了验证性的研究. 如图 13.22 所示,利用 PGAI 技术对一枚胸针文物进行了结构和元素成像测量,分别给出了 Fe、S、Au、Cu、H 和 Ag 的分布信息.

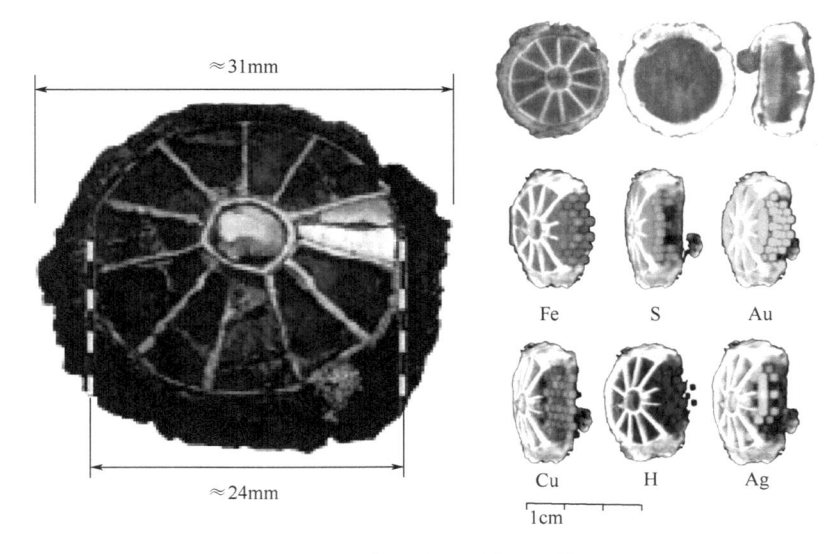

图 13.22 胸针样品及其测量结果

随着中子发生器技术的发展和现场测量的需求,南京航空航天大学核分析技术研究所针对基于快中子激发的 PGAI 技术也进行了探索性的研究. 一方面,由于快中子需要进行慢化才可以得到热中子,从而限制了热中子的通量,造成测量时间过长,利用快中子进行检测时无须慢化,因此可以提供高通量快中子束,减少测量时间;另一方面,由于一般核素的非弹性散射反应截面相比于吸收截面较小,因此其自屏蔽效应和散射效应远小于热中子. 测量平台如图 13.23(a)所示,利用 D-T 中子发生器对金属元素 Fe、Cu 和 Ti 组成的大体积样品进行测量,样品如图 13.23(b)所示,测量结果如图 13.23(c)所示.

3. 基于伴随粒子法的元素成像技术

通过伴随粒子法,如 D-D 反应生成的 ^{3}He 粒子,结合测量分析可对样品内部的元素分布进行测量分析. 伴随粒子法的原理示意图如图 13.24 所示,由于 D-D 中子发生器在产生中子的同时,在其相反方向上生成一个 ^{3}He 粒子,当中子与样品发生反应生成 γ 射线的同时,^{3}He 粒子被位置灵敏探测器探测到,这样两者在时间和空间上均存在符合对应关系,通过关联符合测量 γ 射线以及伴随 ^{3}He 粒子即可得出样品内部元素的含量和分布信息.

基于伴随粒子法的元素成像检测也被应用于人体器官内部的元素分布检测,美国普渡大学的研究人员提出对人体内器官,如肝脏中的铁元素,进行元素成像测量,通过 MCNP 模拟利用 HPGe 探测器和 α 粒子探测器符合测量可以实现分辨率约为 1cm^3 的体积检测.

13.5.3 发展趋势

利用 PGNAA 技术对样品进行检测时,对于被检测样品,其与中子源发射出的中子经过

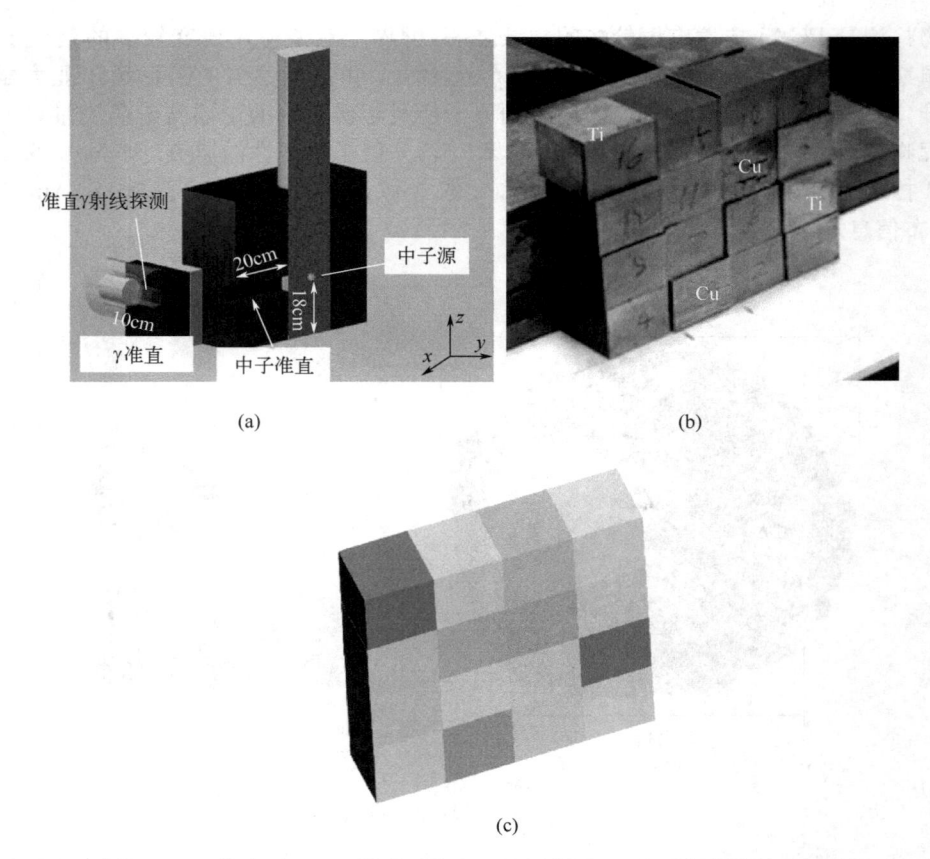

图 13.23　快中子 PGAI 测量平台(a)、金属样品(b)和元素成像结果(c)

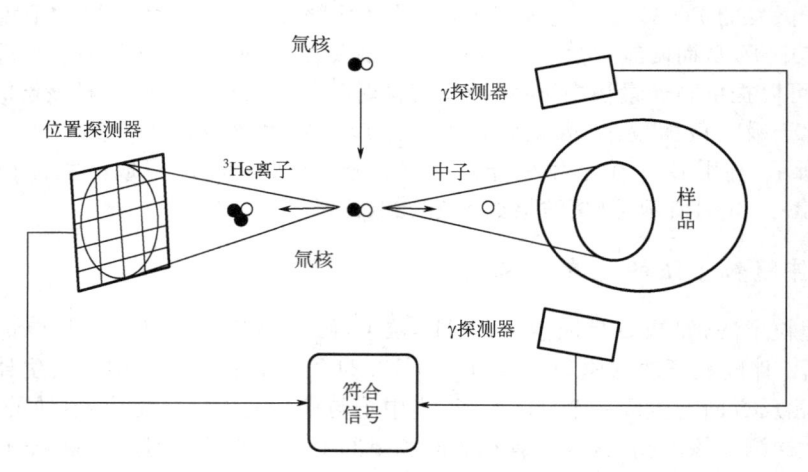

图 13.24　伴随粒子法测量样品示意图

各种反应之后,在其内部会形成一个稳定的中子场分布.由于样品存在一定的体积,样品内部不同位置的中子密度不相同,即中子场分布不均匀,这种干扰称为样品体效应.在对大体积样品进行元素成像测量时,样品体效应对测量结果的影响需要进行修正,提高测量结果的准确性.

为保证测量结果的统计性,目前的元素成像技术测量时间十分漫长,而增加测量体积又会导致空间分辨率下降.因此利用新型的探测器和探测技术来减少测量时间是一个重要的发展趋势.目前,美国国家标准与技术研究院(national institute of standards and technology,NIST)在反应堆上已经开展了基于康普顿相机(Compton camera,CC)的元素成像研究,南京航空航天大学核分析技术研究所也针对该问题开展了基于编码成像的 PGAI 技术研究.

参 考 文 献

[1] 邓力群,马洪,武衡.当代中国的核工业.北京:中国社会科学出版社,1987:376.
[2] Anderson I S,McGreevy R,Bilheux H Z. Neutron Imaging and Applications. Hardcover:Springer,2009.
[3] 貂大卫,刘以思,金光宇,等.中子照相.北京:原子能出版社,1996.
[4] 张俊哲,等.无损检测技术及其应用.北京:科学出版社,1993.
[5] Mishima K,Hibiki T. Quantitative method to measure void fraction of two-phase flow using electronic imaging with neutrons. Nuclear science and engineering,1996,124(2):327-338.
[6] Matsubayashi M,Hibiki T,Mishima K. et al. An improved fast neutron radiography quantitative measurement method. Nuclear Instruments and Methods in Physics Research Section A:Accelerators,Spectrometers,Detectors and Associated Equipment,2004,533(3):481-490.
[7] 刘从贵,汤明.热中子照相及其灵敏度.核技术,1982,(1):32-37,42.
[8] Oda M,Tamaki M,Takahashi K,et al. Removal of scattered neutrons in thermal neutron radiography using a multichannel collimator. Nuclear Instruments and Methods in Physics Research Section A:Accelerators,Spectrometers,Detectors and Associated Equipment,1996,379(2):323-329.
[9] 马兴田.舰船辐射安全学.武汉:海军工程大学出版社,1996.
[10] 安福林,李富荣.用热中子照相法检测火箭导爆索.核电子学与探测技术,1999,19(3):188-191.
[11] 汤明.热中子照相及其质量控制.宇航材料工艺.1994,24(4):42-46.
[12] Mishima K,Hibiki T,Nishihara H. Visualization and measurement of two-phase flow by using neutron radiography. Nuclear Engineering and Design,1997,175(1):25-35.
[13] Pugliesi R,Andrade M L G. Study of cracking in concrete by neutron radiography. Applied Radiation and Isotopes,1997,48(3):339-344.
[14] 张俊哲.中子照相技术及其在核工程中的应用.核动力工程,1991,12(2):92-96.
[15] 陈盘训.半导体器件和集成电路的辐射效应.北京:国防工业出版社,2005.
[16] Hall J,Rusnak B,Fitsos P. High—energy neutron imaging development at llnl in 8th world 335 conference on neutron radiography. No. 8th,(Gaithersburg, MD.), 2006:336.
[17] Fujine S,Yoneda K,Yoshii K. et al. Development of imaging techniques for fast neutron radiography in Japan. Nuclear Instruments and Methods in Physics Research Section A:Accelerators,Spectrometers,Detectors and Associated Equipment,1999,424(1):190-199.
[18] Gonzalez R C,Woods R E. Digital image processing. IEEE Transactions on Acoustics Speech and Signal Processing,1980,28(4):484-486.

第14章

中子测井

中子测井是一种基于中子与地层物质相互作用的测井技术. 该技术利用中子源发射的中子轰击地层,与地层中各种元素的原子核发生相互作用,使用探测器测量各种相互作用之后散射回来的中子或产生的γ射线,通过分析作用后的中子或γ射线来分析井孔地层孔隙度、含油饱和度和地层元素含量等地质和工程参数. 中子测井技术的发展开始于20世纪40年代,到20世纪末,使用双探测器的脉冲中子γ能谱测井技术已成为套管井中剩余油最重要的监测手段,随后出现的多功能脉冲中子饱和度测井仪、地层元素能谱测井仪等中子测井仪器,在油气勘探和开发过程中发挥着越来越重要的作用.

中子测井中,常用的中子源包括同位素中子源和微型加速器中子源两类. 同位素中子源发射的中子能量只有几兆电子伏,与地层的相互作用方式主要包括弹性散射、俘获辐射和热中子活化核反应,使用同位素中子源的中子测井技术包括热中子测井和超热中子测井等. D-T加速器中子源发射的中子能量为14.1MeV,可与地层元素的原子核发生非弹性散射、弹性散射、俘获辐射等全过程,以使用D-T中子发生器为代表的脉冲中子测井技术包括碳氧比能谱测井、脉冲中子俘获测井和快中子散射测井等. 本章简要介绍热中子测井、超热中子测井和碳氧比能谱测井技术.

中子源发射的中子与地层中原子核发生弹性散射和非弹性散射,中子慢化成超热中子和热中子,热中子又可以被地层的原子核俘获,发生辐射俘获反应. 测量超热中子、热中子计数率或非弹性散射、辐射俘获产生的γ计数率及能谱,可以定量测定孔隙度并分析元素含量. 随着^{3}He计数管的出现,以超热中子和热中子为测量对象的测井方法相继问世;而闪烁探测器用于测井技术中,又诞生了γ能谱测井.

中子在地层中的运动过程可分为快中子慢化和热中子扩散两个阶段,其迁移过程实际上就是中子与原子核发生作用,产生中子和γ场分布过程. 中子迁移过程满足玻耳兹曼方程,可通过双组扩散理论来描述中子和γ场的分布.

假设在无限介质中有一个源强为S的中子源不断发射快中子,在快中子减速阶段,快中子经过与地层物质原子核的作用,变成低能中子,导致快中子数减少. 慢化的快中子经过地层的进一步作用变成热中子,热中子在扩散过程中又会被原子核吸收. 那么,在无限介质中热中子的通量分布为

$$\phi(r) = \frac{S}{4\pi D_t r} \frac{L_d^2}{L_s^2 - L_d^2}(e^{-r/L_s} - e^{-r/L_d}) \tag{14.1}$$

式中:L_s为快中子的慢化长度;L_d为热中子的扩散长度;D_t为热中子的扩散系数.

14.1 热中子测井

利用中子源发射的中子与地层元素发生散射作用而被慢化成热中子,通过测量热中子通量反映地层的孔隙度,这种测井方法称为热中子测井,热中子测井具有探测范围大、热中子计数效率高等优点. 早期的热中子测井方法是用一个中子源和一个中子探测器,但该方法中热中子通量随深度的变化受井眼环境(如井径、井眼不规则等)影响较大. 补偿中子测井使用一个中子源和两个不同源距的探测器,通过计算两个探测器计数率的比值,可消除环境因素的影响,已成为测量地层孔隙度的主要核测井技术.

14.1.1 热中子密度与源距的关系

同位素中子源发射能量为几兆电子伏的中子,经慢化和扩散后,在均匀无限介质中距源 r 处的热中子通量如式(14.1)所示. 由此式可见,热中子通量的分布不仅取决于地层的快中子慢化长度,而且还与热中子的扩散及吸收性质有关. 测井时,中子探测器与中子源的距离 r 是固定的. 不同地层对中子慢化能力不同,探测器测量到的热中子数量就不同. 地层对热中子的慢化能力主要取决于地层中的含氢量,而地层中的氢主要来自填在地层岩石孔隙度中的石油、天然气和水. 因此,通过测量热中子的计数,即可区分不同孔隙度的地层.

图 14.1 是计算得到的热中子密度与源距关系的理论曲线,表示热中子密度与源距的关系. 理论曲线是在骨架为纯砂岩,孔隙度为 10%、20%、30% 和 40% 且孔隙内充满水的条件下给出的. 从总体上看,曲线可分为 A、B 和 C 三个区.

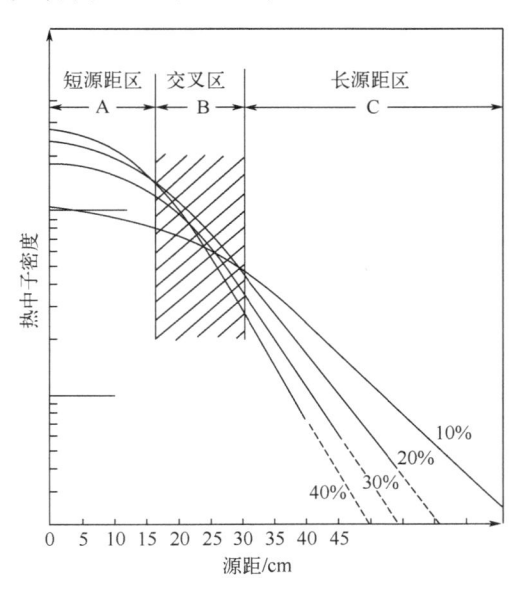

图 14.1 热中子密度与源距的关系

A 区(短源距区):源距很小时,热中子密度主要取决于能够在离源很近的区域内,由快中子慢化为热中子的数量,因而孔隙度大、含氢量高的地层热中子密度大,但这种差别随源距的增大而减小.

B区(交叉区):随着源距增大,热中子密度不仅取决于在探测区内快中子慢化成热中子的数量,而且还取决于能到达观察点附近而不被吸收的热中子数,即热中子的衰减速率. 含氢量高的地层热中子密度比含氢量低的地层热中子密度衰减得快,因而每两条曲线必然有一个交点,这些交点分布在一个比较小的源距范围内,称为过渡区或零源距区. 在这个区域内,热中子密度或通量对地层的中子特性无分辨能力,是中子测井的盲区.

C区(长源距区):随着源距进一步增大,热中子密度随源距增加而衰减的速率成为影响热中子密度的主要因素. 在B区内,不同含氢量的地层热中子密度大致相等;而在C区,热中子密度在含氢量高的地层衰减得快,在含氢量低的地层衰减得慢,且两者衰减的差异随源距增大而增加.

从图14.1中可以看出,只有在A区和C区才能实现地层孔隙度的测量,但相比于A区,C区热中子密度相对于孔隙度的变化更灵敏,因此热中子测井的源距一般都选定在C区,此时孔隙度大、含氢量高的地层热中子计数率低. 同时,选择较长的源距还有利于增加探测深度和减小井眼的影响,但增大源距会导致热中子计数率的下降,因此在测井中需要选择适当的源距.

14.1.2 补偿中子测井原理

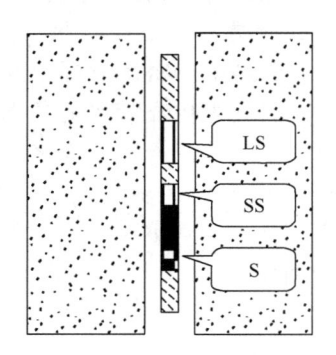

图14.2 补偿中子测井原理示意图

由前面的分析可知,热中子通量受中子慢化和吸收两个过程的影响,如果想通过测量热中子计数率来确定地层的孔隙度,就必须降低地层的吸收性质和井眼对测量值的影响,实际中常采用双源距探测器组合来解决这个问题. 补偿中子测井原理示意图如图14.2所示,采用一个中子源和长、短源距两个热中子探测器. 同位素中子源(S)在井眼中发射快中子,中子进入地层后被慢化成热中子,热中子在扩散过程中又会被原子核俘获,利用距离源不同的两个热中子探测器(离源远的探测器叫长源距或远探测器(LS),离源近的探测器叫短源距或近探测器(SS))测量回到井眼来的热中子,通过远、近探测器热中子计数率的比值来测定地层孔隙度.

远、近探测器记录的中子计数 N 正比于热中子通量密度 $\varphi(r)$,比例系数 K. 为对于同一测井仪的两个源距不同的探测器,可以认为比例系数 K 相等. 如果长、短源距分别为 r_1 和 r_2,且 $r_1 > r_2$,根据式(14.1)可知,两个探测器的热中子计数率的比值为

$$R = \frac{K\phi(r_1)}{K\phi(r_2)} = \frac{r_2}{r_1} \cdot \frac{(e^{-r_1/L_f} - e^{-r_1/L_t})}{(e^{-r_2/L_f} - e^{-r_2/L_t})} \tag{14.2}$$

其中,L_f 和 L_t 为快中子慢化长度和热中子扩散长度,由于地层的快中子慢化长度通常近似于热中子扩散长度的两倍,如表14.1所示.

表14.1 超热中子和热中子参数比较(砂岩)

孔隙度/%	超热中子参数		热中子参数	
	L_f/cm	D_e/cm^{-1}	L_t/cm	D_t/cm^{-1}
5	19.1		11.5	
10①	15.5	86	5.1	0.771

续表

孔隙度/%	超热中子参数		热中子参数	
	L_f/cm	D_e/cm^{-1}	L_t/cm	D_t/cm^{-1}
15	12		7.2	
30	9.6		4.6	
淡水	7.0	68	2.8	0.167

注：孔隙度为10%的岩石充淡水，其他情况的充盐水.

在源距 r 较大的条件下，式(14.2)中含有 L_t 的指数项相比于含有 L_f 的指数项可以忽略不计，则相应的热中子通量比为

$$R = \frac{\phi(r_1)}{\phi(r_2)} = \frac{r_2}{r_1} e^{-(r_1-r_2)/L_f} \tag{14.3}$$

由式(14.3)可知，R 值只与快中子慢化长度 L_f 有关，消除了地层因热中子吸收性质的差异所带来的影响，能够更好地反映含氢量，通过 L_f 即可求得孔隙度. 此外，两个足够大源距的探测器受井眼环境的影响是相近的，取源距不同的两个探测器计数率的比值，在很大程度上也补偿了环境对孔隙度的影响，因而这种测井方法称为补偿中子测井. 如图 14.3 所示的长、短源距探测器计数率比值 R 与孔隙度的关系曲线可以看出，计数率比值 R 和孔隙度的对数值近似呈线性关系，随着孔隙度数值的增大，计数率比值 R 逐渐减小.

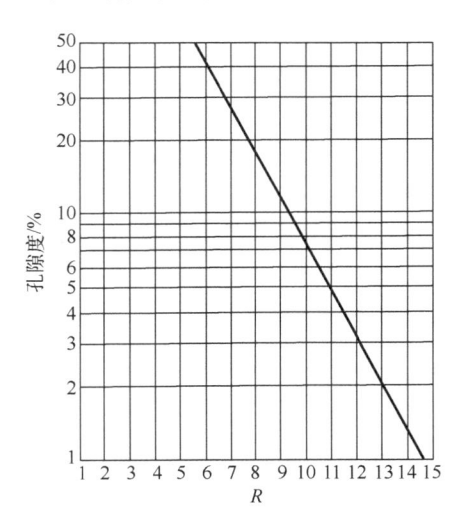

图 14.3 长、短源距探测器计数率比值 R 与孔隙度的关系曲线

14.1.3 热中子测井技术

热中子测井方法主要用于岩石孔隙度的测定. 孔隙度发生变化时，孔隙里的含氢液体（如石油、淡水等）或含氢气体（如天然气等）的含量也会发生变化，导致岩石中的含氢量发生变化. 热中子测井就是通过测量岩石中含氢量的变化，从而确定岩石的孔隙度.

1. 含氢指数

地层对快中子的减速能力主要决定于它的含氢量. 在中子测井中，将淡水的含氢量规定

为一个单位,而 $1\mathrm{cm}^3$ 任何岩石或矿物中的氢核数与同样体积的淡水的氢核数的比值定义为它的含氢指数. 含氢指数用 H 或 HI 表示,它与单位体积中介质的氢核数成正比. 对淡水而言

$$H = k\frac{N_A x \rho}{M} \tag{14.4}$$

式中,M 为该化合物的摩尔质量,g/mol;ρ 为密度,g/cm³;x 为该化合物每个分子中的氢原子数;N_A 为阿伏加德罗常量;k 为待定系数.

1) 淡水的含氢指数

淡水的含氢指数为 1,而 $x=2$,$\rho=1\mathrm{g/cm}^3$,$M=18\mathrm{g/mol}$,代入式(14.4),可求得 $kN_A=9$. 代入式(14.4)可知

$$H = 9\frac{x\rho}{M} \tag{14.5}$$

当一种化合物的每个分子中的氢原子数、密度和分子量已知时,由上式即可求出该化合物组成的矿物或岩石的含氢指数.

2) 孔隙性纯石灰岩的含氢指数

孔隙度为 φ、充满淡水的纯石灰岩的含氢指数为

$$H = H_{ma}(1-\varphi) + H_w\varphi \tag{14.6}$$

式中,H_{ma} 为岩石骨架的含氢指数;H_w 为孔隙水的含氢指数.

刻度时,H_{ma} 定为 0,$H_w=1$,有 $H=\varphi$.

中子测井是在饱含淡水的纯石灰岩刻度井中刻度的,实际测井中测得的孔隙度,实质上是等效含氢指数. 只有当岩性、孔隙流体、井眼条件与仪器刻度条件相同时,测得的中子孔隙度才与地层的总隙度相等.

3) 原油和天然气的含氢指数

液态烃的含氢指数与淡水接近,而天然气的氢浓度很低,并且随温度和压力而变化. 因而若天然气很靠近井眼而处于中子测井探测范围内时,中子测井测出的含氢指数比孔隙度要小.

烃的含氢指数可根据其组分和密度来估算. 分子式为 $n\mathrm{CH}_x$,即分子量为 $n(12+x)$,且密度为 ρ 的烃,含氢指数为

$$H = 9\frac{nx\rho}{n(12+x)} = 9\frac{x}{12+x}\rho \tag{14.7}$$

用式(14.7)可算得,甲烷(CH_4)的含氢指数为

$$H_{\mathrm{CH}_4} = 2.25\rho_{\mathrm{CH}_4}$$

而原油(CH_2)的含氢指数为

$$H_{油} = 1.29\rho_{油}$$

如果石油的密度为 $0.85\mathrm{g/cm}^3$,则其含氢指数为 1.09;同样地,如果地层中天然气的密度为 $0.2\mathrm{g/cm}^3$,则其含氢指数为 0.45.

4) 与有效孔隙度无关的含氢指数

石膏:分子式 $\mathrm{CaSO}_4 \cdot 2\mathrm{H}_2\mathrm{O}$,密度 $\rho=2.32\mathrm{g/cm}^3$,相对分子质量 M 等于 172,分子中的氢原子数 x 等于 4,所以有

$$H_h = \frac{9 \times 4 \times 2.32}{172} = 0.49$$

由上式可知,虽然石膏的孔隙度为零,但它的含氢指数为 0.49,与孔隙度为 49% 的石灰岩

相当.

泥质:主要成分是黏土矿物,含有结晶水和束缚水,因此它具有很大的含氢指数,取决于泥质孔隙体积和矿物成分,一般为 0.15~0.3,所以含泥质的地层有较大的中子孔隙度.

5) 岩性和挖掘效应影响

当仪器以纯石灰岩为标准进行刻度时,石灰岩骨架的含氢指数为 0,其他岩石的骨架矿物显示为不等于零的等效含氢指数,从而产生附加孔隙度. 产生该现象的原因是岩层中除了氢之外,如碳、氧、硅等其他原子核对中子也有一定的慢化能力,因此岩石骨架虽然不含氢,但有等效的含氢指数. 如孔隙度为 0 的砂岩,中子减速能力比石灰岩低,显示为负的含氢指数;白云岩的中子减速能力比石灰岩高,显示为正的含氢指数.

如图 14.4 所示的总体积相同的两个地层 A 和 B,岩石(不含氢)的体积均为 V_1,孔隙的体积为 V_2+V_3,则两者的孔隙度 $\varphi=(V_2+V_3)/V_1$. 对于地层 A,孔隙中充满水,根据式(14.6)可知其含氢指数 $H_A=H_w \cdot (V_2+V_3)/V_1=\varphi$. 此时,中子测井测得的含氢指数可以真实地反映孔隙度. 对于地层 B,其孔隙中含有部分水和部分天然气,则地层 B 的含氢指数 $H_B=(H_g \cdot V_2 + H_w \cdot V_3)/V_1$. 由前文可知,天然气的含氢指数 H_g 小于淡水的含氢指数 H_w,则 $H_B<\varphi$. 显然,此时地层的含氢指数小于地层实际的孔隙度.

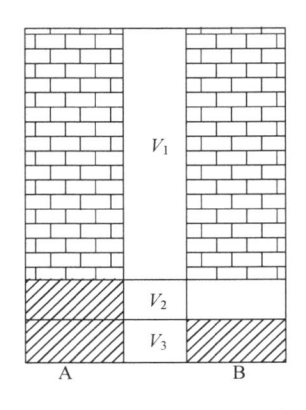

不仅如此,在实际测井中发现,测出的气层中子孔隙度比它的含氢指数还要小,这就表明天然气使中子孔隙度减小的量

图 14.4 挖掘效应示意图

比含氢指数减小的量还要大. 含气地层 B 与非含气地层 A 相比,地层含有天然气时,孔隙中的一部分的水被天然气代替,不仅含氢指数减小,还降低了岩石对快中子的慢化能力,相当于挖掘了一定体积的岩石骨架,从而生成了一个负的含氢指数附加值,这一效应称为"挖掘效应". 在求孔隙度时,需要对挖掘效应做校正.

挖掘效应的大小与地层的岩性、孔隙度、含水饱和度(或残余油气饱和度)及天然气的含氢指数有关. 天然气含氢指数越小,气占的孔隙体积越大,挖掘效应的作用就越强.

根据含氢指数的定义,冲洗带中混合流体的含氢指数为

$$H_{xo}=S_{xo}H_w+(1-S_{xo})H_g \tag{14.8}$$

式中,S_{xo} 为冲洗带含水饱和度;H_w、H_g 为水和气的含氢指数.

地层冲洗带岩石的含氢指数为

$$H_{NH}=H_{xo}\varphi=\varphi[S_{xo}H_w+(1-S_{xo})H_g] \tag{14.9}$$

如不考虑挖掘效应,中子测井孔隙度 φ_N 就应该等于 H_{NH}. 但实际测得的 φ_N 包含着挖掘效应的影响,它比 H_{NH} 还要小,差值为

$$\Delta\varphi_{Nex}=H_{NH}-\varphi_N \tag{14.10}$$

这就是挖掘效应校正值.

式(14.8)也可改写为

$$S_{wH}H_w=S_{xo}H_w+(1-S_{xo})H_g \tag{14.11}$$

式中,S_{wH} 为含气地层的含氢指数当量饱和度(%),简称当量饱和度. 此时,混合流体的含氢指数与含水饱和度为 S_{wH} 的孔隙孔间的含氢指数相同.

因 $H_w=1$,所以有

$$S_{wH} = S_{xo} + (1 - S_{xo})H_g \tag{14.12}$$

图 14.5 是计算出的 $\Delta\varphi_{Nex}$ 对 S_{wH} 的关系曲线. 作图时,设天然气的含氢指数 $H_g = 0$,对孔隙度为 10%、20%、30% 和 40% 的砂岩、石灰岩和白云岩分别做了计算. 从图中曲线看出:孔隙度为零时,挖掘效应为零,孔隙度增大挖掘效应迅速增强;所有曲线均相交于 $\Delta\varphi_{Nex} = 0$,$S_{wH} = 1$ 的一点;在 $S_{wH} = 0.5$ 时,挖掘效应曲线有最大值;孔隙度对挖掘效应的影响比岩性大;$S_{wH} > 1$ 的部分,适用于含蜡量高的原油.

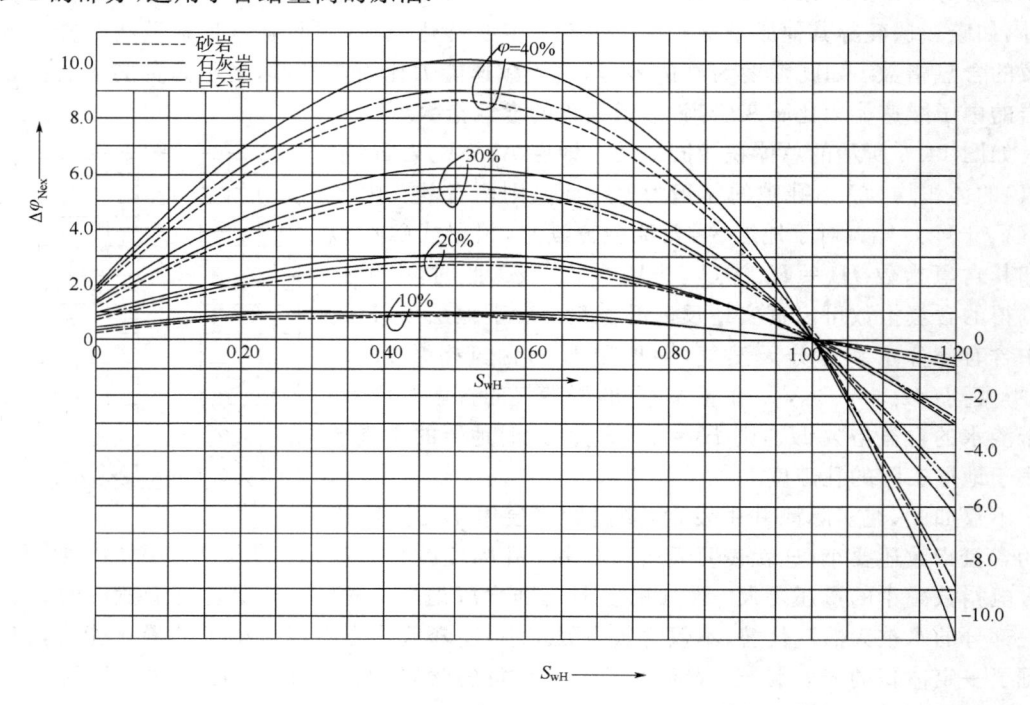

图 14.5 挖掘效应校正曲线

挖掘效应的近似校正公式为

$$\Delta\varphi_{Nex} = k(2.0\varphi^2 S_{wH} + 0.04\varphi)(1 - S_{wH}) \tag{14.13}$$

式中,$\Delta\varphi_{Nex}$、φ 和 S_{wH} 均以 1% 为单位;$k = (\rho_{ma}/2.65)^2$,对砂岩,$k = 1$;对石灰岩,$k = 1.046$;而对白云岩,$k = 1.73$.

2. 补偿中子测井刻度

图 14.6 给出了补偿中子测井的量值溯源系统:①中子孔隙度基准井是专用计量基准,由一组孔隙度不同的饱和淡水石灰岩标准裸眼刻度井组成,是国家行业一级刻度井群;②中子孔隙度工作标准井是分在油区或测井公司的二级刻度井组,至少要有三口井,结构与基准井相同;③中子刻度器,它与工作标准井组成两级专用计量标准器具,用于将中子孔隙度基准井群的孔隙度量值传递到补偿中子测井仪;④补偿中子测井仪是工作计量器具,直接测到的是短源距计数率 N_{SS} 和长源距计数率 N_{LS},它们的比值记作 $R = N_{SS}/N_{LS}$,比值大表示快中子在地层中的慢化长度短,地层含氢量高,饱和水或油的孔隙度大.

对补偿中子测井仪在这三级刻度系统中的任何一级进行刻度,就是要在孔隙度 φ 和计数率比值 R 之间建立确定的函数关系,可表示为

$$\varphi = f(kR) \tag{14.14}$$

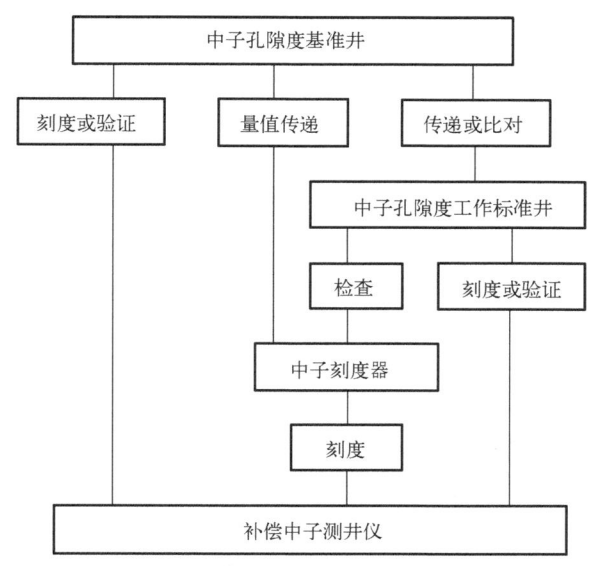

图 14.6　补偿中子测井的量值溯源系统

式中，φ 为中子孔隙度，单位为 p.u.[①]，用中子测井求出的孔隙度称为岩石的中子孔隙度；R 为短源距探测器计数率与长源距探测器计数率之比；k 为刻度系数.

在标准井群与标准仪器之间建立起来的比值 R 与孔隙度 φ 之间的转换关系，就能用于同类型的经过刻度的所有仪器.

3. 补偿中子测井的探测深度和环境影响

为考察长、短源距的中子通量及其比值的探测深度，设石灰岩地层孔隙度为 30%，原始含气饱和度为 $S_g=100\%$，淡水从井壁开始以 $S_w=100\%$ 侵入，并定义中子测井径向几何因子为

$$J_x = \frac{\phi_x - \phi_0}{\phi_\infty - \phi_0} \tag{14.15}$$

式中，ϕ_0 为无侵入时的中子通量或长、短源距中子通量比值；ϕ_x 为侵入深度为 x 时的中子通量或其比值；ϕ_∞ 为无穷侵入时的中子通量或其比值.

使用蒙特卡罗方法模拟计算得到的长短源距中子通量及其比值的 J 因子随侵入深度的关系曲线如图 14.7 所示. 若定义 J 达到 0.9 时的侵入深度为探测深度，则可以看出，长源距探测器的探测深度大约为 40cm，而短源距的探测深度只有 30cm，通量比值 J 因子的响应特性不同于单一探测器. 利用两个探测器探测深度的差异，可估算侵入深度和发现气层.

计算和实验都证明，中子测井的探测深度与孔隙度有关. 随孔隙度的减小，补偿中子仪器的探测深度增大. 当孔隙度从 30% 减小到 10% 时，长源距探测器探测深度增加 5cm 以上.

由于中子孔隙度测井的探测范围比较小，虽然井环境的影响已得到补偿，但在许多情况下还需做校正. 补偿中子测井仪裸眼井刻度标准条件为：井眼直径 20cm，井眼和石灰岩地层模块孔隙充淡水，无泥饼，井温 24℃，压力 1atm，仪器偏心. 若实际测井条件与刻度条件不同时，需要对井眼尺寸、流体类型、泥浆侵入等因素进行校正.

[①] p.u. 是英文 porosity unit 的缩写，指的是以百分比表示的孔隙度. 例如，1.5p.u. 等同于 15%，表示孔隙体积占岩石总体积的 15%.

312　应用中子物理学

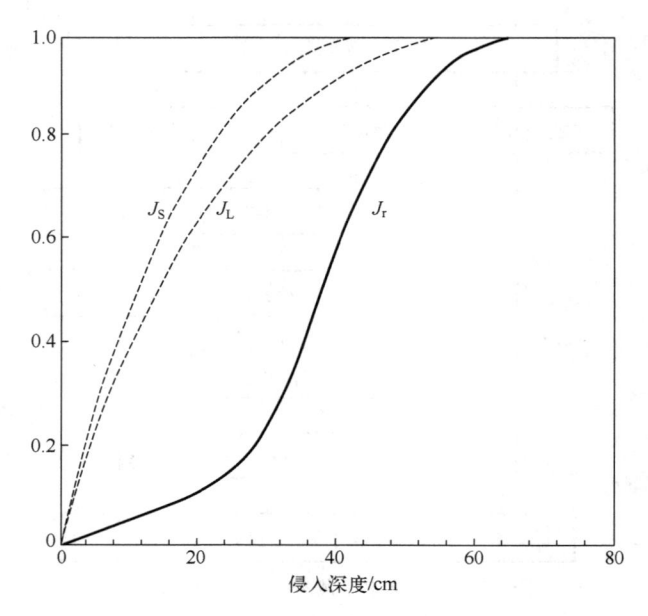

图 14.7　补偿中子测井的探测深度
J_L—长源距中子通量 J 因子；J_S—短源距中子通量 J 因子；J_r—通量比值 J 因子

(1) 井径：当井径增大时，中子孔隙度增大，反之亦然。测井时可进行实时校正。
(2) 泥饼：泥饼的含氢指数比高孔隙度地层低，比低孔隙度地层高，因此，在两种情况下泥饼造成的附加孔隙度符号不同。补偿中子测井，当泥饼厚度不大于 1.3cm 时，校正值一般不超过 2 个孔隙度单位。
(3) 间隔：仪器离开井壁一定距离，中子孔隙度较仪器靠井壁时略高。
(4) 井液：若井眼中有天然气或发泡钻井液，中子测井读数将表现异常，测井效果差。

14.2　超热中子孔隙度测井

14.2.1　超热中子通量密度的空间分布

超热中子孔隙度测井是一种利用同位素中子源（如 Am-Be 等）产生的快中子进入地层，与地层物质原子核发生弹性散射，经慢化后成为超热中子，通过中子探测器记录超热中子计数率，求取孔隙度的测井方法。因为在测量中只记录超热中子，所以热中子的扩散和俘获辐射的影响可以忽略，中子被测量前只经历了在地层中的慢化过程，超热中子计数率主要与地层中氢的含量有关。与热中子测井相比，这种方法源距较短，不受热中子俘获截面大的元素（如氯等）的影响。

中子测井中，中子源发射的中子经与地层元素作用后，中子的能量范围从百分之几电子伏到几兆电子伏，不同能量的中子和地层元素相互作用的差别很大，但若只记录超热中子，则可用双组扩散理论得到中子通量与地层参数的关系。

根据中子通量分布公式，分别用 L_e 和 D_e 表示超热中子的慢化长度和扩散系数，有

$$\phi_e(r) = \frac{S}{4\pi D_e r} e^{-r/L_e}$$

式中，S 为源强，r 为源距。L_e 与中子的慢化长度 L_s 近似相等。

测井中常用的镭-铍中子源,中子能量大约在 3~10MeV 之间,淡水平均慢化长度约为 7cm. 而中子在其他物质中慢化长度要比在水中的慢化长度大得多,如在碳中,中子从 3MeV 慢化到 1.44eV 时,慢化长度为 19.2~19.8cm. 图 14.8 给出了淡水的中子慢化长度 L_s 与中子初始能量 E_0 的关系.

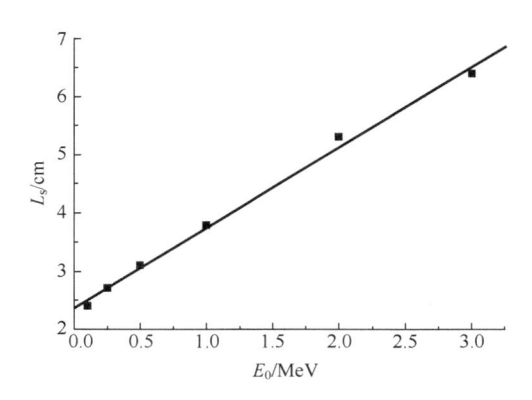

图 14.8 淡水的中子慢化长度 L_s 与中子初始能量 E_0 的关系

中子在岩石的慢化长度主要是由岩石中的含氢量决定,若骨架矿物不含氢,孔隙中饱含水或油,则中子慢化长度反映孔隙度的大小,L_s 越小孔隙度越大. 表 14.2 给出了砂岩的超热中子参数,可以认为表中的 L_e 和慢化长度 L_s 相等.

表 14.2 砂岩的超热中子参数

孔隙度/%	L_e/cm	D_e/cm^{-1}
3.0	17.8	94.1
10.0	15.5	86.0
11.4	13.7	85.1
22.6	11.5	80.4
33.8	10.5	77.0
50.0	9.1	73.6
100.0	7.0	68.8

14.2.2 超热中子通量密度与源距的关系

依据表 14.2 中的数据,考察饱和淡水的孔隙砂岩中点状快中子源周围的超热中子通量分布. 设有两个中子减速性质不同的均匀无限地层,相应的扩散系数和减速常数分别为 D_1、D_2 和 L_1、L_2,则超热中子通量分别为

$$\phi_1(r) = \frac{S}{4\pi D_1 r} e^{-r/L_1} \tag{14.16}$$

和

$$\phi_2(r) = \frac{S}{4\pi D_2 r} e^{-r/L_2} \tag{14.17}$$

通量的比值为

$$\frac{\phi_1(r)}{\phi_2(r)} = \frac{D_2}{D_1} e^{-\left(\frac{L_1-L_2}{L_1 L_2}\right)r} \tag{14.18}$$

若地层 1 的孔隙度(含氢指数)比地层 2 小,则有 $D_1 > D_2$ 和 $L_1 > L_2$,即

$$\frac{D_2}{D_1} < 1, \quad L_1 - L_2 > 0 \tag{14.19}$$

这样,式(14.18)的值就会有以下三种情况:

(1) r 很小时,式(14.18)的指数因子接近于 1,故有 $\phi_1 < \phi_2$,即孔隙度(含氢指数)大的地层其超热中子通量也高,源距在这一范围时称之为负源距.

(2) r 增大,比值呈指数上升,当它等于 1 时,有 $\phi_1 = \phi_2$,即孔隙度(含氢指数)不同的地层具有相等的超热中子通量,此时中子通量对地层无分辨能力,这一长度称为零源距.

(3) r 继续增大,比值进一步上升,当它大于 1 之后,有 $\phi_1 > \phi_2$,即孔隙度(含氢指数)大的地层中子通量较低,源距在这一范围时称为正源距. 在正源距的范围内,比值 ϕ_1/ϕ_2 随着源距的增大而增加,超热中子通量分辨地层的能力增强.

图 14.9 绘出了孔隙度分别为 3%、33.8%的饱含淡水的孔隙砂岩和淡水中的中子通量与源距的关系. 图中的曲线可分成 A、B 和 C 三个区,分别对应负源距、零源距和正源距区. 可以看出,在正源距区不同孔隙度地层的曲线差异最明显. 由式(14.18)中 $\phi_1 = \phi_2$ 可算出零源距 $r_0 = \frac{L_1 L_2}{L_1 - L_2} \cdot \ln\left(\frac{D_1}{D_2}\right)$,不同地层组合的零源距数值有一定差异,与地层的慢化性质、中子源发射中子的能谱和测井仪器的结构有关,分布在大约 5~10cm 的范围内.

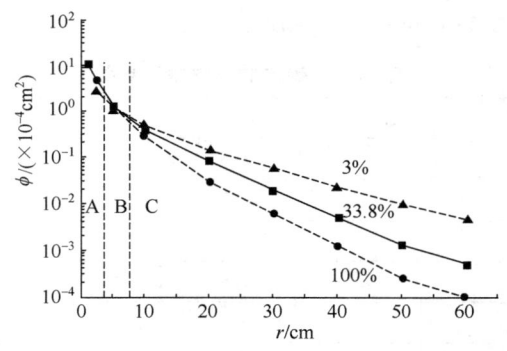

图 14.9 中子通量与源距的关系

从图 14.9 可以看出,超热中子测井的源距不能在负源距和零源距区中选择,因为零源距区的测井数据无法反映地层孔隙度的差异,而负源距区仪器对孔隙度的分辨能力差且仪器设计难以实现,因此实际测井中的源距都选用正源距. 单从提高对地层减速性质的分辨能力来看,源距应大一些;但源距增大会使超热中子的计数率迅速降低,统计精度变差,因此源距一般不超过 35cm.

14.2.3 超热中子测井方法

在测井中若只记录超热中子,就可避开热中子的扩散和俘获辐射影响,中子被记录前只经历了在地层中的慢化过程,即主要和含氢量有关. 图 14.10 给出孔隙度和中子减速长度的关系,由图可见,孔隙度的对数与中子减速长度有很好的线性关系.

对于同一地层,即使是在相同的条件下测井,因中子源强、源距、使用探测器不同和仪器结构的差异,不同测井仪测得的中子计数率也会有很大差别. 因此,为了使测井资料便于对比,就需要用统一标准的刻度井对超热中子.

与热中子相比，超热中子能量较高，它与探测器灵敏元件中的原子核发生核反应的截面小，探测器的超热中子计数效率低，这导致统计精度差，因此超热中子测井仪在记录超热中子时，需要采取一些技术措施.

(1) 在中子探测器外添加屏蔽层吸收热中子，在不影响超热中子探测的同时防止热中子对测量产生影响. 屏蔽材料可选用镉(Cd)，镉对 0.025eV 的热中子的微观吸收截面为 2450b，而对于能量为 1eV 的超热中子的吸收截面为 22b，同时镉对于能量低于 18.5eV 中子不存在共振吸收. 在中子正比计数器外添加 0.5~1mm 的镉，基本就可以吸收热中子而让超热中子通过.

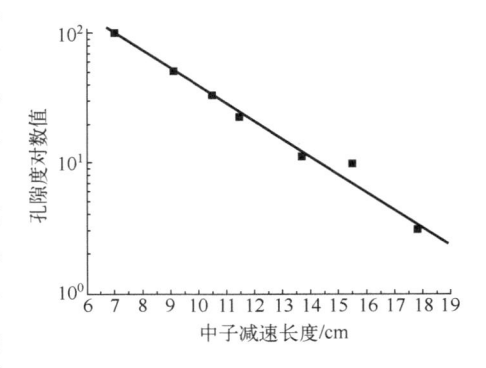

图 14.10 孔隙度和中子减速长度的关系

(2) 在屏蔽层和探测器之间添加中子慢化层，如塑料、石蜡等含氢较高的材料，使穿过屏蔽层的超热中子慢化成热中子，从而提高系统的探测效率.

(3) 在测井仪器中使用对超热中子敏感的新型探测器.

目前，在实际的测井中常选用 ^{3}He 计数管来记录超热中子. 超热中子在地层中分布比热中子范围小，探测深度浅，同时由于源距小，受井眼影响严重. 为此，需要使探头紧贴井壁测量，加推靠器的仪器对井壁环境要求较高，在测井过程中要对井眼影响做实时校正.

14.3 碳氧比能谱测井

碳氧比能谱测井中使用的中子源是 D-T 中子源，D-T 中子源产生的脉冲中子在地层中可通过非弹性散射和辐射俘获产生的特征γ射线，通过测量特征γ能谱，可分析和确定地层的岩性和含油饱和度. 碳氧比能谱测井技术的优点是不受地层水矿化度影响，可在套管井中直接测量储层剩余油饱和度，根据储层剩余饱和度的大小，还可以判断油层的水淹程度、划分油水层、确定油水界面及进行潜力层挖潜等.

14.3.1 地质基础

从地质方面考虑，石油中含有大量的碳元素，几乎不含氧元素；而水中含有大量的氧元素，几乎不含碳元素. 因此，在含油储层碳氧比值大，含水储层碳氧比值小，这样利用碳氧比值的大小就可以评价储层剩余油饱和度.

地层骨架和孔隙流体中含有碳和氧原子数与孔隙度、含油饱和度等参数有关，为了建立原子数与地层参数关系，假定纯岩石和孔隙流体组成的地层介质，分析其原子数随孔隙度和含油饱和度的变化规律.

设 n_{Ca} 为每立方厘米原油中碳原子的数目，n_{Cb} 为每立方厘米岩石骨架中碳原子的数目，n_{Oc} 为每立方厘米淡水中氧原子的数目，n_{Od} 为每立方厘米岩石骨架中氧原子的数目. 若原油密度为 0.87g/cm³，分子式为 C_nH_{2n}，可以算得

$$n_{Ca} = 3.74 \times 10^{22} \text{ 个}/cm^3$$

而每立方厘米淡水中氧原子的数目为

$$n_{Oc} = 3.35 \times 10^{22} \text{ 个}/\text{cm}^3$$

对纯砂岩，岩石骨架中不含碳，$n_{Cb}=0$；而每立方厘米岩石骨架中氧原子的数目为

$$n_{Od} = 5.32 \times 10^{22} \text{ 个}/\text{cm}^3$$

对石灰岩，每立方厘米岩石骨架中碳原子的数目为

$$n_{Cb} = 1.63 \times 10^{22} \text{ 个}/\text{cm}^3$$

而氧原子的数目为

$$n_{Od} = 4.89 \times 10^{22} \text{ 个}/\text{cm}^3$$

若纯砂岩孔隙度为 φ，含油饱和度为 S_o，则每立方厘米岩石的碳原子数为

$$n_C = n_{Ca}\varphi S_o + n_{Cb}(1-\varphi) = 3.74 S_o \times 10^{22} \text{ 个}/\text{cm}^3$$

而每立方厘米岩石的氧原子数为

$$n_O = n_{Oc}\varphi(1-S_o) + n_{Od}(1-\varphi)$$
$$= [3.35\varphi(1-S_o) + 5.32(1-\varphi)] \times 10^{22} \text{ 个}/\text{cm}^3$$

因此可知碳氧原子数比为

$$\frac{n_C}{n_O} = \frac{3.74 S_o \phi}{3.35\phi(1-S_o) + 5.32(1-\phi)} \tag{14.20}$$

同样，纯石灰岩的碳氧原子数比为

$$\frac{n_C}{n_O} = \frac{3.74\phi S_o + 1.63(1-\phi)}{3.35\phi(1-S_o) + 4.89(1-\phi)} \tag{14.21}$$

由式(14.20)和式(14.21)可知，在岩性和孔隙度已知时，碳氧原子数比 N_C/N_O 与含油饱和度 S_o 有关。根据这种关系绘制出曲线如图14.11和图14.12所示，从图中可以看出，当孔隙度大时，曲线的斜率大，测定含油饱和度的灵敏度高；对孔隙度相同的地层，含油饱和度高时灵敏度高；孔隙度高和含油饱和度也高的地层对碳氧比测井有利，可达到较高的精度；低孔隙度高含水地层对测井不利，得不到理想的效果.

图14.12纯石灰岩关系与纯砂岩相比不同之处有：当含油饱和度为零时，碳氧原子数比为0.333，比孔隙度为35%和含油饱和度高达90%的纯砂岩还要高；当含油饱和度达到20%时，孔隙度不同的各条曲线交于一点，将曲线簇分成两部分；当含油饱和度小于20%时，对应于同

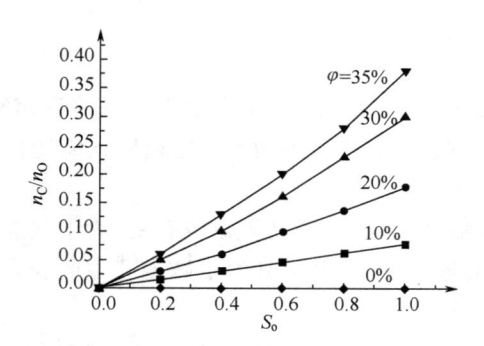

图14.11 纯砂岩碳氧原子数比与含油饱和度的关系

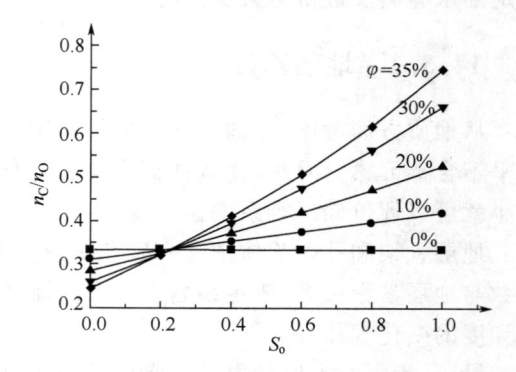

图14.12 纯石灰岩碳氧原子数与含油饱和度的关系

一含油饱和度,孔隙度大的地层碳氧原子数比值低;当含油饱和度大于20%时,对应于同一含油饱和度,孔隙度大的地层碳氧原子数比值高. 由图 14.11 和图 14.12 对比可知,识别岩性对碳氧比能谱测井定量解释非常重要.

14.3.2 碳氧比能谱测井原理

地壳中的化学元素只相对集中于少数几种,其中 O(49.13%)、Si(26.00%)、Al(7.45%)、Fe(4.20%)、Ca(3.25%)、Na(2.40%)、K(2.35%)、Mg(2.35%)和 H(1.00%)等 9 种元素已占地壳总质量的 98.13%,其余元素仅占 1.87%. 同样,尽管地壳岩石中已发现的矿物多达 2200 多种,但在火成岩、变质岩和页岩中常见的矿物种类也不过十余种.

D-T 中子源产生 14.1MeV 的脉冲快中子进入地层后,首先与地层元素原子核发生非弹性散射,放出非弹性散射γ射线($10^{-8} \sim 10^{-7}$s). 可以认为非弹性散射和由此引发的光子发射主要是在发射中子的持续期内进行的,并且当中子发射停止时这一过程也立即终止. 接着中子与地层元素原子核发生弹性散射,中子能量进一步降低,大部分快中子被慢化成热中子($10^{-6} \sim 10^{-5}$s);热中子与地层元素原子核发生辐射俘获反应,放出俘获γ射线,利用γ探测器在脉冲门和俘获门分别测量非弹性散射γ射线和俘获γ射线能谱,得到 C/O 和 Si/Ca 等比值进而确定含油饱和度等的测井方法.

不同元素发生辐射俘获反应,会产生特征γ射线,如硅俘获一个热中子主要产生 3.54MeV 和 4.93MeV 的γ射线. 地层中相应元素的俘获截面和俘获特征γ射线如表 14.3 所示.

表 14.3 元素俘获截面及俘获特征γ射线

元素	原子量 A	俘获截面 σ/b	俘获特征γ射线/MeV
H	1.008	0.33	2.223
Mg	24.31	0.051	0.585、3.92、2.8
Al	26.98	0.23	7.72、4.13、4.73
Si	28.09	0.177	3.54、4.93
S	32.06	0.52	5.24、0.84、2.38
Cl	35.45	43.6	1.95、1.16、6.11
Ca	40.08	0.43	1.94、6.42、4.41
Fe	55.85	2.59	7.63、7.65

地层中常见元素的非弹散射截面及非弹特征γ射线能谱如表 14.4 所示.

表 14.4 元素非弹截面及非弹特征 γ 射线

元素	原子量 A	非弹截面 σ/b	非弹特征γ射线/MeV
C	12.01	0.47	4.42
O	16	0.48	6.13
Mg	24.31	0.95	1.368、1.616、1.820
Al	26.98	0.89	0.166、0.840、2.21
Si	28.09	1.06	1.8、2.88
Ca	40.08	0.47	3.74、3.9
Fe	55.85	2.2	1.24、0.84

C 能窗和 O 能窗测量的应该是非弹性散射γ射线，但辐射俘获或其他反应产生的γ射线能量也可能处于 C 能窗或 O 能窗内，从而给非弹性散射γ射线的测量带来影响. 根据非弹性散射γ射线、辐射俘获和其他反应产生的γ射线产生的时间不同，可对这三种γ射线进行区分. 因此，在测量非弹性散射γ射线和俘获γ射线能谱时，中子源的脉冲宽度和测量时序是保证测井结果可靠性的关键. 测量中，中子脉冲点火时间内(发射中子)同步打开测井仪器的非弹性散射测量门，其门宽与中子脉冲宽度一致，测量非弹性散射γ射线；当中子脉冲停止时，同步打开测井仪器的俘获测量门，测量辐射俘获γ射线.

非弹时间门的宽度设计需考虑三个因素：① 为采集到足够高的非弹计数，门不能太窄；② 为减少俘获γ射线对非弹谱的影响，门不能太宽；③ 为限制中子活化γ射线的影响，中子照射时间应尽可能缩短. 图 14.13 为脉冲中子源在淡水中热中子数的增减曲线，由图可以看出，快中子在淡水中的慢化时间为 10 μs，热中子寿命为 205 μs，热中子数大约在中子寿命 1/4，即 41 μs 处达到最大值. 为便于从非弹总谱中扣除俘获谱的影响，非弹窗不应大于 40 μs.

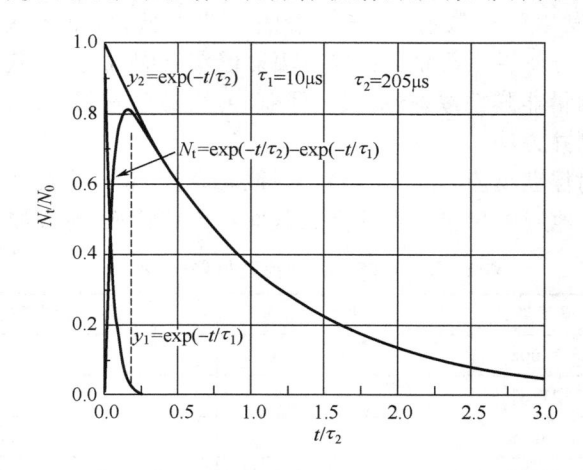

图 14.13 脉冲中子源在淡水中热中子数的增减曲线

14.3.3 非弹和俘获时间门内测得的γ能谱

中子在地层中与地层元素相互作用产生的γ射线，在进入探测器之前会在地层中与地层元素发生散射和吸收作用，这使得进入探测器之前的γ能谱已经非常复杂，并且只有仍保持初始能量和经过康普顿散射而未被吸收的光子能到达探测器. 进入探测器灵敏元件的光子在其中发生光电效应、康普顿效应和生成电子对，最终测井仪器输出的γ能谱中会显示出全能峰、单逃逸、双逃逸峰和康普顿坪.

1. 非弹性散射γ能谱

地层快中子非弹性散射γ射线计数，主要包括碳、氧、硅、钙的贡献. 图 14.14 中(a)、(b)、(c)、(d)分别给出 D-T 中子与 ^{12}C、^{28}Si、^{16}O 和 ^{40}Ca 发生非弹性散射时产生的γ能谱，谱图是用 NaI(Tl)测定的.

图 14.14 中碳和氧的能谱图中可明显地看到各自的全能峰、单逃逸峰和双逃逸峰，而硅和钙的能谱图各特征峰不够显著. 在表 14.5 中，列出地层四种指示核素的全能峰、单逃逸峰和双逃逸峰对应的能量.

(a) ^{12}C非弹谱

(b) ^{16}O非弹谱

(c) ^{28}Si非弹谱

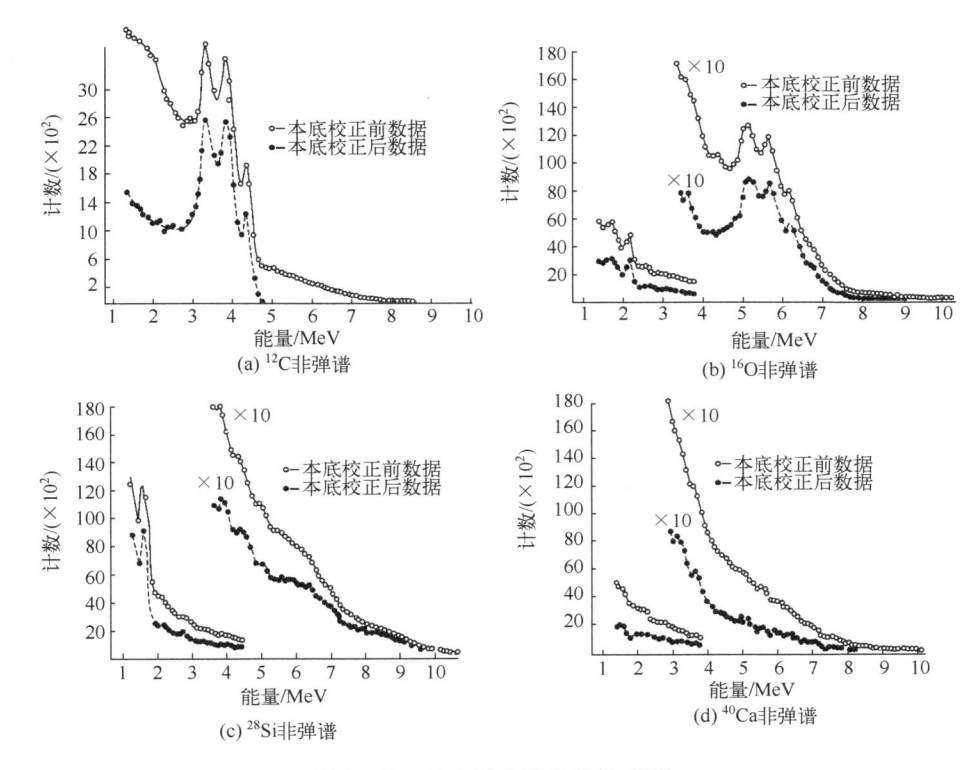

(d) ^{40}Ca非弹谱

图 14.14　快中子非弹性散射γ能谱

表 14.5　指示核素散射γ能谱主要全能峰及逃逸峰　　（单位：MeV）

核素	^{28}Si	^{40}Ca	^{12}C	^{16}O
全能峰	1.78	3.73	4.43	6.13
单逃逸峰	1.27	3.22	3.92	5.62
双逃逸峰	0.76	2.71	3.41	5.11

在一个采样点上测到的非弹谱，是由地层中能产生非弹核反应的所有元素的γ能谱组成的混合谱。在非弹混合谱中，仅有硅、碳和氧的特征峰较易识别。图 14.15 给出了用 NaI(Tl) 闪烁探测器测得的非弹性散射γ混合谱，图中仅有碳和氧的特征峰较易识别。

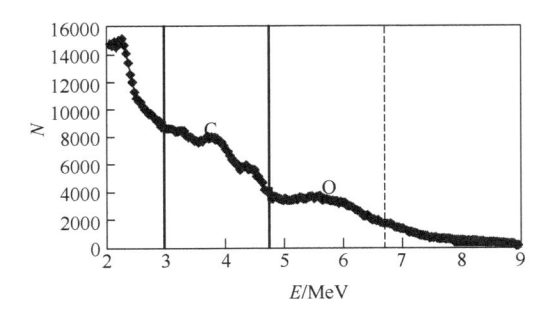

图 14.15　快中子非弹γ混合谱

根据图 14.15 中能谱的特征，通常选取特征谱段（能窗）来反映其中一种核素的贡献，便于识别和处理。采用 NaI(Tl) 闪烁探测器测量的能谱，从低能到高能可以将非弹γ能谱的硅、钙、碳、氧连续分割成四个能窗:第一能窗中包含硅的全能峰;第二能窗包含钙的第一和第二逃逸峰而不含全能峰;第三能窗中包含碳的全能峰和两个逃逸峰(钙的全能峰也在这一能量段,但此峰计数较低);第四能窗中包含氧的全能峰和两个逃逸峰.

γ能谱的特征与探测器的类型、尺寸及光电倍增管等有关,脉冲中子γ能谱测井仪器多采用探测效率比 NaI 高得多的 BGO 晶体或能量分辨率好的 LaBr$_3$ 晶体,其能峰分布及全能峰和逃逸峰贡献有很大差别,测井仪器中使用 BGO 探测器时,高能γ射线的全能峰贡献最大、逃逸峰贡献较弱,因此在能谱处理时需重新选择能窗.

图 14.16 是用 BGO 闪烁晶体测到的非弹γ能谱. 由图可知,硅、碳只包含了全能峰,而氧能窗包含了全能峰和单逃逸峰,钙能窗包含了全能峰和单逃逸峰. 此外水砂和油砂相比,氧峰高而碳峰低,碳氧比能反映含油饱和度;石灰岩与砂岩相比,钙峰和碳峰高而硅峰低,钙硅比能区分碳酸盐岩和砂岩. 这是识别岩性和区分油水层的基本依据.

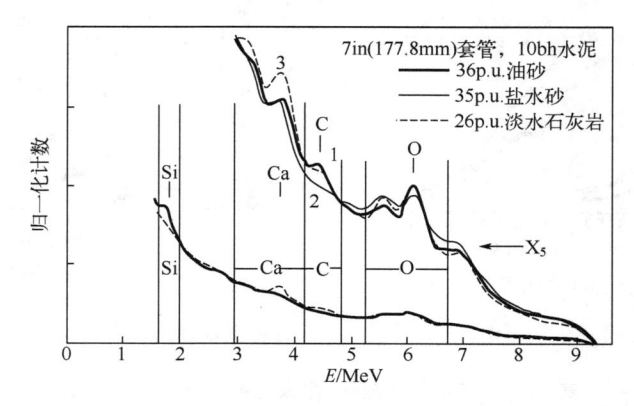

图 14.16　BGO 闪烁晶体测到的非弹γ能谱

2. 俘获γ射线仪器谱

俘获γ能谱是在俘获门中采集的,地层中的热中子被俘获衰减较长,而剩余热中子必将在后续中子发射周期记录的γ能谱中有计数贡献. 图 14.17 给出了井眼和地层热中子数双指数衰减曲线,设井眼物质中子寿命为 100 μs,而地层中子寿命为 400 μs,图中显示衰减到 100 μs 时地层中的热中子还有 80% 未被俘获. 大约在 10 个周期,即 1000 μs 内,每次中子发射对当前地层中的热中子数都有贡献.

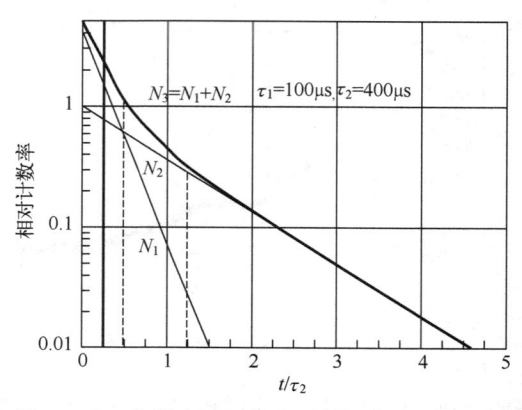

图 14.17　井眼和地层热中子数双指数衰减曲线

表 14.6 列出了俘获γ射线在γ能谱中的全能峰及逃逸峰的能量分布. 图 14.18 给出俘获门内记录γ能谱的分量,包括氢、钙、硅、氯、铁、硫的俘获γ能谱. 若测井仪器中使用 NaI 探测器,对氢、硅、氯、钙可取下列谱段:①氢 2.014~2.431MeV;②硅 3.195~4.65MeV;③氯 4.654~6.599MeV;④钙 4.862~6.633MeV;⑤铁 7.07~7.85MeV. 由于氯和钙的计数窗基本重叠,因此只有当地层水矿化度很低时可忽略氯的影响,此时可用硅钙俘获计数比确定岩性比用钙硅的非弹计数比不确定度低;而当遇到高矿化度地层水时必须考虑氯的影响,此时用硅钙的俘获计数比判断岩性会遇到困难,需要采用非弹计数比来判断岩性.

表 14.6 俘获γ射线在γ能谱中的主要全能峰及逃逸峰 (单位:MeV)

核素	^{1}H	^{28}Si	^{35}Cl	^{40}Ca	^{56}Fe
全能峰	2.23	3.54、4.93	1.94、6.11、6.64、7.42	1.94、4.42、6.42	7.64
单逃逸峰	1.72	3.03、4.42	1.43、5.60、6.13、6.91	1.43、3.91、5.91	7.13
双逃逸峰	1.21	2.52、3.91	0.92、5.09、5.62、6.40	0.92、3.40、5.40	6.62

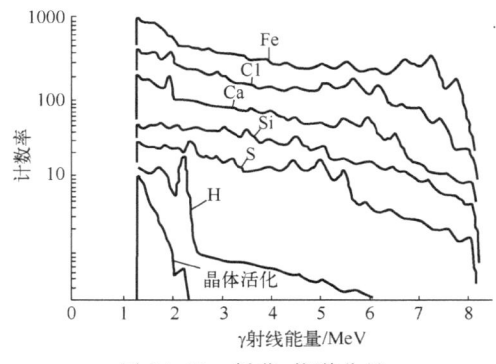

图 14.18 俘获γ能谱分量

图 14.19 是用 BGO 闪烁晶体测到的俘获γ能谱,测量条件与图 14.16 一致,由图可知,在γ能谱中可以很清晰地看到氢能量为 2.23MeV 的特征峰;硅的两个全能峰,峰位分别在 3.54MeV 和 4.93MeV 处;钙在 6.42MeV 和 4.42MeV 处的两个峰也较明显;当地层水为盐水时,氯的最明显的全能峰在 6.11MeV 处,会对钙能窗的计数产生很大的影响,会给使用硅钙比区分砂岩和石灰岩带来干扰.

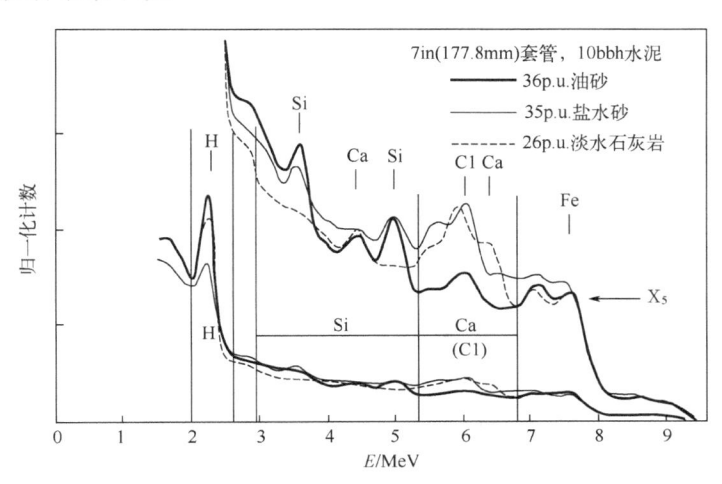

图 14.19 BGO 闪烁晶体测到的俘获γ能谱

14.3.4 γ能谱处理方法

碳氧比测井得到γ能谱的谱处理包括滤波、寻峰、谱漂移校正、非弹总谱净谱及本底扣除等过程,其中净非弹γ能谱和俘获γ能谱是获取不同元素信息的关键.在γ测量中,打开非弹门测到的能谱是由非弹γ能谱、俘获γ谱和本底γ谱叠加组成的总γ谱,要想得到净的非弹γ能谱,需要从总γ能谱中扣除俘获γ能谱和本底γ能谱;同样,在俘获门里测得的俘获γ能谱里包含本底γ能谱,需要扣除本底的影响才能得到净俘获γ能谱.在实际数据处理时,常用俘获门内测得的俘获γ能谱来反映非弹门内的俘获γ能谱,并根据其时间窗内热中子分布关系确定净谱系数,进而得到净非弹γ能谱.

在碳氧比能谱测井中,测井仪器得到的中子非弹γ能谱和俘获γ能谱都是由多种元素的分量谱叠加在一起而生成的混合谱,而能谱解析就是从混合谱中将每种核素的贡献分离出来.实际处理能谱时,应根据测井仪器中使用γ探测器测量的能谱特点,不同元素选取相应的能量窗,利用窗计数率计算比值方法来获取地层参数,如采用C和O的窗γ计数比及Si和Ca的窗γ计数比来确定含油饱和度和识别岩性.

在进行全谱进行解析时,可能会遇到的困难有:①γ能谱中每道的计数率较低,从而导致统计精度不高;②元素的标准谱难以获得.为解决上述困难,常从全谱中选定几个特征道域(能窗),其积分计数率将会有较好的统计精度,再用矿物的标准谱代替元素的标准谱对测井仪器进行刻度,会使测量结果更接近地层的实际.

14.3.5 碳氧比能谱测井的主要应用

在地层水矿化度低、不稳定或未知条件下,碳氧比能谱测井技术可在套管井中测定地层的含油饱和度.

1. 确定含油饱和度

碳氧原子比(n_C/n_O)与地层含油饱和度的关系,会同时受孔隙度和骨架矿物类型的影响,因此可以利用n_C/n_O差值或n_C/n_O与n_{Si}/n_{Ca}重叠方法来确定含油饱和度.在测量的非弹性散射γ能谱中,碳氧原子比可用碳能窗和氧能窗的计数比来代替.由于氧的非弹性散射γ能量高于碳,因此碳能窗的计数包含了碳的非弹性散射特征峰计数和氧非弹性散射γ射线在碳窗中的康普顿散射计数,即

$$N_C = N_{CC} + N_{CO} \tag{14.22}$$

式中,N_{CC}为碳元素在碳能窗的计数;N_{CO}为氧元素在碳能窗的计数.则碳、氧能窗的伽马计数比为

$$\frac{N_C}{N_O} = \frac{N_{CO} + N_{CC}}{N_O} = \frac{N_{CO}}{N_O} + \frac{N_{CC}}{N_O} = A + B\frac{n_C}{n_O} \tag{14.23}$$

式中,N_O为氧元素在氧能窗中的计数;A为碳能窗对氧能窗的康峰比;B为与反应截面和计数效率有关的系数;n_C/n_O为碳氧原子数比.

由式(14.23)可以看出,地层的碳、氧能窗计数比与碳氧原子比呈正比关系,n_C/n_O随孔隙度变化关系如图14.20所示,图中油线和水线分别代表含油饱和度为100%和含水饱和度为100%的边界线,水线、油线始点的碳氧比与地层的岩性、完井结构和井眼流体持率有关,还与

油线、原油密度和组成有关. 对指定孔隙度两线之间的比值差为 $\Delta(C/O)$，记为 Δ，而 x 是测量点到水线的距离，则含油饱和度为

$$S_{\rm o} = 1 - S_{\rm w} = \frac{x}{\Delta} \tag{14.24}$$

在给定地层和井眼条件下，生成特定的扇形图，已知或测出有效孔隙度，就可确定 Δ；再由测到的碳氧比求出 x，用式 (14.24) 则可求出饱和度.

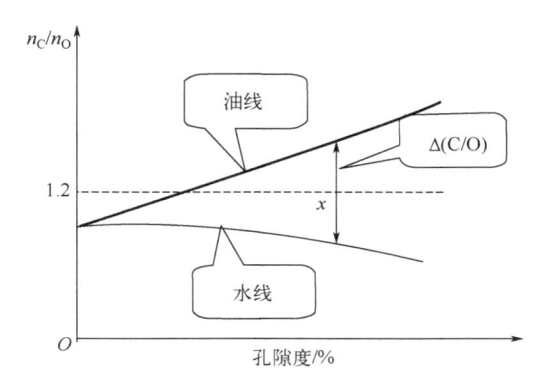

图 14.20 示意扇形图

2. 利用比值判断岩性、泥质和矿化度

在能谱处理中，不论是使用全谱还是能窗计数，不同元素的特征峰净计数率比（产额比）、原子数密度比等都没有实质上的差别，根据这些量与储集层的参数关系，可用来识别岩性、确定孔隙度和地层水的矿化度等.

在使用非弹钙硅比、俘获硅钙比确定岩性时，利用钙、硅的原子比、窗计数比和产额比都可区分砂岩和石灰岩，式 (14.25) 给出的比值称为岩性指数

$$F_{\rm lith} = \frac{\text{硅产额}}{\text{钙产额} + \text{硅产额}} = \frac{Y_{\rm Si}}{Y_{\rm Ca} + Y_{\rm Si}} \tag{14.25}$$

对于纯碳酸盐岩，其岩性指数近似等于 0；而纯砂岩的岩性指数近似等于 1. 但由于测量中受套管外水泥环的影响，即使是纯砂岩，测出的岩性指数也小于 1. 用钙硅非弹 γ 产额或硅钙俘获 γ 产额比都能指示岩性，前者统计精度较差但几乎不受地层水矿化度的影响，后者统计精度较高，但当地层水矿化度高时，测量结果受氯的影响大.

孔隙度指数可定性指示孔隙度的大小，俘获氢钙或氢硅原子比、γ 产额比、窗计数比都与孔隙度相关，孔隙度指数如下：

$$F_{\phi} = \frac{\text{氢产额}}{\text{钙产额} + \text{硅产额}} = \frac{Y_{\rm H}}{Y_{\rm Ca} + Y_{\rm Si}} \tag{14.26}$$

式中，各个元素的产额由俘获 γ 谱求出.

泥质指数如下：

$$F_{\rm sh} = \frac{\text{铁产额}}{\text{钙产额} + \text{硅产额}} = \frac{Y_{\rm Fe}}{Y_{\rm Ca} + Y_{\rm Si}} \tag{14.27}$$

式中，各个元素的产额是由俘获 γ 谱求出的. 在裸眼井中，泥质指数从 0 到大于 1，而对于套管井，该指数可达 1.5~2.5.

矿化度指数如下：

$$F_{sal} = \frac{氯产额}{氢产额} = \frac{Y_{Cl}}{Y_H} \tag{14.28}$$

在有利条件下,俘获γ产额比可定性指示地层水矿化度.

在解释碳氧比能谱测井时,应注意环境影响. 仪器的源距不同,井眼和地层条件不同,探测深度也不尽相同,但一般不超过 30cm. 若水侵入油层深度超过 20cm,用碳氧比已很难将油层和水层区别开. 在裸眼井中,侵入带一般都超过这一范围,故得不到可靠的资料;已射孔的套管井,除侵入影响外还有套管和水泥环的影响,情况更为复杂;对未射孔的套管井,为使侵入带消失,需要等适当的时间,此时井眼中流体的类型仍直接影响测得的碳氧比值,而水泥环对碳氧比及硅钙比都有影响.

参 考 文 献

[1] 黄隆基. 放射性测井原理. 北京:石油工业出版社,1985.
[2] 张锋. 我国脉冲中子测井技术发展综述. 原子能科学技术,2009,(S1):116-123.
[3] 刘宪伟,郭冀义,杨景海. 碳氧比能谱测井数据处理与解释方法. 北京:石油工业出版社,2012.
[4] 周四春,刘晓辉,王广西,等. 核测井原理及应用.北京:中国原子能出版社,2016.
[5] 庞巨丰,陈军,杨懿峰,等. 快中子非弹性散射γ全能谱测井实验与谱分析. 测井技术,1993,17(5):349-356,380.
[6] 张锋,首祥云,张绚华. 碳氧比能谱测井中能谱及探测器响应的数值模拟研究. 石油大学学报(自然科学版),2005,29(2):34-37.
[7] 金勇,陈福利,柴细元,等. 核测井技术的发展和应用.原子能科学技术,2004,(S1):201-207.
[8] 庞巨丰. 测井原理及仪器. 北京:科学出版社,2008.
[9] 朱达智,栾士文,程宗华,等. 碳氧比能谱测井. 北京:石油工业出版社,1984.
[10] 汤彬. γ测井分层解释法.北京:原子能出版社,1993.
[11] 郭余峰,等. 石油测井中的核物理基础. 北京:石油工业出版社,1990.
[12] 吴慧山. 核技术勘查.北京:原子能出版社,1998.
[13] 雍世和,张超谟. 测井数据处理与综合解释. 青岛:中国石油大学出版社,2007.
[14] 顾文浩. 中子活化瞬发伽马方法在煤田测井中的应用. 中国煤田地质,2001,13(1):71-73.
[15] 冯启宁,鞠晓东,柯式镇,等. 测井仪器原理. 北京:石油工业出版社,2010.
[16] 尚作源. 地球物理测井方法原理.北京:石油工业出版社,1987.